Baustatik in Beispielen

Konstantin Meskouris • Christoph Butenweg
Stefan Holler • Erwin Hake

Baustatik in Beispielen

2., bearb. Aufl.

Prof. Dr.-Ing. Konstantin Meskouris
RWTH Aachen
Lehrstuhl für Baustatik und Baudynamik
Mies-van-der-Rohe-Straße 1
52074 Aachen
Deutschland
meskouris@lbb.rwth-aachen.de

Dr.-Ing. Christoph Butenweg
RWTH Aachen
Lehrstuhl für Baustatik und Baudynamik
Mies-van-der-Rohe-Straße 1
52074 Aachen
Deutschland
butenweg@lbb.rwth-aachen.de

Dr.-Ing. Stefan Holler
CH Ingenieure
Ingenieurbüro für Bauwesen
Krantzstraße 7C
52070 Aachen
Deutschland
holler@ch-ing.de

Dr.-Ing. Erwin Hake †

Ergänzendes Material zu diesem Buch finden Sie auf http://extra.springer.com

ISBN 978-3-642-23529-0 e-ISBN 978-3-642-23530-6
DOI 10.1007/978-3-642-23530-6
Springer Heidelberg Dordrecht London New York

Die Deutsche Nationalbibliothek verzeichnet diese Publikation in der Deutschen Nationalbibliografie; detaillierte bibliografische Daten sind im Internet über http://dnb.d-nb.de abrufbar.

Einbandentwurf: WMXDesign GmbH, Heidelberg

Gedruckt auf säurefreiem Papier

Springer ist Teil der Fachverlagsgruppe Springer Science+Business Media (www.springer.com)

Vorwort zur zweiten Auflage

In der zweiten Auflage wurden aufgrund von Wünschen aus dem Leserkreis einige weitere Rechenprogramme mit dazu passenden Beispielen aufgenommen. Darüber hinaus wurden alle Programme erneut überprüft und an die aktuellen Betriebssystemsversionen (wie z.B. die 64-Bit-Version von Microsoft® Windows® 7) angepasst. Anstelle der Bereitstellung auf CD-ROM, wie in der ersten Auflage, werden alle digitalen Unterlagen (Programme mit ihren Ein- und Ausgabedateien) jetzt vom Springer-Verlag auf http://extra.springer.com/ zur Verfügung gestellt und können von dort heruntergeladen werden; dies erleichtert die Programmpflege und Erweiterung des jeweiligen Leistungsumfangs und erlaubt zudem die zeitnahe und unkomplizierte Behebung eventueller Fehler. Die Autoren danken dem Verlag für die gute Zusammenarbeit und der Firma InfoGraph GmbH für die Bereitstellung einer aktuellen Version von InfoCAD®. Nicht zuletzt gedenken wir unseres Kollegen und Koautors Dr.-Ing. Erwin Hake, der im Juni 2010 im 74. Lebensjahr verstarb.

Aachen, Juli 2011 Konstantin Meskouris Christoph Butenweg
Stefan Holler

Aus dem Vorwort zur ersten Auflage

Dieses Buch entstand auf der Grundlage der Vorlesungen „Baustatik I und II“ im 4. und 5. Semester sowie „Finite Elemente“, „Flächentragwerke“ und „Nichtlineare Methoden“ im 7. und 8. Semester (Vertiefungsstudium) des Bauingenieurstudiums an der RWTH Aachen. Anders als bei unseren beiden im Springer-Verlag erschienenen Büchern „Statik der Stabtragwerke“ und „Statik der Flächentragwerke“ liegt der Schwerpunkt hier weniger auf der Theorie als auf einer Vielzahl von Beispielen. Am Anfang unserer Überlegungen zu diesem Buchprojekt stand die Erkenntnis, dass in der Statik die theoretischen Zusammenhänge meist erst bei der Bearbeitung von Aufgaben klar werden („Grau ist alle Theorie“). Deshalb präsentiert das Buch die wesentlichen Teile der Statik von Stab-, Seil- und Flächentragwerken anhand von detailliert ausgearbeiteten Zahlenbeispielen, die in der Regel sowohl „von Hand“ als auch mit Hilfe der auf einer CD-ROM beigefügten Rechenprogramme untersucht werden. Die Zielstellung der Autoren ist die anschauliche Vermittlung der für lineare und nichtlineare Tragwerksanalysen notwendigen Lösungsverfahren. Das Buch unterstützt den praktisch tätigen Ingenieur durch nachvollziehbare Rechenbeispiele und stellt für Studierende eine Hilfe bei der Prüfungsvorbereitung und Konsolidierung der baustatischen Kenntnisse dar.

Inhalt

1 Stabtragwerke

1.1 Theoretische Grundlagen

1.1.1 Einleitung

In diesem Kapitel werden die theoretischen Grundlagen zur Ermittlung der unbekannten Zustandsgrößen (Kraft- und Weggrößen) von Stabtragwerken vorgestellt.

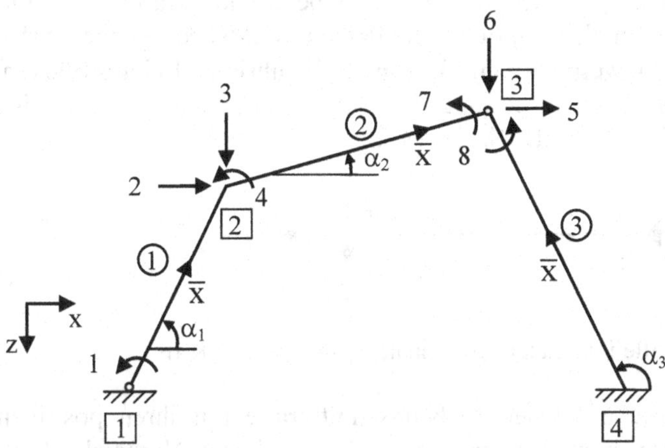

Bild 1.1-1 Diskretisierung eines ebenen Rahmentragwerks

Zur Erläuterung wird der in Bild 1.1-1 skizzierte Rahmen als Beispiel eines ebenen Stabtragwerks betrachtet. Er besteht aus den Knoten 1 bis 4 sowie drei Stäben und wird durch die eingezeichneten globalen aktiven kinematischen Freiheitsgrade 1 bis 8 beschrieben. Es wird besonders auf die beiden Freiheitsgrade 7 und 8 des Biegemomentengelenks im Knoten 3 hingewiesen; damit wird dokumentiert, dass sich die beiden Stabendquerschnitte, die an diesem Gelenk zusammenstoßen, unabhängig voneinander verdrehen können.

Das lokale $\bar{x}$-, $\bar{z}$-Koordinatensystem der Stäbe ist von Knoten 1 nach 2 orientiert und schließt mit der globalen x-Achse den Winkel α ein. Der Winkel α ist im Gegenuhrzeigersinn positiv definiert. Die Belastung lässt sich durch Einzelwirkungen (Kräfte und Momente) in Richtung der aktiven kinematischen Freiheitsgrade beschreiben. Belastungen im Element werden in Knotenbelastungen umgerechnet. Diese werden als Auflagerreaktionen an einem für das jeweilige Stabelement statisch äquivalenten Träger berechnet. Werden an sämtlichen (zuvor freigeschnittenen) Knoten des Systems Gleichgewichtsbedingungen in Richtung der eingeführten aktiven kinematischen Freiheitsgrade eingeführt, entsteht ein Gleichungssystem

$$\mathbf{P} = \mathbf{g}\,\mathbf{s}\,. \tag{1.1.1}$$

Der Spaltenvektor **P** enthält die m Komponenten der Belastung entsprechend den m Systemfreiheitsgraden, während im Spaltenvektor **s** die unbekannten Stabschnittkräfte zusammengefasst werden. Bei den hier betrachteten ebenen Biegestäben mit sechs Stabendschnittkräften (N_ℓ, Q_ℓ, M_ℓ, N_r, Q_r, M_r) lassen sich mit den drei Gleichgewichtsbedingungen $\Sigma H = 0$, $\Sigma V = 0$, $\Sigma M = 0$ jeweils drei Größen durch die übrigen drei ausdrücken, so dass für jeden Stab insgesamt drei Unbekannte als „unabhängige Schnittkräfte" verbleiben (z.B. N_r, Q_r, M_r).

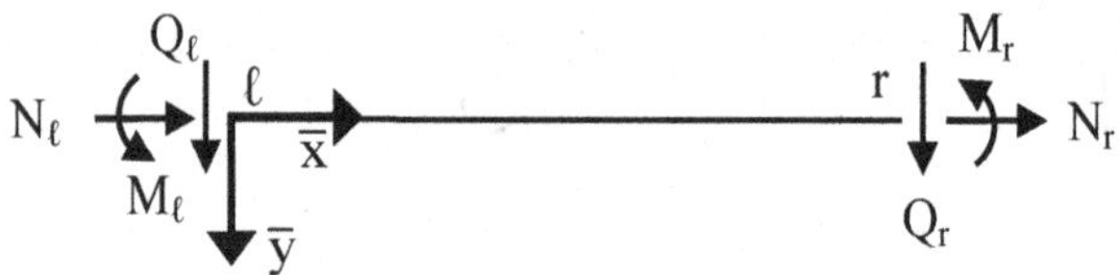

Bild 1.1-2 Schnittkräfte im lokalen Koordinatensystem nach VK II

Bild 1.1-2 zeigt die 6 lokalen Stabendschnittkräfte mit ihren positiven Richtungen nach der beim Weggrößenverfahren üblichen Vorzeichenkonvention II (VK II). Bei dieser Konvention zeigen positive Schnittkräfte an beiden Endquerschnitten in Richtung der positiven Koordinatenachsen. Bei der Vorzeichenkonvention I (VK I) zeigen dagegen die positiven Stabendschnittkräfte nur am positiven Schnittufer (x-Achse tritt aus dem Querschnitt heraus) in Richtung der positiven Koordinatenachsen, am negativen Schnittufer dagegen in entgegengesetzter Richtung (Bild 1.1-3).

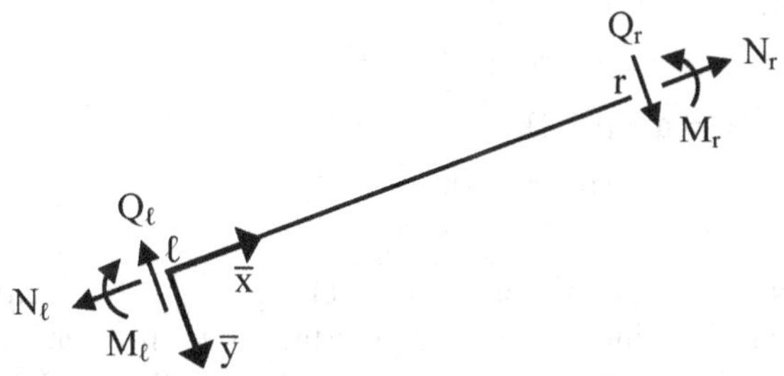

Bild 1.1-3 Lokale Kraftgrößen nach VK I

Ist die Gesamtzahl der unbekannten Schnittkräfte im Tragwerk (Anzahl der Zeilen des einspaltigen Vektors **s**) genau so groß wie die Anzahl der Freiheitsgrade, also ebenfalls m, handelt es sich um ein statisch bestimmtes System, bei dem die unbekannten Schnittkräfte allein aus Gleichgewichtsbedingungen ermittelt werden können, ohne auf die Steifigkeitseigenschaften des Tragwerks Rücksicht nehmen zu müssen. Bei allen Handrechenverfahren zur Schnittkraftermittlung bei statisch bestimmten Systemen wird versucht, durch Aufstellung von Gleichgewichtsbedingungen an geschickt gewählten Teilsystemen die unbekannten Schnitt- und Auflagerkräfte nacheinander durch die Lösung kleinerer Gleichungssysteme (nach Möglichkeit einer einzigen Gleichung mit einer Unbekannten) zu gewinnen. Bei diesem Vorgehen ist für eine effektive Berechnung der Systeme einige Erfahrung bei der Festlegung der Teilsysteme notwendig.
Ist die Anzahl der unbekannten Schnittkräfte um n größer als m, liegt ein n-fach statisch unbestimmtes System vor, bei dem Verträglichkeitsbedingungen die n fehlenden Gleichungen liefern müssen. Hier hängt die Verteilung der Schnittkräfte von den Steifigkeitseigenschaften ab.
Eine allgemeine Berechnungsformel für die Bestimmung des Grades der statischen Unbestimmtheit n kann leicht aus der Differenz zwischen der Spalten- und Zeilenanzahl der Matrix der Knotengleichgewichtsbedingungen **g** nach Gleichung (1.1.1) bestimmt werden:

$$n = (a + SE \cdot p) - (GK \cdot k + r) \qquad (1.1.2)$$

SE ist die Anzahl der unabhängigen Stabendkräfte je Element, GK ist die Anzahl der Gleichgewichtsbedingungen je Knoten, k ist die Anzahl der Knoten, a ist die Anzahl der Auflagerreaktionen, p ist die Anzahl der Stabelemente und r ist die Anzahl der Nebenbedingungen ohne Berücksichtigung der Auflagerknoten. Ausgehend von der allgemeinen Berechnungsformel ergeben sich die Bestimmungsgleichungen für die verschiedenen Stabwerkstypen:

- Ebenes Stabwerk: $n = a + 3\,(p - k) - r$
- Räumliches Stabwerk: $n = a + 6\,(p - k) - r$
- Ebenes Fachwerk: $n = a + p - 2k$
- Räumliches Fachwerk: $n = a + p - 3k$

An dieser Stelle muss noch darauf hingewiesen werden, dass die Bedingung $n = 0$ keine Gewähr für eine kinematische Stabilität und statische Brauchbarkeit des Systems ist. Im Folgenden werden das Kraft- und Weggrößenverfahren zur Berechnung von statisch bestimmten und unbestimmten Systemen vorgestellt.

1.1.2 Kraftgrößenverfahren

Eine Methode zur Berechnung von statisch unbestimmten Stabwerken ist das Kraftgrößenverfahren. Darin wird durch Entfernen von n Bindungen bzw. Einführen n zusätzlicher kinematischer Freiheitsgrade aus dem vorhandenen ein statisch bestimmtes System („Grundsystem") erzeugt. An diesem werden die unbekannten Zustandsgrößen (Kraft- und Weggrößen) infolge der äußeren Belastung allein mit Hilfe der Gleichgewichtsbedingungen berechnet. Dabei treten jedoch Verschiebungen in den neu eingeführten Freiheitsgraden auf, die am ursprünglichen System nicht möglich waren und dementsprechend rückgängig gemacht werden müssen. Zu diesem Zweck werden Eins-Kräfte bzw. Eins-Momente X_i, $i=1\ldots n$ korrespondierend zu den eingeführten Freiheitsgraden als „statisch Unbestimmte" angesetzt und die dadurch entstehenden Verformungen δ_{ik} an diesen Freiheitsgraden mit Hilfe des Prinzips der virtuellen Kräfte bestimmt:

$$\delta_{ik} = \int \frac{M_i\, M_k}{EI}dx + \int \frac{N_i\, N_k}{EA}dx + \int \frac{Q_i\, Q_k}{GA_s}dx \tag{1.1.3}$$

Hierbei sind EI, EA und GA_S die Biegesteifigkeit, die Dehnsteifigkeit und die Schubsteifigkeit des jeweiligen Stabes. δ_{ik} ist die Verschiebung bzw. Verdrehung am Freiheitsgrad i (Ort) in Richtung von X_i infolge der Beanspruchung durch die Eins-Belastung am Freiheitsgrad k (Ursache), d.h. $X_k = 1$. Die mit den Indizes i bzw. k bezeichneten Funktionen M_i, N_i, Q_i, M_k, N_k , Q_k stellen Schnittkraftverläufe der Biegemomente, Normal- und Querkräfte des statisch bestimmten Grundsystems infolge von Eins-Belastungen $X_i = 1$, $X_k = 1$ dar. Die Integrationen erstrecken sich über alle Stäbe des Tragwerks. Die n Verformungen δ_{i0} an den neu eingeführten kinematischen Freiheitsgraden infolge der äußeren Belastung werden wiederum mit Hilfe des Prinzips der virtuellen Kräfte berechnet:

$$\delta_{i0} = \int \frac{M_i \cdot M_0}{EI} dx + \int \frac{N_i \cdot N_0}{EA} dx + \int \frac{Q_i \cdot Q_0}{GA_s} dx + \int \frac{M_i \cdot \alpha_T \cdot \Delta T}{h} dx + \int N_i \cdot \alpha_T \cdot T_S dx \qquad (1.1.4)$$

In Gleichung (1.1.4) wurden auch die Anteile aus gleichmäßiger (T_S) und ungleichmäßiger (ΔT) Änderung der Temperatur berücksichtigt, mit h als Höhe des Stabquerschnitts und α_T als linearem Wärmeausdehnungskoeffizienten. Vollständigere Ausdrücke für δ_{ik} und δ_{i0}, die auch die Einflüsse von federelastischen Stützungen, Auflagerbewegungen sowie Schwinden und Kriechen enthalten, sind in Meskouris u. Hake (2009), Kapitel 8 zu finden. Bei stabweise konstanten Steifigkeiten EI, EA und GA_S können die Integrationen am einfachsten mit Hilfe der so genannten M_i-M_k-Tafeln erfolgen, in denen die Ergebnisse für häufig vorkommende Schnittkraftverläufe tabelliert sind, bei veränderlicher Stabsteifigkeit kann das Programm DIK (s. Anhang) herangezogen werden.
Die Bedingung, dass die Klaffungen an den neu eingeführten Freiheitsgraden verschwinden müssen, lässt sich wie folgt formulieren:

$$\delta_{i0} + \sum_{k=1}^{n} X_k \, \delta_{ik} = 0 \qquad (1.1.5)$$

Das ist ein lineares algebraisches Gleichungssystem mit den n statisch Überzähligen X_k als Unbekannte. Nach ihrer Bestimmung aus dem Gleichungssystem ergeben sich die endgültigen Zustandsgrößen Z am statisch unbestimmten Tragwerk aus

$$Z = Z_0 + \sum_{k=1}^{n} X_k \, Z_k \,. \qquad (1.1.6)$$

Darin stellt Z_0 die Zustandsfläche am statisch bestimmten Grundsystem dar, während Z_k die Zustandsfläche am statisch bestimmten Grundsystem infolge $X_k = 1$ ist.

1.1.3 Weggrößenverfahren

Während beim Kraftgrößenverfahren Kräfte die primären Variablen sind, die bei der Berechnung als Erste ermittelt werden, stellt das Weggrößenverfahren Formänderungen in den Vordergrund und ermittelt die Schnittkräfte erst nach Bestimmung von Systemverformungen aus den entsprechenden Gleichgewichtsbedingungen. Im Folgenden werden das Drehwinkelverfahren und das matrizielle Weggrößenverfahren erläutert.

1.1.3.1 Drehwinkelverfahren

Für die Handrechnung besonders geeignet ist das Drehwinkelverfahren, bei dem die Stäbe des Tragwerks als dehnstarr angenommen und nur Biegeverformungen berücksichtigt werden. Darüber hinaus werden beim Drehwinkelverfahren auch die unbekannten Verdrehungen an Biegemomentengelenken durch Ausnutzung der Bedingung, dass das Moment an diesem Querschnitt verschwindet, vorab aus dem Gleichungssystem eliminiert. Besonders einfach gestaltet sich die Anwendung des Drehwinkelverfahrens, wenn bei der Beanspruchung nur Knotenverdrehungen φ, jedoch keine Stabsehnenverdrehungen ψ auftreten. Bei diesen Tragwerken mit unverschieblichem Knotennetz (Meskouris u. Hake, 2009) werden die Knotenverdrehungen aus der Bedingung bestimmt, dass das Momentengleichgewicht an allen Knoten erfüllt sein muss. Stäben, die an beiden Endknoten ℓ und r elastisch eingespannt sind, wird eine Stabsteifigkeit

$$k_{\ell r} = k_{r\ell} = \frac{2\,EI}{\ell} \tag{1.1.7}$$

zugewiesen, solchen, die an einem Endknoten gelenkig angeschlossen sind eine um 25% reduzierte Steifigkeit, $k'_{\ell r} = 0{,}75\,k_{\ell r}$. Pendelstäbe, die an beiden Enden gelenkig angeschlossen sind, werden nicht berücksichtigt. Zu jedem Knoten i gehört eine unbekannte Knotenverdrehung φ_i, und bei n Unbekannten werden n Gleichungen aufgestellt:

$$2\,\varphi_i \sum k_{ij} + \sum \varphi_j\, k_{ij} + \sum \overset{0}{M}_{ij} = 0 \tag{1.1.8}$$

Der erste Term ist das Produkt des Knotendrehwinkels φ_i am betrachteten Knoten i mit der doppelten Summe der Stabsteifigkeiten aller in diesen Knoten einmündenden Stäbe. Der zweite Term ist die Summe der Produkte der Stabsteifigkeiten aller Stäbe des Knotens i (ohne Gelenkstäbe) mit den Drehwinkeln φ_j der Nachbarknoten. Der dritte Term ist die Summe aller am Knoten i wirkenden Volleinspannmomente, wobei Biegemomente, die am Stabende im Gegenuhrzeigersinn drehen, positiv anzusetzen sind (Vorzeichenkonvention II). Sind die Knotenverdrehungen ermittelt, lassen sich die Biegemomente aus den im Folgenden angegebenen Gleichungen für Tragwerke mit unverschieblichem Knotennetz ($\psi = 0$) bestimmen. Die Momente für beidseitig elastisch eingespannte Stäbe berechnen sich aus

$$M_{\ell r} = k_{\ell r}(2\varphi_\ell + \varphi_r) + \overset{0}{M}_{\ell r}, \quad M_{r\ell} = k_{\ell r}(\varphi_\ell + 2\varphi_r) + \overset{0}{M}_{r\ell}, \tag{1.1.9}$$

für Stäbe mit elastischer Einspannung links und Gelenk rechts aus

$$M'_{\ell r} = k'_{\ell r}\, 2\varphi_\ell + \overset{0}{M'}_{\ell r} \tag{1.1.10}$$

und für Stäbe mit Gelenk links und elastischer Einspannung rechts aus

$$M'_{r\ell} = k'_{\ell r}\, 2\varphi_r + \overset{0}{M'}_{r\ell}\,. \tag{1.1.11}$$

Die Volleinspannmomente für den beidseitig elastisch eingespannten oder einseitig gelenkig angeschlossenen Stab können entsprechenden Tabellenwerken entnommen werden (Meskouris u. Hake, 2009). Bei bekanntem Biegemomentenverlauf im Tragwerk lassen sich aus den Gleichgewichtsbedingungen anschließend die Normal- und Querkräfte bzw. die Auflagerreaktionen bestimmen.
Bei verschieblichen Systemen treten zu den Knotendrehwinkeln φ auch Stabdrehwinkel ψ als Unbekannte hinzu. Es müssen dann zusätzlich zu den Gleichungen aus dem Momentengleichgewicht der Knoten weitere „Verschiebungsgleichungen" aufgestellt werden. Auf Grund des steigenden Rechenaufwandes und der Fehleranfälligkeit empfiehlt sich für solche Tragwerke die Anwendung des im nächsten Abschnitt beschriebenen allgemeinen Weggrößenverfahrens.

1.1.3.2 Matrizielles Weggrößenverfahren

Dieses Verfahren hat sich zur computergestützten Ermittlung der Zustandsgrößen (Kraft- und Weggrößen) allgemeiner Tragwerke etabliert und kann gleichermaßen für statisch bestimmte und statisch unbestimmte Systeme verwendet werden. Die zentrale Beziehung des allgemeinen Weggrößenverfahrens lautet

$$\mathbf{P} = \mathbf{K}\,\mathbf{V}\,, \tag{1.1.12}$$

mit dem Vektor **P** der Lastkomponenten in den m aktiven Systemfreiheitsgraden entsprechend Gleichung (1.1.1), dem Vektor **V**, der die zu berechnenden Verschiebungen in diesen Freiheitsgraden enthält, und der (m,m)-Systemsteifigkeitsmatrix **K**. Letztere wird gewonnen, indem die globalen Steifigkeitsmatrizen **k** aller Elemente des Tragwerks in **K** positionsgerecht eingemischt werden. Bei dem Einmischvorgang werden die Steifigkeitseinträge der einzelnen Elemente in **K** aufaddiert. Dazu wird eine Inzidenzmatrix benötigt, die den Zusammenhang zwischen den lokalen Stabfreiheitsgraden und den globalen Systemfreiheitsgraden herstellt. Die Inzidenzmatrix für das in Bild 1.1-1 skizzierte, aus drei Stäben bestehende Tragwerk sieht wie folgt aus, wenn die lokalen Stabfreiheitsgrade 1 bis 6 entsprechend Bild 1.1-4 definiert sind:

$$\text{Inzidenzmatrix} = \begin{bmatrix} 0 & 0 & 1 & 2 & 3 & 4 \\ 2 & 3 & 4 & 5 & 6 & 7 \\ 0 & 0 & 0 & 5 & 6 & 8 \end{bmatrix} \tag{1.1.13}$$

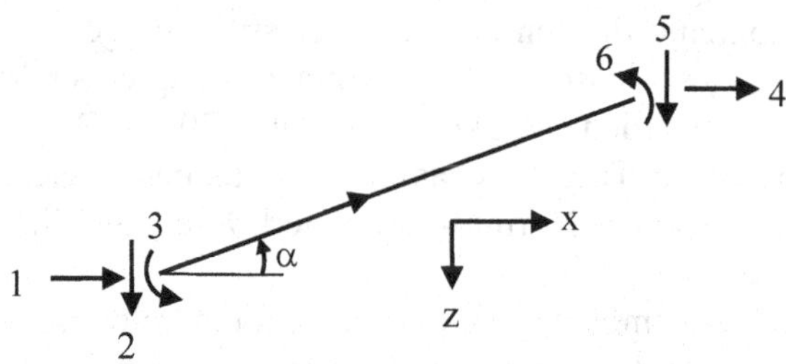

Bild 1.1-4 Reihenfolge der Freiheitsgrade im globalen System

Allgemein lautet die Beziehung zwischen den Stabendschnittkräften und Verformungen eines Biegestabes

$$\mathbf{s} = \mathbf{k}\,\mathbf{v}\,. \tag{1.1.14}$$

Die darin vorkommenden Größen können sich auf das lokale (stabbezogene) oder auf das globale (systembezogene) Koordinatensystem beziehen. Es gelten folgende Transformationsbeziehungen:

$$\begin{aligned} \mathbf{s}_{\mathbf{global}} &= \mathbf{C}^{\mathbf{T}}\,\mathbf{s}_{\mathbf{lokal}} \\ \mathbf{v}_{\mathbf{global}} &= \mathbf{C}^{\mathbf{T}}\,\mathbf{v}_{\mathbf{lokal}} \\ \mathbf{s}_{\mathbf{lokal}} &= \mathbf{C}\,\mathbf{s}_{\mathbf{global}} \\ \mathbf{v}_{\mathbf{lokal}} &= \mathbf{C}\,\mathbf{v}_{\mathbf{global}} \end{aligned} \tag{1.1.15}$$

mit der Transformationsmatrix **C** gemäß

$$\mathbf{C} = \begin{bmatrix} \cos\alpha & -\sin\alpha & 0 & 0 & 0 & 0 \\ \sin\alpha & \cos\alpha & 0 & 0 & 0 & 0 \\ 0 & 0 & 1 & 0 & 0 & 0 \\ 0 & 0 & 0 & \cos\alpha & -\sin\alpha & 0 \\ 0 & 0 & 0 & \sin\alpha & \cos\alpha & 0 \\ 0 & 0 & 0 & 0 & 0 & 1 \end{bmatrix}. \qquad (1.1.16)$$

Die Transformationsmatrix **C** ist orthogonal, d.h. ihre Inverse ist gleich der Transponierten. Im lokalen Koordinatensystem lautet die Steifigkeitsmatrix **k** des Stabes mit der Biegesteifigkeit EI, der Querschnittsfläche A und der Stablänge ℓ:

$$\mathbf{k}_{\mathbf{lokal}} = \frac{EI}{\ell} \begin{bmatrix} \frac{A}{I} & 0 & 0 & -\frac{A}{I} & 0 & 0 \\ 0 & \frac{12}{\ell^2} & -\frac{6}{\ell} & 0 & -\frac{12}{\ell^2} & -\frac{6}{\ell} \\ 0 & -\frac{6}{\ell} & 4 & 0 & \frac{6}{\ell} & 2 \\ -\frac{A}{I} & 0 & 0 & \frac{A}{I} & 0 & 0 \\ 0 & -\frac{12}{\ell^2} & \frac{6}{\ell} & 0 & \frac{12}{\ell^2} & \frac{6}{\ell} \\ 0 & -\frac{6}{\ell} & 2 & 0 & \frac{6}{\ell} & 4 \end{bmatrix} \qquad (1.1.17)$$

Einsetzen der Ausdrücke für $\mathbf{s}_{\mathbf{lokal}}$ und $\mathbf{v}_{\mathbf{lokal}}$ aus (1.1.15) in (1.1.14) liefert für die Steifigkeitsmatrix im globalen x-, z-Koordinatensystem:

$$\mathbf{s}_{\mathbf{global}} = \mathbf{C}^{\mathbf{T}}\, \mathbf{k}_{\mathbf{lokal}}\, \mathbf{C}\, \mathbf{v}_{\mathbf{global}} = \mathbf{k}_{\mathbf{global}}\, \mathbf{v}_{\mathbf{global}} \qquad (1.1.18)$$

mit

$$\mathbf{k}_{\mathbf{global}} = \mathbf{C}^{\mathbf{T}}\, \mathbf{k}_{\mathbf{lokal}}\, \mathbf{C} \qquad (1.1.19)$$

Die Vektoren der Schnittkräfte und Verformungen im globalen Koordinatensystem lauten (Bild 1.1-5)

$$\begin{aligned} \mathbf{v}^{\mathbf{T}}{}_{\mathbf{global}} &= \left(u_{x1},\ \ u_{z1},\ \ \varphi_1,\ \ u_{x2},\ \ u_{z2},\ \ \varphi_2\right) \\ \mathbf{s}^{\mathbf{T}}{}_{\mathbf{global}} &= \left(H_1,\ \ V_1,\ \ M_1,\ \ H_2,\ \ V_2,\ \ M_2\right) \end{aligned} \qquad (1.1.20)$$

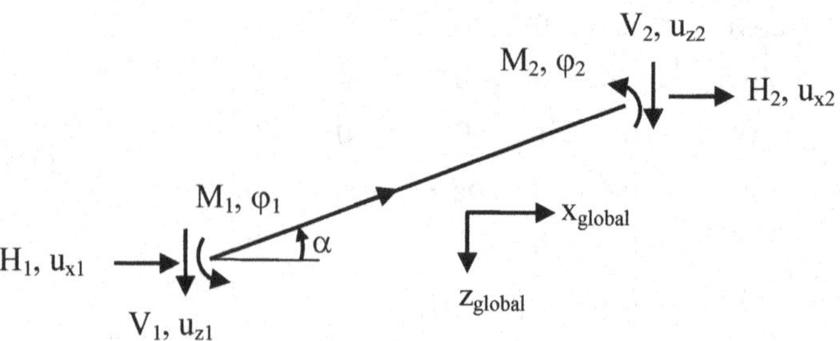

Bild 1.1-5 Zustandsgrößen im globalen Koordinatensystem, VK II

Sind die Verschiebungen **V** nach Lösung des Gleichungssystems (1.1.12) bekannt, lassen sich mit Hilfe von (1.1.14) auch die Stabschnittkräfte im globalen, oder, nach entsprechender Transformation mittels (1.1.15), im lokalen Koordinatensystem bestimmen (Bild 1.1-6).

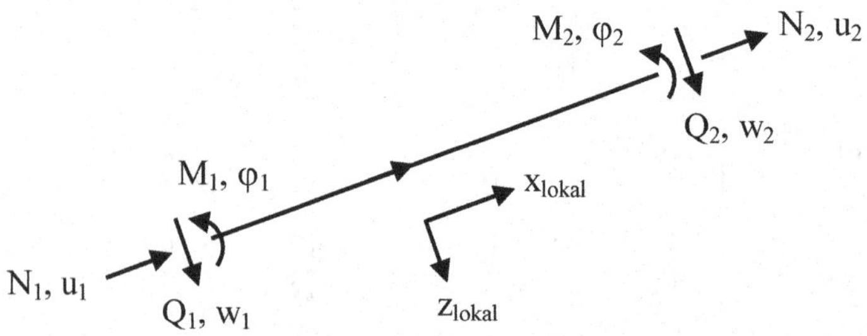

Bild 1.1-6 Zustandsgrößen im lokalen Koordinatensystem, VK II

Es ergibt sich:

$$\mathbf{v}^{T}{}_{\mathbf{lokal}} = \left(u_1, \quad w_1, \quad \varphi_1, \quad u_2, \quad w_2, \quad \varphi_2\right)$$
$$\mathbf{s}^{T}{}_{\mathbf{lokal}} = \left(N_1, \quad Q_1, \quad M_1, \quad N_2, \quad Q_2, \quad M_2\right) \qquad (1.1.21)$$

Stabbelastungen werden berücksichtigt, indem die Auflagerreaktionen an einem Sekundärträger, also einem statisch äquivalenten Träger mit ein- oder beidseitiger Einspannung, berechnet und in **P** eingemischt werden. Die dabei entstehenden Schnittkraftverläufe des Sekundärträgers müssen anschließend den Ergebnissen in **s** hinzugefügt werden. Beanspruchungen wie Zwängungen, Auflagersenkungen oder -verdrehungen, Kriechen und Schwinden oder Passungenauigkeiten, lassen sich entweder durch Einführung entsprechender kinematischer Freiheitsgrade oder durch äquivalente Knotenlasten aus einer Sekundärträgerbetrachtung berücksichtigen.

Wie beschrieben werden für das Weggrößenverfahren die Stabsteifigkeitsmatrizen benötigt. Für die folgenden Stabelementtypen werden sie im Anhang 1.8 angegeben:

- Ebener Fachwerkstab,
- Räumlicher Fachwerksstab,
- Beidseitig elastisch eingespannter Biegestab,
- Biegestab mit Momentengelenk rechts oder links,
- Biegestab mit Vouten,
- Trägerrostelement,
- Biegestab nach Theorie II. Ordnung,
- Räumlicher Biegestab im lokalen und globalen System,
- Biegestab nach Th. II. O. mit Momentengelenk rechts oder links.

1.1.4 Einflusslinien

Im Gegensatz zu den Zustandslinien, die den Verlauf einer bestimmten Größe (Schnittkraft oder Verformungsordinate) in allen Tragwerkspunkten infolge einer ortsfesten Belastung angeben, liefern Einflusslinien den Einfluss einer Einheitslastgröße mit variablem Angriffspunkt m auf eine Zustandsgröße Z (Schnittkraft oder Verformung) in einem bestimmten Punkt r des gegebenen Systems. Der Querschnitt r wird als Aufpunkt, m als Lastort bezeichnet, die Einflusslinie selbst mit „Z_r“. Der für die Praxis wichtigste Fall behandelt eine über den Lastgurt des Systems wandernde Eins-Last P = 1.

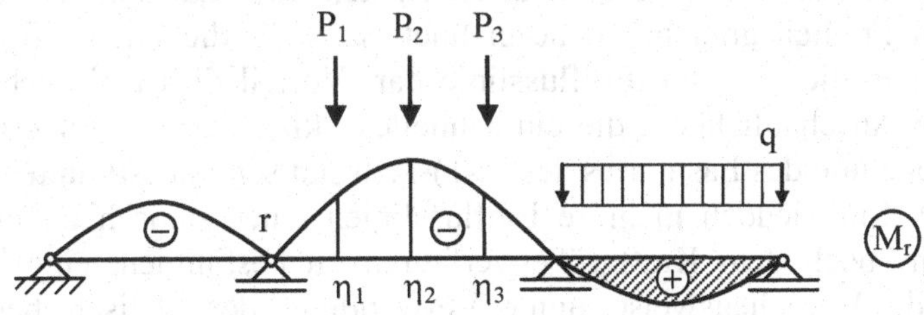

Bild 1.1-7 Einflusslinie für ein Stützenmoment mit Lastenzug

Bild 1.1-7 zeigt zur Veranschaulichung die Einflusslinie des Biegemoments im Punkt r eines Durchlaufträgers und ihre Auswertung für die Position des dargestellten Lastenzuges, bestehend aus Einzellasten und einer Gleichlast. Das Biegemoment M_r beträgt im vorliegenden Fall

$$\begin{aligned} M_r &= \sum P_i\, \eta_i + \int q(x)\, \eta(x) dx \\ &= P_1\, \eta_1 + P_2\, \eta_2 + P_3\, \eta_3 + q\, F_q \end{aligned} \tag{1.1.22}$$

mit F_q als Fläche der Einflusslinie im rechten Feld des Durchlaufträgers. Es lässt sich zeigen (Meskouris u. Hake, 2009, Kapitel 7), dass die Einflusslinie einer Kraftgröße identisch ist mit der Biegelinie des Lastgurtes des (n-1)-fach statisch unbestimmten Systems, das dadurch entsteht, dass beim Originaltragwerk ein weiterer kinematischer Freiheitsgrad korrespondierend zur betreffenden Kraftgröße eingeführt wird. Die Verformung oder Klaffung an diesem neuen Freiheitsgrad muss vom Betrag „-1" sein, d.h. im entgegen gesetzten Sinn der positiven Richtung der Kraftgröße. Bei statisch bestimmten Tragwerken (n = 0) stellen die (n-1)-fach statisch unbestimmten Systeme kinematische Ketten dar, und die entsprechenden Kraftgrößeneinflusslinien verlaufen stückweise linear, da sich die Stäbe des Lastgurtes nicht verkrümmen, sondern als Starrkörper bewegen. Auch hier muss eine Klaffung vom Betrag „-1" an der entsprechenden Stelle erzwungen werden.

Die Bestimmung von Kraftgrößen-Einflusslinien statisch unbestimmter Systeme per Handrechnung kann sowohl nach dem Kraftgrößen- als auch nach dem Drehwinkelverfahren erfolgen. Beim Kraftgrößenverfahren lässt sich die Biegelinie des Lastgurtes am (n-1)-fach statisch unbestimmtem System direkt berechnen. Dabei wird zuerst die Momentenlinie (und ggf. Normal- und Querkraftlinien) des (n-1)-fach statisch unbestimmten Systems infolge einer Eins-Belastung korrespondierend zur Kraftgröße, deren Einflusslinie gesucht wird, berechnet und die zugehörige Biegelinie des Lastgurtes bestimmt. Wird die dabei entstehende Klaffung am neu eingeführten Freiheitsgrad mit δ bezeichnet, so stellt die mit $(-1/\delta)$ skalierte Biegelinie die gesuchte Einflusslinie dar. Vorteil dieser Vorgehensweise ist ihre Anschaulichkeit, die ein schnelles Skizzieren des Endergebnisses als Biegelinie des Lastgurtes des (n-1)-fach statisch unbestimmten Systems erlaubt. Sind jedoch mehrere Einflusslinien eines statisch unbestimmten Systems nach dem Kraftgrößenverfahren zu bestimmen, empfiehlt sich folgende Vorgehensweise unter Verwendung des statisch bestimmten Grundsystems (Meskouris u. Hake, 2009, Abschnitt 8.8.1.3):

- Es wird ein statisch bestimmtes Grundsystem gewählt.
- Es wird die Einflusslinie „Z_{r0}" der Kraftgröße Z am statisch bestimmten System ermittelt.

- Es werden nacheinander alle n statisch Überzähligen X_i=1 am statisch bestimmten Grundsystem angebracht und die Formänderungswerte δ_{ik} berechnet.
- Es wird die negative Inverse, $\boldsymbol{\beta}$, der (n,n)-Matrix der δ_{ik}-Werte bestimmt.
- Die Einflusslinien „X_i" der n statisch Überzähligen ergeben sich als Biegelinien des Lastgurts des statisch bestimmten Grundsystems bei Belastung jeweils durch die i-te Zeile der $\boldsymbol{\beta}$-Matrix.
- Die gesuchte Einflusslinie „Z_r" ergibt sich durch die Superposition von „Z_{r0}" und den Z_{rk}-fachen Einflusslinien „X_k" der statisch Überzähligen. Z_{rk} ist dabei der Wert der Kraftgröße Z, deren Einflusslinie gesucht wird, infolge X_k=1.

Zur Verkürzung des Rechenganges wird empfohlen, die Kraftgrößen, deren Einflusslinien gesucht werden, nach Möglichkeit als statisch Überzählige einzuführen.
Auch nach dem Drehwinkelverfahren lassen sich per Handrechnung Einflusslinien von Kraftgrößen bestimmen. Dazu wird zusätzlich zur Einführung des zu Z korrespondierenden neuen kinematischen Freiheitsgrades durch geeignetes Hinzufügen von Gelenken eine örtliche kinematische Kette erzeugt, die eine Klaffung vom Betrag -1 für Z erlaubt. Diese Klaffung wird sodann fixiert und die dabei entstandenen Verdrehungen an den weiteren, zur Erzeugung der örtlichen Verschieblichkeit eingeführten Gelenken werden durch entsprechende Biegemomente wieder rückgängig gemacht. Die dadurch entstehende Biegelinie des Lastgurtes zuzüglich der Ordinaten der zuerst betrachteten örtlichen kinematischen Kette liefert schließlich die gesuchte Kraftgrößeneinflusslinie. Ein Beispiel soll die Vorgehensweise veranschaulichen:

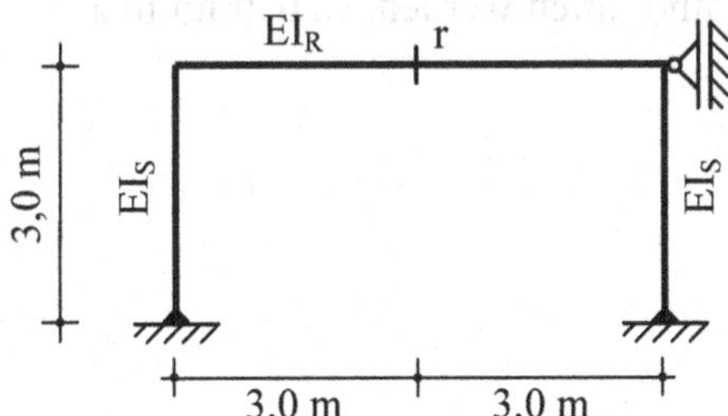

Bild 1.1-8 Unverschieblicher Rahmen zur Einflusslinienbestimmung

Gegeben sei das Tragwerk von Bild 1.1-8, bei dem die Einflusslinie der Querkraft in Riegelmitte (Querschnitt r) gesucht wird. Durch Einführung von Gelenken in den Endquerschnitten des Stabes zusätzlich zum Querkraftgelenk in r wird eine zwangläufige kinematische Kette mit der Klaffung (-1) erzeugt, wie in Bild 1.1-9 zu sehen.

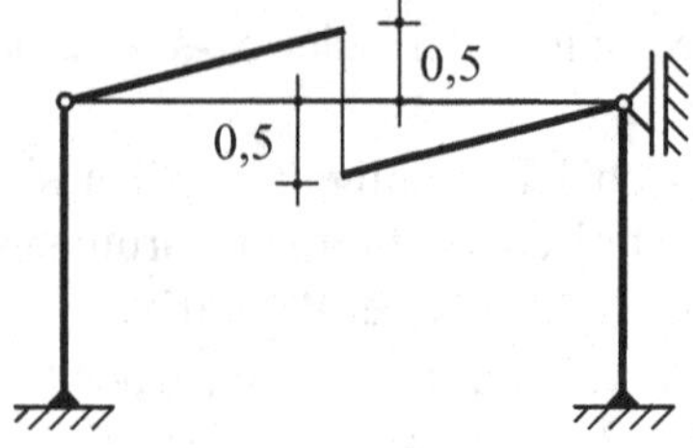

Bild 1.1-9 Zwangläufige kinematische Kette im Riegel

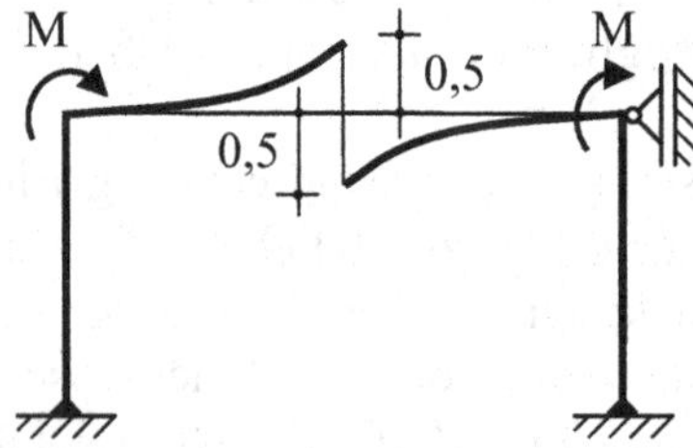

Bild 1.1-10 Beseitigung der Randklaffungen durch Volleinspannmomente M an den Riegelendquerschnitten

Nun wird das Gelenk in r blockiert und es werden die „ungewollten" Randklaffungen an den Endquerschnitten des Stabes durch Anbringen entsprechender Biegemomente (Volleinspannmomente) an den Stabenden rückgängig gemacht (Bild 1.1-10). Das dazu notwendige Biegemoment kann der folgenden Tabelle 1.1-1 entnommen werden, es beträgt hier

$$M = \frac{6 \cdot EI_R}{\ell^2} = 10.000 \text{ kNm}.$$

Tabelle 1.1-1 Volleinspannmomente bei Einheitsverformungen

Einheitsverformung / System	$\varphi_r = -1$	$\Delta w_r = -1$
	$\frac{x_r(\ell - x_r)}{\ell}$, 1, x_r, ℓ	1, x_r, ℓ
M^0_{ij} M^0_{ji}, i j	$M^0_{ij} = \frac{EI}{\ell}\left(4 - 6\frac{x_r}{\ell}\right)$ $M^0_{ji} = \frac{EI}{\ell}\left(2 - 6\frac{x_r}{\ell}\right)$	$M^0_{ij} = -\frac{6EI}{\ell^2}$ $M^0_{ji} = -\frac{6EI}{\ell^2}$
M^0_{ij}, i j	$M^0_{ij} = \frac{3EI}{\ell^2}(\ell - x_r)$	$M^0_{ij} = -\frac{3EI}{\ell^2}$
M^0_{ji}, i j	$M^0_{ji} = -\frac{3EI}{\ell^2}x_r$	$M^0_{ji} = -\frac{3EI}{\ell^2}$

Anschließend wird der Schnittkraftverlauf im Tragwerk infolge dieser Volleinspannmomente nach der üblichen Vorgehensweise des Drehwinkelverfahrens ermittelt (Bild 1.1-11) und die zugehörige Biegelinie des Lastgurtes z.B. nach dem ω-Verfahren (Bild 1.1-12) bestimmt.

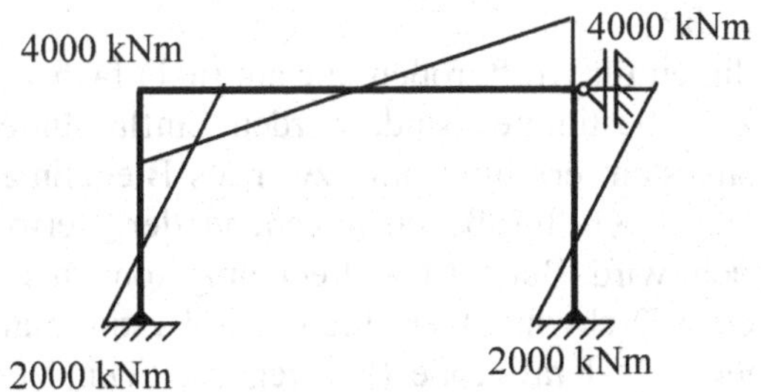

Bild 1.1-11 Biegemomentenverlauf im Tragwerk

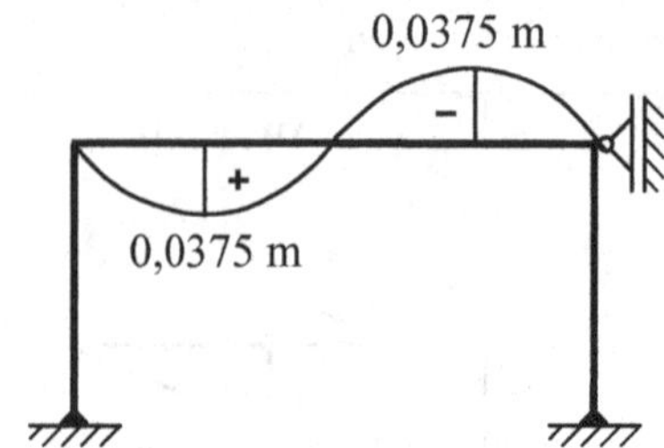

Bild 1.1-12 Biegelinie des Lastgurts

Im Bereich des Stabes, der als zwangläufige kinematische Kette diente, werden zu den Biegelinienordinaten diejenigen der Verschiebungsfigur der kinematischen Kette hinzuaddiert, woraus die gesuchte Einflusslinie mit der Klaffung (-1) am Punkt r resultiert (Bild 1.1-13).

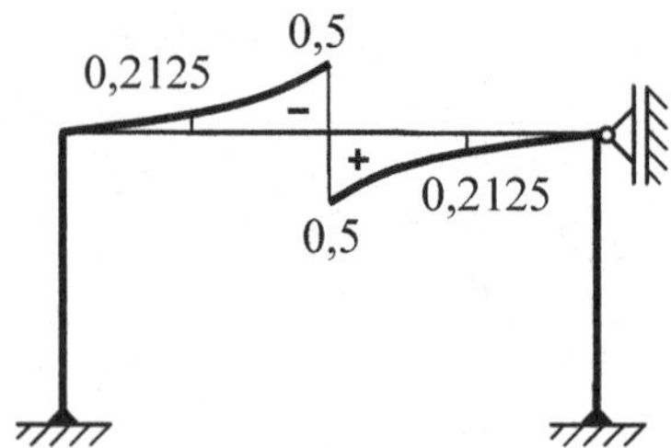

Bild 1.1-13 Ermittelte Einflusslinie der Querkraft in Riegelmitte

Bei der computergestützten Ermittlung von Kraftgrößeneinflusslinien braucht nur der der jeweiligen Kraftgröße entsprechende zusätzliche Freiheitsgrad eingeführt und die zugehörige Biegelinie des Lastgurtes für eine „-1"-Belastung bestimmt zu werden. Diese wird anschließend so skaliert, dass die Klaffung am neu eingeführten Freiheitsgrad (-1) beträgt, und stellt dann die gesuchte Einflusslinie dar.
Im Gegensatz zu den Einflusslinien für Kraftgrößen, die am (n-1)-fach statisch unbestimmten Tragwerk zu bestimmen sind, werden Einflusslinien für Verformungen am Originalsystem ermittelt, und zwar als Biegelinien des Lastgurtes infolge einer „+1"-Kraftgröße entsprechend der Verformung, deren Einflusslinie gesucht wird. Bei der Handrechnung können alle gängigen Verfahren (Kraft- oder Drehwinkelverfahren) zur Bestimmung der Momentenlinie infolge der „+1"-Kraftgröße (bei gegenseitigen Verformungen ein Kraftgrößenpaar) zum Einsatz kommen, und zur Ermittlung der Biegelinie kann das Verfahren der ω-Zahlen (Meskouris u. Hake, 2009, Abschnitt 6.3) herangezogen werden. Bei der computergestützten

Untersuchung braucht das System nur mit der entsprechenden „+1"-Kraftgröße (oder Kraftgrößenpaar) belastet und die Biegelinie des Lastgurts bestimmt werden; Zwischenwerte können auch hier von Hand oder per Computer nach dem ω-Verfahren ermittelt werden.

1.1.5 Kondensationstechniken

1.1.5.1 Allgemeines

Es ist in einigen Fällen sinnvoll, das Gleichungssystem

$$\mathbf{P} = \mathbf{K}\,\mathbf{V} \tag{1.1.23}$$

schrittweise zu lösen, indem eine Teilmenge von Unbekannten $\mathbf{V}_\varphi$ als Funktion der übrigen Unbekannten $\mathbf{V}_u$ dargestellt wird. Die den Verformungen $\mathbf{V}_\varphi$ entsprechenden Freiheitsgrade werden als unwesentliche und die den Verformungen $\mathbf{V}_u$ entsprechenden als wesentliche Freiheitsgrade bezeichnet („slave" bzw. „master"-Freiheitsgrade). Die zugehörige Aufteilung von (1.1.23) nach wesentlichen und unwesentlichen Freiheitsgraden führt zu:

$$\begin{bmatrix} \mathbf{P}_u \\ \mathbf{P}_\varphi \end{bmatrix} = \begin{bmatrix} \mathbf{K}_{uu} & \mathbf{K}_{u\varphi} \\ \mathbf{K}_{u\varphi}^T & \mathbf{K}_{\varphi\varphi} \end{bmatrix} \begin{bmatrix} \mathbf{V}_u \\ \mathbf{V}_\varphi \end{bmatrix} \tag{1.1.24}$$

Mit der Darstellung der Verformungen in den unwesentlichen Freiheitsgraden als Linearkombination der Verformungen in den wesentlichen Freiheitsgraden gemäß

$$\mathbf{V}_\varphi = \mathbf{a}\,\mathbf{V}_u \tag{1.1.25}$$

ergibt sich

$$\mathbf{V} = \begin{bmatrix} \mathbf{V}_u \\ \mathbf{V}_\varphi \end{bmatrix} = \begin{bmatrix} \mathbf{V}_u \\ \mathbf{a} \cdot \mathbf{V}_u \end{bmatrix} = \begin{bmatrix} \mathbf{I} \\ \mathbf{a} \end{bmatrix} \mathbf{V}_u = \mathbf{A}\,\mathbf{V}_u\,. \tag{1.1.26}$$

Mit

$$\begin{aligned} \mathbf{P} &= \mathbf{K}\,\mathbf{A}\,\mathbf{V}_u \\ \mathbf{A}^T\,\mathbf{P} &= \mathbf{A}^T\,\mathbf{K}\,\mathbf{A}\,\mathbf{V}_u \end{aligned} \tag{1.1.27}$$

erhalten wir das Gleichungssystem

$$\widetilde{\mathbf{P}} = \widetilde{\mathbf{K}}\,\mathbf{V}_u \tag{1.1.28}$$

in den wesentlichen Freiheitsgraden mit

$$\widetilde{\mathbf{P}} = \mathbf{A}^T \mathbf{P} \tag{1.1.29}$$

und

$$\widetilde{\mathbf{K}} = \mathbf{A}^T \mathbf{K} \mathbf{A} . \tag{1.1.30}$$

Die Steifigkeitsmatrix (1.1.30) wird als kondensierte Steifigkeitsmatrix des Systems in den wesentlichen Freiheitsgraden $\mathbf{V}_u$ bezeichnet. Der zugehörige Lastvektor ergibt sich nach (1.1.29). Nach Lösung des algebraischen Gleichungssystems (1.1.28) sind die Verformungen in den wesentlichen Freiheitsgraden bekannt und diejenigen in den unwesentlichen Freiheitsgraden (die im Allgemeinen nicht Null sind) lassen sich aus (1.1.25) berechnen. Verglichen mit einer direkten Lösung des Gleichungssystems (1.1.23) bietet diese Vorgehensweise zunächst keine Vorteile, da die Bestimmung der kondensierten Steifigkeitsmatrix ebenfalls mit einem entsprechenden Aufwand verbunden ist. Der besondere Vorteil liegt darin, dass auf diesem Weg Unterstrukturen als „Makroelemente" auf ihre Koppelfreiheitsgrade mit der Primärstruktur reduziert werden und bei wiederholtem Vorkommen identischer Unterstrukturen wieder verwendet werden können. Dadurch kann insgesamt die Anzahl der Freiheitsgrade der Gesamtstruktur reduziert werden.

1.1.5.2 Statische Kondensation und Substrukturtechnik

Die statische Kondensation dient zur Vorab-Elimination von unwesentlichen Freiheitsgraden und basiert auf der Annahme, dass keine äußeren Kräfte an diesen Freiheitsgraden angreifen ($\mathbf{P}_\varphi = \mathbf{0}$). Aus der zweiten Zeile der Gleichung (1.1.24) ergibt sich:

$$\mathbf{V}_\varphi = -\mathbf{K}_{\varphi\varphi}^{-1} \mathbf{K}_{u\varphi}^T \mathbf{V}_u \tag{1.1.31}$$

und damit

$$\mathbf{V} = \begin{bmatrix} \mathbf{V}_u \\ \mathbf{V}_\varphi \end{bmatrix} = \begin{bmatrix} \mathbf{I} \\ -\mathbf{K}_{\varphi\varphi}^{-1} \mathbf{K}_{u\varphi}^T \end{bmatrix} \mathbf{V}_u = \mathbf{A} \mathbf{V}_u . \tag{1.1.32}$$

Einsetzen von (1.1.32) in die erste Zeile von (1.1.24) liefert

$$\mathbf{P}_u = \mathbf{K}_{uu} \mathbf{V}_u - \mathbf{K}_{u\varphi} \mathbf{K}_{\varphi\varphi}^{-1} \mathbf{K}_{u\varphi}^T \mathbf{V}_u \tag{1.1.33}$$

oder, entsprechend (1.1.28):

$$\mathbf{P_u} = \widetilde{\mathbf{K}}\,\mathbf{V_u} \tag{1.1.34}$$

mit

$$\widetilde{\mathbf{K}} = \mathbf{K_{uu}} - \mathbf{K_{u\varphi}}\,\mathbf{K_{\varphi\varphi}^{-1}}\,\mathbf{K_{u\varphi}^{T}}\,. \tag{1.1.35}$$

1.1.5.3 Kinematische Kondensation

Die kinematische Kondensation dient zur Berücksichtigung geometrisch gekoppelter Freiheitsgrade. Diese Art der Kopplung tritt z.B. bei der Verbindung mit starren Konstruktionsteilen auf. Auch hier werden die Verformungen $\mathbf{V_\varphi}$ in den unwesentlichen Freiheitsgraden als Linearkombination der Verformungen $\mathbf{V_u}$ ausgedrückt. Das weitere Vorgehen erfolgt wie oben beschrieben.

1.1.6 Nichtlineares Verhalten von Stabtragwerken

Die lineare Berechnung von Tragwerken basiert auf der Formulierung des Gleichgewichts am unverformten System und auf der Annahme von linearelastischem Werkstoffverhalten. Es gilt das Superpositionsprinzip, und der Tragwerksnachweis erfolgt durch lokale Spannungsnachweise an den maßgebenden Tragwerkspunkten. Die lineare Theorie ist nur zulässig für die Berechnung von Tragwerken mit kleinen Verformungen und erlaubt keine Aussagen über das tatsächliche Tragvermögen der Gesamtstruktur. Zur Aufhebung dieser Einschränkungen ist es notwendig, die geometrischen und physikalischen Nichtlinearitäten bei der Tragwerksberechnung zu berücksichtigen. Im Folgenden werden die Grundlagen zur Erfassung der Nichtlinearitäten im Rahmen der matriziellen Weggrößenformulierungen von Stabtragwerken vorgestellt.

1.1.6.1 Geometrische Nichtlinearität

Die Berücksichtigung der geometrischen Nichtlinearität erfolgt durch die Formulierung des Gleichgewichtes am verformten Tragwerk. Ist die Größe der Verformungen im Vergleich zu den Tragwerksabmessungen relativ klein, kann die geometrische Nichtlinearität näherungsweise durch die Theorie II. Ordnung erfasst werden. Bei sehr großen auftretenden Verformungen ist der Übergang zu der Theorie III. Ordnung notwendig.

Geometrische Nichtlinearität nach Theorie II. Ordnung

Die Beschreibung der geometrischen Nichtlinearität erfolgt durch eine matrizielle Weggrößenformulierung. Die dafür notwendigen Steifigkeitsmatrizen werden ausgehend von der Differentialgleichung eines verformten Stabelementes hergeleitet. Diese ergibt sich aus einer Gleichgewichtsbetrachtung an einem differentiellen belasteten Stabelement (Bild 1.1-14):

$$(EIw'')'' \pm \frac{\varepsilon^2}{\ell^2} w'' = q_z - q_x w' \qquad \text{mit}\ \varepsilon = \ell\sqrt{\frac{|N|}{EI}} \tag{1.1.36}$$

Für die Herleitung der Steifigkeitsmatrizen wird die allgemeine Lösung des homogenen Teiles der Differentialgleichung benötigt. Diese lautet für den Fall einer Druckkraft ($N < 0$) im Stab

$$w(x) = C_1 + C_2 \frac{\overline{x}}{\ell} + C_3 \sin\frac{\varepsilon\overline{x}}{\ell} + C_4 \cos\frac{\varepsilon\overline{x}}{\ell} \tag{1.1.37}$$

und für den Fall einer Zugkraft ($N > 0$)

$$w(x) = C_1 + C_2 \frac{\overline{x}}{\ell} + C_3 \sinh\frac{\varepsilon\overline{x}}{\ell} + C_4 \cosh\frac{\varepsilon\overline{x}}{\ell}. \tag{1.1.38}$$

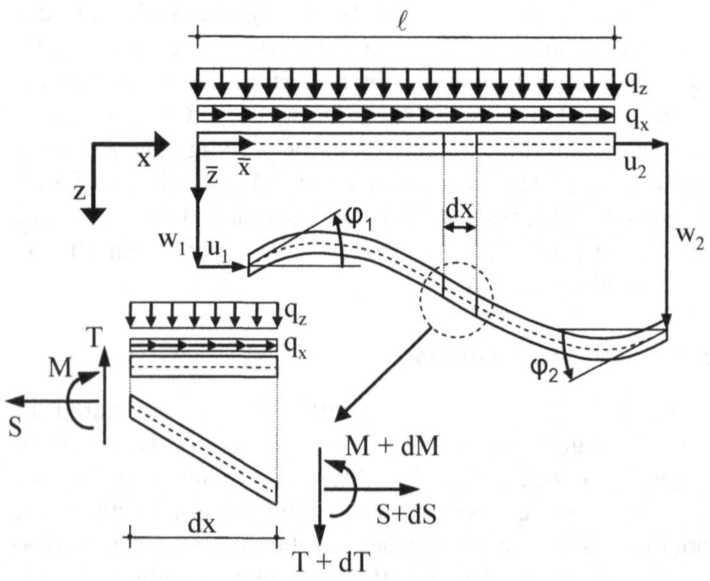

Bild 1.1-14: Gleichgewicht am differentiellen Stabelement

Die nichtlinearen Matrizen für die Stabelemente können spaltenweise durch das Einprägen von Einheits-Verformungszuständen bestimmt werden (Petersen, 1982). Dazu werden für jeden Einheits-Verformungszustand die Freiwerte C_i der Differentialgleichung und die zugehörigen Stabendkraftgrößen berechnet. Die daraus abgeleiteten Steifigkeitsmatrizen sind im Anhang 1.8 für einen beidseitig eingespannten Biegestab und einen Biegestab mit Momentengelenk rechts oder links angegeben. Die nichtlinearen Matrizen können auch in die Matrix nach Theorie I. Ordnung und die geometrische Steifigkeitsmatrix zerlegt werden:

$$\mathbf{k}_{II} = \mathbf{k}_e + \mathbf{k}_g \qquad (1.1.39)$$

Die geometrische Steifigkeitsmatrix erfasst den Einfluss der Normalkräfte auf die Biegemomente. Nimmt die Normalkraft im Stab den Wert Null an, so verschwindet der geometrisch nichtlineare Anteil, und die nichtlineare Steifigkeitsmatrix entspricht der Matrix nach linearer Theorie.
Mit der matriziellen Formulierung lassen sich Stabilitäts- und Spannungsprobleme lösen. Diese Problemstellungen werden am Beispiel des in Bild 1.1-15 druckbeanspruchten Kragarms erläutert.

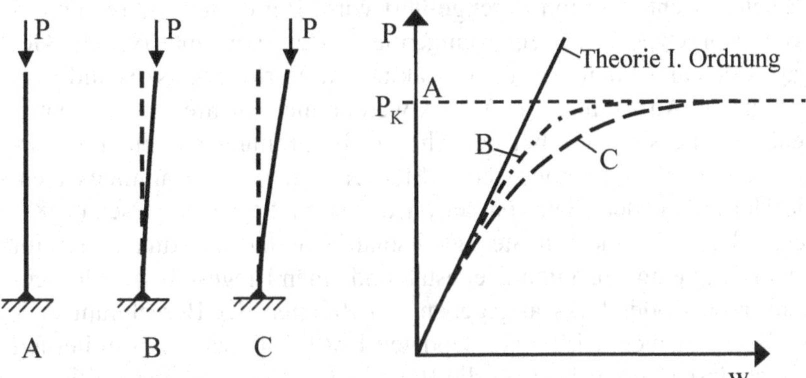

Bild 1.1-15: Druckbeanspruchter Kragarm mit und ohne Schiefstellung

Handelt es sich bei dem Kragarm um einen ideal geraden Stab ohne Imperfektionen (System A), so liegt ein Stabilitätsproblem vor. Zur Lösung dieses Stabilitätsproblems ist ein lineares Eigenwertproblem zu lösen:

$$\det(\mathbf{k}_e + \lambda \mathbf{k}_g) = 0 \qquad (1.1.40)$$

Der Lastfaktor λ stellt dabei die Sicherheit des Tragwerks gegenüber einem Stabilitätsversagen dar. Durch Multiplikation von λ mit der aufgebrachten Last ergibt sich die kritische Knicklast P_K. Der Stab knickt bei dieser Last mit unbestimmter Amplitude aus.

Weist der Kragarm am Kopfpunkt eine Auslenkung auf (Systeme B, C), so geht das Stabilitätsproblem in ein Spannungsproblem über. Es kommt zu keinem plötzlichen Versagen und die Kurve nähert sich asymptotisch der Knicklast an. Es wird deutlich, dass der Kragarm bei größer werdender Schiefstellung im asymptotischen Bereich der Knicklast mit größeren Verformungen reagiert.
Die Theorie II. Ordnung nähert die vollständig geometrisch nichtlineare Lösung durch die Aufstellung des Zusammenhangs zwischen Gesamtlast und Gesamtverschiebung mittels einer Sekantensteifigkeitsmatrix an. Die Näherung ist ausreichend, solange die auftretenden Verformungen gegenüber den Tragwerksabmessungen relativ klein sind. Bei großen Verformungen ist die Theorie II. Ordnung nicht anwendbar.

Geometrische Nichtlinearität nach Theorie III. Ordnung

Die Anwendung der Theorie großer Verformungen ist für die Berechnung von weichen Tragwerken wie Membran- oder Seilnetzkonstruktionen notwendig. Die Durchführung einer Berechnung mit großen Verformungen erfolgt in der Regel in mehreren Lastschritten, wobei in jedem Lastschritt eine Gleichgewichtsiteration durchgeführt wird. Bei diesem inkrementell-iterativen Vorgehen wird eine tangentiale Steifigkeitsmatrix des Gesamttragwerks in Abhängigkeit vom aktuellen Verformungszustand verwendet. Für die Aufstellung der Matrix werden nichtlineare Elementmatrizen benötigt, die sich wie bei der Theorie II. Ordnung aus einer linear-elastischen und einer geometrischen Steifigkeitsmatrix zusammensetzen. Für die Herleitung der Matrizen sei an dieser Stelle auf Petersen (1982) verwiesen. Die nichtlinearen Steifigkeitsmatrizen sind im Anhang 1.8 für einen beidseitig eingespannten Biegestab und einen Biegestab mit Momentengelenk rechts oder links angegeben. Im Rahmen der Berechnungsbeispiele dieses Buches wird eine Updated-LAGRANGEsche Formulierung gewählt, so dass die Matrizen für die Berechnung der Tangentialsteifigkeiten immer bezogen auf den letzten Verformungszustand aktualisiert werden. Konkret bedeutet dies, dass sowohl die elastischen als auch die geometrischen Steifigkeitsmatrizen für die Knotenkoordinaten des verformten Zustands neu aufgestellt werden müssen. Die inkrementell-iterativen Lösungsverfahren unter Verwendung der tangentialen Gesamtsteifigkeitsmatrix werden in Abschnitt 1.1.6.3 vorgestellt.

1.1.6.2 Physikalische Nichtlinearität

Die physikalische Nichtlinearität bildet die Nichtlinearitäten auf der Materialseite durch entsprechende Materialgesetze ab, die innere Weg- und

Kraftgrößen miteinander verknüpfen. Im Folgenden wird eine physikalisch nichtlineare matrizielle Formulierung und eine vereinfachte Erfassung der Nichtlinearitäten durch die Anwendung des Fließgelenkverfahrens vorgestellt.

Physikalisch nichtlineare Steifigkeitsmatrizen

Die Aufstellung physikalisch nichtlinearer Steifigkeitsmatrizen erfolgt durch eine entsprechende Modifizierung der Materialmatrizen. Für die Aufstellung der Materialmatrix wird der Elastizitätsmodul benötigt, der aus der Ableitung der vorgegebenen Spannungsdehnungslinie bestimmt werden kann:

$$E_T = \frac{\partial \sigma}{\partial \varepsilon} \tag{1.1.41}$$

Der Tangentenmodul E_T kann so in Abhängigkeit von der aktuellen Dehnung im Element bestimmt werden. Damit kann die physikalische Nichtlinearität bei der Aufstellung der tangentialen Steifigkeitsmatrix für jeden beliebigen Verformungszustand berücksichtigt werden. Stillschweigend wurde hier vorausgesetzt, dass die Spannungs-Dehnungs-Linien a priori bekannt sind. Dies ist für einen experimentell gut erforschten homogenen Werkstoff wie Stahl der Fall, bei Verbundwerkstoffen wie Stahlbeton oder Mauerwerk ist auf Grund der spröden Eigenschaften und Rissbildungsprozesse die werkstoffliche Beschreibung wesentlich komplexer. Geeignete Modelle für diese Werkstoffe finden sich in der weiterführenden Literatur (Mehlhorn, 1995; Lourenco, 1996).

Physikalische Nichtlinearität nach dem Fließgelenkverfahren

Die Anwendung der im vorherigen Abschnitt vorgestellten physikalisch nichtlinearen Formulierung führt insbesondere bei komplexen Werkstoffen zu langen Rechenzeiten. Zudem wird in der Praxis in der Regel nicht die vollständig nichtlineare Tragwerksantwort benötigt, sondern nur die maximale Traglast. Diese kann mit dem Fließgelenkverfahren in einfacher Weise bestimmt werden. Grundlage des Verfahrens ist die Annahme, dass sich die Inelastizitäten auf bestimmte Querschnittstellen konzentrieren. Zwischen den inelastischen Querschnitten wird ein linear-elastisches Materialverhalten unterstellt. Weiterhin wird angenommen, dass sich die Inelastizitäten nicht kontinuierlich ausbilden, sondern dass ein plötzlicher Übergang vom elastischen zum vollplastischen Querschnitt stattfindet. Der vollplastische Querschnitt wird als Fließgelenk bezeichnet. Bis zum endgültigen Versagen eines Tragwerks ist die Ausbildung mehrerer Fließgelenke möglich. Dem Fließgelenkverfahren liegt auf der Spannungsebene die in Bild 1.1-16 dargestellte elastisch-idealplastische Idealisierung der Spannungsdehnungslinie zugrunde, nach der bei Erreichen der Fließspannung σ_F keine weitere Last mehr aufgenommen werden kann (Petersen, 1993).

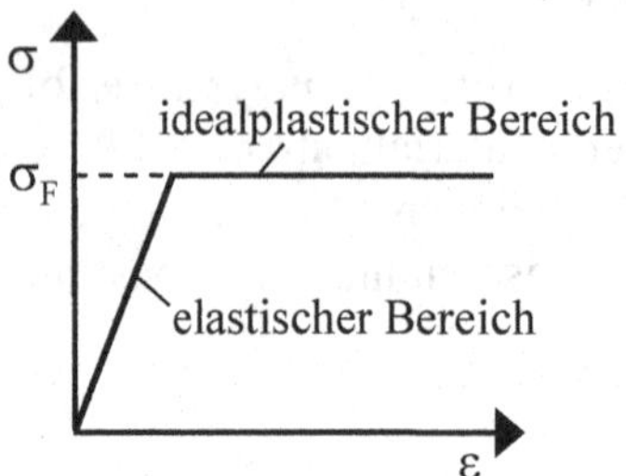

Bild 1.1-16: Elastisch-idealplastische Idealisierung der Spannungsdehnungslinie

Am Beispiel des in Bild 1.1-17 dargestellten Trägers wird das Verfahren veranschaulicht. Bei einer elastischen Betrachtungsweise ist die Tragfähigkeit des Trägers bei Erreichen der Randzugspannungen an der Einspannstelle erreicht. Bei Anwendung der Fließgelenktheorie können sich an der Einspannstelle und unter der Einzellast Fließgelenke ausbilden, bevor der Träger in eine kinematische Kette übergeht und versagt.

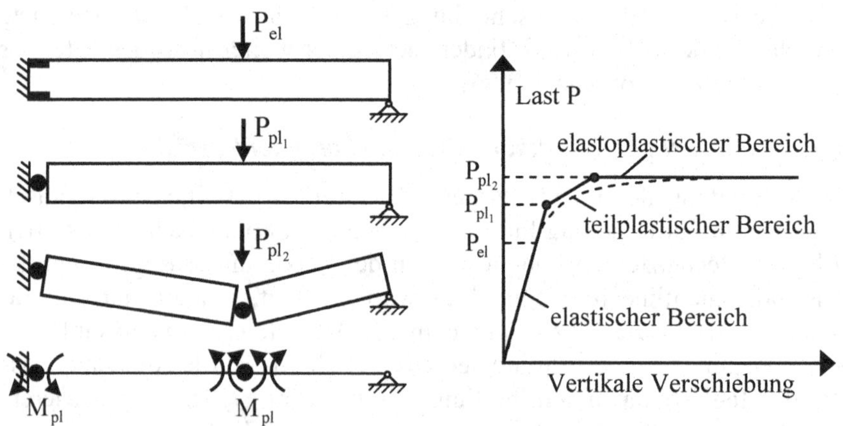

Bild 1.1-17: Ausbildung von Fließgelenken für einen Träger mit Einzellast

Auf Querschnittsebene findet ein kontinuierlicher Übergang vom elastischen zum vollplastischen Zustand statt. Werden die Spannungen über den Querschnitt integriert, kann die Beziehung zwischen Moment und Krümmung angegeben werden (Bild 1.1-18). Im linken Diagramm ist gut die asymptotische Annäherung an das Moment M_{pl} des vollplastischen Querschnitts zu erkennen. Im Rahmen der Fließgelenktheorie wird, wie auf der Spannungsebene, die im linken Diagramm dargestellte elastisch-idealplastische Näherung verwendet. Die Überprüfung, ob sich ein Querschnitt im elastischen oder plastischen Bereich befindet, kann durch den Vergleich des berechneten mit dem vollplastischen Moment erfolgen. Diese querschnittsbezogene Überprüfung hat sich vor allem im Bereich des Stahlbaus auf Grund der größeren Anschaulichkeit etabliert. Treten in einem Querschnitt zusätzlich zum Moment noch Normalkräfte und Querkräfte auf, so ist das aufnehmbare plastische Moment durch die in den Normen angegebenen Interaktionsbedingungen zu reduzieren (Eurocode 3, 1993).

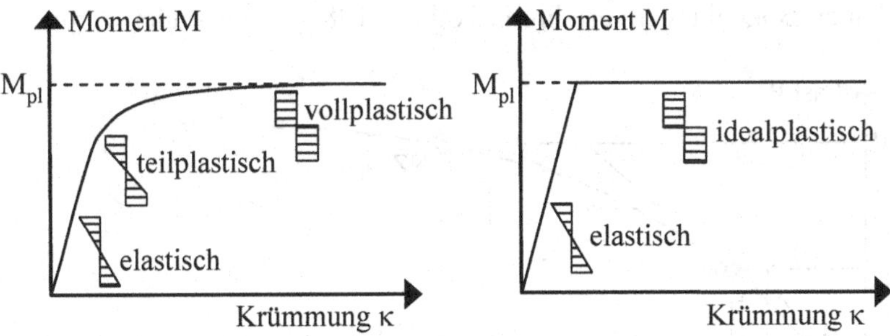

Bild 1.1-18: Elastisch-idealplastisches Verhalten auf Querschnittsebene

Die rechnerische Umsetzung der Fließgelenktheorie kann von Hand durch Anwendung der Traglastsätze für ausgewählte kinematische Ketten erfolgen. Alternativ kann durch sukzessives Einfügen von Vollgelenken an den vollplastischen Querschnitten die Traglast inkrementell mit Hilfe von Stabwerksprogrammen ermittelt werden (Krätzig et al., 2004).

1.1.6.3 Nichtlineare Iterationsverfahren

Im Folgenden werden die nichtlinearen Iterationsverfahren zur inkrementell-iterativen Lösung geometrisch und physikalisch nichtlinearer Problemstellungen erläutert. Gesucht ist die Lösung der tangentialen Gesamt-Steifigkeitsbeziehung des Tragwerks:

$$\mathbf{K}_{\mathbf{T}}(\mathbf{V}_{\mathbf{GZ}})\,\mathbf{V}^{+} = \mathbf{P} - \mathbf{F}_{\mathbf{i}}(\mathbf{V}_{\mathbf{GZ}}) \qquad (1.1.42)$$

$\mathbf{K}_{\mathbf{T}}$ ist die tangentiale Steifigkeitsmatrix im bekannten Grundzustand, $\mathbf{V}^{+}$ ist das gesuchte Verformungsinkrement, **P** ist der Lastvektor im gesuchten

Lösungspunkt und $\mathbf{F}_i(\mathbf{V}_{GZ})$ ist der Vektor der inneren Kräfte im bekannten Grundzustand. Im Gegensatz zur einfachen Sekantenformulierung nach Theorie II. Ordnung ist die Lösung der Gesamt-Steifigkeitsbeziehung nur inkrementell-iterativ möglich.
Die Iterationsverfahren starten in der Regel im unbelasteten Zustand als Ausgangszustand. Dann erfolgt die schrittweise Aufbringung der Last mit einer Gleichgewichtsiteration in jedem Lastschritt. Ist in einem Lastschritt Gleichgewicht erreicht, so wird der berechnete Verformungszustand zum neuen Grundzustand. Das inkrementell-iterative Vorgehen ist in Bild 1.1-19 dargestellt. Wird im jedem Iterationsschritt die tangentiale Steifigkeitsmatrix aktualisiert, so handelt es sich um das Standard-NEWTON-RAPHSON-Verfahren. Das modifizierte NEWTON-RAPHSON-Verfahren basiert hingegen auf einer konstanten Steifigkeit innerhalb eines Lastschrittes. Sollen nichtlineare Antwortpfade mit abfallenden Ästen verfolgt werden, können Bogenlängenverfahren (Rothert, 1987) angewendet werden.

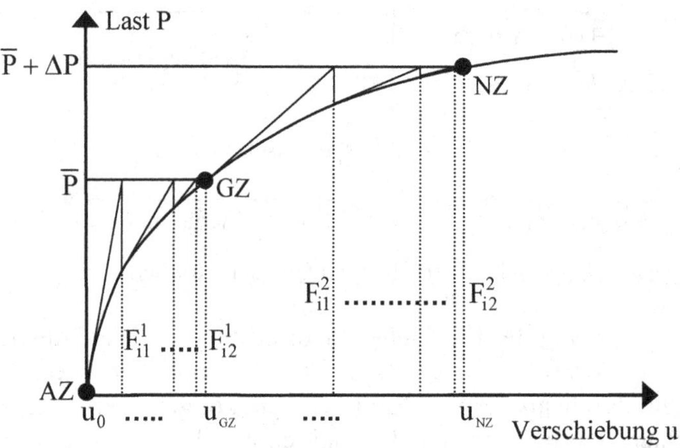

Bild 1.1-19: Inkrementell-iterative Berechnung (NEWTON-RAPHSON)

1.2 Beispiele für Linienträger

1.2.1 Einfeldträger

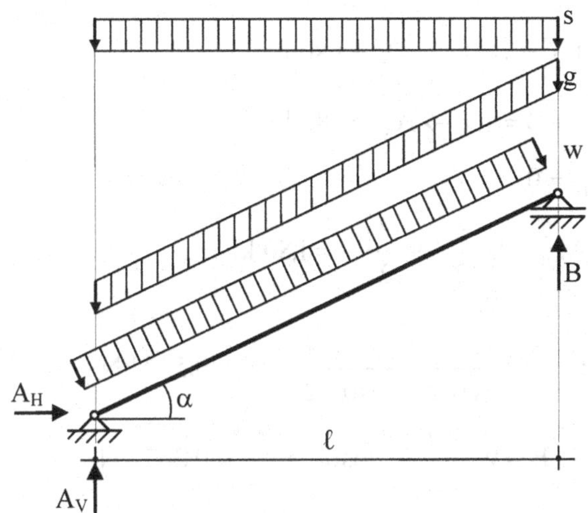

Bild 1.2-1 Einfeldträger unter Eigengewicht, Wind- und Schneelast

Der in Bild 1.2-1 skizzierte Einfeldträger hat eine projizierte Länge $\ell = 4{,}00$ m und ist um $\alpha = 30°$ gegen die Waagerechte geneigt. Für die drei Lastfälle g = 0,80 kN/m, s = 0,90 kN/m und w = 0,20 kN/m sind zu ermitteln:

a) Die Auflagerkräfte, getrennt für die drei Lastfälle,
b) Die Normalkraft-, Querkraft- und Momentenverläufe, ebenfalls getrennt für die Lastfälle g (Eigengewicht), s (Schnee) und w (Wind).

Handrechnung: Die Bezeichnungen der Auflagerkräfte gehen aus Bild 1.2-1 hervor. Die Auflagerkraft B kann durch Bildung des Momentengleichgewichts $\Sigma M_a = 0$ um a sofort bestimmt werden und anschließend ergeben sich die Horizontal- und Vertikalkomponente der Auflagerkraft A durch Anschreiben der Gleichgewichtsbedingungen $\Sigma V = 0$ und $\Sigma H = 0$.
Lastfall g:

$$\sum M_a = 0 \Rightarrow B \cdot \ell = g \cdot \frac{\ell}{\cos\alpha} \cdot \frac{\ell}{2} \rightarrow B = 1{,}8475 \text{ kN}$$

$$\sum V = 0 \Rightarrow A_V + B = g \cdot \frac{\ell}{\cos\alpha} \rightarrow A_V = g \cdot \frac{\ell}{\cos\alpha} - B = 1{,}8475 \text{ kN}$$

$$\sum H = 0 \Rightarrow A_H = 0$$

Moment in Feldmitte: $M_m = B \cdot \frac{\ell}{2} - \frac{g \cdot \ell}{2 \cdot \cos\alpha} \cdot \frac{\ell}{4} = 1{,}847 \text{ kNm}$

Lastfall s:

$$\sum M_a = 0 \Rightarrow B \cdot \ell = s \cdot \ell \cdot \frac{\ell}{2} \rightarrow B = 1{,}80 \text{ kN}$$

$$\sum V = 0 \Rightarrow A_V + B = s \cdot \ell \rightarrow A_V = 1{,}80 \text{ kN}$$

$$\sum H = 0 \Rightarrow A_H = 0$$

Moment in Feldmitte: $M_m = B \cdot \frac{\ell}{2} - s \cdot \frac{\ell}{2} \cdot \frac{\ell}{4} = 1{,}80 \text{ kNm}$

Lastfall w:

$$\sum M_a = 0 \Rightarrow B \cdot \ell = w \cdot \frac{\ell}{\cos\alpha} \cdot \frac{\ell}{\cos\alpha} \cdot \frac{1}{2} \rightarrow B = 0{,}533 \text{ kN}$$

$$\sum V = 0 \Rightarrow A_V + B = w \cdot \frac{\ell}{\cos\alpha} \cdot \cos\alpha \rightarrow A_V = 0{,}267 \text{ kN}$$

$$\sum H = 0 \Rightarrow A_H = -w \cdot \frac{\ell}{\cos\alpha} \cdot \sin\alpha = -0{,}462 \text{ kN}$$

Moment in Feldmitte: $M_m = B \cdot \frac{\ell}{2} - \frac{w \cdot \ell}{2 \cdot \cos\alpha} \cdot \frac{\ell}{2 \cdot \cos\alpha} \cdot \frac{1}{2} = 0{,}533 \text{ kNm}$

Elektronische Berechnung: Der Einfeldträger wird wie in Bild 1.2-2 gezeigt durch einen Stab mit drei Systemfreiheitsgraden abgebildet. Die Steifigkeitswerte des statisch bestimmten Systems haben auf den Schnittkraftverlauf keinen Einfluss; als Biegesteifigkeit EI des Stabes wird hier ein Wert von 10.000 kNm^2, als Dehnsteifigkeit EA ein Wert von 100.000 kN angenommen.

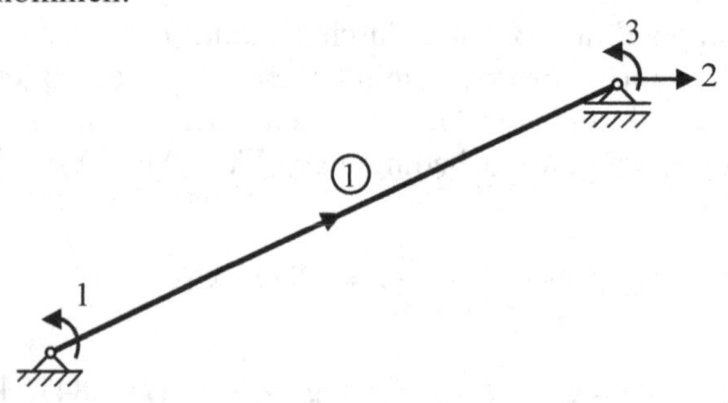

Bild 1.2-2 Diskretisierter Einfeldträger

Es wird das Programm TRAP eingesetzt, dessen Eingabedateien **etrap.txt**, **trap.txt** und **trapnr.txt** folgende Daten enthalten:

etrap.txt

10000.0, 4.6188, 100000., 30.	EI, ℓ, EA und α des Stabes 1
0,0,1, 2,0,3,	Inzidenzvektor des Stabes 1
0.,0.,0.,	Äußere Lasten korrespondierend zu den Freiheitsgraden 1,2,3

trap.txt (alternativ für die Lastfälle g, s und w)

-0.4, 0.6928, -0.4, 0.6928	Trapezlastordinaten im LF g parallel und senkrecht zur Stabachse am Ende 1 und am Ende 2
-0.3897,0.6750,-0.3897,0.6750	Alternativ für den LF s
0.0, 0.2, 0.0, 0.2	Alternativ für den LF w

trapnr.txt

1	Nr. des Stabes mit der Trapezlast

Nach dem Aufruf des Programms TRAP sind folgende Daten nach der entsprechenden Eingabeaufforderung über Tastatur einzugeben:

Gesamtanzahl NDOF der Freiheitsgrade	3
Anzahl NELEM der Stäbe	1
Anzahl NTRAP der Stäbe mit Trapezlasten	1
Anzahl NFED der einzubauenden Federmatrizen	0

Die Ausgabedatei für den jeweiligen Lastfall enthält unter anderem die Verformungen und Schnittkräfte im globalen und lokalen Koordinatensystem. Für den Lastfall g erhalten wir z.B. im lokalen Koordinatensystem für u_1, w_1, φ_1, u_2, w_2, φ_2 (1. Zeile, nach Vorzeichenkonvention II) und N_1, Q_1, M_1, N_2, Q_2, M_2 (2. Zeile, VK I) die Werte:

atrap.txt

```
ELEMENT NR.       1
.0000E+00  .0000E+00  -.2844E-03  -.1252E-08  -.7226E-09  .2844E-03
-.9238E+00  .1600E+01  .0000E+00  .9237E+00  -.1600E+01  -.2220E-15
```

Im globalen Koordinatensystem lauten z.B. die Ergebnisse für u_{x1}, u_{z1}, φ_1, u_{x2}, u_{z2}, φ_2 (1. Zeile) bzw. H_1, V_1, M_1, H_2, V_2, M_2 (2. Zeile) nach VK II für den Lastfall w:

atrap.txt

```
ELEMENT NR.       1
.0000E+00  .0000E+00  -.8365E-04  .1422E-04  .0000E+00  .8057E-04
-.4619E+00  -.2667E+00  .5551E-16  .5551E-16  -.5333E+00  .5551E-16
```

Damit sind die linear verlaufenden Normalkraft- und Querkraftlinien bekannt. Zur Bestimmung weiterer Ordinaten der Momentenlinien, wovon ja nur die Anfangs- und Endwerte mit Null bekannt sind, wird das Verfahren der ω-Zahlen (Meskouris u. Hake, 2009, Abschnitt 6.3) herangezogen, welches zur doppelten Integration einer Funktion dient. So lässt sich damit die Momentenlinie

$$M(x) = -\iint p(x)dxdx$$

aus der Funktion p(x) der verteilten Belastung bestimmen, oder eine Biegelinie

$$EI \cdot w(x) = -\iint M(x)dxdx$$

aus der Funktion M(x) der Momentenlinie, und zwar jeweils für homogene Randbedingungen M(0) = M(ℓ) = 0 bzw. w(0) = w(ℓ) = 0. Das Programm ZWI führt diese Berechnung für eine trapez- oder parabelförmige Funktion p(x) bzw. M(x) durch und addiert das Ergebnis zu den einzugebenden Randwerten M(0) und M(ℓ) bzw. EI·w(0) und EI·w(ℓ) der Ergebniskurve. Für die Biegemomentenlinie spielt hier nur die senkrecht auf den Stab wirkende Komponente der Belastung (z.B. g·cos 30° für den LF g) eine Rolle. Als Beispiel werden hier Zwischenwerte der Momentenlinie für den Lastfall g in den Zehntelpunkten mit dem Programm ZWI berechnet, wozu die folgende Eingabe dient:

Stablänge	4.6188
Randordinaten zum Einhängen der Kurve	0.0, 0.0
Ordinaten der Belastung am Ende 1 und 2	0.6928, 0.6928
Unterteilung der Stablänge in N gleiche Teile, N	10

Das Ergebnis wird in die Datei **verlauf.txt** abgelegt und lautet z.B. für den Fall Eigengewicht:

verlauf.txt

```
.0000000E+00 .0000000E+00
.4618800E+00 .6650874E+00
.9237600E+00 .1182378E+01
.1385640E+01 .1551871E+01
.1847520E+01 .1773566E+01
.2309400E+01 .1847465E+01
.2771280E+01 .1773566E+01
.3233160E+01 .1551871E+01
.3695040E+01 .1182378E+01
.4156920E+01 .6650874E+00
.4618800E+01 -.3950833E-15
```

In Bild 1.2-3 sind die berechneten Ergebnisse für alle drei Lastfälle aufgezeichnet.

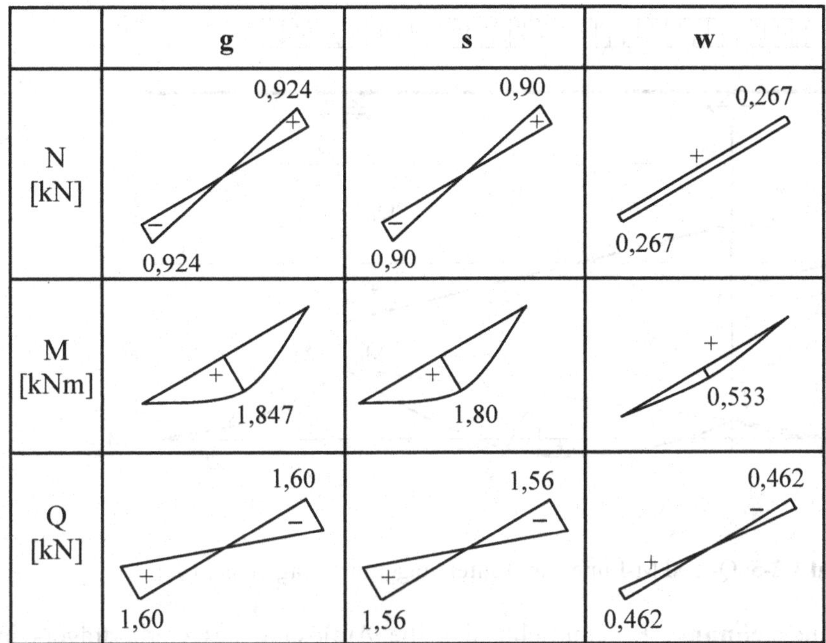

g
s
w
N
[kN]
0,924
0,924
0,90
0,90
0,267
0,267
M
[kNm]
1,847
1,80
0,533
Q
[kN]
1,60
1,60
1,56
1,56
0,462
0,462

Bild 1.2-3 Schnittkraftverläufe für die drei Lastfälle

1.2.2 Gerberträger

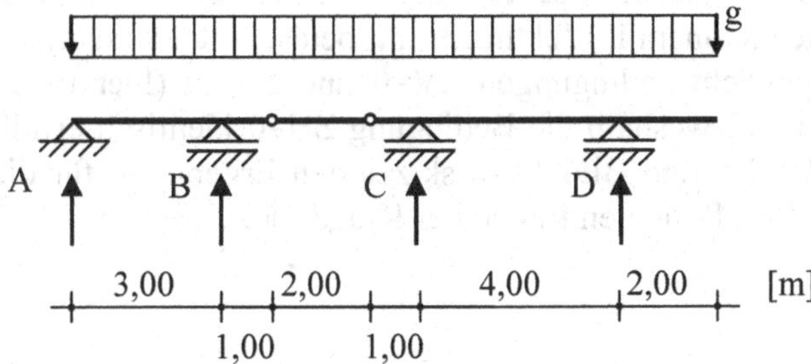

Bild 1.2-4 Gerberträger unter Eigengewichtsbelastung

Gesucht sind die Verläufe der Querkraft und des Biegemoments bei dem in Bild 1.2-4 skizzierten, statisch bestimmten Gerberträger für eine Belastung g=2,4 kN/m.

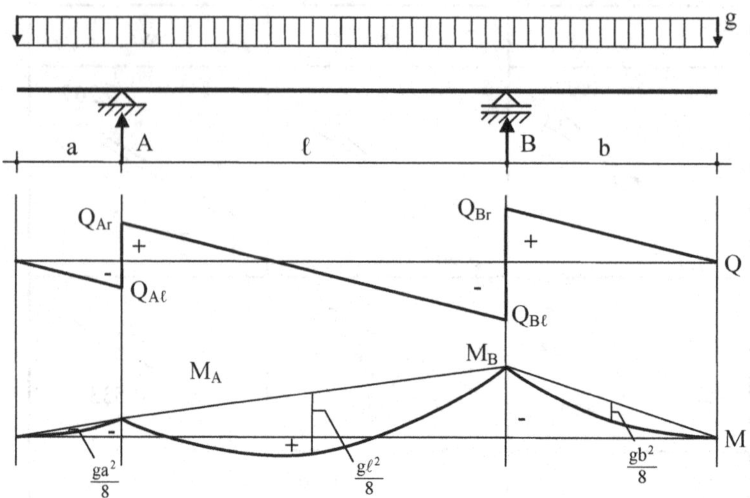

Bild 1.2-5 Q- und M-Linien am Einfeldträger mit Kragarmen, LF g

Handrechnung: Es empfiehlt sich die Auflösung des Gerberträgers in Teilsysteme, siehe z.B. Abschnitt 4.1.4.2 in Meskouris u. Hake (2009). Hier wird der 2 m lange Teil des Gerberträgers zwischen den Gelenken im zweiten Feld herausgetrennt, und seine Auflagerreaktionen $g \cdot \ell/2$ = $2{,}4 \cdot 2{,}0/2 = 2{,}4$ kN werden als Belastung auf die verbleibenden Tragwerksteile (Einfeldträger mit einseitigem Kragarm im linken Teil, bzw. Einfeldträger mit beidseitigen Kragarmen rechts) aufgebracht. Die Bestimmung der Q- und M-Verläufe an einem Einfeldträger mit beidseitigen Kragarmen mit Hilfe der Gleichgewichtsbedingungen ΣV=0 und ΣM=0 (hier treten keine Horizontallasten auf, weshalb die Bedingung ΣH=0 identisch erfüllt ist) liefert die in Bild 1.2-5 und Bild 1.2-6 skizzierten Ergebnisse für die beiden Lastfälle g bzw. P_1, P_2 an den Enden der Kragarme:

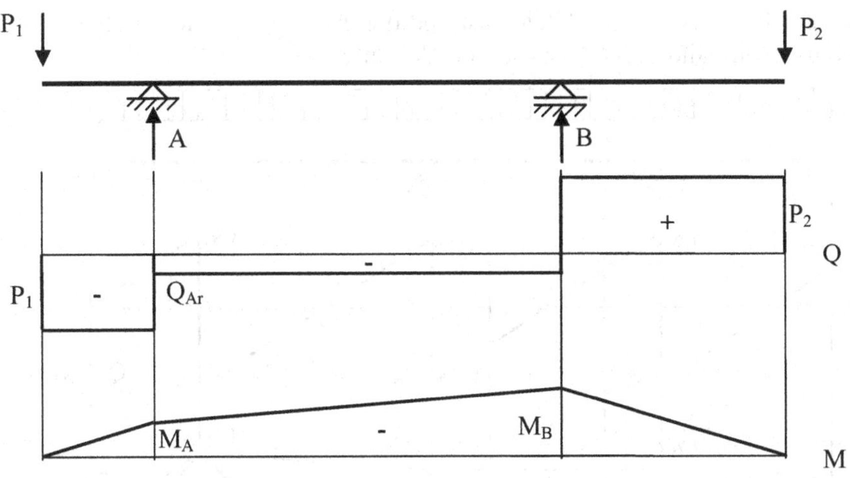

Bild 1.2-6 Q- und M-Linien am Einfeldträger mit Kragarmen, LF P1, P2

Die jeweiligen Ordinaten können folgender Übersicht entnommen werden:

Größe	**Lastfall g**	**Lastfall P_1, P_2**
$Q_{A\ell}$	$-g \cdot a$	$-P_1$
Q_{Ar}	$\frac{g}{2} \cdot \left(\ell + \frac{a^2 - b^2}{\ell}\right)$	$\frac{P_1 \cdot a - P_2 \cdot b}{\ell}$
$Q_{B\ell}$	$-\frac{g}{2} \cdot \left(\ell + \frac{b^2 - a^2}{\ell}\right)$	$\frac{P_1 \cdot a - P_2 \cdot b}{\ell}$
Q_{Br}	$g \cdot b$	P_2
A	$\frac{g}{2 \cdot \ell} \cdot \left((\ell + a)^2 - b^2\right)$	$\frac{P_1 \cdot (a + \ell) - P_2 \cdot b}{\ell}$
B	$\frac{g}{2 \cdot \ell} \cdot \left((\ell + b)^2 - a^2\right)$	$\frac{P_2 \cdot (\ell + b) - P_1 \cdot a}{\ell}$
M_A	$-g \cdot a^2 / 2$	$-P_1 \cdot a$
M_B	$-g \cdot b^2 / 2$	$-P_2 \cdot b$

Beim linken Teilsystem ist $a = 0$, $\ell = 3{,}00$ m, $b = 1{,}00$ m sowie $g = 2{,}4$ kN/m und $P_1 = 0$, $P_2 = 2{,}4$ kN, beim rechten Teilsystem entsprechend $a = 1{,}00$ m, $\ell = 4{,}00$ m, $b = 2{,}00$ m sowie $g = 2{,}4$ kN/m und $P_1 = 2{,}4$ kN, $P_2 = 0$. Einsetzen dieser Werte in obige Ausdrücke und Addition der Beiträge aus der Gleichlast und den Einzellasten liefert als Endergebnis die in Bild 1.2-7 dargestellten Verläufe.

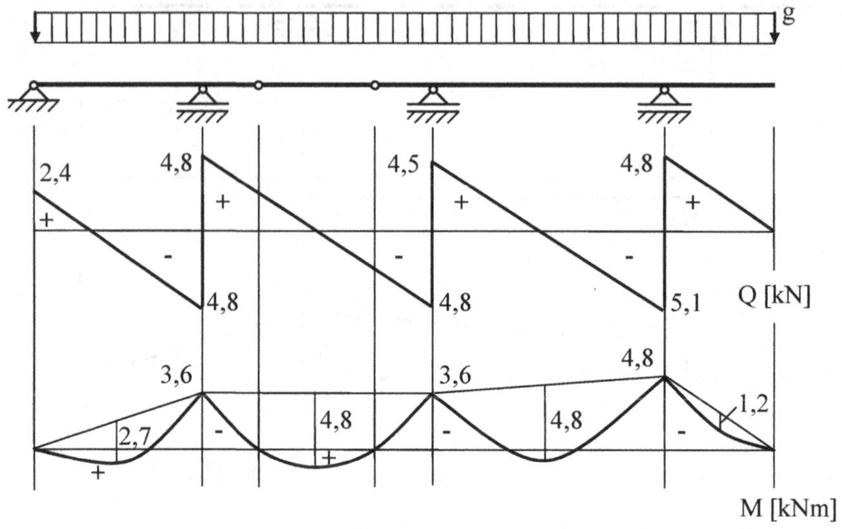

Bild 1.2-7 Resultierende Q- und M-Linien des Gerberträgers

Elektronische Berechnung: Der Gerberträger wird wie in Bild 1.2-8 gezeigt durch insgesamt 6 Stäbe und 12 Systemfreiheitsgrade abgebildet. Als Biegesteifigkeit EI aller Stäbe wird ein Wert von 10.000 kNm^2 angenommen, die Angabe einer Dehnsteifigkeit EA ist hier nicht nötig, weil es keine Belastungskomponente in Stablängsrichtung gibt (es wird deshalb kein entsprechender Freiheitsgrad eingeführt und EA=0 angegeben).

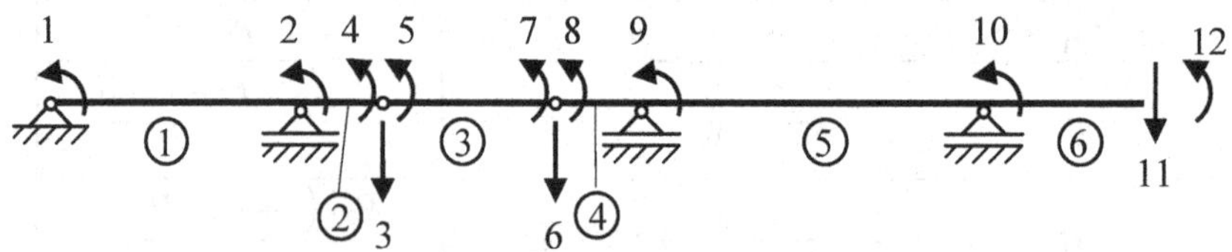

Bild 1.2-8 Diskretisierung des Gerberträgers

Es wird das Programm TRAP eingesetzt, dessen Eingabedateien **etrap.txt**, **trap.txt** und **trapnr.txt** folgende Daten enthalten:

etrap.txt

10000., 3., 0., 0.	EI, ℓ, EA und α aller 6 Stäbe
10000., 1., 0., 0.	
10000., 2., 0., 0.	
10000., 1., 0., 0.	

10000., 4., 0., 0.	
10000., 2., 0., 0.,	
0,0,1, 0,0,2,	Inzidenzvektoren der 6 Stäbe
0,0,2, 0,3,4,	
0,3,5, 0,6,7,	
0,6,8, 0,0,9,	
0,0,9, 0,0,10,	
0,0,10, 0,11,12,	
0., 0., 0., 0., 0., 0., 0., 0., 0., 0., 0., 0.,	Äußere Lasten der 12 Freiheitsgrade

trap.txt

0., 2.4, 0., 2.4	Trapezlastordinaten für alle Stäbe
0., 2.4, 0., 2.4	(s. Beispiel 1.2.1)
0., 2.4, 0., 2.4	
0., 2.4, 0., 2.4	
0., 2.4, 0., 2.4	
0., 2.4, 0., 2.4	

trapnr.txt

1,2,3,4,5,6,	Nummern der Stäbe mit einer Trapezlast

Nach dem Aufruf des Programms TRAP sind folgende Daten nach der entsprechenden Eingabeaufforderung über Tastatur einzugeben:

Gesamtanzahl NDOF der Freiheitsgrade	12
Anzahl NELEM der Stäbe	6
Anzahl NTRAP der Stäbe mit Trapezlasten	6
Anzahl NFED der einzubauenden Federmatrizen	0

Die in der Ausgabedatei **atrap.txt** enthaltenen Werte bestätigen die Richtigkeit der Handrechnung; nach VK I erhalten wir folgende Schnittkräfte:

atrap.txt

```
ELEMENT NR.    1
.0000E+00  .2400E+01  .2220E-15  .0000E+00  -.4800E+01  -.3600E+01
ELEMENT NR.    2
.0000E+00  .4800E+01  -.3600E+01  .0000E+00  .2400E+01  .1277E-14
ELEMENT NR.    3
.0000E+00  .2400E+01  .0000E+00  .0000E+00  -.2400E+01  .4441E-15
ELEMENT NR.    4
.0000E+00  -.2400E+01  -.9437E-15  .0000E+00  -.4800E+01  -.3600E+01
ELEMENT NR.    5
.0000E+00  .4500E+01  -.3600E+01  .0000E+00  -.5100E+01  -.4800E+01
ELEMENT NR.    6
.0000E+00  .4800E+01  -.4800E+01  .0000E+00  -.4441E-15  -.3331E-15
```

Auch hier können Zwischenwerte mit Hilfe des Programms ZWI ausgegeben werden.

1.2.3 Momenteneinflusslinie eines Durchlaufträgers

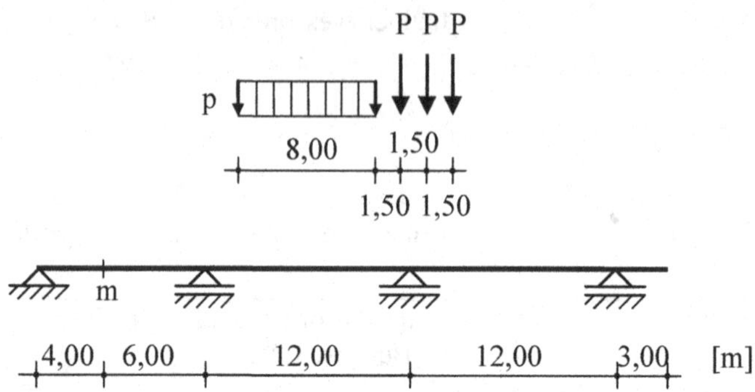

Bild 1.2-9 Durchlaufträger und Lastenzug

Bild 1.2-9 zeigt einen zweifach statisch unbestimmten Durchlaufträger, bei dem die Einflusslinie des Biegemoments im Querschnitt m gesucht ist. Diese ist außerdem für den angegebenen Lastenzug auszuwerten, d.h. es sind die beim Überfahren des Durchlaufträgers durch den Zug im Querschnitt m entstehenden Maximal- und Minimalwerte des Biegemoments zu ermitteln. Es ist P=100 kN und p=60 kN/m.

Handrechnung (Kraftgrößenverfahren): Nach den Ausführungen in Abschnitt 1 wird zunächst ein statisch bestimmtes Grundsystem erzeugt, indem über den beiden mittleren Stützen Gelenke eingeführt werden (Bild 1.2-10). In diesem statisch bestimmten System ergibt sich die „M_{m0}"-Einflusslinie direkt durch Einführung eines Gelenks in m und Auslenkung des dadurch entstehenden Mechanismus, so dass eine gegenseitige Verdrehung von der Größe -1 in m entsteht. Die Ordinate bei m beträgt $\eta = 4 \cdot 6 / 10 = 2{,}4$ m (Bild 1.2-11, vgl. Abschnitt 7.3.3 in Meskouris u. Hake, 2009).

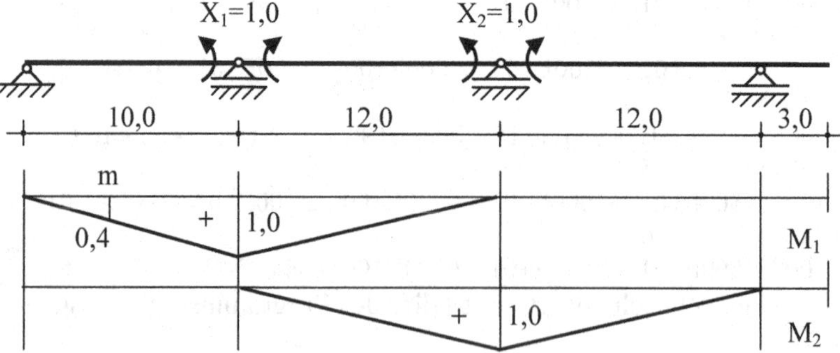

Bild 1.2-10 Grundsystem mit statisch Überzähligen

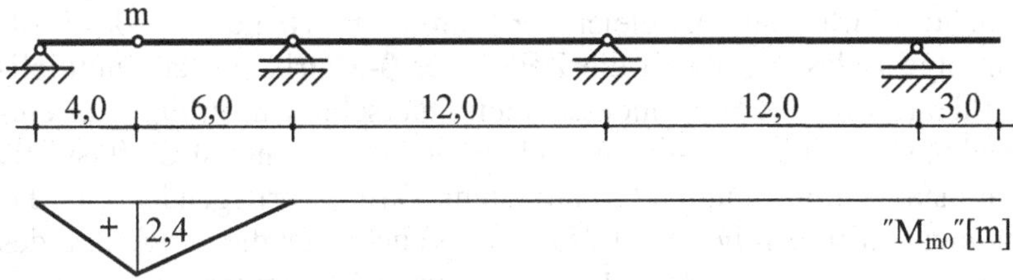

Bild 1.2-11 Einflusslinie „Mm_0“ am statisch bestimmten Grundsystem

Die Formänderungswerte δ_{ik} ergeben sich zu

$EI \cdot \delta_{11} = (1/3) \cdot 1^2 \cdot (10{,}0+12{,}0) = 7{,}3333$

$EI \cdot \delta_{22} = (1/3) \cdot 1^2 \cdot (12{,}0+12{,}0) = 8{,}0$

$EI \cdot \delta_{12} = (1/6) \cdot 1^2 \cdot 12{,}0 \qquad = 2{,}0$

Die Matrix $\boldsymbol{\delta}$ und ihre negative Inverse lauten damit:

$$\boldsymbol{\delta} = \frac{1}{EI} \cdot \begin{bmatrix} 7{,}333 & 2{,}0 \\ 2{,}0 & 8{,}0 \end{bmatrix}; \quad \boldsymbol{\beta} = -EI \cdot \begin{bmatrix} 0.14634 & -0{,}036585 \\ -0{,}036585 & 0{,}13415 \end{bmatrix} \tag{1.2.1}$$

Zur Bestimmung der Inverse bei größeren Matrizen kann das Programm INVERM verwendet werden; es liest die zu invertierende (n,n) - Matrix aus der Datei **matrix.txt** ab, wo sie (formatfrei) spaltenweise abgelegt ist, und schreibt die berechnete Inverse (ebenfalls spaltenweise) in die Datei **invmat.txt**.

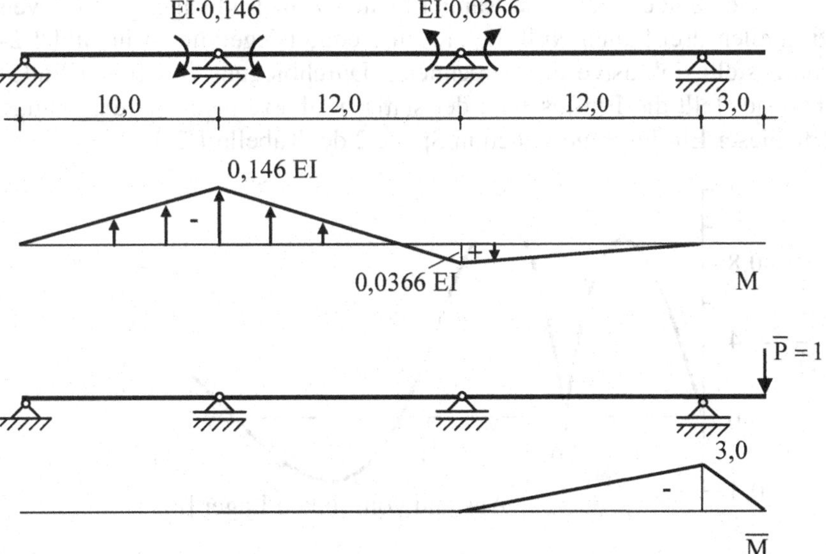

Bild 1.2-12 Momentenlinien und virtuelle Kraft P=1 zur Bestimmung der Enddurchbiegung

Die gesuchte Einflusslinie ist gleich der Summe der Biegelinien des Lastgurtes infolge Belastung durch die Zeilen der **β**-Matrix, jeweils multipliziert mit dem Wert des Biegemoments am Querschnitt m infolge der entsprechenden statisch Überzähligen, und der bereits bekannten Einflusslinie „M_{m0}“ am statisch bestimmten Grundsystem. Da im vorliegenden Fall das Biegemoment in m infolge X_2=1 Null ist, braucht nur die Biegelinie des Lastgurts infolge der in Bild 1.2-12 skizzierten Momentenbelastung bestimmt zu werden (1. Zeile der **β**-Matrix). Zur Berechnung der Durchbiegung des freien Endes am Kragarm rechts muss eine virtuelle Kraft P = 1 angebracht werden, deren Momentenlinie $\overline{M}$ ebenfalls in Bild 1.2-12 skizziert ist. Die Überlagerung der Momentenlinien M und $\overline{M}$ liefert für die Durchbiegung w des freien Endes:

$$w = \frac{1}{EI}\int M \cdot \overline{M} dx = \frac{1}{EI} \cdot \frac{1}{6} \cdot 0{,}0366 \cdot EI \cdot (-3{,}00) \cdot 12{,}00 = -0{,}2195\,m \quad (1.2.2)$$

Der Verlauf der Biegelinien in den ersten drei Feldern des Durchlaufträgers kann von Hand unter Verwendung der Tabellen der ω-Zahlen (Abschnitt 6.3 in Meskouris u. Hake, 2009) oder, einfacher, mit Hilfe des Programms ZWI berechnet werden. Dazu wird das Programm dreimal aufgerufen und es werden jeweils die Anfangskoordinaten (0, 10 und 22 m), die Feldlängen (10, 12, 12 m) sowie die Ordinaten der Belastung (0, -0,146 im ersten Feld, -0,146 und 0,0366 im zweiten Feld, 0,0366 und 0 im dritten Feld) eingegeben. Die Randordinaten zum Einhängen der Kurven sind in allen drei Fällen Null. Die resultierende Biegelinie ist in Bild 1.2-13 dargestellt, inklusive der berechneten Durchbiegung des freien Endes rechts; sie stellt die Einflusslinie der statisch Überzähligen X_1 dar. Einige Werte dieser Einflusslinie stehen in Spalte 2 der Tabelle 1.2-1.

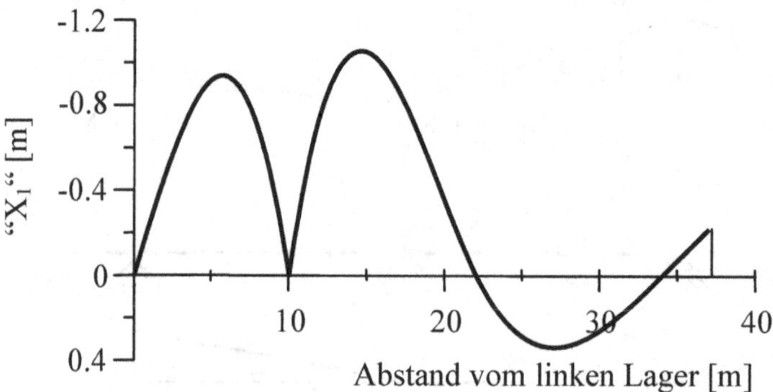

Bild 1.2-13 Einflusslinie „X_1“

Die gesuchte Einflusslinie „M_m" des Biegemoments im Querschnitt m ergibt sich nun aus der Addition der mit dem Faktor 0,40 multiplizierten Einflusslinie „X_1" (0,40 ist laut Bild 1.2-10 der Wert des Biegemoments am Querschnitt m infolge $X_1 = 1$) und der Einflusslinie „M_{m0}" am statisch bestimmten Grundsystem; sie ist in Bild 1.2-14 zu sehen. Der Maximalwert im Querschnitt m beträgt 2,40 - 0,40 · 0,8195 = 2,07 m; einige weitere Ordinaten sind in Spalte 3 der Tabelle 1.2-1 angegeben.

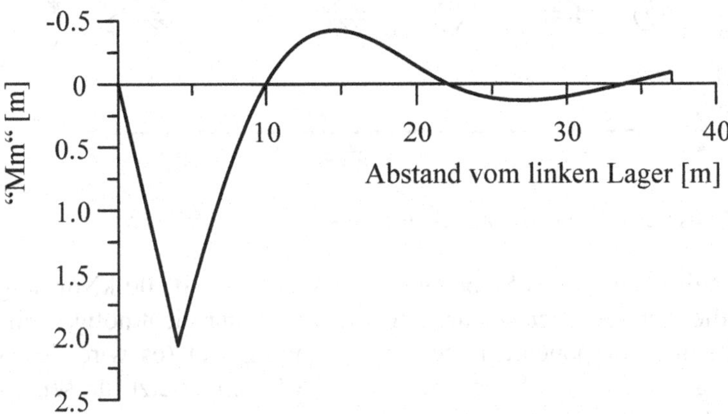

Bild 1.2-14 Einflusslinie „M_m"

Tabelle 1.2-1 Ordinaten der Einflusslinien „X_1" und „M_m"

Abstand vom linken Auflager, m	Ordinate von „X_1" in m	Ordinaten von „M_m" in m
0,00	0,00	0,00
4,00	- 0,8195	2,0722
6,00	- 0,9366	1,2253
8,00	- 0,7024	0,5190
10,00	0,00	0,00
16,00	- 0,9878	- 0,3951
20,08	- 0,3304	- 0,1322
22,00	0,00	0,00
24,04	0,2267	0,0907
28,00	0,3293	0,1317
34,00	0,00	0,00
37,00	- 0,2195	- 0,0878

Elektronische Berechnung: Es wird das (n-1)-fach statisch unbestimmte System untersucht, das durch die Einführung eines Gelenks in m entsteht, und als Belastung wird in m ein Doppelmoment vom Betrag -1 angesetzt. Das Tragwerk wird wie in Bild 1.2-15 gezeigt durch 5 Stäbe und 9 Systemfreiheitsgrade abgebildet.

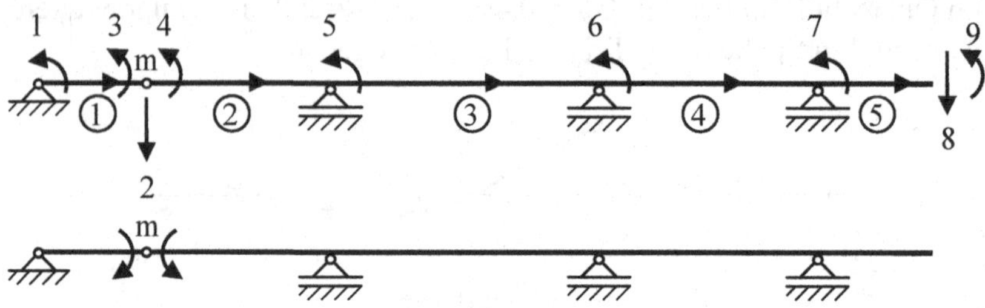

Bild 1.2-15 Diskretisierung des Durchlaufträgers

Als Biegesteifigkeit EI des Stabes wird ein Wert von 10.000 kNm^2 angenommen, die Angabe einer Dehnsteifigkeit EA ist hier nicht nötig, weil es keine Belastungskomponente in Stablängsrichtung gibt (es wird deshalb EA=0 angegeben). Es wird das Programm TRAP eingesetzt, dessen Eingabedatei **etrap.txt** folgende Daten enthält:

etrap.txt

10000., 4., 0., 0.	EI, ℓ, EA und α aller 5 Stäbe
10000., 6., 0., 0.	
10000., 12., 0., 0.	
10000., 12., 0., 0.	
10000., 3., 0., 0.	
0,0,1, 0,2,3	Inzidenzvektoren der 5 Stäbe
0,2,4, 0,0,5,	
0,0,5, 0,0,6,	
0,0,6, 0,0,7,	
0,0,7, 0,8,9,	
0., 0., -1.0., 1.0, 0., 0., 0., 0., 0.,	Äußere Lasten der 9 Freiheitsgrade

Nach dem Aufruf des Programms TRAP sind folgende Daten nach der entsprechenden Eingabeaufforderung über die Tastatur einzugeben:

Gesamtanzahl NDOF der Freiheitsgrade	9
Anzahl NELEM der Stäbe	5
Anzahl NTRAP der Stäbe mit Trapezlasten	0
Anzahl NFED der einzubauenden Federmatrizen	0

In der Ausgabedatei **atrap.txt** stehen dann folgende berechnete Werte für die Verformungen in den einzelnen Freiheitsgraden 1 bis 9:

atrap.txt

```
1     -.002145833333
2      .008850000000
3     -.002345833333
4      .001925000000
...    ...
9      .000125000000
```

Damit ist die gegenseitige Verdrehung im Gelenk am Querschnitt m gleich der Summe der Absolutwerte der Verdrehungen in den Freiheitsgraden 3 und 4, somit gleich 0,0023458 + 0,001925 = 0,0042708 rad. Zur Erzwingung einer gegenseitigen Einheitsverdrehung wird somit ein Doppelmoment vom Betrag 1/0,0042708 = 234,15 kNm benötigt. Eine erneute Berechnung des Systems mit der modifizierten Lastzeile

```
0., 0., -234.15, 234.15, 0., 0., 0., 0., 0.,
```

liefert die mit dem Faktor 234,15 skalierten Verschiebungen:

atrap.txt

```
1     -.502446875000
2     2.072227500000
3     -.549276875000
4      .450738750000
5      .204881250000
6     -.058537500000
7      .029268750000
8     -.087806250000
9      .029268750000
```

Wie man sieht, beträgt die Ordinate η_m der Einflusslinie 2,072 m in Übereinstimmung mit der Handrechnung. Der zugehörige Biegemomentenverlauf ist in Bild 1.2-16 skizziert.

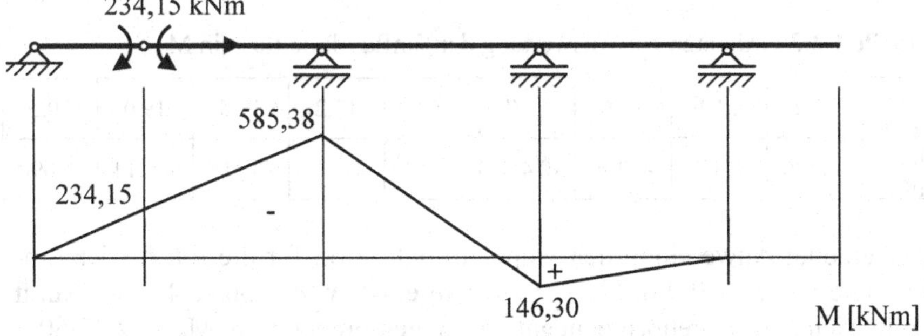

Bild 1.2-16 Momentenlinie für eine gegenseitige Verdrehung -1 in m

Bei den nun bekannten Randwerten (Ordinate in m und am freien Ende rechts entsprechend dem Freiheitsgrad 8) können Zwischenwerte der Einflusslinie analog zu früher mit Hilfe des Programms ZWI ermittelt werden. Nun zu der Auswertung der Einflusslinie für den gegebenen Lastenzug. Um ein möglichst großes Moment im Querschnitt m zu erzeugen wird der Lastenzug so positioniert, dass seine hintere Achse gerade auf m steht. Damit sind die beiden vorderen Achsen 5,5 bzw. 7,0 m vom linken Auflager entfernt, und der Block mit der Gleichlast reicht bis zur Koordinate x = 2,5 m. Aus der Einflusslinie werden die in Tabelle 1.2-2 zusammengefassten Ordinaten abgelesen.

Tabelle 1.2-2 Ordinaten zur Auswertung der Einflusslinie für max M_m

x [m]	0,5	1,0	1,5	2,0	2,5	4,0	5,5	7,0
η(x) [m]	0,2513	0,5034	0,7570	1,013	1,271	2,072	1,426	0,8517

Die Fläche F der Einflusslinie zwischen x = 0 und x = 2,5 m wird mit Hilfe der Trapezformel berechnet:

$$F \approx \frac{\Delta x}{2} \cdot \left(\eta_0 + 2 \cdot \eta_1 + \ldots + 2 \cdot \eta_{n-1} + \eta_n\right) \qquad (1.2.3)$$

Mit Δx = 0,5 m ergibt sich eine Fläche von (0,50/2)·(0 + 2·(0,2513 + 0,5034 + 0,757 + 1,013) + 1,271) = 1,58 m^2. Insgesamt beträgt damit das maximale Biegemoment max M_m = 1,58·60 + 100,0 · (2,072 + 1,426 + 0,8517) = 94,80 + 434,97 = 529,8 kNm.
Für das größte negative Biegemoment wird nach Augenschein eine Laststellung angenommen, bei der die erste Achse gerade über dem dritten Auflager von links steht, d.h. bei x = 22 m. Der in Feld 1 reichende Anteil der Gleichlast wird vernachlässigt. Die benötigten Ordinaten stehen in Tabelle 1.2-3.

Tabelle 1.2-3 Ordinaten zur Auswertung der Einflusslinie für min M_m

x [m]	11,2	12,4	13,6	14,8	16,0	17,2	17,5	19,0	20,5
η(x) [m]	-0,206	-0,337	-0,406	-0,422	-0,395	-0,337	-0,315	-0,214	-0,096

Eine erneute Anwendung der Trapezformel liefert für die Fläche der Einflusslinie von x= 10,0 m bis x = 17, 5 m einen Wert von -2,42 m^2. Damit ergibt sich das zugehörige negative Biegemoment min M_m= -2,42·60 - 100·(0,214 + 0,096) = -145,09 - 31,0 = -176,09 kNm.

Zur Überprüfung dieser von Hand ermittelten Ergebnisse wird das Programm EFL eingesetzt, das eine vorgegebene Einflusslinie für einen Lastenzug, bestehend aus Einzellasten und einem Gleichlastblock, auswertet. Es benötigt zwei Eingabedateien, **el.txt** und **zug.txt**. In der ersten steht die bekannte Einflusslinie (zwei Spalten mit den Koordinaten x und den entsprechenden Ordinaten $\eta(x)$), während in **zug.txt** der Lastenzug mit NAX Achsen, bzw. Einzellasten beschrieben wird. Darin stehen zunächst in NAX Zeilen die Größen der Achslasten, danach auf NAX-1 Zeilen die Abstände der Achsen untereinander. Es folgen drei Zeilen mit jeweils dem Abstand des Anfangs der Gleichlast von der letzten Achse, der Länge der Gleichlast und deren Größe. Im vorliegenden Fall sieht die Datei **zug.txt** so aus:

zug.txt

```
100.
100.
100.
1.5
1.5
1.5
8.00
60.
```

Nach dem Aufruf des Programms EFL sind folgende Daten nach der entsprechenden Eingabeaufforderung über die Tastatur einzugeben:

Anzahl NPKT der Punkte der Einflusslinie? 302
Anzahl der Achsen des Lastzuges? 3
Anzahl der Unterteilungen für die lineare Interpolation 1000

In der Ausgabedatei **maxmin.txt** werden der errechnete Maximal- und Minimalwert der Zustandsgröße ausgegeben, dazu die jeweilige Position des Lastenzuges. In einer weiteren Ausgabedatei, **verlauf.txt**, wird die Zustandsgröße als Funktion der Lage der führenden Zugachse (Koordinate x) ausgegeben. Im vorliegenden Fall enthält **maxmin.txt** folgende Information:

```
Maximum der Zustandsgroesse  = 0.5283037E+03
 Zugehoerige Entf. der 1. Achse =    6.993
 Minimum der Zustandsgroesse  = - 0.1773963E+03
 Zugehoerige Entf. der 1. Achse =   22.348
```

Bild 1.2-17 zeigt den Verlauf des Biegemoments beim Wandern des Lastzuges über den Träger, wie in der Datei **verlauf.txt** enthalten.

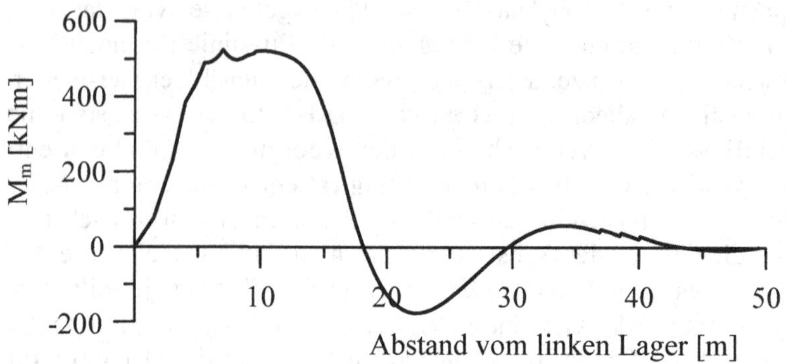

Bild 1.2-17 Wert des Biegemoments M_m bei der Zugüberfahrt

1.2.4 Zustandsgrößen eines gevouteten Trägers

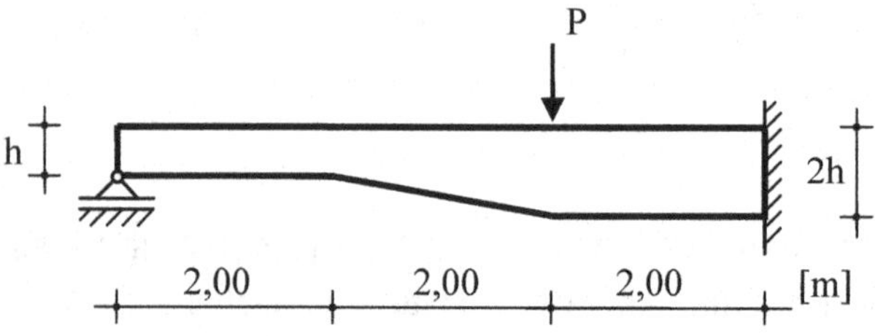

Bild 1.2-18 Gevouteter Träger

Der in Bild 1.2-18 skizzierte, einfach statisch unbestimmte Träger hat einen Rechteckquerschnitt mit konstanter Breite b = 0,5 m und in seinem mittleren Teil eine veränderliche Höhe zwischen h = 1,0 m und 2,0 m ($E = 2{,}1 \cdot 10^7$ kN/m²). Gesucht ist der Momenten- und Querkraftverlauf infolge P = 15 kN.

Handrechnung: Es wird ein statisch bestimmtes System durch Entfernen des linken Gleitlagers mit entsprechender Einführung der statisch Überzähligen X_1=1 eingeführt. In Bild 1.2-19 sind dazu die Momentenlinien M_1 infolge X_1=1 und M_0 infolge der äußeren Belastung eingezeichnet, dazu die Stützstellen 0 bis 8 für die numerische Ermittlung der Formänderungswerte δ_{11} und δ_{10} mit Hilfe der SIMPSON-Formel. Diese liefert folgenden Näherungswert für das bestimmte Integral der Funktion y(x) im Bereich von a bis b (mit $\Delta x = (b-a)/n$ und n gerade):

$$\int_a^b y(x)dx \approx \frac{\Delta x}{3} \cdot (y_0 + 4 \cdot y_1 + 2 \cdot y_2 + 4 \cdot y_3 + \ldots + 4 \cdot y_{n-1} + \eta_n) \qquad (1.2.4)$$

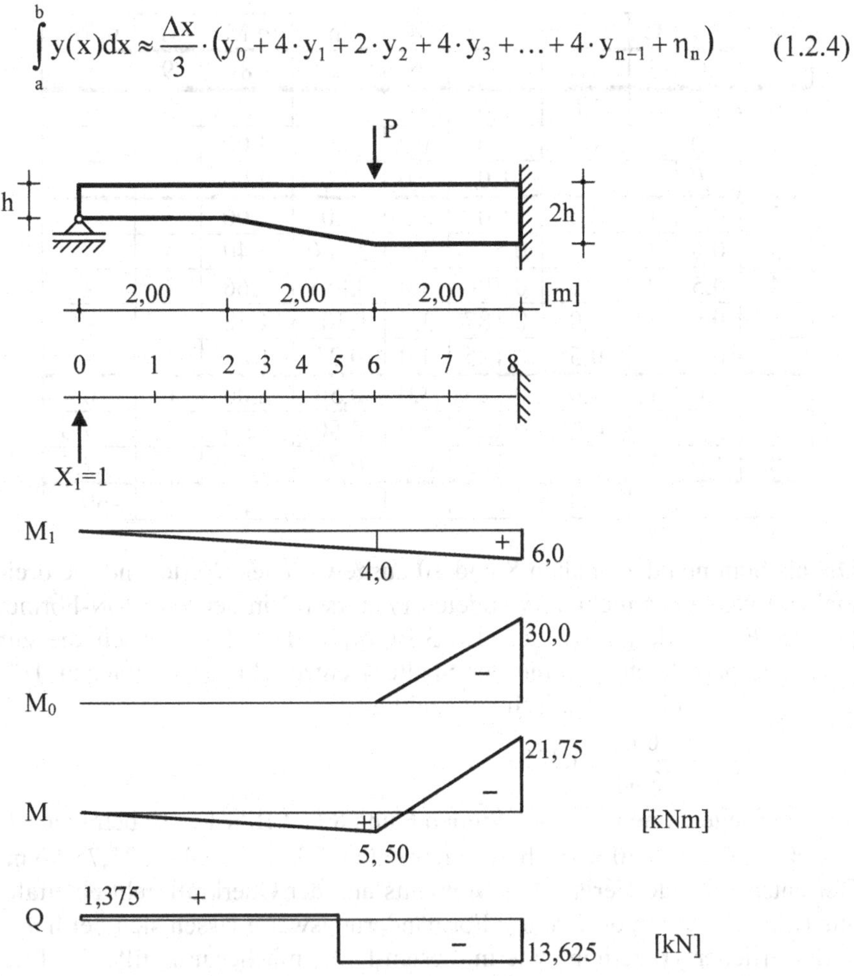

Bild 1.2-19 Grundsystem, Stützstellen, Verläufe von M_0, M_1, M, Q

Die SIMPSON-Formel liefert für Polynome bis zum dritten Grad den exakten Wert des Integrals, weshalb eine Unterteilung der Trägerbereiche mit konstanter Höhe in nur zwei Abschnitten ausreicht. Die Berechung erfolgt in Form einer Tabelle mit Hilfe eines Tabellenkalkulationsprogramms, wobei die einzelnen Spalten der besseren Übersicht wegen durchnummeriert sind. In Spalte 3 stehen die SIMPSON-Koeffizienten, in Spalte 4 steht das Produkt der Spalten 2 und 3, in Spalte 7 das Produkt der Spalten 4,5 und 6, also $m = C \cdot \Delta x \cdot M_1 \cdot (I_c/I)$ mit dem Vergleichsträgheitsmoment I_c am jeweiligen Querschnitt.

Pkt.	Δx	C	C·Δx	I_c/I	M_1	m	$m \cdot M_1$	M_0	$m \cdot M_0$
1	2	3	4	5	6	7	8	9	10
0	1,0	1	1,0	1,0	0	0	0	-	-
1	1,0	4	4,0	1,0	1,0	4,0	4,00	-	-
2	1,0	1	1,0	1,0	2,0	2,0	4,00	-	-
2	0,5	1	0,5	1,0	2,0	1,0	2,00	-	-
3	0,5	4	2,0	0,512	2,5	2,560	6,40	-	-
4	0,5	2	1,0	0,296	3,0	0,888	2,66	-	-
5	0,5	4	2,0	0,187	3,5	1,309	4,58	-	-
6	0,5	1	0,5	0,125	4,0	0,25	1,00	-	-
6	1,0	1	1,0	0,125	4,0	0,50	2,00	0	0
7	1,0	4	4,0	0,125	5,0	2,50	12,5	-15	-37,5
8	1,0	1	1,0	0,125	6,0	0,75	4,50	-30	-22,5
Σ			18,0				43,64		-60,0

Die als Summen der Spalten 8 und 10 ausgewiesenen Werte sind die dreifachen (wegen des nicht verwendeten Faktors 1/3 in der SIMPSON-Formel (1.2.4)) Formänderungswerte, also $3 \cdot EI_c \cdot \delta_{11}$ und $3 \cdot EI_c \cdot \delta_{10}$. Auch die zur Kontrolle berechnete Summe der Spalte 4 entspricht der dreifachen Trägerlänge. Damit ist die statisch Überzählige

$$X_1 = -\frac{-60{,}0}{43{,}64} = 1{,}375\,\text{kN}\,,$$

und die Biegemomente an den Stellen 6 und 8 laut Bild 1.2-19 betragen $M_6 = 4{,}00 \cdot 1{,}375 = 5{,}50$ kNm bzw. $M_8 = 6{,}00 \cdot 1{,}375 - 30{,}0 = -21{,}75$ kNm. Der entsprechende Verlauf des Moments und der Querkraft geht ebenfalls aus Bild 1.2-19 hervor. Die δ_{ik}- Formänderungswerte lassen sich bei linear veränderlicher Trägerhöhe wie in diesem Fall einfacher mit Hilfe des Programms DIK (s. Anhang 1.8) berechnen; sie ergeben sich hier zu $\delta_{11} = 0{,}1662 \cdot 10^{-4}$ und $\delta_{10} = -0{,}2286 \cdot 10^{-4}$ in Übereinstimmung mit obigen Werten.

Elektronische Berechnung: Es wird das Programm VOUT eingesetzt, das die Möglichkeit bietet, ebene Rahmentragwerke mit gevouteten Stäben (lineare Veränderung der Querschnittshöhe bei gleich bleibender Querschnittsbreite) unter Einzellasten und trapezförmig verteilter Belastung zu untersuchen. Die entsprechende lokale Elementsteifigkeitsmatrix ist im Anhang 1.8 angegeben. Die Eingabedateien **evout.txt**, **trap.txt** und **trapnr.txt** des Programms entsprechen denjenigen des Programms TRAP mit dem Unterschied, dass in **evout.txt** für jeden Stab neben den Werten EI_i (am Anfangsquerschnitt), ℓ, EA_i und α jetzt auch der Wert r nach Anhang 1.8.8) angegeben werden muss.

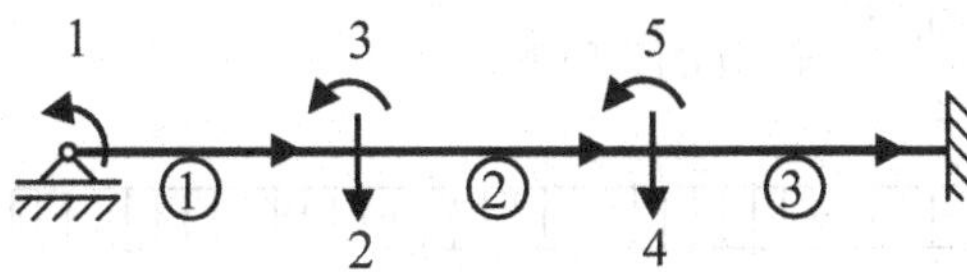

Bild 1.2-20 Diskretisierter Träger

Für die in Bild 1.2-20 skizzierte Diskretisierung (drei Stäbe, 5 Freiheitsgrade) und die Biegesteifigkeiten 875.000 kNm^2 für den 1,0 m hohen Querschnitt, bzw. 7.000.000 kNm^2 für den 2,0 m hohen Querschnitt lautet die Eingabedatei **evout.txt**:

evout.txt

875000., 2., 0., 0., 0.	EI, ℓ, EA, α und r der 3 Stäbe
875000., 2., 0., 0., 1.0	
7e6, 2., 0., 0., 0.,	
0,0,1, 0,2,3,	Inzidenzvektoren der 3 Stäbe
0,2,3, 0,4,5,	
0,4,5, 0,0,0,	
0., 0., 0., 15., 0.	Äußere Lasten der 5 Freiheitsgrade

Auch hier wird der Wert EA nicht benötigt, da keine entsprechenden Freiheitsgrade vorgesehen sind; er wurde mit Null eingegeben. Die Ergebnisdatei **avout.txt** liefert nebst einer Kontrollausgabe der Eingabedaten folgende Ergebnisse für die Schnittkräfte nach der Vorzeichenkonvention I, womit die Genauigkeit der Ergebnisse der Handrechnung bestätigt wird:

avout.txt

```
ELEMENT NR.     1
.0000E+00  .1380E+01  .2944E-16  .0000E+00  .1380E+01  .2760E+01
ELEMENT NR.     2
.0000E+00  .1380E+01  .2760E+01  .0000E+00  .1380E+01  .5521E+01
ELEMENT NR.     3
.0000E+00  -.1362E+02  .5521E+01  .0000E+00  -.1362E+02  -.2172E+02
```

1.2.5 Zustandsgrößen eines Durchlaufträgers mit Vouten

Bei dem in Bild 1.2-21 skizzierten Stahlbetonträger mit Vouten soll die Momentenlinie für eine Gleichlast p = 5,0 kN/m sowie der Momentenverlauf für eine Durchsenkung des mittleren Auflagers um Δs_B = 3,0 cm bestimmt werden. Der Träger ist 0,40 m breit und seine Höhe variiert zwischen 0,35 und 0,75 m. Mit einem E-Modul von $E = 2{,}1 \cdot 10^7$ kN/m^2 beträgt die Vergleichs-Biegesteifigkeit für den 0,35 m hohen Stahlbetonquerschnitt

$$EI_c = 2{,}1 \cdot 10^7 \cdot \frac{0{,}40 \cdot 0{,}35^3}{12} = 30.012{,}5\,\text{kNm}^2 .$$

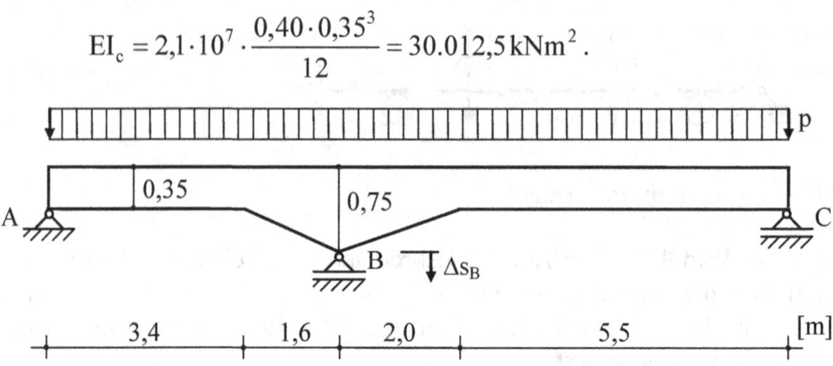

Bild 1.2-21 Durchlaufträger mit Vouten, System und Belastung

Handrechnung: Es wird ein statisch bestimmtes Hauptsystem nach Bild 1.2-22 gewählt, mit dem Stützmoment im Auflager B als statisch Überzählige.

a) Lastfall p = 5,0 kN/m: Die Tabellenkalkulation entsprechend Beispiel 1.2.4 wird in der nachfolgenden Tabelle teilweise wiedergegeben, wobei die Spalten mit den Werten C der SIMPSON-Formel (1.2.4) und $C \cdot \Delta x$ aus Platzgründen weggelassen wurden. Auch hier kann das Programm DIK Verwendung finden.

Für die statisch Überzählige X_1 erhalten wir für den untersuchten Lastfall den Wert

$$X_1 = -\frac{281{,}25}{6{,}935} = -40{,}56 \text{ kNm}$$

und damit die in Bild 1.2-22 gezeichnete Momentenlinie.

b) Lastfall Δs_B = 3,0 cm: Es bleibt beim gewählten statisch bestimmten Grundsystem, womit auch der Formänderungswert $3 \cdot EI_c \cdot \delta_{11} = 6{,}935$ bzw. $\delta_{11} = 7{,}702 \cdot 10^{-5}$ bekannt ist. Im statisch bestimmten Grundsystem ruft die Auflagersenkung keine Schnittkräfte hervor, somit ist $M_0 = 0$. Bei der Senkung des Auflagers B um 3,0 cm entsteht im Gelenk eine gegenseitige Verdrehung vom Betrag (Abschnitt 8.5.2 in Meskouris u. Hake, 2009)

$$\delta_{10,\Delta s} = -\Delta_{sB}\left(\frac{1}{5{,}0} + \frac{1}{7{,}5}\right) = -0{,}010$$

Damit beträgt die statisch Überzählige in diesem Lastfall

$$X_1 = -\frac{-0{,}010}{7{,}702 \cdot 10^{-5}} = 129{,}84 \text{ kNm}$$

und die Momentenlinie im statisch unbestimmten System $M = X_1 \cdot M_1$ verläuft wie in Bild 1.2-22 dargestellt.

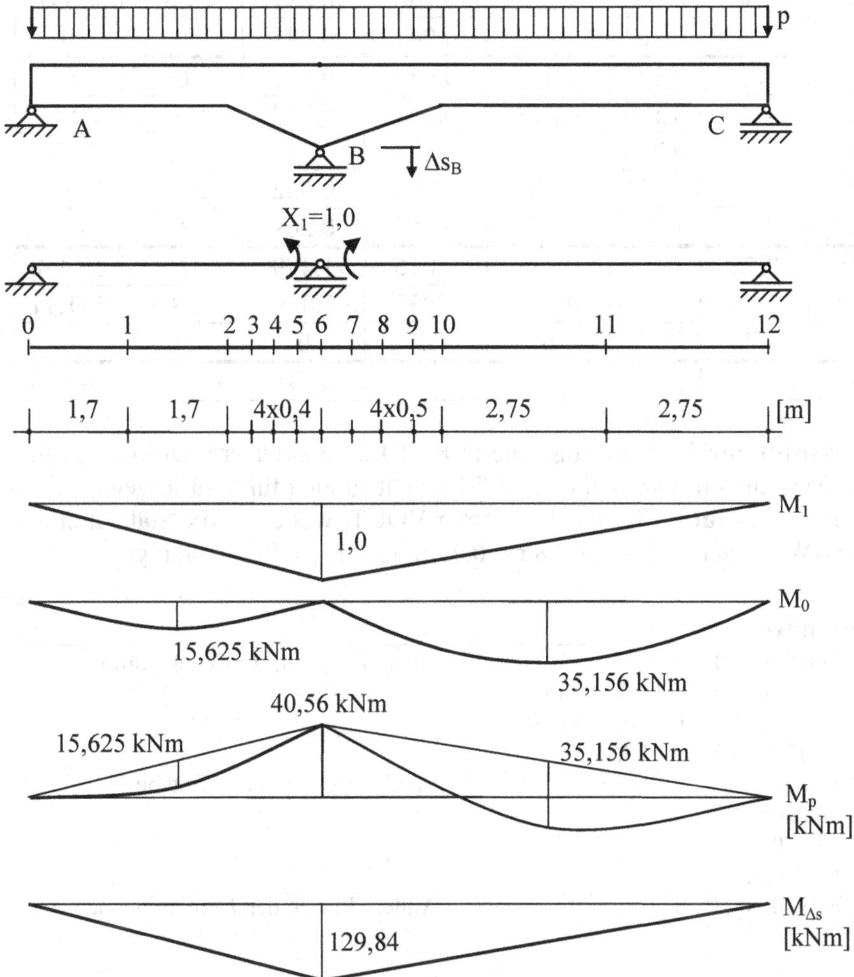

Bild 1.2-22 Statisch bestimmtes Grundsystem und Ergebnisse der Handrechnung

Pkt	Δx	I_c/I	M_1	m	$m \cdot M_1$	M_0	$m \cdot M_0$
0	1,7	1	0	0	0	0	0
1	1,7	1	0,34	2,312	0,786	14,03	32,426
2	1,7	1	0,68	1,156	0,786	13,6	15,722
2	0,4	1	0,68	0,272	0,185	13,6	3,699
3	0,4	0,471	0,76	0,572	0,435	11,4	6,522
4	0,4	0,258	0,84	0,173	0,145	8,4	1,455

5	0,4	0,156	0,92	0,230	0,211	4,6	1,057
6	0,4	0,102	1	0,041	0,041	0	0
6	0,5	0,102	1	0,051	0,051	0	0
7	0,5	0,156	0,933	0,291	0,272	8,75	2,549
8	0,5	0,258	0,867	0,223	0,193	16,25	3,629
9	0,5	0,471	0,8	0,753	0,602	22,5	16,938
10	0,5	1	0,733	0,367	0,269	27,5	10,083
10	2,75	1	0,733	2,016	1,479	27,5	55,458
11	2,75	1	0,367	4,033	1,479	32,66	131,71
12	2,75	1	0	0	0	0	0
Σ					6,935		281,25

Elektronische Berechnung: Die in Bild 1.2-23 skizzierte Diskretisierung des Systems mit vier Stäben und 7 Freiheitsgraden führt zu folgender Eingabedatei **evout.txt** für das Programm VOUT, wobei für die Stäbe 2 und 3 der r-Wert nach Anhang 1.8.8 r = 0,75/0.35 – 1 = 1.14286 beträgt:

evout.txt

```
30012.5, 3.4, 0., 0., 0.            EI, ℓ, EA, α und r der 4 Stäbe
30012.5, 1.6, 0., 0., 1.14286
30012.5, 2.0, 0., 180., 1.14286
30012.5, 5.5, 0., 180., 0.
0,0,1, 0,2,3,                       Inzidenzvektoren der 4 Stäbe
0,2,3, 0,0,4,
0,5,6, 0,0,4,
0,0,7, 0,5,6,
0., 0., 0., 0., 0., 0., 0.          Äußere Lasten der 7 Freiheitsgrade
```

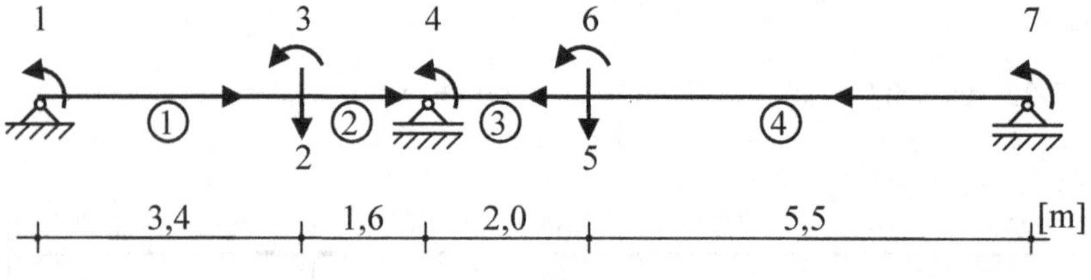

Bild 1.2-23 Diskretisierter Durchlaufträger

Man beachte die Orientierung der konischen Stäbe, die vereinbarungsgemäß vom schwächeren zum stärkeren Querschnitt verläuft. Alle vier Stäbe werden durch die Gleichlast 5,0 kN/m belastet, und die entsprechende Eingabedatei **trap.txt** lautet:

trap.txt

```
0., 5.0, 0., 5.0
0., 5.0, 0., 5.0,
0., -5.0, 0., -5.0,
0., -5.0, 0., -5.0
```

Die negativen Vorzeichen der Lastordinaten senkrecht zur Stabachse bei den Stäben 3 und 4 rühren daher, dass bei der gewählten Orientierung (α = 180°) die lokale z-Achse nach oben zeigt. Die Ergebnisse in der Ausgabedatei **avout.txt** liefern folgende Werte der Schnittkräfte in der Vorzeichenkonvention I, womit die Ergebnisse der Handrechnung bestätigt werden:

avout.txt

```
ELEMENT NR.     1
.0000E+00  .4388E+01  -.8882E-15  .0000E+00  -.1261E+02  -.1398E+02
ELEMENT NR.     2
.0000E+00  -.1261E+02  -.1398E+02  .0000E+00  -.2061E+02  -.4056E+02
ELEMENT NR.     3
.1793E-29  .1416E+02  .2245E+01  .1793E-29  .2416E+02  .4056E+02
ELEMENT NR.     4
2160E-31  -.1334E+02  .1776E-14  .2160E-31  .1416E+02  .2245E+01
```

Um den Fall der Auflagersenkung zu behandeln wird ein weiterer Freiheitsgrad (Nr. 8) entsprechend der vertikalen Durchbiegung des Auflagers B eingeführt und das Tragwerk mit einer Einzellast vom Betrag 1 entsprechend diesem Freiheitsgrad belastet. Die Eingabedatei **evout.txt** lautet jetzt:

evout.txt

```
30012.5, 3.4, 0., 0., 0.                 EI, ℓ, EA, α und r der 4 Stäbe
30012.5, 1.6, 0., 0., 1.14286
30012.5, 2.0, 0.,180.,1.14286
30012.5, 5.5, 0.,180.,0.
0,0,1, 0,2,3,                            Inzidenzvektoren der 4 Stäbe
0,2,3, 0,8,4,
0,5,6, 0,8,4,
0,0,7, 0,5,6,
0., 0., 0., 0., 0., 0., 0., 1.0          Äußere Lasten der 8 Freiheitsgrade
```

Beim Programmaufruf von VOUT muss für die Anzahl NTRAP der durch Trapezlasten belasteten Stäbe Null eingegeben werden, da ja nur die Eins-Last entsprechend dem Freiheitsgrad 8 wirkt. Das Programm liefert eine zugehörige Verschiebung vom Betrag 0,00068479 m, wonach zur Erreichung der vorgegebenen Durchsenkung von Δs_B = 3,0 cm = 0,03 m eine Kraft vom Betrag 0,03/0,00068479 = 43,8088 kN notwendig wäre. Für diesen Wert als Belastung im Freiheitsgrad 8 liefert VOUT die Schnittkräfte (auch hier in VK I):

avout.txt

```
 ELEMENT NR.       1
.0000E+00 .2629E+02 -.1462E-13 .0000E+00 .2629E+02 .8937E+02
ELEMENT NR.       2
.0000E+00 .2629E+02 .8937E+02 .0000E+00 .2629E+02 .1314E+03
ELEMENT NR.       3
-.2524E-28 -.1752E+02 -.9638E+02 -.2524E-28 -.1752E+02 -.1314E+03
ELEMENT NR.       4
-.4212E-30 -.1752E+02 -.3811E-13 -.4212E-30 -.1752E+02 -.9638E+02
```

Das berechnete Stützenmoment 131,4 kNm des Auflagers B weicht nur um etwa 1% von dem mittels Handrechnung gewonnenen Wert von 129,8 kNm ab, woraus die Brauchbarkeit der Handrechnung zu ersehen ist.

1.2.6 Gevouteter Durchlaufträger unter Temperaturänderung

Die Oberseite des im vorangegangenen Beispiel 1.2.5 behandelten Durchlaufträgers erwärme sich um 10°C während sich die Unterseite gleichzeitig um 10°C abkühlt. Gesucht ist die dabei entstehende Momentenlinie bei einem linearen Wärmeausdehnungskoeffizienten von $1{,}0\cdot 10^{-5}$ 1/°C.

Handrechnung: Da beim statisch bestimmten Grundsystem, das wie im vorangegangenen Beispiel durch Einführung eines Gelenks über dem Auflager B gewonnen wird, die lineare Temperaturveränderung über den Querschnitt zwar eine Verkrümmung

$$\kappa = \frac{\alpha_T \cdot \Delta T}{h}$$

hervorruft, dabei jedoch keine Schnittkräfte entstehen ($M_0 = 0$), beträgt die gesuchte Momentenlinie $M = X_1 \cdot M_1$, mit der Momentenlinie X_1 wie in Bild 1.2-22 zu sehen. Der Formänderungswert δ_{1T} ergibt sich aus (vgl. Abschnitt 8.5.1 in Meskouris u. Hake, 2009):

$$\delta_{1T} = \int M_1 \cdot \kappa \, dx \qquad (1.2.5)$$

Die numerische Auswertung des Integrals erfolgt mit Hilfe nachfolgender Tabellenkalkulation. Es ist $\Delta T = T_u - T_o = -20°$, die Querschnittshöhe h variiert zwischen 0,35 und 0,75 m und in der letzten Spalte stehen die Ausdrücke $INT = C\cdot\Delta x\ \kappa\cdot M_1\cdot 10^3$. Die Summe dieser Spalte liefert den dreifachen gesuchten Formänderungswert δ_{1T}, womit sich $\delta_{1T} = -\,0{,}002961$ ergibt. Natürlich kann auch hier statt der Tabellenkalkulation (oder zur Kontrolle) das Programm DIK Verwendung finden.

Pkt	Δx	C	h	κ·10⁴	M₁	INT
0	1,7	1	0,35	-5,7143	0	0
1	1,7	4	0,35	-5,7143	0,34	-1,3211
2	1,7	1	0,35	-5,7143	0,68	-0,6606
2	0,4	1	0,35	-5,7143	0,68	-0,1554
3	0,4	4	0,45	-4,4444	0,76	-0,5404
4	0,4	2	0,55	-3.6364	0,84	-0,2444
5	0,4	4	0,65	-3,0769	0,92	-0,4529
6	0,4	1	0,75	-2,6667	1	-0,1067
6	0,5	1	0,75	-2,6667	1	-0,1333
7	0,5	4	0,65	-3,0769	0,9333	-0,5743
8	0,5	2	0,55	-3,6364	0,8667	-0,3152
9	0,5	4	0,45	-4,4444	0,8	-0,7111
10	0,5	1	0,35	-5,7143	0,7333	-0,2095
10	2,75	1	0,35	-5,7143	0,7333	-1,1524
11	2,75	4	0,35	-5,7143	0,3667	-2,3048
12	2,75	1	0,35	-5,7143	0	0
Σ						-8,8822

Damit ist

$$X_1 = -\frac{-0{,}002961}{7{,}702 \cdot 10^{-5}} = +38{,}44 \text{ kNm}.$$

Die Momentenlinie ist in Bild 1.2-24 dargestellt.

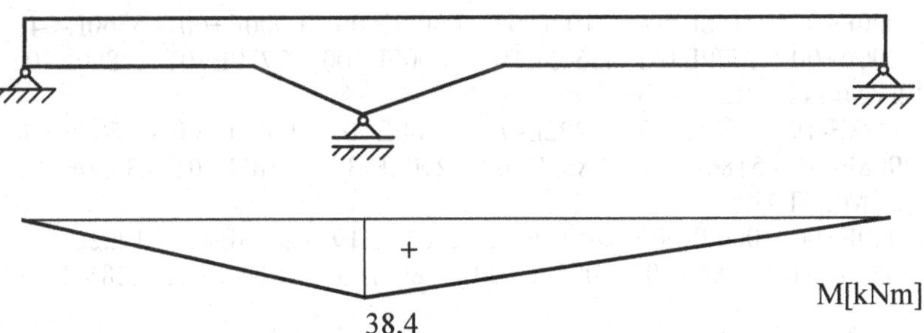

Bild 1.2-24 Momentenlinie infolge Temperaturdifferenz Tu-To=-20°C

Elektronische Berechnung: Es wird das Programm VOUTMP eingesetzt, das den Lastfall gleichmäßiger Temperaturänderung T_S und ungleichmäßiger Temperaturänderung $\Delta T = T_u - T_o$ behandelt. Die Eingabedatei **evout.txt** ist weitgehend identisch mit derjenigen des Programms VOUT, allerdings brauchen hier keine äußeren Lasten eingegeben zu werden. Die Dateien **inzfed.txt** und **fedmat.txt** entsprechen denjenigen von TRAP und in **tempnr.txt** stehen jetzt die Nummern der Stäbe mit Temperaturbelastung. Neu ist die Datei **temp.txt**, in der auf NTEMP Zeilen (mit NTEMP gleich der Anzahl der Stäbe mit einer Temperaturbelastung) für jeden dieser Stäbe folgende Daten formatfrei eingegeben werden müssen: E-Modul, Temperatur oben, Temperatur unten, Querschnittshöhen am Stabanfang und -ende, Querschnittsbreite und der lineare Wärmeausdehnungskoeffizient α_T. Bei der Diskretisierung des Tragwerks wie in Bild 1.2-23 gezeigt lautet die Datei **temp.txt**:

temp.txt

```
2.1e7, 10., -10., 0.35, 0.35, 0.40, 1.0e-5     E-Modul, T_oben, T_unten, d_i, d_j, b, α_T
2.1e7, 10., -10., 0.35, 0.75, 0.40, 1.0e-5
2.1e7, -10., 10., 0.35, 0.75, 0.40, 1.0e-5
2.1e7, -10., 10., 0.35, 0.35, 0.40, 1.0e-5
```

Es ist zu beachten, dass sich wegen der Lage des lokalen Koordinatensystems in den Stäben 3 und 4 (α = 180°, vgl. Eingabedatei **evout.txt** in Beispiel 1.2.5) das Vorzeichen der Temperaturdifferenz von 20°C in diesen Stäben umkehrt. Die Ausgabedatei **avout.txt** liefert folgende Ergebnisse für die Schnittkräfte nach VK I, die die Richtigkeit der Handrechnung bestätigen:

avout.txt

```
ELEMENT NR.    1
.0000E+00  .0000E+00  .4657E-03  .0000E+00  .2158E-04  .2102E-04
.0000E+00  .7779E+01  -.3553E-14  .0000E+00  .7779E+01  .2645E+02
ELEMENT NR.    2
.0000E+00  .2158E-04  .2102E-04  .0000E+00  .0000E+00  -.5560E-04
.0000E+00  .7779E+01  .2645E+02  .0000E+00  .7779E+01  .3890E+02
ELEMENT NR.    3
-.3288E-19  -.2683E-03  -.1222E-03  .0000E+00  .0000E+00  -.5560E-04
.2908E-30  -.5186E+01  -.2852E+02  .2908E-30  -.5186E+01  -.3890E+02
ELEMENT NR.    4
.0000E+00  .0000E+00  -.6514E-03  -.3288E-19  -.2683E-03  -.1222E-03
-.9894E-31  -.5186E+01  .0000E+00  -.9894E-31  -.5186E+01  -.2852E+02
```

1.2.7 Durchlaufträger auf WINKLER-Bettung

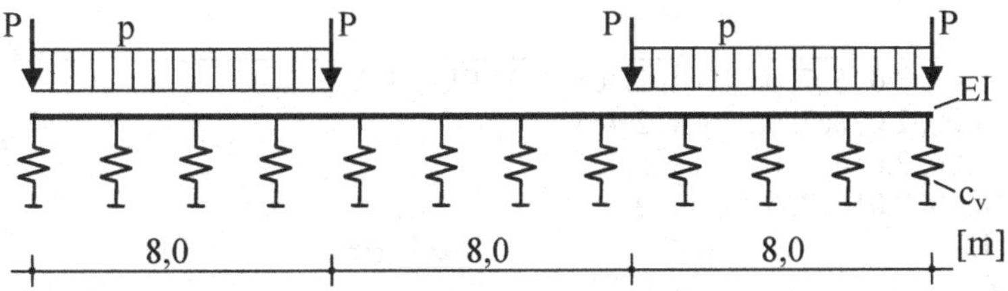

Bild 1.2-25 Fundamentbalken auf WINKLER-Bettung

Der in Bild 1.2-25 skizzierte Fundamentbalken hat eine Breite von 1,20 m und eine Höhe von 0,80 m, somit ein Trägheitsmoment von $1{,}20 \cdot 0{,}8^3/12 = 0{,}0512$ m^4 und mit $E = 2{,}1 \cdot 10^7$ kN/m^2 eine Biegesteifigkeit $EI = 1{,}0752 \cdot 10^6$ kNm^2; seine Dehnsteifigkeit beträgt $EA = 2{,}016 \cdot 10^7$ kN. Für die gegebene Belastung mit Einzellasten P = 100 kN und p = 10 kN/m sind die Biegelinie des Balkens sowie der Momentenverlauf gesucht. Die vertikale Bettungsziffer wird mit $c_v = 2{,}0 \cdot 10^5$ kN/m^3 angegeben.

Eine Berechnung von Hand ist bei diesem Beispiel sehr aufwändig, weshalb nur die elektronische Berechnung vorgestellt wird. Als einfachste Idealisierung wird zunächst das in Bild 1.2-26a skizzierte Modell mit vier Balkenelementen und 10 Freiheitsgraden betrachtet.

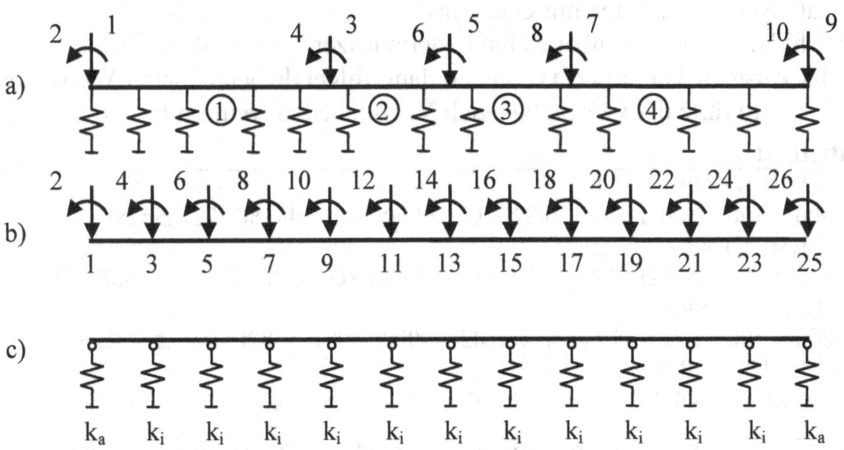

Bild 1.2-26 Diskretisierungsvarianten

Die zugehörige Eingabedatei **ebett.txt** vom Programm BETT lautet wie folgt, wobei die eingegebene Bettungszahl $k_v = 2{,}4 \cdot 10^5$ kN/m^2 der Bettungsziffer c_v multipliziert mit der Breite des Fundamentbalkens b = 1,20 m entspricht; die horizontale Bettungszahl wurde als $k_h = 1{,}0 \cdot 10^5$ kN/m² eingegeben, spielt jedoch bei der Berechnung keine Rolle.

ebett.txt

```
1.0752e6, 8.00, 2.016e7, 0., 10e4, 2.4e5      EI, ℓ, EA, α, kh, kv
1.0752e6, 4.00, 2.016e7, 0., 10e4, 2.4e5
1.0752e6, 4.00, 2.016e7, 0., 10e4, 2.4e5
1.0752e6, 8.00, 2.016e7, 0., 10e4, 2.4e5
0,1,2, 0,3,4,                                 Inzidenzen
0,3,4, 0,5,6,
0,5,6, 0,7,8,
0,7,8, 0,9,10,
100., 0., 100., 0., 0., 0., 100., 0., 100., 0.   Einzellasten
```

Die Eingabedatei **gll.txt** enthält die Amplituden der Gleichlast parallel und senkrecht zur Stabachse; sie lautet hier:

gll.txt

```
0., 10.
0., 10.
```

Schließlich enthält die Eingabedatei **gllnr.txt** einfach die Zahlen 1 und 4 als Nummern der Stäbe mit einer Gleichlast. Nach dem Aufruf des Programms BETT sind folgende Daten nach der entsprechenden Eingabeaufforderung über die Tastatur einzugeben:

Gesamtanzahl NDOF der Freiheitsgrade?	10
Anzahl NELEM der Stäbe?	4
Anzahl NGLL der Stäbe mit Gleichlast?	2
Anzahl NFED der einzubauenden Federmatrizen?	0

In der Ausgabedatei **abett.txt** stehen dann folgende berechneten Werte für die Schnittkräfte der vier Stäbe, nach Vorzeichenkonvention I:

abett.txt

```
ELEMENT NR.      1
.0000E+00 -.1000E+03  .8882E-13  .0000E+00  .4418E+02  .5428E+02
ELEMENT NR.      2
.0000E+00 -.5582E+02  .5428E+02  .0000E+00 -.2822E-13 -.2138E+02
ELEMENT NR.      3
.0000E+00 -.2728E-13 -.2138E+02  .0000E+00  .5582E+02  .5428E+02
ELEMENT NR.      4
.0000E+00 -.4418E+02  .5428E+02  .0000E+00  .1000E+03 -.7105E-14
```

Um die Qualität dieser Ergebnisse beurteilen zu können, werden noch zwei Kontrolluntersuchungen durchgeführt. Als erstes wird das Modell nach Bild 1.2-26b mit 12 Stäben und 26 Freiheitsgraden mit dem Programm BETT durchgerechnet, als zweites ein Modell mit diskreten Federelementen mit dem Programm TRAP untersucht. In diesem letzten Fall beträgt die

Federsteifigkeit der Randfedern $k_a = 1{,}0$ m $\cdot 2{,}4 \cdot 10^5$ kN/m^2 = $2{,}4 \cdot 10^5$ kN/m, diejenige der Innenfedern $k_i = 2{,}0$ m $\cdot 2{,}4 \cdot 10^5$ kN/m^2 = $4{,}8 \cdot 10^5$ kN/m. Beim Programm TRAP werden jetzt auch die Eingabedateien **inzfed.txt** und **fedmat.txt** gebraucht; in der ersten werden die Nummern der Systemfreiheitsgrade angegeben, die durch das jeweilige Federelement verknüpft werden, während **fedmat.txt** die entsprechenden Federmatrizen enthält. Hier verbinden die Federn die Verschiebungsfreiheitsgrade 1,3,5,...25 nach Bild 1.2-26b mit der Erdscheibe (Freiheitsgrad 0), so dass in **inzfed.txt** auf 13 Zeilen jeweils 0,1, 0,3, 0,5, ... bis 0,25 einzutragen sind. Die entsprechenden (2,2)-Federmatrizen sind in **fedmat.txt** enthalten:

fedmat.txt

```
2.4e5, -2.4e5, -2.4e5, 2.4e5            Federmatrix der 1. Feder
4.8e5, -4.8e5, -4.8e5, 4.8e5            ...
...                                     ...
4.8e5, -4.8e5, -4.8e5, 4.8e5            ...
2.4e5, -2.4e5, -2.4e5, 2.4e5            Federmatrix der 13. Feder
```

Beim Aufruf des Programms TRAP muss jetzt bei der Frage nach der Anzahl NFED der einzubauenden Federmatrizen eine 13 eingegeben werden, dazu 13-mal die Kantenlänge 2 der anzuschließenden Federmatrizen. In Bild 1.2-27 und Bild 1.2-28 werden die Durchbiegungen und die Biegemomente nach den drei durchgeführten Berechnungen zusammengefasst, wobei die gestrichelte Kurve dem einfachsten Modell mit nur vier Stäben, die dünnere der durchgezogenen Kurven dem diskreten Federmodell entspricht.

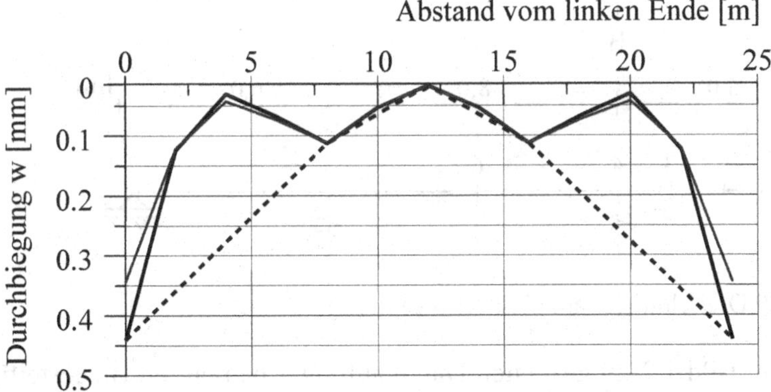

Bild 1.2-27 Durchbiegung des Balkens, verschiedene Modelle

Die Übereinstimmung des diskreten Modells (Programm TRAP) und des Modells mit verteilter Bettung (Programm BETT) ist sehr gut. Die Durchbiegung des Randquerschnitts wird allerdings überschätzt, da das

WINKLER-Modell nicht imstande ist, die in Wirklichkeit entstehende Mulde sinnvoll wiederzugeben. Es empfiehlt sich deshalb, bei Verwendung eines Modells mit diskreten Federn die Steifigkeit der Endfedern zu vergrößern (z.B. zu verdoppeln).

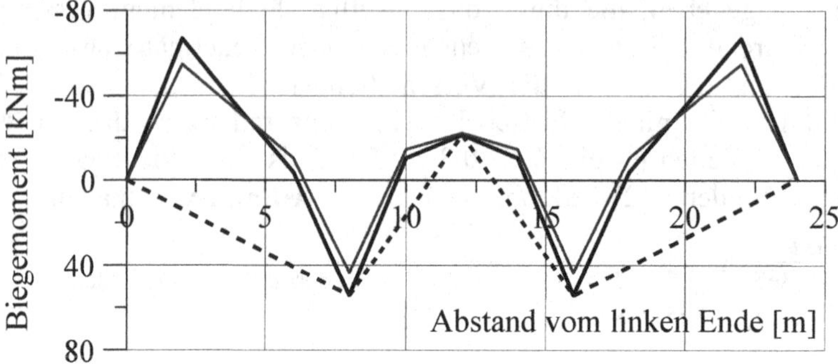

Bild 1.2-28 Biegemomente, verschiedene Modelle

1.2.8 Durchlaufträger auf Einzelfedern

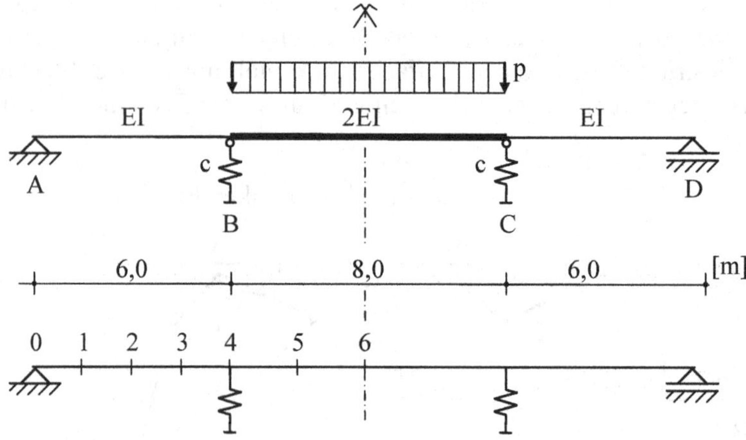

Bild 1.2-29 Dreifeldträger auf elastischer Stützung

Bei dem in Bild 1.2-29 gezeigten Durchlaufträger beträgt die Biegesteifigkeit EI = 72.000 kNm^2, die Dehnfederkonstante c = 40.000 kN/m und die Gleichlast p = 20 kN/m. Gesucht ist der Verlauf der Biegemomente sowie die Biegelinie des Tragwerks.

Handrechnung: Wegen der Symmetrie des Systems und der Belastung empfiehlt sich die Wahl der statisch Überzähligen nach Bild 1.2-30, wobei infolge $X_1 = 1$ neben der skizzierten M_1-Fläche Auflagerkräfte $B_1 = C_1 = -1/6$ entstehen. Die maximale Ordinate des Biegemoments M_0 infolge der Gleichlast beträgt $20 \cdot 8^2/8 = 160$ kNm bei Auflagerkräften von $B_0 = C_0 = 80$ kN. Die Formänderungswerte ergeben sich zu

$$EI \cdot \delta_{11} = 2 \cdot \frac{1}{3} \cdot 6{,}0 \cdot 1{,}0^2 + \frac{1}{2} \cdot 8{,}0 \cdot 1{,}0^2 + 2 \cdot \frac{EI}{c} \cdot \left(\frac{-1}{6}\right)^2 = 8{,}10 \tag{1.2.6}$$

und

$$EI \cdot \delta_{10} = \frac{1}{2} \cdot \frac{2}{3} \cdot 8{,}0 \cdot 1{,}0 \cdot 160{,}0 + 2 \cdot \frac{EI}{c} \cdot \left(\frac{-1}{6}\right) \cdot 80{,}0 = 378{,}667 . \tag{1.2.7}$$

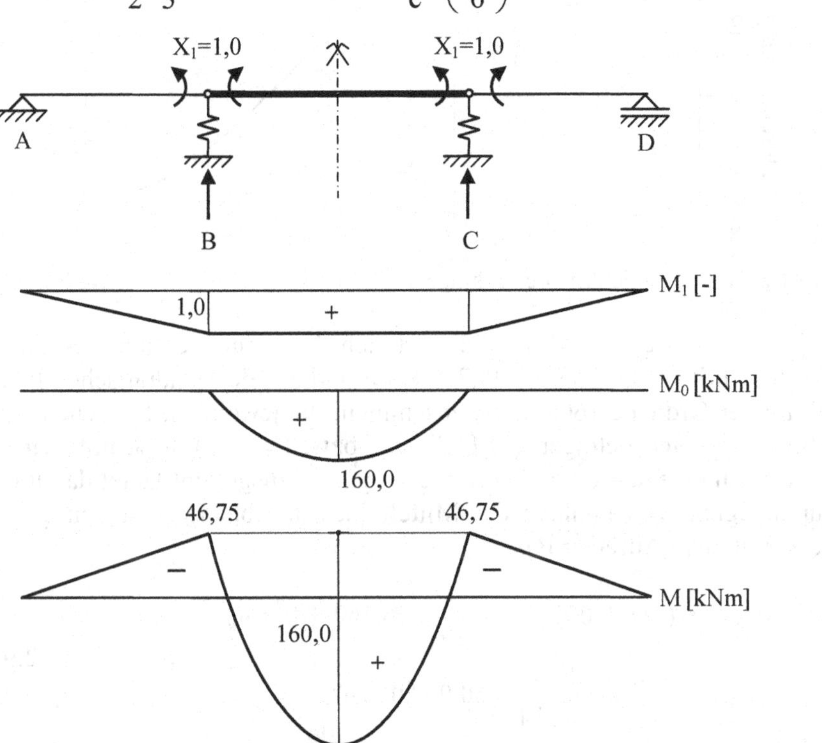

Bild 1.2-30 Statisch bestimmtes System, Ergebnisse der Handrechnung

Damit ist $X_1 = -\delta_{10}/\delta_{11} = -46{,}749$ kNm und es ergibt sich die in Bild 1.2-30 dargestellte Momentenlinie M. Die Auflagerkräfte B und C betragen jeweils $80{,}0 - 46{,}749 \cdot (-1/6) = 87{,}791$ kN und die Durchbiegung der entsprechenden Balkenquerschnitte $87{,}791/40.000 = 0{,}00219$ m oder 2,19 mm.

Zur Bestimmung der Biegelinienordinaten in den Viertelpunkten aller Felder wird das ω-Verfahren verwendet. Danach betragen die Durchbiegungsordinaten im linken Randfeld als Funktionen des dimensionslosen Abstands $\xi = x/\ell$ vom Auflager A

$$w(\xi) = 0{,}00219 \cdot \xi - \frac{1}{6 \cdot EI} \cdot 46{,}749 \cdot 6{,}0^2 \cdot \omega_D \,. \qquad (1.2.8)$$

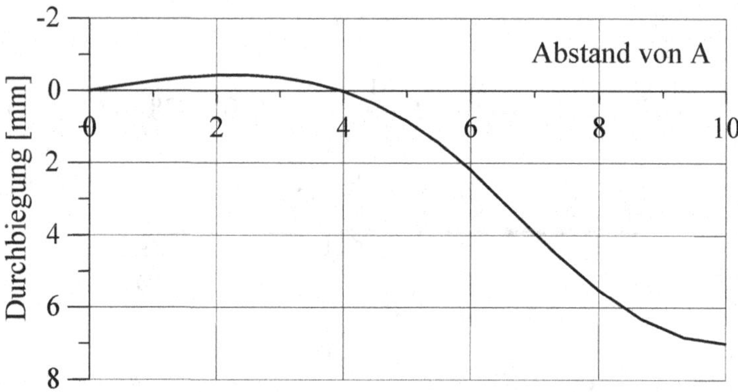

Bild 1.2-31 Biegelinie des Dreifeldträgers

Es ist $\omega_D = \xi - \xi^3$. Im Mittelfeld setzt sich die Momentenlinie aus einem Rechteck mit der Ordinate – 46,749 kNm und aus der quadratischen Parabel mit der Ordinate 160,0 kNm zusammen; die jeweiligen EI-fachen Biegelinienordinaten betragen $(M \cdot \ell^2/2)\ \omega_R$ bzw. $(M \cdot \ell^2/3)\ \omega''_P$. mit den ω-Funktionen $\omega_R = \xi - \xi^2$ und $\omega''_P = \xi - 2\xi^3 + \xi^4$. Insgesamt lautet damit die Durchbiegung von Punkten des Mittelfeldes in Abhängigkeit von ξ (gemessen ab dem Auflager B):

$$\begin{aligned} w(\xi) &= 0{,}00219 - \frac{1}{2}\frac{1}{2EI} \cdot 46{,}749 \cdot 8{,}0^2 \cdot \omega_R \\ &+ \frac{1}{2}\frac{1}{3EI} \cdot 160{,}0 \cdot 8{,}0^2 \cdot \omega''_P \end{aligned} \qquad (1.2.9)$$

Zusammengefasst ergeben sich die Durchbiegungsordinaten der Punkte 0 bis 6 nach Bild 1.2-29 zu:

Punkt	0	1	2	3	4	5	6
w (mm)	0	- 0,366	-0.366	0,364	2,19	5,52	7,00

Die Biegelinie ist in Bild 1.2-31 dargestellt.

Elektronische Berechnung:

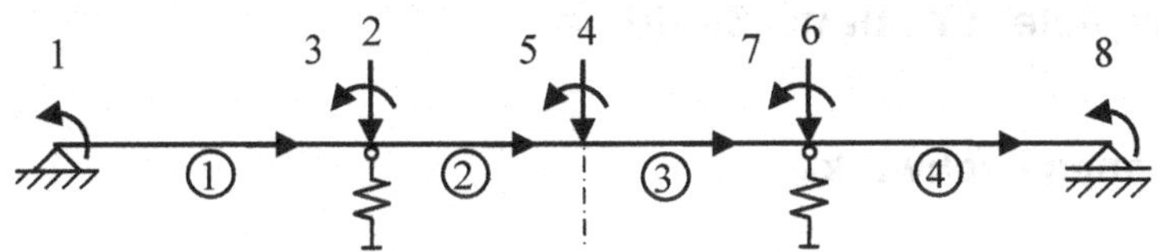

Bild 1.2-32 Diskretisierung des Dreifeldträgers

Die elektronische Berechnung erfolgt mit dem Programm TRAP, das die Berücksichtigung diskreter Federn gestattet. Für die Diskretisierung nach Bild 1.2-32 lautet die Eingabedatei **etrap.txt**:

etrap.txt

```
72000., 6., 0., 0.
144000., 4., 0., 0.
144000., 4., 0., 0.
72000., 6., 0., 0.
0,0,1, 0,2,3,
0,2,3, 0,4,5,
0,4,5, 0,6,7,
0,6,7, 0,0,8
0., 0., 0., 0., 0., 0., 0., 0.
```

In der Datei **trap.txt** stehen zwei Zeilen mit den Werten der verteilten Belastung der Stäbe 2 und 3, in **trapnr.txt** die Zahlen 2 und 3 (Stabnummern der Stäbe mit verteilter Last). In **inzfed.txt** stehen in zwei Zeilen die Inzidenvektoren der Federn, die jeweils die Freiheitsgrade 2 und 6 mit der Erdscheibe verbinden:

inzfed.txt

```
0, 2
0, 6
```

Schließlich enthält **fedmat.txt** die (2,2)-Steifigkeitsmatrizen der beiden Federn als:

fedmat.txt

```
40000., -40000., -40000., 40000.
40000., -40000., -40000., 40000.
```

Die Ergebnisdatei **atrap.txt** liefert folgende Resultate für die Verschiebungen, womit die Richtigkeit der Handrechnung bestätigt wird:

atrap.txt

```
VERSCHIEBUNGEN IN ALLEN FREIHEITSGRADEN
        1   .000283493370
 ...
        8   -.000283493370
```

1.3 Beispiele für ebene Systeme

1.3.1 Ebenes Fachwerk

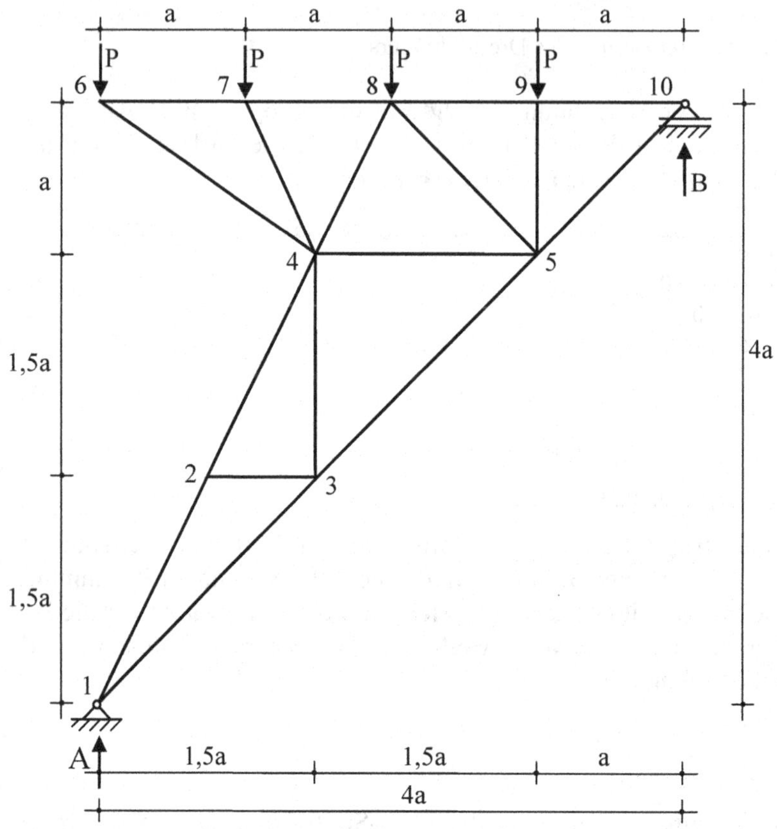

Bild 1.3-1 Ebenes Fachwerk mit Belastung

Bei dem in Bild 1.3-1 skizzierten Fachwerk sollen im Zuge der Überprüfung einer statischen Berechnung die Stabkräfte S_1, S_2 und S_3 (Stabbezeichnungen nach Bild 1.3-3) für die vorgegebene Belastung ermittelt werden. Es ist a = 2,0 m und P = 10 kN.

Handrechnung: Die Auflagerkraft B kann durch Bildung des Momentengleichgewichts $\Sigma M_a=0$ bestimmt werden. Es ist

$B \cdot 4a = Pa \cdot (1+2+3) \rightarrow B = 1{,}5P = 15$ kN und
$A = 4P - B = 2{,}5P = 25$ kN.

Zur Bestimmung der Stabkraft S_1 wird das Momentengleichgewicht am herausgeschnittenen Teilsystem um den Schnittpunkt der Stäbe 4 und 7 gebildet (Bild 1.3-2a). Die Hebelarme der unbekannten Stabkräfte um den jeweiligen Drehpunkt werden einfach der Zeichnung entnommen, womit natürlich die erreichte Genauigkeit beschränkt bleibt. Wir erhalten:

$$S_1 \cdot 0{,}53a = A \cdot 0{,}75a \rightarrow S_1 = 3{,}54P = 35{,}4\ \text{kN}$$

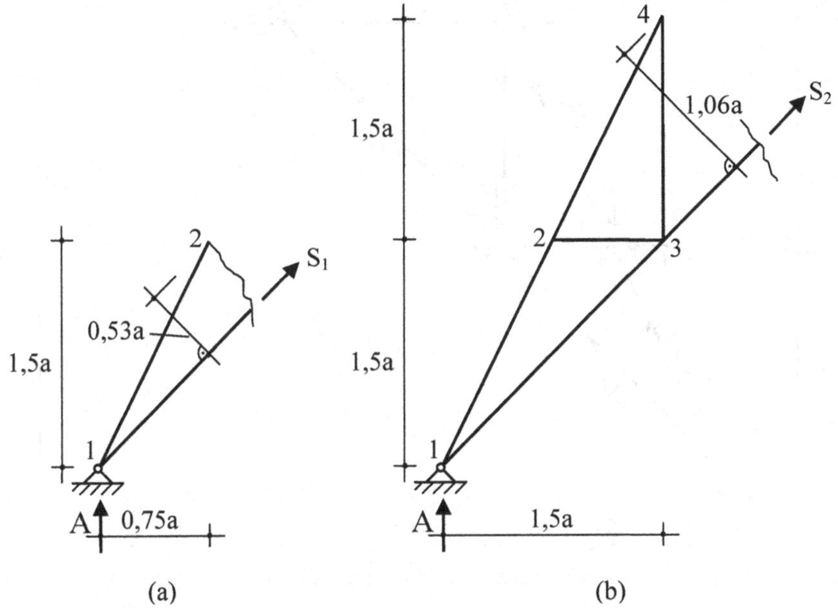

Bild 1.3-2 Schnitte zur Bestimmung von Untergurtskräften

Eine entsprechende Überlegung führt zur Bestimmung der Stabkraft S_2 (Bild 1.3-2b). Es gilt:

$$S_2 \cdot 1{,}06\ a = A \cdot 1{,}50a \rightarrow S_2 = 3{,}54P = 35{,}4\ \text{kN}$$

Die Stabkraft S_3 ergibt sich direkt aus dem Kräftegleichgewicht in lotrechter Richtung des freigeschnittenen Knotens B zu

$$S_3 \cdot \cos 45° = B = 1{,}5P \rightarrow S_3 = 2{,}12P = 21{,}2\ \text{kN}.$$

Elektronische Berechnung: Es wird das Programm FW2D eingesetzt, mit der Eingabedatei **efw2d.txt**. Die Diskretisierung des Fachwerks durch 17 Stäbe mit insgesamt 17 Freiheitsgraden erfolgt wie in Bild 1.3-3 dargestellt.

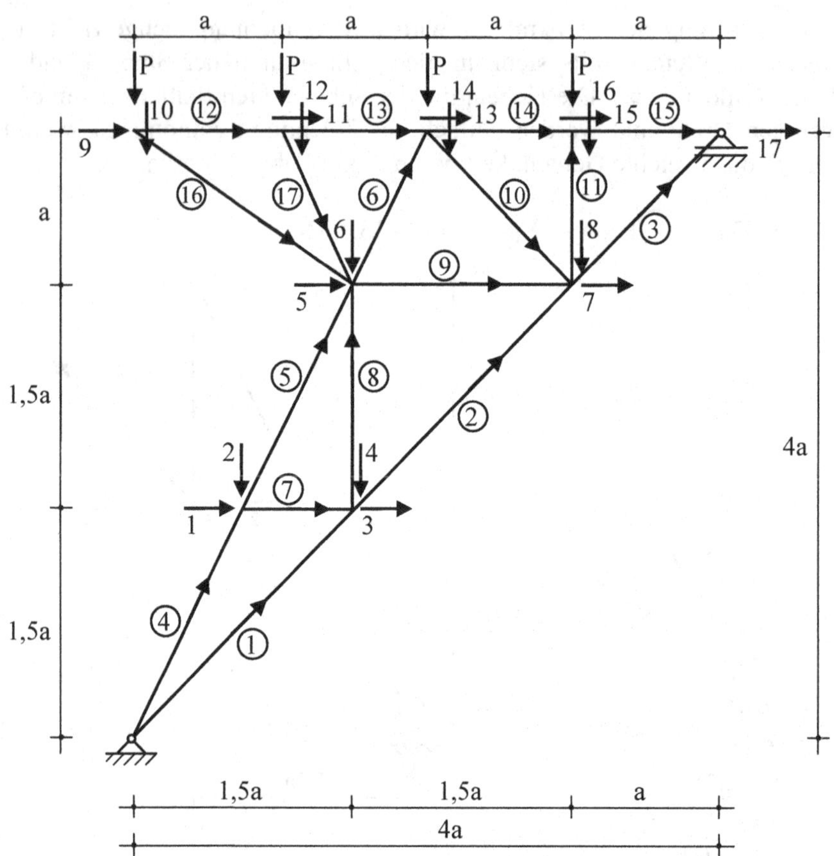

Bild 1.3-3 Diskretisierung des Fachwerks

In der Eingabedatei **efw2d.txt** stehen zuerst auf NELEM = 17 Zeilen die Daten EA, ℓ und α für alle Stäbe, danach ebenfalls auf NELEM Zeilen die Inzidenzvektoren der Stäbe mit den Systemfreiheitsgraden am jeweiligen Stabanfang und Stabende. Zum Schluss werden die Einzelkräfte in Richtung der eingeführten Freiheitsgrade angegeben. Mit einer Dehnsteifigkeit EA = 200.000 kN lautet die Eingabedatei:

efw2d .txt

```
2.0e5, .4242640E+01 .4500000E+02        EA, ℓ und α für alle Stäbe
2.0e5, .4242640E+01 .4500000E+02
2.0e5, .2828427E+01 .4500000E+02
2.0e5, .3354102E+01 .6343495E+02
2.0e5, .3354102E+01 .6343495E+02
2.0e5, .2236068E+01 .6343495E+02
2.0e5, .1500000E+01 .0000000E+00
```

```
2.0e5, .3000000E+01 .9000000E+02
2.0e5, .3000000E+01 .0000000E+00
2.0e5, .2828427E+01 -.4500000E+02
2.0e5, .2000000E+01 .9000000E+02
2.0e5, .2000000E+01 .0000000E+00
2.0e5, .2000000E+01 .0000000E+00
2.0e5, .2000000E+01 .0000000E+00
2.0e5, .2000000E+01 .0000000E+00
2.0e5, .3605551E+01 -.3369007E+02
2.0e5, .2236068E+01 -.6343495E+02
0,0, 3,4                                   Inzidenzvektoren für alle Stäbe
3,4, 7,8,
7,8, 17,0,
0,0, 1,2,
1,2, 5,6,
5,6, 13,14,
1,2, 3,4,
3,4, 5,6,
5,6, 7,8,
13,14, 7,8,
7,8, 15,16,
9,10, 11,12,
11,12, 13,14,
13,14, 15,16,
15,16, 17,0,
9,10, 5,6,
11,12, 5,6,
0., 0., 0., 0., 0., 0., 0., 0., 0., 10., 0., 10., 0., 10., 0., 10., 0.  Belastung
```

Die Ausgabedatei **afw2d.txt** liefert die Knotenverschiebungen und Stabkräfte, im globalen (systembezogenen) und im lokalen (stabbezogenen) Koordinatensystem. Die Ergebnisse für die Stäbe 1 bis 3 im lokalen Koordinatensystem werden anschließend wiedergegeben, wobei in der ersten Zeile die Verformungen in Stabrichtung und senkrecht dazu am Anfangs- und am Endknoten, in der zweiten die Stabkraft erscheint.

afw2d.txt

```
ELEMENT NR.        1
 0.0000E+00 0.0000E+00 0.7500E-03 0.7381E-02
 0.3536E+02
 ELEMENT NR.        2
 0.7500E-03 0.7381E-02 0.1500E-02 0.5197E-02
 0.3536E+02
 ELEMENT NR.        3
 0.1500E-02 0.5197E-02 0.1800E-02 0.1800E-02
 0.2121E+02
```

Damit ist die Richtigkeit der Handrechnung bestätigt. Sollen größere Fachwerkssysteme mit dem Programm FW2D untersucht werden, empfiehlt sich die Vorabermittlung der Längen und Neigungswinkel aller Fachwerksstäbe mit Hilfe eines einfachen Preprozessors aus den Knotenkoordinaten; auch die oben angegebene Eingabedatei **efw2d.txt** wurde auf diese Weise erstellt.

1.3.2 Weggrößenverfahren am Beispiel eines Rahmens

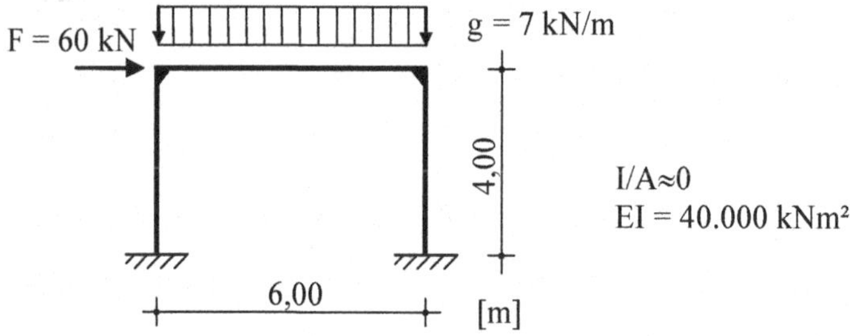

Bild 1.3-4 Einfeldrahmen, System und Belastung

Gesucht:
Verformungen und Momentverlauf des in Bild 1.3-4 dargestellten Tragwerks nach dem matriziellen Weggrößenverfahren.

Handrechnung: Analog zur programmgestützten Berechnung werden die Elementsteifigkeitsmatrizen lediglich für die Freiheitsgrade aufgestellt, die zur Lösung des Systems benötigt werden.

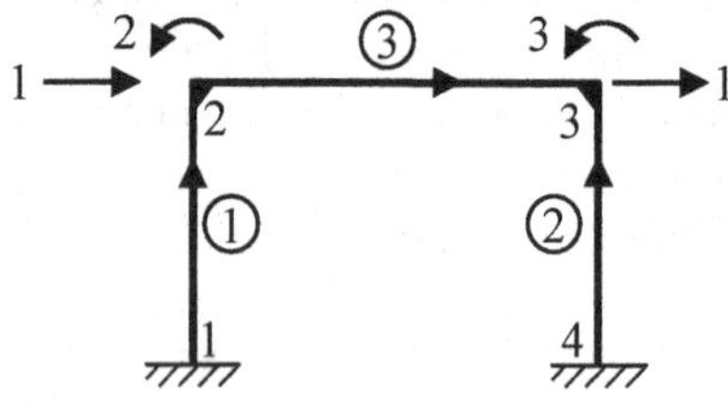

Bild 1.3-5 Diskretisierung

Matrizenvorwerte

Element	Knoten 1	Knoten 2	c	s	ℓ	Typ
1	1	2	0	1	4,0	beids. eingespannt
2	4	3	0	1	4,0	beids. eingespannt
3	2	3	1	0	6,0	beids. eingespannt

Die globalen Elementsteifigkeitsmatrizen (Anhang 1.8.5) ergeben sich entsprechend der Diskretisierung in Bild 1.3-5 für

- Stab 1 in den globalen Freiheitsgraden 1 und 2:

$$\mathbf{k}_1 = \frac{EI}{\ell}\left[\begin{array}{c|c} c^2\frac{A}{I}+\frac{12}{\ell^2}s^2 & \frac{6}{\ell}s \\ \hline \frac{6}{\ell}s & 4 \end{array}\right] = \begin{bmatrix} 7.500 & 15.000 \\ 15.000 & 40.000 \end{bmatrix}$$

- Stab 2 in den globalen Freiheitsgraden 1 und 3:

$$\mathbf{k}_2 = \frac{EI}{\ell}\left[\begin{array}{c|c} c^2\frac{A}{I}+\frac{12}{\ell^2}s^2 & \frac{6}{\ell}s \\ \hline \frac{6}{\ell}s & 4 \end{array}\right] = \begin{bmatrix} 7.500 & 15.000 \\ 15.000 & 40.000 \end{bmatrix}$$

- Stab 3 in den globalen Freiheitsgraden 2 und 3:

$$\mathbf{k}_3 = \frac{EI}{\ell}\begin{bmatrix} 4 & 2 \\ 2 & 4 \end{bmatrix} = \begin{bmatrix} 26.666{,}67 & 13.333{,}33 \\ 13.333{,}33 & 26.666{,}67 \end{bmatrix}$$

  Hinweis: Der Freiheitsgrad 1 am Anfang und Ende des Stabes bewirkt lediglich eine (schnittgrößenfreie) Translation des Stabes.

Die Gesamtsteifigkeitsmatrix setzt sich wie folgt aus den Elementsteifigkeitsmatrizen zusammen:

$$\mathbf{K} = \begin{bmatrix} 7.500+7.500 & 15.000 & 15.000 \\ 15.000 & 40.000+26.666{,}67 & 13.333{,}33 \\ 15.000 & 13.333{,}33 & 26.666{,}67+40.000 \end{bmatrix}$$
$$= \begin{bmatrix} 15.000 & 15.000 & 15.000 \\ 15.000 & 66.666{,}67 & 13.333{,}33 \\ 15.000 & 13.333{,}33 & 66.666{,}67 \end{bmatrix}$$

Der Lastvektor berechnet sich aus der Betrachtung eines beidseitig eingespannten Stabelementes:

$$\mathbf{P} = \begin{bmatrix} 60 \\ -\dfrac{g \cdot \ell_3^2}{12} \\ \dfrac{g \cdot \ell_3^2}{12} \end{bmatrix} = \begin{bmatrix} 60 \\ -21 \\ 21 \end{bmatrix}$$

Das daraus resultierende Gleichungssystem

$$\begin{bmatrix} 15.000 & 15.000 & 15.000 \\ 15.000 & 66.666{,}67 & 13.333{,}33 \\ 15.000 & 13.333{,}33 & 66.666{,}67 \end{bmatrix} \cdot \begin{bmatrix} u \\ \varphi_1 \\ \varphi_2 \end{bmatrix} = \begin{bmatrix} 60 \\ -21 \\ 21 \end{bmatrix}$$

liefert als Lösung die Verformungen in den globalen Systemfreiheitsgraden

$$\begin{bmatrix} u \\ \varphi_1 \\ \varphi_2 \end{bmatrix} = \begin{bmatrix} 6{,}4 \cdot 10^{-3} \\ -1{,}59 \cdot 10^{-3} \\ -0{,}81 \cdot 10^{-3} \end{bmatrix}.$$

Damit lauten die Stabendverformungen der Stäbe:

$$\mathbf{v}_1 = \begin{bmatrix} 0 \\ 0 \\ 0 \\ 6{,}4 \cdot 10^{-3} \\ 0 \\ -1{,}59 \cdot 10^{-3} \end{bmatrix}, \mathbf{v}_2 = \begin{bmatrix} 0 \\ 0 \\ 0 \\ 6{,}4 \cdot 10^{-3} \\ 0 \\ -0{,}81 \cdot 10^{-3} \end{bmatrix}, \mathbf{v}_3 = \begin{bmatrix} 0 \\ 0 \\ -1{,}59 \cdot 10^{-3} \\ 0 \\ 0 \\ -0{,}81 \cdot 10^{-3} \end{bmatrix}$$

Die globalen Schnittkräfte ergeben sich durch Multiplikation der Elementsteifigkeitsmatrizen mit den Vektoren der Stabendverformungen zuzüglich der Elementlasten des Stabes. Da Längsverformungen der Stäbe in der Systemdiskretisierung nicht berücksichtigt wurden, ergeben sich in diesem Rechenschritt keine Normalkräfte. Diese werden im Anschluss durch Gleichgewichtsbedingungen an den Rahmenecken ermittelt.
Es werden nur die notwendigen Koeffizienten der Elementsteifigkeitsmatrizen aufgestellt:

- Stab 1:

$\mathbf{S_1} = \mathbf{k_1} \cdot \mathbf{v_1}$

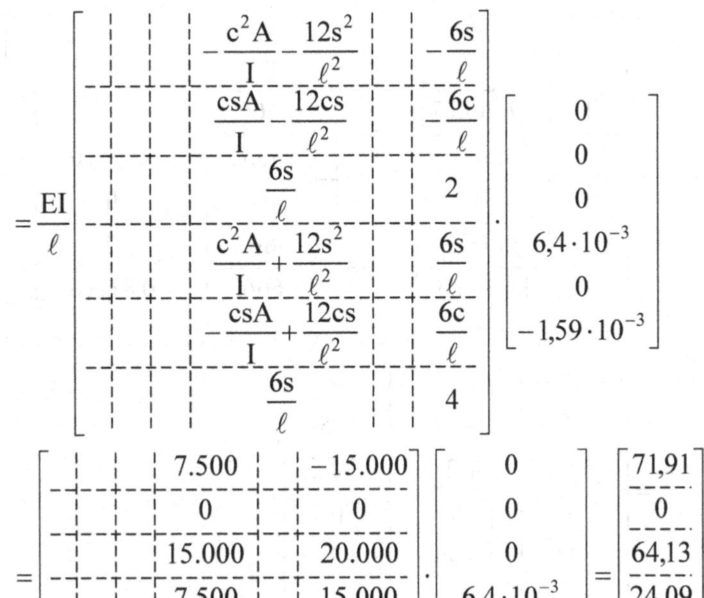

$$= \frac{EI}{\ell}\begin{bmatrix} & & & -\frac{c^2A}{I}-\frac{12s^2}{\ell^2} & & & -\frac{6s}{\ell} \\ & & & \frac{csA}{I}-\frac{12cs}{\ell^2} & & & -\frac{6c}{\ell} \\ & & & \frac{6s}{\ell} & & & 2 \\ & & & \frac{c^2A}{I}+\frac{12s^2}{\ell^2} & & & \frac{6s}{\ell} \\ & & & -\frac{csA}{I}+\frac{12cs}{\ell^2} & & & \frac{6c}{\ell} \\ & & & \frac{6s}{\ell} & & & 4 \end{bmatrix} \cdot \begin{bmatrix} 0 \\ 0 \\ 0 \\ 6{,}4\cdot10^{-3} \\ 0 \\ -1{,}59\cdot10^{-3} \end{bmatrix}$$

$$= \begin{bmatrix} & & & 7.500 & & -15.000 \\ & & & 0 & & 0 \\ & & & 15.000 & & 20.000 \\ & & & 7.500 & & 15.000 \\ & & & 0 & & 0 \\ & & & 15.000 & & 40.000 \end{bmatrix} \cdot \begin{bmatrix} 0 \\ 0 \\ 0 \\ 6{,}4\cdot10^{-3} \\ 0 \\ -1{,}59\cdot10^{-3} \end{bmatrix} = \begin{bmatrix} 71{,}91 \\ 0 \\ 64{,}13 \\ 24{,}09 \\ 0 \\ 32{,}25 \end{bmatrix}$$

- Stab 2:

$\mathbf{S_2} = \mathbf{k_2} \cdot \mathbf{v_2}$

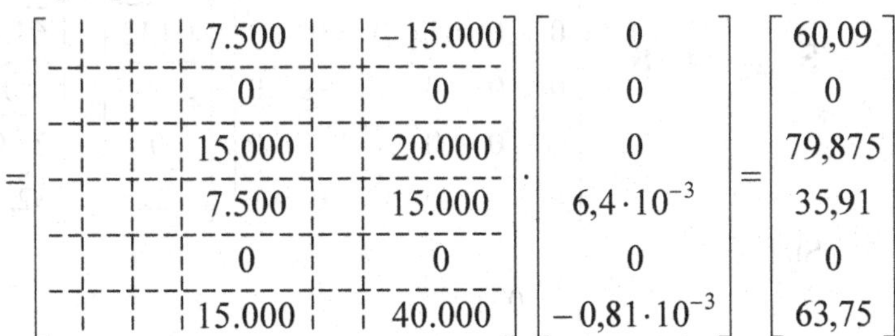

$$= \begin{bmatrix} & & & 7.500 & & -15.000 \\ & & & 0 & & 0 \\ & & & 15.000 & & 20.000 \\ & & & 7.500 & & 15.000 \\ & & & 0 & & 0 \\ & & & 15.000 & & 40.000 \end{bmatrix} \cdot \begin{bmatrix} 0 \\ 0 \\ 0 \\ 6{,}4\cdot10^{-3} \\ 0 \\ -0{,}81\cdot10^{-3} \end{bmatrix} = \begin{bmatrix} 60{,}09 \\ 0 \\ 79{,}875 \\ 35{,}91 \\ 0 \\ 63{,}75 \end{bmatrix}$$

- Stab 3:

$\mathbf{S_3} = \mathbf{k_3} \cdot \mathbf{v_3} - \mathbf{s_0}$

$$= \begin{bmatrix} & & 0 & & & 0 \\ & & -6.666,7 & & & -6.666,7 \\ & & 26.666,7 & & & 13.333,3 \\ & & 0 & & & 0 \\ & & 6.666,7 & & & 6.666,7 \\ & & 13.333,3 & & & 26.666,7 \end{bmatrix} \cdot \begin{bmatrix} 0 \\ 0 \\ -1,59 \cdot 10^{-3} \\ 0 \\ 0 \\ -0,81 \cdot 10^{-3} \end{bmatrix} - \begin{bmatrix} 0 \\ \frac{g \cdot \ell}{2} \\ -\frac{g \cdot \ell^2}{12} \\ 0 \\ \frac{g \cdot \ell}{2} \\ \frac{g \cdot \ell^2}{12} \end{bmatrix}$$

$$= \begin{bmatrix} 0 \\ 16 \\ -53,25 \\ 0 \\ -16 \\ -42,75 \end{bmatrix} + \begin{bmatrix} 0 \\ -21 \\ +21 \\ 0 \\ -21 \\ -21 \end{bmatrix} = \begin{bmatrix} 0 \\ -5 \\ -32,25 \\ 0 \\ -37 \\ -63,75 \end{bmatrix}$$

Die lokalen Schnittgrößen ergeben sich durch Transformation der globalen Schnittgrößen nach Gleichung (1.1.15)

- Stab 1:

$$\mathbf{S}_{1,\text{lokal}} = \mathbf{C} \cdot \mathbf{S}_1 = \begin{bmatrix} c & -s & 0 & 0 & 0 & 0 \\ s & c & 0 & 0 & 0 & 0 \\ 0 & 0 & 1 & 0 & 0 & 0 \\ 0 & 0 & 0 & c & -s & 0 \\ 0 & 0 & 0 & s & c & 0 \\ 0 & 0 & 0 & 0 & 0 & 1 \end{bmatrix} \cdot \begin{bmatrix} 71,91 \\ 0 \\ 64,13 \\ 24,09 \\ 0 \\ 32,25 \end{bmatrix} = \begin{bmatrix} 0 \\ 71,91 \\ 64,13 \\ 0 \\ 24,09 \\ 32,25 \end{bmatrix}$$

- Stab 2:

$$\mathbf{S}_{2,\text{lokal}} = \mathbf{C} \cdot \mathbf{S}_2 = \begin{bmatrix} 0 \\ 60,09 \\ 79,875 \\ 0 \\ 35,91 \\ 63,75 \end{bmatrix}$$

- Stab 3: (α=0 → lokal = global)

$$\mathbf{S}_{3,\text{lokal}} = \mathbf{S}_3 = \begin{bmatrix} 0 \\ -5 \\ -32{,}25 \\ 0 \\ -37 \\ -63{,}75 \end{bmatrix}$$

Aus diesen Ergebnissen lassen sich der Querkraft- und Momentenverlauf des Systems graphisch darstellen (VK I):

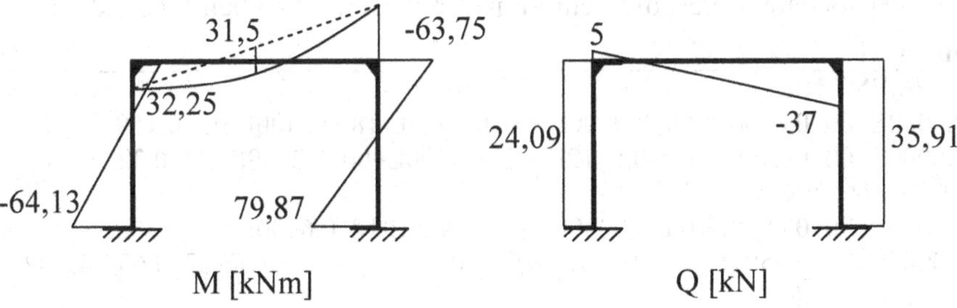

Bild 1.3-6 Momenten- und Querkraftverlauf

Der Normalkraftverlauf ergibt sich aus dem Knotengleichgewicht in den Rahmenecken:

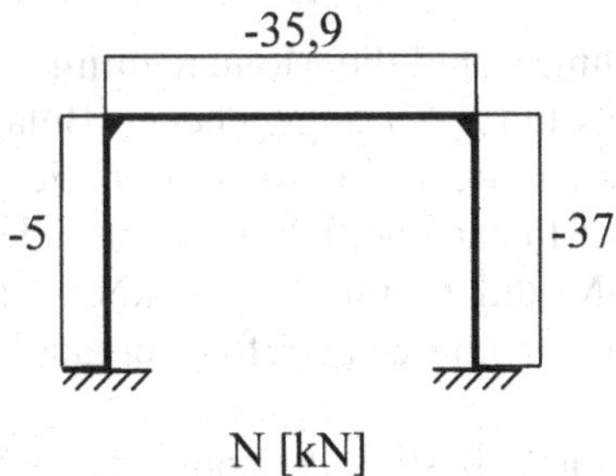

Bild 1.3-7 Normalkraftverlauf

Elektronische Berechnung: Die elektronische Berechnung mit dem Programm TRAP benötigt folgende Eingabedateien:

etrap.txt

```
40000.0, 4., 0., 90.          EI, ℓ, EA und α der 3 Stäbe
40000.0, 4., 0., 90.
40000.0, 6., 0., 0.
0,0,0,1,0,2,                  Inzidenzvektoren der 3 Stäbe
0,0,0,1,0,3,
0,0,2,0,0,3,
60.,0.,0.,                    Äußere Lasten der 3 Freiheitsgrade
```

trap.txt

```
0.,7.,0.,7.                   Trapezlastordinaten
```

trapnr.txt

```
3                             Nr. des Stabes mit der Trapezlast
```

Die Ausgabedatei liefert die Schnittgrößen nach VKI an den Stabenden:

atrap.txt

```
ELEMENT NR.      1
0.0000E+00 0.0000E+00 0.0000E+00 0.3919E-18 0.6400E-02 -0.1594E-02
0.0000E+00 0.2409E+02 -0.6412E+02 0.0000E+00 0.2409E+02 0.3225E+02
ELEMENT NR.      2
0.0000E+00 0.0000E+00 0.0000E+00 0.3919E-18 0.6400E-02 -0.8062E-03
0.0000E+00 0.3591E+02 -0.7987E+02 0.0000E+00 0.3591E+02 0.6375E+02
ELEMENT NR.      3
0.0000E+00 0.0000E+00 0.1594E-02 0.0000E+00 0.0000E+00 -0.8062E-03
0.0000E+00 0.5000E+01 0.3225E+02 0.0000E+00 -0.3700E+02 -0.6375E+02
```

1.3.3 Einfeldrahmen mit schrägen Stielen

Für den in Bild 1.3-8 dargestellten Rahmen sind die Momentenlinie sowie die Horizontalverschiebung des Riegels unter der angegebenen Belastung w = 20 kN/m zu bestimmen. Alle Querschnitte sind 0,80 m breit, die Querschnittshöhe der schrägen Stiele wächst linear von 0,20 m am Fundament auf 1,0 m am Riegelanschnitt; der E-Modul ist mit $1{,}0 \cdot 10^7$ kN/m^2 anzunehmen. Normal- und Querkraftkraftverformungen dürfen vernachlässigt werden.

Handrechnung: Das Tragwerk ist statisch bestimmt, womit der Verlauf der Schnittkräfte nicht von seinen Steifigkeitseigenschaften abhängt. In Vorbereitung auf die numerische Integration zur Bestimmung der horizontalen Riegelverschiebung werden die Momentenordinaten infolge w sowie infolge der Eins-Last P korrespondierend zur gesuchten Riegelverschiebung in den Viertelpunkten der schrägen Stiele sowie in der Mitte des Riegels berechnet (Punkte 1 bis 11 nach Bild 1.3-9).

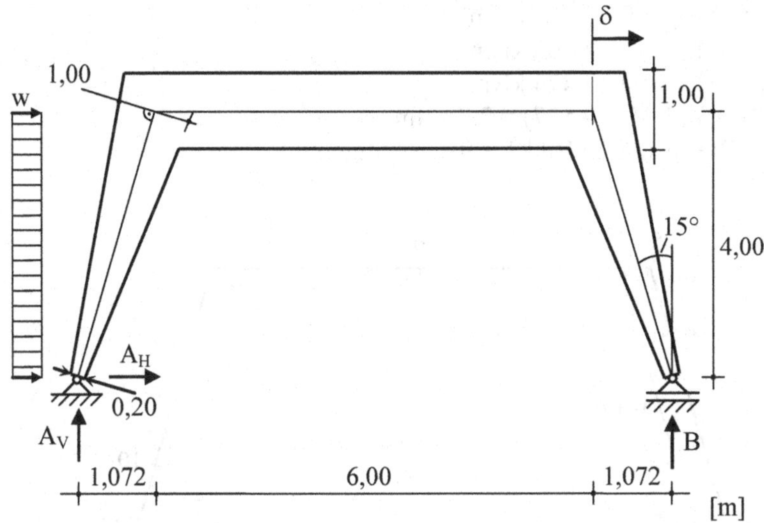

Bild 1.3-8 Einfeldrahmen, System und Belastung

Schnittkräfte infolge w:

$\Sigma M = 0$ um A: $-B\cdot(6{,}0 + 2\cdot 1{,}072) + (20{,}0 \cdot 4{,}0\cdot 2{,}0) = 0 \rightarrow B = 19{,}65$ kN
$\Sigma V = 0$: $A_V = - B = -19{,}65$ kN
$\Sigma H = 0$: $A_H = - 4{,}0\cdot 20{,}0 = - 80$ kN
$M_{07} = B\cdot 1{,}072 = 21{,}06$ kNm
$M_{05} = B\cdot(1{,}072 + 6{,}0) = 138{,}9$ kNm
$M_{04} = 0{,}75\cdot 138{,}9 + 0{,}75\cdot 40{,}0 = 134{,}2$ kNm
$M_{03} = 0{,}50\cdot 138{,}9 + 40{,}0 = 109{,}5$ kNm
$M_{02} = 0{,}25\cdot 138{,}9 + 0{,}75\cdot 40{,}0 = 64{,}7$ kNm
$M_{01} = 0$
$M_{06} = 0{,}5\cdot(138{,}9 + 21{,}1) = 80{,}0$ kNm
$M_{0,8}=0{,}75\cdot M_{0,7} = 15{,}80$ kNm
$M_{0,9}=0{,}5\cdot M_{0,7} = 10{,}53$ kNm
$M_{0,10} =0{,}25\cdot M_{0,7} = 5{,}265$ kNm

Schnittkräfte infolge P = 1:

$\Sigma M = 0$ um A: $-B\cdot 8{,}144+1{,}0\cdot 4{,}0 = 0 \rightarrow B = 0{,}491$ kN
$\Sigma V = 0$: $A_V = - B = -0{,}491$ kN
$\Sigma H = 0$: $A_H = -1{,}0$ kN
$M_{1,10} = B\cdot 1{,}072/4 = 0{,}1316$ kNm
$M_{1,9} = 2\cdot M_{1,10} = 0{,}263$ kNm
$M_{1,8} = 3\cdot M_{1,10} = 0{,}395$ kNm
$M_{1,7} = 4\cdot M_{1,10} = 0{,}526$ kNm
$M_{1,2} = A_V\cdot 1{,}072/4 + A_H\cdot 1{,}0 = 0{,}868$ kNm

$M_{1,3} = -M_{1,9}+2,0 =1,737$ kNm
$M_{1,4} = -M_{1,8}+3,0 =2,605$ kNm
$M_{1,5} = -M_{1,7}+4,0 =3,474$ kNm
$M_{1,7} = 0,5\cdot(3,47 + 0,527) = 2,0$ kNm
Diese Werte sind in Bild 1.3-9 aufgetragen.

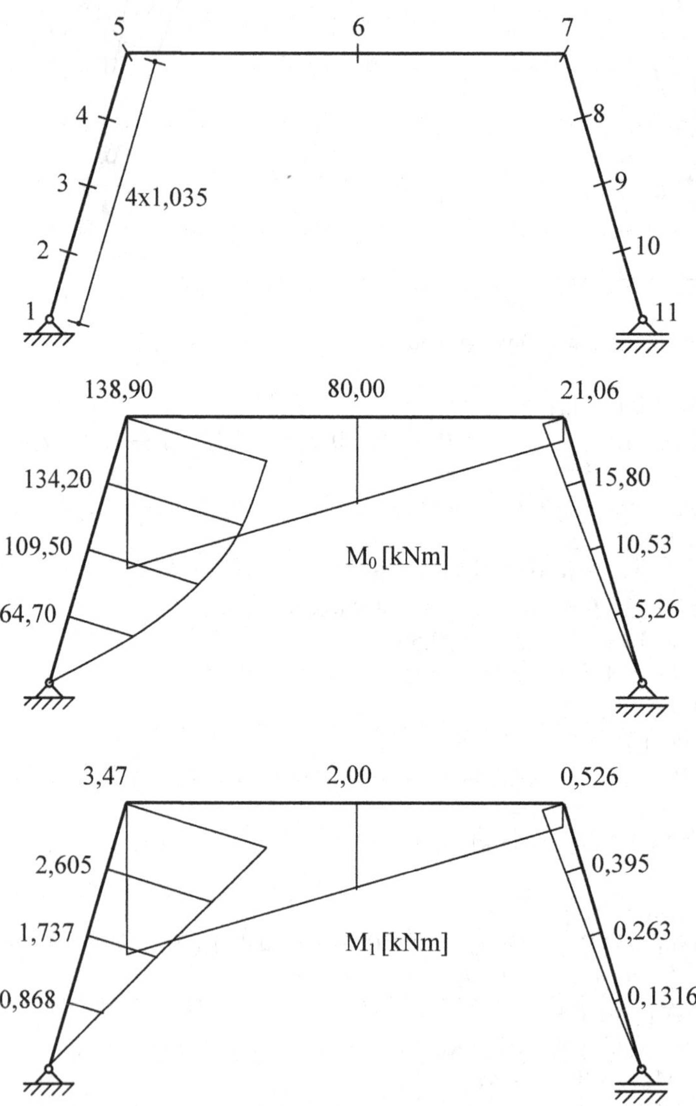

Bild 1.3-9 Bezeichnungen und Biegemomente infolge w (Mitte) und P=1 (unten)

Zur Ermittlung der horizontalen Riegelverschiebung δ muss der Ausdruck

$$\delta = \int \frac{M_1 \cdot M_0}{EI(x)} dx$$

numerisch ausgewertet werden. Das geschieht hier über die SIMPSON-Regel (1.2.4) mit Hilfe eines Tabellenkalkulationsprogramms, mit folgendem Ergebnis:

Pkt	Δx	C	C·Δx	EI	M_1	M_0	INT
1	1,035	1	1,035	5,33E+03	0	0	0
2	1,035	4	4,14	4,27E+04	0,8684	64,7	0,00546017
3	1,035	2	2,07	1,44E+05	1,737	109,5	0,00272657
4	1,035	4	4,14	3,41E+05	2,605	134,2	0,00424016
5	1,035	1	1,035	6,67E+05	3,474	138,9	0,00074914
5	3	1	3	6,67E+05	3,474	138,9	0,00217141
6	3	4	12	6,67E+05	2	80	0,00288
7	3	1	3	6,67E+05	0,5264	21,06	4,9887E-05
7	1,035	1	1,035	6,67E+05	0,5264	21,06	1,7211E-05
8	1,035	4	4,14	3,41E+05	0,3948	15,795	7,5634E-05
9	1,035	2	2,07	1,44E+05	0,2632	10,53	3,9719E-05
10	1,035	4	4,14	4,27E+04	0,1316	5,265	6,723E-05
11	1,035	1	1,035	5333,333	0	0	0
			42,84				0,01847713

Die Summe der Werte in der 4. Spalte entspricht der dreifachen Integrationslänge, während die Summe der letzten Spalte den dreifachen Wert der gesuchten Verschiebung liefert; somit ist δ = 0,00616 m oder 6,16 mm.

Elektronische Berechnung: Das Tragwerk kann mit dem Programm VOUT berechnet werden (Bild 1.3-10); trotz der groben Diskretisierung ist die Übereinstimmung mit der Handrechnung zufriedenstellend.

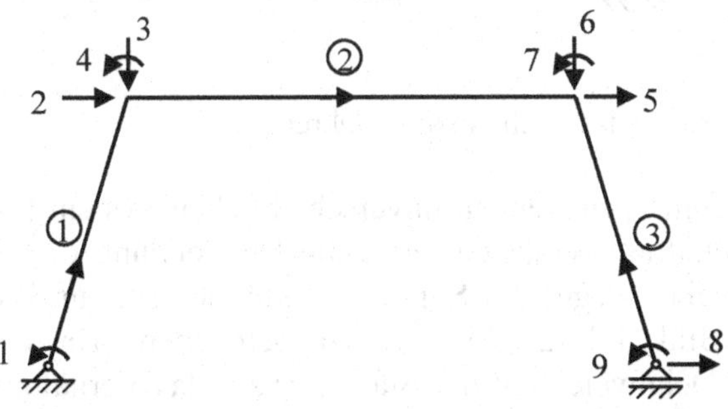

Bild 1.3-10 Systemdiskretisierung

1.3.4 Unverschieblicher Hallenrahmen

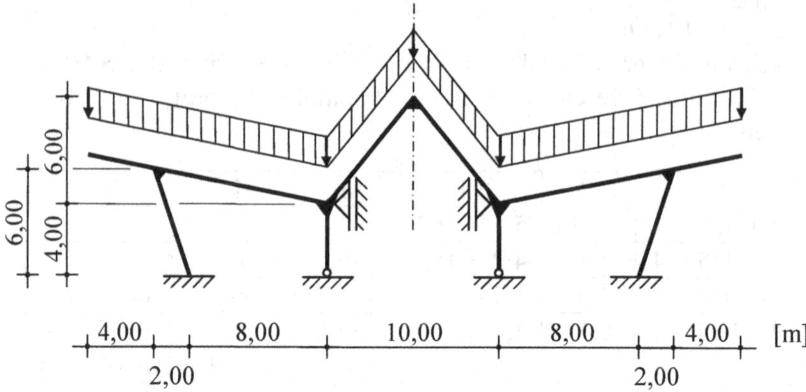

Bild 1.3-11 System und Abmessungen

Bei dem in Bild 1.3-11 dargestellten Hallenrahmen soll die Momentenlinie infolge Belastung durch das Eigengewicht g = 38 kN/m des Riegels bestimmt werden. Für die Handrechnung darf der Einfluss der Längsverformung der Stäbe vernachlässigt werden.

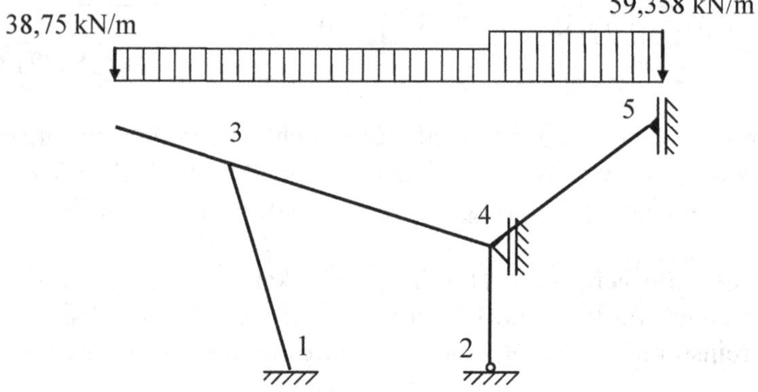

Bild 1.3-12 Bezeichnungen für das Drehwinkelverfahren

Handrechnung: Bei dem vorliegenden unverschieblichen System (es treten keine Stabdrehwinkel auf) empfiehlt sich die Verwendung des Drehwinkelverfahrens, wobei es wegen der Symmetrie möglich ist, nur das halbe System wie in Bild 1.3-12 skizziert zu betrachten. Da es bei Vernachlässigung der Dehnweichheit der Stäbe nur auf das Verhältnis der Biegesteifigkeiten der Stäbe ankommt, setzen wir die Biegesteifigkeit EI der Riegel (Stäbe 3-4 und 4-5) gleich 50 an, womit diejenige der Stiele 1-3 und 2-4 25 beträgt. Als Unbekannte des Drehwinkelverfahrens kommen nur die Knotendrehwinkel φ_3 und φ_4 vor; mit den Stablängen ℓ_{13} = 6,325 m, ℓ_{34} = 10,198 m, ℓ_{24} = 4,00 m und ℓ_{45} = 7,810 m betragen die Stabsteifigkeiten $2EI/\ell$ der Stäbe:

$k_{13} = (2 \cdot 25/6{,}325) = 7{,}905$
$k_{34} = (2 \cdot 50/10{,}198) = 9{,}806$
$k'_{24} = 0{,}75 \cdot (2 \cdot 25/4{,}0) = 9{,}375$ (Gelenkstab, deshalb Faktor 0,75)
$k_{45} = (2 \cdot 50/7{,}810) = 12{,}804$

Nach Gleichung (1.1.8) haben die Knotengleichungen die Form

$$2 \cdot \varphi_i \cdot \sum k_{ij} + \sum \varphi_j \cdot k_{ij} + \sum \overset{0}{M}_{ij} = 0 \,. \tag{1.3.1}$$

Das Kragmoment beträgt

$$\overset{0}{M}_3 = -\frac{g\ell^2}{2} = -\frac{38{,}753 \cdot 4^2}{2} = -310{,}02\,\text{kNm}\,,$$

die übrigen Volleinspannmomente betragen

$$\overset{0}{M}_{34} = -\overset{0}{M}_{43} = \frac{g\ell^2}{12} = \frac{38{,}753 \cdot 10^2}{12} = 322{,}94\,\text{kNm} \qquad \text{und}$$

$$\overset{0}{M}_{45} = -\overset{0}{M}_{54} = \frac{g\ell^2}{12} = \frac{59{,}358 \cdot 5^2}{12} = 123{,}66\,\text{kNm.}$$

Die Vorzeichenregel besagt, dass positive Momente am jeweiligen Stabende im Gegenuhrzeigersinn drehen. Die Knotengleichung am Knoten 3 lautet damit:

$$2 \cdot \varphi_3 \cdot (7{,}905 + 9{,}806) + \varphi_4 \cdot 9{,}806 + (-310{,}02 + 322{,}94) = 0$$

$$\varphi_3 \cdot 35{,}422 + \varphi_4 \cdot 9{,}806 + 12{,}92 = 0$$

Entsprechend für Knoten 4:

$$2 \cdot \varphi_4 \cdot (12{,}804 + 9{,}806 + 9{,}375) + \varphi_3 \cdot 9{,}806 + (-322{,}94 + 123{,}66) = 0$$

$$\varphi_4 \cdot 63{,}97 + \varphi_4 \cdot 9{,}806 - 199{,}28 = 0$$

Die Lösung des Gleichungssystems liefert

$\varphi_3 = -1{,}2815$ und

$\varphi_4 = 3{,}3116.$

Damit lassen sich die Biegemomente aus den in Abschnitt 1.1 angegebenen Gleichungen bestimmen, z.B. zu

$$M_{\ell r} = k_{\ell r} \cdot (2 \cdot \varphi_\ell + \varphi_r) + \overset{0}{M}_{\ell r}\,.$$

Für das Biegemoment M_{34} erhält man z.B.

$$M_{34} = 9{,}806 \cdot [2 \cdot (-1{,}2815) + 3{,}3116] + 322{,}94 = 330{,}28\ \text{kNm.}$$

Weitere Werte sind:

$$M_{43} = 9{,}806 \cdot (2 \cdot 3{,}3116 - 1{,}2815) - 322{,}94 = -270{,}56 \text{ kNm},$$
$$M_{45} = 12{,}804 \cdot (2 \cdot 3{,}3116 + 0) + 123{,}66 = 208{,}46 \text{ kNm},$$
$$M_{54} = 12{,}804 \cdot 3{,}3116 - 123{,}66 = -81{,}26 \text{ kNm},$$
$$M_{31} = 7{,}905 \cdot 2 \cdot (-1{,}2815) = -20{,}26 \text{ kNm},$$
$$M_{13} = 7{,}905 \cdot (-1{,}2815) = -10{,}13 \text{ kNm},$$
$$M_{42} = 9{,}375 \cdot 2 \cdot 3{,}3116 = 62{,}09 \text{ kNm}.$$

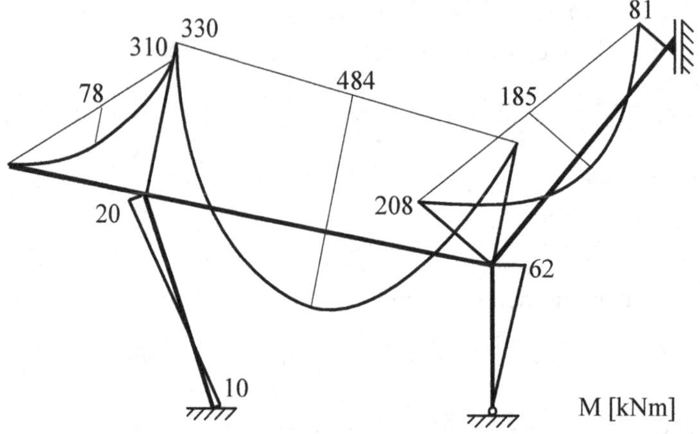

Bild 1.3-13 Berechneter Momentenverlauf

Elektronische Berechnung: Das Tragwerk kann, wie in Bild 1.3-14 idealisiert, mit dem Programm TRAP berechnet werden; auf die Wiedergabe der Ein- und Ausgabedatei wird hier verzichtet.

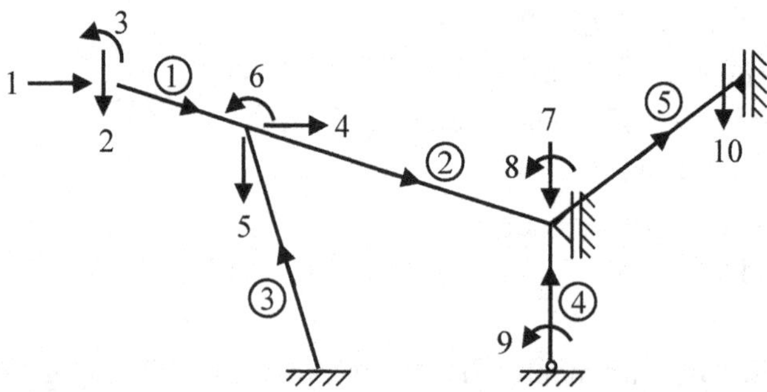

Bild 1.3-14 Diskretisierung für die elektronische Berechnung

1.3.5 Einflusslinie eines Kastenquerschnitts

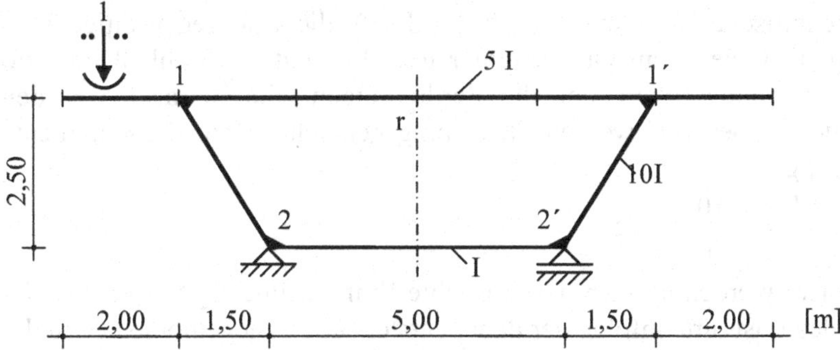

Bild 1.3-15 System und Abmessungen

Bei dem in Bild 1.3-15 dargestellten Tragwerk soll die Einflusslinie des Biegemoments für den Punkt r bestimmt werden. Es wird EI = 10 angenommen, da es bei der Berechnung nur auf die Steifigkeitsverhältnisse, nicht jedoch auf die entsprechenden Absolutwerte ankommt.

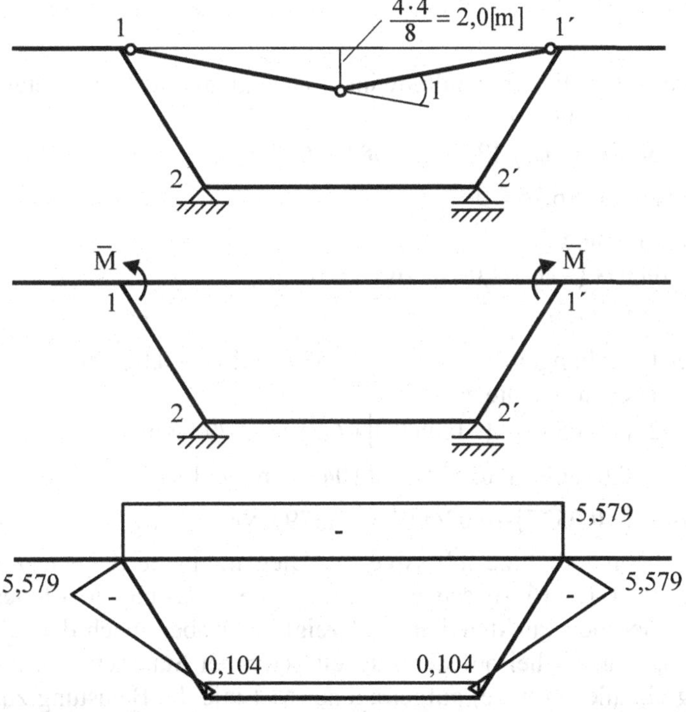

Bild 1.3-16 Verschiebungsfigur, Belastung und M-Linie

Handrechnung: Es wird das Drehwinkelverfahren eingesetzt, und der Rechengang verläuft wie in Abschnitt 1 erläutert. Es wird zunächst eine örtliche kinematische Kette erzeugt (Bild 1.3-16), die eine gegenseitige Verdrehung im Gelenk am Querschnitt r um -1 erlaubt. Anschließend wird diese Verdrehung fixiert, und die Verdrehungen vom Betrag 0,5 an den Enden des Stabes 1-1' werden rückgängig gemacht, wozu Biegemomente vom Betrag

$$\overline{M} = \frac{EI}{\ell} = \frac{5 \cdot 10}{8{,}0} = 6{,}25$$

aufgebracht werden müssen. Die gesuchte Einflusslinie ergibt sich als Biegelinie des Lastgurts infolge der dabei entstehenden Biegemomente, zu der noch die Ordinaten der kinematischen Kette hinzugefügt werden müssen. Die Stabsteifigkeiten ($2 \cdot EI/\ell$) betragen:

$$k_{11'} = \frac{2 \cdot 5 \cdot 10}{8} = 12{,}5$$

$$k_{12} = \frac{2 \cdot 10 \cdot 10}{2{,}915} = 68{,}6$$

$$k_{22} = \frac{2 \cdot 10}{5{,}0} = 4{,}0$$

Als Unbekannte treten die Knotendrehwinkel φ_1 und φ_2 auf. Die Knotengleichung am Knoten 1 liefert:

$$2 \cdot \varphi_1 \cdot (12{,}5 + 68{,}6) + (-\varphi_1) \cdot 12{,}5 + \varphi_2 \cdot 68{,}6 + 6{,}25 = 0$$

$$\varphi_1 \cdot 149{,}7 + \varphi_2 \cdot 68{,}6 + 6{,}25 = 0$$

Entsprechend bei Knoten 2:

$$2 \cdot \varphi_2 \cdot (4{,}0 + 68{,}6) + (-\varphi_2) \cdot 4{,}0 + \varphi_1 \cdot 68{,}6 = 0$$

$$\varphi_1 \cdot 68{,}6 + \varphi_2 \cdot 141{,}2 = 0$$

Die Lösung der Gleichungen lautet $\varphi_1 = -0{,}0537$ und $\varphi_2 = 0{,}02609$. Damit ergeben sich die Biegemomente zu:

$$M_{11'} = 12{,}5 \cdot [2 \cdot (-0{,}0537) - (-0{,}0537)] + 6{,}25 = 5{,}579 \text{ kNm},$$

$$M_{21} = 68{,}6 \cdot (2 \cdot 0{,}02609 - 0{,}0537) = -0{,}104 \text{ kNm} \quad \text{und}$$

$$M_{12} = 68{,}6 \cdot [2 \cdot (-0{,}0537) + 0{,}02609] = -5{,}579 \text{ kNm}.$$

Die zugehörige Momentenlinie inklusive der Biegemomente des Riegels ist ebenfalls in Bild 1.3-16 zu sehen. Die verteilte Belastung M/EI des Lastgurtes zwischen den Punkten 1 und 1' zeigt nach oben, nach der allgemeinen Regel, wonach bei auf der Zugseite (wo bei Stahlbetonbalken die Bewehrung einzulegen wäre) aufgetragener M-Linie die Belastung zur Bestimmung der Biegelinie immer vom Stab weg zeigt. Ihre Amplitude beträgt 5,579/50 = 0,11158 1/m. Nach dem ω-Verfahren ergeben sich somit die Biegelinienordinaten zu $(1/2)\cdot 0{,}11158\cdot \ell^2\cdot \omega_R$, mit ℓ=8,0 m und $\omega_R=\xi - \xi^2$. Im Viertelpunkt (ξ = 0,25) ist ω_R=0,1875, für ξ = 0,50 ist ω_R=0,25. Damit betragen die entsprechenden Durchbiegungen 0,6695 m bzw. 0,8926 m (beide nach oben). Die Überlagerung mit den Ordinaten der kinematischen Kette (1,0 m bzw. 2,0 m) liefert die endgültigen Einflusslinienordinaten von 0,3305 m im Viertelpunkt und 1,107 m im Punkt r. Um die Ordinate am freien Ende des Kragträgers zu bestimmen, berechnen wir die Neigung der Biegelinie als Auflagerkraft der (M/EI)-Fläche, hier also zu (1/2)·0,11158·8,0 m = 0,4463 und subtrahieren sie von der Neigung der kinematischen Kette 2/4,0 = 0,5. Die Differenzneigung von 0,50 – 0,4463 = 0,05368 multipliziert mit der Kragarmlänge von 2,0 m liefert die gesuchte Einflusslinienordinate von 0,107 m. Die berechnete Einflusslinie ist in Bild 1.3-17 für das halbe System dargestellt (rechte Seite symmetrisch). Im Bereich des Kragarms verläuft die Biegelinie linear.

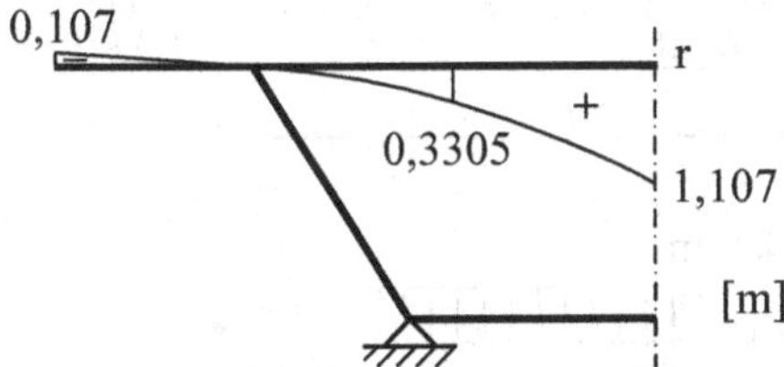

Bild 1.3-17 Einflusslinie „M_r“

Elektronische Berechnung: Es wird die Biegelinie des Lastgurtes am (n-1)-fach statisch unbestimmten System ermittelt, das dadurch entsteht, dass in r ein Momentengelenk eingeführt wird. Bild 1.3-18 zeigt die Diskretisierung, die wegen der Symmetrie nur das halbe Tragwerk umfasst.

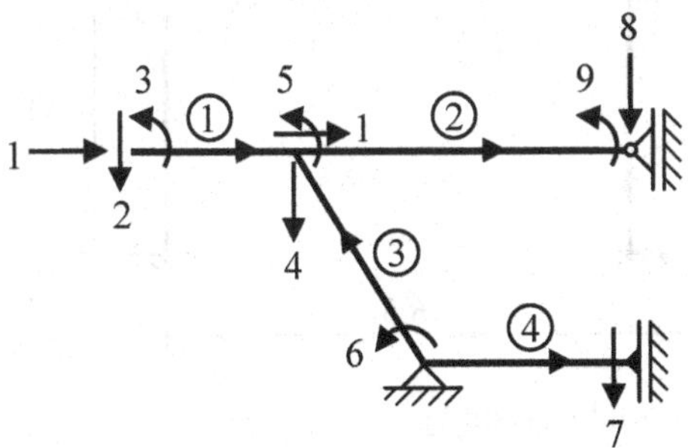

Bild 1.3-18 Diskretisierung des (n-1)-fach statisch unbestimmten Systems

1.3.6 Hallenrahmen mit starren Riegelbereichen

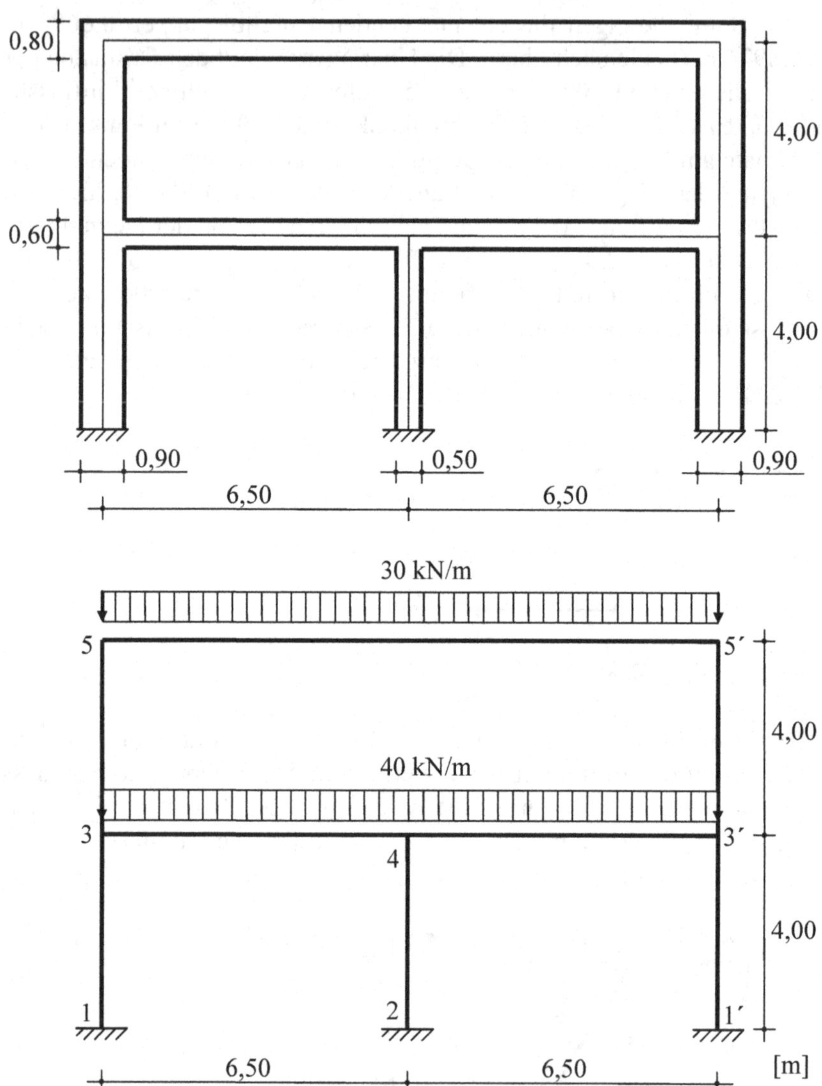

Bild 1.3-19 System mit Abmessungen und Belastung

Für den in Bild 1.3-19 dargestellten, symmetrischen, zweistöckigen Hallenrahmen soll die Momentenlinie bestimmt werden, und zwar sowohl mit als auch ohne Berücksichtigung der starren Riegelendbereiche innerhalb der Stützenbreite. Die Biegesteifigkeiten betragen EI = $6{,}075 \cdot 10^5$ kNm^2 für die Stäbe 1-3 und 3-5, $1{,}0417 \cdot 10^5$ kNm^2 für Stab 2-4, $4{,}267 \cdot 10^5$ kNm^2 für Stab 5-5' und $1{,}80 \cdot 10^5$ kNm^2 für die Stäbe 3-4 und 4-3'.

Handrechnung: Das Tragwerk ist wegen seiner Symmetrie und der symmetrischen Belastung unverschieblich, und es treten nur φ_3 und φ_5 als Unbekannte auf, da der Knotendrehwinkel $\varphi_4 = 0$ ist. Für die Untersuchung ohne Berücksichtigung der starren Endbereiche der Riegel betragen die Stabsteifigkeiten ($2 \cdot EI/\ell$) (Faktor 10^5 für Biegesteifigkeit weggelassen):

$$k_{13} = \frac{2 \cdot 6{,}075}{4{,}0} = 3{,}0375 = k_{35}$$

$$k_{55'} = \frac{2 \cdot 4{,}2667}{13{,}0} = 0{,}6564$$

$$k_{34} = \frac{2 \cdot 1{,}80}{6{,}5} = 0{,}55385$$

Die Volleinspannmomente ($p\ell^2/12$) infolge p = 30 kN/m und 40 kN/m sind ($30 \cdot 13^2/12$) = 422,5 kNm, bzw. ($40 \cdot 6{,}5^2/12$) = 140,83 kNm. Die Knotengleichung am Knoten 3 liefert:

$$2 \cdot \varphi_3 \cdot (2 \cdot 3{,}0375 + 0{,}55385) + \varphi_5 \cdot 3{,}0375 + 140{,}83 = 0$$

$$\varphi_3 \cdot 13{,}2577 + \varphi_5 \cdot 3{,}0375 + 140{,}83 = 0$$

Entsprechend bei Knoten 5:

$$2 \cdot \varphi_5 \cdot (3{,}0375 + 0{,}6564) + (-\varphi_5) \cdot 0{,}6564 + \varphi_3 \cdot 3{,}0375 + 422{,}5 = 0$$

$$\varphi_5 \cdot 6{,}7314 + \varphi_3 \cdot 3{,}0375 + 422{,}5 = 0$$

Die Gleichungslösung liefert $\varphi_3 = 4{,}19087$ und $\varphi_5 = -64{,}6566$. Damit ergeben sich die Biegemomente zu:

$$M_{31} = 3{,}0375 \cdot (2 \cdot 4{,}1908 + 0) = 25{,}46 \text{ kNm},$$

$$M_{13} = 3{,}0375 \cdot (0 + 4{,}1908) = 12{,}73 \text{ kNm},$$

$$M_{34} = 0{,}55385 \cdot (2 \cdot 4{,}19087 + 0) + 140{,}83 = 145{,}48 \text{ kNm},$$

$$M_{43} = 0{,}55385 \cdot (0 + 4{,}19087) - 140{,}83 = -138{,}5 \text{ kNm},$$

$$M_{53} = 3{,}0375 \cdot [2 \cdot (-64{,}6566) + 4{,}19087] = -380{,}06 \text{ kNm},$$

$$M_{55'} = 0{,}6564 \cdot [2 \cdot (-64{,}6566) + 64{,}6566] + 422{,}5 = 380{,}06 \text{ kNm},$$

$$M_{35} = 3{,}0375 \cdot [2 \cdot 4{,}19087 + (-64{,}6566)] = -170{,}93 \text{ kNm}.$$

Sie sind in Bild 1.3-20 links aufgetragen. Die Berücksichtigung der starren Endbereiche der Riegel soll im Rahmen der elektronischen Berechnung erfolgen.

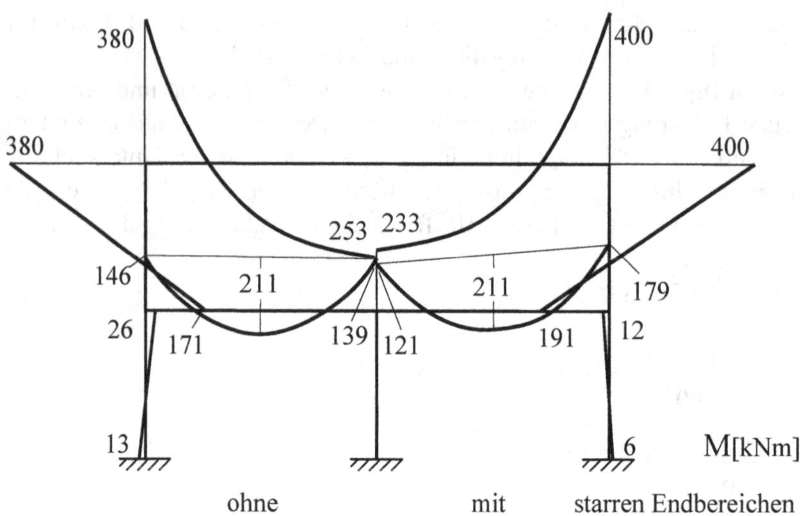

Bild 1.3-20 M-Linie ohne (links) und mit (rechts) Berücksichtigung der starren Riegelendbereiche.

Elektronische Berechnung: Die Diskretisierung des Tragwerks geht aus Bild 1.3-21 hervor.

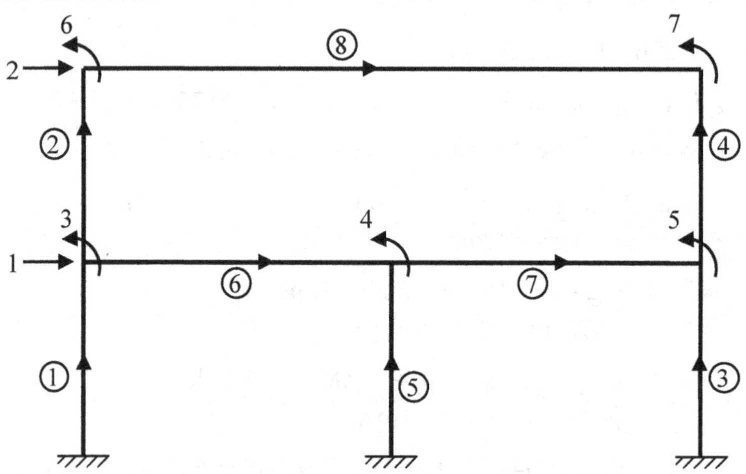

Bild 1.3-21 Diskretisierung

Alle Stäbe werden als dehnstarr betrachtet, womit die Anzahl der mitzunehmenden Freiheitsgrade deutlich reduziert wird; in der Eingabedatei **etrap.txt** des Programms TRAP werden die entsprechenden EA-Werte mit Null eingegeben. Die Eingabedatei lautet:

etrap .txt

```
6.075e5, 4.0, 0., 90.                EI, ℓ, EA und α der Stäbe
6.075e5, 4.0, 0., 90.
6.075e5, 4.0, 0., 90.
6.075e5, 4.0, 0., 90.
1.0417e5, 4.0, 0., 90.
1.8e5, 6.5, 0., 0.
1.8e5, 6.5, 0., 0.
4.2667e5, 13., 0., 0.
0,0,0, 1,0,3,                        Inzidenzvektoren
1,0,3, 2,0,6,
0,0,0, 1,0,5,
1,0,5, 2,0,7,
0,0,0, 1,0,4
1,0,3, 1,0,4,
1,0,4, 1,0,5,
2,0,6, 2,0,7
0., 0., 0., 0., 0., 0., 0.           Einzellasten in den 7 Freiheitsgraden
```

In der Eingabedatei **trap.txt** stehen die Ordinaten der Gleichlast für die drei Stäbe 6,7 und 8, deren Nummern in **trapnr.txt** einzutragen sind. Der Inhalt von **trap.txt** (zur Stabachse parallele und senkrechte Komponenten am Stabanfang und –ende) ist:

trap .txt

```
0., 40., 0., 40.
0., 40., 0., 40.
0., 30., 0., 30.
```

Die Ergebnisse (Datei **atrap.txt**) lauten im lokalen Koordinatensystem und VK I für die Schnittkräfte, VK II für die Verformungen:

atrap .txt

```
ELEMENT NR.     1
.0000E+00  .0000E+00  .0000E+00 -.1820E-35 -.2971E-19  .4191E-04
.9861E-31  .9547E+01 -.1273E+02  .9861E-31  .9547E+01  .2546E+02
ELEMENT NR.     2
-.1820E-35 -.2971E-19  .4191E-04 -.3640E-35 -.5943E-19 -.6466E-03
.0000E+00 -.1377E+03  .1709E+03  .0000E+00 -.1377E+03 -.3801E+03
ELEMENT NR.     3
.0000E+00  .0000E+00  .0000E+00 -.1820E-35 -.2971E-19 -.4191E-04
.9861E-31 -.9547E+01  .1273E+02  .9861E-31 -.9547E+01 -.2546E+02
ELEMENT NR.     4
-.1820E-35 -.2971E-19 -.4191E-04 -.3640E-35 -.5943E-19  .6466E-03
.0000E+00  .1377E+03 -.1709E+03  .0000E+00  .1377E+03  .3801E+03
ELEMENT NR.     5
.0000E+00  .0000E+00  .0000E+00 -.1820E-35 -.2971E-19 -.3071E-20
```

```
-.5474E-47 -.7002E-15  .1320E-14 -.5474E-47 -.7002E-15 -.1480E-14
ELEMENT NR.    6
-.2971E-19  .0000E+00  .4191E-04 -.2971E-19  .0000E+00 -.3071E-20
 .0000E+00  .1311E+03 -.1455E+03  .0000E+00 -.1289E+03 -.1385E+03
ELEMENT NR.    7
-.2971E-19  .0000E+00 -.3071E-20 -.2971E-19  .0000E+00 -.4191E-04
 .0000E+00  .1289E+03 -.1385E+03  .0000E+00 -.1311E+03 -.1455E+03
ELEMENT NR.    8
-.5943E-19  .0000E+00 -.6466E-03 -.5943E-19  .0000E+00  .6466E-03
 .0000E+00  .1950E+03 -.3801E+03  .0000E+00 -.1950E+03 -.3801E+03
```

Damit sind die Ergebnisse der Handrechnung bestätigt. Zur Berücksichtigung der 0,45 m langen starren Endbereiche der Riegel innerhalb der Stützenbreite wird das Programm TRSTAR herangezogen. Seine Eingabedateien entsprechen denjenigen des Programms TRAP, nur dass diesmal zum Datensatz EI, ℓ, EA und α für jeden Stab auch Werte AS und BS hinzukommen, welche die Länge der starren Endbereiche als Produkt AS·ℓ bzw. BS·ℓ definieren; mit ℓ wird hier die Stablänge zwischen den starren Endbereichen bezeichnet. Die ersten 8 Zeilen der Eingabedatei **estar.txt** von TRSTAR lauten:

estar .txt

```
6.075e5, 4.0, 0., 90. 0., 0.                 EI, ℓ, EA, α, AS und BS der 8
6.075e5, 4.0, 0., 90. 0., 0.,                Stäbe
6.075e5, 4.0, 0., 90. 0., 0.,
6.075e5, 4.0, 0., 90. 0., 0.,
1.04167e5, 4.0, 0., 90. 0., 0.
1.8e5, 6.05, 0., 0.,  0.07438, 0.
1.8e5, 6.05, 0., 0.,  0., 0.07438
4.2667e5, 12.10, 0.,0.,0.03719, 0.03719
```

Der Rest der Datei **estar.txt** entspricht **etrap.txt**. Die Berechnung liefert folgende Werte für die Verformungen und Schnittkräfte, ebenfalls im lokalen Koordinatensystem und nach VK II für die Verformungen, VK I für die Schnittkräfte (Datei **astar.txt**):

astar .txt

```
ELEMENT NR.    1
 .0000E+00  .0000E+00  .0000E+00 -.6070E-36 -.9909E-20  .1961E-04
 .0000E+00  .4467E+01 -.5956E+01  .0000E+00  .4467E+01  .1191E+02
ELEMENT NR.    2
-.6070E-36 -.9909E-20  .1961E-04  .3134E-35  .5116E-19 -.6689E-03
 .0000E+00 -.1479E+03  .1913E+03  .0000E+00 -.1479E+03 -.4004E+03
ELEMENT NR.    3
 .0000E+00  .0000E+00  .0000E+00 -.6070E-36 -.9909E-20 -.1961E-04
 .0000E+00 -.4467E+01  .5956E+01  .0000E+00 -.4467E+01 -.1191E+02
```

```
ELEMENT NR.     4
-.6070E-36 -.9909E-20 -.1961E-04  .3134E-35  .5116E-19  .6689E-03
 .0000E+00  .1479E+03 -.1913E+03  .0000E+00  .1479E+03  .4004E+03
ELEMENT NR.     5
 .0000E+00  .0000E+00  .0000E+00 -.6070E-36 -.9909E-20 -.2999E-20
 .0000E+00 -.3107E-15  .5433E-15  .0000E+00 -.3107E-15 -.6995E-15
ELEMENT NR.     6
-.9909E-20  .0000E+00  .1961E-04 -.9909E-20  .0000E+00 -.2999E-20
 .0000E+00  .1217E+03 -.1794E+03  .0000E+00 -.1203E+03 -.1206E+03
ELEMENT NR.     7
-.9909E-20  .0000E+00 -.2999E-20 -.9909E-20  .0000E+00 -.1961E-04
 .0000E+00  .1203E+03 -.1206E+03  .0000E+00 -.1217E+03 -.1794E+03
ELEMENT NR.     8
 .5116E-19  .0000E+00 -.6689E-03  .5116E-19  .0000E+00  .6689E-03
ELEMENT NR.     8
0.3224E-18 0.0000E+00 -0.6689E-03 0.3224E-18 0.0000E+00 0.6689E-03
0.0000E+00 0.1815E+03 -0.4004E+03 0.0000E+00 -0.1815E+03 -0.4004E+03
```

Der Momentenverlauf ist zum Vergleich in Bild 1.3-20 rechts eingetragen.

1.3.7 Stabwerk mit gekrümmtem Teilsystem

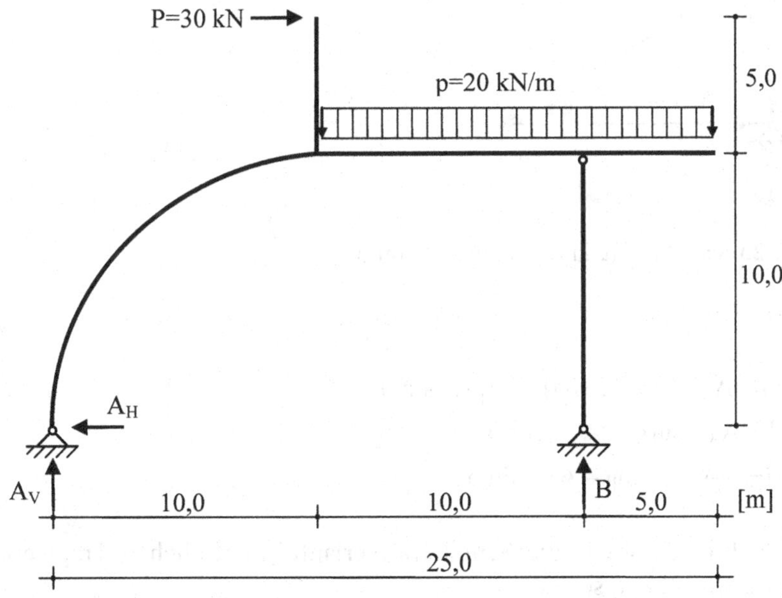

Bild 1.3-22 System und Belastung

Bei dem in Bild 1.3-22 skizzierten Tragwerk mit P = 30 kN und p = 20 kN/m werden die Zustandslinien N, Q und M gesucht. Das System ist statisch bestimmt, weshalb seine Steifigkeitseigenschaften keinen Einfluss auf die Schnittkraftverläufe haben.

Handrechnung: Zur Bestimmung der Auflagerkräfte werden die Summen der Momente um B und A und anschließend die Summe der Kräfte in Horizontalrichtung gebildet:

$$\sum M_B = 0 : A_V \cdot 20{,}0 + 30 \cdot 15{,}0 - 20{,}0 \cdot 15{,}0 \cdot \left(\frac{15}{2} - 5\right) = 0 \rightarrow A_V = 15\,\text{kN}$$

$$\sum M_A = 0 : -B \cdot 20{,}0 + 30 \cdot 15{,}0 + 20{,}0 \cdot 15{,}0 \cdot \left(\frac{15}{2} + 10\right) = 0 \rightarrow B = 285\,\text{kN}$$

$$\sum H = 0 : -A_H + 30 = 0 \rightarrow A_H = 30\,\text{kN}$$

Damit können die Schnittkräfte im gekrümmten Teil in Abhängigkeit vom Winkel φ nach Bild 1.3-23 bestimmt werden.

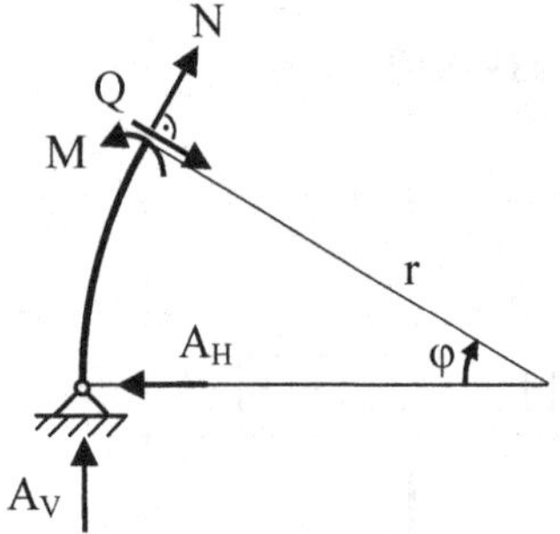

Bild 1.3-23 Schnittkräfte in Abhängigkeit von φ

Es gilt:

$$M(\varphi) = A_V \cdot (r - r\cos\varphi) + A_H \cdot r \cdot \sin\varphi$$
$$Q(\varphi) = A_V \cdot \sin\varphi + A_H \cdot \cos\varphi$$
$$N(\varphi) = -A_V \cdot \cos\varphi + A_H \cdot \sin\varphi$$

Diese Funktionen sowie die Schnittkraftverläufe im restlichen Tragwerk sind in Bild 1.3-24 zu sehen.

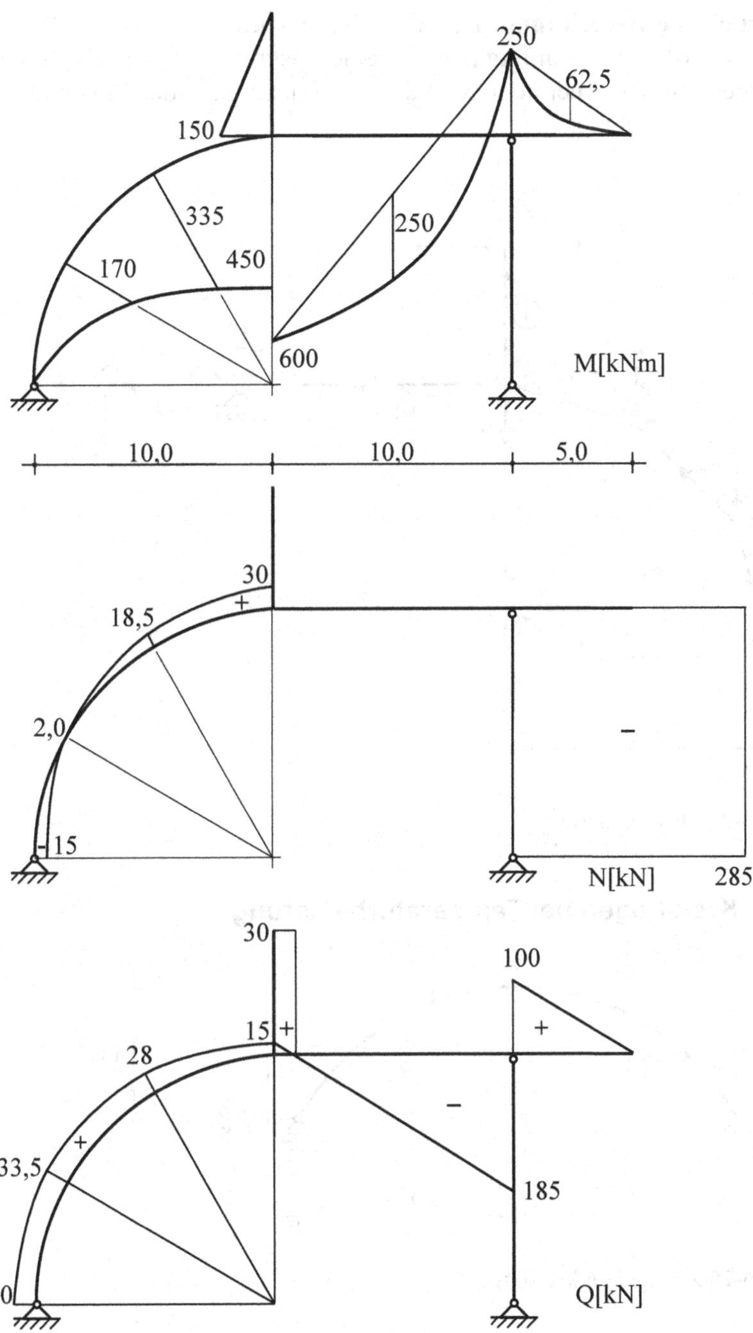

Bild 1.3-24 Schnittkraftverläufe

Elektronische Berechnung: Der Viertelkreis wird als aus drei Stäben bestehender Polygonzug aufgefasst und eine Diskretisierung nach Bild 1.3-25 vorgenommen. Auch hier wird auf die Wiedergabe der Ein- und Ausgabedateien verzichtet.

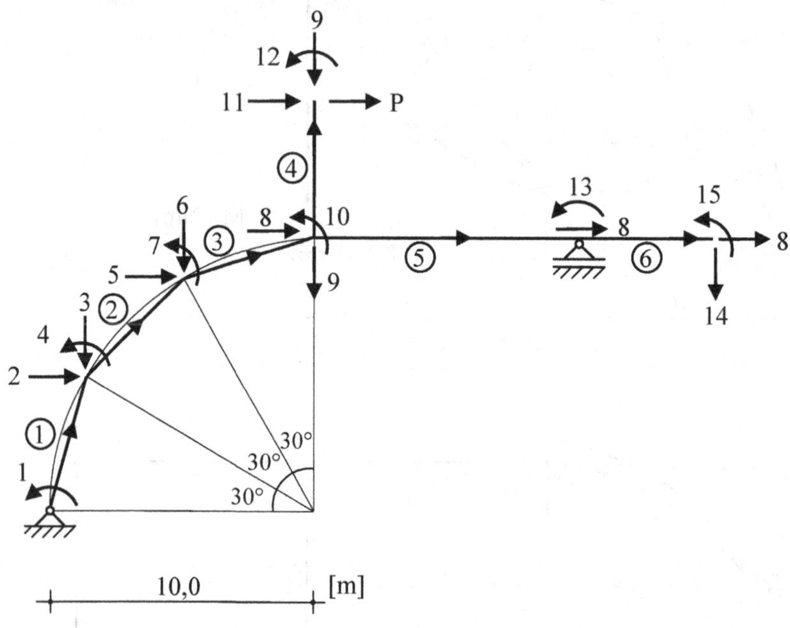

Bild 1.3-25 Diskretisierung

1.3.8 Kreisbogen bei Temperaturbelastung

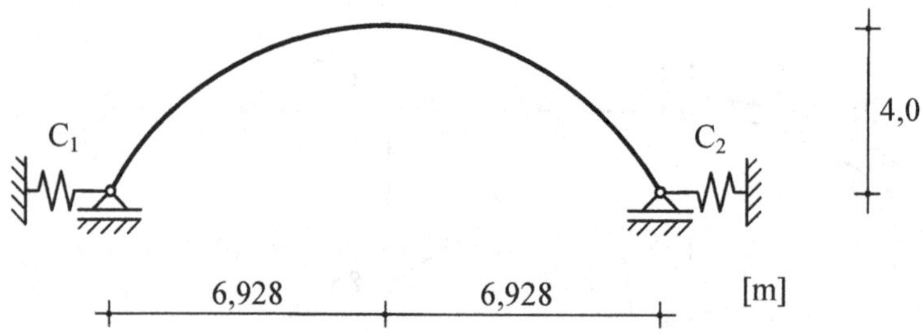

Bild 1.3-26 Zweigelenkkreisbogen

Der in Bild 1.3-26 skizzierte Zweigelenkbogen, dessen Radius 8,0 m beträgt, erfährt eine gleichmäßige Erwärmung um 20 K. Gegeben ist der lineare Wärmeausdehnungskoeffizient mit $\alpha_T = 1{,}2 \cdot 10^{-5}\,1/K$, die Biegesteifigkeit mit $EI = 6{,}2 \cdot 10^7\,kNm^2$, die Federkonstanten $C_1 = 5{,}0 \cdot 10^5\,kN/m$ und $C_2 = 8{,}0 \cdot 10^5\,kN/m$. Gesucht ist der Momentenverlauf im Bogen sowie die gegenseitige Verschiebung der Lagerpunkte infolge der gleichmäßigen Temperaturerhöhung T; die Dehnsteifigkeit des Bogens kann als sehr hoch angenommen werden.

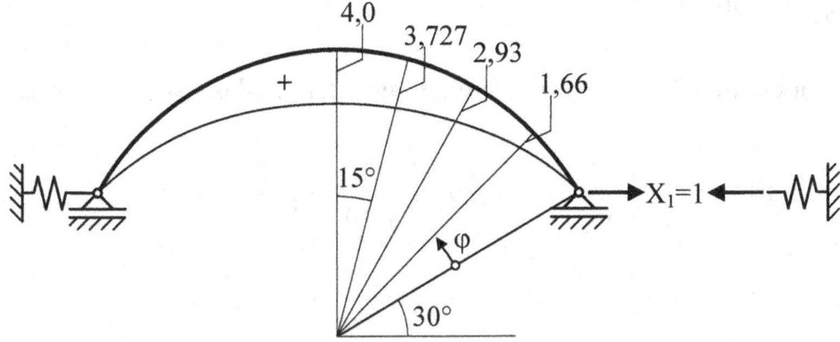

Bild 1.3-27 Grundsystem und Momentenlinie des statisch unbestimmten Bogens infolge X_1=1

Handrechnung: Es wird ein statisch bestimmtes Grundsystem durch Einführung der Federkraft rechts als statisch Überzählige X_1 gewonnen (Bild 1.3-27). Die dadurch entstehenden Schnittkräfte im Bogen betragen:

$$N_1(\varphi) = 1 \cdot \sin(30° + \varphi)$$
$$M_1(\varphi) = 1 \cdot r \cdot [\sin(30° + \varphi) - \sin 30°]$$

Damit sind die Formänderungsanteile im Bogen:

$$EI \cdot \delta_{11,B} = 2 \cdot \int_0^{60°} M_1^2(\varphi) \cdot r \cdot d\varphi = 2 \cdot r^3 \cdot \int_0^{60°} \left(\sin(30° + \varphi) - \sin 30°\right)^2 d\varphi$$

Um das Integral numerisch auswerten zu können, werden die Momentenordinaten für φ = 0°, 15°, 30°, 45° und 60° ermittelt. Sie betragen:

φ	0	15°	30°	45°	60°
$M_1(\varphi)$	0	1,657	2,928	3,727	4,00

Die numerische Integration liefert als Ergebnis

$$EI \cdot \delta_{11,B} = 139{,}2.$$

Weiter gilt:

$$EI \cdot \delta_{10,B} = EI \cdot 2 \cdot \int_0^{60^\circ} N_1(\varphi) \cdot \alpha_T \cdot T \cdot r \cdot d\varphi = 2 \cdot EI \cdot \alpha_T \cdot T \cdot r \cdot \int_0^{60^\circ} \sin(30^\circ + \varphi)\, d\varphi$$

Die Auswertung nach SIMPSON liefert

$$EI \cdot \delta_{10,B} = 2{,}062 \cdot 10^5.$$

Es muss noch der Formänderungsanteil aus den Federn berücksichtigt werden:

$$EI \cdot \delta_{11,F} = EI \cdot 1^2 \cdot \left(\frac{1}{C_1} + \frac{1}{C_2} \right) = 6{,}2 \cdot 10^7 \cdot \left(\frac{1}{5 \cdot 10^5} + \frac{1}{8 \cdot 10^5} \right) = 201{,}5$$

und

$$EI \cdot \delta_{10,F} = 0.$$

Damit beträgt die statisch Überzählige

$$X_1 = -\frac{2{,}062 \cdot 10^5}{139{,}2 + 201{,}5} = -605{,}2\,\text{kN}$$

Die Momentenordinaten des statisch unbestimmten Systems betragen damit in kNm:

φ	0	15°	30°	45°	60°
M(φ)	0	-1003	-1772	-2256	-2421

Sie sind in Bild 1.3-28 dargestellt. Die Bestimmung der gegenseitigen Entfernung der beiden Auflager erfolgt unter Ausnutzung des Reduktionssatzes; dieser besagt, dass bei der Überlagerung der Zustandsflächen zur Bestimmung von Einzelverformungen nach dem Prinzip der virtuellen Kräfte sich nur eine der beiden auf das statisch unbestimmte System beziehen muss, für die andere jedoch ein beliebiges Grundsystem herangezogen werden darf, das aus dem Originaltragwerk durch Entfernung von Bindungen entsteht. Hier besteht der virtuelle Lastangriff aus Lasten P' = 1 nach Bild 1.3-29 und die Überlagerung liefert:

$$\delta = (-1) \cdot (-605{,}2) \cdot \left(\frac{1}{5 \cdot 10^5} + \frac{1}{8 \cdot 10^5} \right) = 0{,}00197\,\text{m}$$

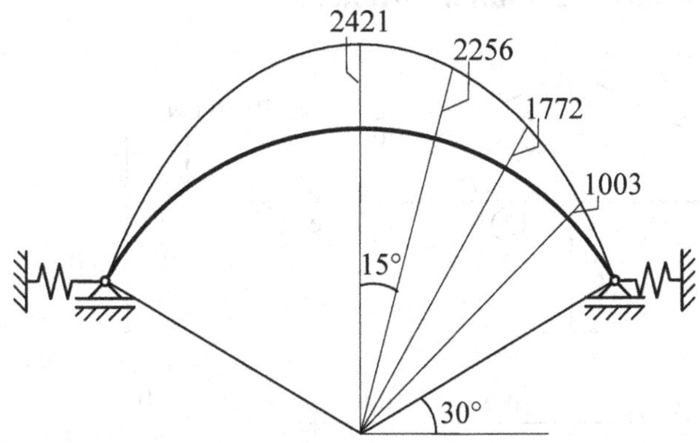

Bild 1.3-28 Momentenlinie des statisch unbestimmten Systems

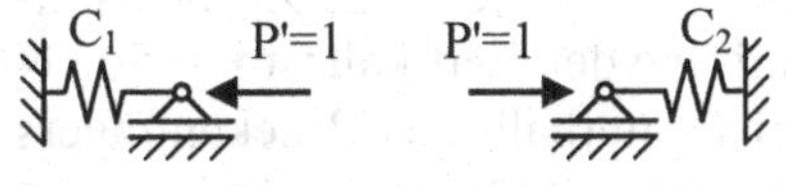

C1 P'=1 P'=1 C2

Bild 1.3-29 Diskretisierung des Bogens

Elektronische Berechnung: Der Bogen wird durch einen Polygonzug mit einem Zentriwinkel von 15° (n = 24 Seiten) abgebildet. Es wird das Programm TEMP verwendet, dessen Ergebnisse im Rahmen der gewählten Näherung diejenigen der Handrechnung bestätigen.

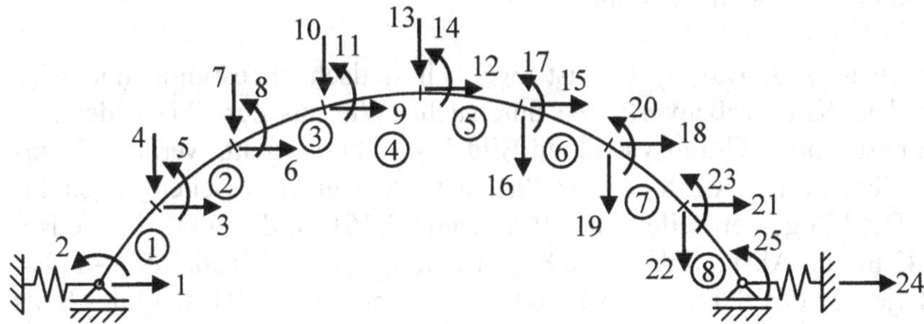

Bild 1.3-30 Diskretisierung des Bogens

1.3.9 Bauzustand bei einer Balkenbrücke

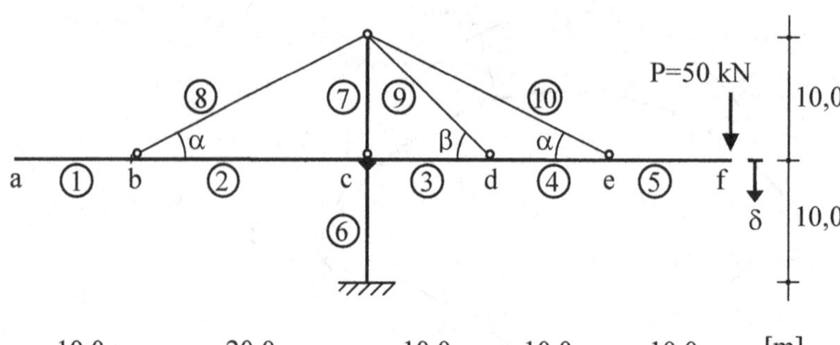

Bild 1.3-31 System und Belastung

Bei dem in Bild 1.3-31 gezeigten Brückensystem werden die Zustandsflächen M, N, Q sowie die Durchbiegung δ infolge der Vertikallast P = 50 kN gesucht. Die Biegesteifigkeit EI des Pylons unterhalb des Brückenträgers (Stab 6) und diejenige des Brückenträgers selbst (Stäbe 1 bis 5) betragen EI = $6{,}3 \cdot 10^7$ kNm^2, die Dehnsteifigkeiten dieser Stabelemente sowie der senkrechten Stütze oberhalb der Brückenebene (Stab 7) sind als sehr groß anzunehmen (EA→ ∞). Das Seil 8 hat eine Dehnsteifigkeit von $2{,}52 \cdot 10^6$ kN, während die Dehnsteifigkeiten der Seile 9 und 10 mit $1{,}26 \cdot 10^6$ kN halb so groß sind. Die Winkel betragen α = 26,565° und β = 45°. Es wird unterstellt, dass für den zu untersuchenden Lastfall alle Bauteile Zug- und Druckkräfte aufnehmen können.

Handrechnung: Das System ist zweifach statisch unbestimmt und wird nach dem Kraftgrößenverfahren untersucht. Wie aus der Skizze des statisch bestimmten Grundsystems in Bild 1.3-32 hervorgeht, werden als statisch Überzählige X_1, X_2 die Seilkräfte in den äußeren Seilen angenommen. Die Länge der Seile 8 und 10 beträgt 22,361 m, diejenige des Seils 9 14,142 m, der Abstand des Seils 8 vom Punkt c ist 20 sin (26,565°) = 8,944 m, derjenige des Seils 9 vom Punkt c 7,071 m und der Abstand des Seils 10 vom Punkt d 4,472 m.

Für X_1=1 ergibt sich die Seilkraft S_9 aus dem Momentengleichgewicht um c:

$$1 \cdot 8{,}944 = S_9 \cdot 7{,}071 \rightarrow S_9 = 1{,}2649$$

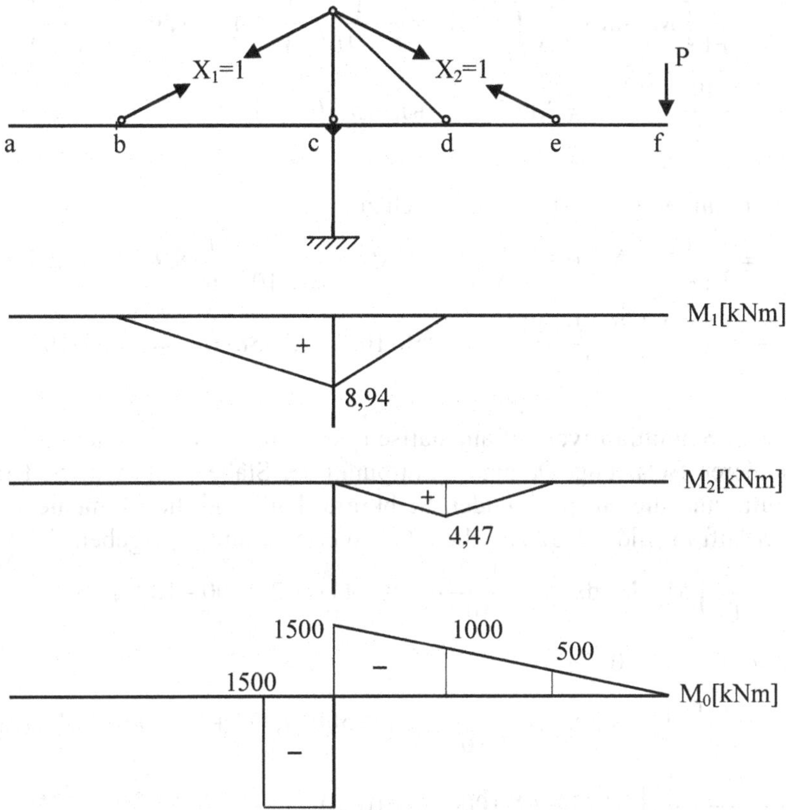

Bild 1.3-32 Statisch Überzählige und Momentenflächen M_i und M_0

Damit erhalten wir die Momentenlinie M_1 wie in Bild 1.3-32 dargestellt und der Formänderungswert δ_{11} beträgt:

$$\delta_{11} = \frac{1}{EI}\int M_1^2 dx + \frac{1}{EA}\int N_1^2 dx = \frac{1}{6{,}3\cdot 10^7}\cdot\frac{1}{3}\cdot 8{,}944^2\cdot 30 + \frac{1^2\cdot 22{,}361}{2{,}52\cdot 10^6} +$$

$$+\frac{1{,}2649^2\cdot 14{,}142}{1{,}26\cdot 10^6} = 1{,}26976\cdot 10^{-5} + 8.87\cdot 10^{-6} + 1{,}796\cdot 10^{-5} = 3{,}953\cdot 10^{-5}$$

Für X_2=1 ergibt sich die Seilkraft S_9 aus dem Momentengleichgewicht um c:

$$1\cdot 8{,}944 = -S_9\cdot 7{,}071 \rightarrow S_9 = -1{,}2649$$

Das Moment in d beträgt 1·10 sin 26,565° = 4,472 kNm und die Momentenlinie M_2 ist in Bild 1.3-32 dargestellt. Der Formänderungswert δ_{22} beträgt:

$$\delta_{22} = \frac{1}{EI}\int M_2{}^2 dx + \frac{1}{EA}\int N_2{}^2 dx = \frac{1}{6{,}3\cdot 10^7}\cdot\frac{1}{3}\cdot 4{,}472^2\cdot 20 + \frac{1^2\cdot 22{,}361}{1{,}26\cdot 10^6} +$$

$$+\frac{1{,}2649^2\cdot 14{,}142}{1{,}26\cdot 10^6} = 2{,}116\cdot 10^{-6} + 1{,}775\cdot 10^{-5} + 1{,}796\cdot 10^{-5} = 3{,}782\cdot 10^{-5}$$

Der Formänderungswert δ_{12} ergibt sich zu:

$$\delta_{22} = \frac{1}{EI}\int M_1\cdot M_2 dx + \frac{1}{EA}\int N_1\cdot N_2 dx = \frac{1}{6{,}3\cdot 10^7}\cdot\frac{1}{6}\cdot 8{,}944\cdot 4{,}472\cdot 10 +$$

$$+\frac{(-1{,}2649)\cdot 1{,}2649\cdot 14{,}142}{1{,}26\cdot 10^6} = 1{,}058\cdot 10^{-6} - 1{,}7958\cdot 10^{-5} = -1{,}69\cdot 10^{-5}$$

Nun zum Schnittkraftverlauf am statisch bestimmten Grundsystem infolge der äußeren Belastung. Da am Schnittpunkt der Stäbe 7 und 9 keine Kraft angreift, sind die entsprechenden Stabkräfte Null und die Momentenlinie M_0 verläuft in Bild 1.3-32 zu sehen. Die Werte δ_{10} und δ_{20} ergeben sich zu:

$$\delta_{10} = \frac{1}{EI}\int M_1\cdot M_0 dx = \frac{1}{6{,}3\cdot 10^7}\cdot\frac{1}{6}\cdot\left[8{,}944\cdot\left(-2\cdot 1500 - 1000\right)\right]\cdot 10 =$$

$$= -9{,}4648\cdot 10^{-4}$$

$$\delta_{20} = \frac{1}{EI}\int M_2\cdot M_0 dx = \frac{1}{6{,}3\cdot 10^7}\cdot\frac{1}{6}\cdot\left[-1500\cdot 4{,}472 + (-1000)\cdot 2\cdot 4{,}472\right]\cdot 10$$

$$+\frac{1}{6{,}3\cdot 10^7}\cdot\frac{1}{6}\cdot\left[-4{,}472\cdot(2\cdot 1000 + 500)\right]\cdot 10 = -7{,}0986\cdot 10^{-4}$$

Aus dem Gleichungssystem

$$\begin{pmatrix} 3{,}953\cdot 10^{-5} & -1{,}69\cdot 10^{-5} \\ -1{,}69\cdot 10^{-5} & 3{,}782\cdot 10^{-5} \end{pmatrix}\cdot\begin{pmatrix} X_1 \\ X_2 \end{pmatrix} = \begin{pmatrix} 9{,}4648\cdot 10^{-4} \\ 7{,}0986\cdot 10^{-4} \end{pmatrix}$$

ergeben sich die statisch Überzähligen zu X_1=39,513 kN, X_2 = 36,426 kN. Damit lassen sich die Schnittkräfte als $S = S_0 + S_1\cdot X_1 + S_2\cdot X_2$ ermitteln; sie sind in Bild 1.3-33 dargestellt.

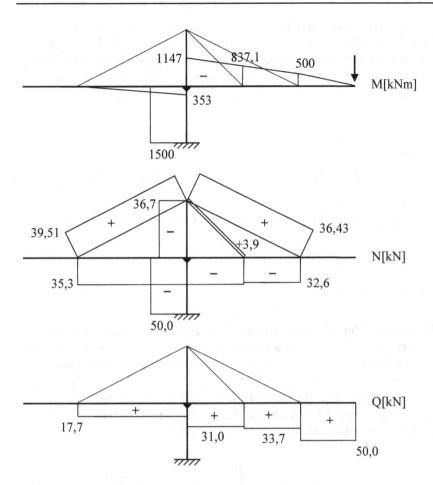

Bild 1.3-33 Schnittkräfte am statisch unbestimmten System

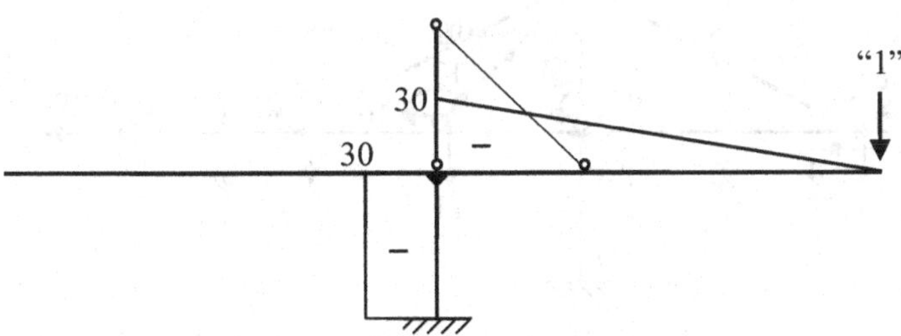

Bild 1.3-34 Virtuelle Last „1" am statisch bestimmten Grundsystem

Zur Bestimmung der Durchbiegung δ infolge P = 50 kN wird eine virtuelle Last „1" korrespondierend zu δ auf das statisch bestimmte System aufgebracht und der entsprechende Schnittkraftverlauf bestimmt (Bild 1.3-34). Nach dem Reduktionssatz genügt zur Ermittlung von δ die Überlagerung dieser am statisch bestimmten Grundsystem ermittelten Momentenlinie mit der soeben berechneten Momentenlinie des statisch unbestimmten Systems, Bild 1.3-33. Damit ergibt sich die gesuchte Verschiebung δ zu:

$$\delta = \frac{1}{EI}\int M_1 \cdot M dx =$$

$$= \frac{1}{6{,}3 \cdot 10^7} \cdot \begin{bmatrix} \frac{10}{6} \cdot (30 \cdot (2 \cdot 1146{,}6 + 837{,}1) + 20 \cdot (2 \cdot 837{,}1 + 1146{,}6)) + \\ \frac{10}{6} \cdot (20 \cdot (2 \cdot 837{,}1 + 500) + 10 \cdot (2 \cdot 500 + 837{,}1)) + \\ \frac{10}{3} \cdot 500 \cdot 10 + 30 \cdot 1500 \cdot 10 \end{bmatrix}$$

$$= 1{,}302 \cdot 10^{-2}\,m$$

Elektronische Berechnung: Die Diskretisierung des Tragwerks mit 10 Elementen und 20 Freiheitsgraden geht aus Bild 1.3-35 hervor; es wird das Programm BFW verwendet, das die Untersuchung von ebenen Mischsystemen, bestehend aus Biege- und Fachwerkstäben, ermöglicht. Zur ersten Kategorie gehören hier die Stäbe 1 bis 6, während die Stäbe 7 bis 10 als Fachwerkstäbe modelliert werden. Die Rechenergebnisse bestätigen die Resultate der Handrechnung.

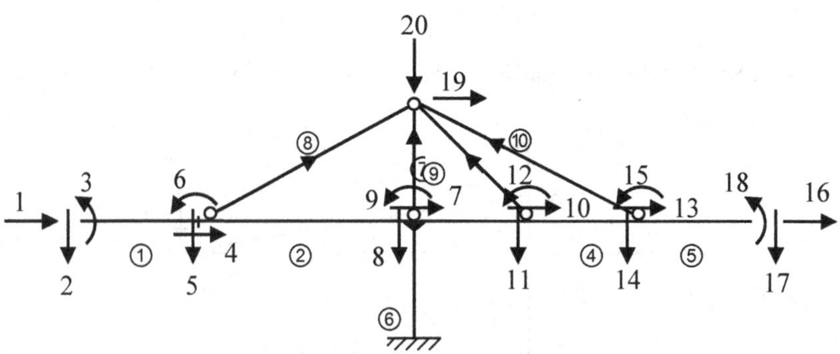

Bild 1.3-35 Diskretisierung des Systems

1.3.10 Vorspannung und Auflagerverschiebung

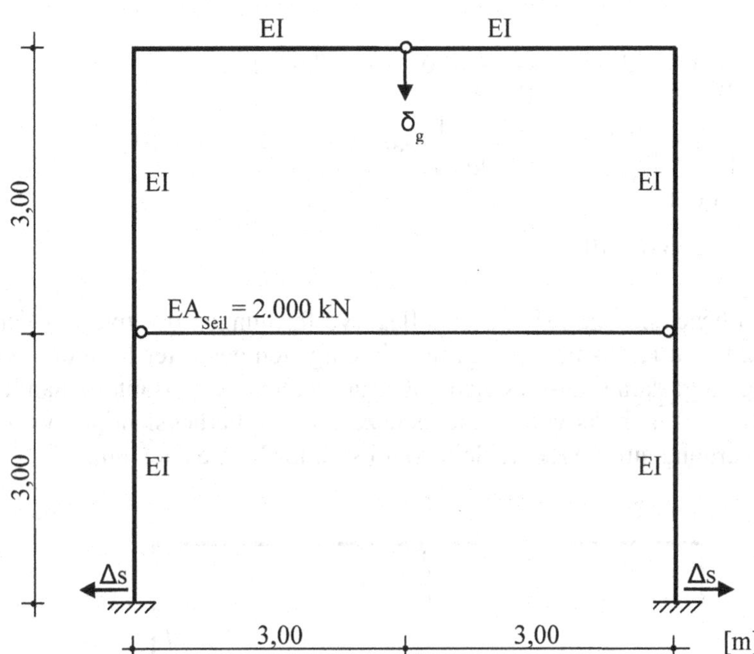

Bild 1.3-36 Rahmen mit Auflagerverschiebung

Der in Bild 1.3-36 dargestellte Rahmen besteht aus dehnstarren Biegestäben mit EI = 10.000 kNm^2 und einem Fachwerkstab mit EA = 2.000 kN. Er erfährt symmetrische horizontale Fußpunktverschiebungen $\Delta s = 0{,}01$ m, wodurch sich eine Senkung des Firstgelenks einstellt. Gesucht ist die Verkürzung des Fachwerkstabs, damit diese Senkung rückgängig gemacht wird.

Handrechnung: Das dreifach statisch unbestimmte System kann durch Ausnutzung der Symmetrie (Q = 0 auf der Symmetrieachse) auf ein zweifach statisch unbestimmtes System zurückgeführt werden, mit den in Bild 1.3-37 gezeigten statisch Überzähligen (Normalkraft im Fachwerkstab und Biegemoment in Stielmitte). In diesem Bild sind auch die Momentenlinien und Auflagekräfte infolge der statisch Überzähligen dargestellt. Es ergeben sich folgende δ_{ik} und δ_{i0}-Werte (der Einfachheit halber jeweils für das halbe System):

$$\delta_{11} = \frac{1}{EI}\int M_1{}^2 dx + \frac{1}{EA}\int N_1{}^2 dx = \frac{1}{1{,}0 \cdot 10^4} \cdot \frac{1}{3} \cdot 3{,}0^2 \cdot 3{,}0 + \frac{1^2 \cdot 3{,}0}{2000}$$

$$= 2{,}40 \cdot 10^{-3}$$

$$\delta_{22} = \frac{1}{EI}\int M_2{}^2 dx = \frac{1}{10000} \cdot \frac{1}{3} \cdot 2{,}0^2 \cdot 6{,}0 = 8{,}0 \cdot 10^{-4}$$

$$\delta_{12} = \frac{1}{EI}\int M_1 \cdot M_2 dx = \frac{-1}{10000} \cdot \frac{1}{6} \cdot 3{,}0 \cdot (2 \cdot 6 + 1 \cdot 3) = -7{,}5 \cdot 10^{-4}$$

$$\delta_{10} = -1{,}0 \cdot 0{,}010 = -0{,}01$$

$$\delta_{20} = 0{,}3333 \cdot 0{,}010 = 3{,}333 \cdot 10^{-3}$$

Es ist zu beachten, dass sich bei Auflagerverformungen positive δ_{i0}-Werte ergeben, wenn Kraft- und Weggrößen in entgegen gesetzter Richtung wirken. Das liegt daran, dass es sich dabei um äußere Arbeitsanteile handelt, die in Gl. (1.1.4) links vom Gleichheitszeichen zu berücksichtigen wären; beim Übergang auf die rechte Seite kehrt sich ihr Vorzeichen um.

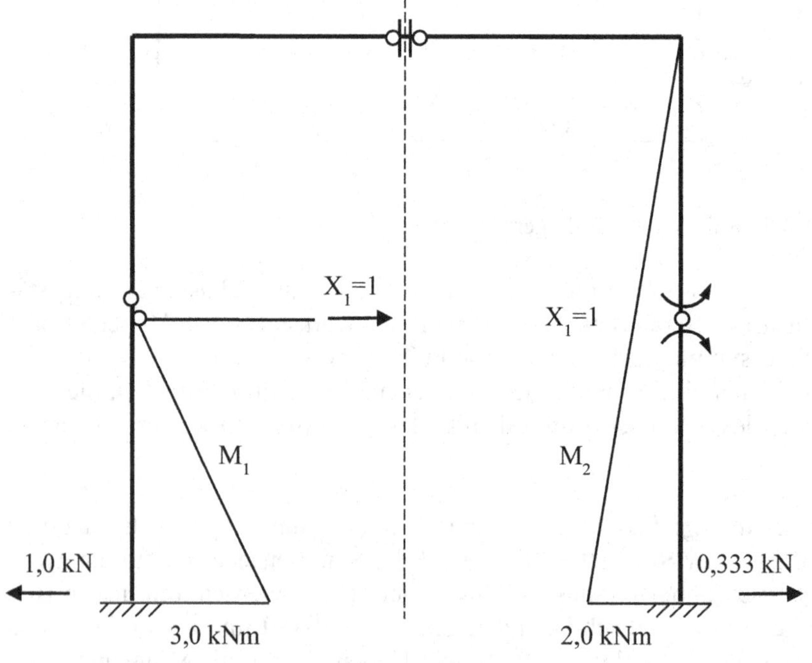

Bild 1.3-37 Statisch bestimmtes Hauptsystem mit statisch Überzähligen und den zugehörigen Momentenlinien bzw. Auflagerreaktionen.

Das Gleichungssystem

$$\begin{pmatrix} 2{,}40\cdot 10^{-4} & -7{,}5\cdot 10^{-4} \\ -7{,}5\cdot 10^{-4} & 8{,}0\cdot 10^{-4} \end{pmatrix} \cdot \begin{pmatrix} X_1 \\ X_2 \end{pmatrix} = \begin{pmatrix} 0{,}01 \\ -3{,}333\cdot 10^{-3} \end{pmatrix}$$

liefert für die statisch Überzähligen die Werte X_1=4,05 kN und X_2=-0,368 kNm und damit die in Bild 1.3-38 links skizzierte Momentenlinie des statisch unbestimmten Systems.

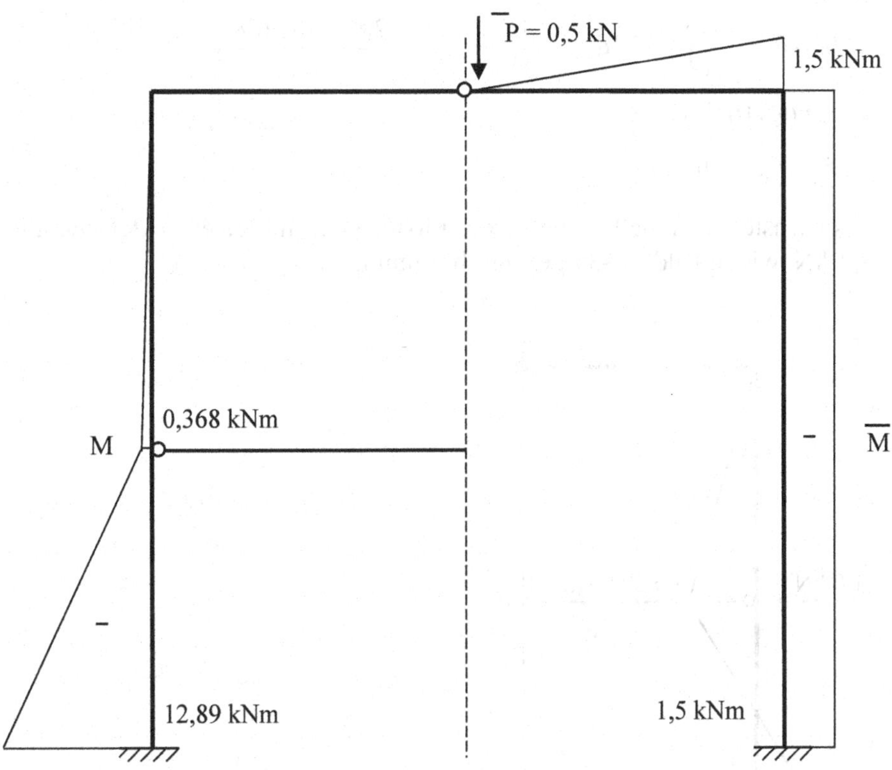

Bild 1.3-38 Momentenlinie des statisch unbestimmten Systems infolge Auflagerverschiebung (links) und Momentenlinie am reduzierten System infolge einer virtuellen Kraft (rechts).

Zur Bestimmung der Durchbiegung des Firstgelenks mit Hilfe des Prinzips der virtuellen Kräfte (PdvK) wird vom Reduktionssatz Gebrauch gemacht, der besagt, dass die Schnittkraftflächen infolge der virtuellen Kraft an einem beliebigen, im ursprünglichen System enthaltenen statisch bestimmten System bestimmt werden dürfen, solange die zugehörigen Verläufe infolge der äußeren Belastung am statisch unbestimmten System bestimmt wurden. Die M-Linie am reduzierten System infolge der virtuellen Kraft 0,5 (Betrachtung des halben Tragwerks) ist in Bild 1.3-38 rechts zu sehen; die Überlagerung liefert:

$$0{,}5 \cdot \delta_g = \frac{1}{EI}\int M \cdot \overline{M}\, dx = \frac{1{,}5}{10000} \cdot \left[3{,}0 \cdot \frac{12{,}892 + 0{,}368}{2} + \frac{0{,}368 \cdot 3}{2}\right] =$$

$$= 3{,}06 \cdot 10^{-3}\, m$$

$$\delta_g = 6{,}13 \cdot 10^{-3}\, m$$

Als nächstes wird die Hebung δ_g des Firstgelenks infolge einer Belastung P = 1 kN, wie in Bild 1.3-39 gezeigt, bestimmt.

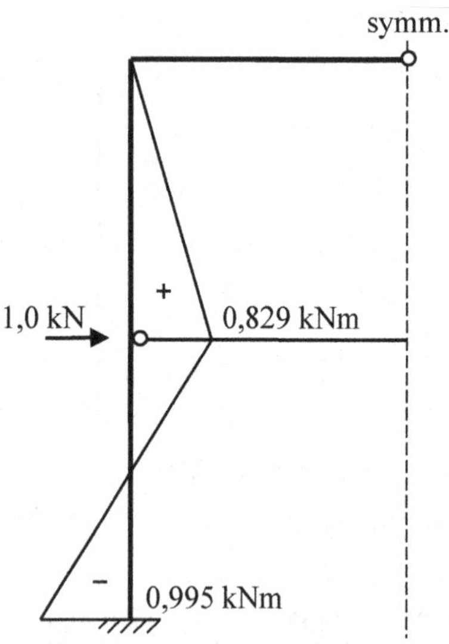

Bild 1.3-39 Momentenlinie infolge P = 1,0 kN am statisch unbestimmten System

Unter Verwendung der bereits ermittelten Momentenlinien für die statisch Überzähligen und Beachtung der Tatsache, dass M_0 jetzt M_1 entspricht, ergeben sich folgende δ_{ik}-Werte:

$$\delta_{11} = 2{,}40 \cdot 10^{-3}$$

$$\delta_{10} = \frac{1}{10000} \cdot \frac{1}{3} \cdot 3 \cdot 3^2 = 9{,}0 \cdot 10^{-4}$$

$$\delta_{22} = 8{,}0 \cdot 10^{-4}$$

$$\delta_{12} = \delta_{20} = -7{,}5 \cdot 10^{-4}$$

Daraus erhalten wir die statisch Überzähligen zu X_1= -0,116 kN und X_2= 0,829 kNm und damit die in Bild 1.3-39 skizzierte Momentenlinie des statisch unbestimmten Systems. Die Überlagerung mit der Momentenlinie am reduzierten System (Bild 1.3-38 rechts) liefert für die Hebung des Firstgelenks den Wert:

$$0{,}5 \cdot \delta_g = \frac{1{,}0}{10000} \cdot 3{,}0 \cdot \left[(-1{,}5) \cdot \frac{0{,}829}{2} + (-1{,}5) \frac{0{,}829 - 0{,}995}{2} \right] =$$

$$= -1{,}49 \cdot 10^{-4}\,\text{m}$$

$$\delta_g = -2{,}98 \cdot 10^{-4}\,\text{m}$$

Zur Rückgängigmachung der Firstgelenksenkung infolge Auflagerverschiebung ist damit folgende Kraft erforderlich:

$$P = \frac{6{,}13 \cdot 10^{-3}}{2{,}98 \cdot 10^{-4}} = 20{,}57\,\text{kN}$$

Das entspricht einer Verkürzung des Fachwerkstabs um

$$\Delta\ell = \frac{N \cdot \ell}{EA} = \frac{20{,}57 \cdot 6{,}0}{2000} = 6{,}17 \cdot 10^{-2}\,\text{m}$$

Elektronische Berechnung: Es wird das Programm VERF verwendet, mit dem diskretisierten Tragwerk nach Bild 1.3-40. Die horizontal wirksamen Federn an den Fußpunkten sind nötig, um Starrkörperverschiebungen zu verhindern; ihre Steifigkeit kann beliebig gewählt werden, da die Auflagerverschiebungen direkt den Freiheitsgraden 13 und 14 zugeordnet werden. Die Eingabedatei **everf.txt** lautet:

```
1e4, 3., 0., 90.
1e4, 3., 0., 90.
1e4, 3., 0., 90.
1e4, 3., 0., 90.
1e4, 3., 0., 0.
```

```
1e4, 3., 0., 0.
100., 6., 2000., 0.
13,0,0, 1,0,2,
1,0,2, 3,0,4,
14,0,0, 5,0,6,
5,0,6, 3,0,8,
3,0,4, 0,7,10
3,7,9, 3,0,8,
1,0,11, 5,0,12,
13,14
-0.010, 0.010
```

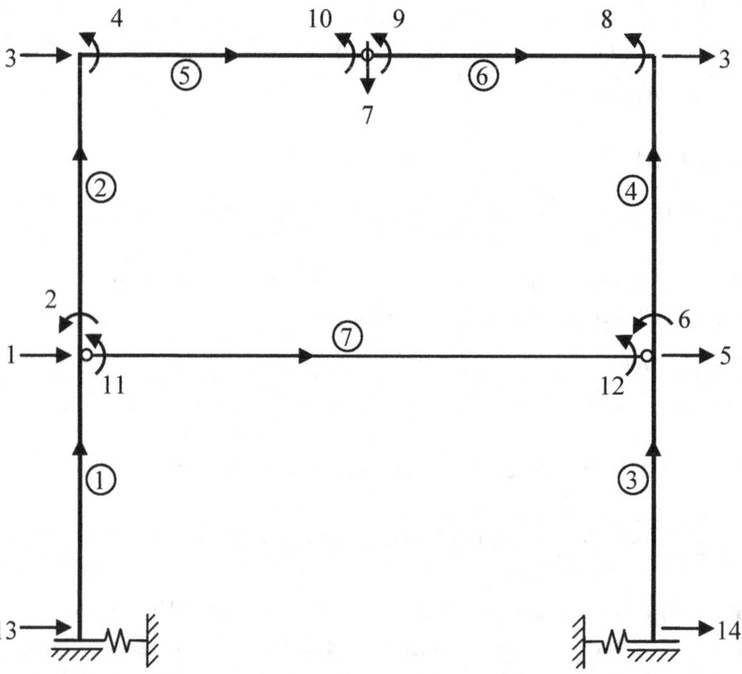

Bild 1.3-40 Diskretisiertes System mit Stabnummern und Freiheitsgraden

Als Ergebnis erhalten wir eine Durchsenkung des Firstgelenks, entsprechend dem Freiheitsgrad 7, um 6,13 mm. Nun kann mit Hilfe des Programms BFW am System nach Bild 1.3-41 (6 Balkenelemente und 2 Fachwerkselemente) eine Eins-Last am geschnittenen Fachwerkstab entsprechend den Freiheitsgraden 11 und 12 angebracht werden; sie erzeugt eine Hebung des Firstgelenks um 0,3375 mm bei einer Klaffung der Schnittufer (Summen der Verschiebungen in den Freiheitsgraden 11 und

12) von 0,339 cm. Damit beträgt die benötigte Kraft 6,13/0,3375 = 18,163 kN und die zugehörige Verkürzung des Fachwerkstabes ergibt sich zu 18,163·0,339 = 6,16 cm.

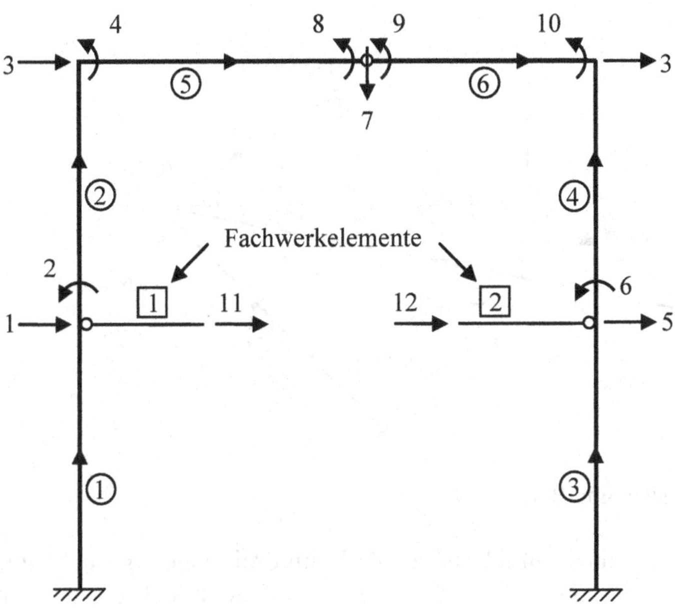

Bild 1.3-41 Diskretisiertes System für das Programm BFW

Alternativ lässt sich mit Hilfe des Programms TEMP die Hebung des Firstgelenks infolge einer fiktiven Abkühlung des Fachwerkstabs um 100 °K berechnen; für ein frei gewähltes $\alpha_T = 1 \cdot 10^{-5}$ °K^{-1} ergibt sie sich zu $5{,}967 \cdot 10^{-4}$ m. Damit wäre eine „Abkühlung" um (6,13/0,5967)·100 = 1027,3 °K notwendig, um die Durchsenkung des Firstgelenks infolge der Auflagerverschiebung rückgängig zu machen. Dies entspricht einer Längenänderung des Fachwerkstabes um

$$\Delta\ell = \varepsilon \cdot \ell = \alpha_T \cdot T \cdot \ell = 1{,}0 \cdot 10^{-5} \cdot 1027{,}3 \cdot 6{,}0 = 0{,}0616 \text{ m}$$

1.4 Beispiele für räumliche Systeme

1.4.1 Einfaches räumliches Fachwerk

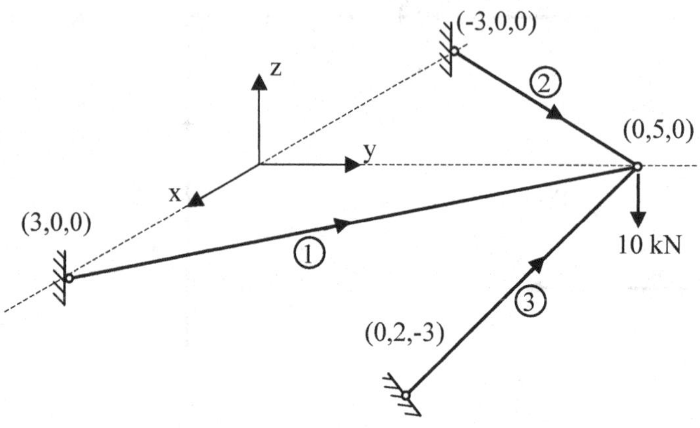

Bild 1.4-1 System und Belastung

Bild 1.4-1 zeigt ein räumliches Fachwerk mit drei Stäben; gesucht sind die Stabkräfte für die angegebene Belastung. Es handelt sich um ein statisch bestimmtes System, so dass die Dehnsteifigkeit der Stäbe keinen Einfluss auf die Verteilung der Kräfte im Tragwerk hat.

Handrechnung: Es werden die drei Gleichgewichtsbeziehungen für den herausgeschnittenen Knoten 2 (nach Bild 1.4-2) angeschrieben und daraus die unbekannten Stabkräfte S_1, S_2 und S_3 ermittelt. Die Berechnung der Werte a, b und c der drei Stäbe nach Anhang 1.8.4 erfolgt am besten tabellarisch:

Stab	Δx $= x_2 - x_1$	Δy	Δz	a	b	c
1	-3,0	5,0	0,0	-0,5145	0,8575	0
2	3,0	5,0	0,0	0,5145	0,8575	0
3	0,0	3,0	3,0	0,0	0,7071	0,7071

Damit lauten die drei Gleichgewichtsbedingungen des belasteten Knotens:

In x-Richtung: $-0{,}5145 \cdot S_1 + 0{,}5145 \cdot S_2 = 0 \rightarrow S_1 = S_2$

In y-Richtung: $0{,}8575 \cdot S_1 + 0{,}8575 \cdot S_2 + 0{,}7071 \cdot S_3 = 0 \rightarrow S_3 = -2{,}425\ S_2$

In z-Richtung: $0{,}7071 \cdot S_3 = -10{,}0 \rightarrow S_3 = -14{,}142$ kN, $S_2 = S_1 = 5{,}832$ kN

Elektronische Berechnung: Es wird das Programm FW3D eingesetzt, mit der Eingabedatei **efw3d.txt**. Die Diskretisierung des Fachwerks durch 3 Stäbe, 4 Knoten und 3 Freiheitsgrade erfolgt wie in Bild 1.4-2 dargestellt.

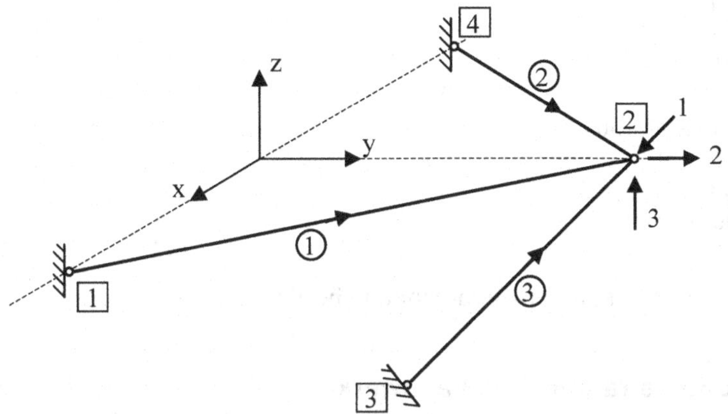

Bild 1.4-2 Diskretisierung des Fachwerks

In der Eingabedatei **efw3d.txt** stehen zuerst auf NELEM = 3 Zeilen die Dehnsteifigkeit EA und die Nummern des Anfangs- und des Endknotens der Stäbe und danach auf NKNOT Zeilen die (x, y, z)-Koordinaten der Knoten. Es folgen auf NELEM Zeilen die Inzidenzvektoren der Stäbe mit den Systemfreiheitsgraden am jeweiligen Stabanfang und Stabende und zum Schluss (formatfrei) die Einzelkräfte in Richtung der eingeführten Freiheitsgrade. Mit einer Dehnsteifigkeit EA = 200.000 kN lautet die Eingabedatei:

efw3d.txt

2e5, 1,2	EA, Anfangs- und Endknoten für alle Stäbe
2e5, 4,2	
2e5, 3,2	
3,0,0,	x,y,z-Koordinaten der 4 Knoten
0,5,0,	
0,2,-3,	
-3,0,0,	
0,0,0, 1,2,3,	Inzidenzvektoren der 3 Stäbe
0,0,0, 1,2,3,	
0,0,0, 1,2,3,	
0., 0., -10.	Belastung in den 3 Freiheitsgraden

Die Ausgabedatei **afw3d.txt** liefert sämtliche Knotenverschiebungen und Stabkräfte, und zwar sowohl im globalen (systembezogenen) als auch lokalen (stabbezogenen) Koordinatensystem. Es werden nachfolgend die Ergebnisse im lokalen Koordinatensystem wiedergegeben, mit den Verformungen in Stablängsrichtung am Anfangs- und am Endknoten in der ersten und der Stabkraft in der zweiten Zeile:

afw3d.txt

```
ELEMENT NR.       1
.0000E+00  .1700E-03
.5831E+01
ELEMENT NR.       2
.0000E+00  .1700E-03
.5831E+01
ELEMENT NR.       3
.0000E+00  -.3000E-03
-.1414E+02
```

Damit ist die Richtigkeit der Handrechnung bestätigt.

1.4.2 Größeres räumliches Fachwerk

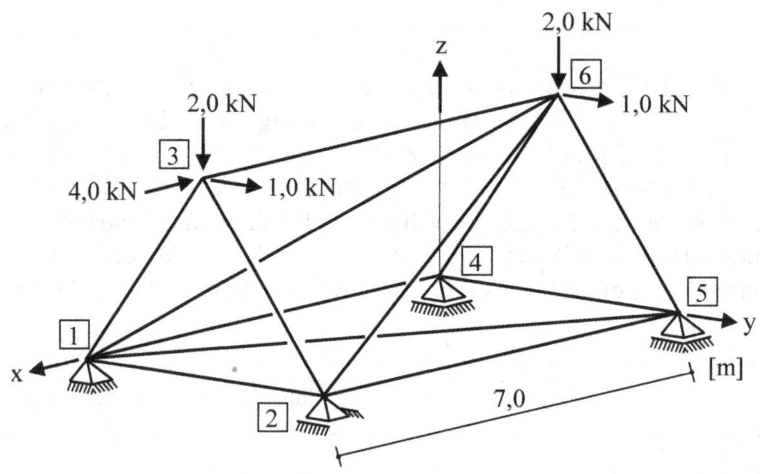

Bild 1.4-3 System, Knotennummerierung und Belastung

Bild 1.4-3 zeigt ein in sich standfestes Raumfachwerk in Walmdachform, dessen Topologie durch die Knoten 1 bis 6 beschrieben ist. Deren Koordinaten in m lauten:

Knoten	1	2	3	4	5	6
x	7,0	7,0	7,0	0,0	0,0	0,0
y	0,0	6,0	3,0	0,0	6,0	3,0
z	0,0	0,0	5,1962	0,0	0,0	5,1962

Gesucht sind die Stabkräfte für die vorgegebene Belastung; alle Stäbe haben eine Dehnsteifigkeit vom Betrag EA= 150.000 kN.
Die vorgegebenen Lagerbedingungen stellen sicher, dass keine Verschieblichkeit vorhanden ist, benötigen jedoch dazu 7 Auflagerreaktionen (drei im Knoten 1, jeweils eine in den Knoten 4 und 5 und weitere zwei im Knoten 2). Nach dem Abzählkriterium in Abschnitt 1.1.1 ist das Tragwerk einfach statisch unbestimmt (a = 7, k = 6, p = 12, n = 1). Von der Durchführung einer Handrechnung wird wegen ihrer Fehleranfälligkeit abgesehen und das Tragwerk direkt mit Hilfe des Programms FW3D untersucht.
Elektronische Berechnung: Die Diskretisierung des Fachwerks durch 12 Stäbe, 6 Knoten und 11 Freiheitsgrade erfolgt wie in Bild 1.4-4 und Bild 1.4-5 dargestellt.

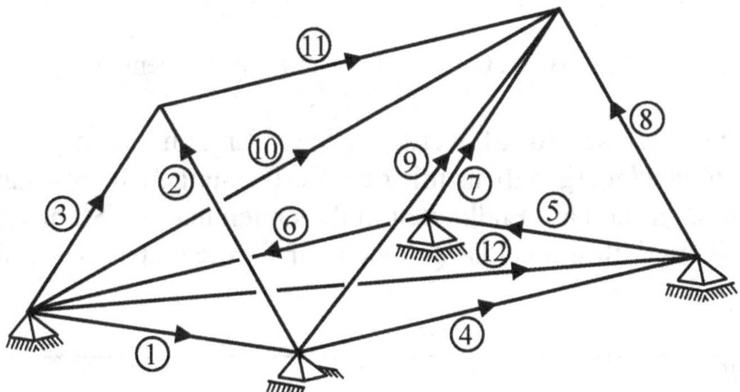

Bild 1.4-4 Nummerierung der Stäbe

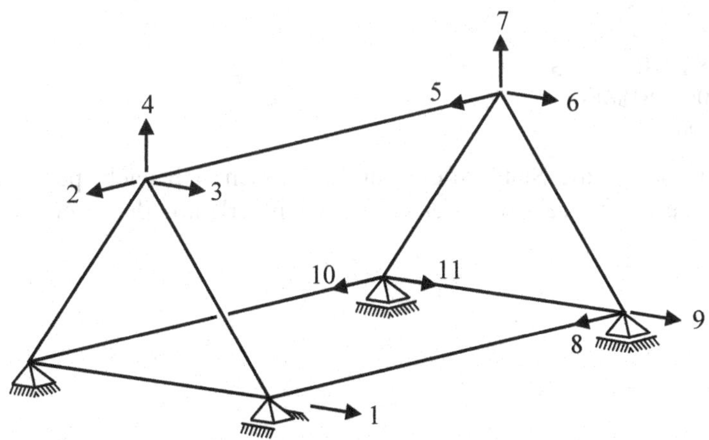

Bild 1.4-5 Eingeführte Freiheitsgrade

Analog zum vorangegangenen Beispiel lautet die Eingabedatei **efw3d.txt**:

efw3d.txt

1.5e5, 1,2	EA, Anfangs- und Endknoten der
1.5e5, 2,3	12 Stäbe
…	
1.5e5, 3,6	
1.5e5, 1,5	
7.,0.,0.,	x,y,z-Koordinaten der 6 Knoten
…	
0.,3.,5.19615	
0,0,0, 0,1,0	Inzidenzvektoren der 12 Stäbe
0,1,0, 2,3,4,	
…	
2,3,4, 5,6,7,	
0,0,0, 8,9,0,	
0., -4., 1., -2., 0., 1., -2., 0., 0., 0., 0.	Belastungskomponenten

Aus der Ausgabedatei **afw3d.txt** werden wieder Ergebnisse im lokalen Koordinatensystem wiedergegeben, mit den Verformungen in Stablängsrichtung am Anfangs- und am Endknoten in der ersten und der Stabkraft in der zweiten Zeile, und zwar aus Platzgründen nur für die ersten drei Stäbe:

afw3d.txt

```
ELEMENT NR.     1
.0000E+00  .1768E-04
.4419E+00
ELEMENT NR.     2
-.8838E-05  -.9503E-04
-.2155E+01
ELEMENT NR.     3
.0000E+00  -.6188E-05
-.1547E+00
```

Die Ergebnisse für die Stabkräfte S_2 und S_3 lassen sich leicht per Handrechnung überprüfen (ebenes dreieckiges Fachwerk mit den Knoten 1,2 und 3).

1.4.3 Trägerrost

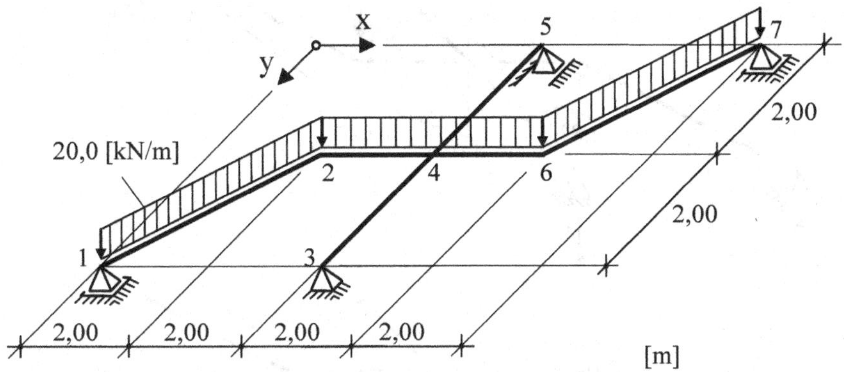

Bild 1.4-6 System und Belastung

Beim in Bild 1.4-6 dargestellten System sollen die Verläufe für das Biegemoment, das Torsionsmoment und die Querkraft für die angegebene Belastung von 20 kN/m berechnet werden. Für alle Stäbe gilt ein Verhältnis $EI/GI_T = 1{,}30$ und es werden Kugelgelenke an allen Lagern angenommen.

Handrechnung: Die Anzahl der Auflagerreaktionen a beträgt 7 (jeweils eine in Punkt 1 und 7, drei in Punkt 3 und zwei in Punkt 5). Damit ist $n=7+6\cdot(6-7) = 1$, das Tragwerk somit einfach statisch unbestimmt. Als statisch Überzählige X_1 wird die vertikale Auflagerkraft in Punkt 7 angesetzt. Gleichgewichtsbedingungen am Gesamtsystem liefern die in Bild 1.4-7 angegebenen Auflagerkräfte (sämtlich vom Betrag 1), Biegemomente M und Torsionsmomente M_T infolge $X_1=1$.

Damit beträgt $EI\cdot\delta_{11}$:

$$EI\cdot\delta_{11} = 2\cdot\left[\frac{1}{3}\left(2{,}83^3+2{,}00^3\right)+\frac{1}{3}\left(2{,}0^2+2{,}0\cdot4{,}0+4{,}0^2\right)\cdot2{,}00+1{,}3\cdot2{,}00^3\right]$$

$$= 78{,}55$$

Die Bestimmung der Auflagerkräfte V_3 und V_5 in den Knoten 3 und 5 am statisch bestimmten System infolge $p = 20{,}0$ kN/m liefert die Werte:

$$V_3 = V_5 = \frac{1}{2}\cdot20{,}0\cdot\left(2{,}83+4{,}00+2{,}83\right) = 96{,}57\,\text{kN}$$

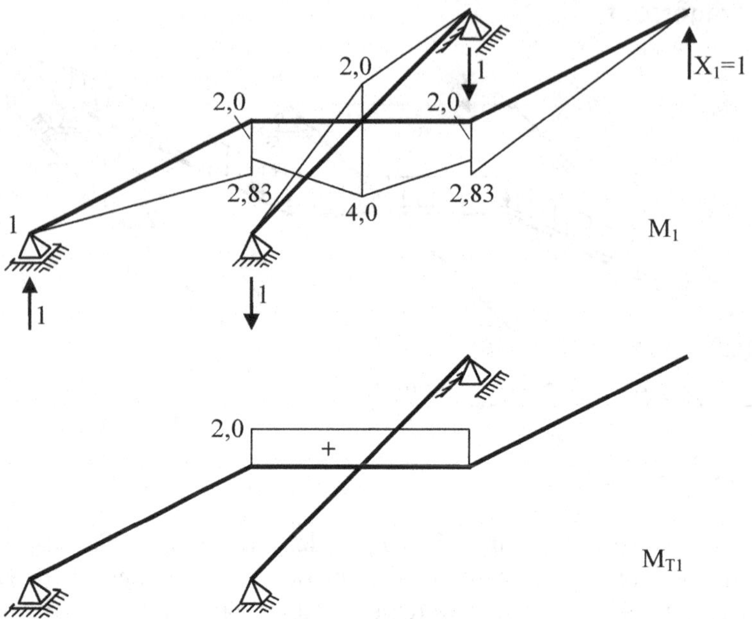

Bild 1.4-7 Zustandsflächen infolge X_1=1

Die Verläufe des Biegemoments und des Torsionsmoments am statisch bestimmten System infolge der äußeren Belastung sind in Bild 1.4-8 dargestellt. Die Berechnung von $EI \cdot \delta_{10}$ liefert:

$$EI \cdot \delta_{10} = -2 \cdot \left[\frac{1}{4} 2{,}83^2 \cdot 80 + \frac{1}{3} \cdot 193{,}1 \cdot 2{,}0^2 + \right.$$

$$+ \frac{1}{6} \cdot 2{,}0 \cdot [2{,}0 \cdot (2 \cdot 56{,}57 + 209{,}7) + 4{,}0 \cdot (2 \cdot 209{,}7 + 56{,}57)]$$

$$\left. - \frac{1}{3} \cdot 10 \cdot 2{,}0 \cdot (2{,}0 + 4{,}0) + 1{,}30 \cdot 2{,}0 \cdot 56{,}57 \cdot 2{,}0 \right] = -3043{,}14$$

Damit beträgt die statisch Überzählige

$$X_1 = -\frac{-3043{,}14}{78{,}55} = 38{,}74 \text{ kN}.$$

Die resultierenden Biege- und Torsionsmomente aus der Addition der Zustandsgrößen am statisch bestimmten System mit den X_1-fachen Werten der Zustandsgrößen infolge $X_1 = 1$ sind in Bild 1.4-9 zu sehen.

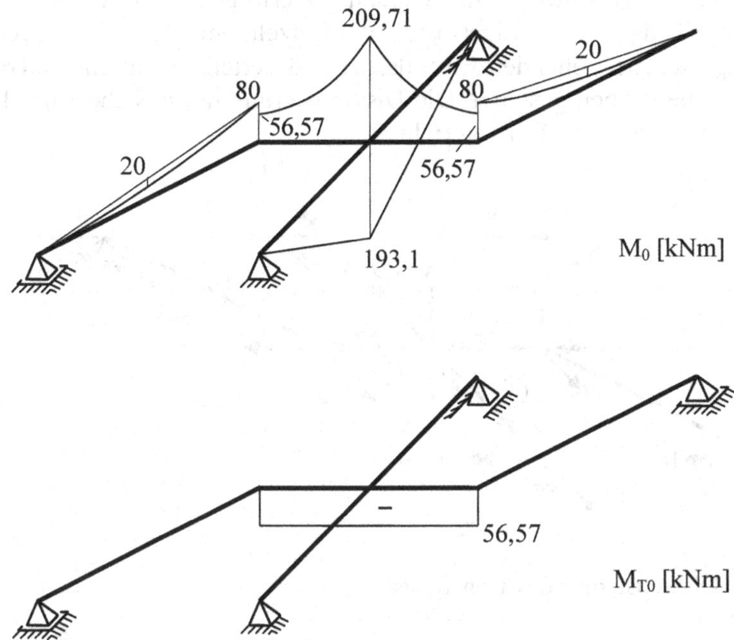

Bild 1.4-8 Biege- und Torsionsmomente am statisch best. System infolge p

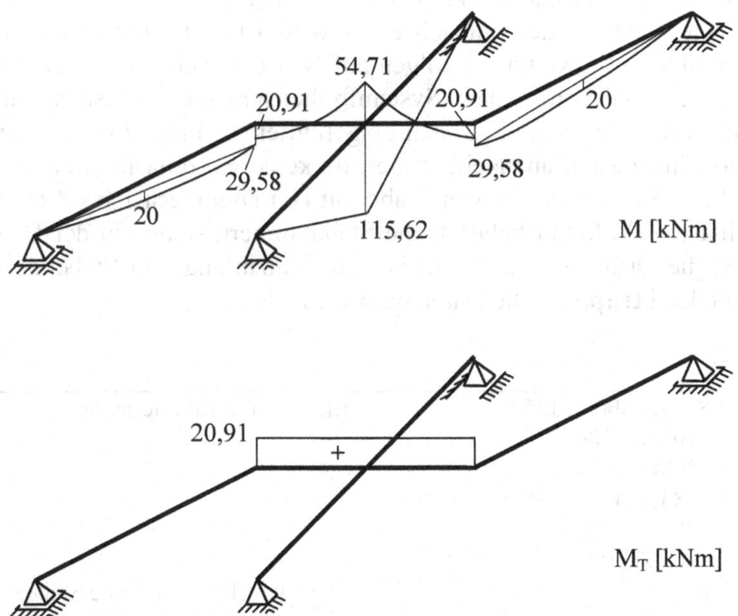

Bild 1.4-9 Biege- und Torsionsmomente am statisch unbestimmten System

Elektronische Berechnung: Die Berechnung erfolgt mit Hilfe des Programms ROST, das ebene Trägerroste unter Einzelmomente und senkrecht zur Trägerrostebene stehenden Einzellasten und verteilten Lasten als Trapezlasten zu berechnen gestattet. Die Diskretisierung mit 6 Stäben und 17 Freiheitsgraden geht aus Bild 1.4-10 hervor.

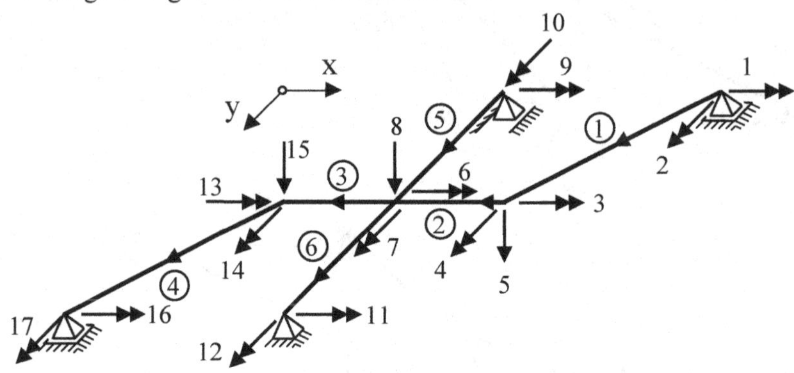

Bild 1.4-10 Diskretisierung des Trägerrosts

In der Eingabedatei **erost.txt** stehen zuerst auf NELEM = 6 Zeilen für jeden Stab die Biegesteifigkeit EI, die Länge ℓ, der ST.VENANTsche Torsionswiderstand GI_T und der Winkel α zwischen der globalen x-Achse und der positiven Richtung der Stabachse. Es wird EI = 13.000 kNm^2 und GI_T = 10.000 kNm^2 gewählt. Es folgen auf NELEM Zeilen die Inzidenzvektoren aller Stäbe mit den Systemfreiheitsgraden am Stabanfang und -ende. Zum Schluss sind die den eingeführten 17 Freiheitsgraden zugeordneten Einzellasten anzugeben (hier, da keine Einzellasten auftreten, als 17 Nullen). Es werden die vier Stäbe mit den Nummern 1 bis 4 durch die Gleichlast p=20 kN/m belastet; die Stabnummern stehen in der Datei **trapnr.txt**, die Ordinaten der Gleichlast am Stabanfang und Stabende in der Eingabedatei **trap.txt.** Die Datei **erost.txt** lautet:

erost.txt

```
13000., 2.8284, 10000., 135.        EI, ℓ, GI_T, α für alle Stäbe
13000., 2., 10000., 180.
13000., 2., 10000., 180.
13000., 2.8284, 10000., 135.
13000., 2., 10000., 90.
13000., 2., 10000., 90.
1,2,0, 3,4,5,                       Inzidenzvektoren für alle Stäbe
3,4,5, 6,7,8,
6,7,8, 13,14,15,
```

```
13,14,15, 16,17,0,
9,10,0, 6,7,8,
6,7,8, 11,12,0,
0., 0., 0., 0., 0., 0., 0., 0., 0., 0., 0., 0., 0.,      Lastvektor
0., 0., 0., 0.,
```

Die Ausgabedatei **arost.txt** liefert sämtliche Knotenverschiebungen und Stabkräfte, und zwar sowohl im globalen (systembezogenen) als auch lokalen (stabbezogenen) Koordinatensystem. Nachfolgend wird der Teil mit den Ergebnissen im lokalen Koordinatensystem wiedergegeben; in der ersten Zeile stehen jeweils der Torsionswinkel, der Biegewinkel und die Durchbiegung am Anfangs- und am Endknoten des Stabes, in der zweiten Zeile das Torsionsmoment, das Biegemoment und die Querkraft.

arost.txt

```
ELEMENT NR.     1
0.4072E-02 0.7960E-02 0.0000E+00 -0.4072E-02 -0.1842E-02 0.1538E-01
0.8882E-15 0.7105E-14 0.3874E+02 -0.3553E-14 0.2957E+02 -0.1783E+02
ELEMENT NR.     2
0.4182E-02 -0.1577E-02 -0.1538E-01 -0.2584E-17 0.8988E-17 0.1186E-01
0.2091E+02 0.2091E+02 -0.1783E+02 0.2091E+02 -0.5475E+02 -0.5783E+02
ELEMENT NR.     3
0.2584E-17 -0.8988E-17 -0.1186E-01 0.4182E-02 -0.1577E-02 0.1538E-01
0.2091E+02 -0.5475E+02 0.5783E+02 0.2091E+02 0.2091E+02 0.1783E+02
ELEMENT NR.     4
-0.4072E-02 -0.1842E-02 -0.1538E-01 0.4072E-02 0.7960E-02 0.0000E+00
-0.3197E-13 0.2957E+02 0.1783E+02 0.8882E-15 0.7105E-14 -0.3874E+02
ELEMENT NR.     5
0.9916E-17 0.8897E-02 0.0000E+00 -0.8988E-17 -0.2584E-17 0.1186E-01
0.4641E-14 -0.2842E-13 0.5783E+02 0.4641E-14 0.1157E+03 0.5783E+02
ELEMENT NR.     6
0.8988E-17 0.2584E-17 -0.1186E-01 -0.1117E-16 0.8897E-02 0.0000E+00
-0.1090E-13 0.1157E+03 -0.5783E+02 -0.1090E-13 -0.1251E-13 -0.5783E+02
```

Die Ergebnisse decken sich mit denjenigen der Handrechnung, wie sie in Bild 1.4-9 dargestellt sind.

1.4.4 Räumlicher Rahmen

Gesucht sind die Schnittkräfte des in Bild 1.4-11 skizzierten räumlichen Systems infolge der Last P = 60 kN. Weitere Daten: Die Trägheitsmomente aller Stäbe um beide Querschnittsachsen sind gleich ($I_z = I_y = I$), Längskraftversformungen können vernachlässigt werden ($I/A = 0$) und das Verhältnis EI/GI_T beträgt für alle Stäbe 1,2.

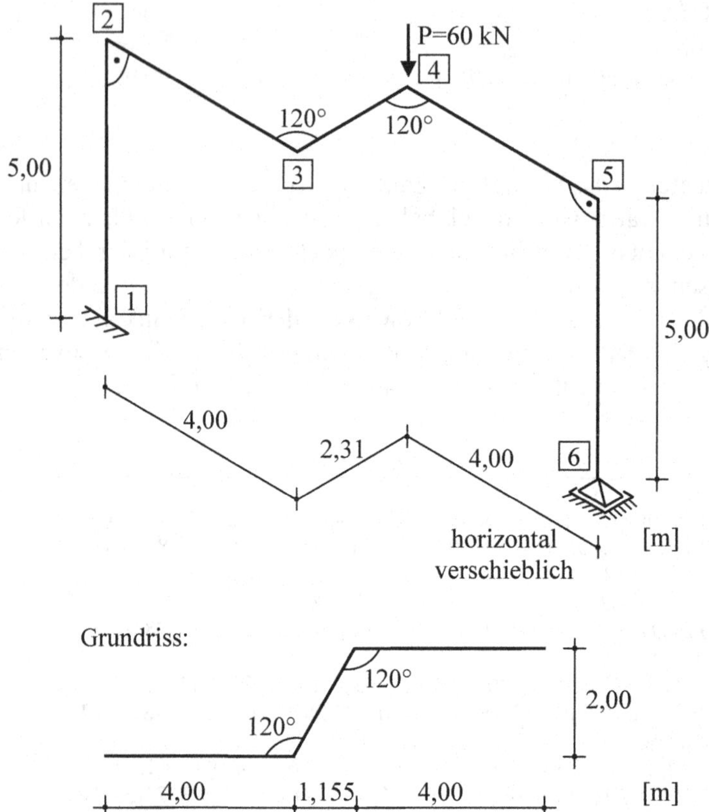

Bild 1.4-11 System und Belastung

Handrechnung: Mit a=7 Auflagerreaktionen, p=5 Stäben und k=6 Knoten (keine Nebenbedingungen, r = 0) liefert das Abzählkriterium n=a+6·(p-k) n=1, damit ist das Tragwerk einfach statisch unbestimmt. Es wird das Kraftgrößenverfahren verwendet. Als statisch Überzählige X_1 wird die vertikale Auflagerkraft in Punkt 6 angesetzt. Mit den in Bild 1.4-12 skizzierten lokalen Koordinatensystemen liefert die in diesem Bild angegebene Momenten- Gleichgewichtsbedingung die Beziehung:

$$M_{y43} = M_{y45} \cdot \cos 60^\circ = 4{,}00 \cdot 0{,}50 = 2{,}00$$

$$M_{T43} = -M_{y45} \cdot \sin 60^\circ = -4{,}00 \cdot 0{,}866 = -3{,}464$$

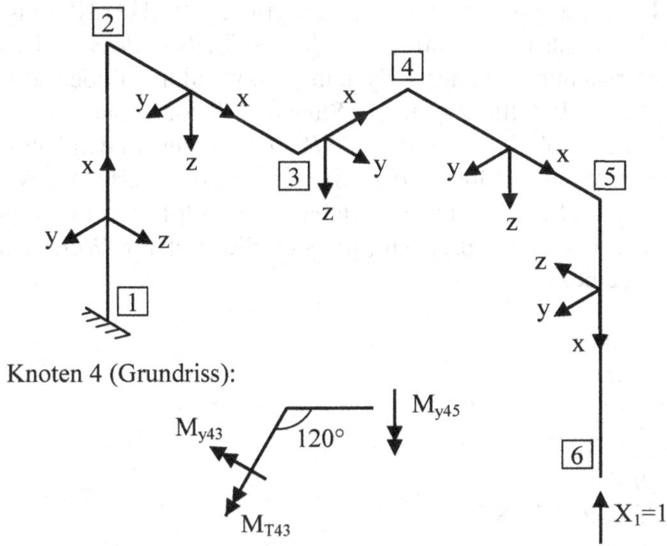

Bild 1.4-12 Statisch bestimmtes Grundsystem

Es ergeben sich die in Bild 1.4-13 dargestellten Verläufe der Biege- und Torsionsmomente infolge X_1=1 und die in Bild 1.4-14 dargestellten Verläufe infolge der äußeren Belastung.

Die Formänderungsgrößen ergeben sich zu:

$$EI \cdot \delta_{11} = \frac{1}{3} \cdot 4^2 \cdot 4 + \frac{1}{3} \cdot \left(4{,}31^2 + 4{,}31 \cdot 2.0 + 2{,}0^2\right) \cdot 2{,}31 + \frac{1}{3} \cdot 4{,}0 \cdot$$
$$\left(9{,}155^2 + 9{,}155 \cdot 5{,}155 + 5{,}155^2\right) + 5{,}00 \cdot \left(9{,}155^2 + 2{,}0^2\right) +$$
$$1{,}2 \cdot \left(3{,}46^2 \cdot 2{,}31 + 2{,}0^2 \cdot 4{,}0\right) = 746{,}92$$

und

$$EI \cdot \delta_{10} = \frac{-1}{6} \cdot 138{,}6 \cdot (2 \cdot 4{,}31 + 2{,}0) \cdot 2{,}31$$
$$-\frac{1}{6} \cdot [2 \cdot (9{,}155 \cdot 309{,}3 + 5{,}155 \cdot 69{,}3) + 9{,}155 \cdot 69{,}3 + 5{,}155 \cdot 309{,}3] \cdot 4{,}0$$
$$-9{,}155 \cdot 309{,}3 \cdot 5{,}00 - 2{,}00 \cdot 120{,}0 \cdot 5{,}00 - 2{,}00 \cdot 120{,}0 \cdot 4{,}0 \cdot 1{,}2$$
$$= -22815$$

Damit beträgt die statisch Überzählige

$$X_1 = -\frac{-22815}{746{,}92} = 30{,}55\,\text{kN}$$

und die endgültigen Zustandslinien ergeben sich wie in Bild 1.4-15 und Bild 1.4-16 dargestellt.

Elektronische Berechnung: Es wird das Programm **RAHM3D** eingesetzt, das trotz des mühsamen Einführens der Freiheitsgrade von Hand durchaus zur Untersuchung kleinerer Systeme Verwendung finden kann. Bild 1.4-17 zeigt die Modellierung mit 5 Stäben, 6 Knoten und 29 Freiheitsgraden. Folgende globale Freiheitsgrade (FRH) werden an den Knoten 1 bis 6 des Tragwerks eingeführt, wobei die ersten drei Werte den Verschiebungen in x, y und z-Richtung am Stabanfang, gefolgt von den drei zugehörigen Verdrehungen entsprechen (und sich die letzten 6 Werte analog auf das Stabende beziehen):

Knoten 1: Keine FRH
Knoten 2: FRH 1 - 6
Knoten 3: FRH 7 -12
Knoten 4: FRH 13 -18
Knoten 5: FRH 19 -24
Knoten 6: FRH 25,0,26, 27,28,29

Mit $EA = 1{,}0 \cdot 10^8$ kN, $GI_T = 10.000$ kNm², $EI_y = EI_z = 12.000$ kNm², lautet somit die Eingabedatei **erm3d.txt**:

erm3d.txt

1e8, 1.0e4, 1.2e4, 1.2e4, 1,2, 1e8, 1.0e4, 1.2e4, 1.2e4, 2,3, 1e8, 1.0e4, 1.2e4, 1.2e4, 3,4, 1e8, 1.0e4, 1.2e4, 1.2e4, 4,5, 1e8, 1.0e4, 1.2e4, 1.2e4, 5,6,	EA, GI_T, EI_y, EIz, Anfangsknoten und Endknoten für alle Stäbe
0., 0.,0., 0., 5., 0. 4., 5., 0. 5.155, 5., -2. 9.155, 5., -2. 9.155, 0., -2.	x, y, z – Koordinaten der 6 Knoten
0,0,0,0,0,0, 1,2,3,4,5,6, 1,2,3,4,5,6, 7,8,9,10,11,12, 7,8,9,10,11,12, 13,14,15,16,17,18, 13,14,15,16,17,18, 19,20,21,22,23,24, 19,20,21,22,23,24, 25,0,26,27,28,29,	Inzidenzvektoren für alle Stäbe
0.,0.,0.,0.,0.,0.,0.,0.,0.,0., 0.,0.,0.,-60.,0.,0.,0.,0.,0.,0., 0.,0.,0.,0.,0.,0.,0.,0.,0.,	Lastvektor

Die Berechnung bestätigt die Ergebnisse der Handrechnung.

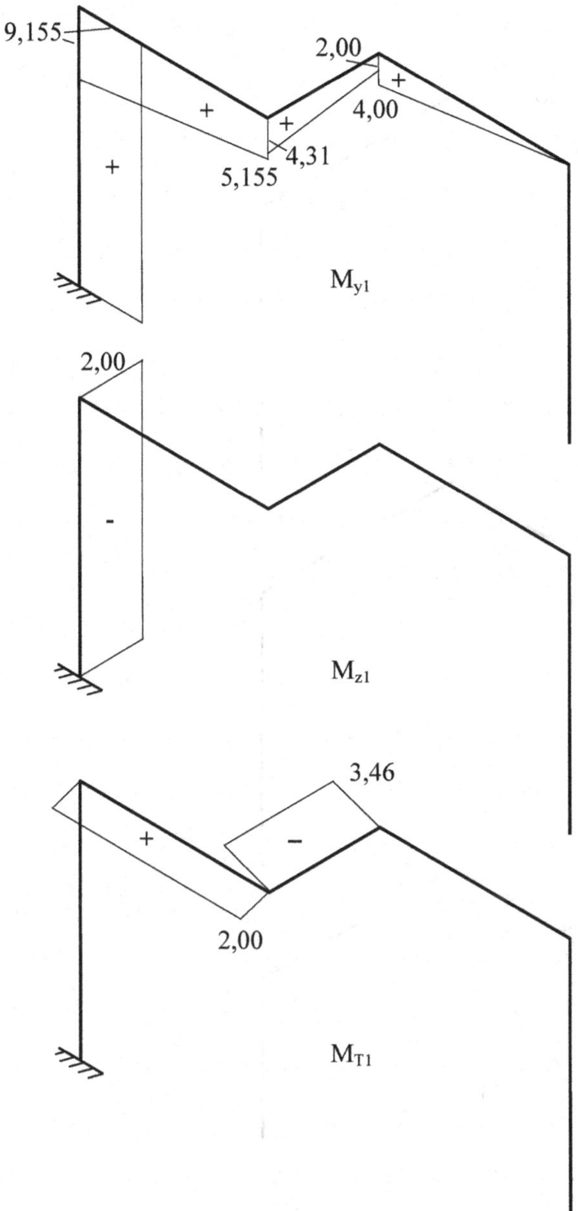

Bild 1.4-13 Schnittkräfte infolge X_1=1

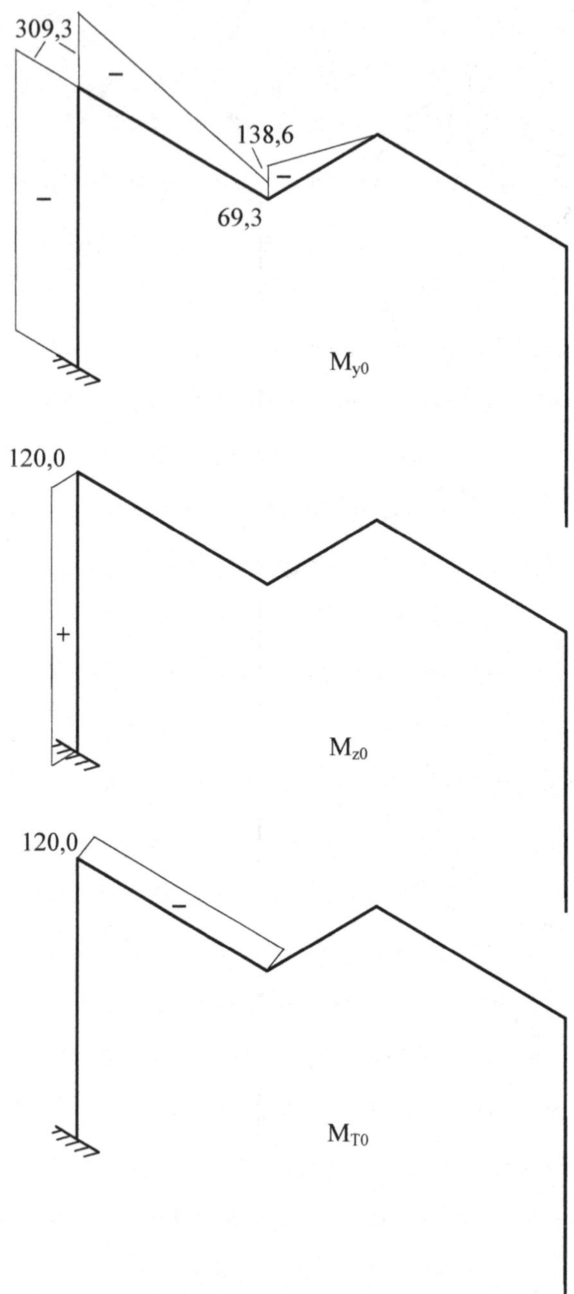

Bild 1.4-14 Schnittkräfte infolge P = 60 kN

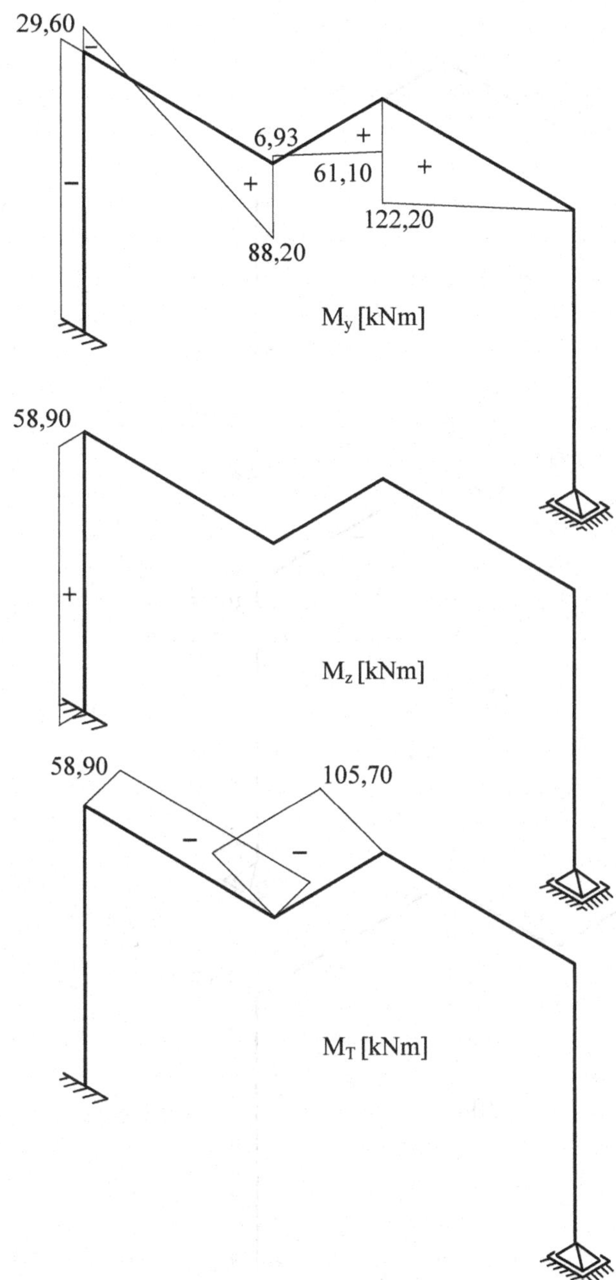

Bild 1.4-15 Schnittmomente am statisch unbestimmten System

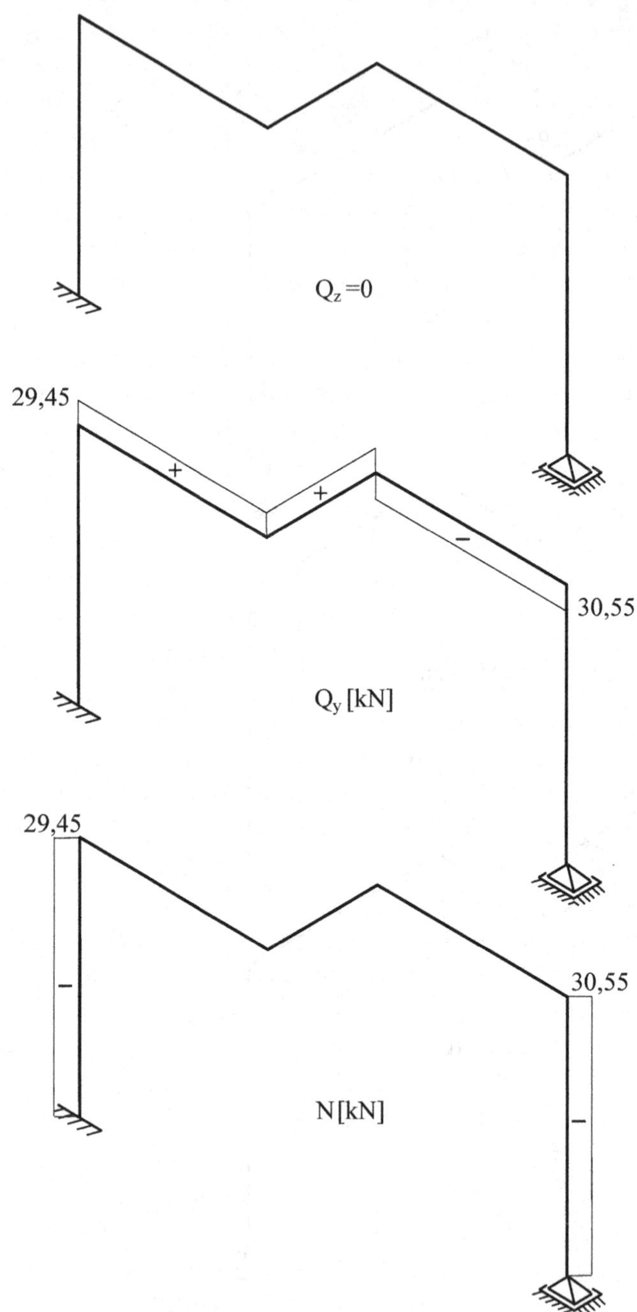

Bild 1.4-16 Schnittkräfte am statisch unbestimmten System

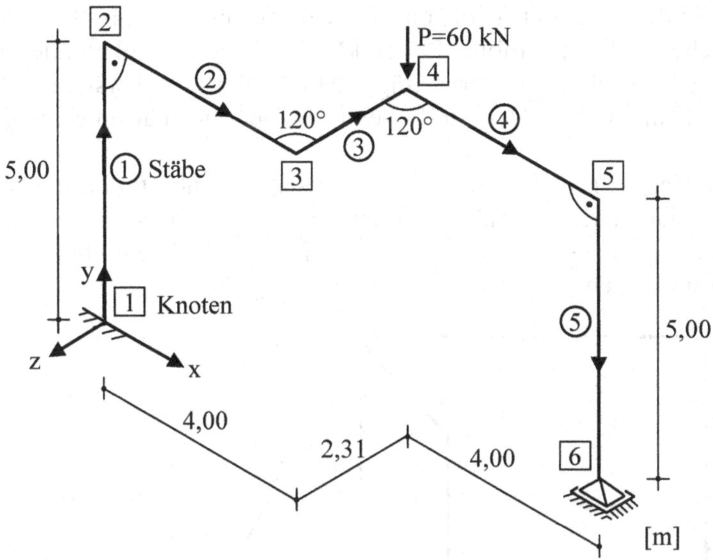

Bild 1.4-17 Stab- und Knotennummerierung, globales (x,y,z) - Koordinatensystem

1.4.5 Räumlicher Rahmen mit Fachwerkstäben

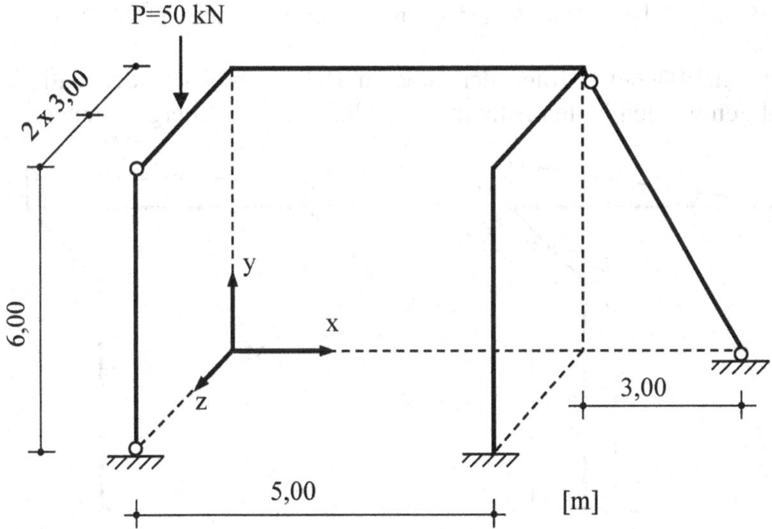

Bild 1.4-18 System und Belastung

Gesucht sind die Biege- und Torsionsmomente des in Bild 1.4-18 skizzierten räumlichen Rahmens infolge P = 50 kN. Die Biegesteifigkeit aller Stäbe um beide Querschnittsachsen beträgt 30.000 kNm^2, die Torsionssteifigkeit 15.000 kNm^2 und die Dehnsteifigkeit ist als sehr hoch anzunehmen.

Handrechnung: Das Tragwerk ist zweifach statisch unbestimmt (das Entfernen der beiden Fachwerkstäbe führt zu einem statisch bestimmten räumlichen Kragträger); es wird das in Bild 1.4-19 gezeichnete statisch bestimmte Grundsystem gewählt.

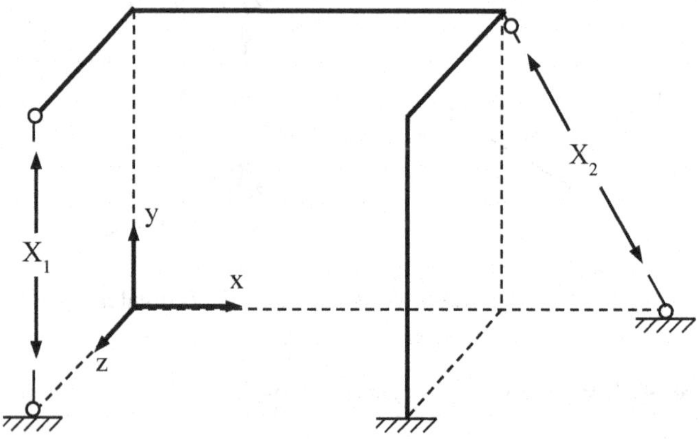

Bild 1.4-19 Statisch bestimmtes Grundsystem mit den zwei statisch Überzähligen

Die Momentenflächen infolge der äußeren Belastung sowie der statisch Überzähligen werden in den Bildern 1.4-12 bis 1.4-22 wiedergegeben.

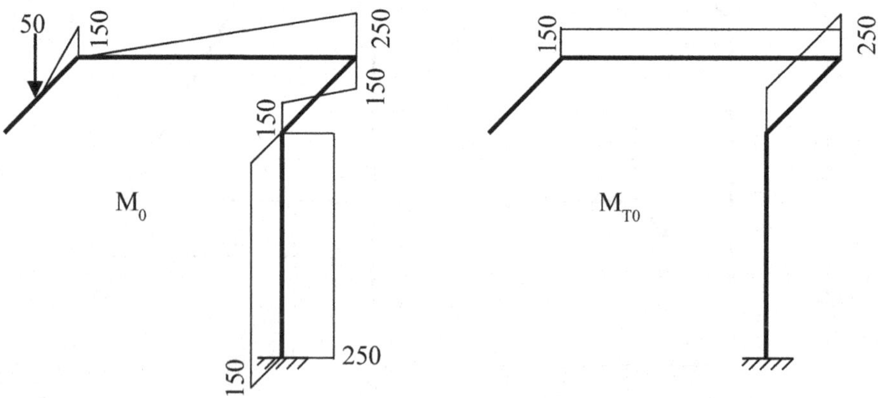

Bild 1.4-20 Biege- und Torsionsmomente infolge der äußeren Belastung

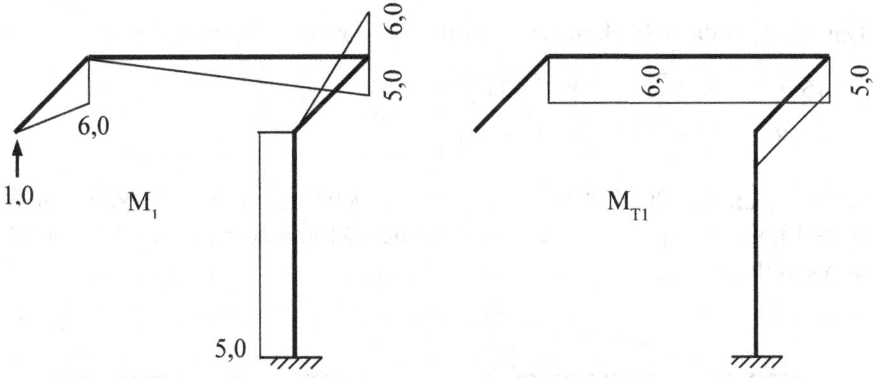

Bild 1.4-21 Biege- und Torsionsmomente infolge $X_1 = 1$

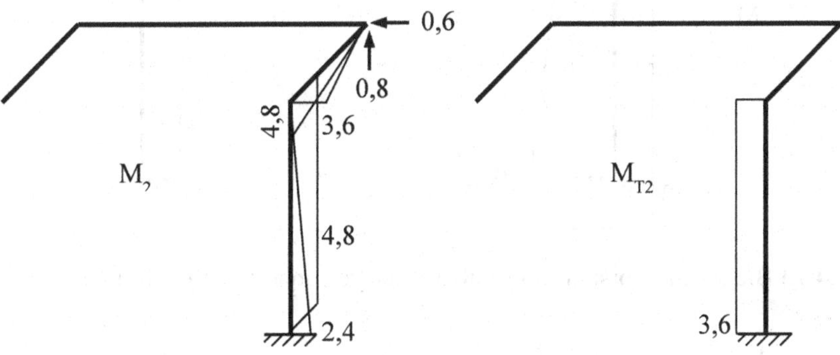

Bild 1.4-22 Biege- und Torsionsmomente infolge $X_2 = 1$

Die Formänderungsgrößen lauten:

$$EI \cdot \delta_{11} = \frac{1}{3} \cdot 2 \cdot 6 \cdot 6{,}0^2 + \frac{5{,}0}{3} \cdot 5{,}0^2 + 4{,}0 \cdot 5{,}0^2 + 2{,}0 \cdot \left(5{,}0 \cdot 6{,}0^2 + 6{,}0 \cdot 5{,}0^2\right) \cdot = 945{,}7$$

$$EI \cdot \delta_{12} = -\frac{6{,}00}{6} \cdot 6{,}0 \cdot 4{,}8 - \frac{4{,}0}{2} \cdot 5{,}0 \cdot 2{,}4 = -52{,}8$$

$$EI \cdot \delta_{22} = \frac{6{,}00}{3} \cdot \left(4{,}8^2 + 3{,}6^2\right) + \frac{4{,}00}{3} \cdot 2{,}4^2 + 4{,}00 \cdot 4{,}8^2 + 2{,}0 \cdot 4{,}0 \cdot 3{,}6^2 = 275{,}5$$

$$EI \cdot \delta_{10} = -\frac{3{,}00}{6} \cdot 150 \cdot (2 \cdot 6{,}0 + 3{,}0) - \frac{5{,}0}{3} \cdot 250 \cdot 5{,}0 - \frac{6{,}00}{6} \cdot 150 \cdot 6{,}0 -$$
$$- 4{,}00 \cdot 250 \cdot 5{,}0 - 2{,}0 \cdot (5{,}00 \cdot 150 \cdot 6{,}0 + 6{,}00 \cdot 250 \cdot 5{,}0) = -33108$$

$$EI \cdot \delta_{20} = -\frac{6{,}00}{6} \cdot 150 \cdot 4{,}8 - 4{,}00 \cdot 150 \cdot 4{,}8 + \frac{4{,}00}{2} \cdot 250 \cdot 2{,}4 = -2400$$

Damit lautet das Gleichungssystem für die statisch Überzähligen:

$$\begin{bmatrix} 945{,}7 & -52{,}8 \\ -52{,}8 & 275{,}5 \end{bmatrix} \cdot \begin{bmatrix} X_1 \\ X_2 \end{bmatrix} = \begin{bmatrix} 33108 \\ 2400 \end{bmatrix}$$

woraus sich die Stabkräfte in den Fachwerkstäben zu $X_1 = 35{,}88$ kN und $X_2 = 15{,}59$ kN ergeben. Die resultierenden Momente sind in Bild 1.4-23 dargestellt.

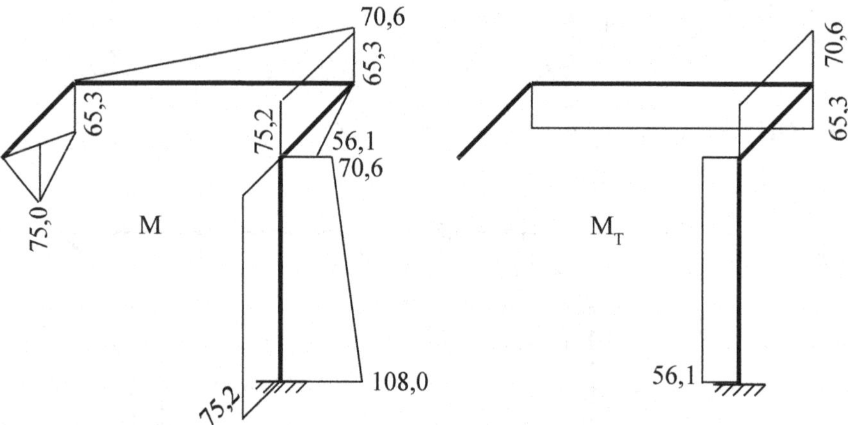

Bild 1.4-23 Biege- und Torsionsmomente des statisch unbestimmten Systems

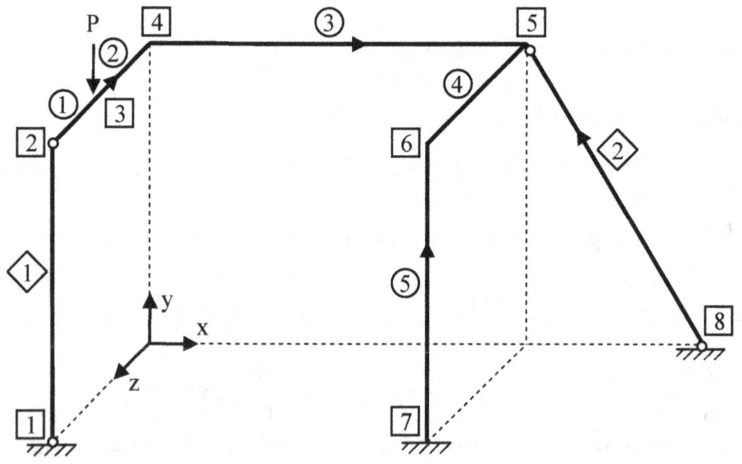

Bild 1.4-24 Systemdiskretisierung

Elektronische Berechnung: Es wird das Programm RF3D verwendet, das (kleinere) räumliche Stabtragwerke, die auch Fachwerkstäbe enthalten, zu untersuchen gestattet. Das Modell besteht aus 5 Biegestäben, 2 Fachwerkstäben, 30 Freiheitsgraden und 8 Knoten (Bild 1.4-24), wobei an den einzelnen Knoten folgende Freiheitsgrade eingeführt werden:

Knoten 1: Keine FRH
Knoten 2: FRH 1 - 6
Knoten 3: FRH 7 -12
Knoten 4: FRH 13 -18
Knoten 5: FRH 19 -24
Knoten 6: FRH 25-30
Knoten 7: Keine FRH
Knoten 8: Keine FRH

Mit EA= $1{,}0\cdot 10^8$ kN, GI_T = 15.000 kNm^2, $EI_y = EI_z$ = 13.000 kNm^2, lautet die Eingabedatei **erf3d.txt**:

erf3d.txt

1e8, 15000., 30000., 30000., 2,3	EA, GI_T, EI_y, EIz, Anfangskno-
1e8, 15000., 30000., 30000., 3,4	ten und Endknoten für die fünf
1e8, 15000., 30000., 30000., 4,5,	Biegestäbe
1e8, 15000., 30000., 30000., 5,6,	
1e8, 15000., 30000., 30000., 7,6,	
1e8, 1,2,	EA, Anfangsknoten und End-
1e8, 8,5	knoten für die 2 Fachwerkstäbe
0., 0., 6.,	x, y, z – Koordinaten der 8 Kno-
0., 4., 6.,	ten
0., 4., 3.,	
0., 4., 0.,	
5., 4., 0.,	
5., 4., 6.,	
5., 0., 6.,	
8., 0., 0.,	
1,2,3,4,5,6, 7,8,9,10,11,12,	Inzidenzvektoren für die 5 Bie-
7,8,9,10,11,12, 13,14,15, 16,17,18,	gestäbe
13,14,15,16,17,18, 19,20,21,22,23,24	
19,20,21,22,23,24, 25,26,27,28,29,30,	
0,0,0,0,0,0, 25,26,27,28,29,30	
0,0,0, 1,2,3,	Inzidenzvektoren für die zwei
0,0,0, 19,20,21,	Fachwerkstäbe
0., 0., 0., 0., 0., 0., 0., -50., 0., 0.,	Lastvektor, 30 Werte für die 30
0., 0., 0., 0., 0., 0., 0., 0., 0., 0.,	Freiheitsgrade
0., 0., 0., 0., 0., 0., 0., 0., 0., 0.,	

Die Ergebnisse bestätigen die Resultate der Handrechnung wie sie im Bild 1.4-24 zu sehen sind.

1.5 Beispiele zur geometrischen Nichtlinearität

1.5.1 Einführungsbeispiel: Lineare Stabilität

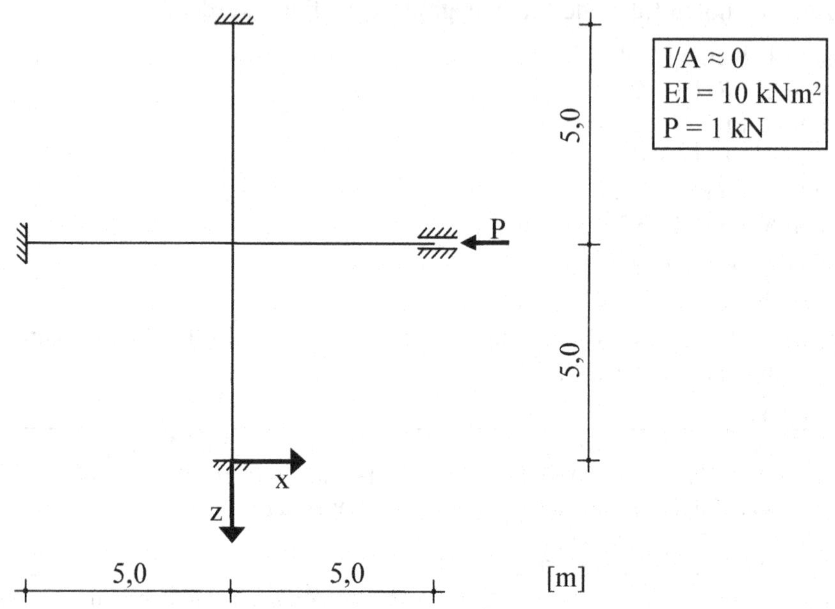

Bild 1.5-1: Ebenes Stabtragwerk mit Einzellast

Gegeben ist das Tragwerk in Bild 1.5-1. Gesucht ist die Knicklast $P_k = \lambda \cdot P$ des Systems für ein Knicken in der x-z-Ebene. Die Längsdehnung kann vernachlässigt werden $(I/A \approx 0)$.

Handrechnung:

Systemidealisierung

Freiheitsgrad: φ_1

Matrizenvorwerte:

Element	Knoten 1	Knoten 2	c	s	ℓ	Typ
1	1	2	0	-1	5,0	beids. eingespannt
2	1	3	-1	0	5,0	beids. eingespannt
3	1	5	1	0	5,0	beids. eingespannt
4	1	4	0	1	5,0	beids. eingespannt

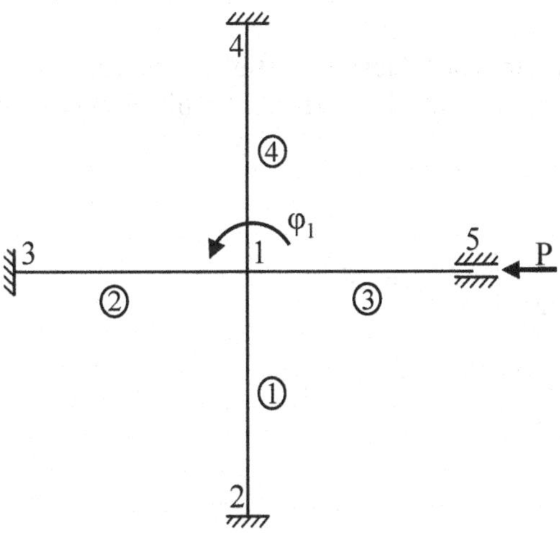

Lineare Steifigkeitsmatrix

Lineare Elementsteifigkeitsmatrizen (Anhang 1.8.5):

Elemente 1, 2, 3, 4: $\mathbf{k}_e^1 = \mathbf{k}_e^2 = \mathbf{k}_e^3 = \mathbf{k}_e^4 = \frac{EI}{\ell}[4] = [8]$

Elastische Gesamtsteifigkeitsmatrix: $\mathbf{K_e} = [32]$

Geometrische Steifigkeitsmatrix

Geometrische Elementsteifigkeitsmatrizen (Anhang 1.8.5):

Element 1: $\mathbf{k}_g^1 = [0]$, mit $N^1 = 0$,

Element 2: $\mathbf{k}_g^2 = \frac{N}{\ell}\left[\frac{2}{15}\ell^2\right] = -\left[\frac{2}{3}\right]$, mit $N^2 = -P = -1$ kN

Element 3: $\mathbf{k}_g^3 = \frac{N}{\ell}\left[\frac{2}{15}\ell^2\right] = -\left[\frac{2}{3}\right]$, mit $N^3 = -P = -1$ kN

Element 4: $\mathbf{k}_g^4 = \frac{N}{\ell}\left[\frac{2}{15}\ell^2\right] = [0]$, mit $N^4 = 0$

Geometrische Gesamtsteifigkeitsmatrix: $\mathbf{K_g} = -\left[\frac{4}{3}\right]$

Eigenwerte und Eigenformen
Mit der elastischen und der geometrischen Gesamtsteifigkeitsmatrix können die Eigenwerte und Eigenformen nach der linearen Stabilitätstheorie berechnet werden.

Eigenwertproblem:

$$\left(\mathbf{K}_e + \lambda\,\mathbf{K}_g\right)\mathbf{V} = 0 \;\Rightarrow 32 - \lambda\frac{4}{3} = 0 \;\Rightarrow \lambda = 24$$

Die Knicklast des Systems beträgt $P_K = \lambda\,P = 24$ kN

Darstellung der Knickbiegelinie:

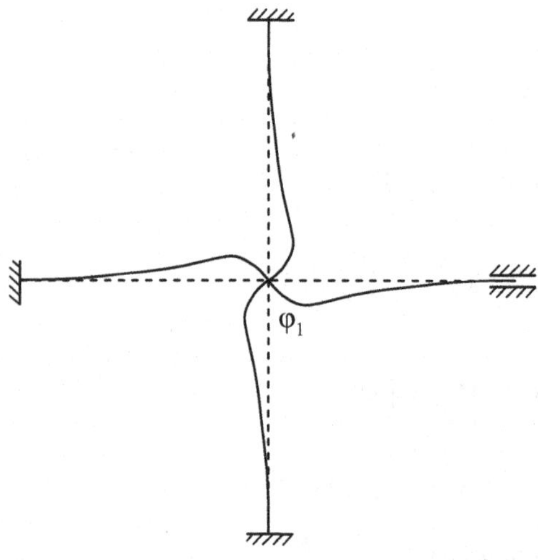

Ergebnisinterpretation
Als Vergleich wurden mit dem FE-Programm InfoCAD die Knicklasten für verschiedene Diskretisierungen berechnet:

Elemente pro Stab	1. Eigenwert
1	24
5	11,374
10	11,360

Die Ergebnisse zeigen, dass eine Diskretisierung mit einem Element nicht ausreichend ist, da die Biegeverformungen der Elemente nicht abgebildet werden können. Für die Berechnung von Eigenwerten muss demnach eine ausreichende Anzahl von Elementen gewählt werden.

Elektronische Berechnung:
Das System wird mit dem Programm KNICK unter Verwendung der Steifigkeitsmatrizen nach Theorie II. Ordnung (Anhang 1.8.10) berechnet. Es wird die in Bild 1.5-2 dargestellte Diskretisierung verwendet.

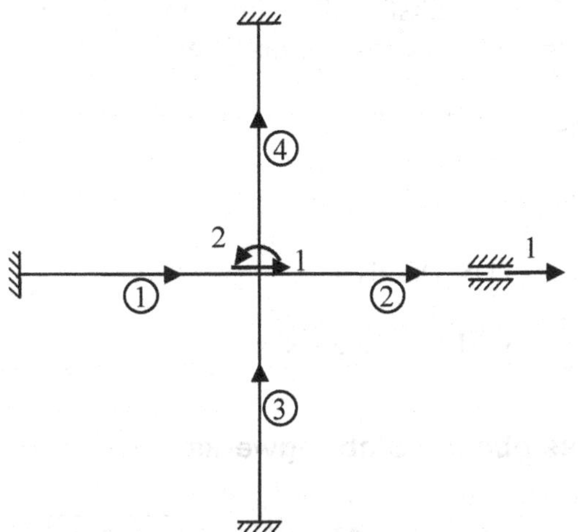

Bild 1.5-2: Diskretisierung für das Programm KNICK

In dessen Eingabedatei **eknick.txt** stehen zunächst für jedes Stabelement die 5 Werte EI, ℓ, EA, α und N (Biegesteifigkeit, Stablänge, Dehnsteifigkeit, Winkel zwischen der globalen x-Achse und der Stabachse in Grad, positiv im Gegenuhrzeigersinn und die vorhandene Normalkraft, als Zug positiv). Es folgen in bekannter Weise die Inzidenzvektoren aller Stäbe und die Lastkomponenten (Einzellasten und Einzelmomente) korrespondierend zu den aktiven kinematischen Systemfreiheitsgraden. Es empfiehlt sich, alle Komponenten des Lastvektors gleich Null vorzugeben bis auf einen kleinen Wert für den Freiheitsgrad mit der Nummer KDOF, dessen Verschiebung für die Knickbiegelinie charakteristisch ist (hier z.B. KDOF = 2). Die Eingabedatei lautet:

eknick.txt

```
10, 5., 0.,0., -10.          EI, ℓ, EA, α und N
10, 5., 0.,0., -10.
10, 5., 0.,90., 0.
10, 5., 0.,90., 0.
0,0,0, 1,0,2,                Inzidenzvektoren für alle Stäbe
1,0,2, 1,0,0,
0,0,0, 1,0,2,
1,0,2, 0,0,0,
0., 0.0001,                  Lastvektor
```

Beim Aufruf von KNICK muss der Anfangswert des Lastfaktors λ interaktiv eingegeben werden, dazu das Inkrement Δλ und die Anzahl der zu berechnenden und in **aplot.txt** auszugebenden Wertepaare (hier jeweils 1, 0.005 und 250). Zu jedem λ wird der Reziprokwert der charakteristischen Verschiebung ausgegeben; tritt der Stabilitätsfall ein, wird die Berechnung mit der Meldung „Steifigkeitsmatrix ist nicht pos. definit" beendet.

aplot.txt

```
0.1000000E+01   0.8378443E+05
..............
0.1130000E+01   0.4630592E+04
0.1135000E+01   0.8262537E+03
STEIFIGKEITSMATRIX IST NICHT POS. DEFINIT
```

Damit beträgt die Knicklast $P_K = 1,135 \cdot 10 = 11,35$ kN.

1.5.2 Lineare Stabilität eines ebenen Stabtragwerks

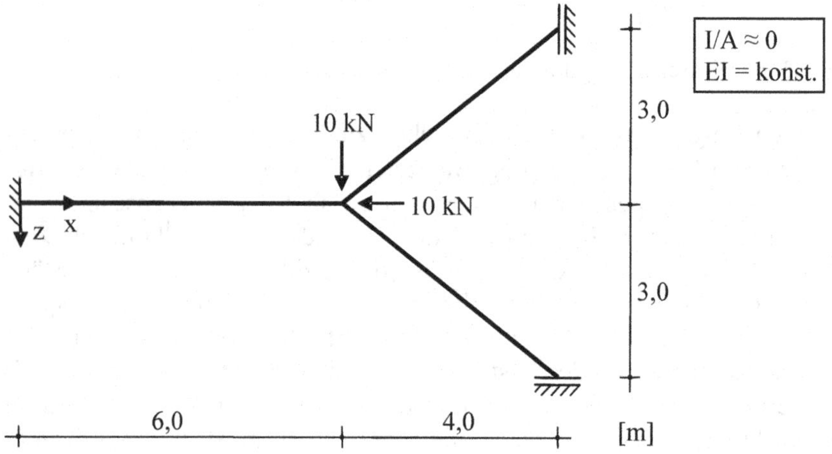

Bild 1.5-3: Ebenes Stabtragwerk mit Einzellasten

Gegeben ist das Tragwerk in Bild 1.5-3. Gesucht sind die Eigenvektoren nach der linearen Stabilitätstheorie.

Handrechnung:

Systemidealisierung

Freiheitsgrade: v_{2z}, v_{3z}, u_{4x}, φ_2.

Kinematische Abhängigkeiten: $v_{3z} = v_{2z}$, $u_{4x} = 0,75\, v_{2z}$

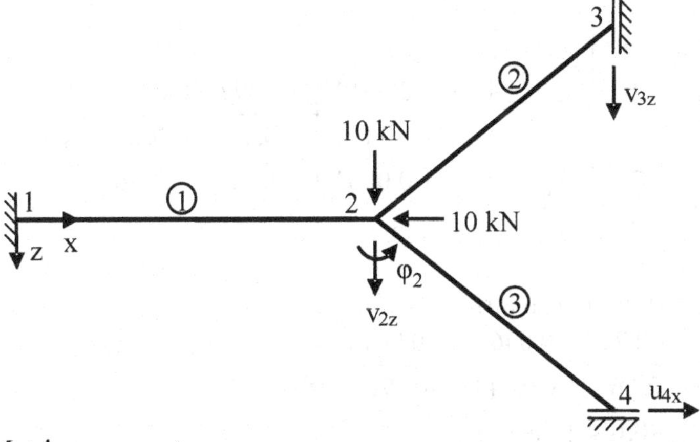

Matrizenvorwerte:

Element	Knoten 1	Knoten 2	c	s	ℓ [m]	Typ
1	1	2	1	0	6,0	beids. eingespannt
2	2	3	0,8	0,6	5,0	beids. eingespannt
3	2	4	0,8	-0,6	5,0	beids. eingespannt

Lineare Steifigkeitsmatrix

Lineare Elementsteifigkeitsmatrizen (Anhang 1.8.5):

Element 1:

$$\mathbf{k}_e^1 = \frac{EI}{\ell}\begin{bmatrix} \frac{12}{\ell^2} & \frac{6}{\ell} \\ \frac{6}{\ell} & 4 \end{bmatrix} = EI\begin{bmatrix} \frac{1}{18} & \frac{1}{6} \\ \frac{1}{6} & \frac{2}{3} \end{bmatrix} \begin{matrix} v_{2z} \\ \varphi_2 \end{matrix}$$

Element 2:

$$\mathbf{k}_e^2 = \frac{EI}{\ell}\begin{bmatrix} \frac{12}{\ell^2}c^2 & -\frac{6c}{\ell} & -\frac{12}{\ell^2}c^2 \\ -\frac{6c}{\ell} & 4 & \frac{6c}{\ell} \\ -\frac{12}{\ell^2}c^2 & \frac{6c}{\ell} & \frac{12}{\ell^2}c^2 \end{bmatrix} = EI\begin{bmatrix} 0{,}0614 & -0{,}192 & -0{,}0614 \\ -0{,}192 & 0{,}8 & 0{,}192 \\ -0{,}0614 & 0{,}192 & 0{,}0614 \end{bmatrix} \begin{matrix} v_{2z} \\ \varphi_2 \\ v_{3z} \end{matrix}$$

Element 3:

$$\mathbf{k}_e^3 = \frac{EI}{\ell}\begin{bmatrix} \frac{12}{\ell^2}c^2 & -\frac{6c}{\ell} & -\frac{12cs}{\ell^2} \\ -\frac{6c}{\ell} & 4 & \frac{6s}{\ell} \\ -\frac{12cs}{\ell^2} & \frac{6s}{\ell} & \frac{12}{\ell^2}s^2 \end{bmatrix} = EI\begin{bmatrix} 0{,}0614 & -0{,}192 & 0{,}0461 \\ -0{,}192 & 0{,}8 & -0{,}72 \\ 0{,}0461 & -0{,}72 & 0{,}0346 \end{bmatrix}\begin{matrix} v_{2z} \\ \varphi_2 \\ u_{4x} \end{matrix}$$

Elastische Gesamtsteifigkeitsmatrix:

$$\mathbf{K}_e = \begin{bmatrix} 0{,}178 & -0{,}217 & 0{,}0461 & -0{,}0614 \\ -0{,}217 & 2{,}267 & -0{,}144 & 0{,}192 \\ 0{,}0461 & -0{,}144 & 0{,}0346 & 0 \\ -0{,}0614 & 0{,}192 & 0 & 0{,}0614 \end{bmatrix}\begin{matrix} v_{2z} \\ \varphi_2 \\ u_{4x} \\ v_{3z} \end{matrix}$$

Durch Ausnutzung der kinematischen Kopplungen kann die Steifigkeitsmatrix auf die wesentlichen Freiheitsgrade v_{2z}, φ_2 reduziert werden. Die Addition der Zeilen: Zeile 1 + 0,75 · Zeile 3 + Zeile 4 liefert:

$$\mathbf{K}_e^{red} = \begin{bmatrix} 0{,}152 & -0{,}133 & 0{,}072 & 0 \\ -0{,}217 & 2{,}267 & -0{,}144 & 0{,}192 \end{bmatrix}\begin{matrix} v_{2z} \\ \varphi_2 \end{matrix}$$

Nach Addition der Spalten: 0,75 · Spalte 3 + Spalte 4 ergibt sich die reduzierte Steifigkeitsmatrix:

$$\mathbf{K}_e^{red} = EI\begin{bmatrix} 0{,}2056 & -0{,}133 \\ -0{,}133 & 2{,}267 \end{bmatrix}\begin{matrix} v_{2z} \\ \varphi_2 \end{matrix}$$

Lastvektor **P**:

$$\mathbf{P} = \begin{bmatrix} 10 \\ 0 \end{bmatrix}$$

Verformungsberechnung

$$\mathbf{K}_e^{red}\ \mathbf{V} = \mathbf{P} \text{ liefert } \mathbf{V} = \frac{1}{EI}\begin{bmatrix} 50{,}578 \\ 2{,}974 \end{bmatrix}\begin{matrix} v_{2z} \\ \varphi_2 \end{matrix}$$

Mit dem Verformungsvektor können die Normalkräfte in den Stäben durch Berechnung der Stabendkraftgrößen und Gleichgewichtsbetrachtung am

Knoten 2 berechnet werden. Aus der Berechnung ergeben sich die Normalkräfte in den Stäben 1 bis 3:

$N_1 = -8{,}8099\,\text{kN}$

$N_2 = 0{,}9521\,\text{kN}$

$N_3 = -4{,}0165\,\text{kN}$

Geometrische Steifigkeitsmatrix

Geometrische Elementsteifigkeitsmatrizen (Anhang 1.8.5):

Element 1:

$$\mathbf{k}_g^1 = \frac{N_1}{\ell}\begin{bmatrix} \frac{6}{5}c^2 & \frac{c}{10}\ell \\ \frac{c}{10}\ell & \frac{2}{15}\ell^2 \end{bmatrix} = \begin{bmatrix} -1{,}762 & -0{,}881 \\ -0{,}881 & -7{,}048 \end{bmatrix}\begin{matrix} v_{2z} \\ \varphi_2 \end{matrix}$$

Element 2:

$$\mathbf{k}_g^2 = \frac{N_2}{\ell}\begin{bmatrix} \frac{6}{5}c^2 & -\frac{c}{10}\ell & -\frac{6}{5}c^2 \\ -\frac{c}{10}\ell & \frac{2}{15}\ell^2 & \frac{c}{10}\ell \\ -\frac{6}{5}c^2 & \frac{c}{10}\ell & \frac{6}{5}c^2 \end{bmatrix} = \begin{bmatrix} 0{,}146 & -0{,}0762 & -0{,}146 \\ -0{,}0762 & 0{,}635 & 0{,}0762 \\ -0{,}146 & 0{,}0762 & 0{,}146 \end{bmatrix}\begin{matrix} v_{2z} \\ \varphi_2 \\ v_{3z} \end{matrix}$$

Element 3:

$$\mathbf{k}_g^3 = \frac{N_3}{\ell}\begin{bmatrix} \frac{6}{5}c^2 & -\frac{c}{10}\ell & -\frac{6cs}{5} \\ -\frac{c}{10}\ell & \frac{2}{15}\ell^2 & \frac{s}{10}\ell \\ -\frac{6cs}{5} & \frac{s}{10}\ell & \frac{6}{5}s^2 \end{bmatrix} = \begin{bmatrix} -0{,}617 & 0{,}321 & -0{,}463 \\ 0{,}321 & -2{,}678 & 0{,}241 \\ -0{,}463 & 0{,}241 & -0{,}347 \end{bmatrix}\begin{matrix} v_{2z} \\ \varphi_2 \\ u_{4x} \end{matrix}$$

Geometrische Gesamtsteifigkeitsmatrix:

$$\mathbf{K}_g = \begin{bmatrix} -2{,}233 & -0{,}636 & -0{,}463 & -0{,}146 \\ -0{,}636 & -9{,}091 & 0{,}241 & 0{,}0762 \\ -0{,}463 & 0{,}241 & -0{,}347 & 0 \\ -0{,}146 & 0{,}0762 & 0 & 0{,}146 \end{bmatrix} \begin{matrix} v_{2z} \\ \varphi_2 \\ u_{4x} \\ v_{3z} \end{matrix}$$

Wie schon bei der linear-elastischen Steifigkeitsmatrix kann die geometrische Steifigkeitsmatrix durch Ausnutzung der kinematischen Kopplungen auf die wesentlichen Freiheitsgrade reduziert werden.

Die Addition der Zeilen: Zeile 1 + 0,75 · Zeile 3 + Zeile 4 liefert:

$$\mathbf{K}_g^{red} = \begin{bmatrix} -2{,}726 & -0{,}379 & -0{,}723 & 0 \\ -0{,}636 & -9{,}0909 & 0{,}241 & 0{,}0762 \end{bmatrix} \begin{matrix} v_{2z} \\ \varphi_2 \end{matrix}$$

Die Addition der Spalten 0,75 · Spalte 3 + Spalte 4 liefert:

$$\mathbf{K}_g^{red} = \begin{bmatrix} -3{,}268 & -0{,}379 \\ -0{,}379 & -9{,}0909 \end{bmatrix} \begin{matrix} v_{2z} \\ \varphi_2 \end{matrix}$$

Eigenwerte und Eigenformen

Mit der elastischen und der geometrischen Steifigkeitsmatrix können die Eigenwerte und Eigenformen nach der linearen Stabilitätstheorie berechnet werden. Das Eigenwertproblem wird für EI = 10000 kNm^2 gelöst.

Eigenwertproblem:

$$\left(\mathbf{K}_e^{red} + \lambda \mathbf{K}_g^{red}\right)\mathbf{V} = 0 \Rightarrow \det\left(\mathbf{K}_e^{red} + \lambda\, \mathbf{K}_g^{red}\right) = 0$$

$$\Rightarrow 29{,}567\,\lambda^2 - 93780{,}681\,\lambda + 0{,}448e8 = 0 \quad \text{(Charakteristisches Polynom)}$$

$$\Rightarrow \lambda_1 = 585{,}961 \quad \lambda_2 = 2585{,}841$$

Die Eigenvektoren erhält man durch Einsetzen der Eigenwerte in das lineare Eigenwertproblem. Dabei muss auf Grund der linearen Abhängigkeit eine Komponente des Verformungsvektors vorgegeben werden. Die Knickfiguren sind qualitative Verformungsfiguren, die das Verhältnis der

Knotenweggrößen untereinander beschreiben. Die absolute Größe der Verschiebungsamplituden kann nicht angegeben werden.

Eigenvektor 1:

$$(\mathbf{K}_e^{red} + \lambda_1 \mathbf{K}_g^{red})\mathbf{V}_E^1 = \underline{\mathbf{0}}$$

$$\left[\begin{array}{c|c} 141{,}079 & -1552{,}079 \\ \hline -1552{,}079 & 17343{,}087 \end{array}\right] \mathbf{V}_E^1 = 0 \Rightarrow \mathbf{V}_E^1 = \left[\begin{array}{c} 1{,}0 \\ \hline 0{,}0908 \end{array}\right]$$

Eigenvektor 2:

$$(\mathbf{K}_e^{red} + \lambda_2 \mathbf{K}_g^{red})\mathbf{V}_E^2 = \underline{\mathbf{0}}$$

$$\left[\begin{array}{c|c} -6394{,}528 & -2310{,}033 \\ \hline -2310{,}033 & -837{,}622 \end{array}\right] \mathbf{V}_E^2 = 0 \Rightarrow \mathbf{V}_E^2 = \left[\begin{array}{c} 1{,}0 \\ \hline -2{,}768 \end{array}\right]$$

Darstellung der Eigenformen:

Eigenform 1:

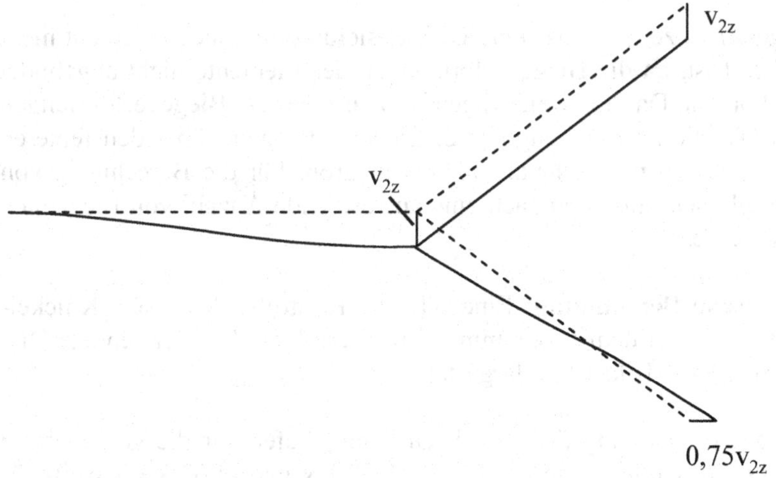

Eigenform 2:

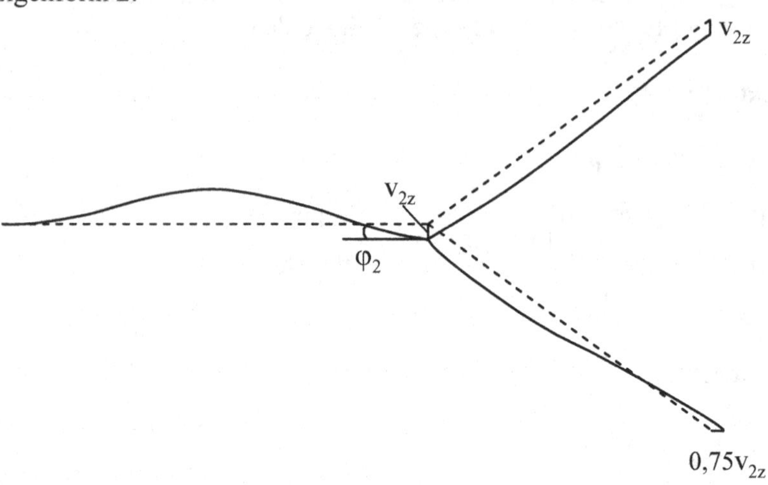

Ergebnisinterpretation

Als Vergleich wurden mit dem FE-Programm InfoCAD die Knicklasten für verschiedene Diskretisierungen berechnet:

Elemente pro Stab	1. Eigenwert	2. Eigenwert
1	586,27	2585,30
5	568,38	1042,40
10	567,81	1040,90

Die Ergebnisse zeigen, dass eine Diskretisierung mit einem Element nicht ausreichend ist, da die Biegeverformungen der Elemente nicht abgebildet werden können. Da die zweite Eigenform ausgeprägte Biegeverformungen aufweist, ist die Abweichung des 2. Eigenwertes gegenüber den feineren Diskretisierungen mit mehr als 50 % sehr groß. Für die Berechnung von Knickproblemen muss demnach eine ausreichende Anzahl von Elementen gewählt werden.

Elektronische Berechnung: Eine schnelle Kontrolle des ersten Knickeigenwerts kann mit dem Programm KNICK erfolgen. Die verwendete Diskretisierung ist in Bild 1.5-4 dargestellt.

Die lineare Berechnung (Theorie I. Ordnung) liefert für die vorgegebene Belastung die Schnittkräfte -8,81 kN, +9,52 kN und -4,02 kN jeweils für die Stäbe 1, 2 und 3. Mit diesen Normalkräften lautet die Eingabedatei für das Programm KNICK:

eknick.txt

```
10000, 6., 1e9, 0.,     -8.81          EI, ℓ, EA, α und N
10000, 5., 1e9, 36.87, 9.52
10000, 5., 1e9, -36.87, -4.02
0,0,0, 1,2,3                           Inzidenzvektoren für alle Stäbe
1,2,3, 0,4,0,
1,2,3, 5,0,0,
0., 0.01, 0.01, 0., 0.                 Lastvektor
```

Die Berechnung liefert einen Lastfaktor von $\lambda = 574{,}7$ für die Normalkraftverteilung aus der linearen Berechnung.

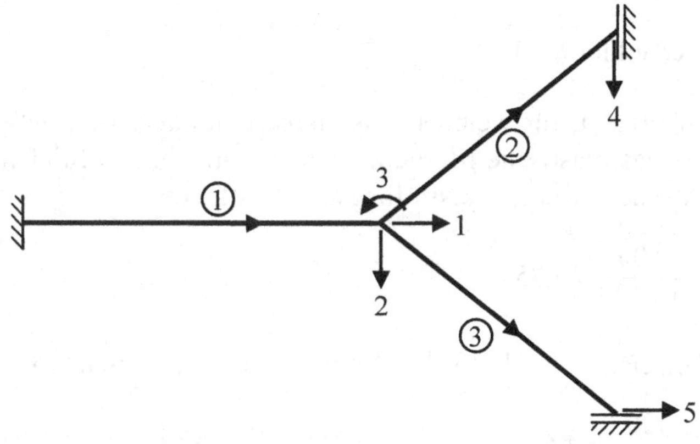

Bild 1.5-4: Diskretisierung für die Berechnung mit dem Programm KNICK

1.6 Beispiele zur physikalischen Nichtlinearität

1.6.1 Hallenrahmen

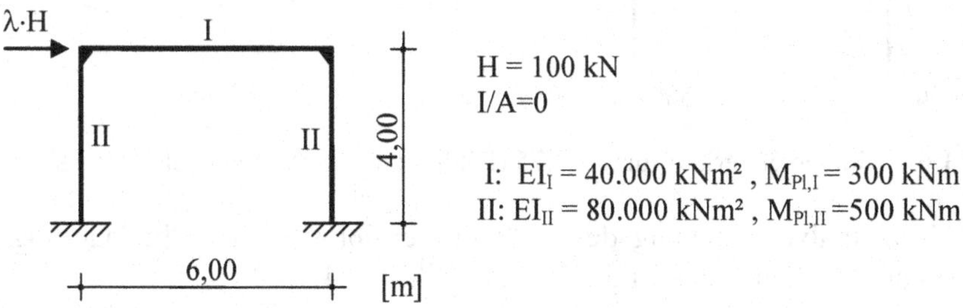

Bild 1.6-1 Hallenrahmen

Gesucht ist der maximale Laststeigerungsfaktor λ und die zugehörige Horizontalverschiebung des Rahmens nach der Fließgelenktheorie. Es erfolgt zunächst eine statisch unbestimmte Berechnung für λ = 1. Der resultierende Momentenverlauf ist in Bild 1.6-2 dargestellt.

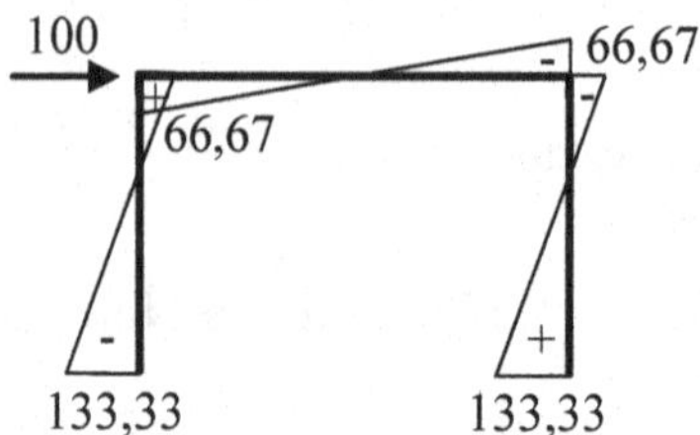

Bild 1.6-2 Momentenverlauf für λ = 1

Anschließend wird überprüft, für welchen Lastfaktor sich das erste Fließgelenk ausbildet, also das plastische Moment erreicht wird. In den Stielen wird das plastische Moment von 500 kNm für einen Lastfaktor

$$\lambda = \frac{M_{Pl,II}}{M_{\lambda=1}} = \frac{500}{133{,}33} = 3{,}75$$

erreicht. Der Riegel erreicht sein plastisches Moment für einen Lastfaktor

$$\lambda = \frac{M_{Pl,I}}{M_{\lambda=1}} = \frac{300}{66{,}67} = 4{,}5\ .$$

Für den (kleineren) Lastfaktor λ=3,75 bildet sich das erste Fließgelenkpaar in den Stielen. Den resultierenden Momentenverlauf zeigt Bild 1.6-3.

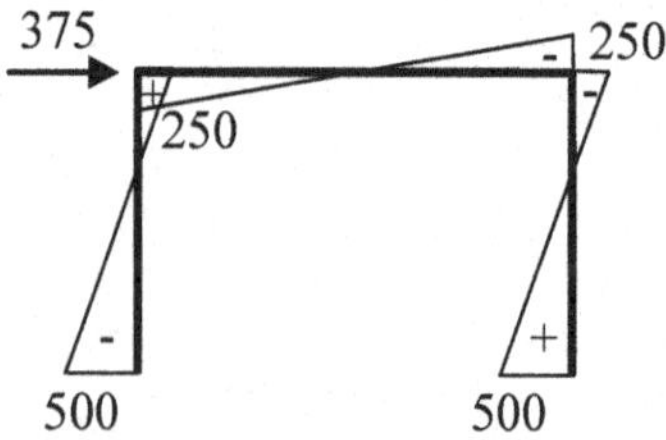

Bild 1.6-3 Momentenverlauf für λ = 3,75 (Bildung des ersten Fließgelenkpaars)

Die Horizontalverschiebung des Rahmens ergibt sich aus Überlagerung der Momentenflächen aus Bild 1.6-3 und Bild 1.6-4:

$$u = -\frac{h^2}{EI_{II}}\left(\frac{-500}{3} + \frac{250}{6}\right) = -\frac{4^2}{80.000}\left(\frac{-500}{3} + \frac{250}{6}\right) = 2{,}5\,\text{cm}$$

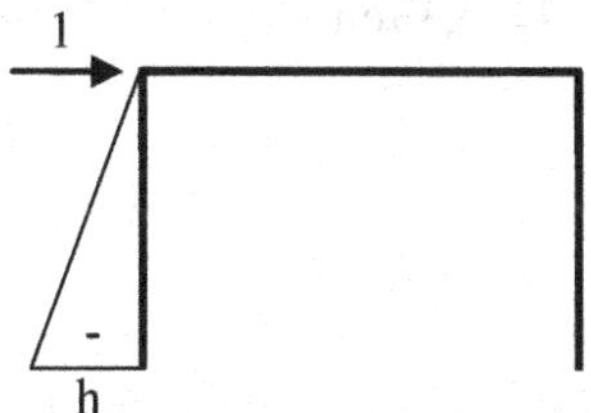

Bild 1.6-4 Momentenverlauf für virtuelle „1"-Last am Grundsystem

Für einen Lastfaktor von größer als λ = 3,75 ergibt sich der Momentenverlauf durch Einfügen von Gelenken an den Fußpunkten (Bild 1.6-5):

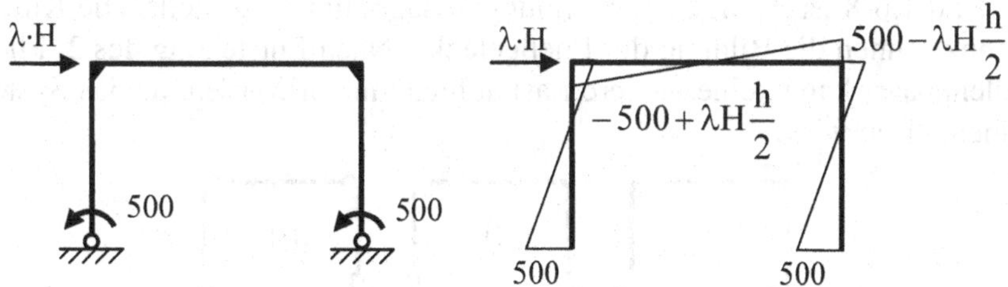

Bild 1.6-5 Ersatzsystem und M-Verlauf nach Bildung des 1. Fließgelenkpaars

In den Rahmenecken werden die plastischen Momente des Riegels für einen Lastfaktor von

$$-500 + \lambda\, H\frac{h}{2} = 300 \rightarrow \lambda = \frac{800}{H \cdot h}2 = 4$$

erreicht. Der resultierende Momentenverlauf für diesen Lastfaktor ist in Bild 1.6-6 dargestellt.

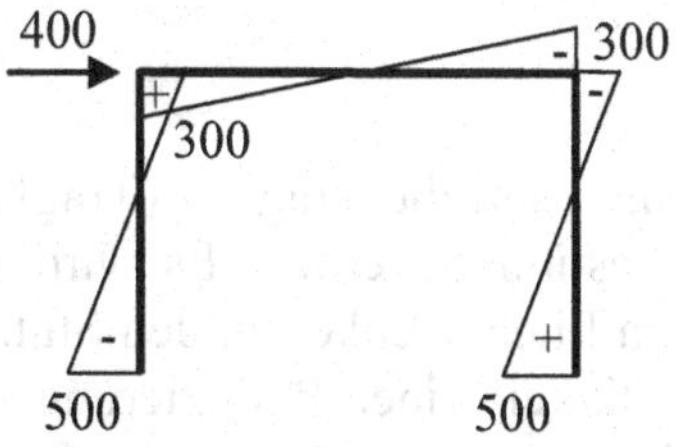

Bild 1.6-6 Momentenverlauf für λ=4 (Bildung des 2. Fließgelenkpaars)

Die Horizontalverschiebung des Rahmens ergibt aus der Überlagerung der Momentenflächen in Bild 1.6-6 und Bild 1.6-7 zu

$$u = 2\frac{h}{EI_{II}}\left(\frac{2\cdot 300}{3} - \frac{2\cdot 500}{6}\right) + \frac{\ell}{EI_{I}}\left(\frac{2\cdot 300}{3}\right) = 3{,}33\,\text{cm}\,.$$

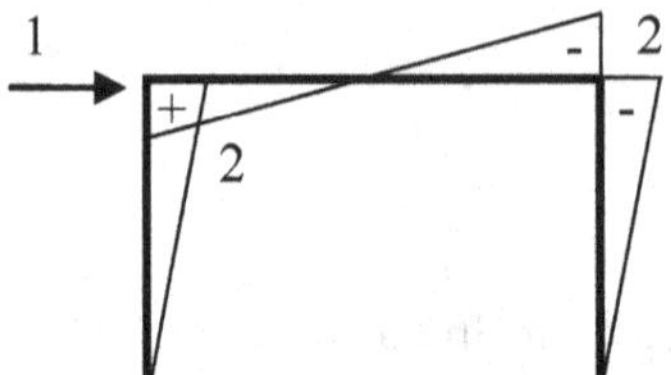

Bild 1.6-7 Momentenverlauf für virtuelle „1"-Last am Grundsystem

In Bild 1.6-8 ist das Last-Verformungs-Diagramm dargestellt. Die Knicke kennzeichnen die Bildung der Fließgelenke. Nach Entstehung des 2. Fließgelenkpaars kann keine weitere Last aufgenommen werden, da das System kinematisch wird.

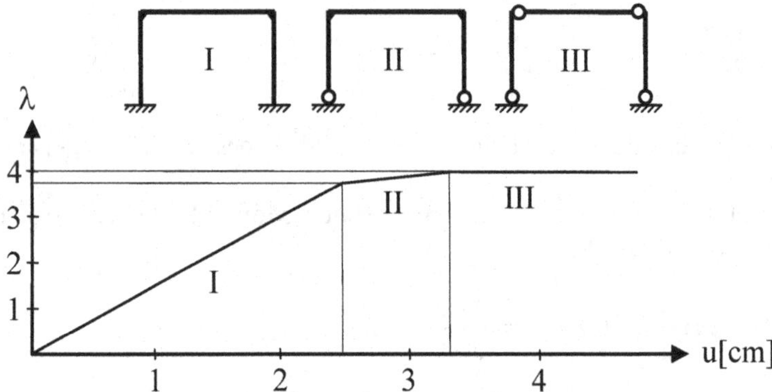

Bild 1.6-8 Lastfaktor-Verschiebungs-Diagramm

1.6.2 Zweistöckiger Hallenrahmen

Bei dem in Bild 1.6-9 skizzierten Stahlrahmen soll die Traglast (Traglastfaktor λ) für die angegebene Lastgruppe bestimmt werden. Es wird vorausgesetzt, dass eine vorzeitige Bildung von Fließgelenken in den Stützen nicht erfolgen kann, wodurch die Notwendigkeit einer Reduzierung des vollplastischen Moments infolge gleichzeitig wirkender Normalkraft entfällt. Die Berechnung erfolgt elektronisch mit Hilfe des Programms FL2, welches den Einfluss der Theorie II. Ordnung zu berücksichtigen gestattet. Bild 1.6-10 zeigt die gewählte Diskretisierung des Tragwerks.

	I [cm⁴]	A [cm²]	EI [kNm²]	EA [kN]	M_{Pl} [kNm]
Riegel oben	18.260	113	38.346	$2{,}373 \cdot 10^6$	313
Riegel unten	22.930	124	48.153	$2{,}604 \cdot 10^6$	368
Stiele	36.660	171	76.986	$3{,}591 \cdot 10^6$	537

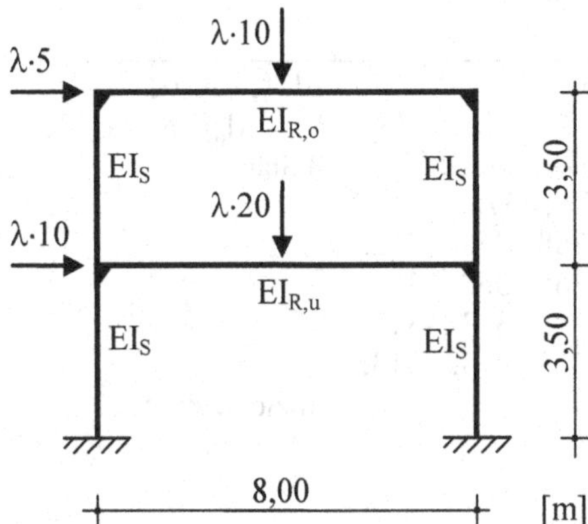

Bild 1.6-9 System und Belastung

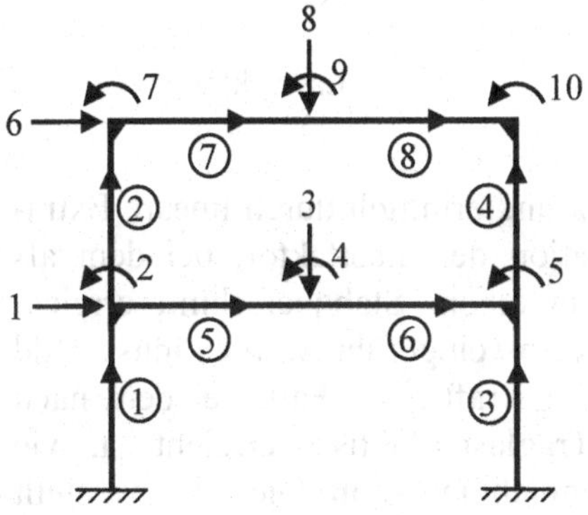

Bild 1.6-10 Diskretisierung

In der Eingabedatei **efl2.txt** von FL2 werden zunächst für jeden Stab die 9 Werte EI, ℓ, EA, α, N, M_{p1}, M_{n1}, M_{p2} und M_{n2} angegeben, das sind die Biegesteifigkeit, die Stablänge, die Dehnsteifigkeit, der Winkel zwischen der globalen x-Achse und der Stabachse in Grad (positiv im Gegenuhrzeigersinn), die vorhandene Normalkraft (als Zug positiv), das vollplastische Moment für positive Momente nach VK 1 am Stabende 1, das vollplastische Moment für negative Momente nach VK 1 ebenfalls am Stabende 1 (negativ einzugeben), das vollplastische Moment für positive Momente nach VK 1 am Stabende 2 und schließlich das vollplastische Moment für negative Momente nach VK 1 am Stabende 2. Es folgen die Inzidenzvektoren aller Stäbe und die Lastkomponenten korrespondierend zu den aktiven kinematischen Systemfreiheitsgraden des Tragwerks. Im vorliegenden Fall lautet die Eingabedatei (für längskraftfreie Stützen):

efl2.txt

76986., 3.5, 3.591e6, 90., 0., 537., -537., 537., -537.	EI, ℓ, EA, α, N, M_{p1},
76986., 3.5, 3.591e6, 90., 0., 537., -537., 537., -537.	M_{n1}, M_{p2} und M_{n2} der
76986., 3.5, 3.591e6, 90., 0., 537., -537., 537., -537.	8 Stäbe
76986., 3.5, 3.591e6, 90., 0., 537., -537., 537., -537.	
48153., 4.0, 2.604e6, 0., 0.0, 368., -368., 368., -368.	
48153., 4.0, 2.604e6, 0., 0.0, 368., -368., 368., -368.	
38346., 4.0, 2.373e6, 0., 0.0, 313., -313., 313., -313.	
38346., 4.0, 2.373e6, 0., 0.0, 313., -313., 313., -313.	
0,0,0, 1,0,2,	Inzidenzmatrix
1,0,2, 6,0,7,	
0,0,0, 1,0,5,	
1,0,5, 6,0,10,	
1,0,2, 1,3,4,	
1,3,4, 1,0,5,	
6,0,7, 6,8,9,	
6,8,9, 6,0,10,	
10.0, 0., 20., 0., 0., 5.0, 0., 10., 0., 0.,	Lastvektor

Das Programm FL2 erhöht den Faktor λ und ermittelt durch lineare Extrapolation und ggf. anschließender Iteration den Lastfaktor, bei dem als nächstes das vollplastische Moment an einem Stabquerschnitt erreicht wird, so dass an dieser Stelle ein Fließgelenk eingeführt werden muss. Bild 1.6-11 zeigt die Ergebnisse für den längskraftfreien Fall, bei dem nach Entstehung von 5 Fließgelenken die Traglast praktisch erreicht ist, wie man der oberen Kurve in Bild 1.6-14 entnehmen kann. Diese Kurve stellt den Lastfaktor λ als Funktion einer charakteristischen Systemverformung dar, für die hier die Horizontalverschiebung des oberen Riegels gewählt wurde. Bei jeder neuen Fließgelenkbildung nimmt die Steigung der Kurve ab (Steifigkeitsverlust), bis beim Erreichen der Traglast die Kurve eine horizontale Tangente erhält. Üblicherweise wird allerdings durch Angabe einer maximal zulässigen Größe dieser charakteristischen Verformung die Berechnung schon vorher beendet.

Um den Einfluss der Theorie II. Ordnung aufzuzeigen, wurde dieses Beispiel auch für Druckkräfte in den Stützen vom Betrag 250 kN im oberen und 500 kN im unteren Geschoß, sowie vom 500 kN im oberen und 1000 kN im unteren Geschoß berechnet, wobei diese Normalkräfte ebenfalls mit dem Lastfaktor λ multipliziert werden. Die Ergebnisse sind in Bild 1.6-12 und Bild 1.6-13 zusammengefasst und in den Kurven des Lastfaktor-Verschiebungs-Diagramms (Bild 1.6-14) anschaulich zu sehen. Wegen der Inanspruchnahme eines Teils der Systemsteifigkeit durch die Effekte nach Theorie II. Ordnung reduziert sich die Traglast bzw. die Anzahl der entstehenden Fließgelenke. Es erfolgt zudem eine kontinuierliche Änderung der Systemsteifigkeit, wie in den gekrümmten Verläufen der unteren beiden Kurven in Bild 1.6-14 zu erkennen.

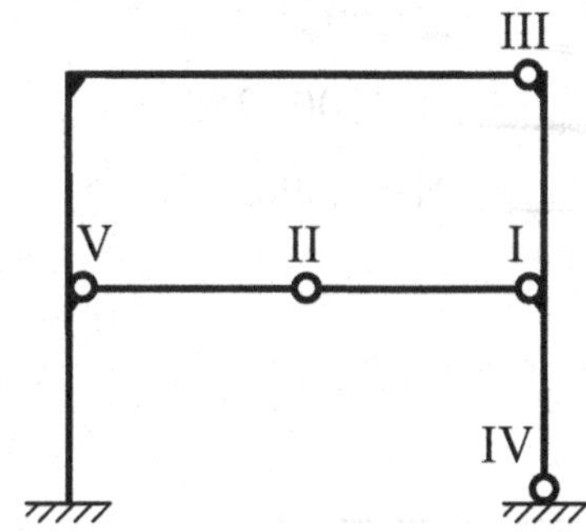

	λ	δ [m]
I	12,77	0,0228
II	15,82	0,0349
III	17,35	0,0471
IV	18,00	0,0556
V	18,40	0,0633

Bild 1.6-11 Ausbildung von plastischen Gelenken (N_u= N_o=0)

	λ	δ [m]
I	11,47	0,0272
II	14,82	0,0518
III	14,86	0,0524
IV	14,96	0,0602

Bild 1.6-12 Ausbildung von plastischen Gelenken (N_u= -500 kN, N_o= -250 kN)

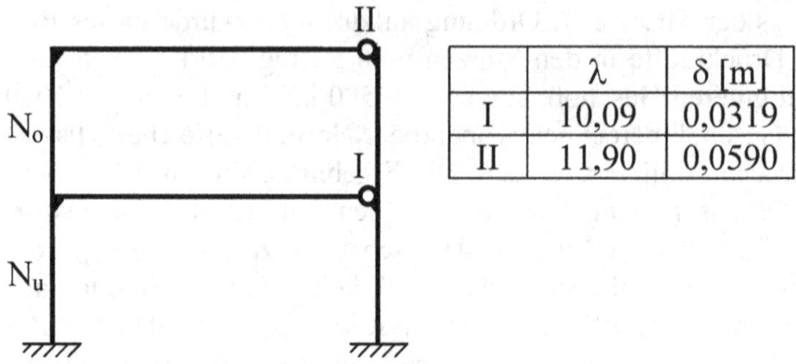

	λ	δ [m]
I	10,09	0,0319
II	11,90	0,0590

Bild 1.6-13 Ausbildung von plastischen Gelenken (N_u= -1.000 kN, N_o= -500 kN)

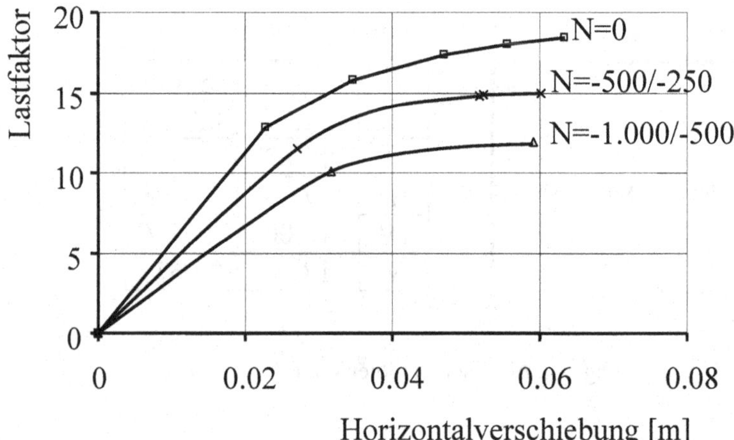

Bild 1.6-14 Lastfaktor-Verschiebungs-Diagramm

1.6.3 Physikalisch nichtlineares ebenes Fachwerksystem

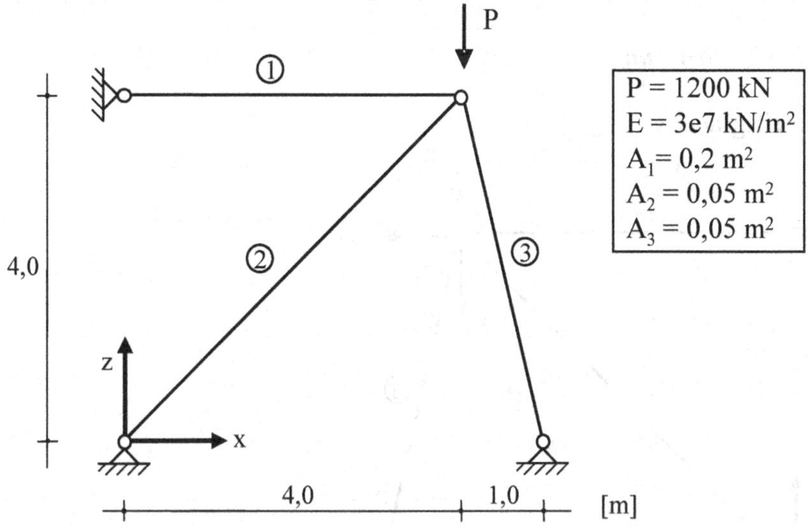

$P = 1200$ kN
$E = 3e7$ kN/m^2
$A_1 = 0{,}2$ m^2
$A_2 = 0{,}05$ m^2
$A_3 = 0{,}05$ m^2

Bild 1.6-15: Ebenes Fachwerk mit nichtlinearen Materialeigenschaften

Für die druckbeanspruchten Stäbe 2 und 3 des in Bild 1.6-15 dargestellten ebenen Fachwerks wird ein nichtlineares Verhalten der Form

$$\sigma = \begin{cases} E(\varepsilon + 200\varepsilon^2) \text{ für } \varepsilon_F \leq \varepsilon \leq 0 \\ \sigma_F \text{ für } \varepsilon > \varepsilon_F \end{cases}$$

angenommen, wobei σ_F die zu $\varepsilon_F = 0{,}25$ % gehörige Fließspannung ist. Das Materialverhalten ist qualitativ in Bild 1.6-16 dargestellt.

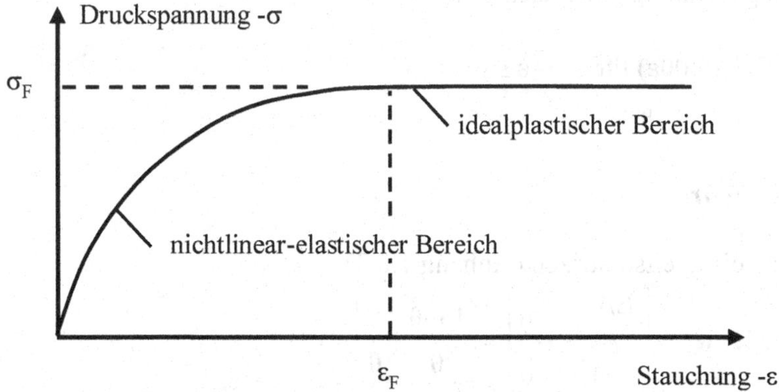

Bild 1.6-16: Nichtlineare Spannungs-Dehnungs-Linie im Druckbereich

Gesucht die Stabkraftverteilung für die Belastung P = 1200 kN nach dem NEWTON-RAPHSON-Verfahren.

Systemidealisierung

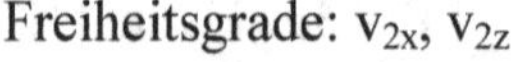

Freiheitsgrade: v_{2x}, v_{2z}

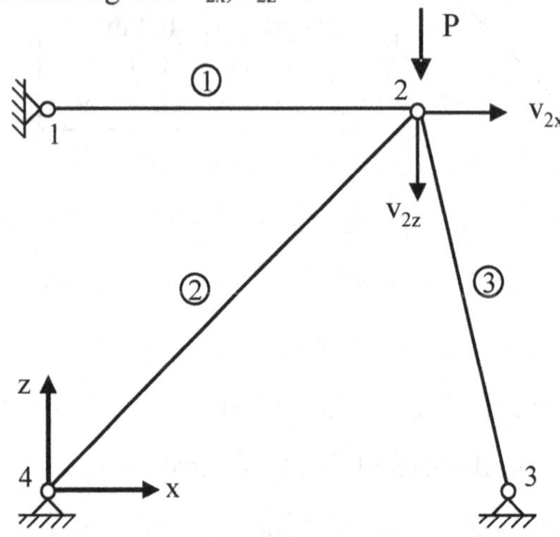

Matrizenvorwerte:

Element	Knoten	c	s	ℓ [m]	Typ	ε_F
1	1 – 2	1	0	4,0	Fachwerk	linear
2	2 – 4	$-1/\sqrt{2}$	$1/\sqrt{2}$	$\sqrt{32}$	Fachwerk	-0,25 %
3	2 – 3	$1/\sqrt{17}$	$4/\sqrt{17}$	$\sqrt{17}$	Fachwerk	-0,25 %

Die tangentiale Materialsteifigkeit E_T ergibt sich durch Ableitung der Spannungsdehnungslinie nach ε zu

$$E_T = \begin{cases} E(1+400\varepsilon) \text{ für } \varepsilon_F \leq \varepsilon \leq 0 \\ 0 \text{ für } \varepsilon \leq \varepsilon_F \end{cases}.$$

Linearer Schritt

Elementsteifigkeitsmatrizen (Anhang 1.8.3):

$$\text{Element 1:}\quad \mathbf{k}_e = \begin{bmatrix} \frac{EA}{\ell}c^2 & 0 \\ 0 & 0 \end{bmatrix} = \begin{bmatrix} 1500 & 0 \\ 0 & 0 \end{bmatrix} \cdot 10^3$$

Element 2: $\mathbf{k_e} = \begin{bmatrix} \frac{EA}{\ell}c^2 & -\frac{EA}{\ell}cs \\ -\frac{EA}{\ell}cs & \frac{EA}{\ell}s^2 \end{bmatrix} = \begin{bmatrix} 132{,}58 & 132{,}58 \\ 132{,}58 & 132{,}58 \end{bmatrix} \cdot 10^3$

Element 3: $\mathbf{k_e} = \begin{bmatrix} \frac{EA}{\ell}c^2 & -\frac{EA}{\ell}cs \\ -\frac{EA}{\ell}cs & \frac{EA}{\ell}s^2 \end{bmatrix} = \begin{bmatrix} 21{,}40 & -85{,}60 \\ -85{,}60 & 342{,}40 \end{bmatrix} \cdot 10^3$

Gesamtsteifigkeitsmatrix: $\mathbf{K} = \begin{bmatrix} 1653{,}98 & 46{,}98 \\ 46{,}98 & 474{,}99 \end{bmatrix} \cdot 10^3$

Gleichungssystem:

$$\underbrace{\begin{bmatrix} 1653{,}98 & 46{,}98 \\ 46{,}98 & 474{,}99 \end{bmatrix} \cdot 10^3}_{\mathbf{K}} \underbrace{\begin{bmatrix} v_{2x}^0 \\ v_{2z}^0 \end{bmatrix}}_{\mathbf{V}} = \underbrace{\begin{bmatrix} 0.00 \\ -1200{,}00 \end{bmatrix}}_{\mathbf{P}} \Rightarrow \begin{bmatrix} v_{2x}^0 \\ v_{2z}^0 \end{bmatrix} = \begin{bmatrix} 7{,}196 \\ -253{,}4 \end{bmatrix} \cdot 10^{-5}$$

Iteration 1

Element 1: $\varepsilon = 1{,}7991 \cdot 10^{-5}$, $N = 107{,}95$, $E_T = 3{,}0000 \cdot 10^7$

$\mathbf{k_T} = \begin{bmatrix} 1500 & 0 \\ 0 & 0 \end{bmatrix} \cdot 10^3$, $\mathbf{f_i} = \begin{bmatrix} 107{,}95 \\ 0{,}0 \end{bmatrix}$

Element 2: $\varepsilon = -3{,}0769 \cdot 10^{-4}$, $N = -433{,}14$, $E_T = 2{,}6308 \cdot 10^7$

$\mathbf{k_T} = \begin{bmatrix} 116{,}26 & 116{,}26 \\ 116{,}26 & 116{,}26 \end{bmatrix} \cdot 10^3$, $\mathbf{f_i} = \begin{bmatrix} -306{,}27 \\ -306{,}27 \end{bmatrix}$

Element 3: $\varepsilon = -6{,}0035 \cdot 10^{-4}$, $N = -792{,}40$, $E_T = 2{,}2796 \cdot 10^7$

$\mathbf{k_T} = \begin{bmatrix} 16{,}26 & -65{,}04 \\ -65{,}04 & 260{,}17 \end{bmatrix} \cdot 10^3$, $\mathbf{f_i} = \begin{bmatrix} 192{,}19 \\ -768{,}74 \end{bmatrix}$

Tangentiale Gesamtsteifigkeitsmatrix:

$\mathbf{K_T} = \begin{bmatrix} 1632{,}53 & 51{,}22 \\ 51{,}22 & 376{,}44 \end{bmatrix} \cdot 10^3$

Gleichungssystem

$$\underbrace{\begin{bmatrix} 1632{,}53 & 51{,}22 \\ 51{,}22 & 376{,}44 \end{bmatrix} \cdot 10^3}_{\mathbf{K_T}} \underbrace{\begin{bmatrix} \Delta v_{2x} \\ \Delta v_{2z} \end{bmatrix}}_{\mathbf{\Delta V}} = \underbrace{\begin{bmatrix} 0{,}00 \\ -1200{,}00 \end{bmatrix}}_{\mathbf{P}} - \underbrace{\begin{bmatrix} -6{,}14 \\ -1075{,}02 \end{bmatrix}}_{\mathbf{F_i}} = \begin{bmatrix} 6{,}14 \\ -124{,}98 \end{bmatrix}$$

$$\Rightarrow \begin{bmatrix} \Delta v_{2x}^1 \\ \Delta v_{2z}^1 \end{bmatrix} = \begin{bmatrix} 1{,}424 \\ -33{,}39 \end{bmatrix} \cdot 10^{-5}$$

Verschiebungsupdate:

$$\begin{bmatrix} v_{2x}^1 \\ v_{2z}^1 \end{bmatrix} = \begin{bmatrix} v_{2x}^0 \\ v_{2z}^0 \end{bmatrix} + \begin{bmatrix} \Delta v_{2x}^1 \\ \Delta v_{2z}^1 \end{bmatrix} = \begin{bmatrix} 8{,}620 \\ -286{,}79 \end{bmatrix} \cdot 10^{-5}$$

Iteration 2

Element 1: $\varepsilon = 2{,}1551 \cdot 10^{-5}$, $N = 129{,}31$, $E_T = 3{,}0000 \cdot 10^7$

$$\mathbf{k}_T = \begin{bmatrix} 1500 & 0 \\ 0 & 0 \end{bmatrix} \cdot 10^3, \quad \mathbf{f}_i = \begin{bmatrix} 129{,}31 \\ 0{,}0 \end{bmatrix}$$

Element 2: $\mathbf{k}_T = \begin{bmatrix} 114{,}14 & 114{,}14 \\ 114{,}14 & 114{,}14 \end{bmatrix} \cdot 10^3, \quad \mathbf{f}_i = \begin{bmatrix} -343{,}11 \\ -343{,}11 \end{bmatrix}$

$\varepsilon = -3{,}4766 \cdot 10^{-4}$, $N = -485{,}23$, $E_T = 2{,}5828 \cdot 10^7$

Element 3: $\mathbf{k}_T = \begin{bmatrix} 15{,}58 & -62{,}33 \\ -62{,}33 & 249{,}30 \end{bmatrix} \cdot 10^3, \quad \mathbf{f}_i = \begin{bmatrix} 213{,}68 \\ -854{,}72 \end{bmatrix}$

$\varepsilon = -6{,}7977 \cdot 10^{-4}$, $N = -881{,}02$, $E_T = 2{,}1843 \cdot 10^7$

Tangentiale Gesamtsteifigkeitsmatrix:

$$\mathbf{K}_T = \begin{bmatrix} 1629{,}73 & 51{,}82 \\ 51{,}82 & 363{,}45 \end{bmatrix} \cdot 10^3$$

System:

$$\underbrace{\begin{bmatrix} 1629{,}73 & 51{,}82 \\ 51{,}82 & 363{,}45 \end{bmatrix} \cdot 10^3}_{\mathbf{K_T}} \underbrace{\begin{bmatrix} \Delta U_2 \\ \Delta V_2 \end{bmatrix}}_{\mathbf{\Delta V}} = \underbrace{\begin{bmatrix} 0{,}00 \\ -1200{,}00 \end{bmatrix}}_{\mathbf{P}} - \underbrace{\begin{bmatrix} -0{,}12 \\ -1197{,}83 \end{bmatrix}}_{\mathbf{F_i}} = \begin{bmatrix} 0{,}12 \\ -2{,}17 \end{bmatrix}$$

$$\Rightarrow \quad \begin{bmatrix} v_{2x}^2 \\ v_{2z}^2 \end{bmatrix} = \begin{bmatrix} 0{,}026 \\ -0{,}602 \end{bmatrix} \cdot 10^{-5}$$

Verschiebungsupdate:

$$\begin{bmatrix} v_{2x}^2 \\ v_{2z}^2 \end{bmatrix} = \begin{bmatrix} v_{2x}^1 \\ v_{2z}^1 \end{bmatrix} + \begin{bmatrix} \Delta v_{2x}^2 \\ \Delta v_{2z}^2 \end{bmatrix} = \begin{bmatrix} 8{,}646 \\ -287{,}39 \end{bmatrix} \cdot 10^{-5}$$

Der Verformungszuwachs im Iterationsschritt 2 ist kleiner als 1 %, so dass die Handberechnung an dieser Stelle abgebrochen wird. Für den berechneten Verformungszustand ergibt sich folgende Kraftverteilung der Stäbe:

Element 1: $\varepsilon = 2{,}1617 \cdot 10^{-5}$, $N = 129{,}70$

Element 2: $\varepsilon = -3{,}4838 \cdot 10^{-4}$, $N = -486{,}15$

Element 3: $\varepsilon = -6{,}8120 \cdot 10^{-4}$, $N = -882{,}59$

1.6.4 Physikalisch nichtlineares Stabsystem

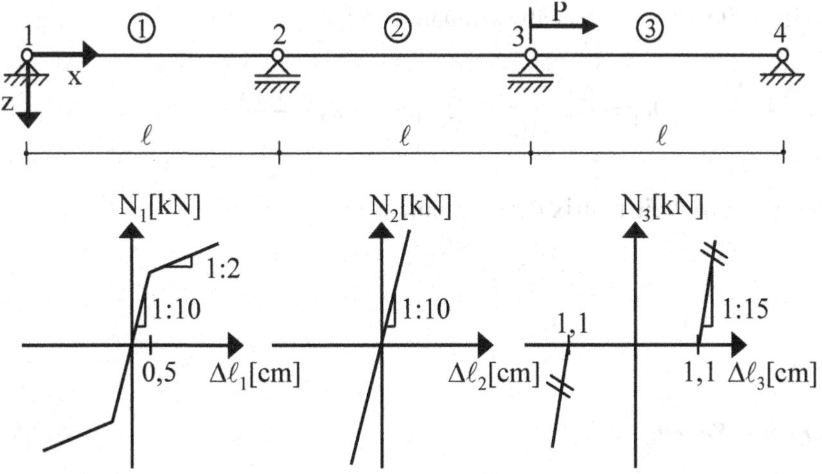

Bild 1.6-17: Physikalisch nichtlineares Stabsystem

Gegeben ist das physikalisch nichtlineare Stabsystem in Bild 1.6-17. Aus den Spannungs-Dehnungsbeziehungen der Stäbe wurden bereits unter Berücksichtigung der Querschnittsflächen Kraft-Verschiebungs-Beziehungen generiert, so dass jeder Stab als nicht-lineare Feder approximiert werden kann.
Gesucht sind die Stabkräfte des Systems für eine Belastung P = 10 kN nach dem NEWTON-RAPHSON-Verfahren.

Systemidealisierung

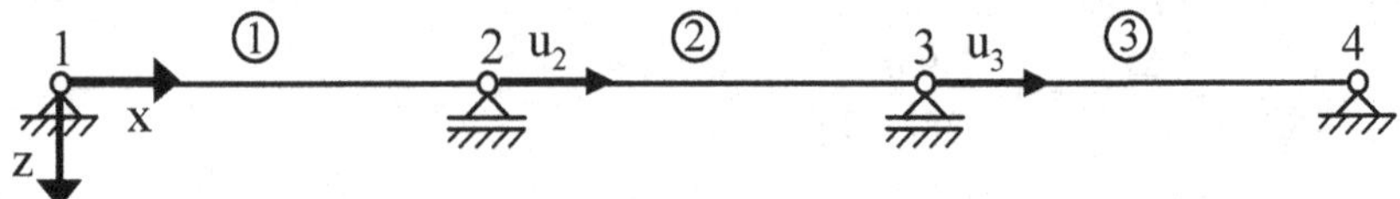

Freiheitsgrade: u_2, u_3
Matrizenvorwerte:

Element	Knoten 1	Knoten 2	c	s	ℓ	Typ
1	1	2	1	0	ℓ	Fachwerk
2	2	3	1	0	ℓ	Fachwerk
3	3	4	1	0	ℓ	Fachwerk

Lineare Steifigkeitsmatrizen

Steifigkeiten der Einzelstäbe (Anhang 1.8.3):

$$\mathbf{k_1} = \frac{E_1 A}{\ell}, \qquad \mathbf{k_2} = \frac{A}{\ell}\begin{bmatrix} E_2 & -E_2 \\ -E_2 & E_2 \end{bmatrix}, \qquad \mathbf{k_3} = \frac{E_3 A}{\ell}.$$

Gesamtsteifigkeitsmatrix durch Einmischen:

$$\mathbf{K_e} = \frac{A}{\ell}\begin{bmatrix} E_1 + E_2 & -E_2 \\ -E_2 & E_2 + E_3 \end{bmatrix}.$$

Linearer Schritt

Aus den Kraft-Verschiebungs-Diagrammen der Stäbe können die linearen Steifigkeiten direkt abgelesen werden:

$$\frac{E_1 A}{\ell} = 10, \qquad \frac{E_2 A}{\ell} = 10, \qquad \frac{E_3 A}{\ell} = 0 .$$

Damit ergibt sich die lineare Gesamtsteifigkeitsmatrix:

$$\mathbf{K_e} = \begin{bmatrix} 20 & -10 \\ -10 & 10 \end{bmatrix}.$$

Mit dem Lastvektor **P**

$$\mathbf{P} = \begin{bmatrix} 0 \\ 10 \end{bmatrix}$$

liefert die Lösung des linearen Gleichungssystems

$$\mathbf{K\,V} = \mathbf{P}$$

den Verformungsvektor

$$\mathbf{V} = \begin{bmatrix} u_2 \\ u_3 \end{bmatrix} = \begin{bmatrix} 1 \\ 2 \end{bmatrix}.$$

Iteration 1

Mit den Verformungen werden die aktuellen Stabkräfte berechnet:

$$N_1 = 5 + 0{,}5 \cdot 2 = 6 \text{ kN},$$
$$N_2 = 10\,\text{kN},$$
$$N_3 = 15 \cdot (-2 + 1{,}1) = -13{,}5\,\text{kN}.$$

Das Gleichgewicht zwischen inneren und äußeren Kräften in den Knoten 2 und 3 liefert den Ungleichgewichtsvektor **U**:

$$\mathbf{U} = \begin{bmatrix} U_1 \\ U_2 \end{bmatrix} = \begin{bmatrix} N_2 - N_1 \\ P + N_3 - N_2 \end{bmatrix} = \begin{bmatrix} 10 - 6 \\ 10 - 13{,}5 - 10 \end{bmatrix} = \begin{bmatrix} 4 \\ -13{,}5 \end{bmatrix} \text{kN} .$$

Mit den aktuellen Steifigkeiten

$$\frac{E_1 A}{\ell} = 2, \qquad \frac{E_2 A}{\ell} = 10, \qquad \frac{E_3 A}{\ell} = 15.$$

ergibt sich die tangentiale Steifigkeitsmatrix zu:

$$\mathbf{K_T} = \begin{bmatrix} 12 & -10 \\ -10 & 25 \end{bmatrix}.$$

Die Lösung des linearen Gleichungssystems

$$\mathbf{K} \cdot \mathbf{\Delta V} = \mathbf{U}$$

liefert $\mathbf{\Delta V}$

$$\mathbf{\Delta V} = \begin{bmatrix} \Delta V_1 \\ \Delta V_2 \end{bmatrix} = \begin{bmatrix} -0{,}175 \\ -0{,}610 \end{bmatrix}.$$

Die Gesamtverformung berechnet sich aus $\mathbf{V}$ und $\mathbf{\Delta V}$ zu

$$\mathbf{V} = \begin{bmatrix} 1 \\ 2 \end{bmatrix} + \begin{bmatrix} -0{,}175 \\ -0{,}610 \end{bmatrix} = \begin{bmatrix} 0{,}825 \\ 1{,}390 \end{bmatrix}.$$

Iteration 2

Mit den neuen Verformungen werden die Stabkräfte

$$N_1 = 5 + (0{,}825 - 0{,}5) \cdot 2 = 5{,}65 \text{ kN},$$
$$N_2 = (1{,}39 - 0{,}825) \cdot 10 = 5{,}65 \text{ kN},$$
$$N_3 = (-1{,}39 + 1{,}1) \cdot 15 = -4{,}35 \text{ kN}$$

berechnet. Wiederum liefert das Gleichgewicht zwischen inneren und äußeren Kräften in den Knoten 2 und 3 den Ungleichgewichtsvektor $\mathbf{U}$:

$$\mathbf{U} = \begin{bmatrix} U_1 \\ U_2 \end{bmatrix} = \begin{bmatrix} N_2 - N_1 \\ P + N_3 - N_2 \end{bmatrix} = \begin{bmatrix} 5{,}65 - 5{,}65 \\ 10 - 4{,}35 - 5{,}65 \end{bmatrix} = \begin{bmatrix} 0 \\ 0 \end{bmatrix} \text{kN}$$

Das Gleichgewicht ist erfüllt. Damit ist die Iteration beendet und die Stabkräfte sind bekannt.

1.6.5 System mit physikalisch nichtlinearen Federn

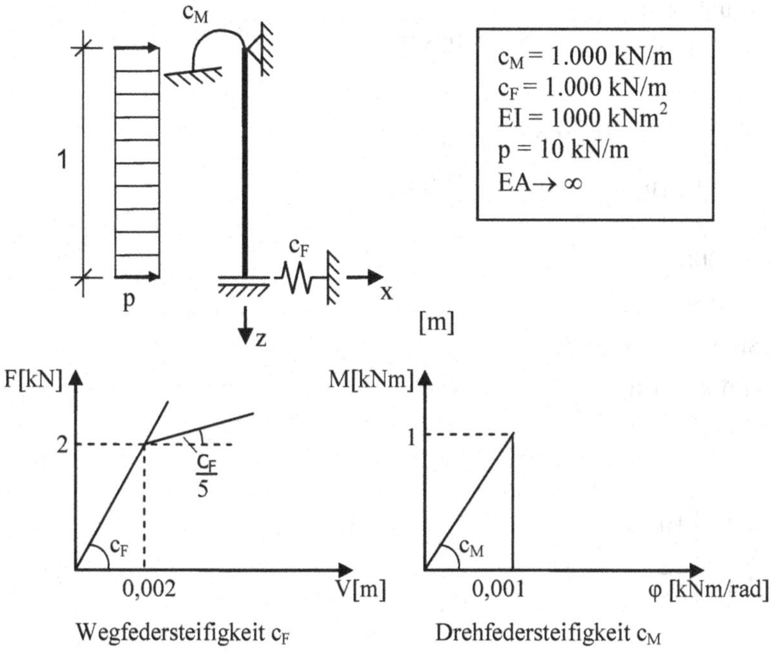

Bild 1.6-19: System mit Belastung und nichtlinearen Federsteifigkeiten

Gesucht ist die horizontale Verschiebung der Wegfeder.

Diskretisierung

Freiheitsgrade: u_1, φ_2

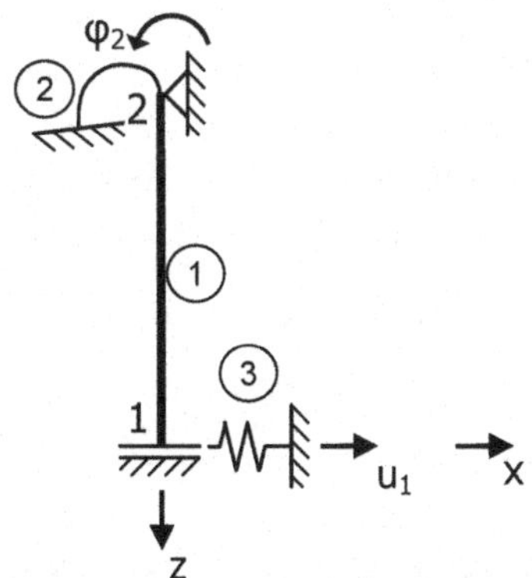

Lineare Berechnung

Steifigkeitsmatrizen
(Beidseitig eingespannter Stab, c = 0; s = 1)

$$\underline{K}_1 = \frac{EI}{\ell}\begin{bmatrix} 4 & \frac{6}{\ell} \\ \frac{6}{\ell} & \frac{12}{\ell^2} \end{bmatrix}\begin{matrix}\varphi_1 \\ u_1\end{matrix} = \begin{bmatrix} 4000 & -6000 \\ -6000 & 12000 \end{bmatrix}\begin{matrix}\varphi_2 \\ u_1\end{matrix}$$

$$\underline{K}_2 = c_M = 1000 \qquad \varphi_2$$

$$\underline{K}_3 = c_F = 1000 \qquad u_1$$

$$\underline{K}^0_{ges} = \begin{bmatrix} 5000 & -6000 \\ -6000 & 13000 \end{bmatrix}\begin{matrix}\varphi_2 \\ u_1\end{matrix}$$

Lastvektor

$$\underline{P} = \begin{bmatrix} -\frac{p\ell^2}{12} \\ \frac{p\ell}{2} \end{bmatrix} = \begin{bmatrix} \frac{10}{12} \\ 5 \end{bmatrix}$$

Die Lösung des Gleichungssystems liefert:

$$\underline{V}^0 = \begin{bmatrix} 0{,}0014805 \\ 0{,}0010345 \end{bmatrix}\begin{matrix}\varphi_2 \\ u_1\end{matrix}$$

Iteration 1
(Balken mit Momentengelenk rechts)

$$\underline{K}_1 = \begin{bmatrix} \frac{3 \cdot EI}{\ell^3} \end{bmatrix} \cdot u_1 = [3000]$$

$$\underline{K}_2 = 0, \quad \varphi_2 > 0{,}001 \text{ kNm/rad}$$

$$\underline{K}_3 = c_F = 1000$$

$$\underline{K}^1_{ges} = [4000]\, u_1$$

Lastvektor

$$\underline{P} = \left[\frac{5}{8}\,\ell\right] = \frac{50}{8} = 6{,}25$$

Verschiebung u_1:

$$u_1 = \frac{6{,}25}{4000} = 1{,}563 \text{ mm}$$

1.6.6 Physikalisch nichtlineares Stabsystem

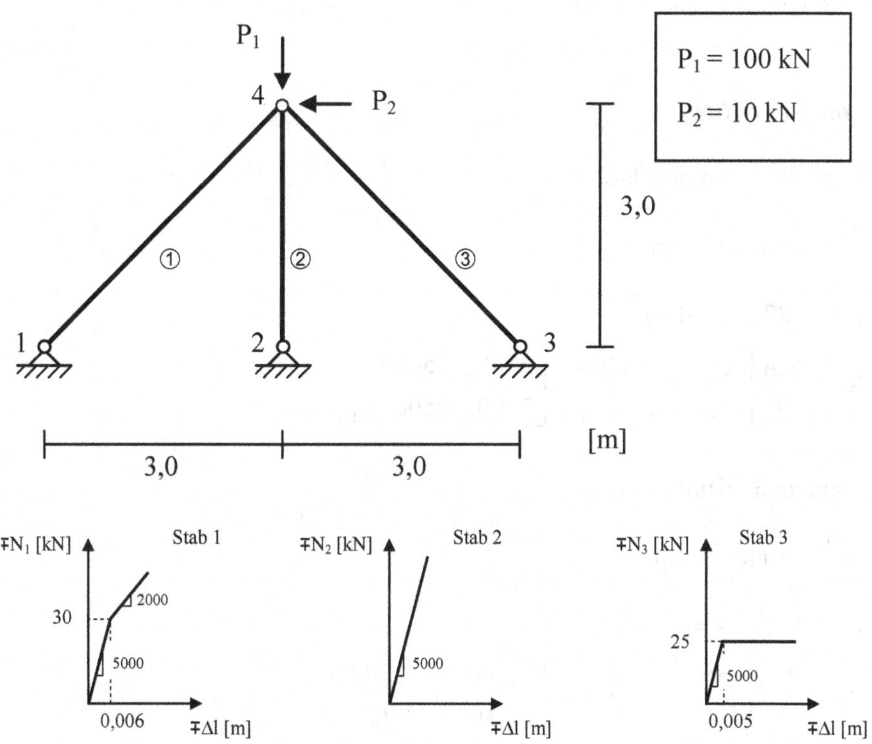

Bild 1.6-20: System, Belastung und Materialgesetze der Stäbe

Gesucht sind die Verschiebungen und Stabkräfte infolge der angegebenen Belastung mittels des Newton-Raphson-Verfahrens.

Diskretisierung

Freiheitsgrade: u_4, v_4

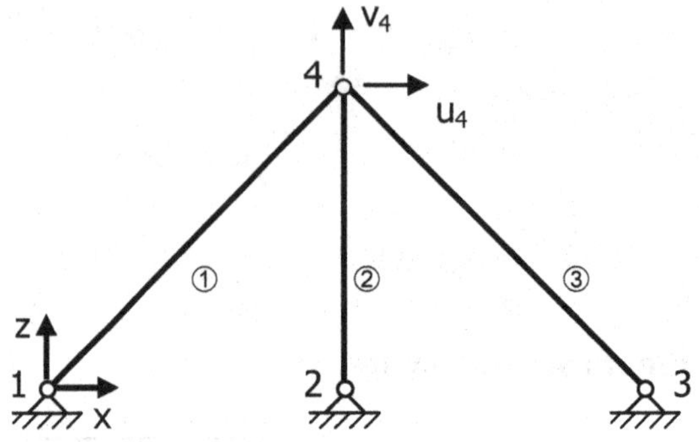

Linearer Schritt

Element 1 (Knoten 1-4):

$$\frac{EA}{\ell} = 5000\ \mathrm{kN/m}$$

$$c = 1/\sqrt{2},\ s = -1/\sqrt{2}$$

$$K_1 = \frac{EA}{\ell}\begin{bmatrix} c^2 & -cs \\ -cs & s^2 \end{bmatrix}\begin{matrix} u_4 \\ v_4 \end{matrix} = \begin{bmatrix} 2500 & 2500 \\ 2500 & 2500 \end{bmatrix}\begin{matrix} u_4 \\ v_4 \end{matrix}$$

Element 3 (Knoten 3-4):

$$\frac{EA}{\ell} = 5000\ \mathrm{kN/m}$$

$$c = -1/\sqrt{2},\ s = -1/\sqrt{2}$$

$$K_3 = \frac{EA}{\ell}\begin{bmatrix} c^2 & -cs \\ -cs & s^2 \end{bmatrix}\begin{matrix} u_4 \\ v_4 \end{matrix} = \begin{bmatrix} 2500 & -2500 \\ -2500 & 2500 \end{bmatrix}\begin{matrix} u_4 \\ v_4 \end{matrix}$$

Element 2 (Knoten 1-4):

$$\frac{EA}{\ell} = 5000\ \mathrm{kN/m}$$

$$K_2 = 5000 \quad v_4$$

Gesamtsteifigkeitsmatrix und Lastvektor

$$K_{Ges} = \begin{bmatrix} 5000 & 0 \\ 0 & 10000 \end{bmatrix} \begin{matrix} u_4 \\ v_4 \end{matrix}$$

Lastvektor

$$P = \begin{bmatrix} -10 \\ -100 \end{bmatrix} \begin{matrix} u_4 \\ v_4 \end{matrix}$$

Verschiebungen

$$K_{ges} \cdot V = P \quad \Rightarrow \quad V = \begin{bmatrix} -0{,}002 \\ -0{,}01 \end{bmatrix} \begin{matrix} u_4 \\ v_4 \end{matrix} \quad [\text{m}]$$

Berechnung der Stabkräfte

Stab 1:

$$\Delta\ell = \sqrt{(3{,}0 - 0{,}002)^2 + (3{,}0 - 0{,}01)^2} - \sqrt{18} = -0{,}008482 \text{ m}$$

$$N_1 = -30 + 2000 \cdot (-0{,}008482 + 0{,}006) = -34{,}96 \text{ kN}$$

Stab 2:

$$\Delta\ell = -0{,}01 \text{ m}$$

$$N_2 = -0{,}01 \cdot 5000 = -50{,}0 \text{ kN}$$

Stab 3:

$$\Delta\ell = \sqrt{(3{,}0 + 0{,}002)^2 + (3{,}0 - 0{,}01)^2} - \sqrt{18} = -0{,}005648 \text{ m}$$

$$N_3 = -0{,}005648 \cdot 5000 = -28{,}24 \text{ kN}$$

Die Stabkraft fällt auf -25 kN ab!

Ungleichgewichtskräfte

$$U = \begin{bmatrix} -10 + 34{,}96 \cdot 1/\sqrt{2} - 25{,}0 \cdot 1/\sqrt{2} \\ -100 + 50{,}0 + 34{,}96 \cdot 1/\sqrt{2} + 25{,}0 \cdot 1/\sqrt{2} \end{bmatrix} = \begin{bmatrix} -2{,}96 \\ -7{,}60 \end{bmatrix}$$

Iteration 1

Element 1 (Knoten 1-4):

$$\frac{EA}{\ell} = 2000\ \mathrm{kN/m}$$

$$K_1 = \frac{EA}{\ell}\begin{bmatrix} c^2 & -cs \\ -cs & s^2 \end{bmatrix}\begin{matrix} u_4 \\ v_4 \end{matrix} = \begin{bmatrix} 1000 & 1000 \\ 1000 & 1000 \end{bmatrix}\begin{matrix} u_4 \\ v_4 \end{matrix}$$

Element 3 (Knoten 3-4): Kann keine Kräfte mehr aufnehmen.

Element 2 (Knoten 1-4):

$$\frac{EA}{\ell} = 5000\ \mathrm{kN/m} \qquad K_2 = 5000 \quad v_4$$

Gesamtsteifigkeitsmatrix und Lastvektor

$$K_{Ges} = \begin{bmatrix} 1000 & 1000 \\ 1000 & 6000 \end{bmatrix}\begin{matrix} u_4 \\ v_4 \end{matrix} \qquad P = \begin{bmatrix} -2{,}96 \\ -7{,}60 \end{bmatrix}\begin{matrix} u_4 \\ v_4 \end{matrix}$$

Verschiebungen:

$$K_{ges} \cdot \Delta V = P \quad \Rightarrow \quad \Delta V = \begin{bmatrix} -0{,}002026 \\ -0{,}000929 \end{bmatrix}\begin{matrix} u_4 \\ v_4 \end{matrix} \quad [\mathrm{m}]$$

Verschiebungsupdate

$$V_1 = V + \Delta V = \begin{bmatrix} -0{,}00403 \\ -0{,}01093 \end{bmatrix}\begin{matrix} u_4 \\ v_4 \end{matrix} \quad [\mathrm{m}]$$

Berechnung der Stabkräfte

Stab 1:

$$\Delta l = \sqrt{(3{,}0 - 0{,}00403)^2 + (3{,}0 - 0{,}01093)^2} - \sqrt{18} = -0{,}01057\ \mathrm{m}$$

$$N_1 = -30 + 2000 \cdot (-0{,}01057 + 0{,}006) = -39{,}14\ \mathrm{kN}$$

Stab 2:

$$\Delta l = -0{,}01093\ \mathrm{m}$$

$$N_2 = -0{,}01093 \cdot 5000 = -54{,}64\ \mathrm{kN}$$

Stab 3:
$N_3 = -25$ kN

Ungleichgewichtskräfte

$$U = \begin{bmatrix} -10 + 39{,}14 \cdot 1/\sqrt{2} - 25 \cdot 1/\sqrt{2} \\ -100 + 54{,}64 + 39{,}14 \cdot 1/\sqrt{2} + 25 \cdot 1/\sqrt{2} \end{bmatrix} = \begin{bmatrix} -1{,}367 \cdot 10^{-3} \\ -1{,}361 \cdot 10^{-3} \end{bmatrix} \approx \underline{0}$$

=> Gleichgewicht erreicht

Kontrolle der Stabkräfte

Die Stabkräfte können einfach überprüft werden, da das System nach der Plastifizierung von Stab 3 statisch bestimmt ist:

$$\rightarrow \quad 10 + N_1 \cdot 1/\sqrt{2} + 25 \cdot 1/\sqrt{2} = 0 \qquad => \quad N_1 = -39{,}14 \text{ kN}$$

$$\uparrow \quad N_1 \cdot 1/\sqrt{2} + N_2 - 25/\sqrt{2} + 100 = 0 \quad => \quad N_2 = -54{,}64 \text{ kN}$$

1.7 Beispiele zur statischen Kondensation

1.7.1 Statische Kondensation nach dem Weggrößenverfahren

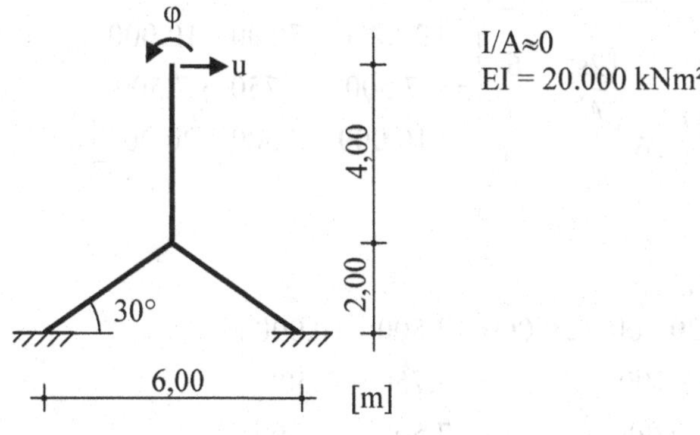

Bild 1.7-1 Einfeldrahmen, System und Belastung

Gegeben ist die Stützkonstruktion in Bild 1.7-1. Gesucht ist die kondensierte Steifigkeitsmatrix des Systems in den eingezeichneten Freiheitsgraden. Die gesuchte Matrix ist aus der Gesamtsteifigkeitsmatrix des Systems abzuleiten.

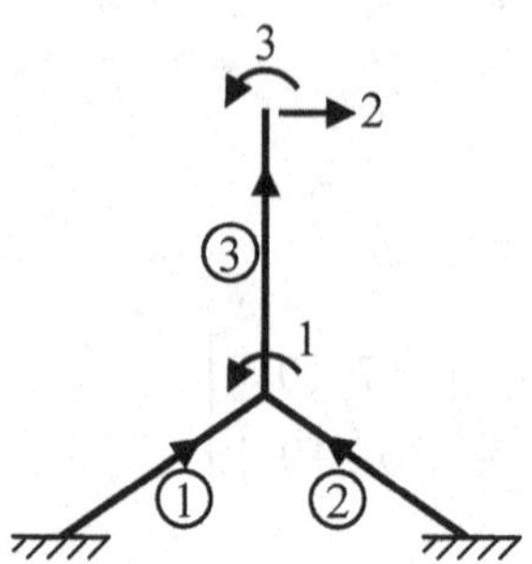

Bild 1.7-2 Diskretisierung

Handrechnung: Zur Aufstellung der Gesamtsteifigkeitsmatrix werden die Steifigkeitsmatrizen der Stäbe benötigt (Anhang 1.8.5):

Stab 1 (Freiheitsgrad 1)

$$\mathbf{k}_1 = \frac{EI}{\ell}4 = \frac{20.000}{4}4 = 20.000$$

Stab 2 (Freiheitsgrad 1)

$$\mathbf{k}_2 = \frac{EI}{\ell}4 = \frac{20.000}{4}4 = 20.000$$

Stab 3 (Freiheitsgrade 1,2 und 3)

$$\mathbf{k}_3 = \frac{EI}{\ell}\begin{bmatrix} 4 & \frac{6s}{\ell} & 2 \\ \frac{6s}{\ell} & \frac{c^2A}{I} + \frac{12s^2}{\ell^2} & \frac{6s}{\ell} \\ 2 & \frac{6s}{\ell} & 4 \end{bmatrix} = \begin{bmatrix} 20.000 & 7.500 & 10.000 \\ 7.500 & 3.750 & 7.500 \\ 10.000 & 7.500 & 20.000 \end{bmatrix}$$

Gesamtsteifigkeitsmatrix

$$\mathbf{K} = \begin{bmatrix} 20.000 + 20.000 + 20.000 & 7.500 & 10.000 \\ 7.500 & 3.750 & 7.500 \\ 10.000 & 7.500 & 20.000 \end{bmatrix}$$

$$= \begin{bmatrix} 60.000 & 7.500 & 10.000 \\ 7.500 & 3.750 & 7.500 \\ 10.000 & 7.500 & 20.000 \end{bmatrix}$$

Nach Gleichung (1.1.35) ergibt sich die kondensierte Steifigkeitsmatrix zu:

$$\widetilde{\mathbf{K}} = \mathbf{K}_{uu} - \mathbf{K}_{u\varphi} \cdot \mathbf{K}_{\varphi\varphi}^{-1} \cdot \mathbf{K}_{u\varphi}^{T}$$

mit

$$\mathbf{K}_{uu} = \begin{bmatrix} 3.750 & 7.500 \\ 7.500 & 20.000 \end{bmatrix}$$

$$\mathbf{K}_{u\varphi} = \begin{bmatrix} 7.500 \\ 10.000 \end{bmatrix}$$

$$\mathbf{K}_{\varphi\varphi} = [60.000]$$

$$\widetilde{\mathbf{K}} = \begin{bmatrix} 3.750 & 7.500 \\ 7.500 & 20.000 \end{bmatrix} - \begin{bmatrix} 7.500 \\ 10.000 \end{bmatrix} \cdot \begin{bmatrix} \frac{1}{60.000} \end{bmatrix} \cdot [7.500 \quad 10.000]$$

$$= \begin{bmatrix} 3.750 & 7.500 \\ 7.500 & 20.000 \end{bmatrix} - \begin{bmatrix} 937{,}5 & 1.250 \\ 1.250 & 1.666{,}7 \end{bmatrix}$$

$$= \begin{bmatrix} 2.812{,}5 & 6.250 \\ 6.250 & 18.333{,}3 \end{bmatrix}$$

Elektronische Berechnung: Die Eingabedatei **ekond.txt** für das Programm KONDEN lautet

ekond.txt

20000., 4., 0., 30.,	EI, ℓ, EA und α der 3 Stäbe
20000., 4., 0., 150.,	
20000., 4., 0., 90.	
0,0,0, 0,0,1,	Inzidenzmatrix
0,0,0, 0,0,1,	
0,0,1, 2,0,3,	
2,3	Nummern der wesentlichen Freiheitsgrade

1.7.2 Primär- und Sekundärkonstruktion

Bild 1.7-3 zeigt einen Kragträger (Primärkonstruktion) mit EI_P=15.000 kNm^2, der auf einem Einfeldträger mit Kragarm (Sekundärkonstruktion, EI_S = 20.000 kNm^2) ruht. Längskraftverformungen können vernachlässigt werden (I/A = 0). Gesucht sind die Zustandsgrößen in der Primärkonstruktion für die skizzierte Belastung P = 100 kN bei gesonderter Berücksichtigung der Sekundärkonstruktion als „Makroelement“.

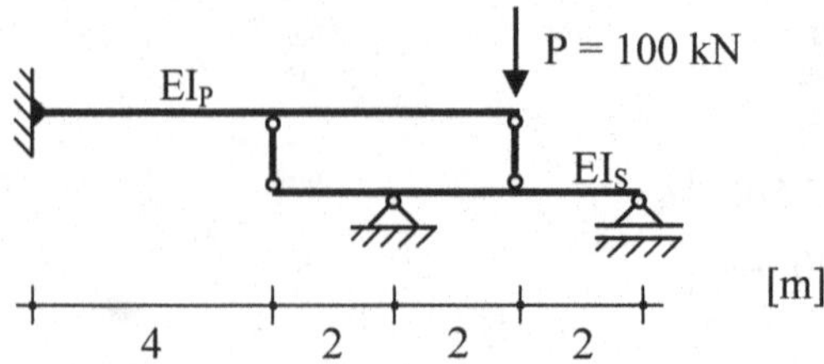

Bild 1.7-3 System und Belastung

Handrechnung: Sie erstreckt sich hier nur auf die Bestimmung der kondensierten Steifigkeitsmatrix der Sekundärkonstruktion in den vertikalen Koppelfreiheitsgraden mit der Primärkonstruktion.

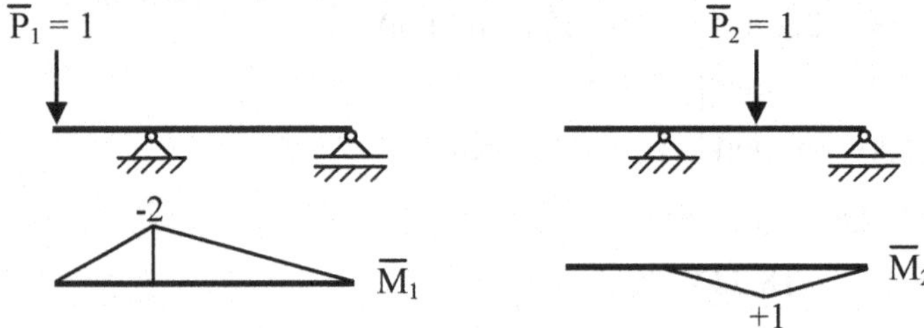

Bild 1.7-4 Virtuelle Lastangriffe zur Bestimmung der Flexibilitätsmatrix

Mit den virtuellen Lastangriffen $\overline{P}_1 = 1$ und $\overline{P}_2 = 1$ laut Bild 1.7-4 und den dort gezeichneten Momentenflächen ergibt sich die **δ**-Matrix (Flexibilitätsmatrix) zu

$$\boldsymbol{\delta} = \begin{bmatrix} \delta_{11} & \delta_{12} \\ \delta_{21} & \delta_{22} \end{bmatrix}$$

mit

$$EI_S \cdot \delta_{11} = \frac{1}{3} \cdot 6{,}0 \cdot 2{,}0^2 = 8{,}0$$

$$EI_S \cdot \delta_{12} = \frac{-1}{4} \cdot 4{,}0 \cdot 2{,}0 \cdot 1{,}0 = -2{,}0$$

$$EI_S \cdot \delta_{22} = \frac{1}{3} \cdot 4{,}0 \cdot 1{,}0^2 = \frac{4}{3} = 1{,}333$$

Die gesuchte kondensierte Steifigkeitsmatrix ist die Inverse der Flexibilitätsmatrix und beträgt

$$\mathbf{K} = EI_S \cdot \begin{bmatrix} 0{,}20 & 0{,}30 \\ 0{,}30 & 1{,}20 \end{bmatrix} = \begin{bmatrix} 4000{,}0 & 6000{,}0 \\ 6000{,}0 & 24.000{,}0 \end{bmatrix}.$$

Elektronische Berechnung: Mit der Diskretisierung der Sekundärkonstruktion nach Bild 1.7-5 liefert das Programm KONDEN für die kondensierte Steifigkeitsmatrix in den wesentlichen Freiheitsgraden 1 und 4 die kondensierte Steifigkeitsmatrix KMATR

```
.4000000E+04 .6000000E+04 .6000000E+04 .2400000E+05
```

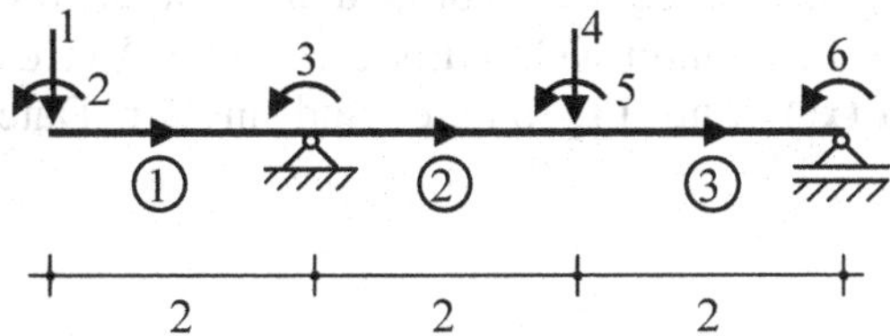

Bild 1.7-5 Diskretisierung der Sekundärkonstruktion

wie bereits von Hand ermittelt, dazu die (6,2)-**A**-Matrix (spaltenweise):

```
.1000000E+01 .6333333E+00 .2333333E+00 -.6000000E-08
-.6666667E-01 .3333333E-01
-.6000000E-08 .2000000E+00 -.4000000E+00 .1000000E+01
-.1000000E+00 .8000000E+00
```

Die Primärkonstruktion wird wie in Bild 1.7-6 gezeigt diskretisiert, mit den über die berechnete kondensierte Steifigkeitsmatrix der Sekundärkonstruktion gekoppelten Federn der Freiheitsgrade 1 und 3. Die Berechnung mit dem Programm TRAP liefert als Ausgabedatei für die beiden Stäbe die Ergebnisse:

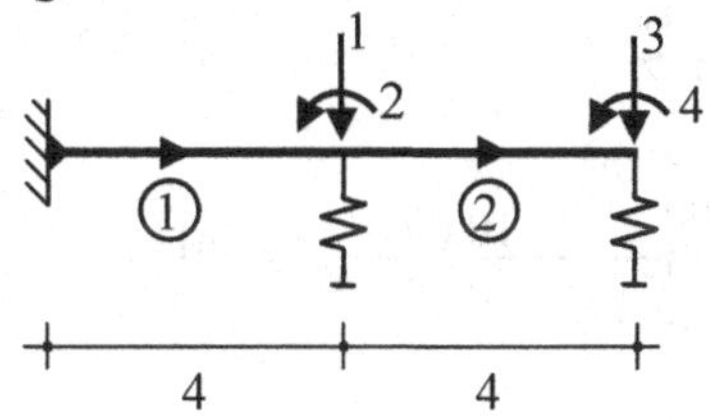

Bild 1.7-6 Diskretisierung der Primärkonstruktion

atrap.txt

```
ELEMENT NR.     1
.0000E+00 .0000E+00 .0000E+00 .0000E+00 -.3306E-02 -.1573E-03
.0000E+00 -.1018E+02 .1978E+02 .0000E+00 -.1018E+02 -.2096E+02
ELEMENT NR.     2
.0000E+00 -.3306E-02 -.1573E-03 .0000E+00 .4775E-02 -.2952E-02
.0000E+00 .5240E+01 -.2096E+02 .0000E+00 .5240E+01 .1182E-13
```

Die Momentenlinie der Primärkonstruktion ist in Bild 1.7-7 dargestellt. Die Multiplikation der (6,2)-Matrix **A** mit den zwei Verformungen in den Koppelfreiheitsgraden 1 und 3 liefert alle 6 Verformungen der Sekundärkonstruktion. Deren Ermittlung und auch die Bestimmung der Zustandsgrößen in der Sekundärkonstruktion erfolgt mit dem Programm SEKSYS. Es braucht als Eingabe neben den vorhandenen Dateien **e-kond.txt** und **amat.txt** aus dem Programm KONDEN diese zwei Verformungswerte (Eingabedatei **vu.txt**). Die Ergebnisse sind in der Datei **zust.txt** zu finden.

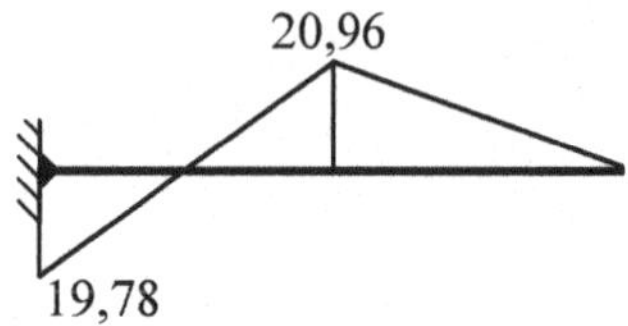

Bild 1.7-7 Momentenlinie der Primärkonstruktion

1.7.3 Rechnergestützte statische Kondensation

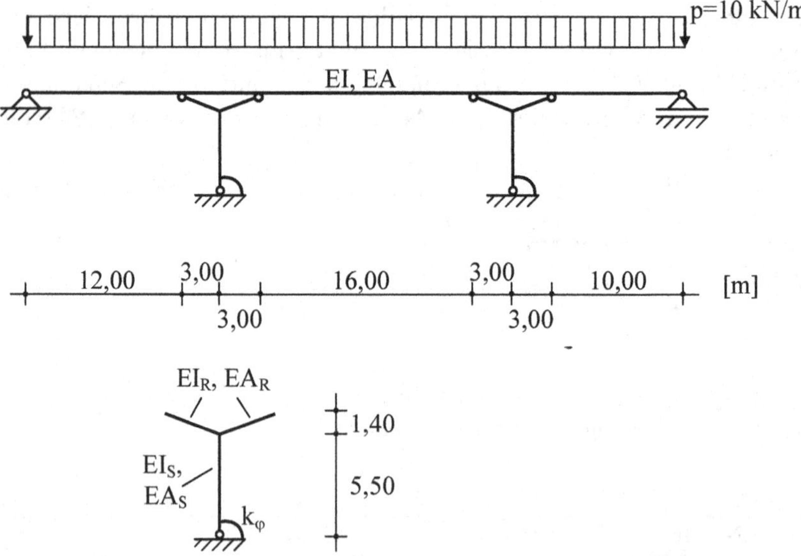

Bild 1.7-8 System und Belastung

Bild 1.7-8 zeigt eine Brücke unter einer Gleichlast von 10 kN/m, die durch zwei identische Pfeiler gestützt wird. Die Steifigkeit der Drehfeder an den

Pfeilerfundamenten beträgt $k_\varphi=2{,}5\cdot10^7$ kNm/rad und die Steifigkeiten der weiteren Tragwerksteile sind wie folgt angegeben:

Konstruktionsteil	Biegesteifigkeit, kNm²	Dehnsteifigkeit, kN
Brückenhauptträger	$EI = 1{,}23\cdot10^7$	$EA = 1{,}0\cdot10^8$
Pfeilerriegel	$EI_R = 5{,}00\cdot10^4$	$EA_R = 4{,}2\cdot10^6$
Pfeilerstütze	$EI_S = 7{,}50\cdot10^4$	$EA_S = 2{,}0\cdot10^7$

Gesucht sind die Zustandsgrößen des Systems, die mit Hilfe einer elektronischen Berechnung zu ermitteln sind. Bild 1.7-9 zeigt die Diskretisierung des Pfeilers, der über die Koppelfreiheitsgrade 1,2, 8 und 9 mit der Primärkonstruktion verbunden ist. Mit dem Programm KONDEN wird die (4,4) - Steifigkeitsmatrix in diesen wesentlichen Freiheitsgraden ermittelt, mit den Eingabedateien **ekond.txt**, **inzfed.txt** und **fedmat.txt**, die anschließend wiedergegeben werden:

ekond.txt

50000., 3.311, 4.2e6, -25.017,	EI, ℓ, EA und α der 3 Stäbe
50000., 3.311, 4.2e6, 25.017,	
75000., 5.50, 2.0e7, 90.	
1,2,3, 5,6,7,	Inzidenzmatrix
5,6,7, 8,9,10,	
0,0,4, 5,6,7,	
1,2,8,9	Nummern der wesentlichen Freiheitsgrade

inzfed.txt

0,4	Nummern der durch die Feder gekoppelten Freiheitsgrade

fedmat.txt

```
2.5e7,-2.5e7, -2.5e7, 2.5e7
```

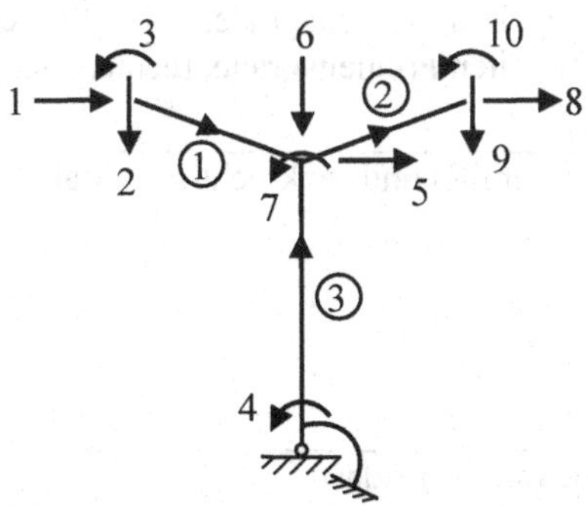

Bild 1.7-9 Diskretisierung des Pfeilers (Sekundärsystem)

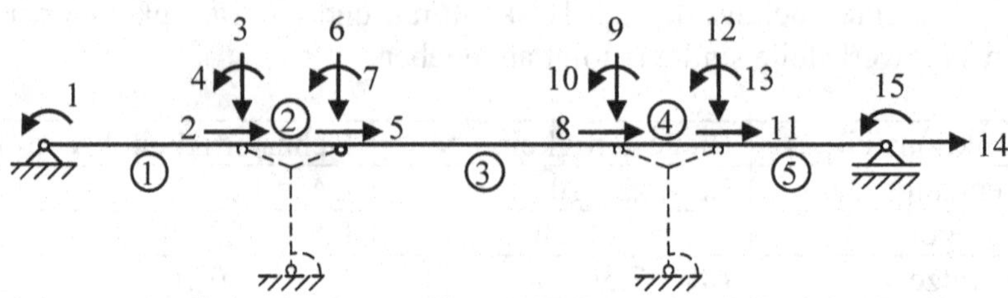

Bild 1.7-10 Diskretisierung des Brückenträgers (Primärsystem)

KONDEN liefert die Ausgabedateien **kmatr.txt** und **amat.txt**. Die in **kmatr.txt** abgelegte (4,4)-Steifigkeitsmatrix des ersten Pfeilers wird zweimal in die Datei **fedmat.txt** für die Berechnung des Primärsystems mit dem Programm TRAP kopiert. Die Eingabedatei **etrap.txt** für das Haupttragwerk (Diskretisierung Bild 1.7-10) lautet:

etrap.txt

1.23e7, 12., 1.0e8, 0.	EI, ℓ, EA und α der
1.23e7, 6., 1.0e8, 0.	5 Stäbe
1.23e7, 16., 1.0e8, 0.	
1.23e7, 6., 1.0e8, 0.	
1.23e7, 10., 1.0e8, 0.	
0,0,1, 2,3,4,	Inzidenzmatrix
2,3,4, 5,6,7,	
5,6,7, 8,9,10,	
8,9,10, 11,12,13,	
11,12,13, 14,0,15	
0., 0., 0., 0., 0., 0., 0., 0., 0., 0., 0., 0., 0., 0., 0.	Lastvektor

Die Eingabedateien **inzfed.txt**, **trap.txt** und **trapnr.txt** lauten:

inzfed.txt

2,3,5,6	Nummern der gekoppelten Freiheitsgrade, linker Pfeiler
8,9,11,12	Nummern der gekoppelten Freiheitsgrade, rechter Pfeiler

trap.txt

0., 10., 0., 10.	Trapezlastordinaten parallel und senkrecht zum Stab
0., 10., 0., 10.	
0., 10., 0., 10.	
0., 10., 0., 10.	
0., 10., 0., 10.	

trapnr.txt

1,2,3,4,5,	Nummern der Stäbe mit Trapezlast

Das Programm TRAP liefert in der Ausgabedatei **atrap.txt** folgende Werte für die Zustandsgrößen des Hauptsystems:

atrap.txt

```
ELEMENT NR.     1
.0000E+00 .0000E+00 -.6860E-04 -.3081E-07 .3981E-03 -.2088E-04
.2567E+00 -.4815E+02 .4263E-13 -.2567E+00 -.7185E+02 -.1422E+03
ELEMENT NR.     2
-.3081E-07 .3981E-03 -.2088E-04 .1340E-04 .6747E-03 -.6918E-04
-.2239E+03 -.3439E+02 .1422E+03 .2239E+03 -.2561E+02 -.1158E+03
ELEMENT NR.     3
.1340E-04 .6747E-03 -.6918E-04 .1326E-04 .6764E-03 .7463E-04
.9065E+00 -.8163E+02 .1158E+03 -.9065E+00 -.7837E+02 -.8973E+02
ELEMENT NR.     4
.1326E-04 .6764E-03 .7463E-04 .2594E-04 .3363E-03 .3535E-04
-.2114E+03 -.2307E+02 .8973E+02 .2114E+03 -.3693E+02 -.1313E+03
ELEMENT NR.     5
.2594E-04 .3363E-03 .3535E-04 .2594E-04 .0000E+00 .4971E-04
-.9465E-14 -.6313E+02 .1313E+03 .9465E-14 -.3687E+02 -.1421E-13
```

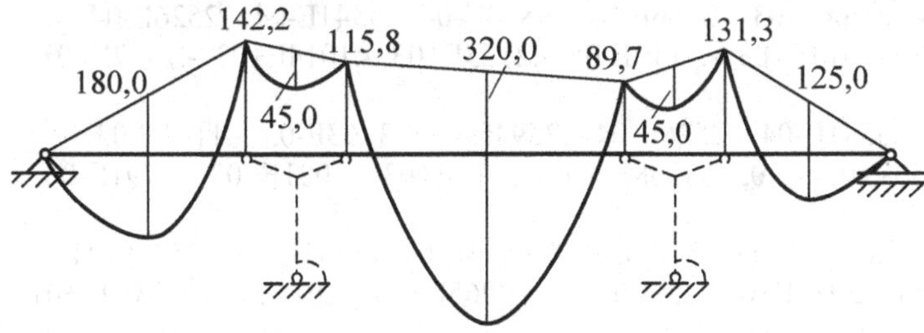

Bild 1.7-11 Momentenlinie im Haupttragwerk

Bild 1.7-11 zeigt die entsprechende Momentenlinie. Um die Zustandsgrößen der Sekundärkonstruktionen (Pfeiler) zu bestimmen, müssen die soeben berechneten Verformungen in den Koppelfreiheitsgraden auf die Sekundärsysteme aufgebracht werden. Das erfolgt mit Hilfe des Programms SEKSYS, das als Eingabe neben den vorhandenen Dateien **e-kond.txt** und **amat.txt** aus dem Programm KONDEN diese Verformungswerte benötigt (Eingabedatei **vu.txt**). Für den linken Pfeiler ergeben sich die vier Verformungswerte der Freiheitsgrade 2,3,5,6 zu:

```
-.000000030807
.000398143276
.000013402436
.000674730244
```

und entsprechend für den rechten Pfeiler (Freiheitsgrade 8,9,11,12):

```
.000013257388
.000676378646
.000025942622
.000336307268
```

Das Programm SEKSYS liefert damit für den linken Pfeiler die Zustandsgrößen (1. Zeile Verformungen u,w,φ an beiden Stabenden, 2. Zeile Schnittkräfte H, V, M an beiden Stabenden, alles bezogen auf das globale Koordinatensystem nach VK II):

```
Stab Nr. 1
-.3103E-07  .3981E-03  .1398E-03 -.5741E-04  .5871E-04 -.2286E-04
.2241E+03  .1062E+03 -.7610E-06 -.2241E+03 -.1062E+03 -.4912E+01
Stab Nr. 2
-.5741E-04  .5871E-04 -.2286E-04  .1340E-04  .6747E-03 -.2550E-03
.2248E+03 -.1072E+03  .7012E+01 -.2248E+03  .1072E+03  .1029E-05
Stab Nr. 3
.0000E+00  .0000E+00  .5898E-07 -.5741E-04  .5871E-04 -.2286E-04
.6498E+00 -.2135E+03 -.1474E+01 -.6498E+00  .2135E+03 -.2100E+01
```

Für den rechten Pfeiler:

```
Stab Nr. 1
.1326E-04  .6764E-03  .2586E-03  .9834E-04  .5541E-04  .2526E-04
.2123E+03  .1014E+03 -.1110E-05 -.2123E+03 -.1014E+03 -.7047E+01
Stab Nr. 2
.9834E-04  .5541E-04  .2526E-04  .2594E-04  .3363E-03 -.1141E-03
.2114E+03 -.1001E+03  .4208E+01 -.2114E+03  .1001E+03  .5791E-06
Stab Nr. 3
.0000E+00  .0000E+00 -.8589E-07  .9834E-04  .5541E-04  .2526E-04
-.9065E+00 -.2015E+03  .2147E+01  .9065E+00  .2015E+03  .2839E+01
```

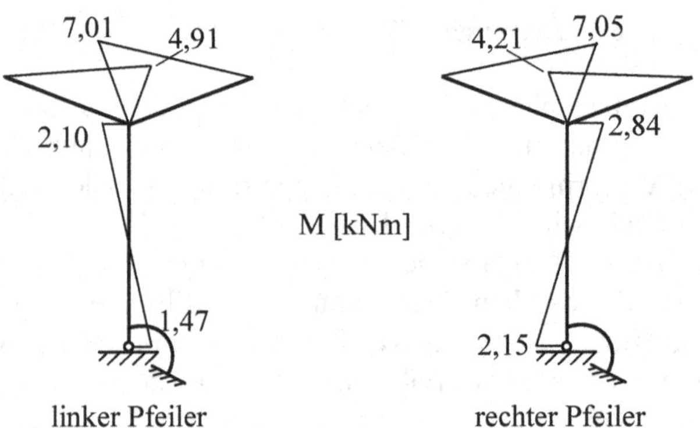

Bild 1.7-12 Momentenlinien der beiden Pfeiler

Die entsprechenden Momentenlinien sind in Bild 1.7-12 skizziert. Zur Probe wird das System als Ganzes diskretisiert (Bild 1.7-13) und mit dem Programm TRAP berechnet. Die entsprechende Ausgabedatei mit den Zustandsgrößen aller 11 Stäbe im globalen Koordinatensystem nach VK II ergibt sich zu

```
ELEMENT NR.  1
.0000E+00  .0000E+00 -.6860E-04 -.3081E-07  .3981E-03 -.2088E-04
.2567E+00 -.4815E+02 -.2842E-13 -.2567E+00 -.7185E+02 -.1422E+03
ELEMENT NR.  2
-.3081E-07  .3981E-03 -.2088E-04  .1340E-04  .6747E-03 -.6918E-04
-.2239E+03 -.3439E+02  .1422E+03  .2239E+03 -.2561E+02 -.1158E+03
ELEMENT NR.  3
.1340E-04  .6747E-03 -.6918E-04  .1326E-04  .6764E-03  .7463E-04
.9065E+00 -.8163E+02  .1158E+03 -.9065E+00 -.7837E+02 -.8973E+02
ELEMENT NR.  4
.1326E-04  .6764E-03  .7463E-04  .2594E-04  .3363E-03  .3535E-04
-.2114E+03 -.2307E+02  .8973E+02  .2114E+03 -.3693E+02 -.1313E+03
ELEMENT NR.  5
.2594E-04  .3363E-03  .3535E-04  .2594E-04  .0000E+00  .4971E-04
.2967E-13 -.6313E+02  .1313E+03 -.2967E-13 -.3687E+02  .1421E-13
ELEMENT NR.  6
-.3081E-07  .3981E-03  .1398E-03 -.5741E-04  .5871E-04 -.2286E-04
.2241E+03  .1062E+03 -.8196E-15 -.2241E+03 -.1062E+03 -.4912E+01
ELEMENT NR.  7
-.5741E-04  .5871E-04 -.2286E-04  .1340E-04  .6747E-03 -.2550E-03
.2248E+03 -.1072E+03  .7012E+01 -.2248E+03  .1072E+03 -.2122E-14
ELEMENT NR.  8
.0000E+00  .0000E+00  .5898E-07 -.5741E-04  .5871E-04 -.2286E-04
.6498E+00 -.2135E+03 -.1474E+01 -.6498E+00  .2135E+03 -.2100E+01
ELEMENT NR.  9
.1326E-04  .6764E-03  .2586E-03  .9834E-04  .5541E-04  .2526E-04
.2123E+03  .1014E+03  .1829E-14 -.2123E+03 -.1014E+03 -.7047E+01
ELEMENT NR.  10
.9834E-04  .5541E-04  .2526E-04  .2594E-04  .3363E-03 -.1141E-03
.2114E+03 -.1001E+03  .4208E+01 -.2114E+03  .1001E+03  .1908E-15
ELEMENT NR.  11
.0000E+00  .0000E+00 -.8589E-07  .9834E-04  .5541E-04  .2526E-04
-.9065E+00 -.2015E+03  .2147E+01  .9065E+00  .2015E+03  .2839E+01
```

in Übereinstimmung mit den Ergebnissen der Berechnung mit Hilfe der Pfeiler-Makroelemente.

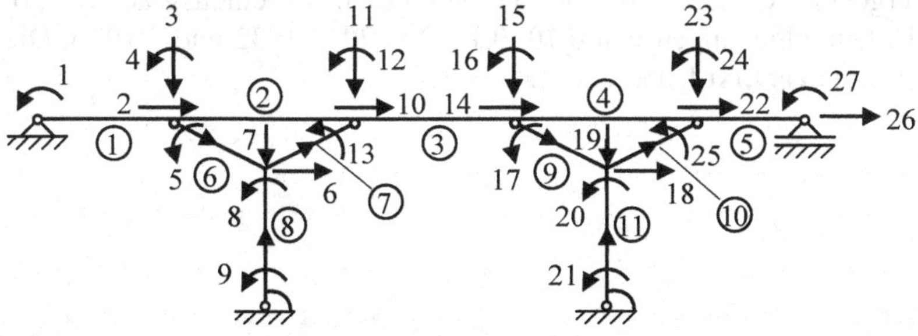

Bild 1.7-13 Diskretisierung des Brückenträgers (Gesamtsystem)

1.7.4 Zustandsgrößen infolge erzwungener Biegelinien

Wird einem Tragwerk eine bestimmte Biegelinie aufgezwungen, etwa bei Pfählen, die sich den Verformungen des steifen Baugrundes anpassen, lassen sich die resultierenden Schnittkräfte vorteilhaft mit Hilfe der statischen Kondensation bestimmen. Dazu werden die Freiheitsgrade mit vorgegebenen Verformungen als wesentliche Freiheitsgrade $\mathbf{V_u}$ definiert und die zugehörige kondensierte Steifigkeitsmatrix des Systems sowie die Transformationsmatrix **A** mit dem Programm KONDEN berechnet. Mit Hilfe der Beziehung $\mathbf{V} = \mathbf{A}\,\mathbf{V_u}$ (Gl. 1.1.32) können dann sämtliche Verschiebungen **V** ausgerechnet und die Zustandsgrößen wie üblich ausgewertet werden (Programm **VERF**).

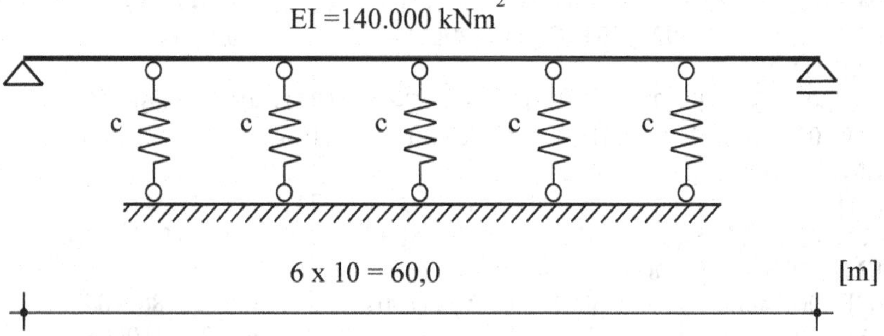

Bild 1.7-14 Fundamentbalken auf Einzelfedern

Als Beispiel wird der in Bild 1.7-14 dargestellte, auf fünf Einzelfedern gelagerte Fundamentbalken betrachtet, der einer Verformung nach einer Halbsinuslinie mit einer Amplitude von 20 cm in Feldmitte unterworfen wird. Gesucht ist die zugehörige Momentenlinie des Balkens, die natürlich bei vorgegebenen Durchbiegungsordinaten im Gegensatz zu den Federkräften von den Federsteifigkeiten c unabhängig ist.

Die vorgeschriebene Biegelinie wird ausgedrückt durch die Gleichung $w(x) = 0{,}20\,\sin(\pi x/60)$. Bei einer Diskretisierung des Systems nach Bild 1.7-15 ergeben sich daraus für die fünf wesentlichen Freiheitsgrade 2, 4, 6, 8 und 10 Durchbiegungen von 0,10, 0,1732, 0,20, 0,1732 und 0,10 m. Die Eingabedatei **everf.txt** lautet damit:

everf.txt

```
1.4e5, 10., 0., 0.
1.4e5, 10., 0., 0.
1.4e5, 10., 0., 0.
1.4e5, 10., 0., 0.
1.4e5, 10., 0., 0.
1.4e5, 10., 0., 0.
0,0,1, 0,2,3,
0,2,3, 0,4,5,
0,4,5, 0,6,7,
0,6,7, 0,8,9,
0,8,9, 0,10,11,
0,10,11, 0,0,12,
2,4,6,8,10,
0.1, 0.1732, 0.2, 0.1732, 0.1
```

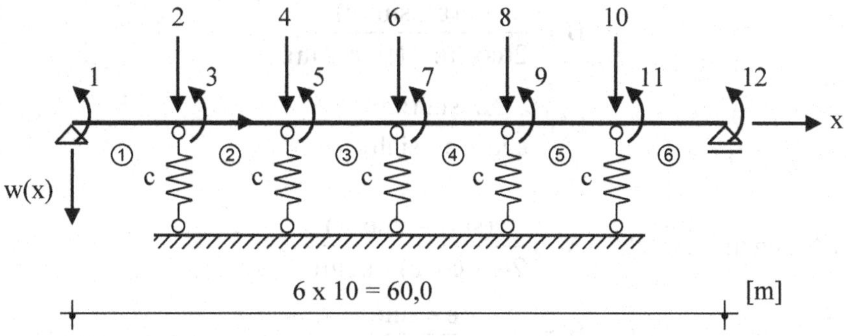

Bild 1.7-15 Systemdiskretisierung

Das Programm liefert die in Bild 1.7-16 skizzierte Momentenlinie.

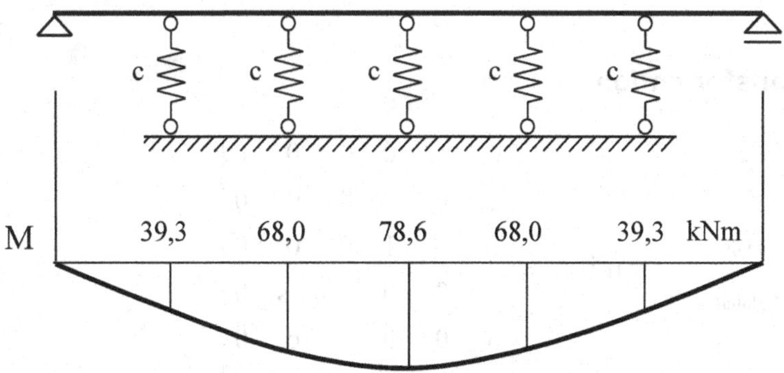

Bild 1.7-16 Momentenlinie infolge der erzwungenen Biegelinie

1.8 Anhang

1.8.1 Abkürzungen und Definitionen

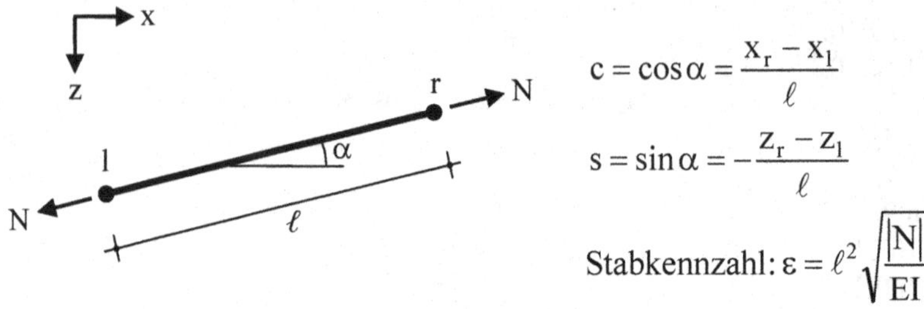

$$c = \cos\alpha = \frac{x_r - x_l}{\ell}$$

$$s = \sin\alpha = -\frac{z_r - z_l}{\ell}$$

$$\text{Stabkennzahl: } \varepsilon = \ell^2 \sqrt{\frac{|N|}{EI}}$$

Für N positiv (Zug):

$$A' = \frac{\varepsilon(\sinh\varepsilon - \varepsilon\cosh\varepsilon)}{2(\cosh\varepsilon - 1) - \varepsilon\sinh\varepsilon}$$

$$B' = \frac{\varepsilon(\varepsilon - \sinh\varepsilon)}{2(\cosh\varepsilon - 1) - \varepsilon\sinh\varepsilon}$$

$$C' = \frac{\varepsilon^2 \sinh\varepsilon}{\varepsilon\cosh\varepsilon - \sinh\varepsilon}$$

Für N negativ (Druck):

$$A' = \frac{\varepsilon(\sin\varepsilon - \varepsilon\cos\varepsilon)}{2(1 - \cos\varepsilon) - \varepsilon\sin\varepsilon}$$

$$B' = \frac{\varepsilon(\varepsilon - \sin\varepsilon)}{2(1 - \cos\varepsilon) - \varepsilon\sin\varepsilon}$$

$$C' = \frac{\varepsilon^2 \sin\varepsilon}{\sin\varepsilon - \varepsilon\cos\varepsilon}$$

1.8.2 Transformation

$$\mathbf{s}_{\mathbf{lokal}} = \mathbf{C} \cdot \mathbf{s}_{\mathbf{global}}$$

$$\mathbf{v}_{\mathbf{lokal}} = \mathbf{C} \cdot \mathbf{v}_{\mathbf{global}}$$

$$\text{mit } \mathbf{C} = \begin{bmatrix} c & -s & 0 & 0 & 0 & 0 \\ s & c & 0 & 0 & 0 & 0 \\ 0 & 0 & 1 & 0 & 0 & 0 \\ 0 & 0 & 0 & c & -s & 0 \\ 0 & 0 & 0 & s & c & 0 \\ 0 & 0 & 0 & 0 & 0 & 1 \end{bmatrix}$$

1.8.3 Ebener Fachwerkstab

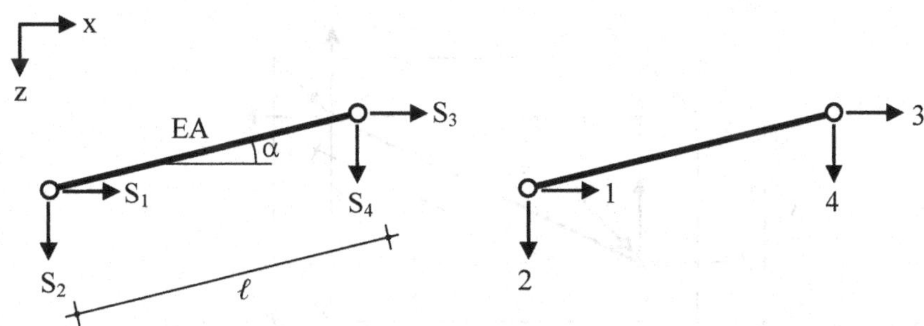

Globale elastische Steifigkeitsmatrix:

$$\mathbf{k}_e^{\text{global}} = \frac{EA}{\ell}\left[\begin{array}{c|c|c|c} c^2 & -cs & -c^2 & cs \\ \hline -cs & s^2 & cs & -s^2 \\ \hline -c^2 & cs & c^2 & -cs \\ \hline cs & -s^2 & -cs & s^2 \end{array}\right]$$

Globale geometrische Steifigkeitsmatrix:

$$\mathbf{k}_g^{\text{global}} = \frac{N}{\ell}\left[\begin{array}{c|c|c|c} s^2 & cs & -s^2 & -cs \\ \hline cs & c^2 & -cs & -c^2 \\ \hline -s^2 & -cs & s^2 & cs \\ \hline -cs & -c^2 & cs & c^2 \end{array}\right]$$

c ,s nach Abschnitt 1.8.1

1.8.4 Räumlicher Fachwerkstab

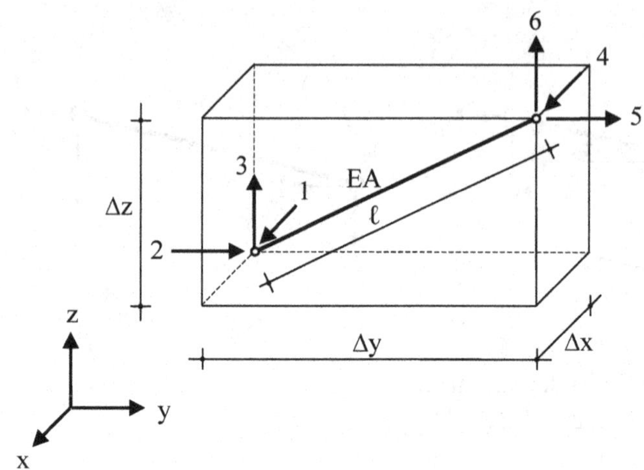

Globale elastische Steifigkeitsmatrix:

$$\mathbf{k} = \frac{EA}{\ell}\begin{bmatrix} a^2 & ab & ac & -a^2 & -ab & -ac \\ ab & b^2 & bc & -ab & -b^2 & -bc \\ ac & bc & c^2 & -ac & -bc & -c^2 \\ -a^2 & -ab & -ac & a^2 & ab & ac \\ -ab & -b^2 & -bc & ab & b^2 & bc \\ -ac & -bc & -c^2 & ac & bc & c^2 \end{bmatrix}$$

mit: $\ell = \sqrt{(\Delta x)^2 + (\Delta y)^2 + (\Delta z)^2}$

$$a = \frac{\Delta x}{\ell};\; b = \frac{\Delta y}{\ell};\; c = \frac{\Delta z}{\ell}$$

1.8.5 Beidseitig elastisch eingespannter Biegestab

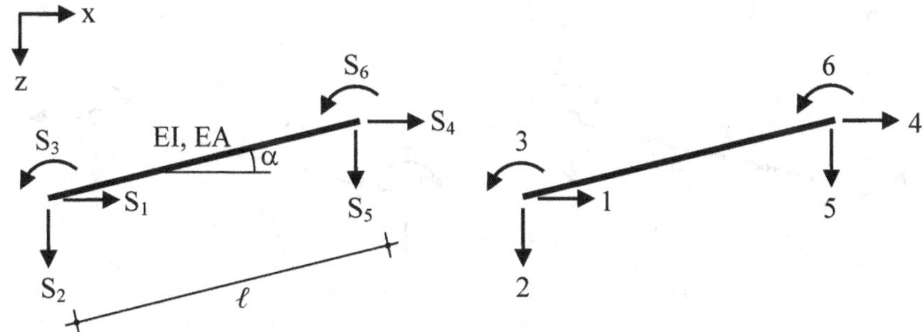

Globale elastische Steifigkeitsmatrix:

$$\mathbf{k}_e^{global} = \frac{EI}{\ell}\begin{bmatrix} \frac{c^2A}{I}+\frac{12s^2}{\ell^2} & -\frac{csA}{I}+\frac{12cs}{\ell^2} & -\frac{6s}{\ell} & -\frac{c^2A}{I}-\frac{12s^2}{\ell^2} & \frac{csA}{I}-\frac{12cs}{\ell^2} & -\frac{6s}{\ell} \\ -\frac{csA}{I}+\frac{12cs}{\ell^2} & \frac{s^2A}{I}+\frac{12c^2}{\ell^2} & -\frac{6c}{\ell} & \frac{csA}{I}-\frac{12cs}{\ell^2} & -\frac{s^2A}{I}-\frac{12c^2}{\ell^2} & -\frac{6c}{\ell} \\ -\frac{6s}{\ell} & -\frac{6c}{\ell} & 4 & \frac{6s}{\ell} & \frac{6c}{\ell} & 2 \\ -\frac{c^2A}{I}-\frac{12s^2}{\ell^2} & \frac{csA}{I}-\frac{12cs}{\ell^2} & \frac{6s}{\ell} & \frac{c^2A}{I}+\frac{12s^2}{\ell^2} & -\frac{csA}{I}+\frac{12cs}{\ell^2} & \frac{6s}{\ell} \\ \frac{csA}{I}-\frac{12cs}{\ell^2} & -\frac{s^2A}{I}-\frac{12c^2}{\ell^2} & \frac{6c}{\ell} & -\frac{csA}{I}+\frac{12cs}{\ell^2} & \frac{s^2A}{I}+\frac{12c^2}{\ell^2} & \frac{6c}{\ell} \\ -\frac{6s}{\ell} & -\frac{6c}{\ell} & 2 & \frac{6s}{\ell} & \frac{6c}{\ell} & 4 \end{bmatrix}$$

Globale geometrische Steifigkeitsmatrix:

$$\mathbf{k}_g^{global} = \frac{N}{\ell}\begin{bmatrix} \frac{6}{5}s^2 & \frac{6}{5}cs & -\frac{s}{10}\ell & -\frac{6}{5}s^2 & -\frac{6}{5}cs & -\frac{s}{10}\ell \\ \frac{6}{5}cs & \frac{6}{5}c^2 & -\frac{c}{10}\ell & -\frac{6}{5}cs & -\frac{6}{5}c^2 & -\frac{c}{10}\ell \\ -\frac{s}{10}\ell & -\frac{c}{10}\ell & \frac{2}{15}\ell^2 & \frac{s}{10}\ell & \frac{c}{10}\ell & -\frac{1}{30}\ell^2 \\ -\frac{6}{5}s^2 & -\frac{6}{5}cs & \frac{s}{10}\ell & \frac{6}{5}s^2 & \frac{6}{5}cs & \frac{s}{10}\ell \\ -\frac{6}{5}cs & -\frac{6}{5}c^2 & \frac{c}{10}\ell & \frac{6}{5}cs & \frac{6}{5}c^2 & \frac{c}{10}\ell \\ -\frac{s}{10}\ell & -\frac{c}{10}\ell & -\frac{1}{30}\ell^2 & \frac{s}{10}\ell & \frac{c}{10}\ell & \frac{2}{15}\ell^2 \end{bmatrix}$$

c, s nach Abschnitt 1.8.1

1.8.6 Biegestab mit Momentengelenk rechts

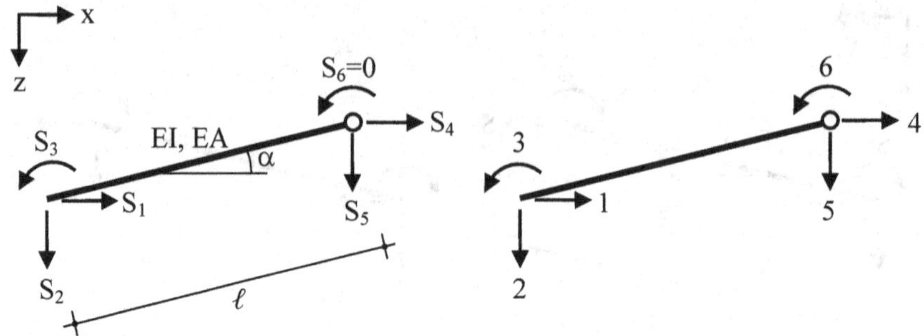

Globale elastische Steifigkeitsmatrix:

$$\mathbf{k}_e^{\text{global}} = \frac{EI}{\ell}\begin{bmatrix} \frac{c^2A}{I}+\frac{3s^2}{\ell^2} & -\frac{csA}{I}+\frac{3cs}{\ell^2} & -\frac{3s}{\ell} & -\frac{c^2A}{I}-\frac{3s^2}{\ell^2} & \frac{csA}{I}-\frac{3cs}{\ell^2} & 0 \\ -\frac{csA}{I}+\frac{3cs}{\ell^2} & \frac{s^2A}{I}+\frac{3c^2}{\ell^2} & -\frac{3c}{\ell} & \frac{csA}{I}-\frac{3cs}{\ell^2} & -\frac{s^2A}{I}-\frac{3c^2}{\ell^2} & 0 \\ -\frac{3s}{\ell} & -\frac{3c}{\ell} & 3 & \frac{3s}{\ell} & \frac{3c}{\ell} & 0 \\ -\frac{c^2A}{I}-\frac{3s^2}{\ell^2} & \frac{csA}{I}-\frac{3cs}{\ell^2} & \frac{3s}{\ell} & \frac{c^2A}{I}+\frac{3s^2}{\ell^2} & -\frac{csA}{I}+\frac{3cs}{\ell^2} & 0 \\ \frac{csA}{I}-\frac{3cs}{\ell^2} & -\frac{s^2A}{I}-\frac{3c^2}{\ell^2} & \frac{3c}{\ell} & -\frac{csA}{I}+\frac{3cs}{\ell^2} & \frac{s^2A}{I}+\frac{3c^2}{\ell^2} & 0 \\ 0 & 0 & 0 & 0 & 0 & 0 \end{bmatrix}$$

Globale geometrische Steifigkeitsmatrix:

$$\mathbf{k}_g^{\text{global}} = \frac{N}{\ell}\begin{bmatrix} \frac{6}{5}s^2 & \frac{6}{5}cs & -\frac{s}{5}\ell & -\frac{6}{5}s^2 & -\frac{6}{5}cs & 0 \\ \frac{6}{5}cs & \frac{6}{5}c^2 & -\frac{c}{5}\ell & -\frac{6}{5}cs & -\frac{6}{5}c^2 & 0 \\ -\frac{s}{5}\ell & -\frac{c}{5}\ell & \frac{1}{5}\ell^2 & \frac{s}{5}\ell & \frac{c}{5}\ell & 0 \\ -\frac{6}{5}s^2 & -\frac{6}{5}cs & \frac{s}{5}\ell & \frac{6}{5}s^2 & \frac{6}{5}cs & 0 \\ -\frac{6}{5}cs & -\frac{6}{5}c^2 & \frac{c}{5}\ell & \frac{6}{5}cs & \frac{6}{5}c^2 & 0 \\ 0 & 0 & 0 & 0 & 0 & 0 \end{bmatrix}$$

c, s nach Abschnitt 1.8.1

1.8.7 Biegestab mit Momentengelenk links

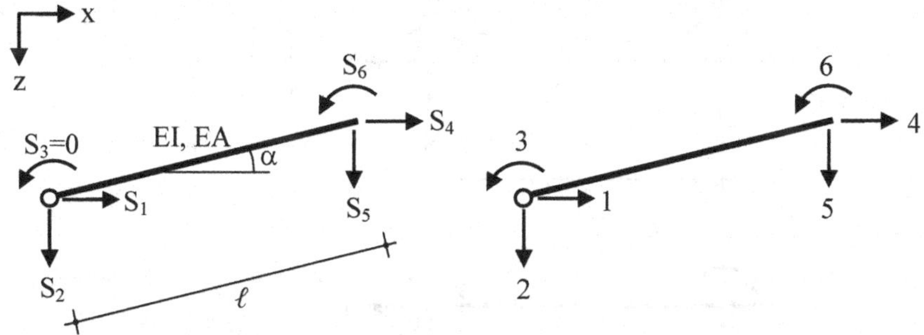

Globale elastische Steifigkeitsmatrix:

$$\mathbf{k}_e^{\text{global}} = \frac{EI}{\ell}\begin{bmatrix} \frac{c^2A}{I}+\frac{3s^2}{\ell^2} & -\frac{csA}{I}+\frac{3cs}{\ell^2} & 0 & -\frac{c^2A}{I}-\frac{3s^2}{\ell^2} & \frac{csA}{I}-\frac{3cs}{\ell^2} & -\frac{3s}{\ell} \\ -\frac{csA}{I}+\frac{3cs}{\ell^2} & \frac{s^2A}{I}+\frac{3c^2}{\ell^2} & 0 & \frac{csA}{I}-\frac{3cs}{\ell^2} & -\frac{s^2A}{I}-\frac{3c^2}{\ell^2} & -\frac{3c}{\ell} \\ 0 & 0 & 0 & 0 & 0 & 0 \\ -\frac{c^2A}{I}-\frac{3s^2}{\ell^2} & \frac{csA}{I}-\frac{3cs}{\ell^2} & 0 & \frac{c^2A}{I}+\frac{3s^2}{\ell^2} & -\frac{csA}{I}+\frac{3cs}{\ell^2} & \frac{3s}{\ell} \\ \frac{csA}{I}-\frac{3cs}{\ell^2} & -\frac{s^2A}{I}-\frac{3c^2}{\ell^2} & 0 & -\frac{csA}{I}+\frac{3cs}{\ell^2} & \frac{s^2A}{I}+\frac{3c^2}{\ell^2} & \frac{3c}{\ell} \\ -\frac{3s}{\ell} & -\frac{3c}{\ell} & 0 & \frac{3s}{\ell} & \frac{3c}{\ell} & 3 \end{bmatrix}$$

Globale geometrische Steifigkeitsmatrix:

$$\mathbf{k}_g^{\text{global}} = \frac{N}{\ell}\begin{bmatrix} \frac{6}{5}s^2 & \frac{6}{5}cs & 0 & -\frac{6}{5}s^2 & -\frac{6}{5}cs & -\frac{s}{5}\ell \\ \frac{6}{5}cs & \frac{6}{5}c^2 & 0 & -\frac{6}{5}cs & -\frac{6}{5}c^2 & -\frac{c}{5}\ell \\ 0 & 0 & 0 & 0 & 0 & 0 \\ -\frac{6}{5}s^2 & -\frac{6}{5}cs & 0 & \frac{6}{5}s^2 & \frac{6}{5}cs & \frac{s}{5}\ell \\ -\frac{6}{5}cs & -\frac{6}{5}c^2 & 0 & \frac{6}{5}cs & \frac{6}{5}c^2 & \frac{c}{5}\ell \\ -\frac{s}{5}\ell & -\frac{c}{5}\ell & 0 & \frac{s}{5}\ell & \frac{c}{5}\ell & \frac{1}{5}\ell^2 \end{bmatrix}$$

c, s nach Abschnitt 1.8.1

1.8.8 Biegestab mit Vouten

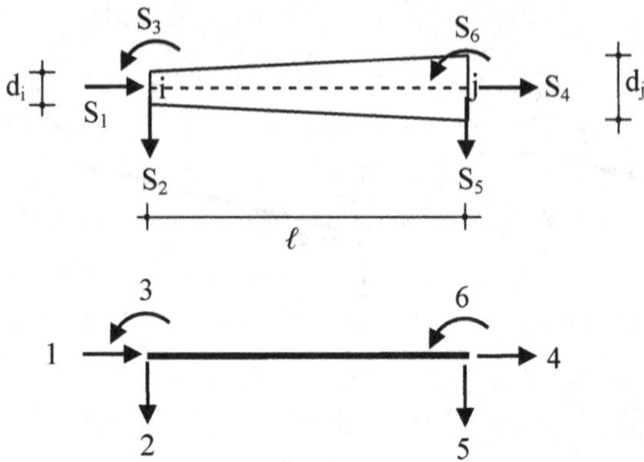

Lokale elastische Steifigkeitsmatrix:

$$\mathbf{k}_\mathbf{e}^{\text{lokal}} = \frac{EI}{\ell}\begin{bmatrix} k_{11} & 0 & 0 & k_{14} & 0 & 0 \\ & k_{22} & k_{23} & 0 & k_{25} & k_{26} \\ & & k_{33} & 0 & k_{35} & k_{36} \\ & & & k_{44} & 0 & 0 \\ & & & & k_{55} & k_{56} \\ & & & & & k_{66} \end{bmatrix}$$

mit:

$$k_{11} = \frac{EA}{\ell};\ k_{14} = -k_{11}$$

$$k_{22} = \frac{3 \cdot EI}{5 \cdot \ell^3} \cdot \left(7r^3 + 24r^2 + 30r + 20\right)$$

$$k_{23} = -\frac{3 \cdot EI}{5 \cdot \ell^2} \cdot \left(2r^3 + 7r^2 + 10r + 10\right);\ k_{25} = -k_{22}$$

$$k_{26} = -\frac{3 \cdot EI}{5 \cdot \ell^2} \cdot \left(5r^3 + 17r^2 + 20r + 10\right)$$

$$k_{33} = \frac{EI}{5 \cdot \ell} \cdot \left(2r^3 + 8r^2 + 15r + 20\right)$$

$$k_{35} = -k_{23};\ k_{36} = \frac{EI}{5 \cdot \ell} \cdot \left(4r^3 + 13r^2 + 15r + 10\right);\ k_{44} = k_{11}$$

$$k_{55} = -k_{25};\ k_{56} = -k_{26};\ k_{66} = \frac{EI}{5 \cdot \ell} \cdot \left(11r^3 + 38r^2 + 45r + 20\right)$$

$$r = \frac{d_j}{d_i} - 1$$

1.8.9 Trägerrostelement

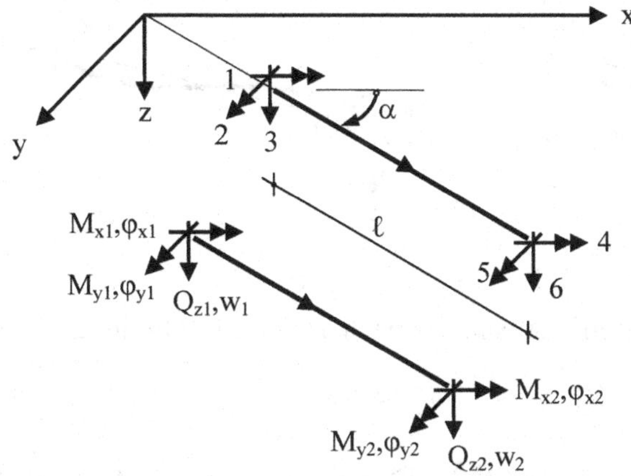

Globale elastische Steifigkeitsmatrix:

$$\mathbf{k}_{\mathbf{e}}^{\mathbf{global}} = \frac{1}{\ell}\left[\begin{array}{c|c} \mathrm{I} & \mathrm{II} \\ \hline \mathrm{III} & \mathrm{IV} \end{array}\right]$$

$$\mathrm{I} = \begin{bmatrix} 4\cdot EI\cdot s^2 + GI_T\cdot c^2 & -4\cdot EI\cdot cs + GI_T\cdot cs & 6\cdot EI\cdot s/\ell \\ -4\cdot EI\cdot cs + GI_T\cdot cs & 4\cdot EI\cdot c^2 + GI_T\cdot s^2 & -6\cdot EI\cdot c/\ell \\ 6\cdot EI\cdot s/\ell & -6\cdot EI\cdot c/\ell & 12\cdot EI/\ell^2 \end{bmatrix}$$

$$\mathrm{II} = \begin{bmatrix} 2\cdot EI\cdot s^2 - GI_T\cdot c^2 & -2\cdot EI\cdot cs - GI_T\cdot cs & -6\cdot EI\cdot s/\ell \\ -2\cdot EI\cdot cs - GI_T\cdot cs & 2\cdot EI\cdot c^2 - GI_T\cdot s^2 & 6\cdot EI\cdot c/\ell \\ 6\cdot EI\cdot s/\ell & -6\cdot EI\cdot c/\ell & -12\cdot EI/\ell^2 \end{bmatrix}$$

$$\mathrm{III} = \begin{bmatrix} 2\cdot EI\cdot s^2 - GI_T\cdot c^2 & -2\cdot EI\cdot cs - GI_T\cdot cs & 6\cdot EI\cdot s/\ell \\ -2\cdot EI\cdot cs - GI_T\cdot cs & 2\cdot EI\cdot c^2 - GI_T\cdot s^2 & -6\cdot EI\cdot c/\ell \\ -6\cdot EI\cdot s/\ell & 6\cdot EI\cdot c/\ell & -12\cdot EI/\ell^2 \end{bmatrix}$$

$$\mathrm{IV} = \begin{bmatrix} 4\cdot EI\cdot s^2 + GI_T\cdot c^2 & -4\cdot EI\cdot cs + GI_T\cdot cs & -6\cdot EI\cdot s/\ell \\ -4\cdot EI\cdot cs + GI_T\cdot cs & 4\cdot EI\cdot c^2 + GI_T\cdot s^2 & 6\cdot EI\cdot c/\ell \\ -6\cdot EI\cdot s/\ell & 6\cdot EI\cdot c/\ell & 12\cdot EI/\ell^2 \end{bmatrix}$$

Mit $c = \cos\alpha$
$s = \sin\alpha$

1.8.10 Elastisch eingespannter Biegestab nach Th. II. Ordnung

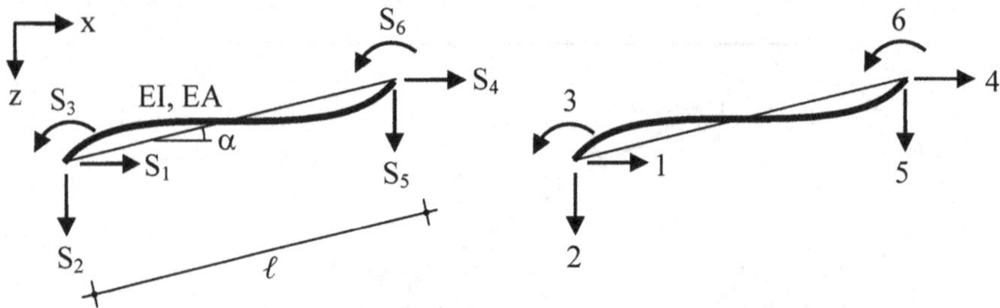

Globale geometrische Steifigkeitsmatrix nach Theorie II. Ordnung:

$$\mathbf{k}_g^{\text{global}} = \frac{EI}{\ell}\left[\begin{array}{c|c} I & II \\ \hline III & IV \end{array}\right]$$

$$I = \left[\begin{array}{c|c|c} \frac{c^2A}{I}+\frac{s^2}{\ell^2}\left(2(A'+B')-\varepsilon^2\right) & -\frac{csA}{I}+\frac{cs}{\ell^2}\left(2(A'+B')-\varepsilon^2\right) & -\frac{s}{\ell}(A'+B') \\ \hline -\frac{csA}{I}+\frac{cs}{\ell^2}\left(2(A'+B')-\varepsilon^2\right) & \frac{s^2A}{I}+\frac{c^2}{\ell^2}\left(2(A'+B')-\varepsilon^2\right) & -\frac{c}{\ell}(A'+B') \\ \hline -\frac{s}{\ell}(A'+B') & -\frac{c}{\ell}(A'+B') & A' \end{array}\right]$$

$$II = \left[\begin{array}{c|c|c} -\frac{c^2A}{I}-\frac{s^2}{\ell^2}\left(2(A'+B')-\varepsilon^2\right) & \frac{csA}{I}-\frac{cs}{\ell^2}\left(2(A'+B')-\varepsilon^2\right) & -\frac{s}{\ell}(A'+B') \\ \hline \frac{csA}{I}-\frac{cs}{\ell^2}\left(2(A'+B')-\varepsilon^2\right) & -\frac{s^2A}{I}-\frac{c^2}{\ell^2}\left(2(A'+B')-\varepsilon^2\right) & -\frac{c}{\ell}(A'+B') \\ \hline \frac{s}{\ell}(A'+B') & \frac{c}{\ell}(A'+B') & B' \end{array}\right]$$

$$III = \left[\begin{array}{c|c|c} -\frac{c^2A}{I}-\frac{s^2}{\ell^2}\left(2(A'+B')-\varepsilon^2\right) & \frac{csA}{I}-\frac{cs}{\ell^2}\left(2(A'+B')-\varepsilon^2\right) & \frac{s}{\ell}(A'+B') \\ \hline \frac{csA}{I}-\frac{cs}{\ell^2}\left(2(A'+B')-\varepsilon^2\right) & -\frac{s^2A}{I}-\frac{c^2}{\ell^2}\left(2(A'+B')-\varepsilon^2\right) & \frac{c}{\ell}(A'+B') \\ \hline -\frac{s}{\ell}(A'+B') & -\frac{c}{\ell}(A'+B') & B' \end{array}\right]$$

$$IV = \left[\begin{array}{c|c|c} \frac{c^2A}{I}+\frac{s^2}{\ell^2}\left(2(A'+B')-\varepsilon^2\right) & -\frac{csA}{I}+\frac{cs}{\ell^2}\left(2(A'+B')-\varepsilon^2\right) & \frac{s}{\ell}(A'+B') \\ \hline -\frac{csA}{I}+\frac{cs}{\ell^2}\left(2(A'+B')-\varepsilon^2\right) & \frac{s^2A}{I}+\frac{c^2}{\ell^2}\left(2(A'+B')-\varepsilon^2\right) & \frac{c}{\ell}(A'+B') \\ \hline \frac{s}{\ell}(A'+B') & \frac{c}{\ell}(A'+B') & A' \end{array}\right]$$

A', B', c, s nach Abschnitt 1.8.1

1.8.11 Räumlicher Biegestab im lokalen Koordinatensystem

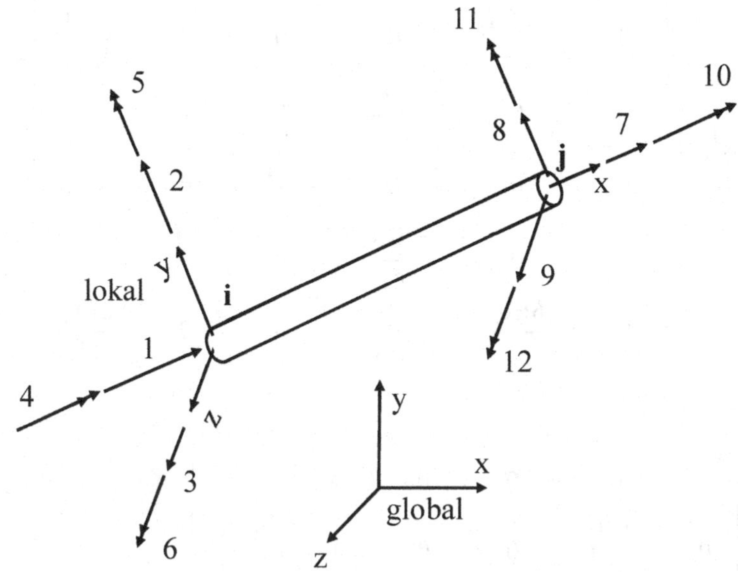

$$\mathbf{k}_{lokal} = \left[\begin{array}{c|c} \underline{S}_{11} & \underline{S}_{21}^T \\ \hline \underline{S}_{21} & \underline{S}_{22} \end{array}\right]$$

$$\underline{S}_{11} = \begin{bmatrix} \frac{EA}{\ell} & 0 & 0 & 0 & 0 & 0 \\ 0 & \frac{12EI_z}{\ell^3} & 0 & 0 & 0 & \frac{6EI_z}{\ell^2} \\ 0 & 0 & \frac{12EI_y}{\ell^3} & 0 & \frac{-6EI_y}{\ell^2} & 0 \\ 0 & 0 & 0 & \frac{GI_T}{\ell} & 0 & 0 \\ 0 & 0 & \frac{-6EI_y}{\ell^2} & 0 & \frac{4EI_y}{\ell} & 0 \\ 0 & \frac{6EI_z}{\ell^2} & 0 & 0 & 0 & \frac{4EI_z}{\ell} \end{bmatrix}$$

$$\underline{S}_{21} = \underline{S}_{12}^{T} = \begin{bmatrix} \frac{-EA}{\ell} & 0 & 0 & 0 & 0 & 0 \\ 0 & \frac{-12EI_z}{\ell^3} & 0 & 0 & 0 & \frac{-6EI_z}{\ell^2} \\ 0 & 0 & \frac{-12EI_y}{\ell^3} & 0 & \frac{6EI_y}{\ell^2} & 0 \\ 0 & 0 & 0 & \frac{-GI_T}{\ell} & 0 & 0 \\ 0 & 0 & \frac{-6EI_y}{\ell^2} & 0 & \frac{2EI_y}{\ell} & 0 \\ 0 & \frac{6EI_z}{\ell^2} & 0 & 0 & 0 & \frac{2EI_z}{\ell} \end{bmatrix}$$

$$\underline{S}_{22} = \begin{bmatrix} \frac{EA}{\ell} & 0 & 0 & 0 & 0 & 0 \\ 0 & \frac{12EI_z}{\ell^3} & 0 & 0 & 0 & \frac{-6EI_z}{\ell^2} \\ 0 & 0 & \frac{12EI_y}{\ell^3} & 0 & \frac{6EI_y}{\ell^2} & 0 \\ 0 & 0 & 0 & \frac{GI_T}{\ell} & 0 & 0 \\ 0 & 0 & \frac{6EI_y}{\ell^2} & 0 & \frac{4EI_y}{\ell} & 0 \\ 0 & \frac{-6EI_z}{\ell^2} & 0 & 0 & 0 & \frac{4EI_z}{\ell} \end{bmatrix}$$

1.8.12 Räumlicher Biegestab im globalen Koordinatensystem

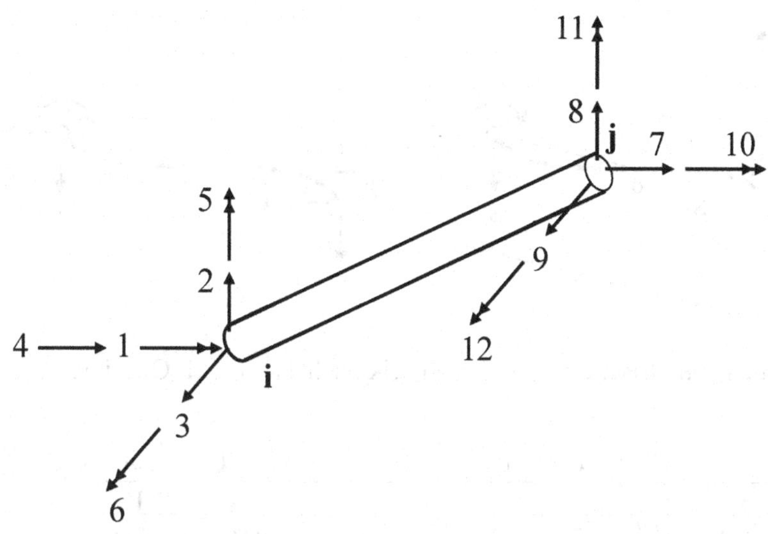

$$\mathbf{k}_{\text{global}} = \underline{C}^T \cdot \begin{bmatrix} \underline{S}_{11} & \underline{S}_{21}^T \\ \underline{S}_{21} & \underline{S}_{22} \end{bmatrix} \cdot \underline{C} \qquad \underline{C} = \begin{bmatrix} \underline{T} & 0 & 0 & 0 \\ 0 & \underline{T} & 0 & 0 \\ 0 & 0 & \underline{T} & 0 \\ 0 & 0 & 0 & \underline{T} \end{bmatrix}$$

$\mathbf{S}_{11}$, $\mathbf{S}_{12}$, $\mathbf{S}_{21}$ und $\mathbf{S}_{22}$ siehe unter 1.8.11.

$$T = \begin{bmatrix} \ell & m & n \\ -\frac{\ell \cdot m}{\sqrt{\ell^2 + n^2}} & \sqrt{\ell^2 + n^2} & -\frac{m \cdot n}{\sqrt{\ell^2 + n^2}} \\ -\frac{n}{\sqrt{\ell^2 + n^2}} & 0 & \frac{1}{\sqrt{\ell^2 + n^2}} \end{bmatrix} \qquad \ell = \frac{x_j - x_i}{\ell}; \quad m = \frac{y_j - y_i}{\ell}; \quad n = \frac{z_j - z_i}{\ell};$$

Für lotrechte Stäbe ($\ell = n = 0$):

$$\underline{T} = \begin{bmatrix} 0 & m & 0 \\ -m & 0 & 0 \\ 0 & 0 & 1 \end{bmatrix}$$

1.8.13 Biegestab mit Momentengelenk rechts nach Th. II. Ordnung

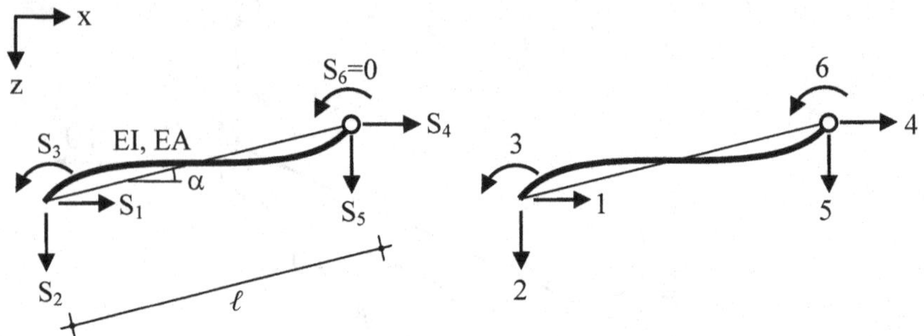

Globale geometrische Steifigkeitsmatrix nach Theorie II. Ordnung:

$\mathbf{k}_\mathbf{g}^\mathbf{global} =$

$$\frac{EI}{\ell}\left[\begin{array}{c:c:c:c:c:c}
\frac{c^2A}{I}+\frac{s^2C'}{\ell^2} & -\frac{csA}{I}+\frac{csC'}{\ell^2} & -\frac{sC'}{\ell} & -\frac{c^2A}{I}-\frac{s^2C'}{\ell^2} & \frac{csA}{I}-\frac{csC'}{\ell^2} & 0 \\ \hdashline
-\frac{csA}{I}+\frac{csC'}{\ell^2} & \frac{s^2A}{I}+\frac{c^2C'}{\ell^2} & -\frac{cC'}{\ell} & \frac{csA}{I}-\frac{csC'}{\ell^2} & -\frac{s^2A}{I}-\frac{c^2C'}{\ell^2} & 0 \\ \hdashline
-\frac{sC'}{\ell} & -\frac{cC'}{\ell} & C' & \frac{sC'}{\ell} & \frac{cC'}{\ell} & 0 \\ \hdashline
-\frac{c^2A}{I}-\frac{s^2C'}{\ell^2} & \frac{csA}{I}-\frac{csC'}{\ell^2} & \frac{sC'}{\ell} & \frac{c^2A}{I}+\frac{s^2C'}{\ell^2} & -\frac{csA}{I}+\frac{csC'}{\ell^2} & 0 \\ \hdashline
\frac{csA}{I}-\frac{csC'}{\ell^2} & -\frac{s^2A}{I}-\frac{c^2C'}{\ell^2} & \frac{cC'}{\ell} & -\frac{csA}{I}+\frac{csC'}{\ell^2} & \frac{s^2A}{I}+\frac{c^2C'}{\ell^2} & 0 \\ \hdashline
0 & 0 & 0 & 0 & 0 & 0
\end{array}\right]$$

C', c, s nach Abschnitt 1.8.1

1.8.14 Biegestab mit Momentengelenk links nach Th. II. Ordnung

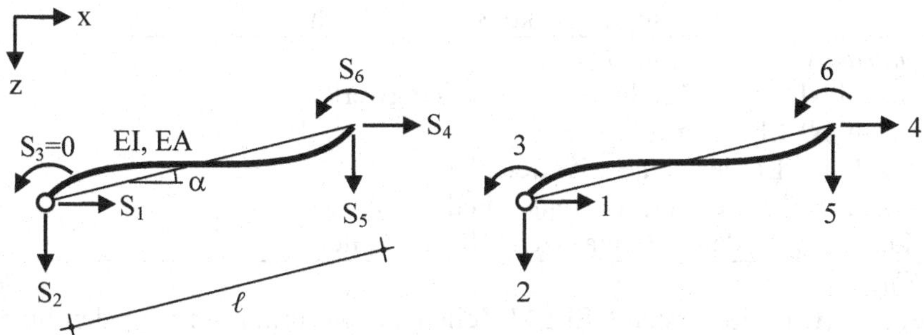

Globale geometrische Steifigkeitsmatrix nach Theorie II. Ordnung:

$$\mathbf{k}_g^{\mathbf{global}} = \frac{EI}{\ell}\begin{bmatrix} \frac{c^2A}{I}+\frac{s^2C'}{\ell^2} & -\frac{csA}{I}+\frac{csC'}{\ell^2} & 0 & -\frac{c^2A}{I}-\frac{s^2C'}{\ell^2} & \frac{csA}{I}-\frac{csC'}{\ell^2} & -\frac{sC'}{\ell} \\ -\frac{csA}{I}+\frac{csC'}{\ell^2} & \frac{s^2A}{I}+\frac{c^2C'}{\ell^2} & 0 & \frac{csA}{I}-\frac{csC'}{\ell^2} & -\frac{s^2A}{I}-\frac{c^2C'}{\ell^2} & -\frac{cC'}{\ell} \\ 0 & 0 & 0 & 0 & 0 & 0 \\ -\frac{c^2A}{I}-\frac{s^2C'}{\ell^2} & \frac{csA}{I}-\frac{csC'}{\ell^2} & 0 & \frac{c^2A}{I}+\frac{s^2C'}{\ell^2} & -\frac{csA}{I}+\frac{csC'}{\ell^2} & \frac{sC'}{\ell} \\ \frac{csA}{I}-\frac{csC'}{\ell^2} & -\frac{s^2A}{I}-\frac{c^2C'}{\ell^2} & 0 & -\frac{csA}{I}+\frac{csC'}{\ell^2} & \frac{s^2A}{I}+\frac{c^2C'}{\ell^2} & \frac{cC'}{\ell} \\ -\frac{sC'}{\ell} & -\frac{cC'}{\ell} & 0 & \frac{sC'}{\ell} & \frac{cC'}{\ell} & C' \end{bmatrix}$$

C′, c, s nach Abschnitt 1.8.1

1.8.15 Programmbeschreibungen

BETT Berechnet die Schnittkräfte und Verformungen ebener Stabtragwerke mit WINKLER-Bettung. Die Belastung besteht aus Einzelwirkungen und stabweise konstanter Gleichlast.
Interaktiv einzugebende Daten Anzahl NDOF der Freiheitsgrade des Tragwerks Anzahl NELEM der Stäbe Anzahl NGLL der Stäbe mit Gleichlast Anzahl NFED der einzubauenden Federmatrizen Kantenlängen der Federmatrizen (NFED Zahlen).
Eingabedateien **ebett.txt:** In den ersten NELEM Zeilen stehen formatfrei für jeden Stab die sechs Werte EI, ℓ, EA, α, k_h und k_v , d.h. Biegesteifigkeit, Stablänge, Dehnsteifigkeit (immer $\neq 0$), Winkel zwischen der globalen x-Achse und der Stabachse in Grad und die Bettungszahlen in horizontaler und vertikaler Richtung, diese z.B. in kN/m^2. In den nächsten NELEM Zeilen stehen die Inzidenzvektoren aller Stäbe, das sind die 6 Nummern der Systemfreiheitsgrade, die den Freiheitsgraden 1 bis 6 des Stabelements im globalen Koordinatensystem entsprechen, in der Reihenfolge u_1, w_1, φ_1, u_2, w_2, φ_2, anschließend die NDOF Einzellasten. **inzfed.txt**: NFED Zeilen, jeweils eine pro Federinzidenzvektor. Darin stehen nacheinander formatfrei die Nummern der Freiheitsgrade, die durch die entsprechende Federmatrix verknüpft werden. **fedmat.txt**: In beliebig vielen Zeilen formatfrei die Koeffizienten aller NFED Federmatrizen. **gllnr.txt**: Nummern der Stäbe mit Gleichlast (NGLL Zahlen) **gll.txt**: Auf NGLL Zeilen die Ordinaten der Gleichlast parallel und senkrecht zur jeweiligen Stabachse (2 Werte)
Ausgabedatei **abett.txt:** Schnittkräfte und Verschiebungen für alle Stäbe im globalen Koordinatensystem nach Vorzeichenkonvention II (VK II) und im Stabkoordinatensystem mit den Schnittkräften nach VK I, dazu Kontrollausgabe der Eingabedaten.

BFW Berechnet die Schnittkräfte und Verformungen ebener Systeme bestehend aus Biegebalken und Fachwerkstäben.
Interaktiv einzugebende Daten Anzahl NDOF der Freiheitsgrade des Tragwerks Anzahl NELEMB der Biegestäbe Anzahl NELEMF der Fachwerkstäbe Anzahl NTRAP der Stäbe mit verteilter Belastung (Trapezförmig) Anzahl NFED der einzubauenden Federmatrizen Kantenlängen der Federmatrizen (NFED Zahlen).
Eingabedateien **ebfw.txt:** In den ersten NELEMB Zeilen stehen formatfrei für jeden Biegestab die Werte EI, EA, ℓ und α (Biege- und Dehnsteifigkeit, Länge, Winkel zwischen der globalen x-Achse und der Stabachse in Grad), gefolgt von NELEMF Zeilen mit den Werten EA, ℓ und α der Fachwerksstäbe. In den nächsten NELEMB Zeilen stehen die Inzidenzvektoren der Biegestäbe (pro Zeile jeweils 6 Werte), gefolgt von NELEMF Zeilen mit jeweils 4 Werten für die Fachwerksstäbe, anschließend die NDOF Einzellasten. Die Biegestäbe sind als erste fortlaufend zu nummerieren. **inzfed.txt**: NFED Zeilen, jeweils eine pro Federinzidenzvektor. Darin stehen nacheinander formatfrei die Nummern der Freiheitsgrade, die durch die entsprechende Federmatrix verknüpft werden. **fedmat.txt**: In beliebig vielen Zeilen formatfrei die Koeffizienten aller NFED Federmatrizen. **trapnr.txt**: Nummern der Stäbe mit einer Trapezlast (NTRAP Zahlen) **trap.txt**: Auf NTRAP Zeilen die jeweiligen Trapezlastordinaten parallel und senkrecht zur Stabachse am Stabanfang und am Stabende (4 Werte).
Ausgabedatei **abfw.txt**: Schnittkräfte und Verschiebungen für alle Stäbe im globalen Koordinatensystem nach Vorzeichenkonvention II (VK II) und im Stabkoordinatensystem mit den Schnittkräften nach VK I, dazu Kontrollausgabe der Eingabedaten.

DIK
Wertet das Integral $\delta_{ik} = \int M_i M_k / EI(x)\, dx$ von x = 0 bis x = L numerisch aus für längs des Trägers stückweise linear verlaufende Querschnittshöhe (bei konstanter Breite) nach der Trapezregel und nach der SIMPSON-Regel.
Interaktiv einzugebende Daten Anzahl N der Unterteilungen des Stabes (gerade Zahl) Anzahl NPKT der Wertepaare zur Festlegung der Querschnittshöhe h(x) längs des Stabes (polygonaler Verlauf) Art des Funktionen $M_i(x)$ und $M_k(x)$ nach folgender Übersicht, dazu die notwendigen Kennwerte: Nr. 1: Trapez, W1 und W2 sind die Randwerte Nr. 2: Dreieck mit Null-Randwerten, Wert W im Abstand x=a Nr. 3: Quadratische 2/3 Parabel mit Scheitel mittig (W in der Mitte) Nr. 4: Quadratische 2/3 Parabel mit Scheitel links (Wert W rechts) Nr. 5: Quadratische 2/3 Parabel mit Scheitel rechts (Wert W links) Nr. 6: Quadratische 1/3 Parabel mit Scheitel links (Wert W rechts) Nr. 7: Quadratische 1/3 Parabel mit Scheitel rechts (Wert W links) Nr. 8: Kubische Parabel mit Wendepunkt links (Wert W rechts) Nr. 9: Kubische Parabel mit Wendepunkt rechts (Wert W links) Nr. 10: Krümmung kappa aus Temperaturdifferenz.
Eingabedatei **edik.txt**: E-Modul, Trägerlänge L, Querschnittsbreite, gefolgt von NPKT Wertepaaren (x, h(x)) mit der Querschnittshöhe h(x) an den Knickpunkten längs des Trägers.).
Ausgabedateien **adik.txt:** Die berechneten δ_{ik}-Werte nach der Trapezregel und nach SIMPSON neben einem Kontrollausdruck der wichtigsten Daten. **funktion.txt**: In vier Spalten der Abstand x vom linken Stabende und die zugehörigen Funktionswerte für $M_i(x)$, $M_k(x)$ und $1/EI(x)$, auf insgesamt (N+1) Zeilen.

<table>
<tr><td>

EFL

Auswertung einer Einflusslinie für einen Lastenzug bestehend aus Einzellasten und einem Gleichlastblock

</td></tr>
<tr><td>

Interaktiv einzugebende Daten

Anzahl NPKT der Wertepaare, die die Einflusslinie beschreiben
Anzahl NAX der Achsen des Lastzuges
Anzahl der Unterteilungen für die lineare Interpolation der Einflusslinie

</td></tr>
<tr><td>

Eingabedateien

el.txt: In zwei Spalten und NPKT Zeilen stehen die (x, η)-Koordinaten der Einflusslinie, mit x als Abstand vom linken Auflager und η als zugehörige Ordinate der Einflusslinie.
zug.txt: Beschreibung des Lastenzuges. In NAX Zeilen stehen die Achslasten, danach auf NAX-1 Zeilen die jeweiligen Abstände jeder Achse von der nächsten. Anschließend kommen drei Zeilen mit dem Abstand des Gleichlastblocks von der letzten Achse, der Länge des Gleichlastblocks und der Größe der Gleichlast.

</td></tr>
<tr><td>

Ausgabedateien

maxmin.txt: Darin werden der berechnete Maximal- und Minimalwert der Zustandsgröße, deren Einflusslinie ausgewertet wurde, ausgegeben, dazu der zugehörige Abstand der führenden Achse vom linken Auflager.
verlauf.txt: Wert der Zustandsgröße als Funktion der Entfernung der führenden Achse vom linken Auflager.

</td></tr>
</table>

FL2 Berechnet die Traglast ebener Rahmentragwerke (Fließgelenkverfahren) nach Theorie II. Ordnung. Es erfolgt keine Änderung der vollplastischen Momente in Abhängigkeit von der Normalkraft!
Interaktiv einzugebende Daten Anzahl NDOF der Freiheitsgrade des Tragwerks Anzahl NELEM der Stäbe Max. Verschiebungsinkrement (bei Überschreitung Systemversagen) Max. Verdrehungsinkrement (bei Überschreitung Systemversagen) Anzahl NFED der einzubauenden Federmatrizen Kantenlängen der Federmatrizen (NFED Zahlen)
Eingabedateien **efl2.txt:** In den ersten NELEM Zeilen stehen formatfrei für jeden Stab die 9 Werte EI, ℓ, EA, α, N, M_{p1}, M_{n1}, M_{p2}, M_{n2} (Biegesteifigkeit, Stablänge, Dehnsteifigkeit, Winkel zwischen der globalen x-Achse und der Stabachse in Grad, positiv im Gegenuhrzeigersinn, vorhandene Normalkraft, als Zug positiv, vollplastisches Moment für positive Momente nach VK 1 am Stabende 1, vollplastisches Moment für negative Momente nach VK 1 am Stabende 1 (negativ einzugeben), vollplastisches Moment für positive Momente nach VK 1 am Stabende 2 und vollplastisches Moment für negative Momente nach VK 1 am Stabende 2. In den nächsten NELEM Zeilen stehen die Inzidenzvektoren aller Stäbe, das sind die 6 Nummern der Systemfreiheitsgrade, die den Freiheitsgraden 1 bis 6 des Stabelements im globalen Koordinatensystem entsprechen, in der Reihenfolge u_1, w_1, φ_1, u_2, w_2, φ_2. Es folgen (formatfrei auf beliebig vielen Zeilen) die NDOF Lastkomponenten (Einzellasten und Einzelmomente) korrespondierend zu den aktiven kinematischen Systemfreiheitsgraden des Tragwerks. **inzfed.txt**: NFED Zeilen, jeweils eine pro Federinzidenzvektor. Darin stehen nacheinander formatfrei die Nummern der Freiheitsgrade, die durch die entsprechende Federmatrix verknüpft werden. **fedmat.txt**: In beliebig vielen Zeilen formatfrei die Koeffizienten aller NFED Federmatrizen..
Ausgabedateien **afl2.txt:** Kontrollausgabe der Eingabedaten und Ergebnisse der Untersuchung (Lastfaktor bei jedem Fliessgelenk, Zustandsgrößen) **zust.txt:** Datei zur Zwischenspeicherung von Ergebnissen.

FW2D Berechnet die Schnittkräfte und Verformungen ebener idealer Fachwerke infolge horizontaler und vertikaler Einzelkräfte an den Knoten sowie Temperaturänderungen in den Stäben.
Interaktiv einzugebende Daten Anzahl NDOF der Freiheitsgrade des Tragwerks Anzahl NELEM der Stäbe Anzahl NTEMP der Stäbe mit Temperaturänderung Anzahl NFED der einzubauenden Federmatrizen Kantenlängen der Federmatrizen (NFED Zahlen).
Eingabedateien **efw2d.txt:** In den ersten NELEM Zeilen stehen formatfrei für jeden Stab die drei Werte EA, ℓ und α (Dehnsteifigkeit, Länge, Winkel zwischen der globalen x-Achse und der Stabachse in Grad). In den nächsten NELEM Zeilen stehen die Inzidenzvektoren aller Stäbe, das sind die vier Nummern der Systemfreiheitsgrade, die den lokalen Freiheitsgraden 1 bis 4 des Stabelements (u_1, w_1, u_2, w_2) entsprechen, anschließend die NDOF Einzellasten **inzfed.txt**: NFED Zeilen, jeweils eine pro Federinzidenzvektor. Darin stehen nacheinander formatfrei die Nummern der Freiheitsgrade, die durch die entsprechende Federmatrix verknüpft werden. **fedmat.txt**: In beliebig vielen Zeilen formatfrei die Koeffizienten aller NFED Federmatrizen. **tempnr.txt**: Nummern der Stäbe mit einer Temperaturänderung (NTEMP Zahlen). **temp.txt**: Auf NTEMP Zeilen formatfrei die Werte T_s und α_T (Temperaturänderung im Stab und Wärmeausdehnungskoeffizient).
Ausgabedatei **afw2d.txt**: Knotenverschiebungen und Stabkräfte sowohl im globalen (systembezogenen) als auch im lokalen (stabbezogenen) Koordinatensystem, dazu Kontrollausgabe der Eingabedaten

FW3D Berechnet die Schnittkräfte und Verformungen räumlicher idealer Fachwerke bei Belastung durch Einzelkräfte in den Knoten sowie Temperaturänderungen in den Stäben.
Interaktiv einzugebende Daten Anzahl NDOF der Freiheitsgrade des Tragwerks Anzahl NELEM der Stäbe Anzahl NTEMP der Stäbe mit Temperaturbelastung Anzahl NNOD der Knoten Anzahl NFED der einzubauenden Federmatrizen Kantenlängen der Federmatrizen (NFED Zahlen).
Eingabedateien **efw3d.txt:** In den ersten NELEM Zeilen stehen formatfrei für jeden Stab die drei Werte EA (Dehnsteifigkeit), Nr. des Anfangknotens und Nr. des Endknotens. In den nächsten NNOD Zeilen stehen die x, y, z-Koordinaten der NNOD Knoten (inkl. Auflagerknoten, 1 Knoten pro Zeile). Es folgen auf NELEM Zeilen die Inzidenzvektoren aller Stäbe, das sind die 6 Nummern der Systemfreiheitsgrade, die den lokalen Freiheitsgraden 1 bis 6 des Stabelements entsprechen, anschließend die NDOF Einzellasten **inzfed.txt**: NFED Zeilen, jeweils eine pro Federinzidenzvektor. Darin stehen nacheinander formatfrei die Nummern der Freiheitsgrade, die durch die entsprechende Federmatrix verknüpft werden. **fedmat.txt**: In beliebig vielen Zeilen formatfrei die Koeffizienten aller NFED Federmatrizen. **tempnr.txt**: Nummern der Stäbe mit einer Temperaturänderung (NTEMP Zahlen). **temp.txt**: Auf NTEMP Zeilen formatfrei die Werte T_s und α_T (Temperaturänderung im Stab und Wärmeausdehnungskoeffizient).
Ausgabedatei **afw3d.txt**: Knotenverschiebungen und Stabkräfte sowohl im globalen (systembezogenen) als auch im lokalen (stabbezogenen) Koordinatensystem, dazu Kontrollausgabe der Eingabedaten

INVERM Liefert die Inverse einer quadratischen Matrix
Interaktiv einzugebende Daten Kantenlänge N der zu invertierenden Matrix
Eingabedatei **matrix.txt:** Die zu invertierende Matrix, spaltenweise formatfrei einzugeben.
Ausgabedatei **invmat.txt:** Die berechnete inverse Matrix, spaltenweise formatfrei ausgegeben.

KNICK Berechnet die Knicklast ebener Rahmentragwerke
Interaktiv einzugebende Daten Anzahl NDOF der Freiheitsgrade des Tragwerks Anzahl NELEM der Stäbe Anzahl NFED der einzubauenden Federmatrizen Kantenlängen der Federmatrizen (NFED Zahlen) Anfangswert für den Faktor λ (Multiplikator der Stabnormalkräfte) Inkrement für den Faktor λ Anzahl der zu berechnenden Wertepaare (λ und zugehöriger Reziprokwert der charakteristischen Verschiebung) Nummer KDOF des Freiheitsgrades der charakteristischen Verschiebung
Eingabedateien **eknick.txt**: In den ersten NELEM Zeilen stehen formatfrei für jeden Stab die 5 Werte EI, ℓ, EA, α und N (Biegesteifigkeit, Stablänge, Dehnsteifigkeit, Winkel zwischen der globalen x-Achse und der Stabachse in Grad, positiv im Gegenuhrzeigersinn und die vorhandene Normalkraft, als Zug positiv). In den nächsten NELEM Zeilen stehen die Inzidenzvektoren aller Stäbe, das sind die 6 Nummern der Systemfreiheitsgrade, die den Freiheitsgraden 1 bis 6 des Stabelements im globalen Koordinatensystem entsprechen, in der Reihenfolge u_1, w_1, φ_1, u_2, w_2, φ_2. Es folgen (formatfrei auf beliebig vielen Zeilen) die NDOF Lastkomponenten korrespondierend zu den aktiven kinematischen Systemfreiheitsgraden. Es empfiehlt sich, alle Komponenten des Lastvektors gleich Null vorzugeben bis auf einen kleinen Wert für den Freiheitsgrad mit der Nummer KDOF, dessen Verschiebung für die Knickbiegelinie charakteristisch ist. **inzfed.txt**: NFED Zeilen, jeweils eine pro Federinzidenzvektor. Darin stehen nacheinander formatfrei die Nummern der Freiheitsgrade, die durch die entsprechende Federmatrix verknüpft werden. **fedmat.txt**: In beliebig vielen Zeilen formatfrei die Koeffizienten aller NFED Federmatrizen.
Ausgabedateien **aknick.txt**: Kontrollausgabe der Eingabedaten **aplot.txt**: In zwei Spalten der Lastfaktor und der Kehrwert der ausgewählten charakteristischen Verformung; beim Erreichen der Knicklast wird dieser Wert Null.

KONDEN Berechnet die kondensierte Steifigkeitsmatrix eines ebenen Stabtragwerks, dazu die Matrix $\underline{A}$ zur Bestimmung der Verschiebungen in allen Freiheitsgraden aus bekannten Verschiebungen der wesentlichen Freiheitsgrade.
Interaktiv einzugebende Daten Anzahl NDOF der Freiheitsgrade des Tragwerks Anzahl NDU der wesentlichen Freiheitsgrade Anzahl NELEM der Stäbe Anzahl NFED der einzubauenden Federmatrizen Kantenlängen der Federmatrizen (NFED Zahlen).
Eingabedateien **ekond.txt:** In den ersten NELEM Zeilen stehen formatfrei für jeden Stab die vier Werte EI, ℓ, EA und α (Biegesteifigkeit, Stablänge, Dehnsteifigkeit und Winkel zwischen der globalen x-Achse und der Stabachse in Grad, positiv im Gegenuhrzeigersinn). In den nächsten NELEM Zeilen stehen die Inzidenzvektoren aller Stäbe, das sind die 6 Nummern der Systemfreiheitsgrade, die den Freiheitsgraden 1 bis 6 des Stabelements im globalen Koordinatensystem entsprechen, in der Reihenfolge u_1, w_1, φ_1, u_2, w_2, φ_2. Es folgen (formatfrei) die NDU Nummern der wesentlichen Freiheitsgrade. **inzfed.txt**: NFED Zeilen, jeweils eine pro Federinzidenzvektor. Darin stehen nacheinander formatfrei die Nummern der Freiheitsgrade, die durch die entsprechende Federmatrix verknüpft werden. **fedmat.txt**: In beliebig vielen Zeilen formatfrei die Koeffizienten aller NFED Federmatrizen.
Ausgabedateien **kmatr.txt**: Die berechnete kondensierte Steifigkeitsmatrix (NDU Zeilen, NDU Spalten) **amat.txt**: Die (NDOF, NDU)- Matrix zur Ermittlung der Verformungen in allen Freiheitsgraden bei bekannten Verformungen in den NDU wesentlichen Freiheitsgraden gemäß $\underline{V}_{ges}=\underline{A}\cdot\underline{V}_{wesentlich}$

RAHM2 Berechnet die Schnittkräfte und Verformungen ebener Rahmentragwerke bei Belastung durch Einzelkräfte nach Theorie II. Ordnung (über die Stabkennzahl ε)
Interaktiv einzugebende Daten Anzahl NDOF der Freiheitsgrade des Tragwerks Anzahl NELEM der Stäbe Anzahl NFED der einzubauenden Federmatrizen Kantenlängen der Federmatrizen (NFED Zahlen) Faktor für die in **erahm2.txt** angegebenen Normalkräfte
Eingabedateien **erahm2.txt**: In den ersten NELEM Zeilen stehen formatfrei für jeden Stab die 5 Werte EI, ℓ, EA, α und N (Biegesteifigkeit, Stablänge, Dehnsteifigkeit, Winkel zwischen der globalen x-Achse und der Stabachse in Grad, positiv im Gegenuhrzeigersinn und die vorhandene Normalkraft, als Zug positiv). In den nächsten NELEM Zeilen stehen die Inzidenzvektoren aller Stäbe, das sind die 6 Nummern der Systemfreiheitsgrade, die den Freiheitsgraden 1 bis 6 des Stabelements im globalen Koordinatensystem entsprechen, in der Reihenfolge u_1, w_1, φ_1, u_2, w_2, φ_2. Es folgen (formatfrei auf beliebig vielen Zeilen) die NDOF Lastkomponenten (Einzellasten und Einzelmomente) korrespondierend zu den aktiven kinematischen Systemfreiheitsgraden. **inzfed.txt**: NFED Zeilen, jeweils eine pro Federinzidenzvektor. Darin stehen nacheinander formatfrei die Nummern der Freiheitsgrade, die durch die entsprechende Federmatrix verknüpft werden. **fedmat.txt**: In beliebig vielen Zeilen formatfrei die Koeffizienten aller NFED Federmatrizen.
Ausgabedatei **arahm2.txt**: Schnittkräfte und Verschiebungen für alle Stäbe im globalen Koordinatensystem nach Vorzeichenkonvention II (VK II) und im Stabkoordinatensystem mit den Schnittkräften nach VK I, dazu Kontrollausgabe der Eingabedaten.

<table>
<tr><td>

RAHM3D

Berechnet die Schnittkräfte und Verformungen von räumlichen Rahmen
</td></tr>
<tr><td>

Interaktiv einzugebende Daten

Anzahl der Freiheitsgrade des Tragwerks (NDOF)
Anzahl der Stäbe (NELEM)
Anzahl der Knoten zur Geometriebeschreibung (NNOD)
Anzahl der einzubauenden Federmatrizen (NFED)
Kantenlängen der Federmatrizen (NFED Zahlen).
</td></tr>
<tr><td>

Eingabedateien

erm3d.txt: In den ersten NELEM Zeilen stehen formatfrei für jeden Stab die 6 Werte EA, GI_T, EIy, EIz, KNi und KNj (Dehnsteifigkeit, Torsionssteifigkeit, Biegesteifigkeit um die y- und die z-Achse sowie die Nummern von Anfang- und Endknoten. In den nächsten NNOD Zeilen stehen die (x, y, z)-Koordinaten der NNOD Knoten. Es folgen auf NELEM Zeilen die Inzidenzvektoren aller Stäbe, das sind die 12 Nummern der Systemfreiheitsgrade, die den Freiheitsgraden 1 bis 12 des Stabelements entsprechen (Verschiebungen in x-, y- und z-Richtung sowie entsprechende Verdrehungen am Ende i und analog am Ende j des Stabes). Es folgen (formatfrei auf beliebig vielen Zeilen) die NDOF Lastkomponenten korrespondierend zu den aktiven kinematischen Systemfreiheitsgraden.
inzfed.txt: NFED Zeilen, jeweils eine pro Federinzidenzvektor. Darin stehen nacheinander formatfrei die Nummern der Freiheitsgrade, die durch die entsprechende Federmatrix verknüpft werden.
fedmat.txt: In beliebig vielen Zeilen formatfrei die Koeffizienten aller NFED Federmatrizen.
</td></tr>
<tr><td>

Ausgabedatei

arm3d.txt: Schnittkräfte und Verschiebungen für alle Stäbe im globalen Koordinatensystem und im Stabkoordinatensystem nach VK II, dazu Kontrollausgabe der Eingabedaten und des Lastvektors. .
</td></tr>
</table>

<table>
<tr><td align="center">RF3D
Berechnet die Schnittkräfte und Verformungen räumlicher Systeme bestehend aus Biegebalken und Fachwerkstäben.</td></tr>
<tr><td>Interaktiv einzugebende Daten

Anzahl der Freiheitsgrade des Tragwerks (NDOF)
Anzahl der Biegestäbe (NELEMB)
Anzahl der Fachwerkstäbe (NELEMF)
Anzahl der Knoten zur Geometriebeschreibung (NNOD)
Anzahl der einzubauenden Federmatrizen (NFED)
Kantenlängen der Federmatrizen (NFED Zahlen).</td></tr>
<tr><td>Eingabedateien

erf3d.txt: In den ersten NELEMB Zeilen stehen formatfrei für jeden Biegestab die 6 Werte EA, GI_T, EIy, EIz, KNi und KNj (Dehnsteifigkeit, Torsionssteifigkeit, Biegesteifigkeit um die y- und die z-Achse sowie die Nummern von Anfang- und Endknoten, gefolgt von NELEMF Zeilen mit den Werten EA, KNi und KNj für die Fachwerksstäbe. Es folgen NNOD Zeilen mit den (x, y, z)-Koordinaten der NNOD Knoten. In den nächsten NELEMB Zeilen stehen die Inzidenzvektoren der Biegestäbe (pro Zeile jeweils 12 Werte), danach NELEMF Zeilen mit jeweils 6 Werten für die Fachwerksstäbe und zum Schluss die NDOF Einzellasten. Die Biegestäbe sind als erste fortlaufend zu nummerieren.
inzfed.txt: NFED Zeilen, jeweils eine pro Federinzidenzvektor. Darin stehen nacheinander formatfrei die Nummern der Freiheitsgrade, die durch die entsprechende Federmatrix verknüpft werden.
fedmat.txt: In beliebig vielen Zeilen formatfrei die Koeffizienten aller NFED Federmatrizen.</td></tr>
<tr><td>Ausgabedatei

arf3d.txt: Schnittkräfte und Verschiebungen für alle Stäbe im globalen Koordinatensystem und im Stabkoordinatensystem nach VK II, dazu Kontrollausgabe der Eingabedaten und des Lastvektors. .</td></tr>
</table>

ROST Berechnet die Schnittkräfte und Verformungen von Trägerrosten
Interaktiv einzugebende Daten Anzahl NDOF der Freiheitsgrade des Tragwerks Anzahl NELEM der Stäbe .Anzahl NTRAP der Stäbe mit Trapezlasten Anzahl NFED der einzubauenden Federmatrizen Kantenlängen der Federmatrizen (NFED Zahlen).
Eingabedateien **erost.txt:** In den ersten NELEM Zeilen stehen formatfrei für jeden Stab die 4 Werte EI, ℓ, GJ_T und α (Biegesteifigkeit, Stablänge, Torsionssteifigkeit und Winkel zwischen der globalen x-Achse und der Stabachse in Grad, positiv im Uhrzeigersinn). Der Trägerrost liegt in der (x, y)-Ebene mit der z-Achse positiv nach unten. In den nächsten NELEM Zeilen stehen die Inzidenzvektoren aller Stäbe, das sind die 6 Nummern der Systemfreiheitsgrade, die den globalen Freiheitsgraden 1 bis 6 des Stabelements entsprechen (Drehung um die globale x-Achse, Drehung um die y-Achse und Durchbiegung in z-Richtung für beide Stabenden). Es folgen (formatfrei auf beliebig vielen Zeilen) die NDOF Lastkomponenten korrespondierend zu den aktiven kinematischen Systemfreiheitsgraden. **inzfed.txt**: NFED Zeilen, jeweils eine pro Federinzidenzvektor. Darin stehen nacheinander formatfrei die Nummern der Freiheitsgrade, die durch die entsprechende Federmatrix verknüpft werden. **fedmat.txt**: In beliebig vielen Zeilen formatfrei die Koeffizienten aller NFED Federmatrizen. **trapnr.txt**: Nummern der Stäbe mit einer Trapezlast (NTRAP Zahlen) **trap.txt**: Auf NTRAP Zeilen die jeweiligen Trapezlastordinaten in z-Richtung (positiv nach unten) am Stabanfang und am Stabende (zwei Werte).
Ausgabedatei **arost.txt**: Schnittkräfte und Verschiebungen für alle Stäbe im globalen Koordinatensystem nach Vorzeichenkonvention II (VK II) und im Stabkoordinatensystem nach VK I, dazu Kontrollausgabe der Eingabedaten und des Lastvektors.

SEKSYS Berechnet die Zustandsgrößen (Schnittkräfte und Verschiebungen) von Sekundärkonstruktionen bei bekannten Verformungen in den Koppelfreiheitsgraden zur Primärkonstruktion
Interaktiv einzugebende Daten Anzahl der wesentlichen Freiheitsgrade (Koppelfreiheitsgrade) Anzahl NELEM der Stäbe Anzahl der unwesentlichen Freiheitsgrade
Eingabedateien **ekond.txt:** In den ersten NELEM Zeilen stehen formatfrei für jeden Stab die 4 Werte EI, ℓ, EA und α (Biegesteifigkeit, Stablänge, Dehnsteifigkeit und Winkel zwischen der globalen x-Achse und der Stabachse in Grad, positiv im Gegenuhrzeigersinn). In den nächsten NELEM Zeilen stehen die Inzidenzvektoren aller Stäbe, das sind die 6 Nummern der Systemfreiheitsgrade, die den Freiheitsgraden 1 bis 6 des Stabelements im globalen Koordinatensystem entsprechen, in der Reihenfolge u_1, w_1, φ_1, u_2, w_2, φ_2. **vu.txt**: Die bekannten Verformungen in den wesentlichen Freiheitsgraden. **amat.txt**: Matrix zur Bestimmung der Verformungen in den unwesentlichen Freiheitsgraden aus den bekannten Verformungen der wesentlichen Freiheitsgrade, wird durch das Programm KONDEN erstellt.
Ausgabedatei **zust.txt**: Zustandsgrößen (Verformungen und Schnittkräfte) aller Stäbe der Sekundärkonstruktion.

TEMP Berechnet die Schnittkräfte und Verformungen ebener Rahmentragwerke unter Einzellasten und Temperaturbeanspruchung (konstanter oder linearer Verlauf über die Querschnittshöhe)
Interaktiv einzugebende Daten Anzahl NDOF der Freiheitsgrade des Tragwerks Anzahl NELEM der Stäbe Anzahl NTEMP der Stäbe mit Temperaturbelastung Anzahl NFED der einzubauenden Federmatrizen Kantenlängen der Federmatrizen (NFED Zahlen).
Eingabedateien **etrap.txt:** In den ersten NELEM Zeilen stehen formatfrei für jeden Stab die vier Werte EI, ℓ, EA und α (Biegesteifigkeit, Stablänge, Dehnsteifigkeit und Winkel zwischen der globalen x-Achse und der Stabachse in Grad, positiv im Gegenuhrzeigersinn). In den nächsten NELEM Zeilen stehen die Inzidenzvektoren aller Stäbe, das sind die 6 Nummern der Systemfreiheitsgrade, die den Freiheitsgraden 1 bis 6 des Stabelements im globalen Koordinatensystem entsprechen, in der Reihenfolge u_1, w_1, φ_1, u_2, w_2, φ_2. Es folgen (formatfrei auf beliebig vielen Zeilen) die NDOF Lastkomponenten (Einzellasten und Einzelmomente) korrespondierend zu den aktiven kinematischen Systemfreiheitsgraden. **inzfed.txt**: NFED Zeilen, jeweils eine pro Federinzidenzvektor. Darin stehen nacheinander formatfrei die Nummern der Freiheitsgrade, die durch die entsprechende Federmatrix verknüpft werden. **fedmat.txt**: In beliebig vielen Zeilen formatfrei die Koeffizienten aller NFED Federmatrizen. **tempnr.txt**: Nummern der Stäbe mit einer Temperaturbeanspruchung (NTEMP Zahlen) **tmp.txt**: Auf NTEMP Zeilen formatfrei die jeweiligen Werte T_{oben}, T_{unten}, α_T und d (Temperatur oben und unten, linearer Wärmeausdehnungskoeffizient und Stab-Querschnittshöhe).
Ausgabedatei **atemp.txt**: Schnittkräfte und Verschiebungen für alle Stäbe im globalen Koordinatensystem nach Vorzeichenkonvention II (VK II) und im Stabkoordinatensystem mit den Schnittkräften nach VK I, dazu Kontrollausgabe der Eingabedaten.

TRAP Berechnet die Schnittkräfte und Verformungen ebener Rahmentragwerke bei Belastung durch Einzelkräfte und Trapezlasten
Interaktiv einzugebende Daten Anzahl NDOF der Freiheitsgrade des Tragwerks Anzahl NELEM der Stäbe Anzahl NTRAP der Stäbe mit Trapezlasten Anzahl NFED der einzubauenden Federmatrizen Kantenlängen der Federmatrizen (NFED Zahlen).
Eingabedateien **etrap.txt:** In den ersten NELEM Zeilen stehen formatfrei für jeden Stab die vier Werte EI, ℓ, EA und α (Biegesteifigkeit, Stablänge, Dehnsteifigkeit und Winkel zwischen der globalen x-Achse und der Stabachse in Grad, positiv im Gegenuhrzeigersinn). In den nächsten NELEM Zeilen stehen die Inzidenzvektoren aller Stäbe, das sind die 6 Nummern der Systemfreiheitsgrade, die den Freiheitsgraden 1 bis 6 des Stabelements im globalen Koordinatensystem entsprechen, in der Reihenfolge u_1, w_1, φ_1, u_2, w_2, φ_2. Es folgen (formatfrei auf beliebig vielen Zeilen) die NDOF Lastkomponenten (Einzellasten und Einzelmomente) korrespondierend zu den aktiven kinematischen Systemfreiheitsgraden. **inzfed.txt**: NFED Zeilen, jeweils eine pro Federinzidenzvektor. Darin stehen nacheinander formatfrei die Nummern der Freiheitsgrade, die durch die entsprechende Federmatrix verknüpft werden. **fedmat.txt**: In beliebig vielen Zeilen formatfrei die Koeffizienten aller NFED Federmatrizen. **trapnr.txt**: Nummern der Stäbe mit einer Trapezlast (NTRAP Zahlen) **trap.txt**: Auf NTRAP Zeilen die jeweiligen Trapezlastordinaten parallel und senkrecht zur Stabachse am Stabanfang und am Stabende (4 Werte).
Ausgabedatei **atrap.txt**: Schnittkräfte und Verschiebungen für alle Stäbe im globalen Koordinatensystem nach Vorzeichenkonvention II (VK II) und im Stabkoordinatensystem mit den Schnittkräften nach VK I, dazu Kontrollausgabe der Eingabedaten.

TRSTAR Berechnet die Schnittkräfte und Verformungen ebener Rahmentragwerke bei Belastung durch Einzelkräfte und Trapezlasten, wobei die Stäbe starre Endbereiche haben können.
Interaktiv einzugebende Daten Anzahl NDOF der Freiheitsgrade des Tragwerks Anzahl NELEM der Stäbe Anzahl NTRAP der Stäbe mit Trapezlasten Anzahl NFED der einzubauenden Federmatrizen Kantenlängen der Federmatrizen (NFED Zahlen).
Eingabedateien **estar.txt:** In den ersten NELEM Zeilen stehen formatfrei für jeden Stab die sechs Werte Biegesteifigkeit EI, ℓ als freie Stablänge zwischen den starren Endbereichen, Dehnsteifigkeit EA, Neigungswinkel α zur Horizontalen, sowie die Koeffizienten α und β zur Beschreibung der starren Stabendbereiche am Stabanfang und –ende von der Länge $\alpha \cdot \ell$ bzw. $\beta \cdot \ell$. In den nächsten NELEM Zeilen stehen die Inzidenzvektoren aller Stäbe, das sind die 6 Nummern der Systemfreiheitsgrade, die den Freiheitsgraden 1 bis 6 des Stabelements im globalen Koordinatensystem entsprechen, in der Reihenfolge u_1, w_1, φ_1, u_2, w_2, φ_2. Es folgen (formatfrei auf beliebig vielen Zeilen) die NDOF Lastkomponenten (Einzellasten und Einzelmomente) korrespondierend zu den aktiven kinematischen Systemfreiheitsgraden. **inzfed.txt**: NFED Zeilen, jeweils eine pro Federinzidenzvektor. Darin stehen nacheinander formatfrei die Nummern der Freiheitsgrade, die durch die entsprechende Federmatrix verknüpft werden. **fedmat.txt**: In beliebig vielen Zeilen formatfrei die Koeffizienten aller NFED Federmatrizen. **trapnr.txt**: Nummern der Stäbe mit einer Trapezlast (NTRAP Zahlen) **trap.txt**: Auf NTRAP Zeilen die jeweiligen Trapezlastordinaten parallel und senkrecht zur Stabachse am Stabanfang und am Stabende (4 Werte).
Ausgabedatei **astar.txt**: Schnittkräfte und Verschiebungen für alle Stäbe im globalen Koordinatensystem nach Vorzeichenkonvention II (VK II) und im Stabkoordinatensystem mit den Schnittkräften nach VK I, dazu Kontrollausgabe der Eingabedaten.

VERF Berechnet die Schnittkräfte und Verformungen ebener Rahmentragwerke infolge vorgegebener Verformungen einzelner Freiheitsgrade
Interaktiv einzugebende Daten Anzahl NDOF der Freiheitsgrade des Tragwerks Anzahl NDU der vorgegebenen Verformungen Anzahl NELEM der Stäbe Anzahl der einzubauenden Federmatrizen (NFED) Kantenlängen der Federmatrizen (NFED Zahlen).
Eingabedateien **everf.txt:** In den ersten NELEM Zeilen stehen formatfrei für jeden Stab die vier Werte EI, ℓ, EA und α (Biegesteifigkeit, Stablänge, Dehnsteifigkeit und Winkel zwischen der globalen x-Achse und der Stabachse in Grad, positiv im Gegenuhrzeigersinn). In den nächsten NELEM Zeilen stehen die Inzidenzvektoren aller Stäbe, das sind die 6 Nummern der Systemfreiheitsgrade, die den Freiheitsgraden 1 bis 6 des Stabelements im globalen Koordinatensystem entsprechen, in der Reihenfolge u_1, w_1, φ_1, u_2, w_2, φ_2. Es folgen (formatfrei) die NDU Nummern der Freiheitsgrade, deren Verformungen vorgegeben sind. Zum Schluss werden die entsprechenden Verformungen formatfrei angegeben. **inzfed.txt**: NFED Zeilen, jeweils eine pro Federinzidenzvektor. Darin stehen nacheinander formatfrei die Nummern der Freiheitsgrade, die durch die entsprechende Federmatrix verknüpft werden. **fedmat.txt**: In beliebig vielen Zeilen formatfrei die Koeffizienten aller NFED Federmatrizen.
Ausgabedatei **averf.txt**: Nach Ausgabe der Eingabedaten, darunter der vorgeschriebenen NDU Verformungen, werden die berechneten Verformungen in allen NDOF Freiheitsgraden ausgegeben. Es folgen die Schnittkräfte und Verschiebungen für alle Stäbe im globalen Koordinatensystem nach Vorzeichenkonvention II (VK II) und im Stabkoordinatensystem mit den Schnittkräften nach VK I.

VOUT Berechnet die Schnittkräfte und Verformungen ebener Rahmentragwerke mit linear veränderlicher Höhe der Stäbe (bei konstanter Breite). Die Belastung besteht aus Einzelkräften und Trapezlasten
Interaktiv einzugebende Daten Anzahl NDOF der Freiheitsgrade des Tragwerks Anzahl NELEM der Stäbe Anzahl NTRAP der Stäbe mit Trapezlasten Anzahl NFED der einzubauenden Federmatrizen Kantenlängen der Federmatrizen (NFED Zahlen).
Eingabedateien **evout.txt :** In den ersten NELEM Zeilen stehen formatfrei für jeden Stab die vier Werte EI_i, ℓ, EA_i, α und $r = \frac{d_j}{d_i} - 1$. (Biegesteifigkeit am Anfangsquerschnitt i, Stablänge, Dehnsteifigkeit am Anfangsquerschnitt i, Winkel zwischen der globalen x-Achse und der Stabachse in Grad und Verhältnis der Balkenhöhen am End- und am Anfangsquerschnitt minus 1). Bei gevouteten Stäben muss die Stabrichtung immer vom schwächeren (i) zum stärkeren (j) Querschnitt zeigen. In den nächsten NELEM Zeilen stehen die Inzidenzvektoren aller Stäbe, das sind die 6 Nummern der Systemfreiheitsgrade, die den Freiheitsgraden 1 bis 6 des Stabelements im globalen Koordinatensystem entsprechen, in der Reihenfolge u_1, w_1, φ_1, u_2, w_2, φ_2. Es folgen (formatfrei auf beliebig vielen Zeilen) die NDOF Lastkomponenten (Einzellasten und Einzelmomente) korrespondierend zu den aktiven kinematischen Systemfreiheitsgraden. **inzfed.txt**: NFED Zeilen, jeweils eine pro Federinzidenzvektor. Darin stehen nacheinander formatfrei die Nummern der Freiheitsgrade, die durch die entsprechende Federmatrix verknüpft werden. **fedmat.txt**: In beliebig vielen Zeilen formatfrei die Koeffizienten aller NFED Federmatrizen. **trapnr.txt**: Nummern der Stäbe mit einer Trapezlast (NTRAP Zahlen) **trap.txt**: Auf NTRAP Zeilen die jeweiligen Trapezlastordinaten parallel und senkrecht zur Stabachse am Stabanfang und am Stabende (4 Werte).
Ausgabedatei **avout.txt**: Schnittkräfte und Verschiebungen für alle Stäbe im globalen Koordinatensystem nach Vorzeichenkonvention II (VK II) und im Stabkoordinatensystem mit den Schnittkräften nach VK I, dazu Kontrollausgabe der Eingabedaten.

<table>
<tr><td align="center">VOUTMP
Berechnet die Schnittkräfte und Verformungen ebener Rahmentragwerke mit gevouteten Stäben unter Einzellasten und Temperaturbeanspruchung (konstanter oder linearer Verlauf über die Querschnittshöhe)</td></tr>
<tr><td>Interaktiv einzugebende Daten
Anzahl NDOF der Freiheitsgrade des Tragwerks
Anzahl NELEM der Stäbe
Anzahl NTEMP der Stäbe mit Temperaturbelastung
Anzahl NFED der einzubauenden Federmatrizen
Kantenlängen der Federmatrizen (NFED Zahlen).</td></tr>
<tr><td>Eingabedateien
evout.txt : Wie beim Programm VOUT.
inzfed.txt: NFED Zeilen, jeweils eine pro Federinzidenzvektor. Darin stehen nacheinander formatfrei die Nummern der Freiheitsgrade, die durch die entsprechende Federmatrix verknüpft werden.
fedmat.txt: In beliebig vielen Zeilen formatfrei die Koeffizienten aller NFED Federmatrizen.
tempnr.txt: Nummern der Stäbe mit Temperaturbelastung (NTEMP Zahlen)
temp.txt: Auf NTEMP Zeilen die jeweiligen Werte E, T_{oben}, T_{unten}, d_i, d_j, b und α_T (E-Modul, Temperatur oben und unten, Querschnittshöhen am Stabanfang und Stabende, Querschnittsbreite und der lineare Wärmeausdehnungskoeffizient).</td></tr>
<tr><td>Ausgabedatei
avout.txt: Schnittkräfte und Verschiebungen für alle Stäbe im globalen Koordinatensystem nach Vorzeichenkonvention II (VK II) und im Stabkoordinatensystem mit den Schnittkräften nach VK I, dazu Kontrollausgabe der Eingabedaten..</td></tr>
</table>

ZWI Berechnet Zwischenwerte von Biegelinien oder Momentenlinien nach dem ω-Verfahren
Interaktiv einzugebende Daten Länge des Stabes Anfangswert xanf am linken Stabende Ordinaten der gesuchten Kurve am Stabanfang und –ende Art der Belastung: Trapezförmig, quadratische 2/3 -Parabel mit dem Scheitel mittig, quadratische 1/3-Parabeln mit dem Scheitel links oder rechts. Ordinaten der Belastung (M/EI oder p) senkrecht zur Stabachse am Stabanfang und –ende Anzahl N der Stababschnitte gleicher Länge (es werden N+1 Ordinaten berechnet und ausgegeben).
Eingabedateien Keine.
Ausgabedatei **verlauf.txt**: In zwei Spalten der Abstand vom linken Stabende plus dem Anfangswert xanf und die berechnete zugehörige Funktionsordinate, insgesamt (N+1) Wertepaare.

1.9 Literatur zum Kapitel Stabtragwerke

Deutsches Institut für Normung e.V.: DIN V ENV 1993. Eurocode 3 - Bemessung und Konstruktion von Stahlbauten, Berlin, 1993.

Krätzig, W. B., Harte, R., Meskouris, K., Wittek, U.: Tragwerke 2: Theorie und Berechnungsmethoden statisch unbestimmter Stabtragwerke, 4. Auflage. Springer Verlag, Berlin/Heidelberg/New York, 2004.

Lourenco, P.B.: Computational Strategies for Masonry Structures. Delft University Press, III. Thesis, Delft University of Technology, 1996.

Mehlhorn, G.: Der Ingenieurbau-Grundwissen, Rechnerorientierte Baumechanik, Ernst und Sohn Verlag, Berlin, 1995.

Meskouris, K., Hake, E.: Statik der Stabtragwerke. 2. Auflage, Springer Verlag, Berlin/Heidelberg/New York, 2009.

Petersen, Chr.: Statik und Stabilität der Baukonstruktionen. Vieweg Verlag, Braunschweig/Wiesbaden, 1982.

Petersen, Chr.: Stahlbau. Vieweg Verlag, Braunschweig/Wiesbaden, 1993.

Rothert, H., Gensichen, V.: Nichtlineare Stabstatik. Springer-Verlag, Berlin, 1987

2 Seile

2.1 Einleitung

Seile lassen sich hinsichtlich ihres Einsatzes in stehende und laufende Seile unterteilen. Stehende Seile sind in der modernen Architektur durch die Möglichkeit der wirtschaftlichen Überbrückung großer Spannweiten zu unverzichtbaren Tragelementen geworden. Sie finden häufig Anwendung bei der Ausführung von Hängebrücken, abgespannten Masten und Schornsteinen sowie bei der großflächigen Überdachung von Sportstätten und großen Ausstellungshallen. Laufende Seile werden als Antriebsseile in der Fördertechnik eingesetzt. Im Folgenden werden die theoretischen Grundlagen für die Berechnung von Einzelseilen zusammengestellt und an Hand von Berechnungsbeispielen illustriert.

2.2 Mechanische Eigenschaften von Seilen

2.2.1 Seilarten

Für stehende Seile werden Spiralseile oder Paralleldrahtbündel verwendet. Spiralseile bestehen aus einem Kerndraht und einer Lage oder mehreren Lagen von Drähten, die um den Kerndraht geschlagen sind. Sie werden als offene (nur Runddraht), verschlossene (Rund- und Keildrähte) oder vollverschlossene Seile (Rund- und Z-Drähte) ausgeführt. Paralleldrahtbündel hingegen setzen sich ausschließlich aus parallel liegenden gebündelten Runddrähten zusammen. Laufende Seile werden in der Regel als Litzenseile ausgeführt. Der Aufbau einer Litze entspricht dem eines Spiralseiles, so dass ein Spiralseil einem einlitzigen Seil entspricht. Die einzelnen Litzen werden um einen Kern geschlagen, der aus einem Stahlseil, Faserseil oder einer Litze besteht. Bild 2.2-1 zeigt die typischen Querschnittsformen stehender und laufender Seilarten. Für detaillierte Erläuterungen der Seilarten wird auf Freyrer (2000), Petersen (1993) und die DIN 3051 (1972) verwiesen.

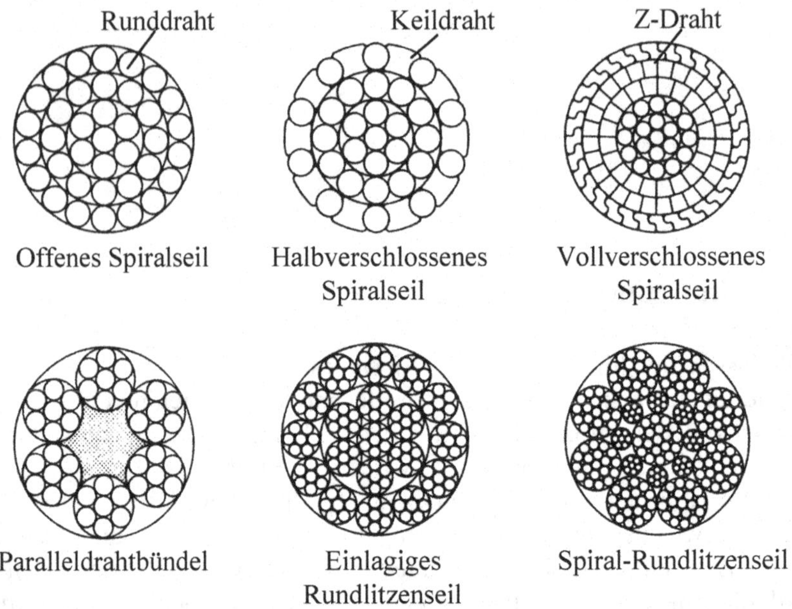

Bild 2.2-1 Typische Querschnittsformen von Stahlseilen (DIN 3051, 1972)

2.2.2 Dehnverhalten von Seilen

Das Spannungsdehnungsverhalten von Seilen ist nichtlinear, wobei die Nichtlinearität bei Litzenseilen wesentlich ausgeprägter als bei Spiralseilen ist. Verglichen mit dem Einzeldraht besitzen die Spannungsdehnungskurven der Seile eine geringe Steigung, und der Verformungsmodul ist vom Zugspannungsniveau abhängig. Die Eigenschaften resultieren aus dem Querschnittsaufbau des Seiles. Bei Erstbelastung kommt es in kleinen Dehnungsbereichen zunächst zu einer Verfestigung durch das Schließen der vorhandenen Freiräume, und der Verformungsmodul nimmt zu (Bild 2.2-2). Bei weiterer Laststeigerung treten Querpressungen zwischen den Einzeldrähten auf, die durch die vorhandene Querdehnung zu einer Verlängerung des Seiles führen. Dieser Effekt ist je nach Seilaufbau und Herstellungsqualität erst nach 10 - 30 Lastzyklen abgeschlossen. Die sich dabei einstellende bleibende Verlängerung des Seiles wird als Seilreck bezeichnet. Wenn sich der Seilreck vollständig eingestellt hat, kann von reproduzierbaren Dehneigenschaften des Seiles ausgegangen werden. Aufgrund dessen wird der Verformungsmodul E_S von Seilen aus experimentellen Ergebnissen als Sekantenmodul zwischen zwei Seilzugspannungen σ_O, σ_U nach einer ausreichenden Anzahl von Lastwiederholungen bestimmt (Bild 2.2-3). Eine einheitliche Definition des Zugspannungsbereichs und der Anzahl der Lastzyklen existiert nicht. In DIN 18800 T1 (1990) ist in Anlehnung an DIN 18809 (1987) und DIN 1073 (1974) ein Verfahren zur Bestimmung des Verformungsmoduls für vollverschlossene, nicht vorgereckte Spiralseile angegeben. In der VDI-Richtlinie 2358 (1984) wird ein Vorgehen zur Bestimmung des Verformungsmoduls von Litzenseilen beschrieben.

Zusätzlich zum Seilreck treten bei Seilen Kriecheffekte auf, die zu ungewollten größeren Seildurchhängen bzw. zur Verminderung der planmäßigen Seilspannung führen (Bild 2.2-3). Da die Kriechdehnungen ε_K relativ gering sind, werden diese rechnerisch vernachlässigt und zusammen mit dem Kriechanteil der Seilendausbildungen bei dem Ablängen der Seile berücksichtigt.

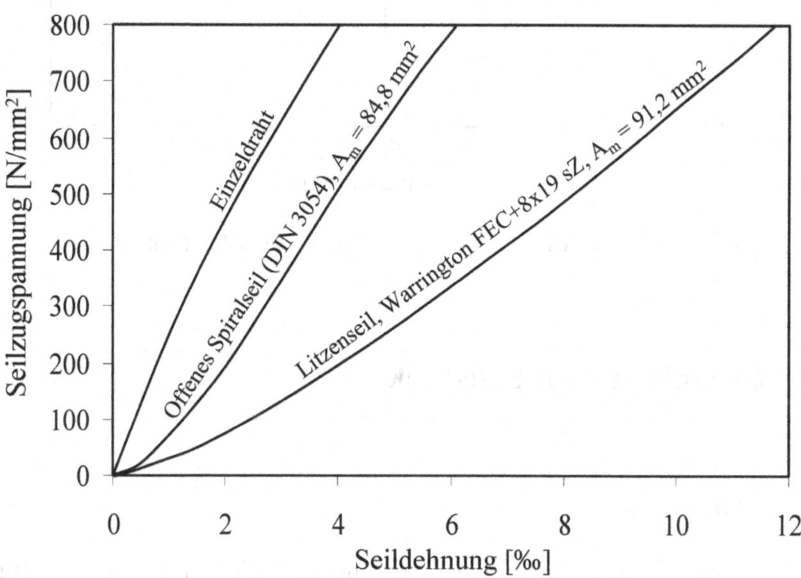

Bild 2.2-2 Dehnverhalten bei Erstbelastung (Freyrer, 2000)

In der Praxis werden Seilberechnungen üblicherweise unter der Annahme eines konstanten Verformungsmoduls durchgeführt. Dazu muss der Verformungsmodul des Seiles auf der Grundlage des hier vorgestellten Dehnverhaltens von Seilen sinnvoll gewählt werden. Die Wahl sollte immer in Absprache mit den Seilherstellern erfolgen, da diese über experimentell ermittelte Seilkennwerte verfügen. Als Anhaltswerte können folgende Rechenwerte nach DIN 18800 T1 (1990) verwendet werden:

- Rundlitzenseile: $E_S = 90 - 120$ kN/mm^2
- Offene Spiralseile: $E_S = 150$ kN/mm^2
- Vollverschlossene Spiralseile: $E_S = 170$ kN/mm^2
- Paralleldrahtbündel: $E_S = 200$ kN/mm^2
- Parallellitzenbündel: $E_S = 190$ kN/mm^2

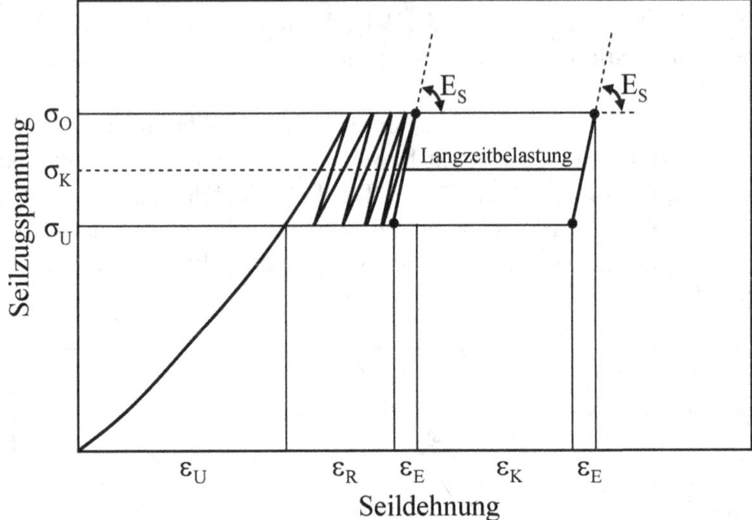

Bild 2.2-3 Bestimmung des Verformungsmoduls E_S als Sekantenmodul

2.3 Grundlagen der Seilstatik

2.3.1 Annahmen

Die im Folgenden vorgestellten Berechnungsverfahren für die Bestimmung der Seilkraft und der Seillinie von Einzelseilen gehen von einer im Vergleich zur Dehnsteifigkeit sehr geringen und zu vernachlässigenden Biegesteifigkeit des Seiles aus. Die auf das Seil einwirkenden Belastungen werden nur über Zugkräfte in Seilrichtung abgetragen und das Biegemoment ist an jeder Stelle des Seiles gleich Null. Das Seil wird unter Berücksichtigung der elastischen Seildehnung wahlweise als dehnstarr oder als dehnbar angenommen. Die Seilkraft ist über die Seillänge veränderlich.

2.3.2 Differentialgleichungen für das ebene Seil

Es werden die Differentialgleichungen für das in Bild 2.3-1 dargestellte Seil mit Durchhang zwischen den Aufhängepunkten A und B für die vertikalen Belastungen $q_1(x)$ und $q_2(x)$ hergeleitet. Die Belastung $q_1(x)$ wirkt auf die Längeneinheit der Seillinie und die Belastung $q_2(x)$ ist auf die projizierte Länge des Seiles in x-Richtung bezogen.

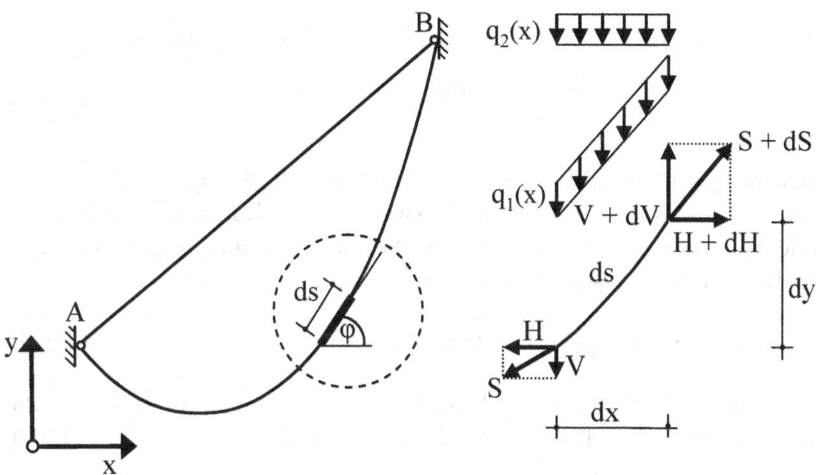

Bild 2.3-1 Gleichgewichtsbedingungen an einem Seilelement

Die Differentialgleichungen ergeben sich durch Formulierung der Gleichgewichtsbedingungen am infinitesimalen Seilelement der Länge ds, wobei die Belastungen $q_1(x)$, $q_2(x)$ über ds bzw. dx als konstant angenommen werden. Die Summe der Horizontalkräfte und das Momentengleichgewicht liefern:

$$\Sigma H = 0: \quad H - (H + dH) = 0 \quad \Rightarrow \quad H = \text{konst.} \tag{2.3.1}$$

$$\Sigma M = 0: \quad V\,dx - H\,dy = 0 \quad \Rightarrow \quad V = H\,y' \tag{2.3.2}$$

Die Summe der Vertikalkräfte für die Belastung $q_1(x)$

$$\Sigma V = 0: \quad V - (V + dV) + q_1(x)\,ds = 0 \quad \Rightarrow \quad V' = q_1(x)\frac{ds}{dx} \tag{2.3.3}$$

ergibt mit der Beziehung

$$ds = \sqrt{dx^2 + dy^2} = dx\sqrt{1 + y'^2} \tag{2.3.4}$$

und der Gleichung (2.3.2) die Differentialgleichung für $q_1(x)$:

$$y'' = \frac{q_1(x)\sqrt{1+y'^2}}{H} \tag{2.3.5}$$

Die Summe der Vertikalkräfte für die Belastung $q_2(x)$

$$\Sigma V = 0: \quad V - (V + dV) + q_2(x)dx = 0 \quad \Rightarrow \quad V' = q_2(x) \tag{2.3.6}$$

liefert mit der Gleichung (2.3.2) die Differentialgleichung für $q_2(x)$:

$$y'' = \frac{q_2(x)}{H} \tag{2.3.7}$$

Aus den hergeleiteten Differentialgleichungen 2. Ordnung für die Belastungen $q_1(x)$ und $q_2(x)$ kann durch Auswertung der Randbedingungen die Seillinie $y(x)$ ermittelt werden. Ist die Seillinie bekannt, ergibt sich der Seilkraftverlauf $S(x)$ aus folgender Beziehung:

$$S(x) = \sqrt{H^2 + V^2(x)} = H\sqrt{1+y'^2} \tag{2.3.8}$$

Die Differentialgleichungen und Beziehungen für horizontale Belastungen $q_1(y)$, $q_2(y)$ ergeben sich aus den Gleichungen (2.3.1) bis (2.3.8) durch Vertauschung von x, y und H, V.

2.3.3 Allgemeine Form der Seilgleichung

Die allgemeine Form der Seilgleichung basiert auf dem Zusammenhang zwischen der Länge des Seiles im unbelasteten Zustand vor dem Einbau (Ausgangszustand) und dem eingebauten belasteten Zustand (Endzustand). Zwischen diesen Längen besteht folgender Zusammenhang:

$$s = s_A + \Delta s_E + \Delta s_T - \Delta s_V \tag{2.3.9}$$

mit:

s Länge des Seiles im Endzustand,

s_A Länge des Seiles im Ausgangszustand,

Δs_E elastische Längenänderung des Seiles durch äußere Lasten,

Δs_T Längenänderung infolge Temperaturlast,

Δs_V Längenänderung infolge Vorspannung.

Die Länge im Endzustand s ergibt sich durch Integration der Gleichung (2.3.4):

$$s = \int_0^{\ell} \sqrt{1 + y'^2}\, dx \tag{2.3.10}$$

Die Integration der Dehnungen über die Seillänge liefert die elastische Seillängenänderung

$$\Delta s_E = \int_0^{s} \varepsilon_S\, ds = \int_0^{\ell} \frac{S(x)}{E_S A_m} \sqrt{1 + y'^2}\, dx\,, \tag{2.3.11}$$

wobei A_m der metallische Querschnitt und E_S der Verformungsmodul des Seiles sind. Die Längenänderung infolge Temperaturlast beträgt bei der Temperaturänderung ΔT und dem Temperaturausdehnungskoeffizienten α_T:

$$\Delta s_T = \alpha_T\, \Delta T\, s_A \tag{2.3.12}$$

Infolge einer Vorspannung σ_V ergibt sich die Längenänderung zu

$$\Delta s_V = \frac{\sigma_V}{E_S} s_A\,. \tag{2.3.13}$$

Die Anwendung der allgemeinen Seilgleichung auf konkrete Geometrierandbedingungen und Belastungsarten erfordert die Aufstellung der Seillinie y(x), da die Bestimmungsgleichungen für s und Δs_E die Ableitung der Seillinie beinhalten. Mit der Seillinie kann die resultierende nichtlineare Seilgleichung iterativ gelöst werden.

In den Abschnitten 2.4 und 2.5 werden die Seilgleichungen für ein Seil unter Eigengewicht zuzüglich Eislasten, unter horizontalen oder vertikalen Lasten sowie unter kombinierten horizontalen und vertikalen Lasten hergeleitet.

2.4 Seil unter Eigengewicht (Kettenlinie)

Ein Seil nimmt unter alleiniger Wirkung des Eigengewichts zuzüglich eventuell vorhandener Eislasten die Form einer Kettenlinie (Katenoide) an. Ausgangspunkt der Herleitung der Kettenlinie ist die Differentialgleichung (2.3.5) für eine auf die Längeneinheit der Seillinie wirkende Belastung $q_l(x)$. Unter der Annahme einer konstanten Belastung $q_l(x) = q_l$ über die Seillänge vereinfacht sich Gleichung (2.3.5) zu

$$y'' = \frac{q_1\sqrt{1+y'^2}}{H}. \tag{2.4.1}$$

Die Kettenlinie des Seiles ergibt sich als Lösung der Differentialgleichung:

$$y = \frac{H}{2q_1}\left(e^{\left(\frac{q_1}{H}x+c_1\right)} + e^{-\left(\frac{q_1}{H}x+c_1\right)}\right) + c_2 \tag{2.4.2}$$

Die Konstanten c_1, c_2 der Kettenlinie werden für ein Seil mit den Aufhängepunkten A und B bestimmt (Bild 2.4-1).

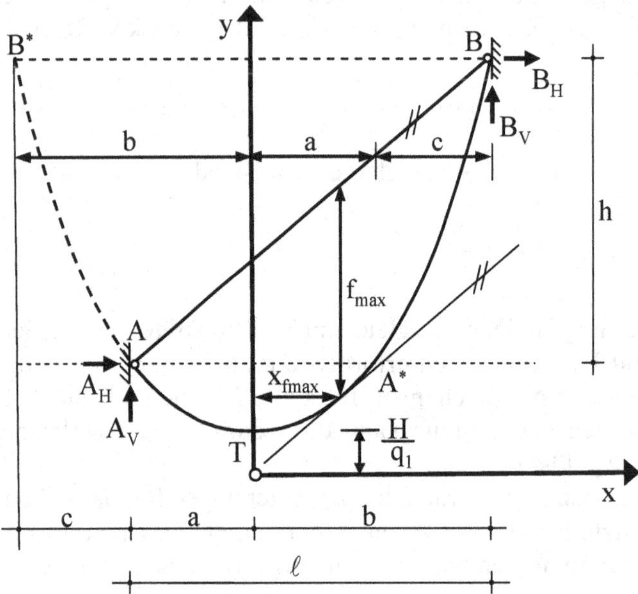

Bild 2.4-1: Geometrische Beziehungen für die Kettenlinie des Seiles

Wird der Ursprung des Koordinatensystems x, y so definiert, dass der Tiefpunkt T der Seillinie die Koordinaten $x = 0$, $y = H/q_1$ annimmt, ergeben sich c_1 und c_2 zu Null und die Kettenlinie lautet

$$y = \frac{H}{2q_1}\left(e^{\left(\frac{q_1}{H}x\right)} + e^{-\left(\frac{q_1}{H}x\right)}\right) = \frac{H}{q_1}\cosh\left(\frac{q_1\,x}{H}\right). \tag{2.4.3}$$

Mit der Ableitung der Kettenlinie

$$y' = \sinh\left(\frac{q_1 x}{H}\right) \tag{2.4.4}$$

werden die Seillänge

$$s = \int_{-a}^{b} \sqrt{1 + \sinh^2\left(\frac{q_1 x}{H}\right)}\, dx = \frac{H}{q_1}\left(\sinh\frac{a\, q_1}{H} + \sinh\frac{b\, q_1}{H}\right) \tag{2.4.5}$$

nach Gleichung (2.3.10), die Seilkraft

$$S(x) = H\sqrt{1 + \sinh^2\left(\frac{q_1 x}{H}\right)} = H\cosh\left(\frac{q_1 x}{H}\right) \tag{2.4.6}$$

nach Gleichung (2.3.8) und die elastische Seillängenänderung

$$\Delta s_E = \frac{H}{E_S A_m}\int_{-a}^{b}\left[1 + \sinh^2\left(\frac{q_1 x}{H}\right)\right] dx \tag{2.4.7}$$

nach Gleichung (2.3.11) berechnet. Zur Bestimmung der Integrationsgrenzen a und b werden folgende geometrische Beziehungen verwendet:

$$h = \frac{H}{q_1}\left(\cosh\left(\frac{b\, q_1}{H}\right) - \cosh\left(\frac{a\, q_1}{H}\right)\right), \tag{2.4.8}$$

$$a = \frac{\ell - c}{2}, \tag{2.4.9}$$

$$b = \frac{\ell + c}{2}. \tag{2.4.10}$$

Einsetzen der Gleichungen (2.4.9), (2.4.10) in Gleichung (2.4.8) liefert

$$c = \frac{2H}{q_1}\operatorname{arcsinh}\left(\frac{h}{\frac{2H}{q_1}\sinh\frac{\ell q_1}{2H}}\right). \tag{2.4.11}$$

Mit c sind auch a und b bekannt, so dass die Seillänge und die elastische Seillängenänderung nach Gleichung (2.4.5) und (2.4.7) berechnet werden können. Das Einsetzen der Gleichungen (2.4.5) und (2.4.7) in Gleichung (2.3.9) liefert die nichtlineare Seilgleichung

$$\frac{H}{q_1}\left(\sinh\frac{a q_1}{H}+\sinh\frac{b q_1}{H}\right)$$
$$= s_A\left(1+\alpha_T\Delta T-\frac{\sigma_V}{E_S}\right)+\frac{H}{E_S A_m}\int_{-a}^{b}\left[1+\sinh^2\left(\frac{q_1 x}{H}\right)\right]dx. \tag{2.4.12}$$

Die Seilgleichung gilt für beliebig große Seildurchhänge und kann unter Verwendung numerischer Integration für den Integralausdruck der elastischen Seildehnung iterativ gelöst werden. Innerhalb der Iteration muss die Belastung q_1 immer auf die aktuelle Seillänge umgerechnet werden, damit die Gleichgewichtsbedingungen erfüllt werden. Die modifizierte Belastung für den Iterationsschritt i ergibt sich für die aktuelle Seillänge s zu

$$\tilde{q}_1 = q_1\frac{s_A}{s} = q_1\frac{s_A}{s_A+\Delta s_E+\Delta s_T-\Delta s_V}. \tag{2.4.13}$$

Im Anschluss kann der maximale Stich berechnet werden, der an der Stelle x_{fmax} auftritt, wo die Seillinie die gleiche Steigung wie die Seilsehne hat (Bild 2.4-1):

$$x_{f\max} = \operatorname{arcsin h}\left(\frac{h}{\ell}\right)\frac{H}{\tilde{q}_1} \tag{2.4.14}$$

Die zugehörige Größe des maximalen Stichs f_{max} berechnet sich zu

$$f_{\max} = \frac{h}{\ell}\left(a+\frac{\operatorname{arcsin h}\left(\frac{h}{l}\right)H}{\tilde{q}_1}\right)-\frac{H\left(\sqrt{\frac{h^2}{\ell^2}+1}-\cosh\left(\frac{a\tilde{q}_1}{H}\right)\right)}{\tilde{q}_1}. \tag{2.4.15}$$

Liegen die Ergebnisse für H, a und b vor, lassen sich die Auflagerkräfte (Bild 2.4-1) berechnen:

$$A_V = H\sinh\frac{a\tilde{q}_1}{H},\quad B_V = H\sinh\frac{b\tilde{q}_1}{H},$$
$$A_H = -H,\quad B_H = H. \tag{2.4.16}$$

2.5 Seil unter beliebiger Belastung

Nach der Herleitung der Seilgleichung für das frei hängende Seil unter Eigengewicht in Abschnitt 2.4 wird im Folgenden ein Seil mit den Aufhängepunkten A und B unter beliebigen vertikalen und horizontalen Lasten betrachtet (Bild 2.5-1).

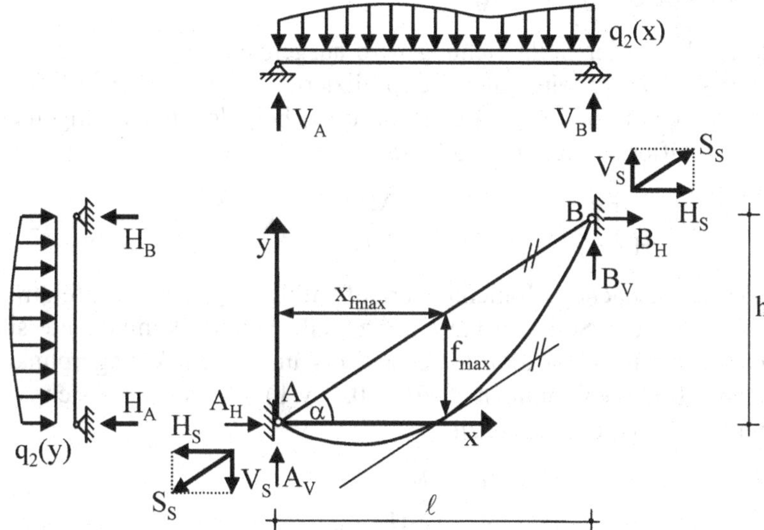

Bild 2.5-1 Seil unter beliebigen vertikalen und horizontalen Belastungen

Die resultierenden Auflagerkräfte A_V, A_H, B_V, B_H werden mit den Auflagerkräften V_A, H_A, V_B, H_B aus einer Einfeldträgerbetrachtung in der jeweiligen Belastungsrichtung und einer in Seilsehnenrichtung wirkenden Auflagerkraft S_S berechnet. Die aus Gleichgewichtsgründen an beiden Auflagerpunkten gleich große Kraft S_S wird in einen horizontalen Anteil H_S und einen vertikalen Anteil V_S zerlegt. Mit diesen Definitionen berechnen sich die resultierenden Auflagerkräfte zu

$$\begin{aligned} A_V &= V_A - V_S, \quad B_V = V_B + V_S, \\ A_H &= -H_A - H_S, \quad B_H = -H_B + H_S. \end{aligned} \tag{2.5.1}$$

In Abschnitt 2.5.1 werden die Seilgleichungen für unabhängig voneinander wirkende vertikale und horizontale Belastungen aufgestellt und in Abschnitt 2.5.2 für kombinierte Belastungen. In beiden Fällen werden genaue und approximierte Seilgleichungen angegeben.

2.5.1 Vertikale und horizontale Belastungen

Die genaue und die approximierte Seilgleichung werden vollständig für vertikale Belastungen hergeleitet. Aus diesen werden im Anschluss die Seilgleichungen für horizontale Belastungen abgeleitet.

2.5.1.1 Genaue Seilgleichung

Die genaue Form der Seilgleichung wird ausgehend von der Differentialgleichung (2.3.7) für eine auf die projizierte Länge des Seiles in x-Richtung wirkende beliebige Belastung $q_2(x)$ hergeleitet. Die allgemeine Lösung der Differentialgleichung lautet

$$y = \frac{1}{H} \int \int q_2(x)\, dx\, dx = -\frac{M(x)}{H} + c_1 x + c_2 , \qquad (2.5.2)$$

wobei M der gedachte Momentenverlauf infolge $q_2(x)$ am Einfeldträger und H die über das Seil konstante horizontale Seilkraftkomponente sind. Mit dem Ursprung des Koordinatensystems im linken Auflagerpunkt A und den Randbedingungen $y(0) = 0$, $y(\ell) = h$ ergibt sich aus Gleichung (2.5.2) die Seillinie zu

$$y = \frac{h}{\ell} x - \frac{M(x)}{H} . \qquad (2.5.3)$$

Mit der Ableitung der Seillinie

$$y' = \frac{h}{\ell} - \frac{Q(x)}{H} \qquad (2.5.4)$$

berechnet sich die Seillänge nach Gleichung (2.3.10) zu

$$s = \int_0^\ell \sqrt{1 + \left(\frac{h}{\ell} - \frac{Q(x)}{H} \right)^2}\, dx . \qquad (2.5.5)$$

Die elastische Seillängenänderung ergibt sich nach Gleichung (2.3.11) mit der in Gleichung (2.3.8) definierten Seilkraft zu

$$\Delta s_E = \int_0^\ell \frac{S(x)}{E_S A_m} \sqrt{1 + y'^2}\, dx = \frac{H}{E_S A_m} \int_0^\ell \left[1 + \left(\frac{h}{\ell} - \frac{Q(x)}{H} \right)^2 \right] dx . \qquad (2.5.6)$$

Das Einsetzen der Gleichungen (2.5.5) und (2.5.6) in die allgemeine Form der Seilgleichung (2.3.9) liefert:

$$\int_0^{\ell} \sqrt{1+\left(\frac{h}{\ell}-\frac{Q(x)}{H}\right)^2} dx = \\ s_A\left(1+\alpha_T \Delta T-\frac{\sigma_V}{E_S}\right)+\frac{H}{E_S A_m}\int_0^{\ell}\left[1+\left(\frac{h}{\ell}-\frac{Q(x)}{H}\right)^2\right] dx \tag{2.5.7}$$

Die nichtlineare Seilgleichung kann mit einem iterativen Verfahren und numerischer Integration zur Berechnung der Integralausdrücke gelöst werden. Nach Bestimmung von H kann die Seillinie nach Gleichung (2.5.3) ermittelt werden. Der maximale Seilstich f_{max} (Bild 2.5-1) tritt an der Stelle des maximalen Moments auf und berechnet sich zu

$$f_{max} = \frac{M_{x\,max}(x = x_{f\,max})}{H}. \tag{2.5.8}$$

Der Seilkraftverlauf S(x) folgt aus Gleichung (2.3.8):

$$S(x) = H\sqrt{1+\left(\frac{h}{\ell}-\frac{Q(x)}{H}\right)^2} \tag{2.5.9}$$

Mit den aus der Einfeldträgerbetrachtung bekannten Auflagerkräften V_A, V_B, H_A, H_B und der konstanten horizontalen Seilkraftkomponente $H_S = H$ können die Auflagerkräfte

$$A_V = V_A - H\tan\alpha, \quad B_V = V_B + H\tan\alpha, \\ A_H = -H, \quad B_H = H \tag{2.5.10}$$

nach Gleichung (2.5.1) berechnet werden. Die Gleichungen für eine horizontale Belastung ergeben sich durch Vertauschung von ℓ und h, x und y, α durch den Winkel (90 – α) sowie durch Substitution der horizontalen Seilkraftkomponente H durch die dann über die Seillänge konstante vertikale Seilkraftkomponente V.

2.5.1.2 Approximation der Seilgleichung

Die bisher hergeleiteten Seilgleichungen (2.4.12) und (2.5.7) gelten für beliebig große Seildurchhänge und sind nur iterativ mit numerischer Integration der Integralausdrücke lösbar. Wird die Forderung der genauen Abbildung großer Seildurchhänge fallengelassen, so kann die Seilgleichung durch eine Approximation stark vereinfacht werden. Die approximierte Seilgleichung ist einfach lösbar und ergibt sich durch Ersetzen der Integrale für die Seillänge im Endzustand (2.3.10) und die elastische Seildehnung

(2.3.11) durch Näherungen. Das Integral der Seillänge im Endzustand kann in eine Taylorreihe entwickelt werden. Für flache Seile ist eine Berücksichtigung der ersten zwei Reihenglieder ausreichend. Damit ergibt sich die Seillänge für eine vertikale Belastung als Näherung zu

$$s = \int_0^\ell \sqrt{1+y'^2}\,dx = \int_0^\ell \left(1+\frac{1}{2}y'^2\right)dx = \ell + \frac{1}{2}\int_0^\ell \left(\frac{h}{\ell} - \frac{Q(x)}{H}\right)^2 dx\,. \tag{2.5.11}$$

Diese Approximation gilt für Werte $|y'| < 1$ und kann nur bei flach gespannten Seilen mit einem Neigungswinkel $\alpha \leq 45°$ angewendet werden. Diese Einschränkung kann auch durch die Berücksichtigung höherer Glieder der Taylorreihe nicht aufgehoben werden. Deshalb wird an Stelle der Gleichung (2.5.11) eine empirische Beziehung basierend auf experimentellen Ergebnissen verwendet (Palkowski, 1990):

$$s = \int_0^\ell \sqrt{1+y'^2}\,dx \cong \frac{\ell}{\cos\alpha} + \frac{\cos^3\alpha}{2H^2}\int_0^\ell Q(x)^2\,dx \tag{2.5.12}$$

Die elastische Seillängenänderung kann angenähert werden durch

$$\Delta s_E = \frac{H\,s_A}{\cos\alpha\,E_S\,A_m}\,. \tag{2.5.13}$$

Einsetzen der Gleichungen (2.5.12) und (2.5.13) in Gleichung (2.3.9) liefert die Approximationsform der Seilgleichung:

$$\frac{\ell}{\cos\alpha} + \frac{\cos^3\alpha}{2H^2}\int_0^\ell Q(x)^2\,dx = s_A\left(1+\alpha_T\Delta T - \frac{\sigma_V}{E_S}\right) + \frac{H\,s_A}{\cos\alpha\,E_S\,A_m} \tag{2.5.14}$$

Durch Umformung ergibt sich daraus

$$\begin{aligned} &H^3 + H^2 E_S A_m \cos\alpha\left[1 - \frac{1}{s_A}\left(\frac{\ell}{\cos\alpha} - \alpha_T\Delta T\,s_A + \frac{\sigma_V}{E_S}s_A\right)\right] \\ &= \frac{E_S A_m \cos^4\alpha}{2 s_A}\int_0^\ell Q(x)^2\,dx. \end{aligned} \tag{2.5.15}$$

Die approximierte Seilgleichung (2.5.15) kann iterativ gelöst werden. Das Integral über die quadrierte Querkraft kann analytisch oder mit Hilfe von Integrationstafeln berechnet werden. Eine numerische Integration wie bei den genauen Seilgleichungen ist nicht notwendig. Die Werte des Integrals der quadrierten Querkraft für häufig vorkommende Belastungsfälle sind in der Tabelle 2.5-1 zusammengestellt.

Tabelle 2.5-1 Integraltafel für quadrierte Querkraftverläufe

Belastung	$\int_0^\ell Q^2 dx$	Belastung	$\int_0^\ell Q^2 dx$
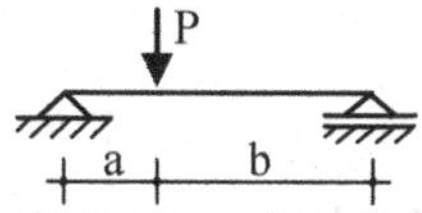 P; a, b	$\frac{P^2 a b}{\ell}$	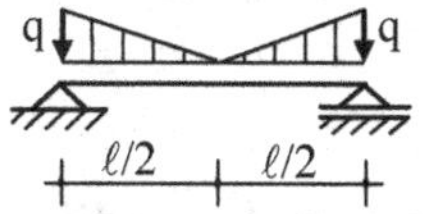 q, q; $\ell/2$, $\ell/2$	$\frac{q^2 \ell^3}{80}$
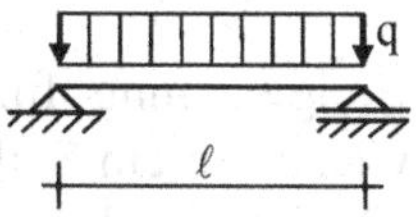 q; ℓ	$\frac{q^2 \ell^3}{12}$	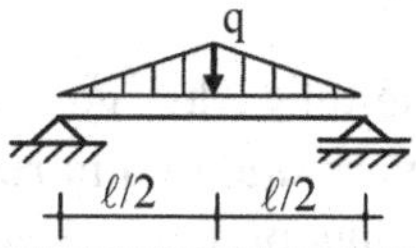 q; $\ell/2$, $\ell/2$	$\frac{q^2 \ell^3}{30}$
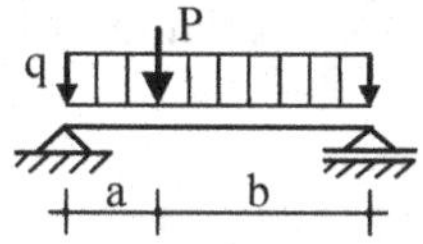 q, P; a, b	$\frac{q^2 \ell^3}{12} + \frac{P^2 a b}{\ell} + P q a b$	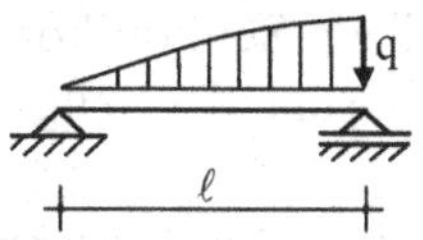 q; ℓ (Quadratische Parabel)	$\frac{q^2 \ell^3}{23{,}66}$
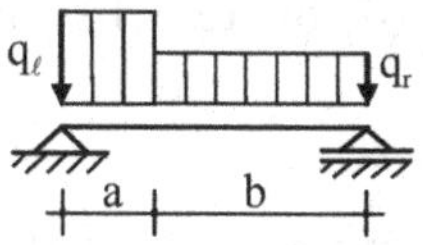 q_ℓ, q_r; a, b	$\frac{q_r^2 \ell^3}{12} + \frac{(q_\ell - q_r)^2}{12\,\ell} a^3 (4\ell - 3a) + (q_\ell - q_r) q_r a^2 \left(\frac{\ell}{2} - \frac{a}{3}\right)$	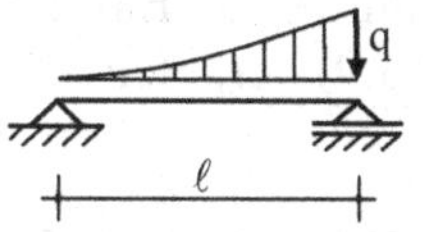 q; ℓ (Quadratische Parabel)	$\frac{q^2 \ell^3}{112}$
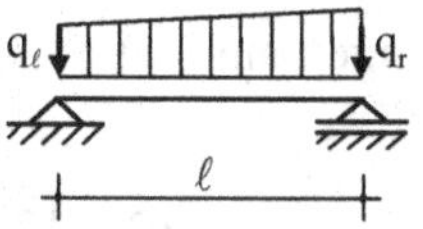 q_ℓ, q_r; ℓ	$\frac{q_\ell^2 \ell^3}{45} + \frac{q_r^2 \ell^3}{45} + \frac{q_\ell q_r \ell^3}{25{,}71}$	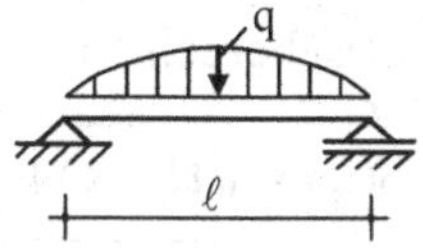 q; ℓ (Quadratische Parabel)	$\frac{q^2 \ell^3}{18{,}53}$
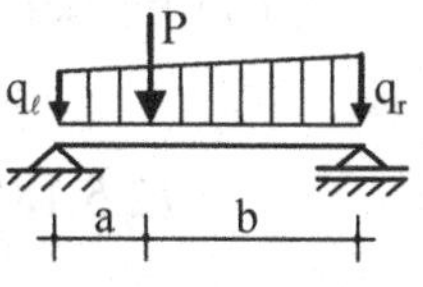 q_ℓ, P, q_r; a, b	$\frac{P^2 a b}{\ell} + \frac{q_\ell^2 \ell^3}{45} + \frac{q_r^2 \ell^3}{45} + \frac{q_\ell q_r \ell^3}{25{,}71} + 2 q_\ell P a b \left(\frac{1}{2} - \frac{a}{3\ell} - \frac{b}{6\ell}\right) + 2 q_r P a b \left(\frac{1}{2} - \frac{b}{3\ell} - \frac{a}{6\ell}\right)$	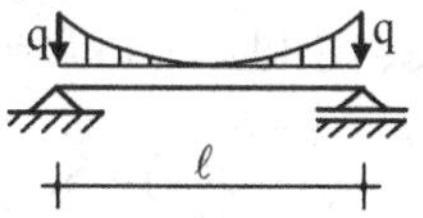 q, q; ℓ (Quadratische Parabel)	$\frac{q^2 \ell^3}{252}$

Nach Lösung der Seilgleichung können die Ordinaten der Seillinie für jede Stelle x des Seiles mit Gleichung (2.5.3) berechnet werden. Der maximale Seilstich, der Seilkraftverlauf und die Auflagerkräfte werden mit den Gleichungen (2.5.8), (2.5.9) und (2.5.10) berechnet.

Die Seilgleichung und die Beziehungen für eine horizontale Belastung ergeben sich wieder durch Vertauschung von ℓ und h, x und y, α durch den Winkel (90 – α) sowie durch Substitution der horizontalen Seilkraftkomponente H durch die dann über die Seillänge konstante vertikale Seilkraftkomponente V (Bild 2.3-1).

2.5.2 Kombinierte vertikale und horizontale Belastung

Für die Herleitung der genauen und approximierten Seilgleichung für kombinierte vertikale und horizontale Belastungen wird wiederum ein Seil mit den Aufhängepunkten A und B betrachtet (Bild 2.5-1). Für eine kombinierte Belastung sind sowohl die horizontale Seilkraftkomponente H als auch die vertikale Seilkraftkomponente V über die Seillänge veränderlich, wodurch die Lösung der Seilgleichung erschwert wird.

2.5.2.1 Genaue Seilgleichung

Die genaue Seilgleichung in der allgemeinen Form wurde in Abschnitt 2.3.3 durch das Einsetzen der Gleichungen (2.3.10) bis (2.3.13) in Gleichung (2.3.9) hergeleitet:

$$\int_0^l \sqrt{1+y'^2}\, dx = s_A + \int_0^l \frac{S(x)}{E_S A_m} \sqrt{1+y'^2}\, dx + \alpha_T\, \Delta T\, s_A - \frac{\sigma_V}{E_S} s_A \qquad (2.5.16)$$

Die Seilkraft S(x) berechnet sich für kombinierte Belastungen aus

$$\begin{aligned} S(x) &= \sqrt{H^2(x) + V^2(x)} \\ &= \sqrt{(-Q(x) + V_S)^2 + (Q(y) + H_S)^2}\,. \end{aligned} \qquad (2.5.17)$$

Wird die Seilkraft S(x) in Abhängigkeit von der Auflagerkraft in Seilsehnenrichtung S_S (Bild 2.5-1) formuliert, so ergibt sich:

$$S(x) = \sqrt{(-Q(x) + S_S \cos\alpha)^2 + (Q(y) + S_S \sin\alpha)^2} \qquad (2.5.18)$$

Damit verbleibt in der Seilgleichung (2.5.16) als einzige Unbekannte die Auflagerkraft S_S. Die Lösung der Gleichung (2.5.16) für beliebige Belastungen des Seiles setzt voraus, dass die Ableitung y' der Seillinie bekannt ist. Da diese nur mit großem Aufwand zu bestimmen ist, wird im Folgenden ein Lösungsweg durch Berechnung der Ableitung über den Differenzenquotienten vorgestellt (Palkowski, 1989). Die Integralausdrücke der

Seilgleichung (2.5.16) werden dabei durch Summen über die Differenzenquotienten substituiert:

$$\sum_{i=1}^{n} \sqrt{1+\left(\frac{\Delta y}{\Delta x}\right)^2}\,\Delta x = s_A + \sum_{i=1}^{n} \frac{S(x)}{E_S A_m} \sqrt{1+\left(\frac{\Delta y}{\Delta x}\right)^2}\,\Delta x + \alpha_T\,\Delta T\,s_A - \frac{\sigma_V}{E_S}\,s_A \tag{2.5.19}$$

Dieser Lösungsweg ist numerisch einfach umsetzbar und kann auf Seile mit beliebigen Belastungen angewendet werden. Für die Berechnung des Differenzenquotienten wird zusätzlich noch eine Bestimmungsgleichung für die Ordinate y der Seillinie benötigt. Diese kann durch Aufstellen des Momentengleichgewichts an einem biegeweichen Seil bestimmt werden:

$$M(x) + M(y) + H_S\, y - V_S\, x = 0 \tag{2.5.20}$$

Die Gleichung (2.5.20) beschreibt, dass das Moment in jedem Punkt des Seiles verschwinden muss. Mit den Gleichungen (2.5.19) und (2.5.20) wird die Seilgleichung nach dem folgendem Berechnungsschema bei vorgegebener Abbruchgenauigkeit δ gelöst:

- Schritt 1: Definition der Intervallanzahl n und der Abbruchgenauigkeit δ
- Schritt 2: Wahl eines Startwertes für die Kraft S_S in Seilsehnenrichtung
- Schritt 3: Berechnung von y_i nach Gleichung (2.5.20) für $x_i = i\,\Delta x$
- Schritt 4: Berechnung der Differenzenquotienten $\Delta y_i / \Delta x$
- Schritt 5: Auswertung der Gleichung (2.5.19)
- Schritt 6: Überprüfung der Abbruchgenauigkeit δ:
  δ erreicht => Ende der Iteration
  δ nicht erreicht => Schritt 2 mit neuem Startwert für S_S

Nach Lösung der Seilgleichung kann die Seillinie mit Gleichung (2.5.20) bestimmt werden. Der Seilkraftverlauf wird durch Gleichung (2.5.18) beschrieben und die Auflagerkräfte können nach Gleichung (2.5.1) berechnet werden.

2.5.2.2 Approximation der Seilgleichung

Die Aufstellung der approximierten Seilgleichung für eine kombinierte Belastung erfolgt für eine senkrecht zur Seilsehne wirkende Ersatzbelastung. Die Ersatzbelastung ergibt sich durch Addition der in die senkrecht zur Seilsehne transformierten vertikalen und horizontalen Belastungen (Bild 2.5-2):

$$\overline{q}_2(\overline{x}) = q_2(x)\cos^2\alpha + q_2(y)\sin^2\alpha \tag{2.5.21}$$

Mit der Ersatzbelastung kann aus der Seilgleichung (2.5.15) eine Seilgleichung für kombinierte Belastungen in dem Koordinatensystem $\overline{x}, \overline{y}$ abgeleitet werden (Palkowski, 1990):

$$\begin{aligned} &H^3 + H^2 E_S A_m \cos\alpha\left[1 - \frac{1}{s_A}\left(\frac{\ell}{\cos\alpha} - \alpha_T \Delta T\, s_A + \frac{\sigma_V}{E_S} s_A\right)\right] \\ &= \frac{E_S A_m \cos^3\alpha}{2 s_A} \int_0^{\ell/\cos\alpha} Q(\overline{x})^2\, d\overline{x} \end{aligned} \tag{2.5.22}$$

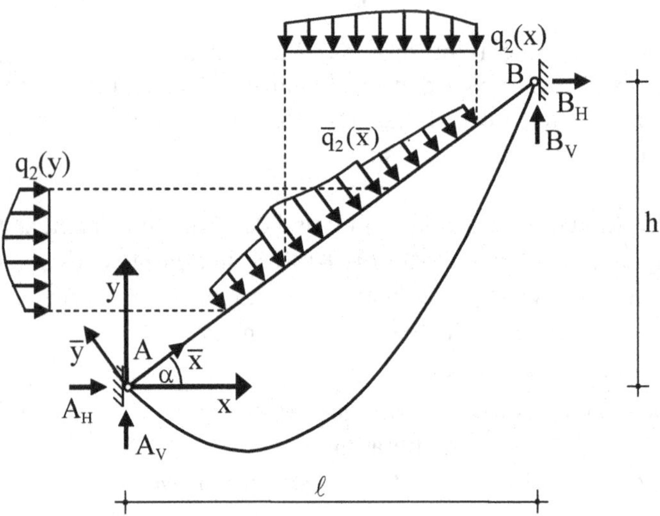

Bild 2.5-2 Ersatzbelastung für kombinierte vertikale und horizontale Lasten

Die approximierte Seilgleichung kann iterativ gelöst werden. Wie in Abschnitt 2.5.1.2 kann das Integral über die quadrierte Querkraft analytisch oder mit Hilfe von Integrationstafeln berechnet werden. Nach Lösung der Seilgleichung kann die Seillinie durch Auswertung der Gleichung (2.5.20) bestimmt werden. Die Auflagerkräfte und der Seilkraftverlauf werden mit den Gleichungen (2.5.1) und (2.5.9) berechnet.

2.6 Matrizielle Formulierung von Seilelementen

Die Anwendung der in den Abschnitten 2.4 und 2.5 vorgestellten Seilgleichungen ist auf die Berechnung von einfachen Seilkonstruktionen beschränkt. Für komplexere Seiltragwerke wird in der Regel die Methode der finiten Elemente (Bathe, 2002) eingesetzt. Im Folgenden werden die für eine Berechnung nach der Methode der finiten Elemente notwendigen Elementmatrizen für ein ebenes und räumliches Seilelement nach der linearisierten Theorie vorgestellt.

2.6.1 Ebenes Seilelement mit zwei Knoten

Es wird ein ebenes gradliniges Seilelement mit zwei Knoten und den vier Knotenverschiebungen u_1, u_2, w_1, w_2 betrachtet (Bild 2.6-1). Für den Verlauf der Verschiebungen im Element werden lineare Ansatzfunktionen in Abhängigkeit der Einheitskoordinate ξ ($-1 \leq \xi \leq +1$) gewählt:

$$u = \frac{1}{2}(1-\xi)u_1 + \frac{1}{2}(1+\xi)u_2\,, \tag{2.6.1}$$

$$w = \frac{1}{2}(1-\xi)w_1 + \frac{1}{2}(1+\xi)w_2\,. \tag{2.6.2}$$

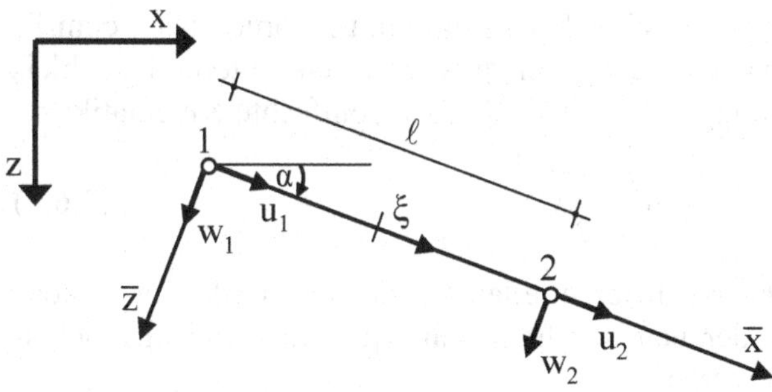

Bild 2.6-1 Ebenes Seilelement mit zwei Knoten

2.6.1.1 Kinematik, Gleichgewicht und Werkstoffgesetz

In Bild 2.6-2 ist die nichtlineare Kinematik an einem differentiellen Seilelement der Länge dx dargestellt. Die Länge des verformten Elementes $d\ell$ zwischen den Elementknoten ergibt sich zu:

$$d\ell = \sqrt{(dx + du)^2 + dw^2} = \sqrt{1 + 2u' + u'^2 + w'^2}\, dx. \tag{2.6.3}$$

Mit $d\ell$ kann die Seildehnung bestimmt werden:

$$\varepsilon_S = \frac{d\ell - dx}{dx} = \sqrt{1 + 2u' + u'^2 + w'^2} - 1 \tag{2.6.4}$$

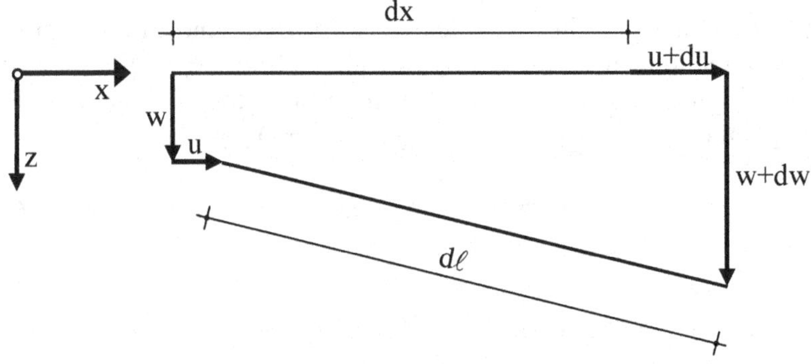

Bild 2.6-2 Kinematik am differentiellen Seilelement

Durch Entwicklung von ε_S in eine Taylorreihe mit Abbruch nach dem linearen Glied und Vernachlässigung der quadratischen Anteile der Ableitung der Längsverschiebungen u ergibt sich als vereinfachte Kinematik:

$$\varepsilon_S \approx u' + \frac{1}{2} w'^2. \tag{2.6.5}$$

Aus dem Gleichgewicht am differentiellen Seilelement (Bild 2.6-3) können unter Verwendung der vereinfachten Kinematik die Gleichgewichtsbedingungen formuliert werden:

$$\begin{aligned} S' + p_x &= 0, \\ S'w' + p_z &= 0. \end{aligned} \tag{2.6.6}$$

Das linear elastische Werkstoffgesetz liefert zwischen der Seilkraft und der Seildehnung folgenden Zusammenhang:

$$S = E_S A_m \, \varepsilon_S \tag{2.6.7}$$

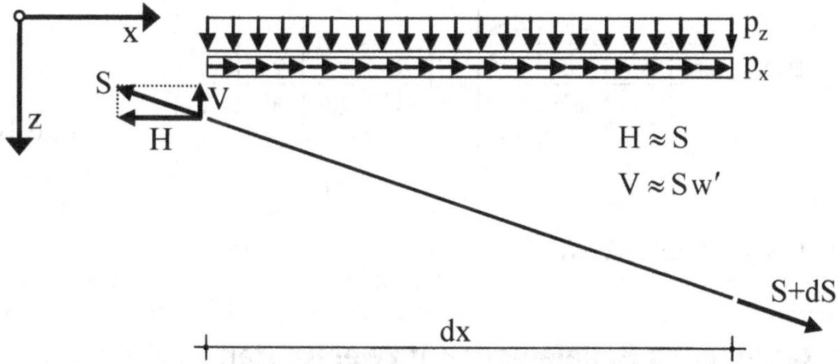

Bild 2.6-3 Gleichgewicht am differentiellen Seilelement

2.6.1.2 Elementmatrizen

Die Elementmatrizen werden durch Anwendung der Extremalbedingung auf das innere elastische Potential hergeleitet. Das innere Potential des Seilelementes lautet

$$\Pi_i = \frac{1}{2}\int_0^{\ell} E_S A_m \, \varepsilon_S \, d\bar{x} \,. \tag{2.6.8}$$

Durch Einarbeitung von (2.6.1) in (2.6.5) und Einsetzen in (2.6.8) ergibt sich das innere elastische Potential in Abhängigkeit der Knotenverschiebungen u_1, u_2, w_1, w_2. Die Anwendung der Extremalbedingung liefert die lokale Steifigkeitsmatrix **k** des Seilelementes:

$$\mathbf{k} = \underbrace{\frac{E_S A_m}{\ell}\begin{bmatrix} 1 & 0 & -1 & 0 \\ 0 & 0 & 0 & 0 \\ -1 & 0 & 1 & 0 \\ 0 & 0 & 0 & 0 \end{bmatrix}}_{\mathbf{k}_e} + \underbrace{\frac{S}{\ell}\begin{bmatrix} 0 & 0 & 0 & 0 \\ 0 & 1 & 0 & -1 \\ 0 & 0 & 0 & 0 \\ 0 & -1 & 0 & 1 \end{bmatrix}}_{\mathbf{k}_g} \tag{2.6.9}$$

Die Steifigkeitsmatrix **k** des Seilelementes setzt sich aus den Matrizen $\mathbf{k}_e$ und $\mathbf{k}_g$ zusammen. Die linear elastische Steifigkeitsmatrix $\mathbf{k}_e$ repräsentiert die Dehnsteifigkeit des Seiles und die geometrische Steifigkeitsmatrix $\mathbf{k}_g$ erfasst die Systemversteifung durch die Seilzugkraft. Die Transformation auf das globale Koordinatensystem x, z liefert die globale Steifigkeitsmatrix

$$\mathbf{K} = \frac{E_S A_m}{\ell} \underbrace{\begin{bmatrix} c^2 & cs & -c^2 & -cs \\ cs & s^2 & -cs & -s^2 \\ -c^2 & cs & c^2 & cs \\ -cs & -s^2 & cs & s^2 \end{bmatrix}}_{\mathbf{K}_e} + \frac{S}{\ell} \underbrace{\begin{bmatrix} s^2 & -cs & -s^2 & cs \\ -cs & c^2 & cs & -c^2 \\ -s^2 & cs & s^2 & -cs \\ cs & -c^2 & -cs & c^2 \end{bmatrix}}_{\mathbf{K}_g}, \tag{2.6.10}$$

mit: $s = \sin\alpha$, $c = \cos\alpha$.

2.6.2 Räumliches Seilelement mit zwei Knoten

Mit den in Abschnitt 2.6.1 vorgestellten theoretischen Grundlagen kann auch die Steifigkeitsmatrix für ein räumliches Seilelement (Bild 2.6-4) bestimmt werden.

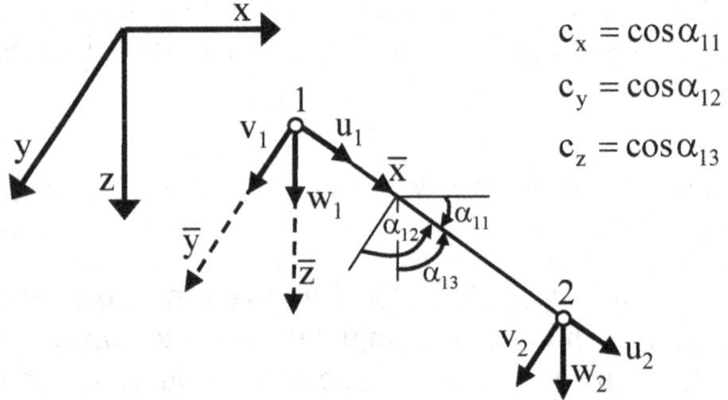

Bild 2.6-4 Räumliches Seilelement mit zwei Knoten

Die lokale Steifigkeitsmatrix **k** ergibt sich zu:

$$\mathbf{k} = \frac{E_S A_m}{\ell} \underbrace{\begin{bmatrix} 1 & 0 & 0 & -1 & 0 & 0 \\ 0 & 0 & 0 & 0 & 0 & 0 \\ 0 & 0 & 0 & 0 & 0 & 0 \\ -1 & 0 & 0 & 1 & 0 & 0 \\ 0 & 0 & 0 & 0 & 0 & 0 \\ 0 & 0 & 0 & 0 & 0 & 0 \end{bmatrix}}_{\mathbf{k}_e} + \frac{S}{\ell} \underbrace{\begin{bmatrix} 0 & 0 & 0 & 0 & 0 & 0 \\ 0 & 1 & 0 & 0 & -1 & 0 \\ 0 & 0 & 1 & 0 & 0 & -1 \\ 0 & 0 & 0 & 0 & 0 & 0 \\ 0 & -1 & 0 & 0 & 1 & 0 \\ 0 & 0 & -1 & 0 & 0 & 1 \end{bmatrix}}_{\mathbf{k}_g} \tag{2.6.11}$$

Die Transformation auf das globale Koordinatensystem x, y, z liefert die globale elastische Steifigkeitsmatrix

$$\mathbf{K}_e = \frac{E_S A_m}{\ell}\left[\begin{array}{c|c} T_1 & -T_1 \\ \hline -T_1 & T_1 \end{array}\right], \text{ mit } T_1 = \left[\begin{array}{c|c|c} c_x^2 & c_x c_y & c_x c_z \\ \hline c_x c_y & c_y^2 & c_y c_z \\ \hline c_x c_z & c_y c_z & c_z^2 \end{array}\right] \qquad (2.6.12)$$

und die globale geometrische Steifigkeitsmatrix

$$\mathbf{K}_g = \frac{S}{\ell}\left[\begin{array}{c|c} T_2 & -T_2 \\ \hline -T_2 & T_2 \end{array}\right], \text{ mit } T_2 = \left[\begin{array}{c|c|c} 1-c_x^2 & -c_x c_y & -c_x c_z \\ \hline -c_x c_y & 1-c_y^2 & -c_y c_z \\ \hline -c_x c_z & -c_y c_z & 1-c_z^2 \end{array}\right], \qquad (2.6.13)$$

wobei c_x, c_y und c_z die jeweiligen Richtungskosinusse sind (Bild 2.6-4).

2.6.3 Anwendung der matriziellen Formulierungen

Bei der Anwendung der in den Abschnitten 2.6.1 und 2.6.2 vorgestellten Elementformulierungen wird das Seil in eine endliche Anzahl von gradlinigen Elementen unterteilt. Deshalb ist für eine gute Approximation der Seillinie eine entsprechend feine Unterteilung notwendig. Alternative Formulierungen mit gekrümmten Seilelementen finden sich in der weiterführenden Literatur (Gambhir und Batchelor, 1977), (Palkowski, 1984).
Am Anfang einer Berechnung wird häufig eine Initialsteifigkeit benötigt, um eine Singularität der Systemsteifigkeitsmatrix zu verhindern. Diese Initialsteifigkeit wird in der Regel durch Vorgabe einer geringen Vorspannkraft im Seil erzeugt. Die nur aus numerischen Gründen aufgebrachte Vorspannung kann im Laufe der Berechnung wieder zu Null gesetzt werden. Zusätzlich besteht in den meisten Berechnungsprogrammen die Möglichkeit, die numerische Stabilität durch die Aktivierung fiktiver Steifigkeiten in der elastischen Steifigkeitsmatrix im Falle negativer Seildehnungen zu verbessern.

2.7 Berechnungsbeispiele

Im Folgenden werden die in den Abschnitten 2.3 bis 2.5 theoretisch vorgestellten Berechnungsverfahren auf konkrete Beispiele angewendet. Für die Beispiele wird eine ausführliche Handrechnung mit Angabe aller Berechnungsschritte durchgeführt. Die Lösung der nichtlinearen Gleichungen erfolgt mit dem NEWTON-Verfahren. Wenn eine analytische Ableitung der Gleichungen zu aufwendig ist, wird für die Lösung das ableitungsfreie Bisektionsverfahren (Press et al., 2001) verwendet.

2.7.1 Horizontales Einzelseil

Gegeben ist das in Bild 2.7-1 dargestellte horizontale Einzelseil mit den festen Aufhängepunkten A und B und den angegebenen Geometrie- und Materialparametern. Für das Seil werden Berechnungen für fünf verschiedene Lastfälle durchgeführt. Berechnet werden die Seillinie, der Seilkraftverlauf und die resultierenden Auflagerkräfte.

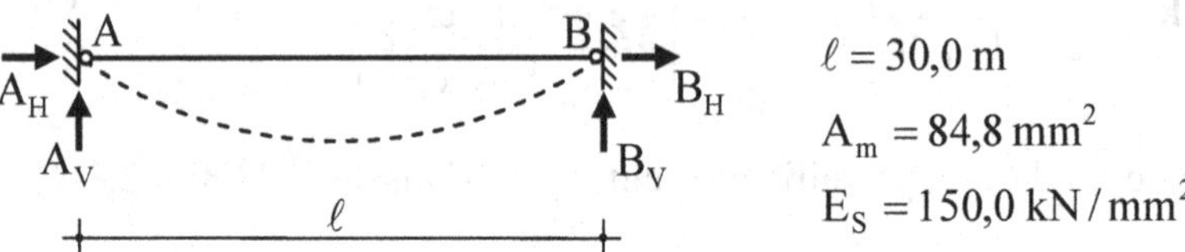

Bild 2.7-1 Horizontales Einzelseil mit Geometrie- und Materialparametern

2.7.1.1 Lastfall 1: Eigengewicht und Eislast

Die Berechnung des Lastfalls Eigengewicht und Eislast (Bild 2.7-2) erfolgt mit der in Abschnitt 2.4 hergeleiteten nichtlinearen Seilgleichung für die Kettenlinie.

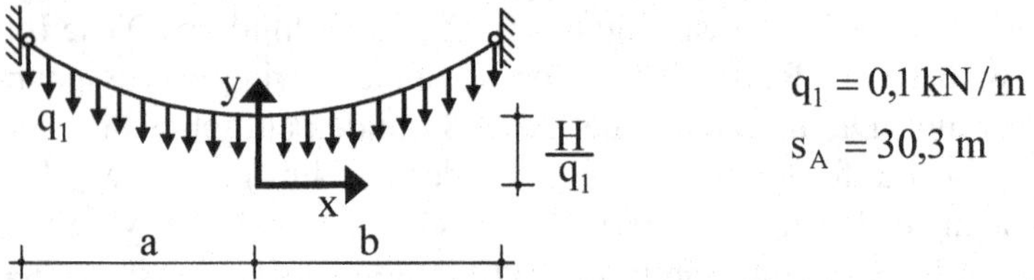

Bild 2.7-2 Horizontales Einzelseil unter Eigengewicht und Eislast

Die Seilgleichung basiert entsprechend Gleichung (2.3.9) auf dem Zusammenhang zwischen der Länge des Seiles vor und nach dem Einbau:

$$s = s_A + \Delta s_E + \Delta s_T - \Delta s_V$$

Die einzelnen Anteile

$$s = \frac{H}{\tilde{q}_1}\left(\sinh\frac{a\,\tilde{q}_1}{H} + \sinh\frac{b\,\tilde{q}_1}{H}\right),$$

$$s_A = 30{,}3\ \mathrm{m},$$

$$\Delta s_E = \frac{H}{E_S A_m} \int_{-a}^{b} \left[1 + \sinh^2 \left(\frac{\tilde{q}_1 x}{H} \right) \right] dx,$$

$$\Delta s_T = \Delta s_V = 0{,}0$$

berechnen sich aus den Gleichungen (2.3.10) bis (2.3.13), (2.4.5) und (2.4.7)). Damit ergibt sich die Seilgleichung

$$\frac{H}{\tilde{q}_1} \left(\sinh \frac{a\tilde{q}_1}{H} + \sinh \frac{b\tilde{q}_1}{H} \right) - 30{,}3 - \frac{H}{E_S A_m} \int_{-a}^{b} \left[1 + \sinh^2 \left(\frac{\tilde{q}_1 x}{H} \right) \right] dx = 0$$

mit den geometrischen Konstanten (Gln. (2.4.9) bis (2.4.11))

$$a = \frac{\ell}{2} - \frac{H}{\tilde{q}_1} \operatorname{arcsin h} \left(\frac{h}{\frac{2H}{\tilde{q}_1} \sinh \frac{\ell \tilde{q}_1}{2H}} \right), \quad b = \frac{\ell}{2} + \frac{H}{\tilde{q}_1} \operatorname{arcsin h} \left(\frac{h}{\frac{2H}{\tilde{q}_1} \sinh \frac{\ell \tilde{q}_1}{2H}} \right)$$

und dem auf die aktuelle Seillänge bezogenen Eigengewicht (Gl. (2.4.13))

$$\tilde{q}_1 = q_1 \frac{s_A}{s}.$$

Die nichtlineare Seilgleichung wird mit dem NEWTON-Verfahren gelöst. In Tabelle 2.7-1 ist der Verlauf der Iteration für den Startwert H = 2,0 kN angegeben. Nach sieben Iterationen ergibt sich die Horizontalkomponente der Seilkraft zu H = 5,988 kN. Die angegebene Abbruchgenauigkeit δ entspricht der Differenz der obigen Seilgleichung zu Null.

Tabelle 2.7-1 Iterationsverlauf für den Startwert H = 2 kN

Nr.	H [kN]	a [m]	b [m]	s [m]	Δs_E [m]	$\tilde{q}_1$ [kN/m]	δ [m]
1	2,000	15,0	15,0	32,892	0,00571	0,09975	2,586
2	2,869	15,0	15,0	31,385	0,00742	0,09997	1,077
3	3,968	15,0	15,0	30,719	0,00982	0,09996	0,409
4	5,082	15,0	15,0	30,437	0,01233	0,09996	0,125
5	5,795	15,0	15,0	30,336	0,01400	0,09995	0,022
6	5,979	15,0	15,0	30,315	0,01440	0,09995	9,88e-4
7	5,988	15,0	15,0	30,314	0,01442	0,09995	2,78e-5

Mit H kann die Seillinie nach Gleichung (2.4.3) bestimmt werden:

$$y = \frac{H}{\tilde{q}_1}\cosh\left(\frac{\tilde{q}_1 x}{H}\right) = \frac{5{,}988}{0{,}09995}\cosh\left(\frac{0{,}09995\,x}{5{,}988}\right)$$

Der maximale Seilstich (Gl. (2.4.15)) ergibt sich zu

$$f_{max} = \frac{h}{\ell}a + \frac{\frac{h}{\ell}\operatorname{arcsin}h\left(\frac{h}{l}\right)H}{\tilde{q}_1} - \frac{H\left(\sqrt{\frac{h^2}{\ell^2}+1} - \cosh\left(\frac{a\,\tilde{q}_1}{H}\right)\right)}{\tilde{q}_1} = 1{,}888 \text{ m}$$

an der Stelle (Gl. (2.4.14))

$$x_{f\,max} = \operatorname{arcsin}h\left(\frac{h}{\ell}\right)\frac{H}{\tilde{q}_1} = 0{,}0 \text{ m}.$$

Der Seilkraftverlauf berechnet sich nach Gleichung (2.4.6):

$$S(x) = H\sqrt{1+\sinh^2\left(\frac{\tilde{q}_1 x}{H}\right)} = 5{,}988\cosh\left(\frac{0{,}1x}{5{,}988}\right)$$

Die Auflagerkräfte berechnen sich nach Gleichung (2.4.16):

$$A_V = H\sinh\frac{a\,\tilde{q}_1}{H} = 1{,}515 \text{ kN}, \quad B_V = H\sinh\frac{b\,\tilde{q}_1}{H} = 1{,}515 \text{ kN}$$

$$A_H = -H = -5{,}988 \text{ kN}, \quad B_H = H = 5{,}988 \text{ kN}$$

Bild 2.7-3 und Bild 2.7-4 zeigen die Seillinie und den Seilkraftverlauf.

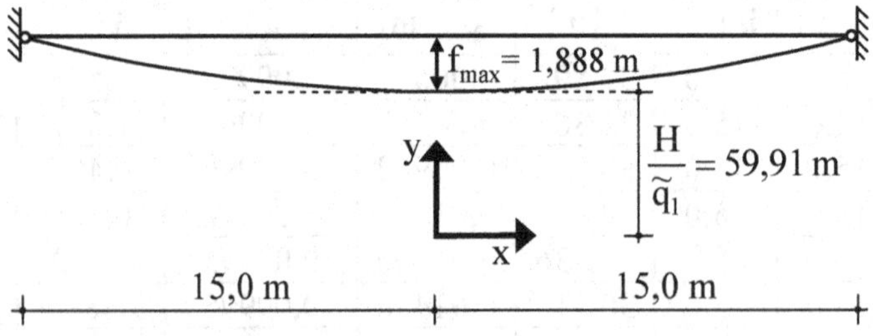

Bild 2.7-3 Seillinie für Lastfall 1: Eigengewicht und Eislast

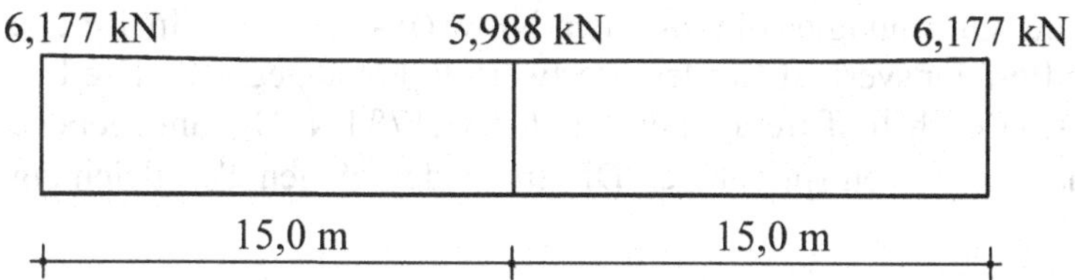

Bild 2.7-4 Seilkraftverlauf für Lastfall 1: Eigengewicht und Eislast

2.7.1.2 Lastfall 2: Gleichstreckenlast

Die Berechnung des Lastfalls Gleichstreckenlast (Bild 2.7-5) erfolgt mit der genauen Seilgleichung (Abschn. 2.5.1.1) und der approximierten Form der Seilgleichung (Abschn. 2.5.1.2).

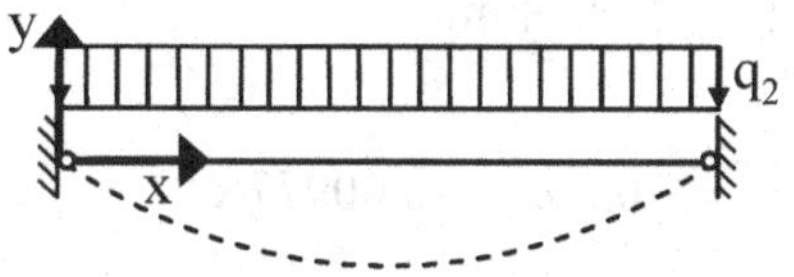

$$q_2 = 1{,}0\ \mathrm{kN/m}$$
$$s_A = 30{,}3\ \mathrm{m}$$

Bild 2.7-5 Horizontales Einzelseil unter Gleichstreckenlast

Die genaue Lösung wird mit der Seilgleichung (2.5.7) bestimmt:

$$\underbrace{\int_0^{\ell} \sqrt{1+\left(\frac{h}{\ell}-\frac{Q(x)}{H}\right)^2}\,dx}_{s} = s_A + \underbrace{\frac{H}{E_S A_m}\int_0^{\ell}\left[1+\left(\frac{h}{\ell}-\frac{Q(x)}{H}\right)^2\right]dx}_{\Delta s_E}$$

Durch Einsetzen der Querkraft

$$Q(x) = \frac{q_2 \ell}{2} - q_2 x$$

und der Eingabeparameter lautet die Seilgleichung

$$\underbrace{\int_0^{30,0} \sqrt{1+\left(-\frac{30{,}0}{2H}+\frac{x}{H}\right)^2}\,dx}_{s} = \underbrace{30{,}3}_{s_A} + \underbrace{\frac{H}{12720}\int_0^{30,0}\left[1+\left(-\frac{30{,}0}{2H}+\frac{x}{H}\right)^2\right]dx}_{\Delta s_E}.$$

Die Lösung der Gleichung erfolgt mit dem NEWTON-Verfahren. In Tabelle 2.7-2 ist der Iterationsverlauf für den Startwert 40 kN angegeben. Die Lösung ergibt sich nach fünf Iterationen zu H = 51,178 kN. Die angegebene Abbruchgenauigkeit δ entspricht der Differenz der obigen Seilgleichung zu Null.

Tabelle 2.7-2 Iterationsverlauf für den Startwert H = 40 kN

Nr.	H [kN]	s [m]	Δs_E [m]	δ [m]
1	40,000	30,689	0,0988	0,2902
2	48,057	30,480	0,1170	0,0632
3	50,932	30,428	0,1236	0,0046
4	51,176	30,424	0,1242	2,85e-5
5	51,178	30,424	0,1242	2,50e-9

Mit H wird die Seillinie nach Gleichung (2.5.3) bestimmt:

$$y = \frac{h}{\ell}x - \frac{M(x)}{H} = -\frac{1}{H}\left(\frac{q_2\ell}{2}x - \frac{q_2}{2}x^2\right) = -0{,}293\,x + 0{,}00977\,x^2$$

Der maximale Seilstich (Gl. (2.5.8)) an der Stelle x_{fmax} = 15,0 m beträgt

$$f_{max} = \frac{M_{x\,max}(x = x_{f\,max})}{H} = \frac{112{,}5}{51{,}178} = 2{,}198\text{ m}.$$

Der Seilkraftverlauf ist durch Gleichung (2.5.9) definiert:

$$S(x) = H\sqrt{1 + \left(\frac{h}{\ell} - \frac{Q(x)}{H}\right)^2} = H\sqrt{1 + \left(-\frac{q_2\ell}{2H} + \frac{q_2 x}{H}\right)^2}$$

Die Auflagerkräfte berechnen sich nach Gleichung (2.5.10):

$$A_V = V_a = 15{,}0\text{ kN},\quad B_V = V_b = 15{,}0\text{ kN}$$
$$A_H = -H = -51{,}178\text{ kN},\quad B_H = H = 51{,}178\text{ kN}$$

Für die approximierte Lösung lautet die Seilgleichung (2.5.15) für den hier vorliegenden Fall des horizontalen Seiles mit Gleichstreckenlast

$$H^3 + H^2 E_S A_m \left(1 - \frac{\ell}{s_A}\right) = \frac{E_S A_m}{2 s_A} \int_0^\ell Q(x)^2 \, dx \, .$$

Mit dem Integralausdruck der quadrierten Querkraft nach Tabelle 2.5-1

$$\int_0^\ell Q^2 dx = \frac{q_2^2 \ell^3}{12} = 2250{,}0$$

und den Eingabeparametern ergibt sich die Seilgleichung zu

$$H^3 + 125{,}941 H^2 - 472277{,}228 = 0.$$

Die Gleichungslösung mit dem NEWTON-Verfahren liefert eine horizontale Seilkraftkomponente von H = 51,579 kN. Mit H kann wie bei der genauen Lösung die Seillinie nach Gleichung (2.5.3) bestimmt werden:

$$y = \frac{h}{\ell} x - \frac{M(x)}{H} = -\frac{1}{H}\left(\frac{q_2 \ell}{2} x - \frac{q_2}{2} x^2\right) = -0{,}291 x + 0{,}00969 x^2$$

Der maximale Seilstich (Gl. (2.5.8)) an der Stelle x_{fmax} = 15,0 m beträgt

$$f_{max} = \frac{M_{x\,max}(x = x_{f\,max})}{H} = \frac{112{,}5}{51{,}579} = 2{,}181 \text{ m}.$$

Der Seilkraftverlauf ist wiederum durch Gleichung (2.5.9) definiert:

$$S(x) = H \sqrt{1 + \left(\frac{h}{\ell} - \frac{Q(x)}{H}\right)^2} = H \sqrt{1 + \left(-\frac{q_2 \ell}{2H} + \frac{q_2 x}{H}\right)^2}$$

Die Auflagerkräfte berechnen sich nach Gleichung (2.5.10):

$$A_V = V_A = 15{,}0 \text{ kN}, \quad B_V = V_B = 15{,}0 \text{ kN}$$
$$A_H = -H = -51{,}579 \text{ kN}, \quad B_H = H = 51{,}579 \text{ kN}$$

Die Ergebnisse der genauen und approximierten Lösung stimmen auf Grund des geringen Seildurchhangs ($f_{max}/\ell \approx 0{,}07$) gut überein. Die Seillinien und die Seilkraftverläufe sind in Bild 2.7-6 und Bild 2.7-7 dargestellt, wobei die Klammerwerte den Ergebnissen der approximierten Seilgleichung entsprechen.

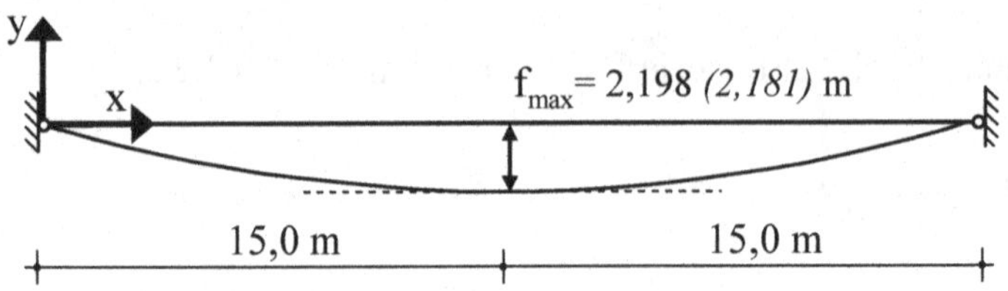

Bild 2.7-6 Seillinie für Lastfall 2: Gleichstreckenlast

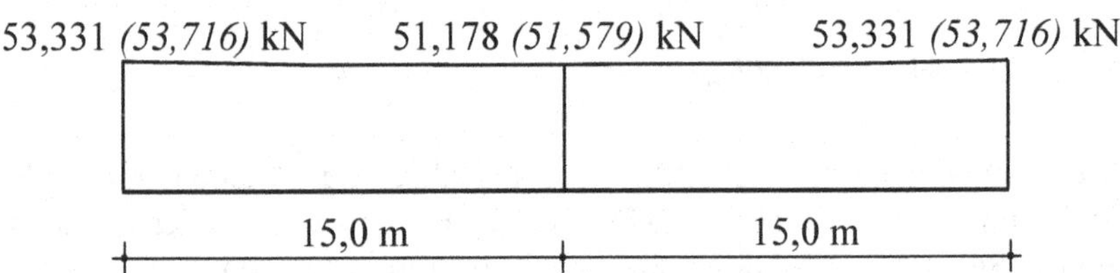

Bild 2.7-7 Seilkraftverlauf für Lastfall 2: Gleichstreckenlast

2.7.1.3 Lastfall 3: Gleichstreckenlast mit variabler Seilausgangslänge

Es wird das in Bild 2.7-5 dargestellte Einzelseil mit Gleichstreckenlast für Verhältnisse der Seilausgangslänge zur Seilsehnenlänge von $s_A/\ell = 1,0$ bis 1,3 untersucht. Die Berechnung erfolgt, wie in Abschnitt 2.7.1.2 vorgestellt, durch Aufstellung und Lösung der genauen und der approximierten Seilgleichung.

In Tabelle 2.7-3 sind die Ergebnisse der Seilgleichungen gegenübergestellt. Die approximierte Seilgleichung (kursiv) stimmt bei kleinen Seildurchhängen bis etwa $f_{max}/\ell = 1,03$ gut mit der genauen Lösung überein. Bei größer werdenden Seildurchhängen nehmen die Abweichungen zur genauen Lösung deutlich zu. Die Ergebnisse zeigen, dass die approximierte Seilgleichung, wie bereits in Abschnitt 2.5.1.2 erläutert, nur für kleine Seildurchhänge gültig ist. Bild 2.7-8 verdeutlicht diesen Sachverhalt durch das Auftragen der prozentualen Abweichung der beiden Lösungen für H, f_{max} und S(x=0) über das Verhältnis s_A/ℓ.

Tabelle 2.7-3 Ergebnisse für Ausgangsseillängen s_A von 30,0 bis 39,0 m

s_A[m]	s_A/ℓ [-]	H [kN]	f_{max} [m]	S(x=0) [kN]	s [m]
30,00	1,000	77,669	1,448	79,105	30,186
		78,134	*1,440*	*79,561*	*30,184*
31,00	1,033	31,763	3,542	35,127	31,081
		32,294	*3,484*	*35,608*	*31,079*
32,00	1,067	22,685	4,959	27,196	32,061
		23,376	*4,813*	*27,775*	*32,059*
33,00	1,100	18,396	6,116	23,736	33,053
		19,206	*5,858*	*24,370*	*33,050*
34,00	1,133	15,773	7,132	21,767	34,048
		16,678	*6,745*	*22,431*	*34,045*
35,00	1,167	13,957	8,061	20,489	35,046
		14,939	*7,531*	*21,170*	*35,041*
36,00	1,200	12,602	8,927	19,591	36,044
		13,649	*8,242*	*20,281*	*36,039*
37,00	1,233	11,541	9,748	18,926	37,043
		12,644	*8,890*	*19,618*	*37,037*
38,00	1,267	10,681	10,533	18,414	38,042
		11,832	*9,508*	*19,105*	*38,035*
39,00	1,300	9,966	11,289	18,009	39,041
		11,159	*10,081*	*18,696*	*39,034*

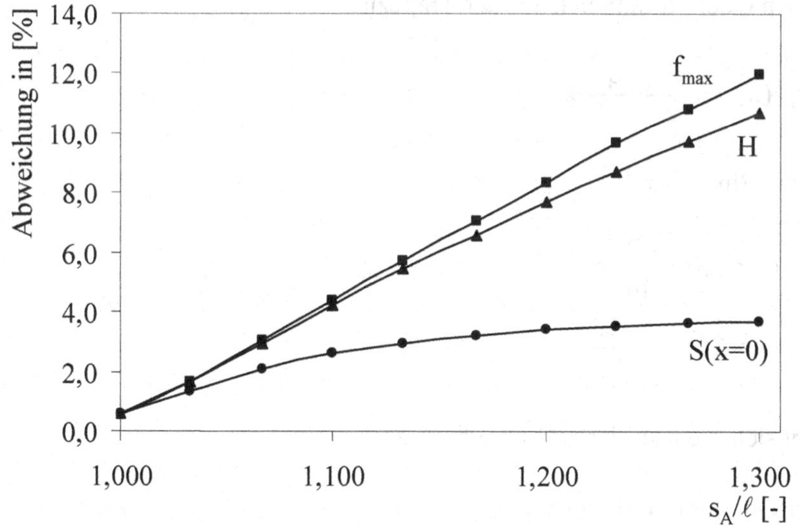

Bild 2.7-8 Abweichungen zwischen genauer und approximierter Lösung

2.7.1.4 Lastfall 4: Trapezlast und Einzellast

Die Berechnung der kombinierten Belastung aus Trapezlast und Einzellast (Bild 2.7-9), erfolgt mit der genauen Seilgleichung (Abschn. 2.5.1.1) und der approximierten Form der Seilgleichung (Abschn. 2.5.2.2).

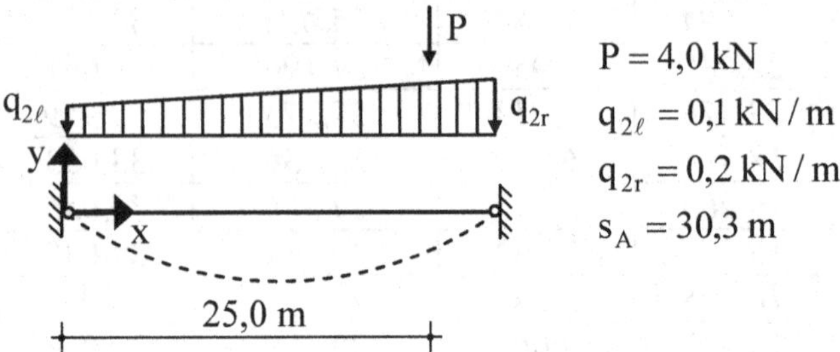

Bild 2.7-9 Horizontales Einzelseil unter Trapezlast und Einzellast

Die genaue Lösung wird mit der Seilgleichung (2.5.7) bestimmt:

$$\underbrace{\int_0^\ell \sqrt{1+\left(\frac{h}{\ell}-\frac{Q(x)}{H}\right)^2}\,dx}_{s} = s_A + \underbrace{\frac{H}{E_S A_m}\int_0^\ell \left[1+\left(\frac{h}{\ell}-\frac{Q(x)}{H}\right)^2\right]dx}_{\Delta s_E}$$

Mit den Querkraftanteilen aus der Trapezlast

$$Q_{q_2}(x) = -\frac{q_{2r}-q_{2\ell}}{2\ell}x^2 - q_{2\ell}x + (2q_{2\ell}+q_{2r})\frac{\ell}{6}$$

und der Einzellast

$$Q_P(x \le 25) = \frac{5P}{30},$$

$$Q_P(x > 25) = -\frac{25P}{30}$$

ergibt sich die resultierende Querkraft zu

$$Q(x) = Q_{q2}(x) + Q_P(x).$$

Durch Einsetzen der Querkraft und der Eingabeparameter können die einzelnen Anteile

$$s = \int_0^{25} \sqrt{1 + \left(\frac{0,1}{60H} x^2 + \frac{0,1}{H} x - \frac{2}{H} - \frac{20}{30H} \right)^2} \, dx,$$

$$+ \int_{25}^{30} \sqrt{1 + \left(\frac{0,1}{60H} x^2 + \frac{0,1}{H} x - \frac{2}{H} + \frac{100}{30H} \right)^2} \, dx,$$

$$s_A = 30,3 \, m,$$

$$\Delta s_E = \frac{H}{12720} \int_0^{25} \left[1 + \left(\frac{0,1}{60H} x^2 + \frac{0,1}{H} x - \frac{2}{H} - \frac{20}{30H} \right)^2 \right] dx$$

$$+ \frac{H}{12720} \int_{25}^{30} \left[1 + \left(\frac{0,1}{60H} x^2 + \frac{0,1}{H} x - \frac{2}{H} + \frac{100}{30H} \right)^2 \right] dx$$

der Seilgleichung berechnet werden. Die Lösung der Seilgleichung erfolgt mit dem Bisektionsverfahren, da die Ableitung nach H nur schwer zu ermitteln ist. Mit diesem Verfahren ergibt sich der horizontale Anteil der Seilkraft zu $H = 16,893$ kN. Mit H wird die Seillinie nach Gleichung (2.5.3) für die Bereiche links und rechts der Einzellast bestimmt:

$$y(x \leq 25) = -\frac{1}{H} \left(-\frac{q_{2r} - q_{2\ell}}{6\ell} x^3 - \frac{q_{2\ell}}{2} x^2 + (2q_{2\ell} + q_{2r}) \frac{\ell}{6} x + \frac{5P}{30} x \right)$$

$$y(x > 25) = -\frac{1}{H} \left(-\frac{q_{2r} - q_{2\ell}}{6\ell} x^3 - \frac{q_{2\ell}}{2} x^2 + (2q_{2\ell} + q_{2r}) \frac{\ell}{6} x + \frac{25P}{30} (\ell - x) \right)$$

Der maximale Seilstich ergibt sich nach Gleichung (2.5.8) an der Stelle des maximalen Moments $x_{fmax} = 20,0$ m zu

$$f_{max} = \frac{M_{x\,max}(x = x_{f\,max})}{H} = \frac{28,889}{16,893} = 1,710 \, m.$$

Der Seilkraftverlauf ist durch Gleichung (2.5.9) definiert und teilt sich, wie die Durchbiegung, in die Bereiche links und rechts der Einzellast auf:

$$S(x \leq 25) = H\sqrt{1+\left(\frac{0{,}1}{60H}x^2+\frac{0{,}1}{H}x-\frac{2}{H}-\frac{5P}{30H}\right)^2}$$

$$S(x > 25) = H\sqrt{1+\left(\frac{0{,}1}{60H}x^2+\frac{0{,}1}{H}x-\frac{2}{H}+\frac{25P}{30H}\right)^2}$$

Die Auflagerkräfte berechnen sich nach Gleichung (2.5.10):

$$A_V = V_A = 2{,}667\text{ kN},\quad B_V = V_B = 5{,}833\text{ kN}$$
$$A_H = -H = -16{,}893\text{ kN},\quad B_H = H = 16{,}893\text{ kN}$$

Die approximierte Seilgleichung (2.5.15) für den hier vorliegenden Fall des horizontalen Seiles mit kombinierter Belastung lautet

$$H^3 + H^2 E_S A_m\left(1-\frac{\ell}{s_A}\right) = \frac{E_S A_m}{2 s_A}\int_0^\ell Q(x)^2\,dx.$$

Mit dem Integralausdruck der quadrierten Querkraft nach Tabelle 2.5-1

$$\int_0^\ell Q^2 dx = \frac{P^2 a\, b}{\ell}+\frac{q_{2\ell}^2\ell^3}{45}+\frac{q_{2r}^2\ell^3}{45}+\frac{q_{2\ell}q_{2r}\ell^3}{25{,}71}$$
$$+2q_{2\ell}P a\, b\left(\frac{1}{2}-\frac{a}{3\ell}-\frac{b}{6\ell}\right)+2q_{2r}P a\, b\left(\frac{1}{2}-\frac{b}{3\ell}-\frac{a}{6\ell}\right)=198{,}226$$

und Einsetzen der Eingabeparameter ergibt sich die Seilgleichung zu

$$H^3 + 125{,}941 H^2 - 41607{,}834 = 0.$$

Die Gleichungslösung mit dem NEWTON-Verfahren liefert eine horizontale Seilkraftkomponente von H = 17,058 kN. Mit H wird die Seillinie wie bei der genauen Lösung nach Gleichung (2.5.3) bestimmt:

$$y(x \le 25) = -\frac{1}{H}\left(-\frac{q_{2r}-q_{2\ell}}{6\ell}x^3 - \frac{q_{2\ell}}{2}x^2 + (2q_{2\ell}+q_{2r})\frac{\ell}{6}x + \frac{5P}{30}x\right)$$

$$y(x > 25) = -\frac{1}{H}\left(-\frac{q_{2r}-q_{2\ell}}{6\ell}x^3 - \frac{q_{2\ell}}{2}x^2 + (2q_{2\ell}+q_{2r})\frac{\ell}{6}x + \frac{25P}{30}(\ell - x)\right)$$

Der maximale Seilstich (Gl. (2.5.8)) an der Stelle $x_{f\,max} = 20{,}0$ m beträgt

$$f_{max} = \frac{M_{x\,max}(x = x_{f\,max})}{H} = \frac{28{,}889}{17{,}058} = 1{,}694\ \text{m}.$$

Der Seilkraftverlauf ist wiederum durch Gleichung (2.5.9) definiert:

$$S(x) = H\sqrt{1 + \left(\frac{h}{\ell} - \frac{Q(x)}{H}\right)^2}$$

Die Aufteilung in die Bereiche links und rechts der Einzellast liefert:

$$S(x \le 25) = H\sqrt{1 + \left(\frac{0{,}1}{60H}x^2 + \frac{0{,}1}{H}x - \frac{2}{H} - \frac{5P}{30H}\right)^2}$$

$$S(x > 25) = H\sqrt{1 + \left(\frac{0{,}1}{60H}x^2 + \frac{0{,}1}{H}x - \frac{2}{H} + \frac{25P}{30H}\right)^2}$$

Die Auflagerkräfte berechnen sich entsprechend der genauen Lösung nach Gleichung (2.5.10):

$$A_V = V_A = 2{,}667\ \text{kN}, \quad B_V = V_B = 5{,}833\ \text{kN}$$
$$A_H = -H = -17{,}058\ \text{kN}, \quad B_H = H = 17{,}058\ \text{kN}$$

Die Ergebnisse der genauen und approximierten Lösung stimmen auf Grund des geringen Seildurchhangs ($f_{max}/\ell \approx 0{,}07$) gut überein. Die Seillinien und die Seilkraftverläufe sind in Bild 2.7-10 und Bild 2.7-11 dargestellt, wobei die Klammerwerte den Ergebnissen der approximierten Seilgleichung entsprechen.

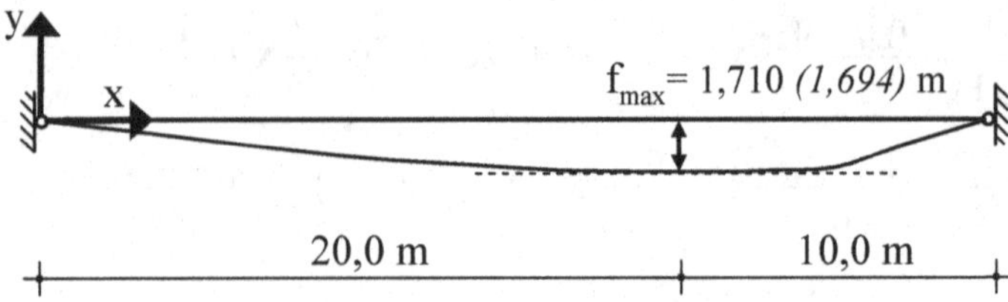

Bild 2.7-10 Seillinie für Lastfall 4: Trapezlast und Einzellast

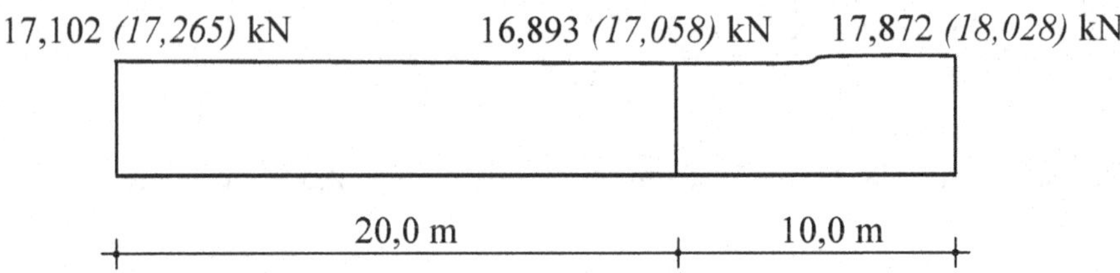

Bild 2.7-11 Seilkraftverlauf für Lastfall 4: Trapezlast und Einzellast

2.7.1.5 Lastfall 5: Gleichstreckenlast und Federlagerung

Für das in Bild 2.7-12 dargestellte Seil mit Gleichstreckenlast und horizontaler Federlagerung wird eine Berechnung mit der approximierten Seilgleichung nach Abschnitt 2.5.1.2 durchgeführt.

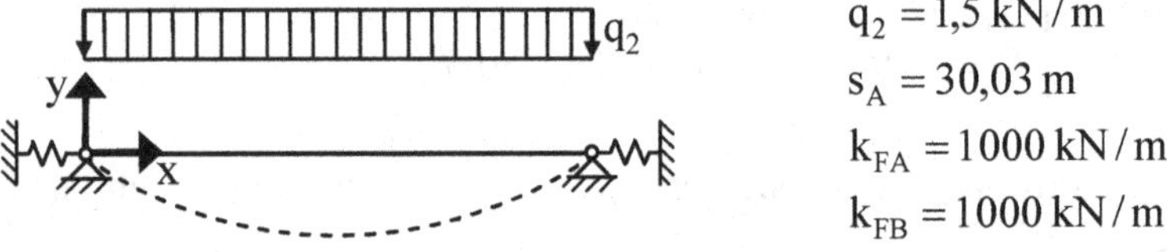

$q_2 = 1{,}5\ \mathrm{kN/m}$
$s_A = 30{,}03\ \mathrm{m}$
$k_{FA} = 1000\ \mathrm{kN/m}$
$k_{FB} = 1000\ \mathrm{kN/m}$

Bild 2.7-12 Horizontales Seil mit Federlagerung unter Gleichstreckenlast

Die Berechnung erfolgt iterativ auf Grundlage der approximierten Seilgleichung (2.5.15):

$$H^3 + H^2 E_S A_m \left(1 - \frac{\ell}{s_A}\right) - \frac{E_S A_m}{2 s_A} \int_0^{\ell} Q(x)^2 \, dx = 0$$

Durch Überführung der Seilgleichung in die Iterationsgleichung nach dem NEWTON-Verfahren ergibt sich mit dem Integralausdruck der quadrierten Querkraft nach Tabelle 2.5-1:

$$H^i = H^{i-1} - \frac{(H^{i-1})^3 + (H^{i-1})^2 E_S A_m \left(1 - \frac{\ell^{i-1}}{s_A}\right) - \frac{E_S A_m}{2 s_A} \frac{(q_2^i)^2 (\ell^{i-1})^3}{12}}{3(H^{i-1})^2 + 2 E_S A_m \left(1 - \frac{\ell^{i-1}}{s_A}\right)}$$

Die Länge ℓ^i im Iterationsschritt i berechnet sich mit den Verschiebungen

$$u_{xA}^i = \frac{-H^i}{k_{FA}}, \quad u_{xB}^i = \frac{H^i}{k_{FB}}$$

an den Auflagern A und B zu

$$\ell^i = \ell^{i-1} + u_{xA}^i - u_{xB}^i .$$

Die Belastung q_2^i wird von der Länge ℓ auf die Länge ℓ^i umgerechnet:

$$q_2^i = q_2 \frac{\ell}{\ell^i}$$

Mit der Iterationsgleichung ergibt sich die horizontale Komponente der Seilkraft für einen Startwert von H = 75 kN nach 8 Iterationen zu 81,0354 kN. Der zugehörige Iterationsverlauf ist in Tabelle 2.7-4 angegeben. Die angegebene Abbruchgenauigkeit δ entspricht der Differenz der obigen Seilgleichung zu Null.

Tabelle 2.7-4 Iterationsverlauf für den Startwert H = 75 kN

Nr.	**H^i [kN]**	**ℓ^i [m]**	**q_2^i [kN/m]**	**δ [m]**
1	75,0000	29,850	1,508	-216070,803
2	82,6319	29,835	1,508	62682,009
3	80,7966	29,838	1,508	-9173,642
4	81,0771	29,838	1,508	1607,854
5	81,0283	29,838	1,508	-274,363
6	81,0366	29,838	1,508	47,013
7	81,0352	29,838	1,508	-8,055
8	81,0354	29,838	1,508	0,0

Die Seillinie wird mit H und den Werten der letzten Iteration aus Tabelle 2.7-4 nach Gleichung (2.5.3) bestimmt:

$$y = \frac{h}{\ell}x - \frac{M(x)}{H} = -\frac{1}{H}\left(\frac{q_2 \ell}{2}x - \frac{q_2}{2}x^2\right) = -0{,}278\,x + 0{,}00931\,x^2$$

Der maximale Seilstich (Gl. (2.5.8)) an der Stelle $x_{fmax} = 14{,}919$ m beträgt

$$f_{max} = \frac{M_{x\,max}(x = x_{f\,max})}{H} = \frac{167{,}823}{81{,}0354} = 2{,}071\ \text{m}.$$

Der Seilkraftverlauf ist durch Gleichung (2.5.9) definiert:

$$S(x) = H\sqrt{1 + \left(\frac{h}{\ell} - \frac{Q(x)}{H}\right)^2} = H\sqrt{1 + \left(-\frac{q_2 \ell}{2H} + \frac{q_2 x}{H}\right)^2}$$

Die Auflagerkräfte berechnen sich nach Gleichung (2.5.10):

$$A_V = V_A = 22{,}5\ \text{kN}, \quad B_V = V_B = 22{,}5\ \text{kN}$$
$$A_H = -H = -81{,}054\ \text{kN}, \quad B_H = H = 81{,}054\ \text{kN}$$

Im Vergleich zu der federnden Lagerung würde sich bei einer starren Lagerung der Auflagerpunkte eine horizontale Komponente der Seilkraft von H = 98,285 einstellen. Dies verdeutlicht, dass eventuelle Nachgiebigkeiten der Seilaufhängepunkte unbedingt berücksichtigt werden müssen, da diese einen starken Abfall der Seilkraft verursachen können. Die Seillinie und der Seilkraftverlauf sind in Bild 2.7-13 und Bild 2.7-14 dargestellt

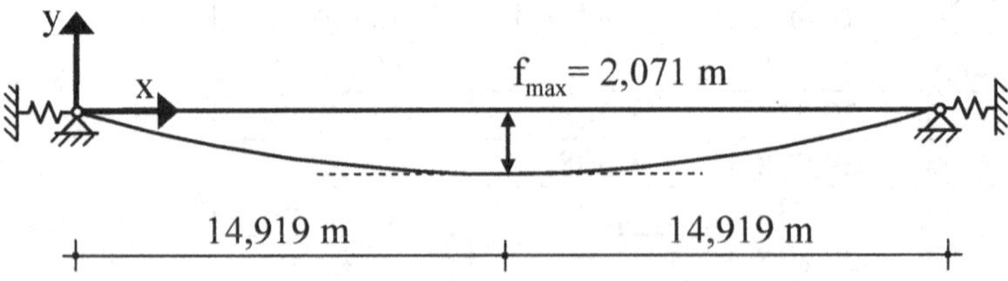

Bild 2.7-13 Seillinie für Lastfall 5: Federlagerung und Gleichstreckenlast

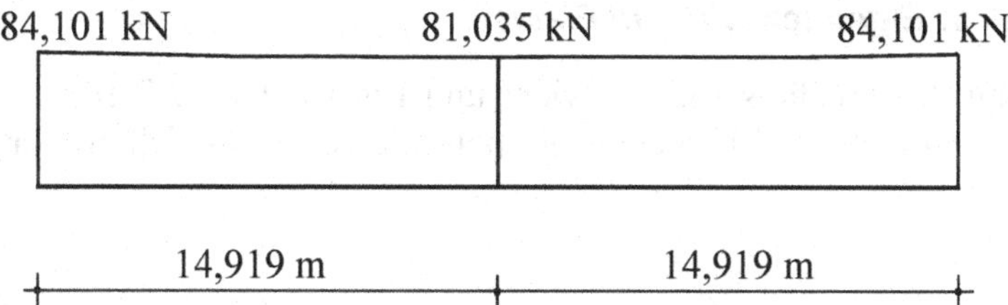

Bild 2.7-14 Seilkraftverlauf für Lastfall 5: Federlagerung und Gleichstreckenlast

2.7.2 Schräges Einzelseil

Gegeben ist das in Bild 2.7-15 dargestellte schräge Einzelseil mit den festen Aufhängepunkten A und B und den angegebenen Geometrie- und Materialparametern. Für das Seil werden Berechnungen für fünf verschiedene Lastfälle durchgeführt. Berechnet werden die Seillinie, der Seilkraftverlauf und die resultierenden Auflagerkräfte.

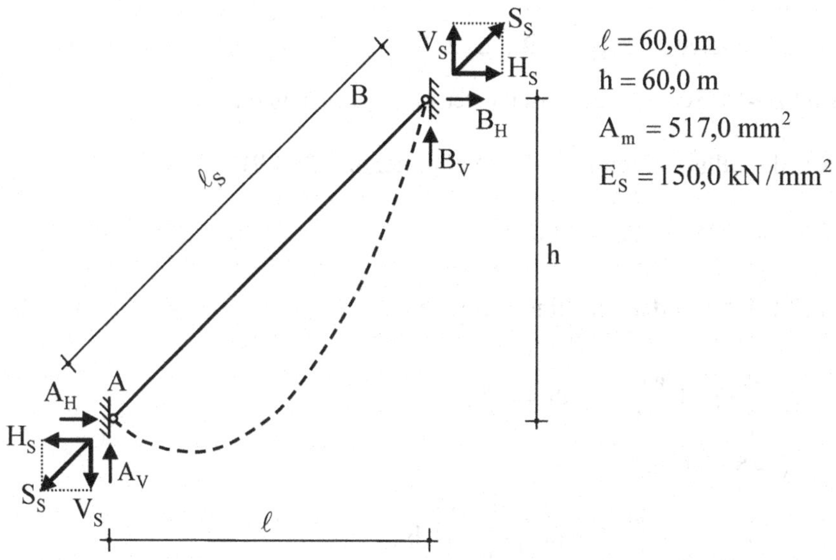

Bild 2.7-15 Schräges Einzelseil mit Geometrie- und Materialparametern

2.7.2.1 Lastfall 1: Eigengewicht und Eislast

Die Berechnung des Lastfalls Eigengewicht und Eislast (Bild 2.7-16) erfolgt mit der in Abschnitt 2.4 hergeleiteten nichtlinearen Seilgleichung für die Kettenlinie.

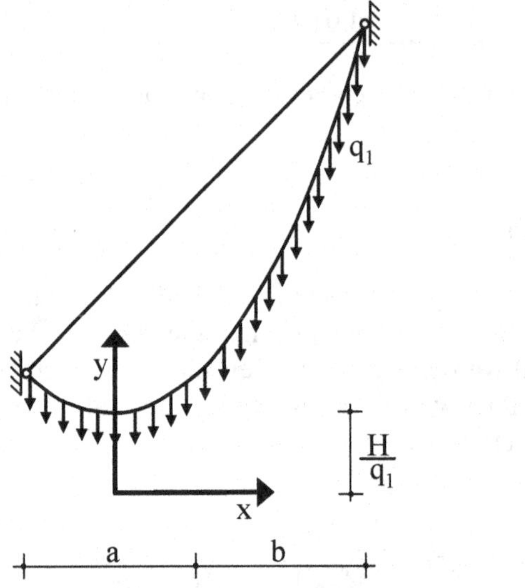

$q_1 = 0{,}2\ \mathrm{kN/m}$

$s_A / \ell_S = 1{,}01$

Bild 2.7-16 Schräges Einzelseil unter Eigengewicht und Eislast

Aus der allgemeinen Form der Seilgleichung (2.3.9)

$$s = s_A + \Delta s_E + \Delta s_T - \Delta s_V$$

ergibt sich mit den einzelnen Anteilen

$$s = \frac{H}{\tilde{q}_1}\left(\sinh\frac{a\,\tilde{q}_1}{H} + \sinh\frac{b\,\tilde{q}_1}{H}\right),$$

$$s_A = 85{,}701\ \mathrm{m},$$

$$\Delta s_E = \frac{H}{E_S A_m}\int_{-a}^{b}\left[1 + \sinh^2\left(\frac{\tilde{q}_1 x}{H}\right)\right] dx,$$

$$\Delta s_T = \Delta s_V = 0{,}0$$

nach den Gleichungen (2.3.10) bis (2.3.13), (2.4.5) und (2.4.7) die Seilgleichung zu

$$\frac{H}{\tilde{q}_1}\left(\sinh\frac{a\tilde{q}_1}{H}+\sinh\frac{b\tilde{q}_1}{H}\right)-85{,}701-\frac{H}{E_S A_m}\int_{-a}^{b}\left[1-\sinh^2\left(\frac{\tilde{q}_1 x}{H}\right)\right]dx=0.$$

Die geometrischen Konstanten a, b (Gln. (2.4.9) bis (2.4.11)) lauten

$$a=\frac{\ell}{2}-\frac{H}{\tilde{q}_1}\operatorname{arcsin h}\left(\frac{h}{\frac{2H}{\tilde{q}_1}\sinh\frac{\ell\tilde{q}_1}{2H}}\right),\ b=\frac{\ell}{2}+\frac{H}{\tilde{q}_1}\operatorname{arcsin h}\left(\frac{h}{\frac{2H}{\tilde{q}_1}\sinh\frac{\ell\tilde{q}_1}{2H}}\right)$$

und das auf die aktuelle Seillänge bezogene Eigengewicht (Gl. (2.4.13)) berechnet sich zu

$$\tilde{q}_1=q_1\frac{s_A}{s}.$$

Die nichtlineare Seilgleichung wird mit dem NEWTON-Verfahren gelöst. In Tabelle 2.7-5 ist der Verlauf der Iteration für den Startwert H = 10,0 kN angegeben. Nach fünf Iterationen ergibt sich die Horizontalkomponente der Seilkraft zu H = 17,135 kN. Die angegebene Abbruchgenauigkeit δ entspricht der Differenz der obigen Seilgleichung zu Null.

Tabelle 2.7-5 Iterationsverlauf für den Startwert H = 10 kN

Nr.	H[kN]	a [m]	b [m]	s[m]	Δs_E [m]	$\tilde{q}_1$ [kN/m]	δ[m]
1	10,00	-12,013	72,013	87,482	0,0173	0,1999	1,763
2	13,239	-26,782	86,782	86,332	0,0219	0,1999	0,609
3	15,896	-38,752	98,752	85,873	0,0258	0,1999	0,026
4	17,134	-44,305	104,305	85,729	0,0276	0,1999	1,8e-4
5	17,135	-44,312	104,312	85,729	0,0276	0,1999	2,1e-5

Mit H kann die Seillinie nach Gleichung (2.4.3) bestimmt werden:

$$y=\frac{H}{\tilde{q}_1}\cosh\left(\frac{\tilde{q}_1 x}{H}\right)=\frac{17{,}135}{0{,}1999}\cosh\left(\frac{0{,}1999\,x}{17{,}135}\right)$$

Zur Verdeutlichung der geometrischen Zusammenhänge ist in Bild 2.7-17 die Katenoide mit der Lage der Seilsehne unter Angabe aller geometrischen Konstanten dargestellt.

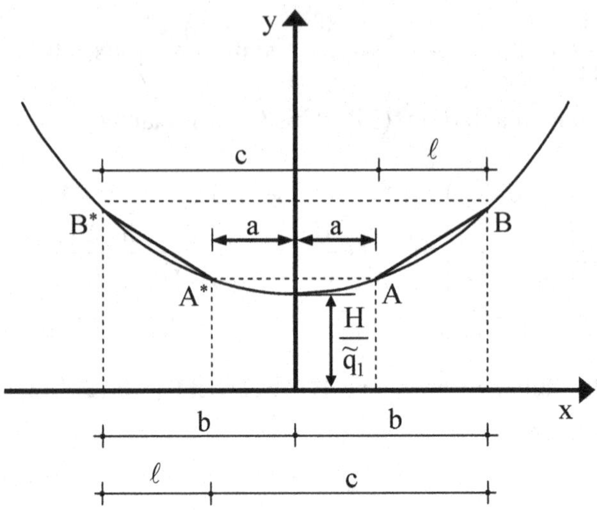

Bild 2.7-17 Katenoide mit Lage der Seilsehne

Der maximale Seilstich (Gl. (2.4.15)) beträgt

$$f_{\max} = \frac{h}{\ell}\left(a + \frac{\operatorname{arcsin\,h}\left(\frac{h}{1}\right) H}{\tilde{q}_1} \right) - \frac{H\left(\sqrt{\frac{h^2}{\ell^2}+1} - \cosh\left(\frac{a\,\tilde{q}_1}{H}\right)\right)}{\tilde{q}_1} = 7{,}439 \text{ m}$$

an der Stelle (Gl. (2.4.14))

$$x_{f\max} = \operatorname{arcsin\,h}\left(\frac{h}{\ell}\right)\frac{H}{\tilde{q}_1} = 75{,}538 \text{ m.}$$

Der Seilkraftverlauf berechnet sich nach Gleichung Gl. (2.4.6):

$$S(x) = H\sqrt{1+\sinh^2\left(\frac{\tilde{q}_1\,x}{H}\right)} = 17{,}135\sqrt{1+\sinh^2\left(\frac{0{,}1999\,x}{17{,}135}\right)}$$

Die Auflagerkräfte berechnen sich nach Gleichung (2.4.16) zu:

$$A_V = H \sinh \frac{a\tilde{q}_1}{H} = -9{,}259 \text{ kN}, \quad B_V = H \sinh \frac{b\tilde{q}_1}{H} = 16{,}400 \text{ kN}$$

$$A_H = -H = -17{,}135 \text{ kN}, \quad B_H = H = 17{,}135 \text{ kN}$$

Die Seillinie und der Seilkraftverlauf sind in Bild 2.7-18 und Bild 2.7-19 dargestellt. In Bild 2.7-18 sind nochmals die Lage der Seilsehne auf der Katenoide und das Referenzkoordinatensystem dargestellt.

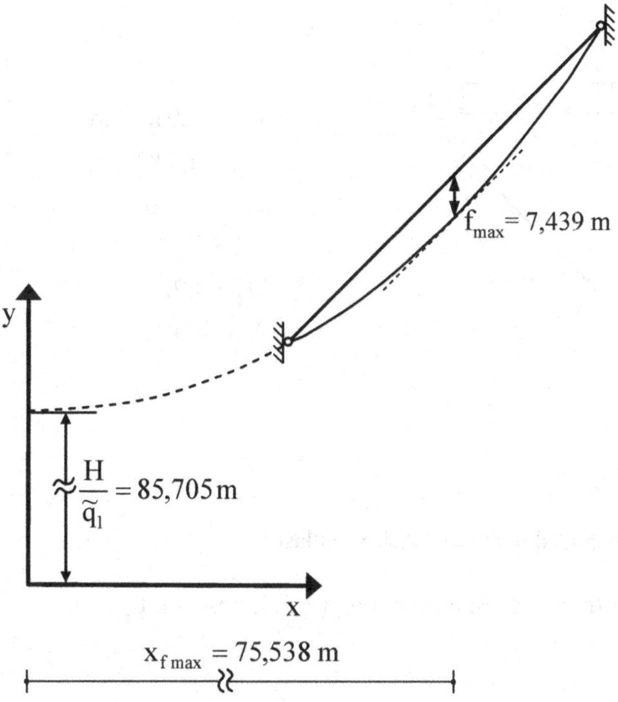

Bild 2.7-18 Seillinie für Lastfall 1: Eigengewicht und Eislast

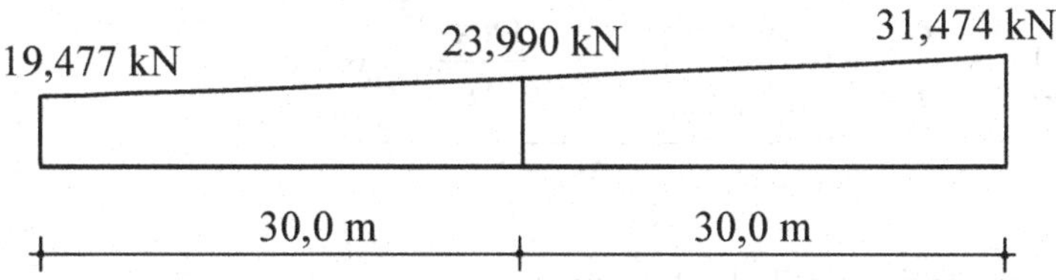

Bild 2.7-19 Seilkraftverlauf für Lastfall 1: Eigengewicht und Eislast

2.7.2.2 Lastfall 2: Gleichstreckenlast, Vorspannung, Temperatur

Die Berechnung der kombinierten Belastung (Bild 2.7-20) aus einer Gleichstreckenlast in x- oder y-Richtung, Vorspannung und Temperatur erfolgt mit der genauen Seilgleichung (Abschn. 2.5.1.1) und der approximierten Form der Seilgleichung (Abschn. 2.5.1.2). Die Berechnung wird für die vertikale Belastung vorgestellt. Da die Berechnungen für die vertikale Gleichstreckenlast q_{2x} direkt auf die horizontale Belastungssituation übertragen werden können, sind für die horizontale Belastung q_{2y} nur die Ergebnisse angegeben.

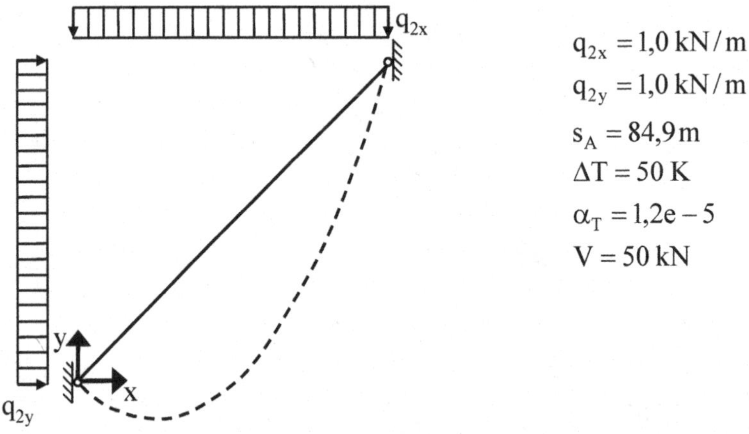

Bild 2.7-20 Schräges Einzelseil unter Gleichstreckenlast

Die genaue Lösung wird mit der Seilgleichung (2.5.7) bestimmt:

$$\underbrace{\int_0^{\ell} \sqrt{1+\left(\frac{h}{\ell}-\frac{Q(x)}{H}\right)^2}\,dx}_{s} =$$

$$s_A + \underbrace{s_A \alpha_T \Delta T}_{\Delta s_T} - \underbrace{s_A \frac{\sigma_V}{E_S}}_{\Delta s_V} + \underbrace{\frac{H}{E_S A_m}\int_0^{\ell}\left[1+\left(\frac{h}{\ell}-\frac{Q(x)}{H}\right)^2\right]dx}_{\Delta s_E}$$

Mit der Querkraft für die vertikale Belastung q_{2x}

$$Q(x) = \frac{q_{2x}\,\ell}{2} - q_{2x}\,x$$

und den Eingabeparametern lautet die Seilgleichung

$$\underbrace{\int_0^{60,0}\sqrt{1+\left(1-\frac{30}{H}+\frac{x}{H}\right)^2}\,dx}_{s} - 84,9\left(1+\underbrace{0,000012\cdot 50,0}_{\Delta s_T}-\underbrace{\frac{50,0}{150,0\cdot 517,0}}_{\Delta s_V}\right)$$

$$\underbrace{-\frac{H}{150,0\cdot 517,0}\int_0^{60,0}\left[1+\left(1-\frac{30}{H}+\frac{x}{H}\right)^2\right]dx}_{\Delta s_E} = 0.$$

Die Lösung der Seilgleichung erfolgt mit dem NEWTON-Verfahren. In Tabelle 2.7-6 ist der Iterationsverlauf für den Startwert H = 100 kN angegeben. Die Lösung ergibt sich nach fünf Iterationen zu H = 118,410 kN. Die angegebene Abbruchgenauigkeit δ entspricht der Differenz der obigen Seilgleichung zu Null.

Tabelle 2.7-6 Iterationsverlauf für den Startwert H = 100 kN

Nr.	H [kN]	s [m]	Δs_E [m]	δ [m]
1	100,000	85,174	0,1571	0,1209
2	115,089	85,095	0,1801	0,0186
3	118,308	85,082	0,1850	5,5e-4
4	118,410	85,081	0,1852	5,3e-7

Mit H wird die Seillinie nach Gleichung (2.5.3) bestimmt:

$$y=\frac{h}{\ell}x-\frac{M(x)}{H}=\frac{h}{\ell}x-\frac{1}{H}\left(\frac{q_{2x}\,\ell}{2}x-\frac{q_{2x}}{2}x^2\right)=0,747\,x+0,00422\,x^2$$

Der maximale Seilstich (Gl. (2.5.8)) an der Stelle x_{fmax} = 30,0 m beträgt

$$f_{max}=\frac{M_{x\,max}(x=x_{f\,max})}{H}=\frac{450}{118,410}=3,800\text{ m}.$$

Der Seilkraftverlauf ist durch Gleichung (2.5.9) definiert:

$$S(x)=H\sqrt{1+\left(\frac{h}{\ell}-\frac{Q(x)}{H}\right)^2}=H\sqrt{1+\left(\frac{h}{\ell}-\frac{q_{2x}\,\ell}{2H}+\frac{q_{2x}\,x}{H}\right)^2}$$

Die Auflagerkräfte berechnen sich nach Gleichung (2.5.10) zu:

$$A_V = V_A - H\tan\alpha = -88{,}410\,\text{kN}, \quad B_V = V_B + H\tan\alpha = 148{,}410\,\text{kN}$$
$$A_H = -H = -118{,}410\,\text{kN}, \quad B_H = H = 118{,}410\,\text{kN}$$

Für die approximierte Lösung lautet die Seilgleichung (2.5.15) für den hier vorliegenden Fall des schrägen Seiles mit Gleichstreckenlast

$$H^3 + H^2 E_S A_m \cos\alpha \left[1 - \frac{1}{s_A}\left(\frac{\ell}{\cos\alpha} - \alpha_T \Delta T\, s_A + \frac{\sigma_V}{E_S} s_A\right)\right]$$
$$= \frac{E_S A_m \cos^4\alpha}{2 s_A} \int_0^\ell Q(x)^2\, dx .$$

Mit dem Integralausdruck der quadrierten Querkraft nach Tabelle 2.5-1

$$\int_0^\ell Q(x)^2\, dx = \frac{q_{2x}^2\, \ell^3}{12} = 18000{,}0$$

und durch Einsetzen der Eingabeparameter ergibt sich die Seilgleichung zu

$$H^3 + 28{,}023\, H^2 - 2055212{,}0141 = 0.$$

Die Gleichungslösung mit dem NEWTON-Verfahren liefert eine horizontale Seilkraftkomponente von $H = 118{,}452$ kN. Mit H wird wie bei der genauen Lösung die Seillinie nach Gleichung (2.5.3) bestimmt:

$$y = \frac{h}{\ell}x - \frac{M(x)}{H} = \frac{h}{\ell}x - \frac{q_{2x}}{H}\left(\frac{\ell}{2}x - \frac{x^2}{2}\right) = -0{,}747\,x + 0{,}00422\,x^2$$

Der maximale Seilstich (Gl. (2.5.8)) an der Stelle $x_{fmax} = 30{,}0$ m beträgt

$$f_{max} = \frac{M_{x\,max}(x = x_{f\,max})}{H} = \frac{450}{118{,}452} = 3{,}799\text{ m}.$$

Der Seilkraftverlauf ist wiederum durch Gleichung (2.5.9) definiert:

$$S(x) = H\sqrt{1+\left(\frac{h}{\ell}-\frac{Q(x)}{H}\right)^2} = H\sqrt{1+\left(\frac{h}{\ell}-\frac{q_{2x}\,\ell}{2H}+\frac{q_{2x}\,x}{H}\right)^2}$$

Die Auflagerkräfte berechnen sich nach Gleichung (2.5.10):

$$A_V = V_A - H\tan\alpha = -88{,}452\text{ kN},\quad B_V = V_B + H\tan\alpha = 148{,}452\text{ kN}$$
$$A_H = -H = -118{,}452\text{ kN},\quad B_H = H = 118{,}452\text{ kN}$$

Bild 2.7-21 und Bild 2.7-22 zeigen die Ergebnisse der genauen und approximierten Lösung für die Belastungen q_{2x} und q_{2y}, wobei die Klammerwerte den Ergebnissen der approximierten Seilgleichung entsprechen. Die Ergebnisse der genauen und approximierten Lösung stimmen auf Grund des geringen Seildurchhangs ($f_{max}/\ell_S \approx 0{,}04$) gut überein.

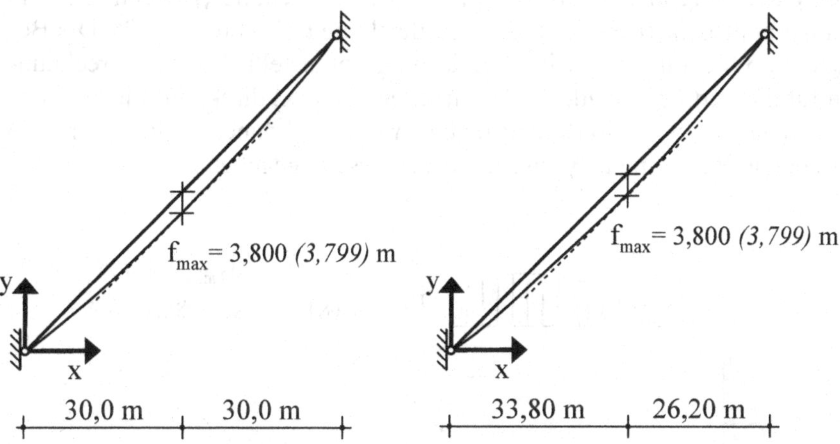

Bild 2.7-21 Seillinien für Lastfall 2: Gleichstreckenlasten q2(x) und q2(y)

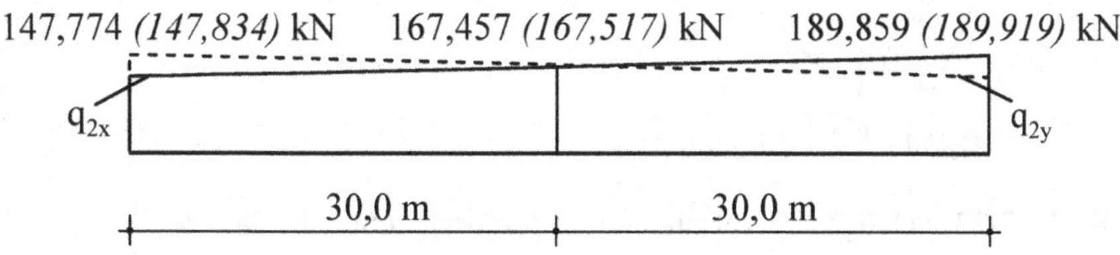

Bild 2.7-22 Seilkraftverläufe für Lastfall 2: Gleichstreckenlasten $q_2(x)$ und $q_2(y)$

Wird für das vertikal belastete schräge Seil eine Berechnung ohne Berücksichtigung der Temperaturerhöhung von 50 K durchgeführt, ergeben sich folgende Seilkräfte:

$$S(x = 0,0) = 162,215\ (162,231)\ \text{kN}$$
$$S(x = 60,0) = 204,288\ (204,450)\ \text{kN}$$

Durch die Nichtberücksichtigung des Temperaturlastfalls kommt es zu Abweichungen von ~ 10 % in den Seilkräften. Dies verdeutlicht, dass der Lastfall Temperatur bei der Bemessung von Seilen immer berücksichtigt werden muss.

2.7.2.3 Lastfall 3: Quadratische Streckenlast

Die Berechnung des Lastfalls quadratische Streckenlast (Bild 2.7-23) in x- oder y-Richtung erfolgt mit der genauen Seilgleichung (Abschn. 2.5.1.1) und der approximierten Form der Seilgleichung (Abschn. 2.5.1.2). Die Berechnung wird für die vertikale Belastung vorgestellt. Da die Berechnungen für die vertikale quadratische Streckenlast $q_2(x)$ direkt auf die horizontale Belastungssituation übertragen werden können, sind für die horizontale Belastung $q_2(y)$ nur die Ergebnisse angegeben.

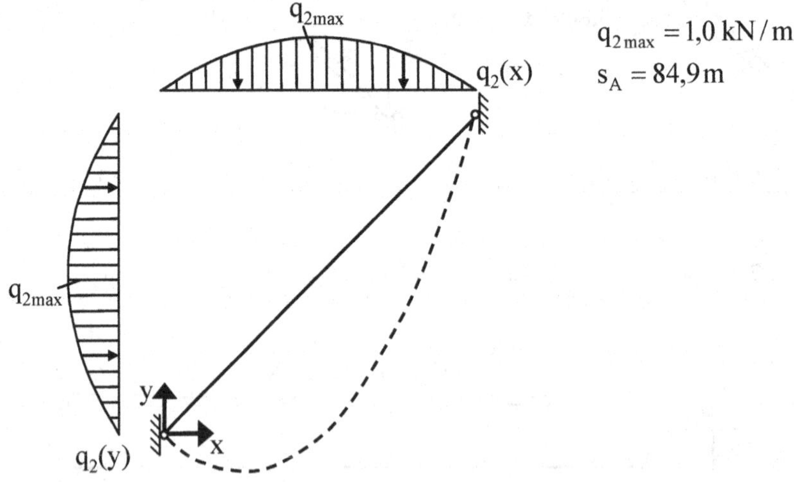

Bild 2.7-23 Schräges Einzelseil unter quadratischen Streckenlasten

Die genaue Lösung wird mit der Seilgleichung (2.5.7) bestimmt:

$$\underbrace{\int_0^{\ell}\sqrt{1+\left(\frac{h}{\ell}-\frac{Q(x)}{H}\right)^2}\,dx}_{s} = s_A + \underbrace{\frac{H}{E_S A_m}\int_0^{\ell}\left[1+\left(\frac{h}{\ell}-\frac{Q(x)}{H}\right)^2\right]dx}_{\Delta s_E}$$

Für die Aufstellung der Seilgleichung wird der Querkraftverlauf benötigt. Dieser kann aus der Gleichung der quadratischen Parabel in vertikaler Richtung ermittelt werden:

$$q_2(x) = -\frac{q_{2\max}}{900}x^2 + \frac{q_{2\max}}{15}x$$

Die Integration über die Seillänge liefert die resultierende vertikale Kraft:

$$V_A + V_B = -\frac{q_{2\max}}{2700}\ell^3 + \frac{q_{2\max}}{30}\ell^2 = 40{,}0\ \text{kN}$$

Bei symmetrischer Belastung sind die Auflagerkräfte gleich groß:

$$V_A = V_B = 20{,}0\ \text{kN}$$

Mit den Auflagerkräften und der Belastung ergibt sich die Querkraft zu

$$Q(x) = 20{,}0 + \frac{q_{2\max}}{2700}x^3 - \frac{q_{2\max}}{30}x^2 = 20{,}0 + \frac{x^3}{2700} - \frac{x^2}{30}.$$

Mit der Querkraft und den Eingabeparametern lautet die Seilgleichung

$$\underbrace{\int_0^{60}\sqrt{1+\left(1-\frac{20{,}0}{H}-\frac{x^3}{2700H}+\frac{x^2}{30H}\right)^2}\,dx}_{s}$$

$$-84{,}9-\underbrace{\frac{H}{77550}\int_0^{60}\left[1+\left(1-\frac{20{,}0}{H}-\frac{x^3}{2700H}+\frac{x^2}{30H}\right)^2\right]dx}_{\Delta s_E} = 0.$$

Die Lösung der Seilgleichung erfolgt mit dem NEWTON-Verfahren. In Tabelle 2.7-7 ist der Iterationsverlauf für den Startwert 100 kN angegeben.

Die Lösung ergibt sich nach drei Iterationen zu H = 100,669 kN. Die angegebene Abbruchgenauigkeit δ entspricht der Differenz der obigen Seilgleichung zu Null.

Tabelle 2.7-7 Iterationsverlauf für den Startwert H = 100 kN

Nr.	H [kN]	s [m]	Δs_E [m]	δ [m]
1	100,000	85,060	0,1562	0,0038
2	100,664	85,057	0,1573	2,7e-5
3	100,669	85,057	0,1573	-4.3e-9

Mit H wird die Seillinie nach Gleichung (2.5.3) bestimmt:

$$y = \frac{h}{\ell}x - \frac{M(x)}{H} = x - \frac{1}{100{,}669}\left(20{,}0x + \frac{x^4}{10800} - \frac{x^3}{90}\right)$$

Der maximale Seilstich (Gl. (2.5.8)) an der Stelle x_{fmax} = 30,0 m beträgt

$$f_{max} = \frac{M_{x\,max}(x = x_{f\,max})}{H} = \frac{375}{100{,}669} = 3{,}725\,\mathrm{m}.$$

Der Seilkraftverlauf ist durch Gleichung (2.5.9) definiert:

$$S(x) = H\sqrt{1 + \left(\frac{h}{\ell} - \frac{Q(x)}{H}\right)^2} = 100{,}669\sqrt{1 + \left(1 - \frac{20}{H} - \frac{x^3}{2700H} + \frac{x^2}{30H}\right)^2}$$

Die Auflagerkräfte berechnen sich nach Gleichung (2.5.10):

$$A_V = V_A - H\tan\alpha = -80{,}669\,\mathrm{kN}, \quad B_V = V_B + H\tan\alpha = 120{,}669\,\mathrm{kN}$$
$$A_H = -H = -100{,}669\,\mathrm{kN}, \quad B_H = H = 100{,}669\,\mathrm{kN}$$

Die approximierte Lösung wird mit der Seilgleichung (2.5.15) bestimmt:

$$H^3 + H^2 E_S A_m \cos\alpha\left[1 - \frac{\ell}{s_A\cos\alpha}\right] - \frac{E_S A_m \cos^4\alpha}{2 s_A}\int_0^\ell Q(x)^2\,dx = 0$$

Der Integralausdruck der quadrierten Querkraft berechnet sich zu

$$\int_0^{\ell} Q(x)^2 dx = \int_0^{60} 20{,}0 + \frac{x^3}{2700} - \frac{x^2}{30} dx = 11657{,}143.$$

Alternativ kann der Integralausdruck nach Tabelle 2.5-1 berechnet werden. Mit der Querkraft und den Eingabeparametern lautet die Seilgleichung

$$H^3 + 30{,}477\,H^2 - 1330994{,}446 = 0.$$

Die Gleichungslösung mit dem NEWTON-Verfahren liefert eine horizontale Seilkraftkomponente von H = 100,722 kN. Mit H kann wie bei der genauen Lösung die Seillinie nach Gleichung (2.5.3) bestimmt werden:

$$y = \frac{h}{\ell}x - \frac{M(x)}{H} = x - \frac{1}{100{,}722}\left(20{,}0\,x + \frac{x^4}{10800} - \frac{x^3}{90}\right)$$

Der maximale Seilstich (Gl. (2.5.8)) an der Stelle x_{fmax} = 30,0 m beträgt

$$f_{max} = \frac{M_{x\,max}(x = x_{f\,max})}{H} = \frac{375}{100{,}722} = 3{,}723\text{ m}.$$

Der Seilkraftverlauf ist wiederum durch Gleichung (2.5.9) definiert:

$$S(x) = H\sqrt{1+\left(\frac{h}{\ell}-\frac{Q(x)}{H}\right)^2} = 100{,}722\sqrt{1+\left(1-\frac{20}{H}-\frac{x^3}{2700H}+\frac{x^2}{30H}\right)^2}$$

Die Auflagerkräfte berechnen sich nach Gleichung (2.5.10):

$$A_V = V_A - H\tan\alpha = -80{,}722\text{ kN},\quad B_V = V_B + H\tan\alpha = 120{,}722\text{ kN}$$
$$A_H = -H = -100{,}722\text{ kN},\quad B_H = H = 100{,}722\text{ kN}$$

Bild 2.7-24 und Bild 2.7-25 zeigen die Ergebnisse der genauen und approximierten Lösung für die Belastungen $q_2(x)$ und $q_2(y)$, wobei die Klammerwerte den Ergebnissen der approximierten Seilgleichung entsprechen. Die Ergebnisse der genauen und approximierten Lösung stimmen auf Grund des geringen Seildurchhangs ($f_{max}/\ell_S \approx 0{,}04$) gut überein.

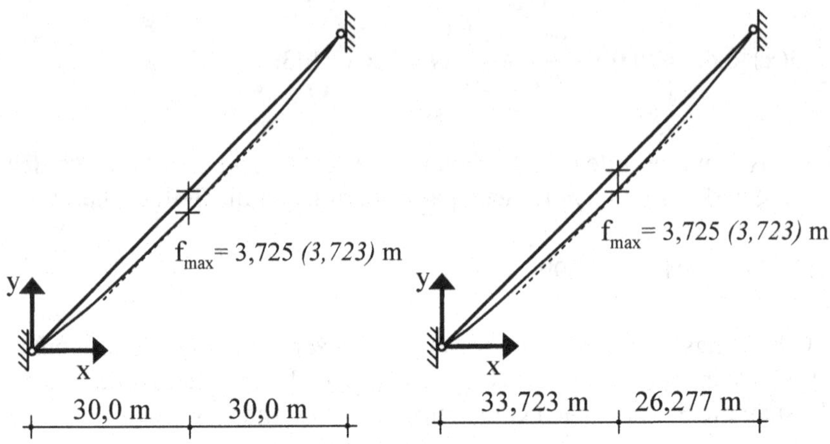

Bild 2.7-24 Seillinien für Lastfall 3: Streckenlasten $q_2(x)$, $q_2(y)$

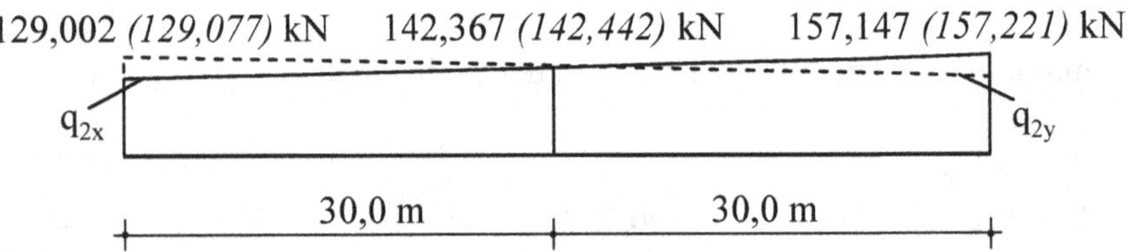

Bild 2.7-25 Seilkraftverläufe für Lastfall 3: Streckenlasten $q_2(x)$, $q_2(y)$

2.7.2.4 Lastfall 4: Kombinierte Streckenlasten

Die Berechnung des Lastfalls kombinierte Streckenlasten (Bild 2.7-26) in x- und y-Richtung erfolgt mit der approximierten Form der Seilgleichung (Abschn. 2.5.2.2). Die approximierte Lösung wird mit der Seilgleichung (2.5.22) bestimmt:

$$H^3 + H^2 E_S A_m \cos\alpha \left[1 - \frac{1}{s_A}\left(\frac{\ell}{\cos\alpha}\right)\right] = \frac{E_S A_m \cos^3\alpha}{2 s_A} \int\limits_0^{\ell/\cos\alpha} Q(\overline{x})^2 \, d\overline{x}$$

Die Streckenlasten werden nach Gleichung (2.5.21) in eine Ersatzbelastung senkrecht zur Seilsehne umgerechnet:

$$\overline{q}_2(\overline{x}) = q_2(x)\cos^2\alpha + q_2(y)\sin^2\alpha = 1{,}5 + 0{,}0177\,\overline{x}$$

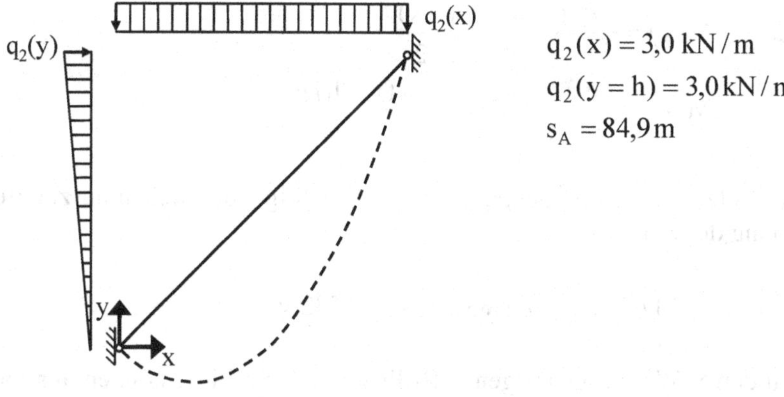

Bild 2.7-26 Schräges Einzelseil unter kombinierten Streckenlasten

Die quadrierte Querkraft berechnet sich nach Tabelle 2.5-1:

$$\int_0^{\ell/\cos\alpha} Q(\overline{x})^2 \, d\overline{x} = \left(\frac{\ell}{\cos\alpha}\right)^3 \left(\frac{\overline{q}_{2\ell}^2}{45} + \frac{\overline{q}_{2r}^2}{45} + \frac{\overline{q}_{2\ell}\overline{q}_{2r}}{25{,}71}\right) = 259667{,}432$$

$$\text{mit} \quad \overline{q}_{2\ell} = \overline{q}_2(\overline{x} = 0), \overline{q}_{2r} = \overline{q}_2(\overline{x} = \ell/\cos\alpha)$$

Durch Einsetzen der Eingabeparameter lautet die Seilgleichung

$$H^3 + 30{,}477\, H^2 - 41929202{,}847 = 0.$$

Die Gleichungslösung mit dem NEWTON-Verfahren liefert eine horizontale Seilkraftkomponente von $H = 337{,}539$ kN. Die Auflagerkraft in Seilsehnenrichtung berechnet sich zu

$$S_S = \frac{H}{\cos\alpha} = 477{,}342.$$

Mit der Auflagerkraft in Seilsehnenrichtung wird die Seillinie durch Einsetzen der x-Werte von $x = 0$ bis ℓ nach Gleichung (2.5.20) bestimmt:

$$M(x) + M(y) + S_S \cos\alpha\, y - S_S \sin\alpha\, x = 0$$

$$\text{mit} \quad M(x) = -\frac{q_2(x)\,x^2}{2} + \frac{q_2(x)\,\ell}{2}x$$

$$M(y) = -\frac{q_2(y=h)}{6h}y^3 + \frac{q_2(y=h)\,h}{6}y$$

Das Einsetzen aller Eingabeparameter liefert folgende Gleichung zur Bestimmung der Seillinie:

$$-1{,}50\,x^2 - 247{,}532\,x - 0{,}00833\,y^3 + 367{,}532\,y = 0$$

Die zu den x-Werten gehörigen y-Ordinaten der Seillinie können aus dieser Gleichung durch eine NEWTON-Iteration berechnet werden. Der maximale Seilstich wird durch eine Maximalwertsuche über die Seillinie bestimmt. Es ergibt sich ein maximaler Stich von

$f_{max} = 5{,}880$ m an der Stelle $x_{fmax} = 33{,}579$ m.

Der Seilkraftverlauf berechnet sich nach Gleichung (2.5.18):

$$S(x) = \sqrt{(-Q(x) + S_S\cos\alpha)^2 + (Q(y) + S_S\sin\alpha)^2}$$

$$\text{mit} \quad Q(x) = -q_2(x)\,x + \frac{q_2(x)\,\ell}{2}$$

$$Q(y) = -\frac{q_2(y=h)}{2h}y^2 + \frac{q_2(y=h)\,h}{6}$$

Die Auflagerkräfte berechnen sich nach Gleichung (2.5.1) zu:

$$A_V = V_A - V_S = -247{,}532 \qquad B_V = V_B + V_S = 427{,}532$$

$$A_H = -H_A - H_S = -367{,}532 \qquad B_H = -H_B + H_S = 277{,}532$$

Bild 2.7-27 und Bild 2.7-28 zeigen die Ergebnisse der approximierten Lösung (Klammerwerte) für die Belastungen $q_2(x)$ und $q_2(y)$. Zusätzlich sind zum Vergleich die Ergebnisse der genauen Lösung nach Abschnitt 2.5.2.1 dargestellt.

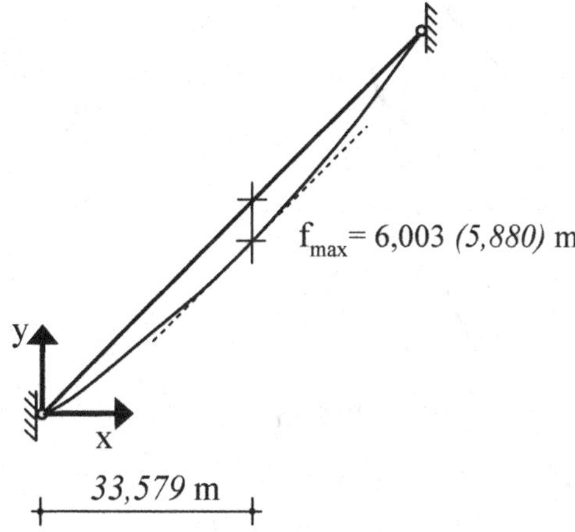

Bild 2.7-27 Seillinie für Lastfall 4: Kombinierte Streckenlasten

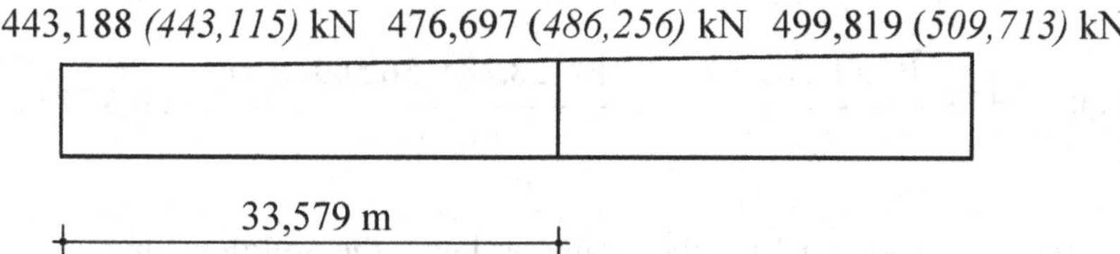

Bild 2.7-28 Seilkraftverlauf für Lastfall 4: Kombinierte Streckenlasten

2.7.2.5 Lastfall 5: Kombinierte Einzellasten

Die Berechnung des Lastfalls kombinierte Einzellasten (Bild 2.7-29) in x- und y-Richtung erfolgt mit der approximierten Form der Seilgleichung (Abschn. 2.5.2.2). Die approximierte Lösung wird mit der Seilgleichung (2.5.22) bestimmt:

$$H^3 + H^2 E_S A_m \cos\alpha \left[1 - \frac{\ell_S}{s_A}\right] = \frac{E_S A_m \cos^3\alpha}{2 s_A} \int_0^{\ell_S} Q(\overline{x})^2 \, d\overline{x}$$

Die Einzellasten werden senkrecht zur Seilsehne umgerechnet:

$$\overline{P} = P_v \cos\alpha + P_h \sin\alpha = 21{,}213 \text{ kN}$$

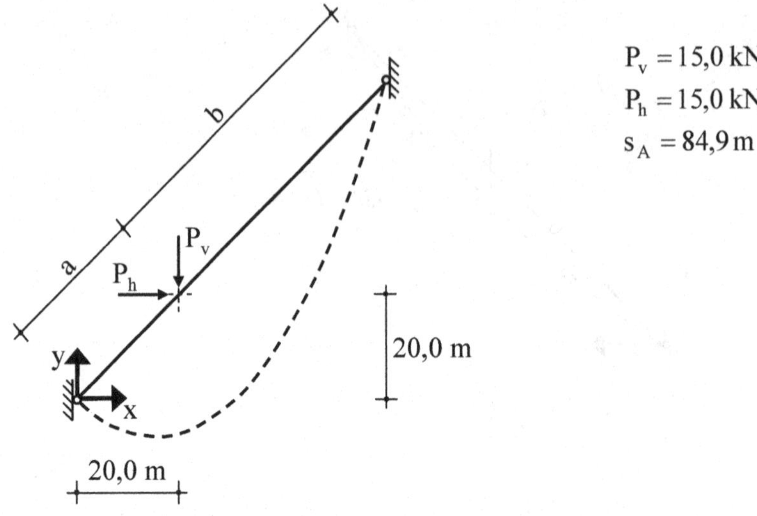

Bild 2.7-29 Schräges Einzelseil unter Einzellasten

Mit dem Integralausdruck der quadrierten Querkraft nach Tabelle 2.5-1

$$\int_0^{\ell_S} Q(\overline{x})^2\, d\overline{x} = \frac{\overline{P}^2\, a\, b \cos\alpha}{\ell_S} = \frac{21{,}213^2\; 28{,}284 \cdot 56{,}569 \cos\alpha}{84{,}853} = 8485{,}281$$

und durch Einsetzen der Eingabeparameter lautet die Seilgleichung

$$H^3 + 30{,}477\, H^2 - 1370141{,}343 = 0.$$

Die Gleichungslösung mit dem NEWTON-Verfahren liefert eine horizontale Seilkraftkomponente von $H = 101{,}782$ kN. Die Auflagerkraft in Seilsehnenrichtung ergibt sich damit zu

$$S_S = \frac{H}{\cos\alpha} = 143{,}941 \text{ kN}.$$

Mit der Auflagerkraft in Seilsehnenrichtung wird die Seillinie durch Einsetzen der x-Werte von 0 bis ℓ nach Gleichung (2.5.20) bestimmt:

$$M(x) + M(y) + S_S \cos\alpha\, y - S_S \sin\alpha\, x = 0$$

mit $M(x \le 20) = \frac{2P_v}{3}x$, $M(y \le 20) = \frac{2P_h}{3}y$

$M(x > 20) = \frac{P_v}{3}(\ell - x)$, $M(y > 20) = \frac{P_h}{3}(\ell - y)$

Die y-Ordinaten der Seillinie können aus dieser Gleichung für jeden x-Wert durch eine NEWTON-Iteration berechnet werden. Bei der Berechnung muss darauf geachtet werden, dass die Momente der jeweiligen Definitionsbereiche richtig miteinander kombiniert werden. Der maximale Seilstich kann durch eine Maximalwertsuche über die Seillinie bestimmt werden. Aus der Maximalwertsuche ergibt sich der maximale Seilstich zu

$f_{max} = 3{,}746$ m an der Stelle $x_{fmax} = 23{,}746$ m.

Der Seilkraftverlauf berechnet sich nach Gleichung (2.5.18):

$$S(x) = \sqrt{(-Q(x) + S_S \cos\alpha)^2 + (Q(y(x)) + S_S \sin\alpha)^2}$$

mit $Q(x \le 20) = \frac{2P_v}{3}$, $Q(y \le 20) = \frac{2P_h}{3}$

$Q(x > 20) = -\frac{P_v}{3}$, $Q(y > 20) = -\frac{P_h}{3}$

Die Auflagerkräfte berechnen sich nach Gleichung (2.5.1) zu:

$A_V = V_A - V_S = -91{,}782$, $B_V = V_B + V_S = 106{,}782$

$A_H = -H_A - H_S = -111{,}782$, $B_H = -H_B + H_S = 96{,}782$

Bild 2.7-30 und Bild 2.7-31 zeigen die Ergebnisse der approximierten Lösung (Klammerwerte). Zusätzlich sind zum Vergleich die Ergebnisse der genauen Lösung nach Abschnitt 2.5.2.1, die für eine Handrechnung nicht geeignet ist, dargestellt.

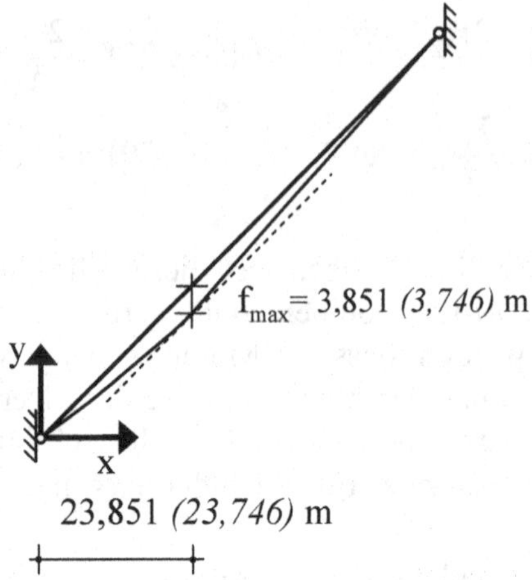

Bild 2.7-30 Seillinie für Lastfall 5: Kombinierte Einzellasten

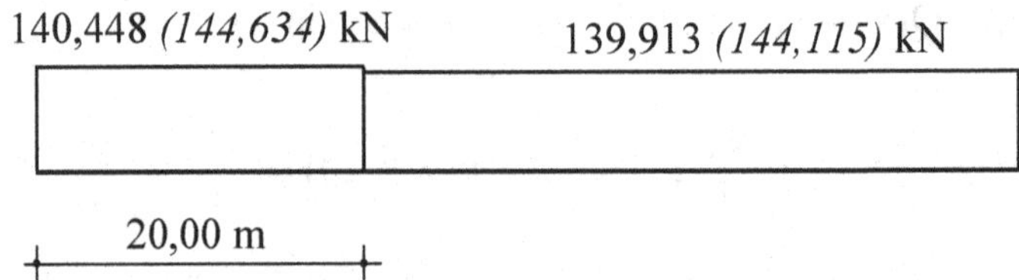

Bild 2.7-31 Seilkraftverlauf für Lastfall 5: Kombinierte Einzellasten

2.7.3 Bestimmung der Seilausgangslänge

Die Berechnungen in den Abschnitten 2.7.1 und 2.7.2 wurden für vorgegebene Belastungen und Seilausgangslängen durchgeführt. Mit diesen Eingabeparametern wurden die Seillinie und der Seilkraftverlauf berechnet. In der Berechnungspraxis ist jedoch die Seilausgangslänge in der Regel unbekannt und die Aufgabenstellung besteht in der Bestimmung der Seilausgangslänge und des Vorspanngrades, so dass sich unter den vorgegebenen Belastungen ein definierter Seilstich einstellt.
Die Lösung dieser Aufgabenstellung kann durch eine iterative Berechnung unter Verwendung der in Abschnitt 2.5 vorgestellten Rechenverfahren erfolgen. Bei der Iteration werden die Ausgangslänge und der Vorspanngrad des Seiles solange variiert, bis sich der gewünschte Seilstich einstellt.
Die iterative Berechnung kann auf Grund des hohen Berechnungsaufwandes nur mit einem Computerprogramm durchgeführt werden. Im Folgen-

den werden zwei Beispiele zur Ermittlung der Seillausgangslänge mit dem in Abschnitt 2.9 vorgestellten Programm SEIL (Butenweg, Hellekes, 2005) vorgestellt.

2.7.3.1 Beispiel 1: Horizontales Seil unter Eigengewicht

Für das in Bild 2.7-32 dargestellte horizontale Seil unter Eigengewicht und Temperaturbelastung ist die Ausgangsseillänge so zu bestimmen, dass sich unter dem Eigengewicht q_2 ein maximaler Seilstich von 3,0 m einstellt. Die iterative Berechnung auf Grundlage der approximierten Seilgleichung nach Abschnitt 2.5.1.2 ergab eine erforderliche Seilausgangslänge von $s_A = 60{,}355$ m.

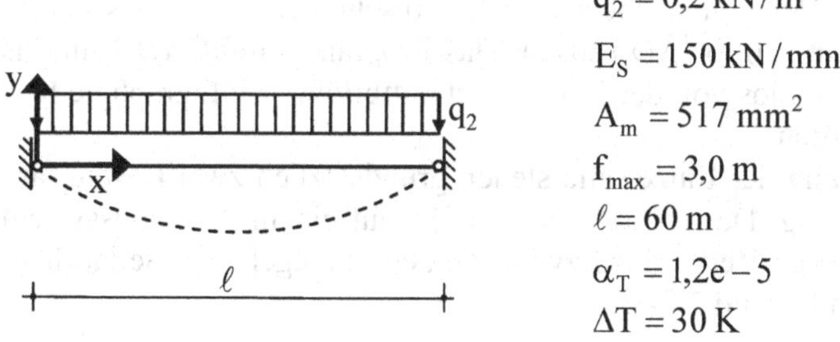

Bild 2.7-32 Horizontales Einzelseil unter Gleichstreckenlast

2.7.3.2 Beispiel 2: Horizontales Seil unter Streckenlast

Auf das in Bild 2.7-32 dargestellte Seil wirke zusätzlich zum Eigengewicht die gleichmäßige Streckenlast von 2,0 kN/m. Es soll die Ausgangsseillänge mit der approximierten Seilgleichung nach Abschnitt 2.5.1.2 so bestimmt werden, dass sich ein maximaler Seilstich von 2,50 m einstellt. Der Iterationsverlauf zeigt, dass der gewünschte Seildurchhang unter den vorgegebenen Belastungen nicht durch eine alleinige Variation der Ausgangsseillänge s_A erzielt werden kann. Schon bei einer Ausgangsseillänge gleich der Seilsehnenlänge stellt sich ein Seilstich von 2,646 m ein. Deshalb ist die Aufbringung einer zusätzlichen Vorspannung notwendig, um den gewünschten Seilstich zu erreichen. Die Iteration ergab, dass sich bei einer Ausgangsseillänge gleich der Seilsehnenlänge mit der Vorspannkraft 64,453 kN der gewünschte Seilstich von 2,50 m einstellt.

2.8 Berechnungen mit dem Programm InfoCAD

In Abschnitt 2.7 wurden an einfachen Berechnungsbeispielen die Grundlagen der Seilstatik mit den in den Abschnitten 2.4 und 2.5 hergeleiteten Seilgleichungen vorgestellt. Alternativ können diese Beispiele auch mit der allgemein anwendbaren Methode der finiten Elemente unter Verwendung der in Abschnitt 2.6 vorgestellten Seilelementformulierungen berechnet werden. Für eine fehlerfreie Berechnung von Seilen mit Finite-Elemente Programmen sind jedoch gegenüber druck- und zugbeanspruchten Tragkonstruktionen weitergehende Überlegungen hinsichtlich der rechnerischen Durchführung notwendig. Um die Besonderheiten der Berechnung von Seiltragwerken mit der Methode der finiten Elemente zu verdeutlichen, sind auf der Internetseite http://extra.springer.com/ die Eingabedateien aller Berechnungsbeispiele des Abschnittes 2.7 für das Finite-Elemente Programm InfoCAD (2011). Das Programm InfoCAD kann als Demoversion kostenlos von der Internetseite http://www.infograph.de heruntergeladen werden.
Für die Berechnung der Einzelseile stehen grundsätzlich zwei Lösungsansätze zur Verfügung. Der erste Ansatz basiert auf einem Ausgangssystem mit einer gradlinigen Verbindung zwischen den vorgegebenen Seilaufhängepunkten A und B (Bild 2.8-1).

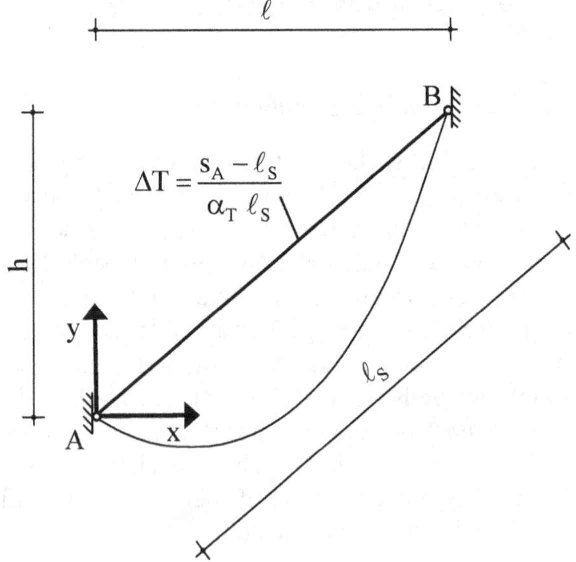

Bild 2.8-1 Ermittlung der Ausgangsseillinie durch Temperaturerhöhung

Zur Ermittlung der Seillinie im Ausgangszustand wird das Seil einer positiven Temperaturbelastung unterworfen, deren Größe aus der Längendifferenz zwischen Seilsehne und Ausgangsseillänge berechnet werden kann. Durch diese Belastung verlängert sich das Seil auf die gewünschte Ausgangsseillänge, und die gesuchte Seillinie kann sich einstellen.
Der zweite Ansatz sieht die horizontale Verschiebung eines Seilaufhängepunktes vor, so dass die Länge der Seilsehne im Ausgangssystem gleich der Ausgangsseillänge ist (Bild 2.8-2). Davon ausgehend wird eine Lagerverschiebung u_x aufgebracht, so dass sich bei dem planmäßigen horizontalen Auflagerabstand ℓ die gesuchte Seillinie einstellen kann.

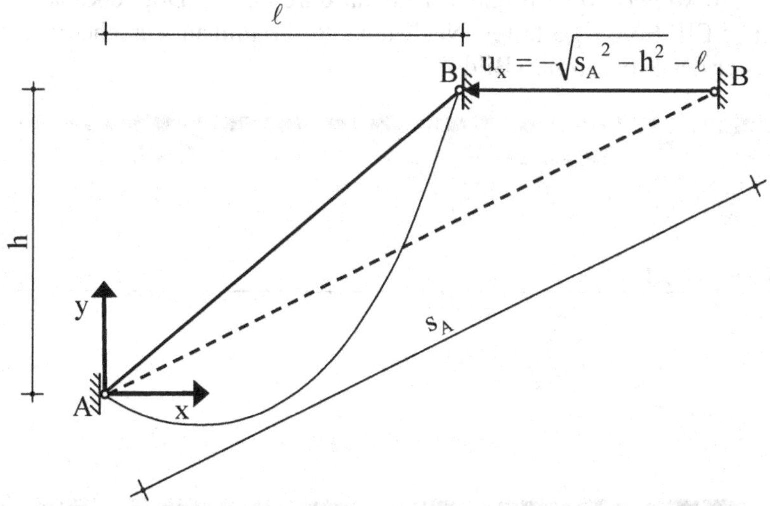

Bild 2.8-2 Ermittlung der Ausgangsseillinie durch Lagerverschiebung

Bei der geometrisch nichtlinearen Berechnung der Seile können bei beiden Lösungsansätzen, insbesondere bei großen Seildurchhängen, numerische Probleme auftreten. Eine Verbesserung der Lösungsstabilität kann durch eine Vorspannung der Seile zur Aktivierung der geometrischen Steifigkeit erreicht werden. Diese aus numerischen Gründen aufgebrachte Vorspannung kann im Laufe der Berechnung sukzessive reduziert werden, so dass die Berechnungsergebnisse davon nicht beeinflusst werden.

2.9 Beschreibung des Programms SEIL

Das Programm SEIL dient zur Berechnung von Einzelseilen und basiert auf der Lösung der genauen und approximierten Form der Seilgleichungen. Im Folgenden werden die Funktionalität und die Handhabung des Programms entsprechend des Programmablaufs beschrieben.

2.9.1 Programmstart und Hauptfenster

Das Programm muss von der Internetseite http://extra.springer.com/ auf die Festplatte kopiert werden und wird dann durch einen Doppelklick auf die Datei „SEIL.EXE" gestartet. Nach dem Programmstart erscheint das Hauptfenster des Programms (Bild 2.9-1).

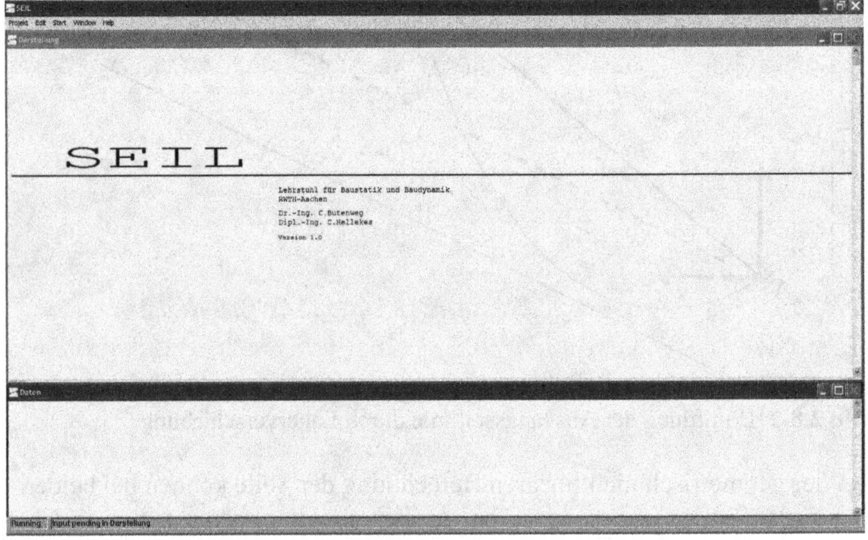

Bild 2.9-1 Hauptfenster

Das Hauptfenster ist zweigeteilt: Das obere Fenster „Darstellung" dient zur grafischen Darstellung von Berechnungsergebnissen. In dem unteren Fenster „Daten" werden die Eingabedaten und Berechnungsergebnisse in Listenform ausgegeben. Im Hauptfenster stehen dem Benutzer folgende Menüeinträge zur Verfügung:

Projekt
Öffnen und Speichern von Eingabedateien. Die Eingabedateien werden immer in dem aktuellen Arbeitsverzeichnis gespeichert.

Edit
Markieren und kopieren der Ergebnisgrafiken aus dem Fenster „Darstellung“ und von Text aus dem Fenster „Daten“.

Start
Startet das Programm. Das Fenster „Dateneingabe“ wird geöffnet.

Window
Mit Window können wahlweise die Fenster „Darstellung“ oder „Daten“ aktiviert werden.

Help
Information über die Programmversion und Hinweis auf die vorliegende Programmbeschreibung.

2.9.2 Dateneingabe

Die Dateneingabe erfolgt in dem in Bild 2.9-2 dargestellten Fenster „Dateneingabe“.

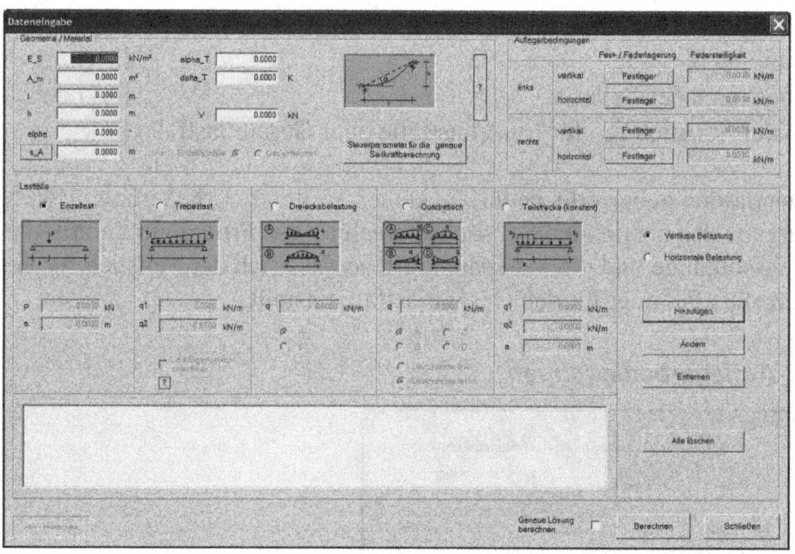

Bild 2.9-2 Fenster „Dateneingabe“

Das Fenster „Dateneingabe“ teilt sich in die Eingabebereiche für Geometrie und Material, Auflagerbedingungen, Lastfälle sowie Steuerparameter auf. Diese Eingabebereiche werden im Folgenden beschrieben.

2.9.2.1 Geometrie und Material

Dateneingabe

Geometrie / Material

E_S	0.0000	kN/m²	alpha_T	0.0000	
A_m	0.0000	m²	delta_T	0.0000	K
l	0.0000	m			
h	0.0000	m	V	0.0000	kN
alpha	0.0000	°			
s_A	0.0000	m	für Einzellastfälle ◉	◯ Gesamtlastfall	

Bild 2.9-3 Eingabebereich „Geometrie und Material"

In diesem Eingabebereich (Bild 2.9-3) sind folgende Werte einzugeben:

Verformungsmodul des Seiles E_S [kN/m^2],
Metallischer Querschnitt des Seiles A_m [m^2],
Horizontaler Lagerabstand ℓ [m],
Vertikaler Lagerabstand h [m] oder
Neigungswinkel α [°],
Temperaturausdehnungskoeffizient α_T [-],
Temperaturdifferenz ΔT [K],
Vorspannung V [kN],
Ausgangslänge des Seiles s_A [m] oder
Maximaler Seilstich f_{max} für Einzellastfälle oder Gesamtlastfall [m].

Die Standardeingabewerte bedürfen keiner weiteren Erläuterung. Durch die Vorgabe des maximalen Seilstichs berechnet das Programm iterativ die Ausgangsseillänge und die Vorspannkraft, so dass sich der Seilstich für jeden Einzellastfall oder für den Gesamtlastfall einstellt.

2.9.2.2 Auflagerbedingungen

Auflagerbedingungen

		Fest- / Federlagerung	Federsteifigkeit	
links	vertikal	Festlager	0.0000	kN/m
	horizontal	Federlagerung	1000.00	kN/m
rechts	vertikal	Festlager	0.0000	kN/m
	horizontal	Federlagerung	1000.00	kN/m

Bild 2.9-4 Eingabebereich „Auflagerbedingungen"

Die Eingabewerte für diesen Bereich (Bild 2.9-4) sind die Auflagerbedingungen der Seilaufhängepunkte. Voreingestellt sind feste Auflagerpunkte. Durch Eingabe der horizontalen und vertikalen Federsteifigkeiten können strukturbedingte Nachgiebigkeiten erfasst werden.

2.9.2.3 Lastfälle

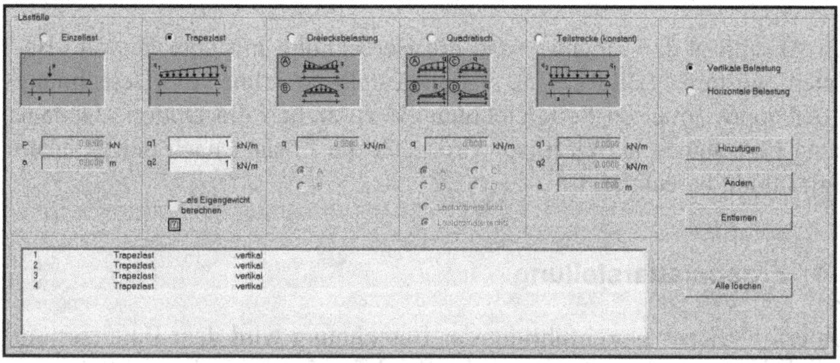

Bild 2.9-5 Eingabebereich „Lastfälle“

Dieser Eingabebereich (Bild 2.9-5) dient zur Lastfallgenerierung und zur Lastfallverwaltung. Wird bei dem Lastfall Trapezlast die Option „als Eigengewicht berechnen“ gewählt, so wird die Belastung q_2 im Programm als Eigengewicht interpretiert. Es erfolgt programmintern eine Umrechnung auf die Seilsehne ($g = q_2 \cos \alpha$). Im Anschluss wird das auf die Seilsehne bezogene Eigengewicht auf die Ausgangsseillänge umgerechnet. Die Berechnung wird mit der Seilgleichung für ein Seil unter Eigengewicht (Kettenlinie) durchgeführt.

2.9.2.4 Steuerparameter

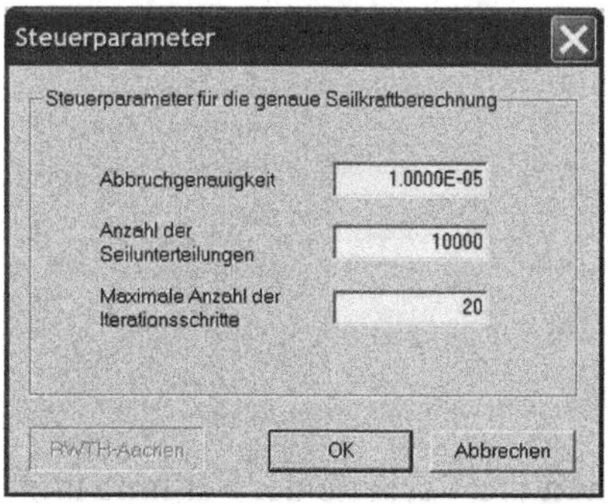

Bild 2.9-6 Eingabebereich „Steuerparameter“

Die Parameter (Bild 2.9-6) steuern die Berechnung mit der genauen Seilgleichung für Kombinationen aus vertikalen und horizontalen Lasten. Die Eingabeparameter beziehen sich nicht auf die approximierte Seilgleichung und die Kettenlinie.

2.9.3 Berechnung

Nach Abschluss der Eingabe wird die Berechnung mit dem Button „Berechnen“ gestartet (Bild 2.9-2). Voreingestellt ist immer die Berechnung mit der approximierten Seilgleichung. Ist zusätzlich die Option „Genaue Lösung berechnen“ aktiviert, so wird auch die Lösung nach der genauen Seilgleichung berechnet.

2.9.4 Ergebnisdarstellung

Nach erfolgreicher Durchführung der Berechnung wird dem Benutzer ein Ergebnisfenster mit Lastfallauswahl (Bild 2.9-7) angezeigt. Mit diesem können die Berechnungsergebnisse einzelner Lastfälle und des Gesamtlastfalls in dem Fenster „Darstellung“ grafisch und in dem Fenster „Daten“ in Listenform ausgegeben werden.

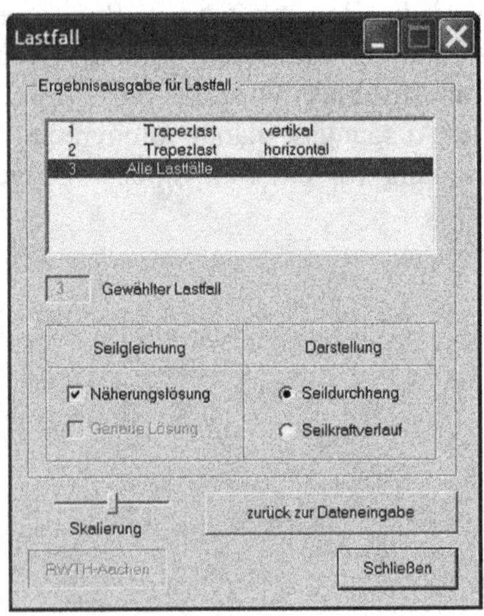

Bild 2.9-7 Ergebnisfenster mit Lastfallauswahl

Bild 2.9-8 und Bild 2.9-9 zeigen beispielhaft die Verläufe der Seillinie und des Seilkraftverlaufes im Fenster „Darstellung“.

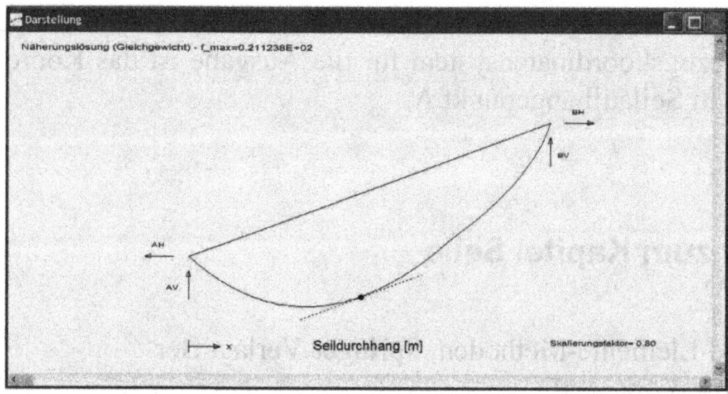

Bild 2.9-8 Seillinie im Fenster „Darstellung“

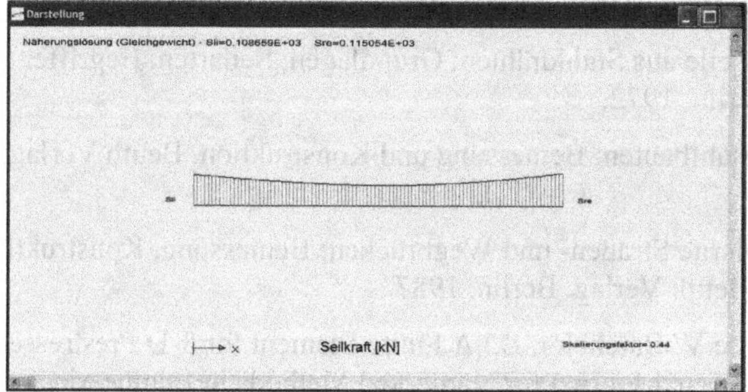

Bild 2.9-9 Seilkraftverlauf im Fenster „Darstellung“

In der Ergebnisliste des Fensters „Daten“ werden nach einer Kontrollausgabe folgende Ergebnisse ausgegeben:

Kraft in Seilsehnenrichtung S_S	[kN],
Maximale Seilkraft	[kN],
Seilkräfte an den Auflagern A, B	[kN],
Auflagerkräfte A_V, A_H, B_V, B_H	[kN],
Seilstich f_{max}	[m],
f_{max} (senkrecht zur Seilsehne)	[m],
Ort x_{fmax} des Seilstichs	[m],
Seillänge im Endzustand s	[m],
Seillänge im Ausgangszustand s_A	[m],
Elastische Seildehnung Δs_E	[m],
Seildehnung inf. Temperatur Δs_T	[m],
Seildehnung inf. Vorspannung Δs_V	[m],
Ermittelte Vorspannkraft V	[kN].

Zusätzlich wird die berechnete Seillinie in die Datei Projektname.out geschrieben. Das Bezugskoordinatensystem für die Ausgabe ist das Koordinatensystem x, y im Seilaufhängepunkt A.

2.10 Literatur zum Kapitel Seile

Bathe, K-J.: Finite-Elemente-Methoden. Springer Verlag, Berlin/Heidelberg/New York, 2002.

DIN 1073: Stählerne Straßenbrücken: Berechnungsgrundlagen und Erläuterungen. Beuth Verlag, Berlin, 1974.

DIN 3051: Drahtseile aus Stahldrähten: Grundlagen, Seilarten, Begriffe. Beuth-Verlag, Berlin, 1972.

DIN 18800 T1: Stahlbauten: Bemessung und Konstruktion. Beuth Verlag, Berlin, 1990.

DIN 18809: Stählerne Straßen- und Wegbrücken: Bemessung, Konstruktion, Herstellung. Beuth Verlag, Berlin, 1987.

Gambhir, M. L., de V. Batchelor, B.: A Finite Element for 3-D Prestressed Cablenets. International Journal for Numerical Methods in Engineering, ASCE 114: 1152-1172, 1977.

Freyrer, K.: Drahtseile: Bemessung, Betrieb, Sicherheit. Springer Verlag, Berlin/Heidelberg/New York, 2000.

InfoCAD: Software für Tragwerksplanung. InfoGraph GmbH Aachen, 2011.

Palkowski, S.: Statische Berechnung von Seilkonstruktionen mit krummlinigen Elementen, Bauingenieur 59: 137-140, 1984.

Palkowski, S.: Zur statischen Berechnung von Seilen. Bautechnik 66: 265-269, 1989.

Palkowski, S.: Statik der Seilkonstruktionen: Theorie und Zahlenbeispiele. Springer Verlag, Berlin/Heidelberg/New York, 1990.

Petersen C.: Stahlbau. Vieweg Verlag, Braunschweig/Wiesbaden, 1993.

Press, W. H., Teukolsky, S. A., Vetterling, W. T., et al.: Numerical Recipes in Fortran 77: The art of scientific computing. Cambridge University Press, Cambridge, 2001.

VDI-Richtlinie 2358: Drahtseile für Fördermittel. VDI-Verlag, Düsseldorf, 1984.

2.11 Variablenverzeichnis zum Kapitel Seile

Grossbuchstaben

A_m	Metallischer Querschnitt des Seiles
A, B	Seilaufhängepunkte des Einzelseiles
A^*, B^*	Symmetrische Gegenpunkte der Seilaufhängepunkte A, B
A_H, B_H	Horizontale Auflagerkräfte in den Seilaufhängepunkten
A_V, B_V	Vertikale Auflagerkräfte in den Seilaufhängepunkten
E_S	Verformungsmodul des Seiles
H	Horizontale Komponente der Seilkraft
H_A, H_B	Horizontale Auflagerkräfte aus Einfeldträgerbetrachtung
H_S	Horizontale Komponente der Auflagerkraft S_S
$\mathbf{K}$	Globale Steifigkeitsmatrix
$\mathbf{K}_g$	Globale geometrische Steifigkeitsmatrix
$\mathbf{K}_e$	Globale linear elastische Steifigkeitsmatrix
M	Moment
$M_{x\,max}$	Maximales Moment infolge Belastung in y-Richtung
P	Einzellast
$\overline{P}$	Einzellast senkrecht zur Seilsehne
P_h	Einzellast in horizontale Richtung
P_v	Einzellast in vertikale Richtung
Q	Querkraft
Q_{q2}	Querkraftanteil aus q_2
Q_p	Querkraftanteil aus P
S	Seilkraft
S_S	Auflagerkraft in Seilsehnenrichtung
T	Tiefpunkt der Seillinie
V	Vertikale Komponente der Seilkraft
V_A, V_B	Vertikale Auflagerkräfte aus Einfeldträgerbetrachtung
V_S	Vertikale Komponente der Auflagerkraft S_S

Kleinbuchstaben

a, b, c	Geometrische Parameter zur Definition der Kettenlinie

c_1, c_2	Konstanten
c_x, c_y, c_z	Richtungskosinusse
f_{max}	Maximaler Seilstich
h	Vertikaler Abstand der Auflagerpunkte
i	Iterationszähler
n	Intervallanzahl
$\mathbf{k}$	Lokale Steifigkeitsmatrix des Seilelementes
$\mathbf{k}_e$	Linear elastische Steifigkeitsmatrix des Seilelementes
$\mathbf{k}_g$	Geometrische Steifigkeitsmatrix des Seilelementes
k_{FA}, k_{FB}	Federkonstanten
ℓ	Horizontaler Abstand der Seilaufhängepunkte
ℓ_S	Länge der Seilsehne
$\overline{q}_2(\overline{x})$	Ersatzbelastung senkrecht zur Seilsehne
p_x, p_z	Streckenbelastungen in x- und z-Richtung
q	Konstante Streckenbelastung
q_{2x}, q_{2y}	Ordinaten einer Streckenbelastung
$q_1(x)$	Belastung in y-Richtung auf die Längeneinheit des Seiles
$q_2(x)$	Belastung in y-Richtung auf die projizierte Seillänge
$q_1(y)$	Belastung in x-Richtung auf die Längeneinheit des Seiles
$q_2(y)$	Belastung in x-Richtung auf die projizierte Seillänge
q_{2max}	Maximale Ordinate der Belastung q_2
$\tilde{q}_1$	Eigengewicht bezogen auf die aktuelle Seillänge
s	Länge des Seiles im Endzustand
s_A	Länge des Seiles im Ausgangszustand
Δs_E	Elastische Seillängenänderung durch äußere Lasten
Δs_T	Längenänderung infolge Temperatur
Δs_V	Längenänderung infolge Vorspannung
ΔT	Temperaturdifferenz
u_1, u_2	Knotenverschiebungen in lokaler $\overline{x}$-Richtung
u_x	Verschiebung in positive x-Richtung
w_1, w_2	Knotenverschiebungen in lokaler $\overline{z}$-Richtung
x_{fmax}	x-Koordinate des maximalen Seilstichs
x_{max}	Ort des maximalen Momentes
x, y, z	Globales Koordinatensystem
$\overline{x}, \overline{y}, \overline{z}$	Lokales Koordinatensystem

Griechische Buchstaben

α	Neigungswinkel des Seiles
α_{12}, α_{11}, α_{13}	Winkel der Richtungskosinusse
α_T	Temperaturausdehnungskoeffizient
δ	Abbruchgenauigkeit
ε_S	Seildehnung
ε_U	Seildehnung zur Bestimmung des Seilverformungsmoduls
ε_R	Seildehnung infolge Seilreck
ε_E	Elastischer Anteil der Seildehnung
ε_K	Kriechdehnung des Seiles
ξ	Einheitskoordinate des ebenen Seilelementes
φ	Neigung der Seillinie
Π_i	Inneres Potential
σ_K, σ_O, σ_U	Seilspannungen zur Bestimmung des Sekantenmoduls
σ_V	Vorspannung

Symbole

$[\ ]'$	1. Ableitung
$[\ ]''$	2. Ableitung
$[\ ]_\ell$	Ordinate links
$[\ ]_r$	Ordinate rechts
$[\ ]^i$	Größe im Iterationsschritt i

3 Flächentragwerke

Flächentragwerke tragen ihre Lasten im Wesentlichen über einen zweiachsigen Spannungszustand ab, sofern sie, wie im Folgenden vorausgesetzt, relativ dünnwandig sind. Die manuelle Berechnung solcher Tragwerke ist weitgehend der flexibleren FE-Methode gewichen. Lediglich konservative Näherungsverfahren für Plattensysteme wie das Verfahren nach PIEPER/MARTENS (1967) oder das Belastungsumordnungsverfahren finden heute noch vereinzelt Anwendung. Darüber hinaus beschränkt sich die praxisnahe Anwendung von Handrechenverfahren für Flächentragwerke auf rotationssymmetrische Systeme unter ebenfalls rotationssymmetrischer Belastung. Der Zeit- wie auch der Rechenaufwand bleibt hierbei klein, da die Modellbildung im Vergleich zur FE-Methode entfällt. Ein weiterer Vorteil ist, dass keine Ansatzfunktionen benötigt werden und Netzabhängigkeiten nicht existieren.
In diesem Kapitel werden die Grundlagen rotationssymmetrischer Flächentragwerke für gängige geometrische Formen erläutert, d.h. für Kreis- und Kreisringscheiben, Kreis- und Kreisringplatten, Zylinder-, Kegel- und Kugelschalen. Der Schwerpunkt liegt hierbei auf einer Vielzahl durchgerechneter Beispiele. Auf Herleitungen wurde weitgehend verzichtet, um dem Buchtitel „Baustatik in Beispielen" gerecht zu werden.

3.1 Grundlagen

3.1.1 Mechanische und mathematische Grundlagen

Das Ergebnis jeder allgemeinen mathematischen Betrachtung eines statischen Elements stellt eine Differentialgleichung dar. Unabhängig vom Typ des Elements werden grundlegende mechanische und kinematische Zusammenhänge am infinitesimalen Element aufgestellt und zu einer allgemeinen Lösung zusammengefasst.
In diesem Abschnitt werden die für die Berechnung aller Flächentragwerkselemente benötigten Grundlagen erläutert. Am Beispiel der Scheibe fin-

den sie dann später Verwendung, um ein konkretes Problem zu lösen. Für weiterführende Herleitungen, insbesondere Platten und Schalen betreffend wird auf Girkmann (1963), Born (1968) und Markus (1978) verwiesen.

3.1.1.1 Das HOOKEsche Gesetz

Im dreidimensionalen kartesischen Koordinatensystem x,y,z lautet das HOOKEsche Gesetz, das den Zusammenhang zwischen den Dehnungen ε und den Spannungen σ beschreibt,

$$\begin{aligned} \varepsilon_x &= \frac{1}{E}\left(\sigma_x - \mu\sigma_y - \mu\sigma_z\right), \\ \varepsilon_y &= \frac{1}{E}\left(-\mu\sigma_x + \sigma_y - \mu\sigma_z\right) \text{ und} \\ \varepsilon_z &= \frac{1}{E}\left(-\mu\sigma_x - \mu\sigma_y + \sigma_z\right). \end{aligned} \tag{3.1.1}$$

Darin werden der Elastizitätsmodul E und die Querdehnzahl μ als konstant angesehen, so dass (3.1.1) eine lineare Beziehung darstellt.

In dünnen Flächentragwerken herrscht praktisch ein zweiachsiger Spannungszustand, da die senkrecht zur Fläche des Tragwerks, z.B. einer Platte, wirkende Spannung wegen Geringfügigkeit vernachlässigt werden kann. Es gilt also $\sigma_z = 0$, während die anderen beiden Spannungen nicht verschwinden. Aus (3.1.1) ergibt sich dann für die Dehnungen

$$\begin{aligned} \varepsilon_x &= \frac{1}{E}\left(\sigma_x - \mu\sigma_y\right), \\ \varepsilon_y &= \frac{1}{E}\left(\sigma_y - \mu\sigma_x\right). \end{aligned} \tag{3.1.2}$$

Für die Schubverformungen in der x-y-Ebene gilt

$$\gamma_{xy} = \frac{1}{G}\tau_{xy} = \frac{2(1+\mu)}{E}\tau_{xy}. \tag{3.1.3}$$

Löst man nach den Spannungen auf, so folgt

$$\sigma_x = \frac{E}{1-\mu^2}\left(\varepsilon_x + \mu\varepsilon_y\right),$$

$$\sigma_y = \frac{E}{1-\mu^2}\left(\varepsilon_y + \mu\varepsilon_x\right) \text{ und} \tag{3.1.4}$$

$$\tau_{xy} = \frac{E}{2(1+\mu)}\gamma_{xy}.$$

Man erkennt, dass eine einzelne Normalspannung Dehnungen in beiden Richtungen der Tragwerksebene erzeugt und umgekehrt.

3.1.1.2 Die Dehnungs-Verschiebungs-Beziehungen

Um zu gewährleisten, dass die einzelnen Elemente eines Flächenträgers nach der Verformung lückenlos zusammenpassen, müssen die Beziehungen zwischen den Dehnungen bzw. Schubverformungen und den Verschiebungen berücksichtigt werden.

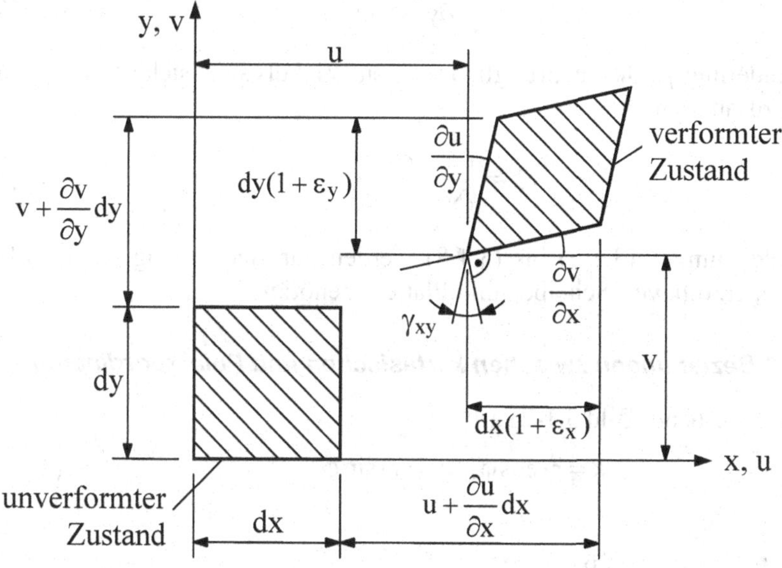

Bild 3.1-1 Infinitesimales Scheibenelement vor und nach der Verformung

Das Koordinatensystem in Bild 3.1-1 gilt gleichzeitig für die Ortskoordinaten x,y und für die entsprechenden Verschiebungen u,v. Das ursprünglich rechteckige Element hat sich infolge der Spannungen nicht nur gedehnt und zu einem Parallelogramm verformt, sondern auch verschoben.

Wegen der Kleinheit der Verdrehungen sind die Kantenlängen des verformten Elements sind gleich ihren Projektionen auf die entsprechenden Koordinatenrichtungen.
Aus dem Bild lässt sich ablesen, dass die Ursprungslänge dx plus der Verschiebung der rechten unteren Ecke des Elements in x-Richtung gleich ist der Summe aus der neuen Kantenlänge und der Verschiebung u der linken unteren Ecke. Man erhält

$$dx + \left(u + \frac{\partial u}{\partial x} dx \right) = u + dx(1 + \varepsilon_x) \tag{3.1.5}$$

und daraus

$$\varepsilon_x = \frac{\partial u}{\partial x}. \tag{3.1.6}$$

Aus einer entsprechenden Betrachtung in y-Richtung ergibt sich

$$\varepsilon_y = \frac{\partial v}{\partial y}. \tag{3.1.7}$$

Die Änderung γ_{xy} des ursprünglich rechten Winkels setzt sich aus zwei Anteilen zusammen:

$$\gamma_{xy} = \frac{\partial u}{\partial y} + \frac{\partial v}{\partial x} \tag{3.1.8}$$

Die Gleichungen (3.1.6) bis (3.1.8) werden zur Berechnung ebener Flächenträger, d.h. von Scheiben und Platten, benötigt.

3.1.1.3 Beziehungen zwischen kartesischen und Polarkoordinaten

In der x-y-Ebene (Bild 3.1-2) gilt

$$x = r \cdot \cos\varphi, \quad y = r \cdot \sin\varphi, \tag{3.1.9}$$

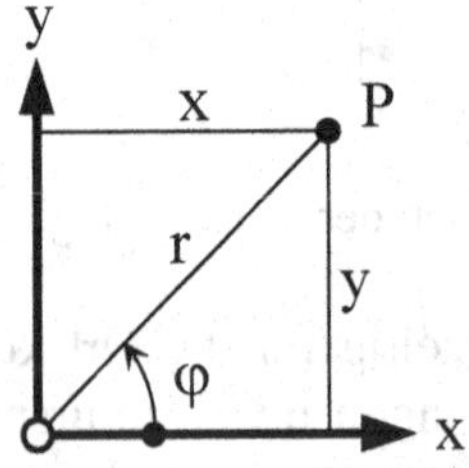

Bild 3.1-2 Punkt P mit kartesischen und Polarkoordinaten

bzw.

$$r = \sqrt{x^2 + y^2}, \quad \varphi = \arctan\frac{y}{x}. \tag{3.1.10}$$

Sollen Differentialquotienten auf Polarkoordinaten übertragen werden, so bedarf es hierzu der entsprechenden differentiellen Beziehungen zwischen x,y und r, φ d.h. $\partial r/\partial x$, $\partial r/\partial y$, $\partial\varphi/\partial x$ und $\partial\varphi/\partial y$.
Damit ergibt sich für den LAPLACEschen Operator

$$\Delta(..) = \frac{\partial^2(..)}{\partial x^2} + \frac{\partial^2(..)}{\partial y^2} \tag{3.1.11}$$

bei rotationssymmetrischen Verhältnissen in Polarkoordinaten

$$\Delta(..) = \frac{d^2(..)}{dr^2} + \frac{1}{r}\frac{d(..)}{dr} \tag{3.1.12}$$

wobei nur noch die Variable r auftritt, da die Funktion nicht von φ abhängt (vgl. Abschnitt 2.4.1 in Hake u. Meskouris, 2009). Des Weiteren folgt aus

$$\Delta\Delta(..) = \frac{\partial^4(..)}{\partial x^4} + 2\frac{\partial^4(..)}{\partial x^2 \partial y^2} + \frac{\partial^4(..)}{\partial y^4} \tag{3.1.13}$$

in Polarkoordinaten bei Rotationssymmetrie

$$\Delta\Delta(..) = \frac{d^4(..)}{dr^4} + \frac{2}{r}\frac{d^3(..)}{dr^3} - \frac{1}{r^2}\frac{d^2(..)}{dr^2} + \frac{1}{r^3}\frac{d(..)}{dr}. \tag{3.1.14}$$

Der Ausdruck ΔΔ(..) nach Gleichung (3.1.13) bzw. (3.1.14) tritt sowohl in der Scheibengleichung (s. Abschnitt 3.1.2) als auch in der Plattengleichung (s. Abschnitt 3.1.3) auf.

3.1.2 Scheibe

Eine Scheibe ist ein dünnes, ebenes Tragelement, das nur in seiner Ebene beansprucht wird. Es wird unterschieden zwischen Scheiben im ebenen Spannungszustand und Scheiben im ebenen Dehnungszustand. Ein ebener Spannungszustand liegt dann vor, wenn sich die Scheibe senkrecht zur Mittelfläche frei verformen kann (wie beispielsweise eine Wand). In diesem Fall ergeben sich die Spannungen senkrecht zur Mittelfläche zu Null. Wird diese Verformung behindert, wie es beispielsweise am Querschnitt einer Staumauer der Fall ist, liegt ein ebener Dehnungszustand vor.

3.1.2.1 Idealisierungen und Annahmen

Die Grundlage für die Ausbreitung von Spannungen in einer Scheibe stellt die Scheibengleichung dar. Die Anwendbarkeit der Scheibengleichung wird durch folgende Kriterien bestimmt:

Geometrie:

- Die Mittelfläche der Scheibe ist eben.
- Die Dicke h der Scheibe ist klein gegenüber den Abmessungen in der Scheibenebene.
- Die Scheibendicke h wird im Folgenden als konstant vorausgesetzt.

Belastung:

- Alle äußeren Lasten, Lagerreaktionen und Lagerbewegungen wirken in der Scheibenebene. Temperaturänderungen sind über die Scheibendicke konstant.
- Alle Beanspruchungen sind zeitunabhängig.
- Die Lasten liegen unterhalb der Stabilitätsgrenze.

Verformungen:

- Die Verschiebungen u und v in x- bzw. y-Richtung sind sehr klein im Verhältnis zu den Abmessungen der Scheibe in ihrer Ebene, so dass nach der Theorie 1. Ordnung gerechnet werden darf.
- Die Dehnungen ε_x und ε_y sind sehr viel kleiner als 1, so dass ein linearer differentieller Zusammenhang mit den Verschiebungen u und v angenommen werden darf.

Material:

- Der Baustoff ist homogen und isotrop.
- Das Material verhält sich idealelastisch, so dass ohne Einschränkung das HOOKEsche Gesetz gilt.
- Das Materialverhalten ist zeitunabhängig.

3.1.2.2 Herleitung der Scheibengleichung

Die Herleitung der Scheibengleichung erfolgt in drei Schritten:

- Formulierung des Gleichgewichts am infinitesimalen Scheibenelement,
- Anwendung des Elastizitätsgesetzes,
- Einsetzen in die Dehnungs-Verschiebungs-Beziehungen.

Am infinitesimalen Scheibenelement (Bild 3.1-3) mit den Abmessungen dx und dy wirken neben den Randspannungen mit ihren differentiellen Zuwächsen die volumenbezogenen Kräfte X und Y.

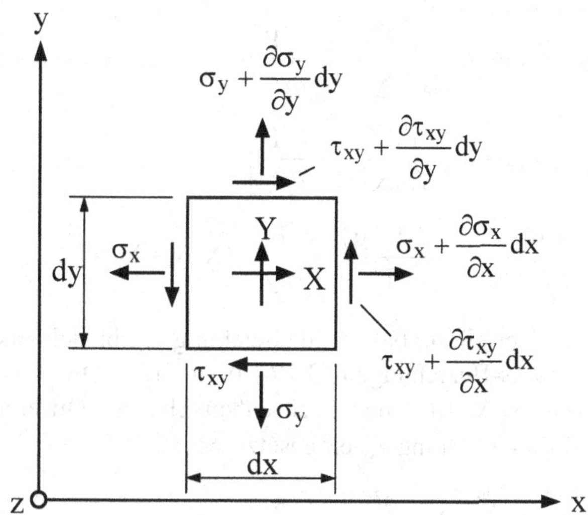

Bild 3.1-3 Infinitesimales Scheibenelement

Die Bildung des Gleichgewichts in x- und in y-Richtung liefert

$$\begin{aligned} \frac{\partial \sigma_x}{\partial x} + \frac{\partial \tau_{xy}}{\partial y} + X = 0, \\ \frac{\partial \sigma_y}{\partial y} + \frac{\partial \tau_{xy}}{\partial x} + Y = 0. \end{aligned} \tag{3.1.15}$$

Diese Bedingungen werden grundsätzlich durch die AIRYsche Spannungsfunktion F erfüllt, aus der sich durch Differentiation die drei Spannungskomponenten ergeben:

$$\sigma_x = \frac{\partial^2 F}{\partial y^2}, \sigma_y = \frac{\partial^2 F}{\partial x^2}, \tau_{xy} = -\frac{\partial^2 F}{\partial x \partial y} - (X \cdot y + Y \cdot x) \tag{3.1.16}$$

Unter Berücksichtigung der AIRYschen Spannungsfunktion lässt sich das Elastizitätsgesetz (3.1.2) bzw. (3.1.3) wie folgt schreiben:

$$\begin{aligned}
\varepsilon_x &= \frac{1}{E}\left(\sigma_x - \mu\sigma_y\right) = \frac{1}{E}\left(\frac{\partial^2 F}{\partial y^2} - \mu\frac{\partial^2 F}{\partial x^2}\right) \\
\varepsilon_y &= \frac{1}{E}\left(\sigma_y - \mu\sigma_x\right) = \frac{1}{E}\left(\frac{\partial^2 F}{\partial x^2} - \mu\frac{\partial^2 F}{\partial y^2}\right) \\
\gamma_{xy} &= \frac{2(1+\mu)}{E}\tau_{xy} = -\frac{2(1+\mu)}{E}\left(\frac{\partial^2 F}{\partial x \partial y} + (X \cdot y + Y \cdot x)\right)
\end{aligned} \tag{3.1.17}$$

Die letzte, für die Herleitung benötigte Gleichung ergibt sich aus den Dehnungs-Verschiebungs-Beziehungen (3.1.6) bis (3.1.8). Die Terme für die Dehnungen ε_x und ε_y werden nun nach entsprechender Differentiation in die Gleichung für die Gleitung γ_{xy} eingesetzt. Man erhält

$$\frac{\partial^2 \gamma_{xy}}{\partial x \partial y} = \frac{\partial^2 \varepsilon_x}{\partial y^2} + \frac{\partial^2 \varepsilon_y}{\partial x^2}. \tag{3.1.18}$$

Diese Gleichung wird als Verträglichkeitsbedingung bezeichnet. Durch Einsetzen der Ausdrücke (3.1.17) in (3.1.18) ergibt sich nach Vereinfachung die sog. Scheibengleichung

$$\frac{\partial^4 F}{\partial x^4} + 2\frac{\partial^4 F}{\partial x^2 \partial y^2} + \frac{\partial^4 F}{\partial y^4} = 0. \tag{3.1.19}$$

Unter Verwendung des LAPLACEschen Operators nach (3.1.13) lautet sie

$$\Delta\Delta F = 0. \tag{3.1.20}$$

3.1.2.3 Kreisscheibe unter rotationssymmetrischer Belastung

Durch Umwandlung des Koordinatensystems von kartesischen in Polarkoordinaten nach (3.1.14) lautet die Scheibengleichung

$$\Delta\Delta F(r) = F'''' + \frac{2}{r}F''' - \frac{1}{r^2}F'' + \frac{1}{r^3}F' = 0. \tag{3.1.21}$$

Die Spannungen in radialer und in Ringrichtung lauten dann

$$\sigma_r = \frac{1}{r} F' \quad \text{und}$$
$$\sigma_\varphi = F''. \tag{3.1.22}$$

Die Lösung der Scheibengleichung wird am Beispiel einer am Außenrand mit der Streckenlast R belasteten Kreisringscheibe (Bild 3.1-4) gezeigt. Der Innenradius sei mit b, der Außenradius mit a bezeichnet.

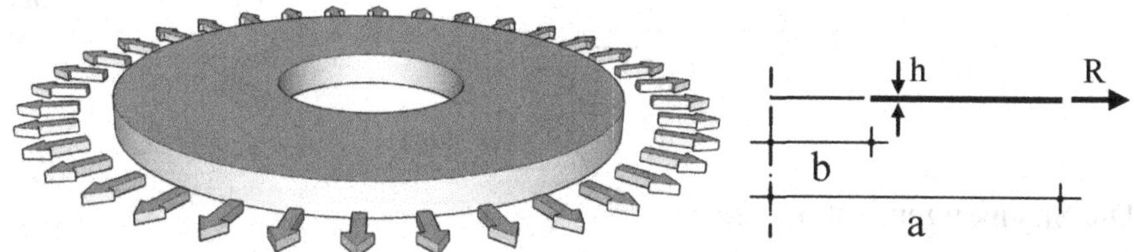

Bild 3.1-4 Anwendung der Scheibengleichung

Als Ansatz für die AIRYsche Spannungsfunktion wird

$$F(r) = C_1 r^2 + C_2 \ln r \tag{3.1.23}$$

gewählt (vgl. Hake u. Meskouris, 2009).
In dieser Schreibweise lauten die Spannungen

$$\sigma_r = \frac{1}{r} F' = 2C_1 + \frac{C_2}{r^2} \quad \text{und}$$
$$\sigma_\varphi = F'' = 2C_1 - \frac{C_2}{r^2}. \tag{3.1.24}$$

Für die Randbedingungen gilt

$$\sigma_r(r = a) = R/h \quad \text{und}$$
$$\sigma_r(r = b) = 0. \tag{3.1.25}$$

Eingesetzt in (3.1.24) lauten die Randbedingungen

$$\sigma_r(r = a) = 2C_1 + \frac{C_2}{r^2} = 2C_1 + \frac{C_2}{a^2} = \frac{R}{h} \quad \text{und}$$
$$\sigma_r(r = b) = 2C_1 + \frac{C_2}{r^2} = 2C_1 + \frac{C_2}{b^2} = 0. \tag{3.1.26}$$

Die zweite Gleichung wird nach der Konstanten C_1 aufgelöst

$$C_1 = -\frac{C_2}{2b^2} \tag{3.1.27}$$

und in die erste Gleichung eingesetzt. Man erhält für die Konstanten

$$C_2 = \frac{R}{h\left(\frac{1}{a^2} - \frac{1}{b^2}\right)} \quad \text{und}$$
$$C_1 = \frac{R}{2h\left(\frac{b^2}{a^2} - 1\right)} . \tag{3.1.28}$$

Die Spannungen lauten dann

$$\sigma_r = -\frac{R}{h\left(\frac{b^2}{a^2} - 1\right)} + \frac{R}{h\,r^2\left(\frac{1}{a^2} - \frac{1}{b^2}\right)} \quad \text{und}$$
$$\sigma_\varphi = -\frac{R}{h\left(\frac{b^2}{a^2} - 1\right)} - \frac{R}{h\,r^2\left(\frac{1}{a^2} - \frac{1}{b^2}\right)} . \tag{3.1.29}$$

oder umgeformt

$$\sigma_r = \frac{a^2 R}{h(a^2 - b^2)}\left(1 - \frac{b^2}{r^2}\right) \quad \text{und}$$
$$\sigma_\varphi = \frac{a^2 R}{h(a^2 - b^2)}\left(1 + \frac{b^2}{r^2}\right) . \tag{3.1.30}$$

Aus dem bekanntem Spannungszustand können mit Hilfe des HOOKEschen Gesetzes die Verformungen der Scheibe bestimmt werden. Aus der Dehnung in Ringrichtung

$$\varepsilon_\varphi = \frac{1}{E}\left(\sigma_\varphi - \mu\sigma_r\right) \tag{3.1.31}$$

ergibt sich die Längenänderung des Umfangs zu

$$\Delta U = U \cdot \varepsilon_\varphi . \tag{3.1.32}$$

Der Radius vergrößert sich entsprechend um

$$\Delta r = r \cdot \varepsilon_\varphi = \frac{r}{E}(\sigma_\varphi - \mu\sigma_r). \tag{3.1.33}$$

In diesem Beispiel lauten die radialen Verformungen

$$\Delta r = \frac{R\,a^2 r}{Eh(a^2 - b^2)}\left(\frac{b^2}{r^2}(1+\mu) + (1-\mu)\right). \tag{3.1.34}$$

Die Schnittgrößen n_r und n_φ, dargestellt in Bild 3.1-5, erhält man aus dem Produkt der Spannungen mit der Scheibendicke h

$$n_r = \frac{a^2 R}{a^2 - b^2}\left(1 - \frac{b^2}{r^2}\right) \quad \text{und}$$
$$n_\varphi = \frac{a^2 R}{a^2 - b^2}\left(1 + \frac{b^2}{r^2}\right). \tag{3.1.35}$$

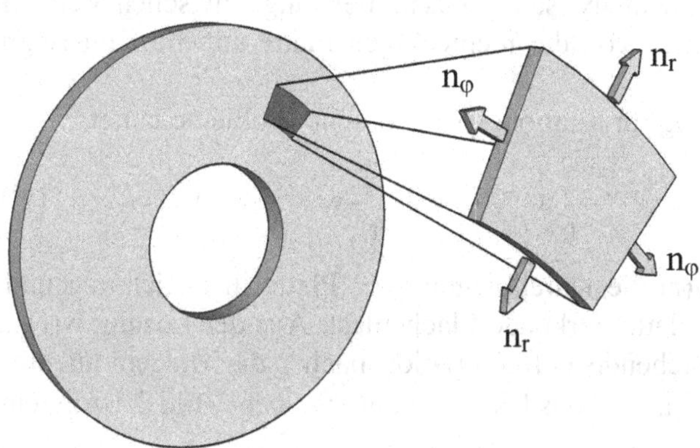

Bild 3.1-5 Schnittgrößen der Kreis(ring)scheibe in Polarkoordinaten unter rotationssymmetrischer Belastung

In Tafel 1 des Anhangs sind die Schnittgrößen und Verformungen einer Scheibe bzw. Kreisringscheibe für alle rotationssymmetrischen Lastfälle zusammengestellt.

3.1.3 Platte

Eine Platte ist ein ebenes Flächentragwerkselement, das durch Lasten senkrecht zu seiner Ebene oder durch andere Einflüsse belastet wird, die eine Verkrümmung der Plattenmittelfläche bewirken.
Die elastizitätstheoretische Behandlung des Plattenproblems unterscheidet i.W. zwei Fälle: Die sog. KIRCHHOFFsche Plattentheorie basiert auf der Annahme, dass Schubspannungen keine Verformung der Plattenmittelfläche verursachen, die Platte also als schubstarr angesehen wird. Auf den zweiten Fall, die schubweiche Platte, wird in diesem Buch nicht eingegangen.
Mit Hilfe der sog. Plattengleichung, d.h. der Differentialgleichung der schubstarren Platte und der entsprechenden Randbedingungen an den Plattenrändern lassen sich die Schnittgrößen und die Verformungsfigur einer Platte bestimmen, Die Ergebnisse für rechteckige Platten können für verschiedene Belastungen gängigen Tabellenwerken (z.B. Czerny, 1999) entnommen werden.
Durch Transformation des kartesischen Koordinatensystems auf Polarkoordinaten können die analytischen Zusammenhänge zwischen Verformung und Schnittmomenten von der rechteckigen Platte auf die Kreisringplatte übertragen werden.
Die Plattengleichung für rotationssymmetrische Probleme lautet

$$\Delta\Delta w(r) = w'''' + \frac{2}{r}w''' - \frac{1}{r^2}w'' + \frac{1}{r^3}w' = \frac{1}{K}p(r). \tag{3.1.36}$$

Darin bedeuten w(r) die Durchbiegung der Platte in z-Richtung und p(r) die senkrecht zur Platte wirkende Flächenlast. Aus der Lösung w(r) erhält man durch entsprechende Differentiation nach r die Biegemomente, d.h. das Radialmoment m_r und das Ringmoment m_φ (siehe Bild 3.1-6), gemäß

$$\begin{aligned} m_r &= -K\left(w'' + \frac{\mu}{r}w'\right) \quad \text{und} \\ m_\varphi &= -K\left(\frac{1}{r}w' + \mu w''\right). \end{aligned} \tag{3.1.37}$$

Darin ist K die so genannte Plattensteifigkeit, die sich nach

$$K = \frac{E h^3}{12(1-\mu^2)} \tag{3.1.38}$$

aus den Materialkennwerten E und μ sowie der Plattendicke h ergibt. Die Querkräfte rotationssymmetrisch belasteter Kreis- und Kreisringplatten werden aus der Gleichgewichtsbedingung in z-Richtung berechnet, sofern nur ein Rand vertikal gestützt ist.

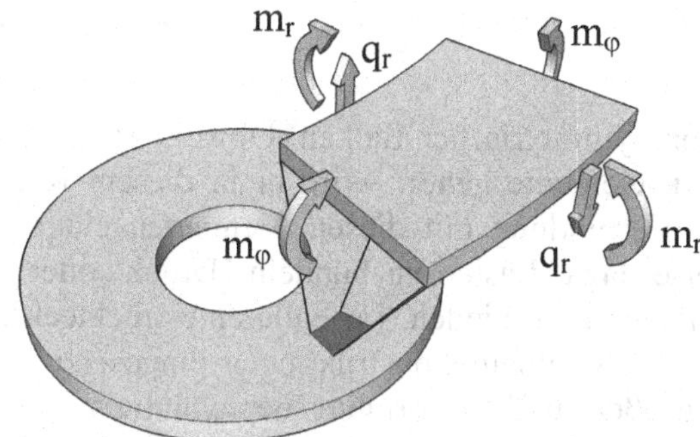

Bild 3.1-6 Schnittgrößen der Kreis(ring)platte in Polarkoordinaten unter rotationssymmetrischer Belastung

Die Momente m_r erzeugen Spannungen in Radialrichtung, m_φ solche in Umfangs- oder Ringrichtung. Die Biegemomente sind Funktionen von r und daher in Umfangsrichtung konstant.

Die Lösungen von (3.1.36) und (3.1.37) für ausgewählte Lastfälle sind in den Tafeln 2 bis 5 des Anhangs zusammengestellt. Diese enthalten Formeln für Biegemomente, Querkräfte, Durchbiegungen und Randverdrehungen statisch bestimmt gelagerter Kreis- und Kreisringplatten. Als Lastfälle werden Gleichlasten, Randlasten, Randmomente sowie bei der Kreisplatte eine mittige Einzellast berücksichtigt. Für den Parameter μ=0,2 können den Tafeln 6 bis 15 numerische Lösungen entnommen werden.

Der Lastfall ungleichmäßige Temperatur $\Delta T = T_u - T_o$ erzeugt zwar bei statisch bestimmter Lagerung keine Schnittkräfte, jedoch Formänderungen. Diese kann man durch Ansatz eines fiktiven Randmoments

$$M_r = +K(1+\mu)\frac{\alpha_T \, \Delta T}{h} \tag{3.1.39}$$

am äußeren und gegebenenfalls zusätzlich am inneren Plattenrand ermitteln. Dabei wurde in der Platte ein linearer Temperaturverlauf mit Nulldurchgang in der Mittelfläche vorausgesetzt.

Es sei darauf hingewiesen, dass die Biegemomente m_r und m_φ gemäß (3.1.37) und (3.1.38) von der Querdehnung abhängen und bei unterschiedlichen Werten von μ nicht affin zueinander verlaufen. Zahlentafeln für Kreis- und Kreisringplatten müssen deshalb den Parameter μ enthalten. Lediglich in Spezialfällen, wie z.B. bei querkraftfreier Biegebeanspruchung sowie auch bei starrer Einspannung am Außen- und gegebenenfalls zusätzlich am Innenrand, entfällt die Abhängigkeit von μ.

3.1.4 Kreisring

Ein Kreisring ist ein rotationssymmetrischer Balken. Obwohl er nicht zur Gruppe der Flächentragwerkselemente gehört, wird er in diesem Kapitel behandelt, da er häufig in Verbindung mit diesen Elementen eingesetzt wird. Er dient beispielsweise dazu, Lasten zu bündeln (Druck- oder Zugring) oder Tragwerkselemente zu verbinden. Im Falle eines rechteckigen Querschnitts, wie er häufig in Stahlbetonkonstruktionen eingesetzt wird, vereinfacht sich die Schnittgrößen- und Verformungsberechnung.
Beim rotationssymmetrisch belasteten Kreisring treten von den sechs Schnittgrößen des allgemeinen Balkens (N, Q_y, Q_z, M_x, M_y und M_z) nur die Normalkraft N und die Biegemomente M_y und M_z auf (Bild 3.1-7). Letzteres wird im Allgemeinen wegen Geringfügigkeit vernachlässigt.

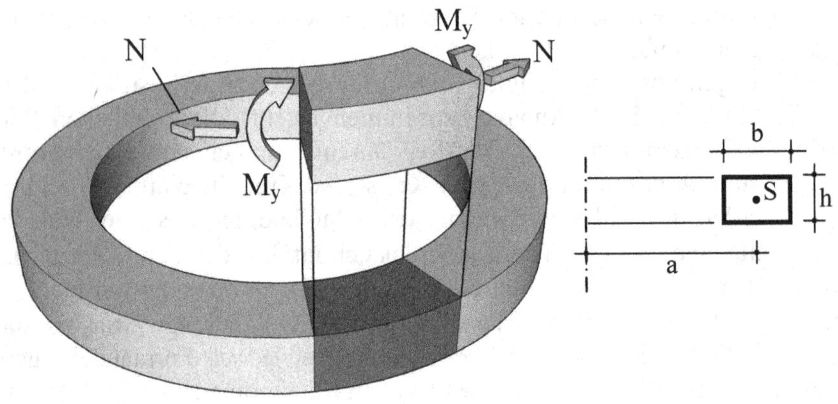

Bild 3.1-7 Schnittgrößen des Kreisrings

Jede rotationssymmetrische Belastung eines Kreisrings lässt sich in die beiden äquivalenten Kraftwirkungen R_S und M_S zerlegen, wobei die Radialkraft R_S in der Ringebene liegt und an der Ringachse angreift, und das Krempelmoment M_S um dieselbe Achse dreht. Alle Kraftwirkungen sind längenbezogen und besitzen beispielsweise die Dimension kN/m (R) oder kNm/m (M_S).

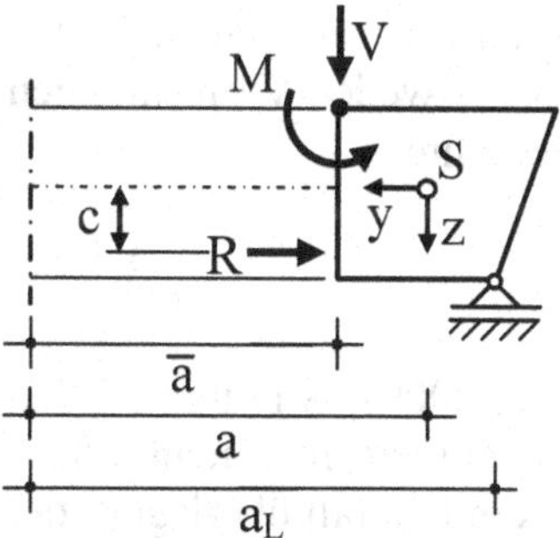

Bild 3.1-8 Kreisring mit allgemeiner rotationssymmetrischer Belastung

Für den in Bild 3.1-8 dargestellten, allgemeinen Fall gelten die folgenden Umrechnungsformeln:

$$R_S = R \cdot \frac{\bar{a}}{a}$$
$$M_S = \left[R \cdot c + V \cdot \left(a_L - \bar{a}\right) + M\right] \cdot \frac{\bar{a}}{a} \tag{3.1.40}$$

Dabei wirkt R_S nach außen und M_S im dargestellten Querschnitt im Gegenuhrzeigersinn, d.h. oben nach innen drehend.
In Tafel 16 und Tafel 17 sind die Schnittgrößen N und M_y sowie die Verformungen, d.h. die Radialverschiebung des Schwerpunkts Δr_S und die Ringverdrehung φ, von Kreisringen mit Rechteckquerschnitt bzw. mit beliebigem Querschnitt zusammengestellt. Wenn die Hauptachsen des Ringquerschnitts mit dem y-z-System zusammenfallen, so wird $\alpha = 0$ und $I_\eta = I_y$. Das Trägheitsmoment I_ζ wird dann nicht benötigt.

3.1.5 Zylinderschale

Die Zylinderschale wird häufig bei Silos und Wasserbehältern verwendet. Die Belastung einer Schale kann in zwei Gruppen unterteilt werden. Die erste Gruppe umfasst Belastungen wie tangential eingeleitete Randkräfte, Eigengewicht sowie differenzierbare Innendrücke, die ausschließlich Membranschnittgrößen und Membranverformungen hervorrufen. Diese sind Tafel 18 zu entnehmen. Die zweite Gruppe beinhaltet Lasten, die in der Schale auch Biegemomente und Querkräfte verursachen und als Randstörungen behandelt werden.

Für den Lastfall $\Delta T = T_i - T_a$ wird als Grundsystem die an beiden Enden starr eingespannte Schale gewählt. In dieser treten weder Verformungen noch Querkräfte, jedoch die konstanten Biegemomente

$$m_{x0} = m_{\vartheta 0} = -K(1+\mu)\frac{\alpha_T \Delta T}{h} \tag{3.1.41}$$

auf (vgl. Abschnitt 5.3.7.4 in Hake u. Meskouris, 2009). An einem freien oder gelenkig gelagerten Schalenrand kann das Moment m_{x0} nicht aufgenommen werden. Dann wird dem Grundzustand ein Lastfall überlagert, der aus dem nach außen drehenden Randmoment $M = -m_{x0}$ besteht. (Bei Kugel- und Kegelschalen gilt $m_{\varphi 0}$ statt m_{x0}).

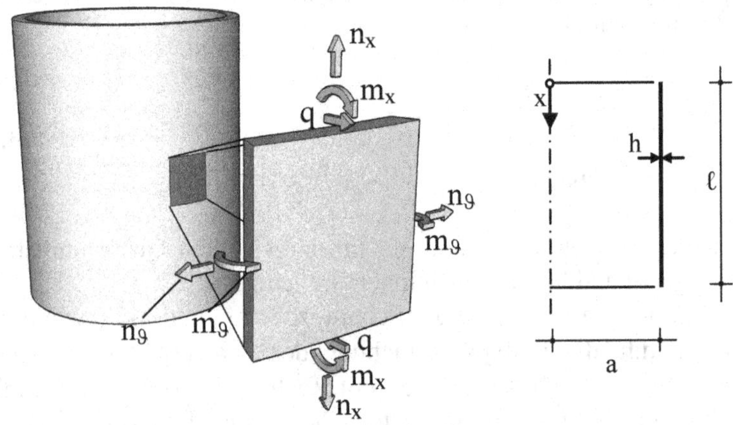

Bild 3.1-9 Schnittgrößen der Zylinderschale unter rotationssymmetrischer Belastung

Zur Schnittgrößenermittlung wird die Belastung für eine getrennte Berechnung nach Membran- und Biegetheorie aufgeteilt. Die endgültigen Schnittkräfte n_x, n_ϑ, m_x, m_ϑ und q (Bild 3.1-9) ergeben sich durch Superposition.

Bei Beanspruchung eines Zylinders durch eine Radiallast oder ein Moment klingen sämtliche Schnittkräfte und Verformungen mit zunehmender Entfernung zu dieser Störstelle schnell ab. Ab einer Entfernung von $4/\lambda$ ist der Einfluss der Störung vernachlässigbar gering. Der Parameter λ wird mit

$$\lambda = \frac{\sqrt[4]{3(1-\mu^2)}}{\sqrt{a\,h}} \tag{3.1.42}$$

berechnet. Für so genannte „lange" Zylinder mit $\lambda\ell > 4$ entnimmt man die Ergebnisse der Biegetheorie Tafel 19 in Verbindung mit Tafel 22.
Gilt für die Länge des Zylinders $\lambda\ell \leq 4$ so wird er als „kurz" bezeichnet. Jede Randstörung wirkt sich dann noch am abliegenden Rand aus. In Tafel 20 und Tafel 21 in Verbindung mit Tafel 23 werden die theoretischen, in Tafel 24 und Tafel 25 numerische Lösungen zur Verfügung gestellt.

3.1.6 Kugelschale

Die Schnittkräfte der Kugel- bzw. Kugelzonenschale werden mit n_φ, n_ϑ, m_φ, m_ϑ und q bezeichnet (Bild 3.1-10). Es gelten dieselben Bemerkungen hinsichtlich Membran- und Biegezustand sowie des Lastfalls ΔT wie bei der Zylinderschale.

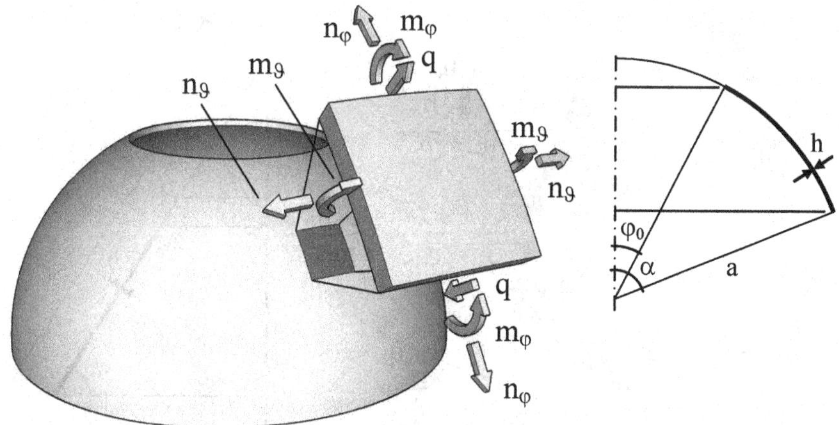

Bild 3.1-10 Schnittgrößen der Kugel(zonen)schale unter rotationssymmetrischer Belastung

Hier werden nur „lange" Kugelschalen behandelt, d.h. solche, bei denen die Wirkung einer Randstörung bis zum abliegenden Rand bis auf vernachlässigbare Werte abgeklungen ist. Hierfür gilt, dass $\kappa\cdot(\alpha-\varphi_0) \geq 4$ sein muss. Der Parameter κ ergibt sich aus

$$\kappa = \sqrt{\frac{a}{h}\sqrt{3(1-\mu^2)}} \; . \qquad (3.1.43)$$

Die Membrankräfte und -verformungen für ausgewählte Lastfälle sind Tafel 26 und Tafel 27 zu entnehmen, die Ergebnisse der Biegetheorie für die Lastfälle R und M, jeweils am oberen und unteren Rand, aus Tafel 28 und Tafel 29. Diese beiden Tafeln gelten nur für Kugelschalen, deren belasteter Rand „steil" ist, d.h. wenn α bzw. $\varphi_0 \geq 30°$ ist.

3.1.7 Kegelschale

Die Schnittkräfte der Kegel- bzw. Kegelzonenschale (Bild 3.1-11) werden wie diejenigen der Kugelschale bezeichnet. Ebenso gilt hier die Unterscheidung von Membran- und Störlasten, die getrennt nach Membran- und Biegetheorie zu behandeln sind. Der Lastfall ΔT ist sinngemäß wie bei der Zylinderschale zu behandeln (vgl. Beispiel 3.2.6.1).

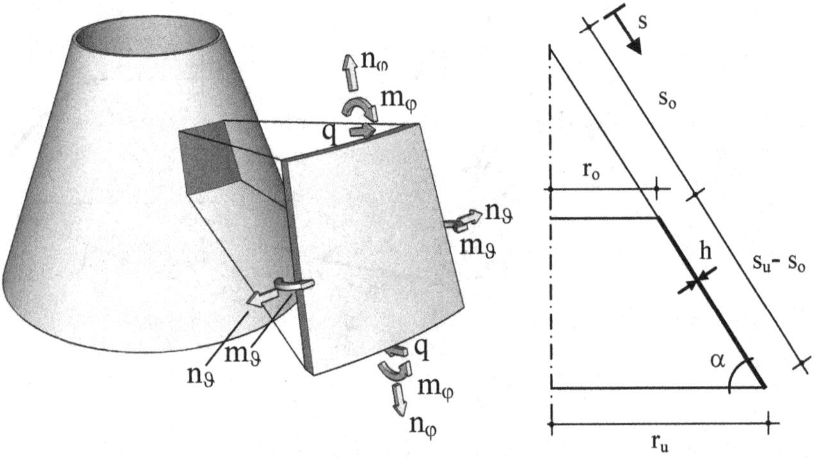

Bild 3.1-11 Schnittgrößen der Kegel(zonen)schale unter rotationssymmetrischer Belastung

Die Beschränkung auf „lange" Schalen erfordert die Einhaltung der Bedingung $\lambda \cdot |s_u - s_o| \geq 4$ für den belasteten Rand mit

$$\lambda_u = \sqrt{\frac{\tan\alpha}{h s_u}\sqrt{3(1-\mu^2)}} \text{ bzw.}$$

$$\lambda_o = \sqrt{\frac{\tan\alpha}{h s_o}\sqrt{3(1-\mu^2)}}. \tag{3.1.44}$$

Für ausgewählte Membranlastfälle sind die Schnittkräfte und Verformungen in Tafel 30 und Tafel 31 zusammengestellt. Die Ergebnisse der Biegetheorie für Randlasten R und M finden sich in Tafel 32 und Tafel 33.

3.1.8 Das Kraftgrößenverfahren zur Berechnung zusammengesetzter, rotationssymmetrischer Flächentragwerke

Die Abschnitte 3.1.2 bis 3.1.7 enthalten die Beschreibung einzelner Elemente rotationssymmetrischer Flächentragwerke, und zwar von Scheiben, Platten, Kreisringen, Zylinder-, Kugel- und Kegelschalen. Dabei werden jeweils die auftretenden Schnittgrößen mit ihren Bezeichnungen veranschaulicht. Außerdem wird auf die betreffenden Tafeln hingewiesen, aus denen diese Größen samt den zugehörigen Verformungen, d.h. den Radialverschiebungen und Randverdrehungen, für häufig vorkommende Lastfälle zu entnehmen sind.

In der Praxis sind rotationssymmetrische Flächentragwerke fast immer aus mehreren Elementen zusammengesetzt und stellen Kombinationen von Rotationsschalen verschiedener Form mit kreis- oder kreisringförmigen Platten und Scheiben sowie mit Kreisringen dar. An den Kontaktstellen der miteinander verbundenen Tragwerkselemente und auch bei statisch unbestimmter Lagerung treten Zwängungskräfte und –momente auf, da sich die Elementränder nicht ungehindert verschieben und verdrehen können. An jeder Nahtstelle müssen die beiden Formänderungsbedingungen erfüllt werden, dass die Radialverschiebung Δr und die Verdrehung ψ der miteinander verbundenen Elemente um die ringförmige Verbindungslinie übereinstimmen. Bei jedem biegesteifem Anschluss sind demnach zwei statisch Unbestimmte anzusetzen, und zwar bei rotationssymmetrischer Beanspruchung ein konstantes, horizontales, radiales Kräftepaar und ein Momentenpaar. In Bild 3.1-12 wird hierfür ein Beispiel gezeigt.

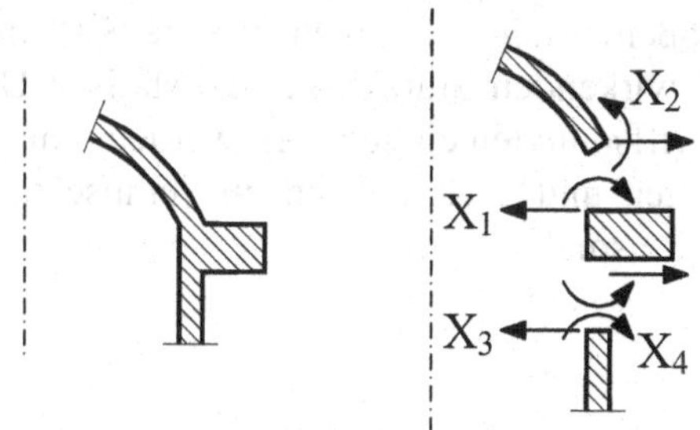

Bild 3.1-12 Ansatz der statisch Unbestimmten

Die statisch Unbestimmen werden nach dem aus der Stabstatik bekannten Kraftgrößenverfahren berechnet, d.h. aus dem linearen Gleichungssystem

$$\sum_k X_k \delta_{ik} + \delta_{i0} = 0 . \tag{3.1.45}$$

Die Formänderungsgrößen δ_{ik} und δ_{i0} der einzelnen Elemente sind den oben genannten Tafeln zu entnehmen. Dabei ist zu beachten, dass der Satz von MAXWELL von der Vertauschbarkeit der Indizes nur dann gilt, wenn die Radien der beiden Ränder, an denen X_i und X_k angreifen, gleich sind. Andernfalls (vgl. Bild 3.1-13) verhalten sich δ_{ik} und δ_{ki} wie die Radien der Kraftangriffspunkte, d.h.

$$\frac{\delta_{ik}}{\delta_{ki}} = \frac{a_k}{a_i} . \tag{3.1.46}$$

Dieser Fall tritt in Beispiel 3.2.1.1 auf.

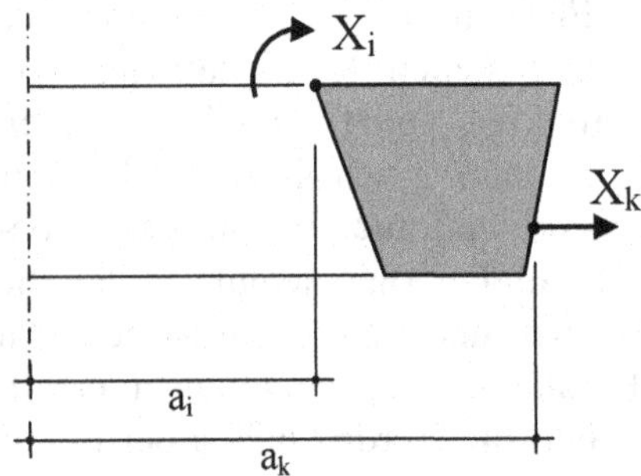

Bild 3.1-13 Beispiel für den Fall $\delta_{ik} \neq \delta_{ki}$ am Kreisring

Nach Lösung des Gleichungssystems (3.1.45) lässt sich der Verlauf der Normal- und Querkräfte sowie der Biegemomente in den einzelnen, ebenen oder gekrümmten Flächenelementen berechnen.
Vor der Anwendung des Kraftgrößenverfahrens sollten in eine Systemskizze alle am zerlegten Tragwerk wirkenden Stützkräfte und statisch Unbestimmten mit ihren exakten Angriffspunkten eingetragen werden, um die konsequente Verfolgung aller Lasten und Zwängungen zu veranschaulichen. Bild 3.1-14 zeigt hierfür ein Beispiel.

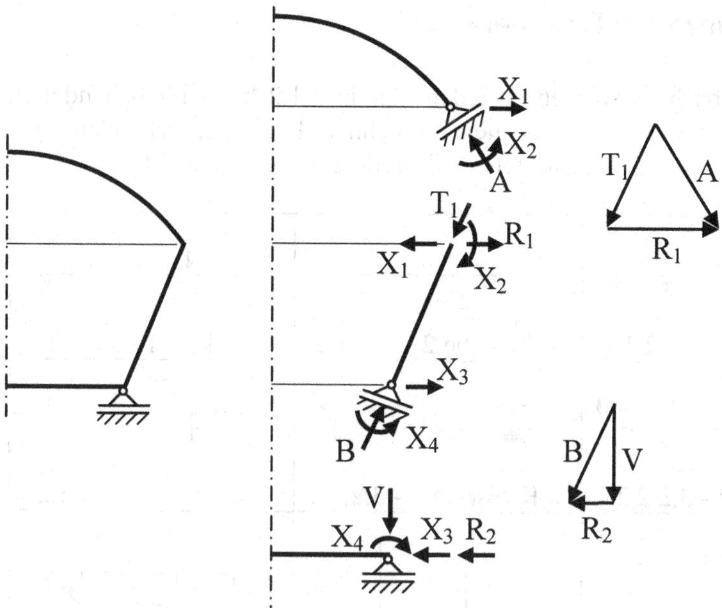

Bild 3.1-14 Grundsystem einer zusammengesetzten Rotationsschale mit Stützkräften und statisch Unbestimmten

3.2 Einführende Beispiele

In diesem Abschnitt werden zu jedem der in 3.1.2 bis 3.1.7 behandelten Tragwerkselemente zwei Beispiele gerechnet. Die entsprechenden Systemskizzen sind in der der folgenden Tabelle zusammengestellt.

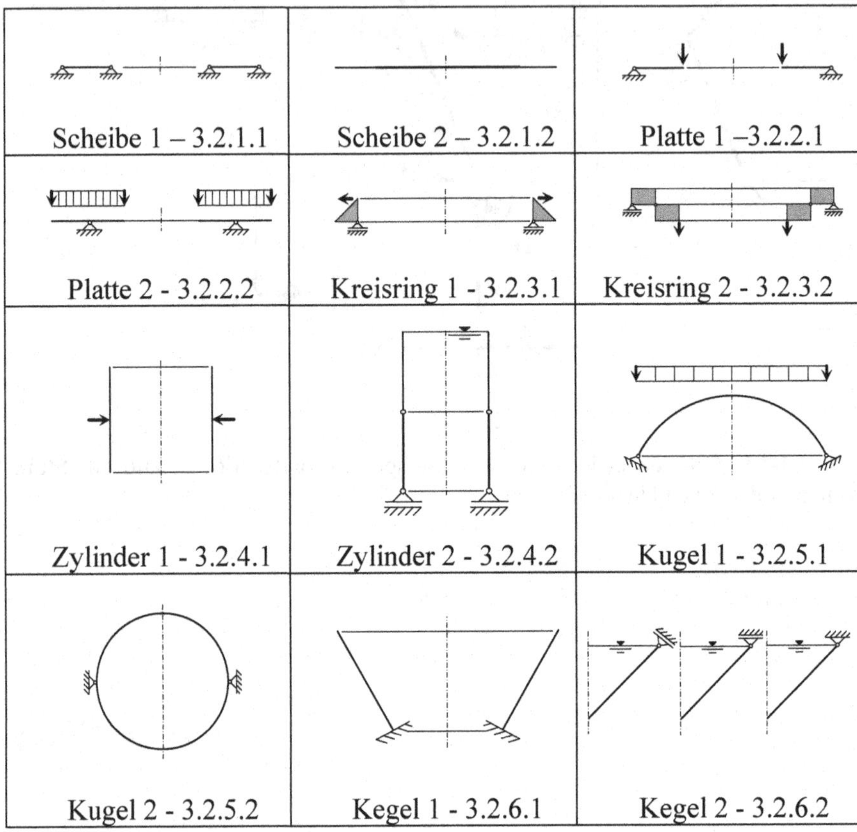

3.2.1 Scheibe

3.2.1.1 Kreisringscheibe mit aufgezwungener Verformung

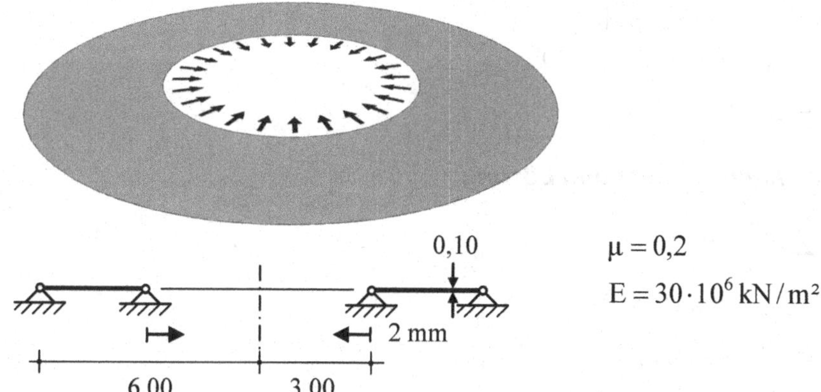

Bild 3.2-1 Berechnungsbeispiel

Gesucht: Spannungen σ_r und σ_φ infolge Δr.

Grundsystem und Festwerte

$$a = 6{,}00\,\mathrm{m}$$
$$b = 3{,}00\,\mathrm{m}$$
$$h = 0{,}10\,\mathrm{m}$$

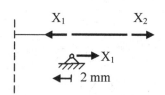

X_1 X_2

X_1

2 mm

Formänderungsgrößen (nach Tafel 1)

$$E\delta_{11} = \frac{1}{h}\frac{b^3}{a^2-b^2}\left[(1-\mu)+\frac{a^2}{b^2}(1+\mu)\right]$$

$$= \frac{1}{0{,}1}\frac{3^3}{6^2-3^2}\left[(1-0{,}2)+\frac{6^2}{3^2}(1+0{,}2)\right] = 56$$

$$E\delta_{12} = -\frac{2}{h}\frac{a^2 b}{a^2-b^2} = -\frac{2}{0{,}1}\frac{6^2\cdot 3}{6^2-3^2} = -80$$

$$E\delta_{21} = -\frac{2}{h}\frac{ab^2}{a^2-b^2} = -\frac{2}{0{,}1}\frac{6\cdot 3^2}{6^2-3^2} = -40 \neq E\delta_{12}\ \ (!)$$

$$E\delta_{22} = \frac{1}{h}\frac{a^3}{a^2 - b^2}\left[(1-\mu) + \frac{b^2}{a^2}(1+\mu)\right]$$

$$= \frac{1}{0{,}1}\frac{6^3}{6^2 - 3^2}\left[(1-0{,}2) + \frac{3^2}{6^2}(1+0{,}2)\right] = 88$$

$$E\delta_{10} = E \cdot 0{,}002 = -6 \cdot 10^4$$

$$E\delta_{20} = 0$$

Gleichungssystem und Lösung

$$\sum_k E\delta_{ik} X_k = -E\delta_{i0}$$

$$\begin{pmatrix} 56 & -80 \\ -40 & 88 \end{pmatrix}\begin{pmatrix} X_1 \\ X_2 \end{pmatrix} = \begin{pmatrix} 6 \cdot 10^4 \\ 0 \end{pmatrix}$$

$$\rightarrow \begin{pmatrix} X_1 \\ X_2 \end{pmatrix} = \begin{pmatrix} 3.055{,}56 \\ 1.388{,}89 \end{pmatrix}$$

Spannungen

$$\sigma_r = \frac{n_r}{h} = \frac{1}{h}\frac{X_1 b^2}{a^2 - b^2}\left(\frac{a^2}{r^2} - 1\right) + \frac{1}{h}\frac{X_2 a^2}{a^2 - b^2}\left(1 - \frac{b^2}{r^2}\right)$$

$$= \frac{200.000}{r^2} + 8333{,}33$$

$$\sigma_\varphi = \frac{n_\varphi}{h} = -\frac{1}{h}\frac{X_1 b^2}{a^2 - b^2}\left(\frac{a^2}{r^2} + 1\right) + \frac{1}{h}\frac{X_2 a^2}{a^2 - b^2}\left(1 + \frac{b^2}{r^2}\right)$$

$$= -\frac{200.000}{r^2} + 8333{,}33$$

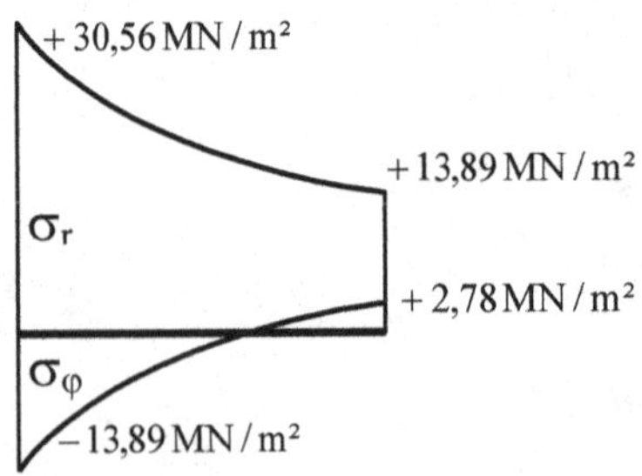

3.2.1.2 Kreisscheiben unter Temperaturbeanspruchung

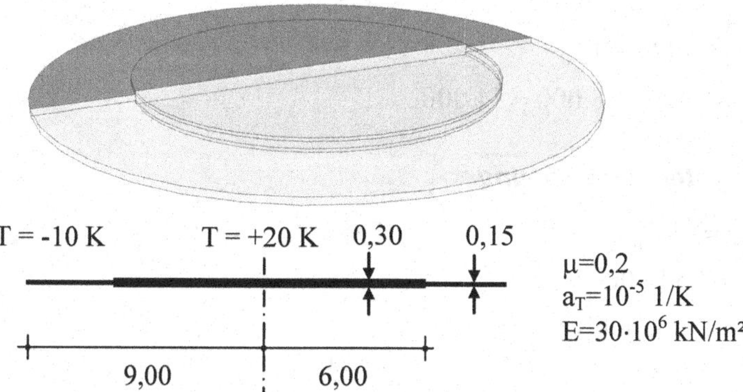

Bild 3.2-2 Berechnungsbeispiel

Gesucht: Radialkraft zwischen den Scheiben infolge der angegebenen Temperaturänderungen.

Grundsystem und Festwerte

- Kreisscheibe
  $h = 0{,}30\,\text{m}$
  $a = 6{,}00\,\text{m}$
- Kreisringscheibe
  $h = 0{,}15\,\text{m}$
  $a = 9{,}00\,\text{m}$
  $b = 6{,}00\,\text{m}$

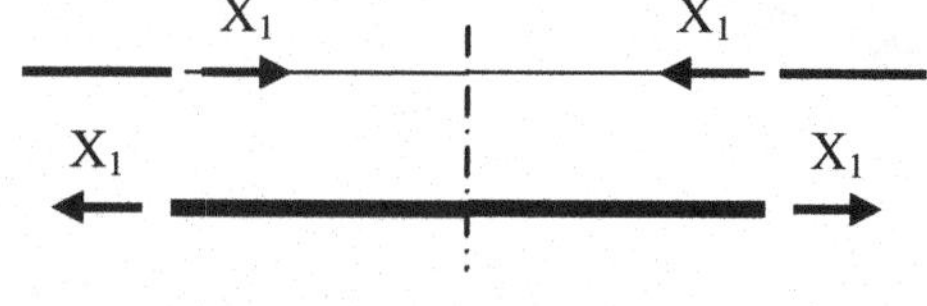

Formänderungsgrößen nach Tafel 1

- der Kreisscheibe

$$E\delta_{11} = \frac{a}{h}(1-\mu) = \frac{6}{0{,}3}(1-0{,}2) = 16$$

$$E\delta_{10} = E\alpha_T Ta = 30 \cdot 10^6 \cdot 10^{-5} \cdot 20 \cdot 6 = 36.000$$

- der Kreisringscheibe

$$E\delta_{11} = \frac{1}{h}\frac{b^3}{a^2-b^2}\left[(1-\mu) + \frac{a^2}{b^2}(1+\mu)\right]$$

$$= \frac{1}{0{,}15}\frac{6^3}{9^2-6^2}\left[(1-0{,}2) + \frac{9^2}{6^2}(1+0{,}2)\right] = 112$$

$$E\delta_{10} = -E\alpha_T Tb = -30 \cdot 10^6 \cdot 10^{-5} \cdot (-10) \cdot 6 = 18.000$$

- gesamt

$$E\delta_{11} = 16 + 112 = 128$$

$$E\delta_{10} = 36.000 + 18.000 = 54.000$$

Gleichungssystem und Lösung

$$E\delta_{11} X_1 = -E\delta_{10}$$

$$128\, X_1 = -54.000$$

$$\rightarrow X_1 = -421{,}88 \text{ kN/m}$$

3.2.2 Platte

3.2.2.1 Kreisringplatte mit Randlast

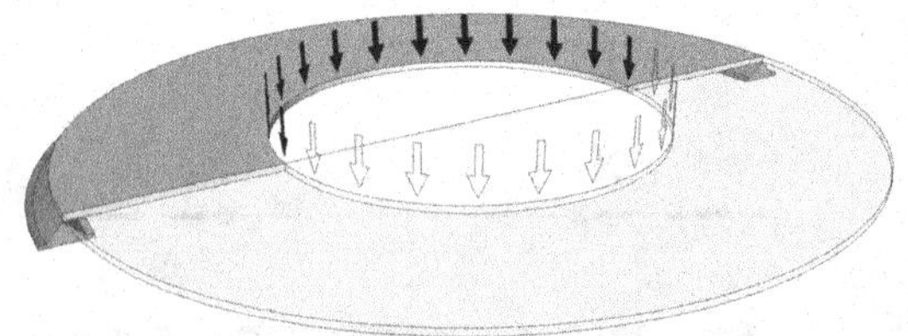

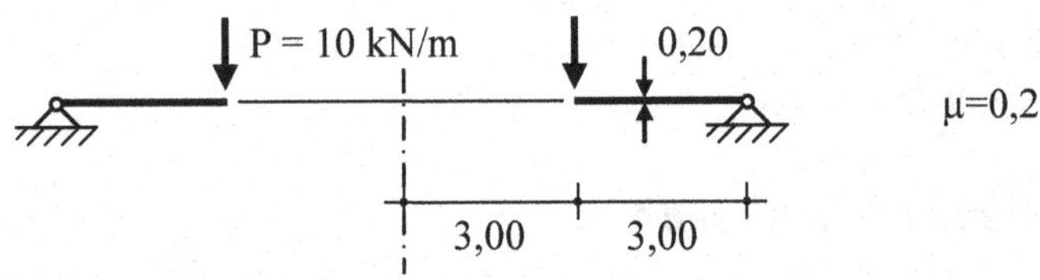

Bild 3.2-3 Berechnungsbeispiel

Gesucht: Schnittgrößen infolge der vertikalen Randlast mit Ordinaten an den Viertelspunkten

Festwerte

$$a = 6{,}00\,\text{m}$$

$$b = 3{,}00\,\text{m}$$

$$\beta = b/a = 0{,}5$$

P

Lösung

- Analytisch (nach Tafel 4)

$$m_r = -\frac{Pb}{2}(1+\mu)\left[\ln\rho - \frac{\beta^2}{1-\beta^2}\ln\beta\left(\frac{1}{\rho^2}-1\right)\right]$$

$$m_\varphi = -\frac{Pb}{2}(1+\mu)\left[\ln\rho + \frac{\beta^2}{1-\beta^2}\ln\beta\left(\frac{1}{\rho^2}+1\right) - \frac{1-\mu}{1+\mu}\right]$$

$$q_r = -P\frac{b}{r}$$

r	3	3,75	4,5	5,25	6
ρ	0,500	0,625	0,750	0,875	1,000
m_r	0,000	1,972	1,944	1,130	0,000
m_φ	45,271	35,266	28,731	23,994	20,318
q_r	-10,000	-8,000	-6,667	-5,714	-5,000

- Numerisch (nach Tafel 12)

$$m_r = \alpha_{mr} Pa, \qquad m_\varphi = \alpha_{m\varphi} Pa, \qquad q_r = -P\frac{b}{r}$$

r	3	3,75	4,5	5,25	6
ρ	0,500	0,625	0,750	0,875	1,000
α_{mr}	0,000	0,033	0,032	0,019	0,000
$\alpha_{m\varphi}$	0,755	0,588	0,479	0,400	0,339
m_r	0,000	1,980	1,920	1,140	0,000
m_φ	45,300	35,280	28,740	24,000	20,340
q_r	-10,000	-8,000	-6,667	-5,714	-5,000

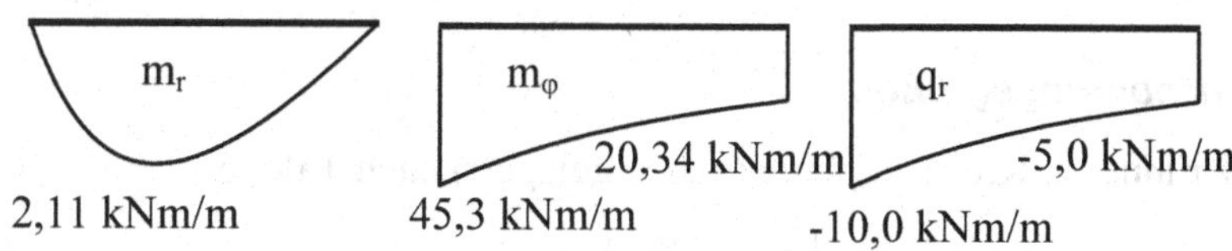

3.2.2.2 Kreisringplatte mit Zwischenlagerung

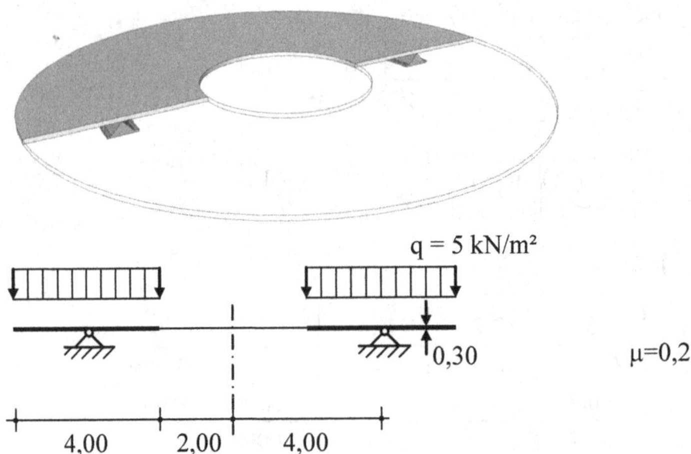

Bild 3.2-4 Berechnungsbeispiel

Gesucht: Radialmoment über der Lagerung infolge q

Grundsystem und Festwerte

- innere Kreisringplatte (außen gelagert)
  $a = 4{,}00\,\text{m}$
  $b = 2{,}00\,\text{m}$
  $\beta = b/a = 0{,}5$
- äußere Kreisringplatte (innen gelagert)
  $a = 4{,}00\,\text{m}$
  $b = 6{,}00\,\text{m}$
  $\beta = b/a = 1{,}5$

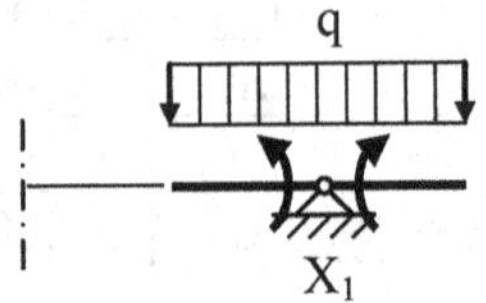

Formänderungsgrößen

- der inneren Kreisringplatte (außen gelagert) nach Tafel 5

$$K\delta_{11} = \frac{a}{(1+\mu)}\frac{1}{1-\beta^2}\left(1+\frac{1+\mu}{1-\mu}\beta^2\right)$$

$$= \frac{4}{(1+0{,}2)}\frac{1}{1-0{,}5^2}\left(1+\frac{1+0{,}2}{1-0{,}2}0{,}5^2\right) = 6{,}11$$

$$K\delta_{10} = \frac{pa^3}{8(1+\mu)}\left[1 - 2\beta^2 + \frac{\beta^2}{1-\mu}\left((3+\mu) + 4(1+\mu)\frac{\beta^2}{1-\beta^2}\ln\beta\right)\right]$$

$$= \frac{5\cdot 4^3}{8(1+0{,}2)}\left[1 - 2\cdot 0{,}5^2 + \frac{0{,}5^2}{1-0{,}2}((3+0{,}2)\right.$$

$$\left. + 4(1+0{,}2)\frac{0{,}5^2}{1-0{,}5^2}\ln 0{,}5)\right] = 38{,}45$$

Alternativ nach Tafel 13 und Tafel 14:

$$K\delta_{11} = 1{,}52778\cdot a = 6{,}11$$

$$K\delta_{10} = 0{,}12015\,p\,a^3 = 38{,}45$$

- der äußeren Kreisringplatte (innen gelagert) nach Tafel 5

$$K\delta_{11} = -\frac{a}{(1+\mu)}\frac{1}{1-\beta^2}\left(1 + \frac{1+\mu}{1-\mu}\beta^2\right)$$

$$= -\frac{4}{(1+0{,}2)}\frac{1}{1-1{,}5^2}\left(1 + \frac{1+0{,}2}{1-0{,}2}1{,}5^2\right) = 11{,}67$$

$$K\delta_{10} = -\frac{pa^3}{8(1+\mu)}\left[1 - 2\beta^2 + \frac{\beta^2}{1-\mu}\left((3+\mu) + 4(1+\mu)\frac{\beta^2}{1-\beta^2}\ln\beta\right)\right]$$

$$= -\frac{5\cdot 4^3}{8(1+0{,}2)}\left[1 - 2\cdot 1{,}5^2 + \frac{1{,}5^2}{1-0{,}2}\cdot\right.$$

$$\left.((3+0{,}2) + 4(1+0{,}2)\frac{1{,}5^2}{1-1{,}5^2}\ln 1{,}5)\right] = 145{,}09$$

Alternativ nach Tafel 11 und Tafel 9:

$$K\delta_{11} = 2{,}91667\cdot a = 11{,}67$$

$$K\delta_{10} = 0{,}45342\,p\,a^3 = 145{,}09$$

- gesamt

$$K\delta_{11} = 6{,}11 + 11{,}67 = 17{,}78$$

$$K\delta_{10} = 38{,}45 + 145{,}09 = 183{,}54$$

Gleichungssystem und Lösung

$$K\delta_{11}X_1 = -K\delta_{10}$$

$$17{,}78X_1 = -183{,}54$$

$$\rightarrow X_1 = -10{,}32\,\text{kNm/m}$$

3.2.3 Kreisring

3.2.3.1 Kreisring mit Radiallast

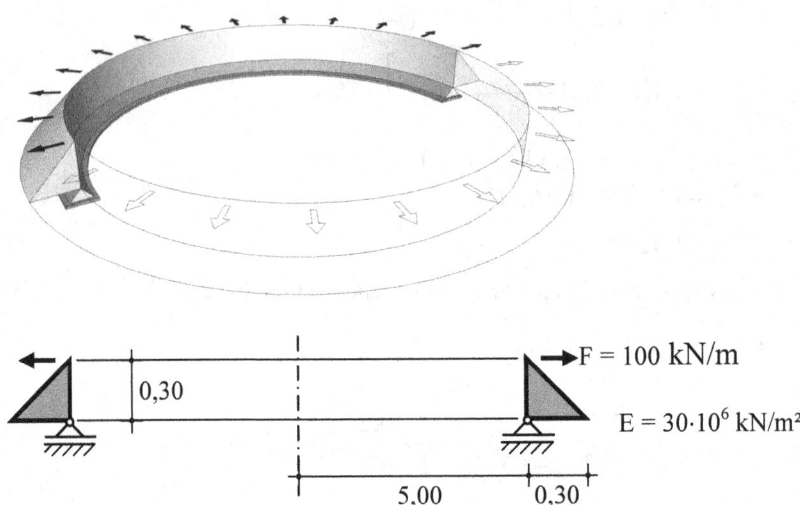

Bild 3.2-5 Berechnungsbeispiel

Gesucht: Schnittkräfte und Verformungen infolge F

Festwerte

$$b = 0{,}3\sqrt{2} = 0{,}42\,\text{m}$$

$$h = b/2 = 0{,}21\,\text{m}$$

$$a = 5 + \frac{0{,}3}{3} = 5{,}10\,\text{m}$$

$$c = -\frac{2}{3}0{,}30 = -0{,}20\,\text{m}$$

$$A = \frac{b \cdot h}{2} = 0{,}045\,\text{m}^2$$

$$I_1 = \frac{b^3 \cdot h}{48} = 3{,}375 \cdot 10^{-4}\,\text{m}^4$$

$$I_2 = \frac{h^3 \cdot b}{36} = 1{,}125 \cdot 10^{-4}\,\text{m}^4$$

$$\alpha = 45°$$

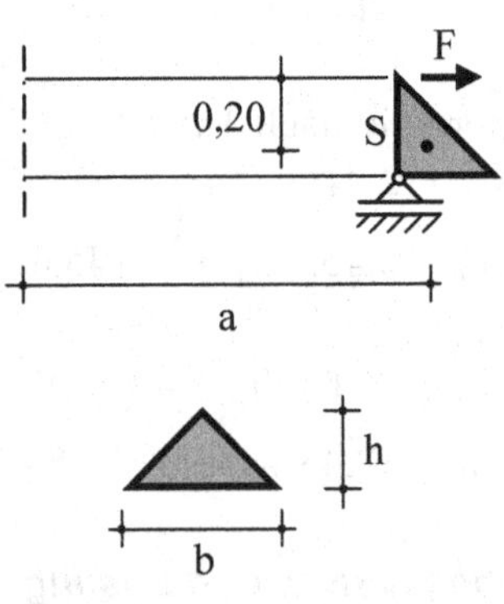

Lösung

- Schnittgrößen

$$R_s = 100 \cdot \frac{5}{5{,}1} = 98{,}04 \text{ kN/m} \qquad \rightarrow N = R_s \cdot a = 500 \text{ kN}$$

$$M_s = -R_s \cdot \frac{2}{3} 0{,}3 = -19{,}61 \text{ kNm/m} \rightarrow M_y = M_s \cdot a = -100 \text{ kNm}$$

- Verformung des Schwerpunkts

$$\Delta r_S = \frac{R_s a^2}{E A} = \frac{98{,}04 \cdot 5{,}1^2}{30 \cdot 10^6 \cdot 0{,}045} = 1{,}89 \cdot 10^{-3} \text{m}$$

$$\varphi = \frac{M_S \cdot a^2}{E}\left(\frac{\cos^2\alpha}{I_1} + \frac{\sin^2\alpha}{I_2}\right)$$

$$= \frac{-19{,}61 \cdot 5{,}1^2}{30 \cdot 10^6}\left(\frac{\cos^2 45°}{3{,}375 \cdot 10^{-4}} + \frac{\sin^2 45°}{1{,}125 \cdot 10^{-4}}\right)$$

$$= -0{,}101 \text{ rad}$$

- Radialverschiebung des Lastangriffspunkts

$$\Delta r_F = \Delta r_S + \varphi \cdot c = 1{,}89 \cdot 10^{-3} - 0{,}101 \cdot (-0{,}2) = 0{,}022 \text{m}$$

3.2.3.2 Kreisringe mit Vertikallast

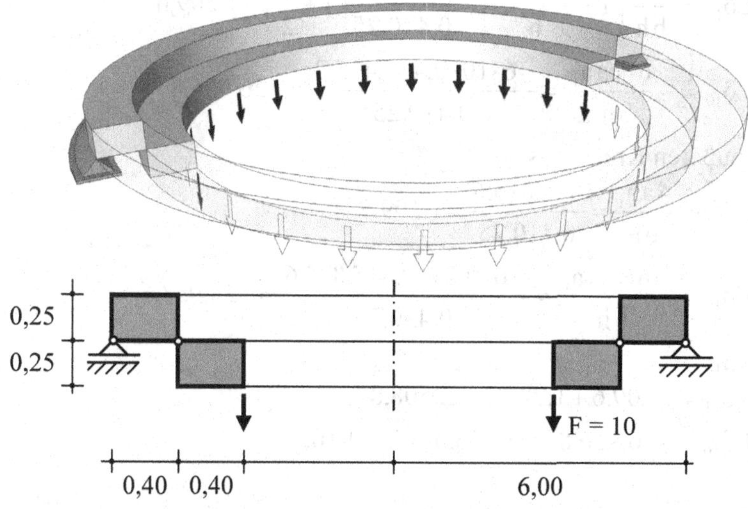

Bild 3.2-6 Berechnungsbeispiel

Gesucht: Gelenkkräfte R und V

Grundsystem und Festwerte

- innerer Kreisring

$b = 0{,}40\,m$

$h = 0{,}25\,m$

$a = 5{,}40\,m$

$a_i = 5{,}20\,m$

$a_a = 5{,}60\,m$

$F' = \frac{a_i}{a_a} F = 9{,}29\ kN/m$

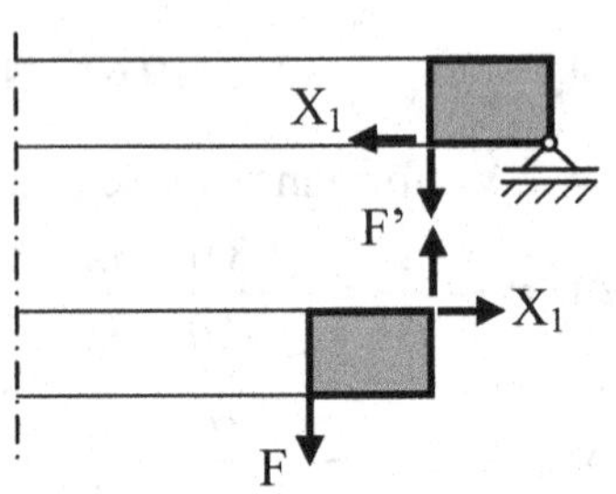

- äußerer Kreisring

$b = 0{,}40\,m$

$h = 0{,}25\,m$

$a = 5{,}80\,m$

$a_i = 5{,}60\,m$

$a_a = 6{,}00\,m$

Formänderungsgrößen (nach Tafel 16)

- des inneren Kreisrings

$$E\delta_{11} = \frac{a\,a_a}{b\,h}\left(1 + \frac{6 \cdot h/2}{h}\right) = \frac{5{,}4 \cdot 5{,}6}{0{,}4 \cdot 0{,}25}\left(1 + \frac{6}{2}\right) = 1.209{,}6$$

$$E\delta_{10} = -\frac{6Fea\,a_i}{b\,h^2} = -\frac{6 \cdot 10 \cdot 0{,}4 \cdot 5{,}4 \cdot 5{,}2}{0{,}4 \cdot 0{,}25^2} = -26.956{,}8$$

- des äußeren Kreisrings

$$E\delta_{11} = \frac{4a\,a_i}{b\,h} = \frac{4 \cdot 5{,}8 \cdot 5{,}6}{0{,}4 \cdot 0{,}25} = 1.299{,}2$$

$$E\delta_{10} = -\frac{6F'ea\,a_i}{b\,h^2} = -\frac{6 \cdot 9{,}29 \cdot 0{,}4 \cdot 5{,}8 \cdot 5{,}6}{0{,}4 \cdot 0{,}25^2} = -28.953{,}6$$

- gesamt

$$E\delta_{11} = 1.209{,}6 + 1.299{,}2 = 2.508{,}8$$

$$E\delta_{10} = -26.956{,}8 - 28.953{,}6 = -55.910{,}4$$

Gleichungssystem und Lösung

$$E\delta_{11}X_1 = -E\delta_{10}$$

$$2.508{,}8\,X_1 = 55.910{,}4$$

$$\rightarrow X_1 = 22{,}29\ \text{kN/m}$$

Die Gelenkkräfte betragen V = F' = 9,29 kN/m und R = X_1 = 22,29 kN/m.

3.2.4 Zylinder

3.2.4.1 Zylinderschale mit Einzelspannglied

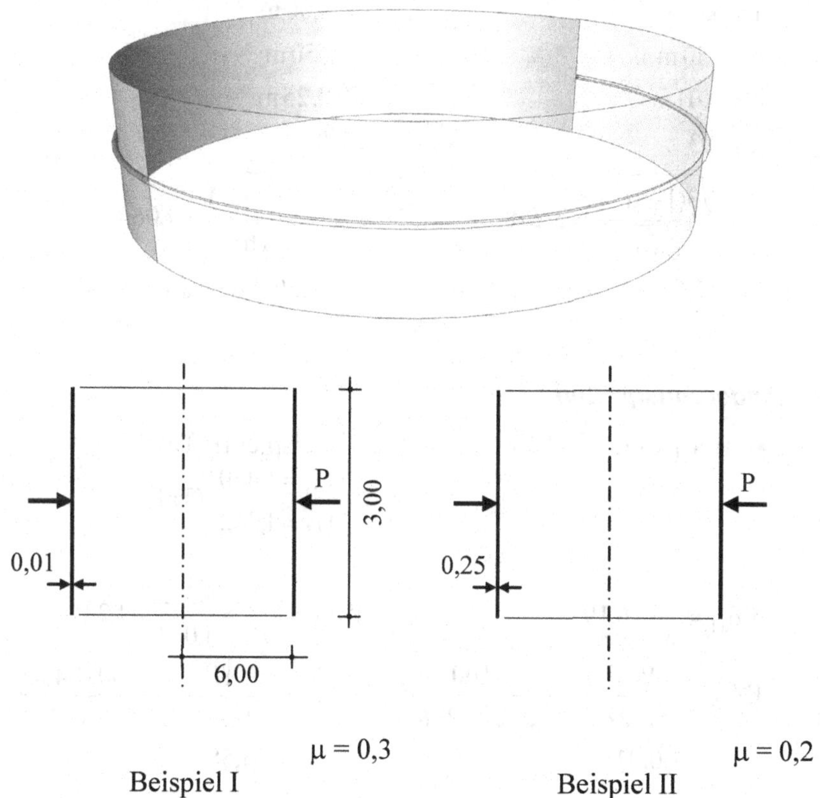

Bild 3.2-7 Berechnungsbeispiel

Gesucht: Biegemomente infolge der Vorspannung V = 600 kN

Grundsystem und Festwerte

Die Vorspannkraft verursacht die radiale Streckenlast

$$P = \frac{V}{a} = \frac{600}{6} = 100\text{kN/m}.$$

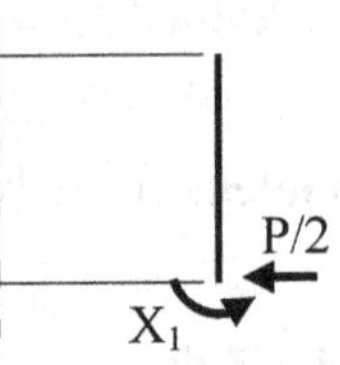

Diese Streckenlast wird gleichmäßig auf beide Zylinderhälften verteilt. Aus Symmetriegründen braucht nur eine Hälfte betrachtet zu werden. Dabei tritt nur das Biegemoment als statisch Unbestimmte auf.

- Beispiel I: Stahl

$a = 6{,}00\,\text{m}$

$\ell = 1{,}50\,\text{m}$

$h = 0{,}01\,\text{m}$

$\mu = 0{,}3$

$$\lambda = \frac{\sqrt[4]{3(1-\mu^2)}}{\sqrt{a\,h}} = 5{,}248$$

$\lambda\ell = 7{,}87 > 4 \rightarrow \text{langer Zylinder}$

- Beispiel II: Stahlbeton

$a = 6{,}00\,\text{m}$

$\ell = 1{,}50\,\text{m}$

$h = 0{,}25\,\text{m}$

$\mu = 0{,}2$

$$\lambda = \frac{\sqrt[4]{3(1-\mu^2)}}{\sqrt{a\,h}} = 1{,}064$$

$\lambda\ell = 1{,}60 < 4 \rightarrow \text{kurzer Zylinder}$

Formänderungsgrößen

- Beispiel I: Tafel 19

$$K\delta_{11} = \frac{1}{\lambda} = 0{,}19$$

$$K\delta_{10} = -\frac{P}{2}\frac{1}{2\lambda^2} = -\frac{100}{2\cdot 2\cdot 5{,}248^2} = -0{,}91$$

- Beispiel II: Tafel 21

$H_3 = 1{,}430$, $H_5 = 1{,}312$ (Tafel 23)

$$K\delta_{11} = \frac{H_5}{\lambda} = \frac{1{,}312}{1{,}064} = 1{,}23$$

$$K\delta_{10} = -\frac{P}{2}\frac{H_3}{2\lambda^2} = -\frac{100\cdot 1{,}430}{2\cdot 2\cdot 1{,}064^2} = -31{,}58$$

Gleichungssysteme und Lösung

- Beispiel I
  $K\delta_{11}X_1 = -K\delta_{10}$
  $0{,}19\,X_1 = 0{,}91$
  $\rightarrow X_1 = 4{,}75\,\text{kNm/m}$

- Beispiel II
  $K\delta_{11}X_1 = -K\delta_{10}$
  $1{,}23\,X_1 = 31{,}58$
  $\rightarrow X_1 = 25{,}61\,\text{kNm/m}$

Biegemomente

- Beispiel I:
  Tafel 19

$$m_x = \frac{R}{\lambda}\cdot\eta'(\xi) + M\cdot\eta(\xi) = -\frac{50}{5{,}248}\cdot\eta'(\xi) + 4{,}75\cdot\eta(\xi)$$

- Beispiel II:
  Tafel 24 und Tafel 25

$$m_x = \frac{R}{\lambda}\cdot\alpha_{R2} + M\cdot\alpha_{M2} = -\frac{50}{1{,}064}\cdot\alpha_{R2} + 25{,}61\cdot\alpha_{M2}$$

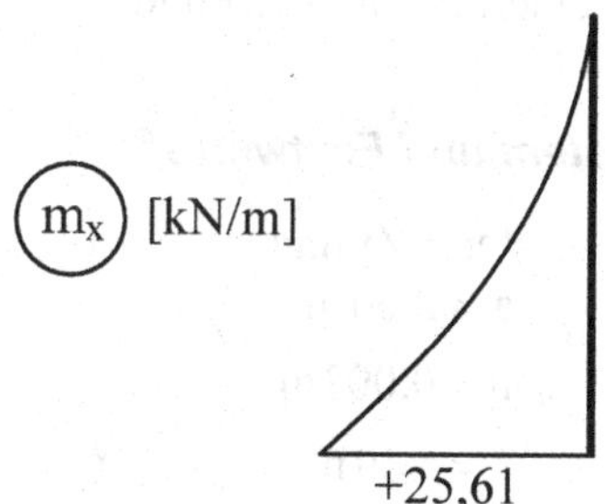

Die Ringmomente haben den gleichen qualitativen Verlauf und ergeben sich aus $m_\vartheta = \mu\cdot m_x$.

3.2.4.2 Silo mit Wasserfüllung

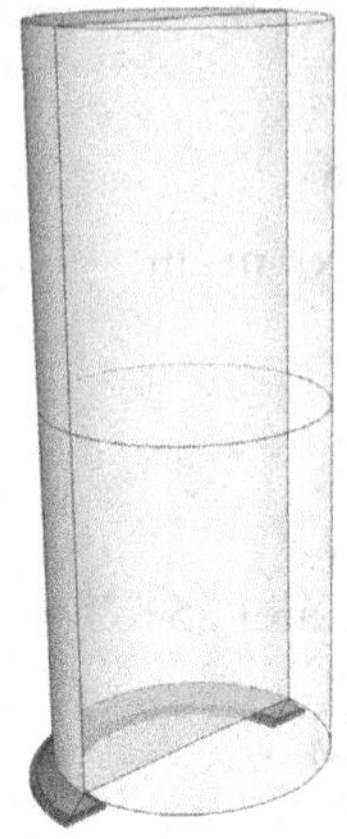

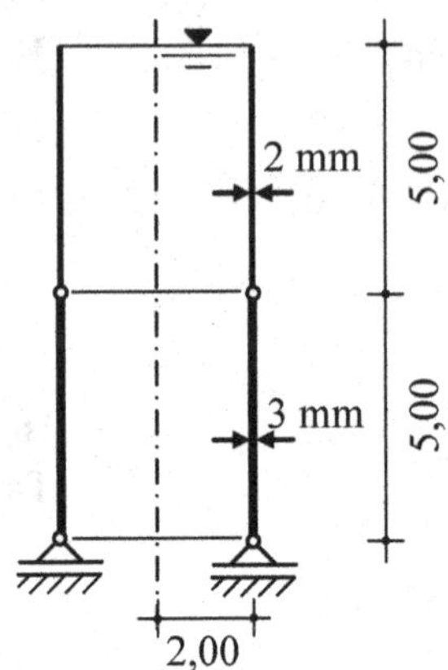

μ=0,3
γ_f=10 kN/m³

Bild 3.2-8 Berechnungsbeispiel

Gesucht: Querkraft an der Fuge

Grundsystem und Festwerte

- Unterer Zylinder

$$a = 2{,}00\,\text{m}$$

$$h = 0{,}003\,\text{m}$$

$$\ell = 5{,}00\,\text{m}$$

$$\lambda = \frac{\sqrt[4]{3(1-\mu^2)}}{\sqrt{a\,h}} = 16{,}60$$

$$\lambda\ell = 82{,}98 > 4 \rightarrow \text{langer Zylinder}$$

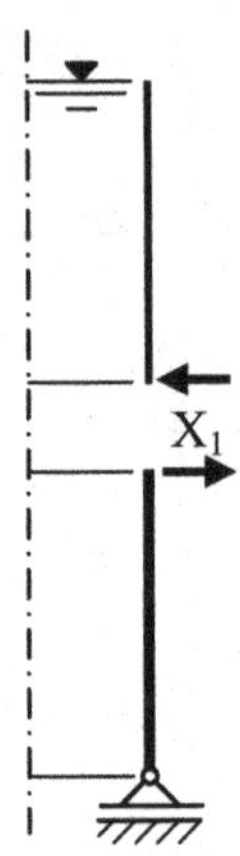

- Oberer Zylinder

$$a = 2{,}00\,\text{m}$$

$$h = 0{,}002\,\text{m}$$

$$\ell = 5{,}00\,\text{m}$$

$$\lambda = \frac{\sqrt[4]{3(1-\mu^2)}}{\sqrt{a\,h}} = 20{,}32$$

$$\lambda\ell = 101{,}62 > 4 \rightarrow \text{langer Zylinder}$$

Formänderungsgrößen (nach Tafel 18 und Tafel 19)

- des unteren Zylinders

$$E\delta_{11} = \frac{E}{K}\frac{1}{2\lambda^3} = \frac{12(1-\mu^2)}{h^3}\frac{1}{2\cdot 16{,}60^3} = 44.248$$

$$E\delta_{10} = \frac{a^2\cdot(\gamma_f\cdot 5)}{h} = 66.667$$

- des oberen Zylinders

$$E\delta_{11} = \frac{E}{K}\frac{1}{2\lambda^3} = \frac{12(1-\mu^2)}{h^3}\frac{1}{2\cdot 20{,}32^3} = 81.297$$

$$E\delta_{10} = \frac{a^2\cdot 1}{h}\gamma_f = -100.000$$

- gesamt

$$E\delta_{11} = 44.248 + 81.297 = 125.545$$

$$E\delta_{10} = 66.667 - 100.000 = -33.333$$

Gleichungssystem und Lösung

$$\delta_{11}X_1 = -\delta_{10}$$

$$125.545\,X_1 = 33.333$$

$$\rightarrow X_1 = 0{,}27\,\text{kN/m}$$

3.2.5 Kugel

3.2.5.1 Kugeldach

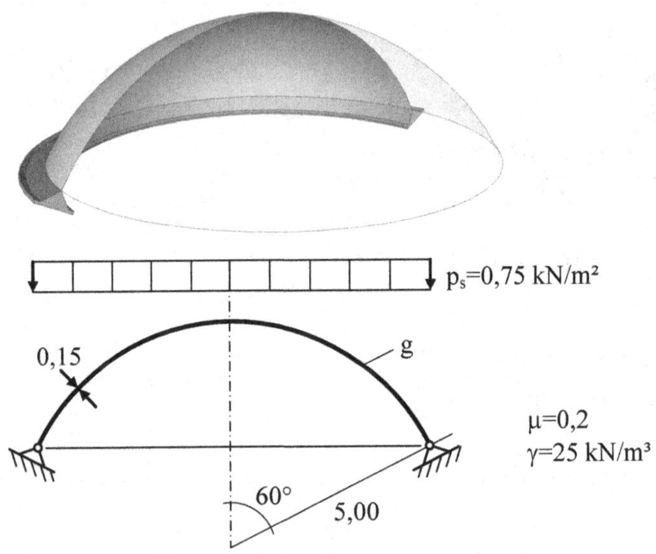

Bild 3.2-9 Berechnungsbeispiel

Gesucht: Schnittgrößen infolge Eigengewicht und Schnee mit Ordinaten an den Vierteilspunkten und im Störbereich der Schale für $\kappa\omega = 0{,}5$; 1,0 und 1,5.

Grundsystem und Festwerte

$$a = 5{,}00\,\text{m}$$

$$h = 0{,}15\,\text{m}$$

$$\varphi_0 = 0°$$

$$\alpha = 60° = \pi/3$$

$$\kappa = \sqrt{\frac{a}{h}\sqrt{3(1-\mu^2)}}$$

$$= \sqrt{\frac{5}{0{,}15}\sqrt{3(1-0{,}2^2)}} = 7{,}521$$

$$\kappa(\alpha - \varphi_0) = 7{,}521(\pi/3) = 7{,}88 > 4 \rightarrow \text{lange Schale mit steilem Rand}$$

Formänderungsgrößen nach Tafel 27 und Tafel 28

$$E\delta_{11} = \frac{a\kappa \sin^2\alpha}{h}\left(2 - \frac{\mu}{\kappa}\cot\alpha\right)$$

$$= \frac{5\cdot 7{,}521\cdot \sin^2 60°}{0{,}15}\left(2 - \frac{0{,}2}{7{,}52}\cdot 0{,}577\right) = 373{,}17$$

$$E\delta_{10} = \frac{a^2 p_s}{2h}\sin\alpha\,(\mu - \cos 2\alpha) + \frac{\gamma h a^2}{h}\sin\alpha\left(\frac{1+\mu}{1+\cos\alpha} - \cos\alpha\right)$$

$$= \frac{5^2\cdot 0{,}75}{2\cdot 0{,}15}\sin 60°\,(0{,}2 - \cos 120°) +$$

$$25\cdot 5^2\cdot \sin 60°\left(\frac{1+0{,}2}{1+\cos 60°} - \cos 60°\right) = 200{,}27$$

Gleichungssystem und Lösung

$$E\delta_{11}X_1 = -E\delta_{10}$$

$$373{,}17\,X_1 = -200{,}27$$

$$\rightarrow X_1 = -0{,}54\,\text{kN/m}$$

Schnittgrößen

Die Schnittgrößen für die resultierende Belastung aus Eigengewicht, Schnee und Randlast $R = X_1 = -0{,}54$ kN/m ergeben sich aus Tafel 26 und Tafel 28.

	φ[°]	0.000	15.000	30.000	45.000	48.573	52.382	56.191	60.000
	φ[rad]	0.000	0.262	0.524	0.785	0.848	0.914	0.981	1.047
	ω	1.047	0.785	0.524	0.262	0.199	0.133	0.066	0.000
	$\kappa\omega$	7.876	5.907	3.938	1.969	1.500	1.000	0.500	0.000
p_s	n_φ	-1.875	-1.875	-1.875	-1.875	-1.875	-1.875	-1.875	-1.875
	n_ϑ	-1.875	-1.624	-0.938	0.000	0.233	0.478	0.714	0.938
g	n_φ	-9.375	-9.537	-10.048	-10.983	-11.284	-11.643	-12.047	-12.500
	n_ϑ	-9.375	-8.574	-6.190	-2.275	-1.122	0.198	1.614	3.125
	η	$\kappa\omega > 4$		-0.0276	0.0745	0.2384	0.5083	0.8231	1.0000
	η'			-0.0139	0.1287	0.2226	0.3096	0.2908	0.0000
	η''			0.0003	-0.1828	-0.2068	-0.1108	0.2415	1.0000
	η'''			-0.0136	-0.0541	0.0158	0.1988	0.5323	1.0000
R	n_φ	$\kappa\omega > 4$		0.000	0.085	0.085	0.040	-0.075	-0.268
	n_ϑ			0.095	0.378	-0.110	-1.390	-3.721	-6.991
	m_φ			0.004	-0.040	-0.069	-0.096	-0.090	0.000
	m_ϑ			0.002	-0.009	-0.018	-0.027	-0.029	-0.012
	q			0.000	-0.085	-0.096	-0.051	0.112	0.465
gesamt	n_φ	-11.250	-11.412	-11.923	-12.774	-13.074	-13.478	-13.997	-14.643
	n_ϑ	-11.250	-10.197	-7.032	-1.896	-0.999	-0.714	-1.393	-2.929
	m_φ	$\kappa\omega > 4$		0.004	-0.040	-0.069	-0.096	-0.090	0.000
	m_ϑ			0.002	-0.009	-0.018	-0.027	-0.029	-0.012
	q			0.000	-0.085	-0.096	-0.051	0.112	0.465

Graphische Darstellung der Schnittgrößen

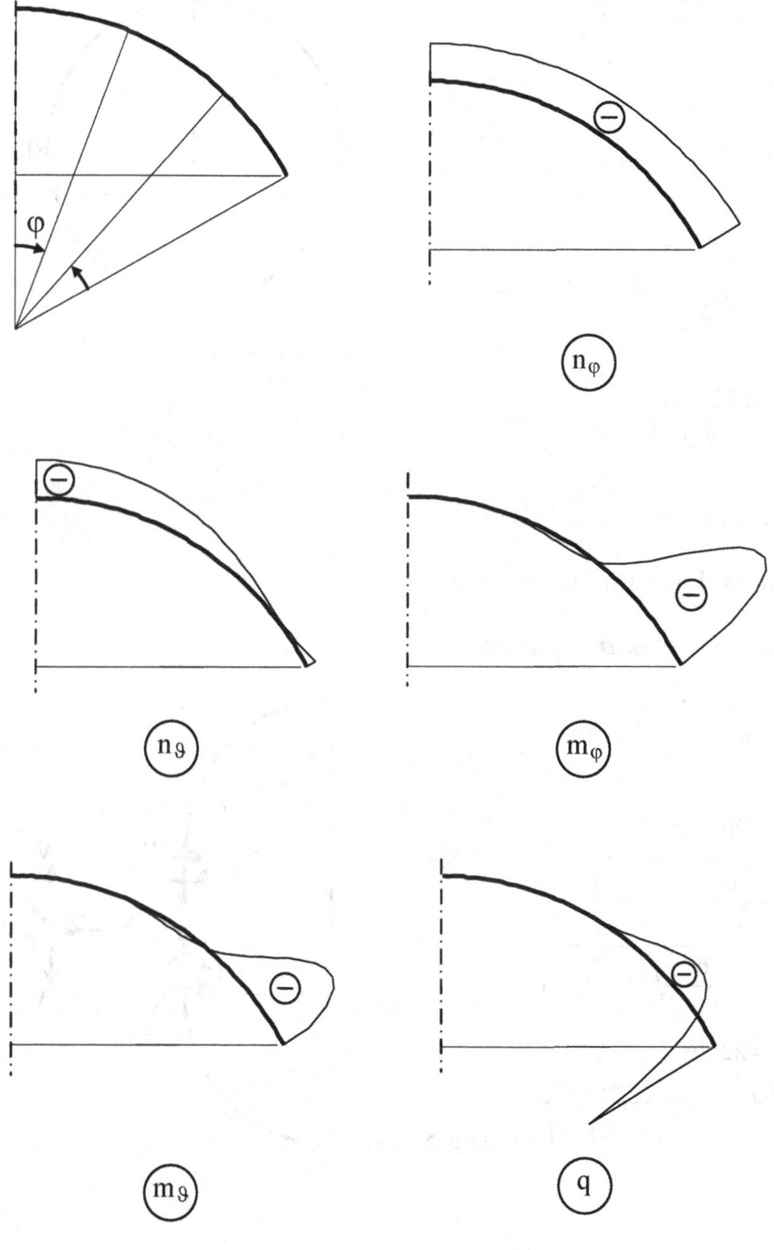

3.2.5.2 Gasdruckbehälter

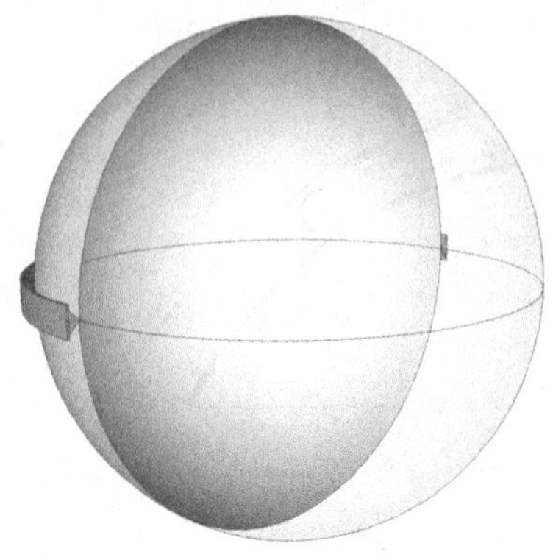

0,02

6,00

$p_i = 10\ \text{MN/m}^2$
$E = 210.000\ \text{MN/m}^2$
$\mu = 0,3$

Bild 3.2-10 Berechnungsbeispiel

Gesucht: Lagerkraft H infolge p_i

Grundsystem und Festwerte

$$a = 6,00\,\text{m}$$

$$h = 0,02\,\text{m}$$

$$\varphi_0 = 0°$$

$$\alpha = 90° = \pi/2$$

$$\kappa = \sqrt{\frac{a}{h}\sqrt{3\left(1-\mu^2\right)}}$$

$$= \sqrt{\frac{6}{0,02}\sqrt{3\left(1-0,3^2\right)}}$$

$$= 22,26$$

$$\kappa(\alpha - \varphi_0) = 22,26(\pi/2)$$

$$= 34,97 > 4 \rightarrow \text{lange Schale}$$

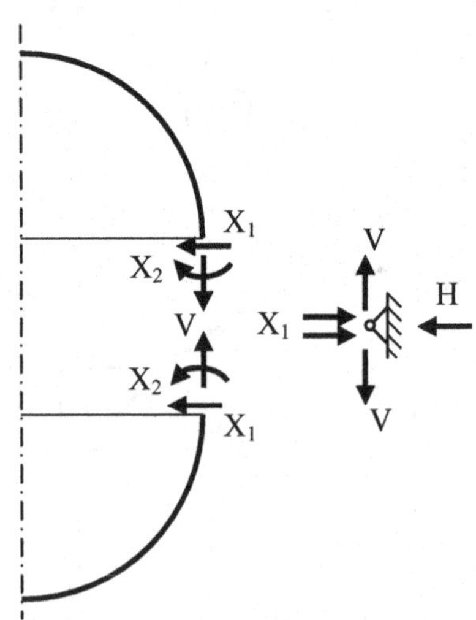

Formänderungsgrößen

$$E\delta_{11} = \frac{a\kappa \sin^2\alpha}{h}\left(2 - \frac{\mu}{\kappa}\cot\alpha\right)$$

$$= \frac{6 \cdot 22{,}264 \cdot \sin^2 90°}{0{,}02}\left(2 - \frac{0{,}3}{22{,}264} \cdot 0\right) = 13.358{,}4$$

$$E\delta_{12} = E\delta_{21} = \frac{2\kappa^2 \sin\alpha}{h} = \frac{2 \cdot 22{,}264^2 \cdot \sin 90°}{0{,}02} = 49.568{,}6$$

$$E\delta_{22} = \frac{aE}{\kappa K} = \frac{a \cdot 12 \cdot (1-\mu^2)}{\kappa \cdot h^3} = \frac{6 \cdot 12 \cdot (1-0{,}3^2)}{22{,}264 \cdot 0{,}02^3} = 367.858{,}4$$

$$E\delta_{10} = -\frac{a^2 p_i}{2\,h}(1-\mu)\sin\varphi$$

$$= -\frac{6^2 \cdot 10}{2 \cdot 0{,}02}(1-0{,}3)\sin 90° = -6.300$$

$$E\delta_{20} = 0$$

Gleichungssystem und Lösung

$$\sum_k E\delta_{ik} X_k = -E\delta_{i0}$$

$$\begin{pmatrix} 13.358{,}4 & 49.568{,}6 \\ 49.568{,}6 & 367.858{,}4 \end{pmatrix} X_1 = \begin{pmatrix} 6.300 \\ 0 \end{pmatrix}$$

$$\rightarrow \begin{array}{l} X_1 = 0{,}943\,\mathrm{MN/m} \\ X_2 = -0{,}127\,\mathrm{MNm/m} \end{array}$$

Lagerkraft $H = 2X_1 = 1{,}886\,\mathrm{MN/m}$

3.2.6 Kegel

3.2.6.1 Kegel unter Temperaturbeanspruchung

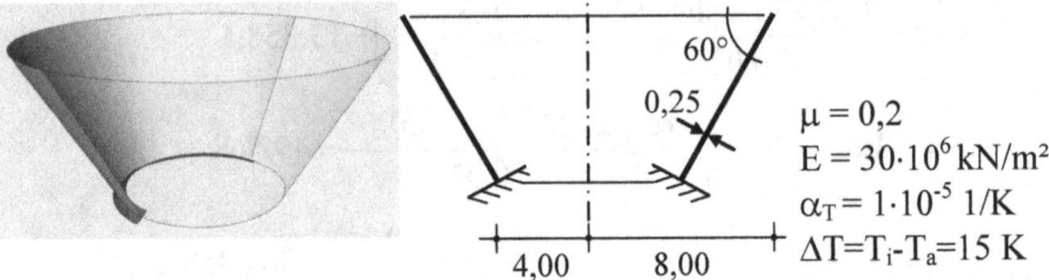

Bild 3.2-11 Berechnungsbeispiel

Gesucht: Schnittkräfte infolge ΔT

Grundsystem und Festwerte

Als Grundsystem wird ein Kegel mit beidseitiger Einspannung gewählt. Für diesen Fall sind die Schnittgrößen infolge einer Temperaturdifferenz bekannt:

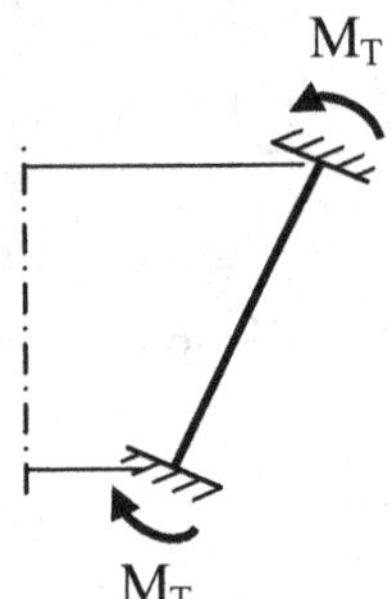

$$K = \frac{E h^3}{12(1-\mu^2)} = 40.690,1$$

$$M_T = K(1+\mu)\frac{\alpha_T \Delta T}{h}$$

$$= 40.690,1(1+0,2)\frac{1 \cdot 10^{-5}(15)}{0,25}$$

$$= 29,30\,\text{kNm/m}$$

$$m_{\varphi 0} = m_{\vartheta 0} = -M_T = -29,30\,\text{kNm/m}$$

$$n_{\varphi 0} = n_{\vartheta 0} = q = 0$$

$$r_o = 8,0\,\text{m}$$

$$s_o = 16,0\,\text{m}$$

$$\alpha = 60°$$

$$\lambda_o = \sqrt{\frac{\tan\alpha}{h s_o}\sqrt{3(1-\mu^2)}} = 0,857$$

Lösung

Die obere Einspannung im Grundsystem wird durch ein entgegenwirkendes Randmoment aufgehoben. Die resultierenden Schnittgrößen ergeben sich aus Überlagerung der Ergebnisse aus dem Grundsystem mit den Ergebnissen der Randstörung:

$$n_\varphi = -2M_T\lambda_o \cot\alpha \cdot \eta'(\xi)$$

$$n_\vartheta = 2M_T\lambda_o^2 s \cot\alpha \cdot \eta''(\xi)$$

$$m_\varphi = m_{\varphi 0} + M_T \cdot \eta(\xi) = M_T\left[-1+\eta(\xi)\right]$$

$$m_\vartheta = m_{\vartheta 0} + \frac{M_T}{\lambda_o s}\eta'''(\xi) + \mu M_T \cdot \eta(\xi) = M_T\left[-1+\frac{\eta'''(\xi)}{\lambda_o s} + \mu \cdot \eta(\xi)\right]$$

$$q = -2M_T\lambda_o \cdot \eta'(\xi)$$

	x	0,00	1,17	2,33	3,50	4,67	6,00	8,00
	$\xi = x \cdot \lambda_o$	0,00	1,00	2,00	3,00	4,00	5,143	6,858
	s	16,00	14,83	13,67	12,50	11,33	10,00	8,00
	$\eta(\xi)$	1,000	0,508	0,067	-0,042	-0,026	$x \cdot \lambda_o > 4$	
	$\eta'(\xi)$	0,000	0,310	0,123	0,007	-0,014		
	$\eta''(\xi)$	1,000	-0,111	-0,179	-0,056	0,002		
	$\eta'''(\xi)$	1,000	0,199	-0,056	-0,049	-0,012		
Grundsystem	n_φ	0,00	0,00	0,00	0,00	0,00	0,00	0,00
	n_ϑ	0,00	0,00	0,00	0,00	0,00	0,00	0,00
	m_φ	-29,30	-29,30	-29,30	-29,30	-29,30	-29,30	-29,30
	m_ϑ	-29,30	-29,30	-29,30	-29,30	-29,30	-29,30	-29,30
	q	0,00	0,00	0,00	0,00	0,00	0,00	0,00
Inf. M_T	n_φ	0,00	-8,98	-3,57	-0,20	0,40	$x \cdot \lambda_o > 4$	
	n_ϑ	397,75	-40,85	-60,94	-17,50	0,53		
	m_φ	29,30	14,89	1,96	-1,24	-0,76		
	m_ϑ	8,00	3,40	0,27	-0,35	-0,18		
	q	0,00	-15,55	-6,18	-0,35	0,70		
Gesamt	n_φ	0,00	-8,98	-3,57	-0,20	0,40	0,00	0,00
	n_ϑ	397,75	-40,85	-60,94	-17,50	0,53	0,00	0,00
	m_φ	0,00	-14,40	-27,34	-30,54	-30,05	-29,30	-29,30
	m_ϑ	-21,30	-25,89	-29,03	-29,65	-29,47	-29,30	-29,30
	q	0,00	-15,55	-6,18	-0,35	0,70	0,00	0,00

Graphische Darstellung der Schnittgrößen

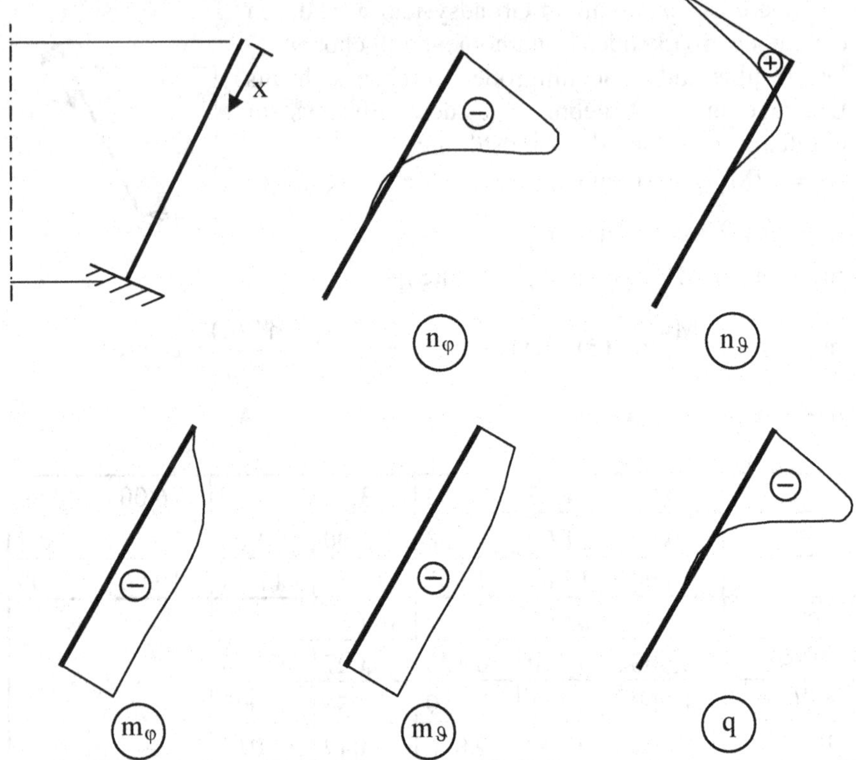

3.2.6.2 Kegel mit Wasserfüllung und unterschiedlichen Lagerungen

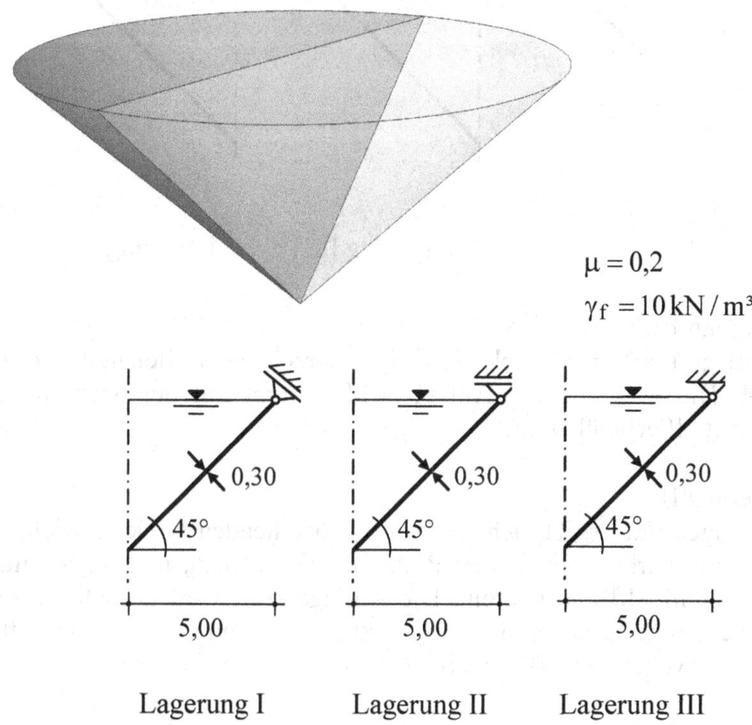

Bild 3.2-12 Berechnungsbeispiel

Gesucht: Meridiankräfte am Auflager infolge Wasserfüllung

Grundsystem und Festwerte

$$r_o = H = 5{,}00\,\text{m}$$

$$\alpha = 45°$$

$$\lambda = \sqrt{\frac{\tan\alpha}{h\,s_o}\sqrt{3(1-\mu^2)}} = \sqrt{0{,}8} = 0{,}89$$

$$\lambda s_o = \sqrt{0{,}8}\cdot 5 \cdot \sqrt{2} = 6{,}32 > 4 \rightarrow \text{langer Kegel}$$

$$n_{\varphi 0} = \frac{\gamma_f\, r_o}{6\sin\alpha}(3H - 2r_o\tan\alpha) = \frac{10\cdot 5}{6\sin 45°}(3\cdot 5 - 2\cdot 5\cdot 1) = 58{,}93\,\text{kN/m}$$

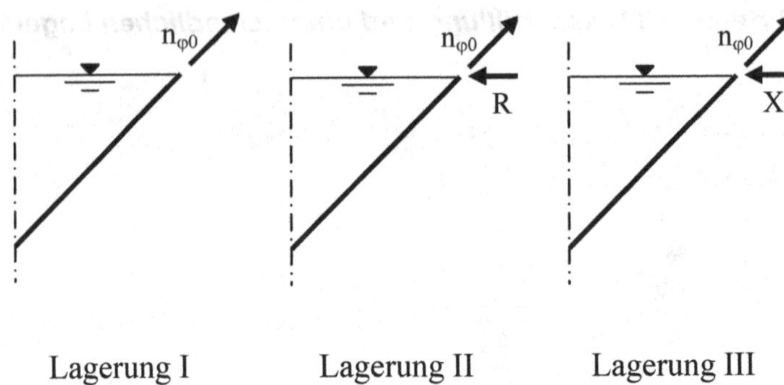

Lagerung I Lagerung II Lagerung III

- Lagerung I:

Die Auflagerkraft ergibt sich aus der entsprechenden Gleichgewichtsbedingung. Die Richtung der Auflagerkraft stimmt mit der Richtung der Schalenmittelfläche überein.

- Lagerung II:

Die Auflagerkraft ergibt sich aus der entsprechenden Gleichgewichtsbedingung und wirkt vertikal. Ihre Richtung stimmt nicht mit der Richtung der Schalenmittelfläche überein. Die Auflagerkraft wird deshalb in zwei Komponenten zerlegt, von denen die erste in Richtung der Schalenmittelfläche, die zweite in radiale Richtung zeigt.

- Lagerung III:

Die Gleichgewichtsbedingungen reichen zur Bestimmung der Auflagerkräfte nicht aus. Es muss eine statisch Unbestimmte als Radialkraft angesetzt werden

Formänderungsgrößen

- Lagerung I

Es brauchen keine Formänderungsgrößen bestimmt zu werden

- Lagerung II

Es brauchen keine Formänderungsgrößen bestimmt zu werden

- Lagerung III

$$E\delta_{11} = \frac{s_o}{h}\cos^2\alpha\left(2\lambda_o s_o - \mu\right) = \frac{5\sqrt{2}}{0{,}3}\cos^2 45°\left(2\cdot\sqrt{0{,}8}\cdot 5\sqrt{2} - 0{,}2\right)$$
$$= 146{,}71$$

$$E\delta_{10} = -\frac{\gamma_f r_0^2}{h \sin\alpha}\left(H - r_o \tan\alpha - \frac{\mu}{6}(3H - 2r_o \tan\alpha)\right)$$

$$= -\frac{10 \cdot 5^2}{0{,}3 \cdot \sin 45°}\left(5 - 5 \cdot 1 - \frac{0{,}2}{6}(3 \cdot 5 - 2 \cdot 5 \cdot 1)\right) = 196{,}42$$

Gleichungssystem und Lösung

- Lagerung I

  Die Meridiankraft am Auflager entspricht $n_{\varphi 0} = 58{,}93\,\text{kN/m}$.

- Lagerung II

  Die resultierende Meridiankraft n_φ ergibt sich aus $n_{\varphi 0}$ und einem Anteil infolge R.

  $R = n_{\varphi 0} \cdot \cos\alpha = 41{,}67\,\text{kN/m}$

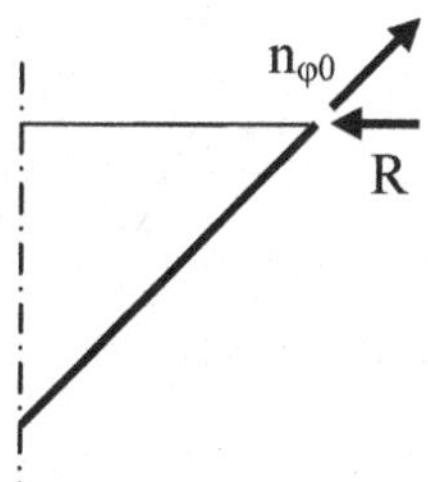

$$n_\varphi = n_{\varphi 0} - R\cos\alpha\,\eta''(\xi) = 58{,}93 - 41{,}67 \cdot \cos 45°\,\eta''(0) = 29{,}46\,\text{kN/m}$$

- Lagerung III

  $E\delta_{11}X_1 = -E\delta_{10}$

  $146{,}71X_1 = -196{,}42$

  $\rightarrow X_1 = -1{,}34\,\text{kN/m}$

  Die resultierende Meridiankraft n_φ ergibt sich aus $n_{\varphi 0}$ und einem Anteil infolge X_1.

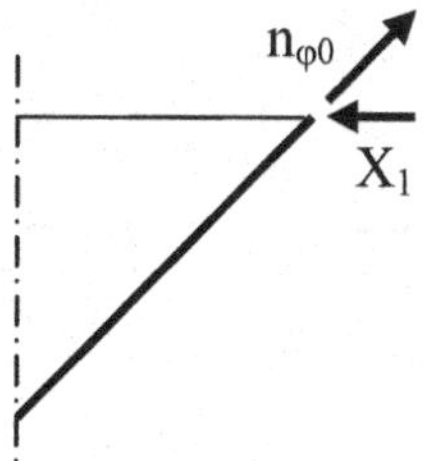

$$n_\varphi = n_{\varphi 0} - X_1 \cdot \cos\alpha \cdot \eta''(\xi) = 58{,}93 + 1{,}34 \cdot \cos 45° \cdot \eta''(0) = 59{,}87\,\text{kN/m}$$

3.3 Zusammengesetzte Tragwerke

In diesem Abschnitt werden 12 aus verschiedenen Tragwerkselementen zusammengesetzte Beispiele gerechnet. Folgende Tabelle enthält die Systemskizzen mit den dazugehörigen Kapitelnummern:

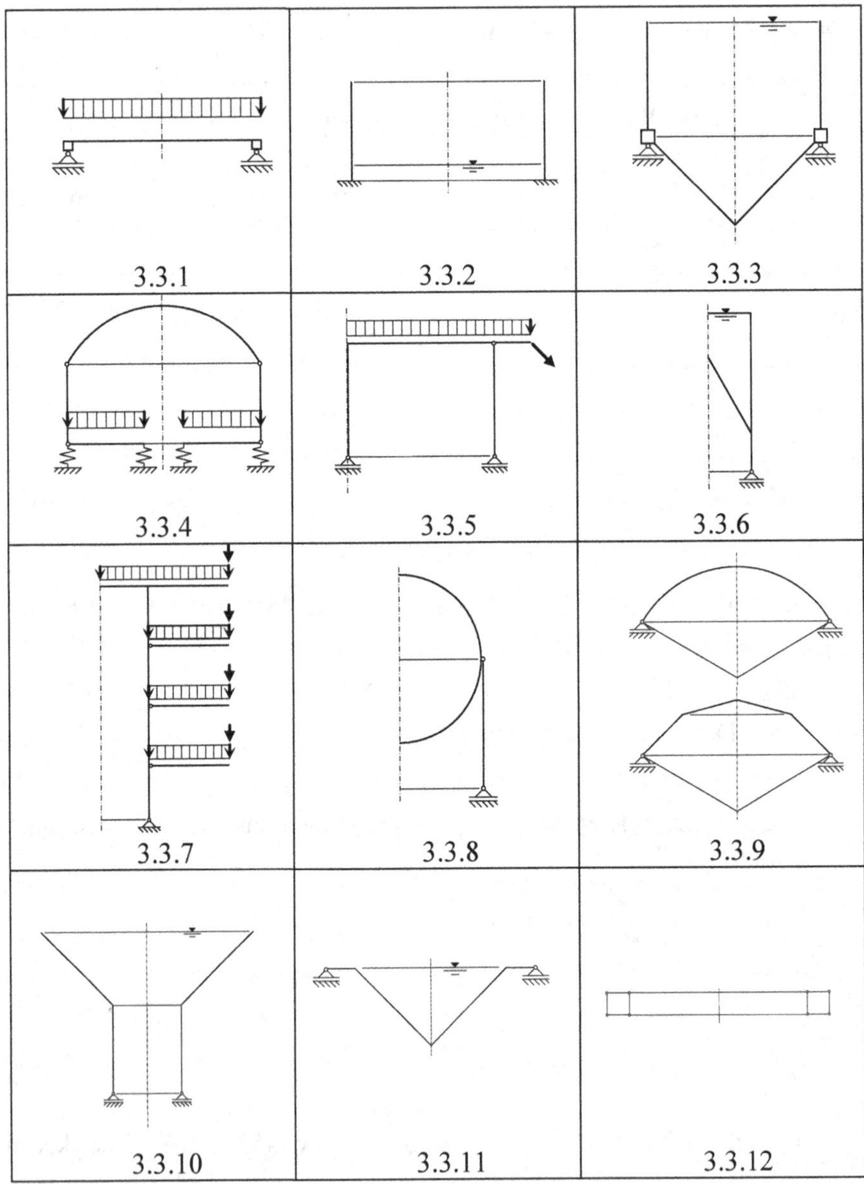

3.3.1 Kreisplatte mit Randlagerung auf Kreisring

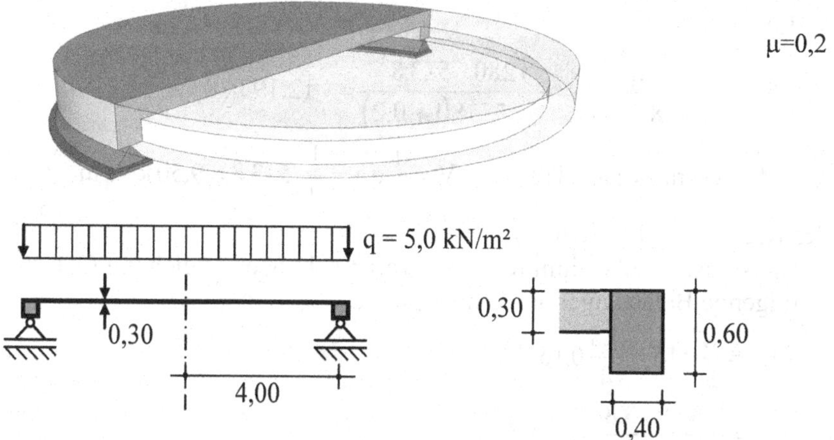

Bild 3.3-1 Berechnungsbeispiel: Kreisplatte mit Randlagerung auf Kreisring

Gesucht: Schnittgrößen des Kreisrings infolge q

Grundsystem und Festwerte

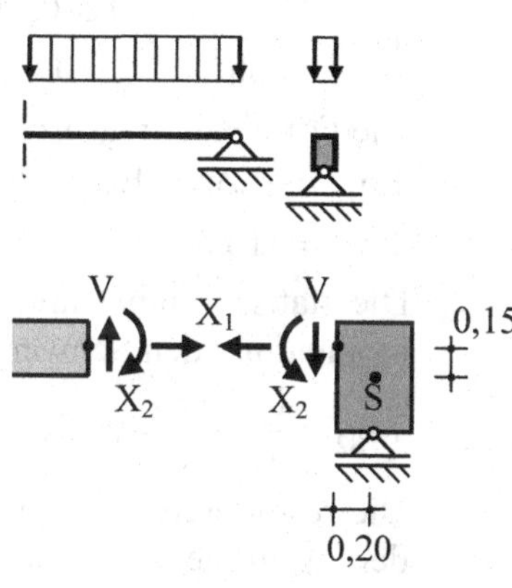

- Kreisplatte/-scheibe

$$a = 4{,}0 - \frac{0{,}4}{2} = 3{,}80\,\text{m}$$

$$h = 0{,}30\,\text{m}$$

$$\frac{E}{K} = \frac{12(1-\mu^2)}{h^3} = \frac{1280}{3}$$

- Kreisring

$$a = 4{,}00\text{ m}$$

$$\bar{a} = 3{,}80\text{ m}$$

$$h = 0{,}60\,\text{m}$$

$$b = 0{,}40\,\text{m}$$

Formänderungsgrößen

- der Kreisplatte/-scheibe (Tafel 1 und Tafel 3)

$$E\delta_{11} = \frac{a}{h}(1-\mu) = \frac{3{,}8}{0{,}3}(1-0{,}2) = 10{,}13$$

$$E\delta_{12} = E\delta_{21} = 0$$

$$E\delta_{22} = \frac{E}{K}\frac{a}{(1+\mu)} = \frac{1280}{3}\frac{3{,}8}{1+0{,}2} = 1.351{,}11$$

$$E\delta_{10} = 0$$

$$E\delta_{20} = -\frac{E}{K}\frac{q\,a^3}{8(1+\mu)} = -\frac{1280}{3}\frac{5\cdot 3{,}8^3}{8(1+0{,}2)} = -12.193{,}78$$

Auflagerkraft (nach Tafel 2): $V = \frac{1}{2} q\,a = \frac{1}{2}\cdot 5\cdot 3{,}8 = 9{,}50\,\text{kN/m}$

- des Kreisrings (Tafel 16)

  Die statisch Unbestimmte $X_1 = 1$ verursacht nach Gleichung (3.1.40) folgende Belastungen im Schwerpunkt:

  $$M_{S1} = \frac{\bar{a}}{a}0{,}15 = \frac{3{,}8}{4}0{,}15 = 0{,}1425$$

  $$R_{S1} = -\frac{\bar{a}}{a} = -\frac{3{,}8}{4} = -0{,}95$$

  Daraus ergeben sich folgende Verformungen des Schwerpunkts:

  $$E\Delta r_S = \frac{R_{S1}a^2}{bh} = -\frac{0{,}95\cdot 4^2}{0{,}4\cdot 0{,}6} = -63{,}33$$

  $$E\varphi = \frac{12 M_{S1} a^2}{bh^3} = \frac{12\cdot 0{,}1425\cdot 4^2}{0{,}4\cdot 0{,}6^3} = 316{,}67$$

  Die Formänderungsgrößen δ_{11} und δ_{21} lauten dann

  $$E\delta_{11} = -E\Delta r_S + E\varphi\cdot 0{,}15 = 63{,}33 + 316{,}67\cdot 0{,}15 = 110{,}83$$

  $$E\delta_{21} = 316{,}67$$

  Die statisch Unbestimmte $X_2 = 1$ verursacht lediglich ein Krempelmoment um den Schwerpunkt:

  $$M_{S2} = \frac{\bar{a}}{a} = \frac{3{,}8}{4} = 0{,}95\,.$$

  Die resultierende Verdrehung des Kreisrings entspricht der Formänderungsgröße

  $$E\delta_{22} = \frac{12 M_{S2} a^2}{bh^3} = \frac{12\cdot 0{,}95\cdot 4^2}{0{,}4\cdot 0{,}6^3} = 2.111{,}11\,.$$

  Die radiale Verschiebung in X_1-Richtung lautet dann

  $$E\delta_{21} = E\delta_{22}\cdot 0{,}15 = 2111{,}11\cdot 0{,}15 = 316{,}67.$$

  Das Grundsystem des Kreisrings wird durch eine innenliegende Vertikallast und die konstante Flächenlast q belastet. Die Wirkungslinie der Flächenlast liegt praktisch genau auf der Wirkungslinie des Auflagers und verursacht daher keine Verformung des Kreisrings. Die innen liegende Streckenlast erzeugt ein Krempelmoment von

$$M_{S0} = V\frac{\bar{a}}{a}e = 9{,}5\frac{3{,}8}{4}0{,}2 = 1{,}81$$

$$E\delta_{20} = \frac{12M_{S0}a^2}{bh^3} = \frac{12\cdot 1{,}81\cdot 4^2}{0{,}4\cdot 0{,}6^3} = 4.011{,}11$$

$$E\delta_{10} = E\delta_{20}\cdot 0{,}15 = 4011{,}11\cdot 0{,}15 = 601{,}67$$

- gesamt

$$E\delta_{11} = 10{,}13 + 110{,}83 = 120{,}97$$

$$E\delta_{12} = E\delta_{21} = 316{,}67$$

$$E\delta_{22} = 1.351{,}11 + 2.111{,}11 = 3.462{,}22$$

$$E\delta_{10} = 601{,}67$$

$$E\delta_{20} = -12.193{,}78 + 4.011{,}11 = -8.182{,}67$$

Gleichungssystem und Lösung

$$\sum_k E\delta_{ik}X_k = -E\delta_{i0}$$

$$\begin{pmatrix} 120{,}97 & 316{,}67 \\ 316{,}67 & 3.462{,}22 \end{pmatrix}\begin{pmatrix} X_1 \\ X_2 \end{pmatrix} = \begin{pmatrix} -601{,}67 \\ 8.182{,}67 \end{pmatrix}$$

$$\begin{pmatrix} X_1 \\ X_2 \end{pmatrix} = \begin{pmatrix} -14{,}67 \\ 3{,}71 \end{pmatrix}$$

Schnittgrößen des Kreisrings (Tafel 16)

$$N = -X_1\cdot\bar{a} = 14{,}67\cdot 3{,}8 = 55{,}76\,\text{kN}$$

$$M_y = V\cdot e\cdot\bar{a} - X_1\cdot\bar{a}\cdot c + X_2\cdot\bar{a}$$

$$= 3{,}8\left(9{,}5\cdot 0{,}2 + 14{,}67\cdot(-0{,}15) + 3{,}71\right) = 12{,}98\,\text{kNm}$$

3.3.2 Zylinder mit kalter Teilfüllung

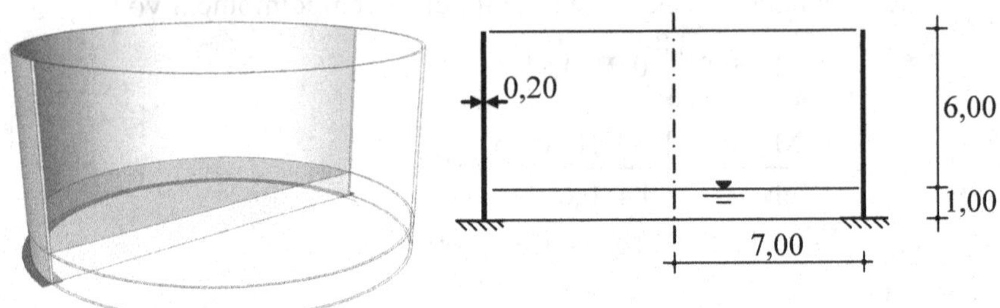

Bild 3.3-2 Berechnungsbeispiel: Zylinder mit kalter Teilfüllung

$\mu = 0{,}2$
$E = 30 \cdot 10^6$ kN/m²
$\alpha_T = 1 \cdot 10^{-5}$ 1/K
Der Wasserbehälter wurde bei der Temperatur T_0 = 20° aufgestellt. Zum Zeitpunkt der Probefüllung mit 8° kaltem Wasser beträgt die Temperatur an der Außenseite 28°.
Gesucht: Schnittgrößen und Normalspannungen an der Einspannstelle infolge Wasserdruck und Temperaturänderung.

Grundsystem und Festwerte

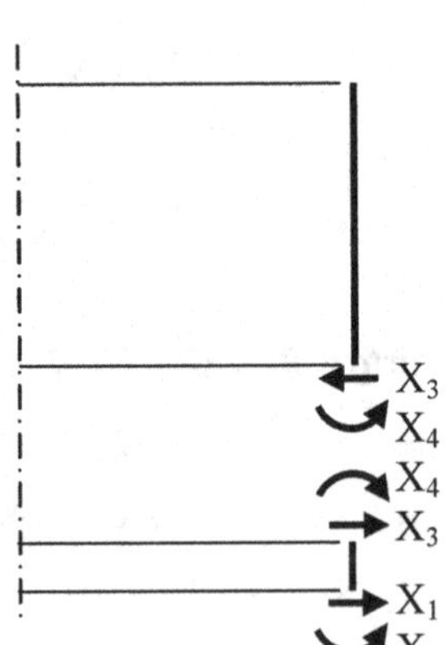

$$a = 7{,}00\,\text{m}$$

$$h = 0{,}20\,\text{m}$$

$$\frac{E}{K} = \frac{12(1-\mu^2)}{h^3} = 1440$$

$$\lambda = \frac{\sqrt[4]{3(1-\mu^2)}}{\sqrt{a\,h}} = 1{,}10$$

- Unterer Zylinder

$$\lambda \ell = 1{,}1 < 4 \rightarrow \text{kurzer Zylinder}$$

$$T_S = (8+28)/2 - 20 = -2°$$

$$\Delta T = 8 - 28 = -20°$$

- Oberer Zylinder

$$\lambda \ell = 6{,}6 > 4 \rightarrow \text{langer Zylinder}$$

$$T_S = \Delta T = 0$$

Formänderungsgrößen

- des unteren Zylinders

$$\left.\begin{array}{l} H_1 = 1{,}843 \\ H_2 = 0{,}890 \\ H_3 = 2{,}605 \\ H_4 = 1{,}203 \\ H_5 = 2{,}660 \\ H_6 = 2{,}115 \end{array}\right\} \text{Nach Tafel 23}$$

$$E\delta_{11} = E\delta_{33} = \frac{E}{2K\lambda^3} \cdot H_1 = 1.440 \frac{1}{2 \cdot 1{,}1^3} 1{,}843 = 996{,}96$$

$$E\delta_{12} = E\delta_{34} = \frac{E}{2K\lambda^2} \cdot H_3 = 1.440 \frac{1}{2 \cdot 1{,}1^2} 2{,}605 = 1.550{,}08$$

$$E\delta_{13} = -\frac{E}{2K\lambda^3} \cdot H_2 = -1.440 \frac{1}{2 \cdot 1{,}1^3} 0{,}890 = -481{,}44$$

$$E\delta_{14} = E\delta_{23} = -\frac{E}{K\lambda^2} \cdot H_4 = -1.440 \frac{1}{1{,}1^2} 1{,}203 = -1431{,}67$$

$$E\delta_{22} = E\delta_{44} = \frac{E}{K\lambda} \cdot H_5 = 1.440 \frac{1}{1{,}1} 2{,}660 = 3.482{,}18$$

$$E\delta_{24} = -\frac{E}{K\lambda} \cdot H_6 = -1.440 \frac{1}{1{,}1} 2{,}115 = -2.768{,}73$$

Wasserdruck

$$E\delta_{10} = \frac{a^2 \ell}{h} \gamma_f = \frac{7^2 \cdot 1}{0{,}2} 10 = 2.450$$

$$E\delta_{20} = \frac{a^2}{h} \gamma_f = \frac{7^2}{0{,}2} 10 = 2.450$$

$$E\delta_{40} = -\frac{a^2}{h} \gamma_f = -\frac{7^2}{0{,}2} 10 = -2.450$$

Konstante Abkühlung

$$E\delta_{10} = E\delta_{30} = aE\,\alpha_T T_S = 7 \cdot 30 \cdot 10^6 \cdot 1 \cdot 10^{-5} (-2) = -4200$$

Temperaturdifferenz entsprechend Gleichung (3.1.41)

$$M_T = K(1+\mu) \frac{\alpha_T \Delta T}{h} = \frac{30 \cdot 10^6}{1440} (1+0{,}2) \frac{1 \cdot 10^{-5}(-20)}{0{,}2}$$

$$= -25 \text{ kNm/m}$$

$$E\delta_{10} = E\delta_{30} = M_T \frac{E}{2K\lambda^2}(H_3 - 2H_4) = -25\frac{1440}{2\cdot 1{,}1^2}(2{,}605 - 2\cdot 1{,}203)$$
$$= -2.960{,}33$$

$$E\delta_{20} = E\delta_{40} = M_T \frac{E}{K\lambda}(H_5 - H_6) = -25\frac{1440}{1{,}1}(2{,}660 - 2{,}115)$$
$$= -17.836{,}36$$

- des oberen Zylinders

$$E\delta_{33} = \frac{E}{2K\lambda^3} = 1.440\frac{1}{2\cdot 1{,}1^3} = 540{,}95$$

$$E\delta_{34} = -\frac{E}{2K\lambda^2} = -1.440\frac{1}{2\cdot 1{,}1^2} = -595{,}04$$

$$E\delta_{44} = \frac{E}{K\lambda} = 1.440\frac{1}{1{,}1} = 1.309{,}09$$

- gesamt

$$E\delta_{11} = 996{,}96$$
$$E\delta_{12} = 1.550{,}08$$
$$E\delta_{13} = E\delta_{31} = -481{,}44$$
$$E\delta_{14} = E\delta_{41} = -1431{,}67$$
$$E\delta_{22} = 3.482{,}18$$
$$E\delta_{23} = E\delta_{32} = -1431{,}67$$
$$E\delta_{24} = E\delta_{42} = -2.768{,}73$$
$$E\delta_{33} = 996{,}96 + 540{,}95 = 1.537{,}91$$
$$E\delta_{34} = E\delta_{43} = 1.550{,}08 - 595{,}04 = 955{,}04$$
$$E\delta_{44} = 3.482{,}18 + 1.309{,}09 = 4791{,}27$$

$$E\delta_{10} = 2.450 - 4.200 - 2.960{,}33 = -4.710{,}33$$
$$E\delta_{20} = 2.450 - 17.836{,}36 = -15{,}386{,}36$$
$$E\delta_{30} = -4.200 - 2.960{,}33 = -7160{,}33$$
$$E\delta_{40} = -2.450 - 17.836{,}36 = -20286{,}36$$

Gleichungssystem und Lösung

$$\sum_k E\delta_{ik} X_k = -E\delta_{i0}$$

$$\begin{pmatrix} 996{,}96 & 1.550{,}08 & -481{,}44 & -1.431{,}67 \\ 1.550{,}08 & 3.482{,}18 & -1431{,}67 & -2.768{,}73 \\ -481{,}44 & -1.431{,}67 & 1.537{,}91 & 955{,}04 \\ -1.431{,}67 & -2.768{,}73 & 955{,}04 & 4.791{,}27 \end{pmatrix} \begin{pmatrix} X_1 \\ X_2 \\ X_3 \\ X_4 \end{pmatrix} = \begin{pmatrix} 4.710{,}33 \\ 15.386{,}36 \\ 7.160{,}33 \\ 20.286{,}36 \end{pmatrix}$$

$$\begin{pmatrix} X_1 \\ X_2 \\ X_3 \\ X_4 \end{pmatrix} = \begin{pmatrix} -7{,}51 \\ 25{,}70 \\ 18{,}00 \\ 13{,}25 \end{pmatrix}$$

Schnittgrößen am Auflager (Tafel 18, Tafel 24 und Tafel 25)

$$n_x = 0$$

$$\begin{aligned} n_\vartheta &= n_{\vartheta,\text{Wasserdruck}} + n_{\vartheta,\text{R unten}} + n_{\vartheta,\text{R oben}} + n_{\vartheta,\text{M unten}} + n_{\vartheta,\text{M oben}} \\ &= \gamma_f \cdot a \cdot 1 + 2 \cdot R_{\text{unten}} \cdot a \cdot \lambda \cdot \alpha_{R1,u} + 2 \cdot R_{\text{oben}} \cdot a \cdot \lambda \cdot \alpha_{R1,o} + \\ &\quad 2 \cdot M_{\text{unten}}\, a\lambda^2 \cdot \alpha_{M1,u} + 2 \cdot M_{\text{oben}}\, a\lambda^2 \cdot \alpha_{M1,o} \\ &= 10 \cdot 7 \cdot 1 + 2 \cdot (-7{,}51) \cdot 7 \cdot 1{,}1 \cdot 1{,}843 + 2 \cdot 18{,}00 \cdot 7 \cdot 1{,}1 \cdot (-0{,}890) + \\ &\quad 2 \cdot (25{,}70 - 25) \cdot 7 \cdot 1{,}1^2 \cdot 2{,}605 + 2 \cdot (13{,}25 - 25) \cdot 7 \cdot 1{,}1^2 \cdot (-2{,}405) \\ &= 70 - 213{,}15 - 246{,}71 + 30{,}89 + 478{,}7 = 119{,}73 \text{ kN/m} \end{aligned}$$

$$\begin{aligned} m_x &= m_{x0,\Delta T} + m_{x,\text{M unten}} \\ &= -M_T + (25{,}7 + M_T) \cdot \alpha_{M2,\text{unten}} \\ &= -M_T + (25{,}7 + M_T) \cdot 1{,}0 = 25{,}7 \text{ kNm/m} \end{aligned}$$

$$\begin{aligned} m_\vartheta &= m_{\vartheta 0,\Delta T} + m_{\vartheta,\text{M unten}} \\ &= -M_T + (25{,}7 + M_T) \cdot \alpha_{M2,\text{unten}} \cdot \mu \\ &= 25 + (25{,}7 - 25) \cdot 1{,}0 \cdot 0{,}2 = 25{,}14 \text{ kNm/m} \end{aligned}$$

$$q = -R_{\text{unten}} = 7{,}51 \text{ kN/m}$$

Aus den Schnittgrößen ergeben sich folgende Normalspannungen:

$$\sigma_{x,\min} = -6\frac{m_x}{h^2} = -6\frac{25{,}7}{0{,}2^2} = -3855 \text{ kN/m}^2$$

$$\sigma_{x,\max} = +6\frac{m_x}{h^2} = +3855 \text{ kN/m}^2$$

$$\sigma_{\vartheta,\min} = \frac{n_\vartheta}{h} - 6\frac{m_\vartheta}{h^2} = \frac{119{,}73}{0{,}2} - 6\frac{25{,}14}{0{,}2^2} = -3172{,}35\,\mathrm{kN/m^2}$$

$$\sigma_{\vartheta,\max} = \frac{n_\vartheta}{h} + 6\frac{m_\vartheta}{h^2} = 4369{,}65\ \mathrm{kN/m^2}$$

3.3.3 Zylindrischer Wasserbehälter mit hängendem, kegelförmigem Boden

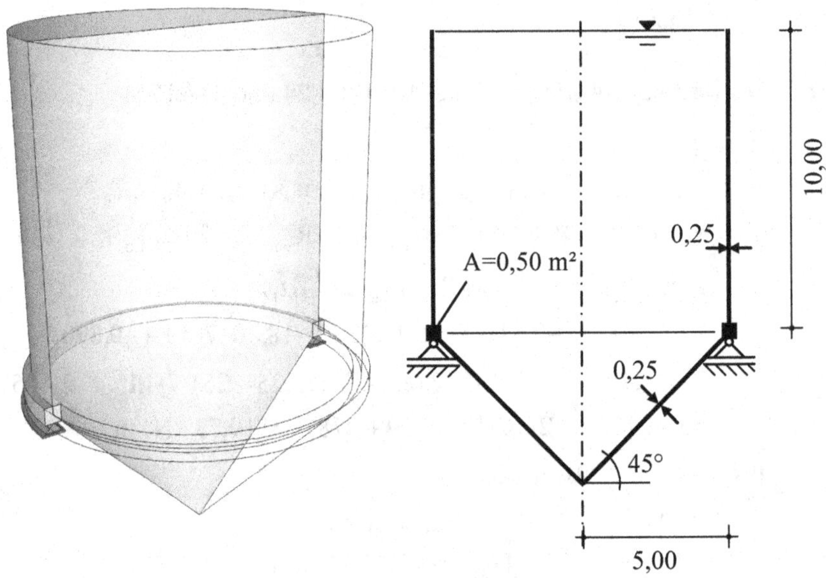

Bild 3.3-3 Berechnungsbeispiel: Zylindrischer Wasserbehälter mit hängendem, kegelförmigem Boden

$\gamma_b = 25\ \mathrm{kN/m^2}$
$\gamma_f = 10\ \mathrm{kN/m^2}$
$\mu = 0{,}2$

Gesucht: Normalkraft im Ringbalken sowie Auflagerkraft infolge Eigengewicht und Wasserfüllung.

Hinweis: Der Ringbalken kann als punktförmig angenommen werden.

Grundsystem und Festwerte

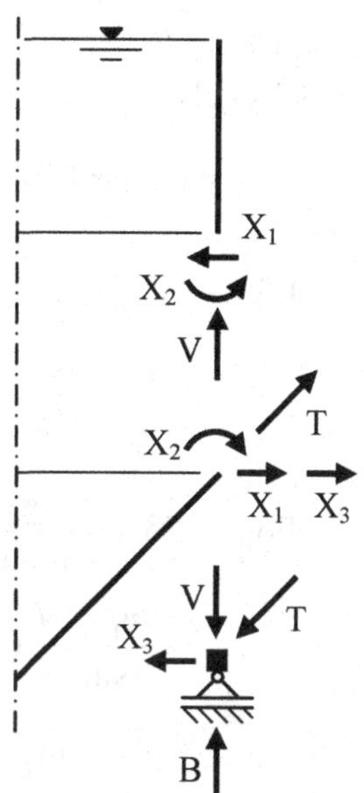

$$h = 0{,}25\,\text{m}$$

$$\frac{E}{K} = \frac{12(1-\mu^2)}{h^3} = 737{,}28$$

- Zylinder

$$a = 5{,}00\,\text{m}$$

$$\ell = 10{,}00\,\text{m}$$

$$\lambda = \frac{\sqrt[4]{3(1-\mu^2)}}{\sqrt{a\,h}} = 1{,}17$$

$$\lambda\ell = 11{,}65 > 4 \rightarrow \text{langer Zylinder}$$

$$V = g\ell = 25 \cdot 0{,}25 \cdot 10 = 62{,}5\,\text{kN/m}$$

- Kegel

$$r_o = 5{,}00\,\text{m}$$

$$\alpha = 45°$$

$$s_o = 7{,}07\,\text{m}$$

$$\lambda_o = \sqrt{\frac{\tan\alpha}{h\,s_o}\sqrt{3(1-\mu^2)}} = 0{,}98$$

$$\lambda_o\,s_o = 6{,}93 > 4 \rightarrow \text{langer Kegel}$$

$$T = \frac{g r_0}{\sin 2\alpha} + \frac{\gamma_f\, r_0}{6\sin\alpha}\left(3H - 2r_0\tan\alpha\right)$$

$$= \frac{25 \cdot 0{,}25 \cdot 5}{\sin 90°} + \frac{10 \cdot 5}{6\sin 45°}\left(3 \cdot 15 - 2 \cdot 5 \cdot \tan 45°\right) = 443{,}73\,\text{kN/m}$$

Formänderungsgrößen

- des Zylinders

$$E\delta_{11} = \frac{E}{2K\lambda^3} = 737{,}28\frac{1}{2 \cdot 1{,}17^3} = 233{,}04$$

$$E\delta_{12} = E\delta_{21} = -\frac{E}{2K\lambda^2} = -737{,}28\frac{1}{2 \cdot 1{,}17^2} = -271{,}53$$

$$E\delta_{22} = \frac{E}{K\lambda} = 737{,}28\frac{1}{1{,}17} = 632{,}76$$

$$E\delta_{10} = -\frac{\mu a \ell}{h}g - \frac{a^2\ell}{h}\gamma_f = -0{,}2 \cdot 5 \cdot 10 \cdot 25 - \frac{5^2 \cdot 10}{0{,}25}10 = -10.250$$

$$E\delta_{20} = \frac{\mu a}{h} g + \frac{a^2}{h} \gamma_f = 0{,}2 \cdot 5 \cdot 25 + \frac{5^2}{0{,}25} 10 = 1.025$$

- des Kegels

$$E\delta_{11} = E\delta_{13} = E\delta_{31} = E\delta_{33} = \frac{E \sin^2 \alpha}{2K\lambda_o^3} = 737{,}28 \frac{\sin^2 45°}{2 \cdot 0{,}98^3} = 195{,}96$$

$$E\delta_{12} = E\delta_{21} = E\delta_{23} = E\delta_{32} = \frac{E \sin \alpha}{2K\lambda_o^2} = 737{,}28 \frac{\sin 45°}{2 \cdot 0{,}98^2} = 271{,}53$$

$$E\delta_{22} = \frac{E}{K\lambda_o} = 737{,}28 \frac{1}{0{,}98} = 752{,}48$$

$$E\delta_{10} = E\delta_{30} = \frac{g r_0^2}{h \sin 2\alpha} \left(2 \cos^2 \alpha - \mu\right) + \frac{\gamma_f r_0^2}{h \sin \alpha} \left(H - r_0 \tan \alpha - \frac{\mu}{6} (3H - 2r_0 \tan \alpha) \right)$$

$$= \frac{25 \cdot 5^2}{\sin 90°} \left(2 \cos^2 45° - 0{,}2\right) + \frac{10 \cdot 5^2}{0{,}25 \cdot \sin 45°} \left(15 - 5 \tan 45° - \frac{0{,}2}{6} (3 \cdot 15 - 2 \cdot 5 \cdot \tan 45°) \right)$$

$$= 500 + 12.492{,}22 = 12.992{,}22$$

$$E\delta_{20} = \frac{g r_0}{2h \sin^2 \alpha} \left(2(2 + \mu) \cos^2 \alpha - 1 - 2\mu\right) + \frac{\gamma_f r_0 \cos \alpha}{h \sin^2 \alpha} \left(\frac{3}{2} H - \frac{8}{3} r \tan \alpha \right)$$

$$= \frac{25 \cdot 5}{2 \sin^2 45°} \left(2(2 + 0{,}2) \cos^2 45° - 1 - 2 \cdot 0{,}2\right) + \frac{10 \cdot 5 \cdot \cos 45°}{0{,}25 \cdot \sin^2 45°} \left(\frac{3}{2} 15 - \frac{8}{3} 5 \tan 45° \right)$$

$$= 100 + 2.592{,}72 = 2.692{,}72$$

- des Kreisrings

$$E\delta_{33} = \frac{a^2}{A} = \frac{5^2}{0{,}5} = 50$$

$$E\delta_{30} = E\delta_{33,\text{Kreisring}} \cdot T \cdot \cos \alpha = 50 \cdot 443{,}73 \cdot \cos 45° = 15.688{,}19$$

- gesamt

$$E\delta_{11} = 233{,}04 + 195{,}96 = 429{,}00$$

$$E\delta_{12} = E\delta_{21} = -271{,}53 + 271{,}53 = 0$$
$$E\delta_{13} = E\delta_{31} = 195{,}96$$
$$E\delta_{22} = 632{,}76 + 752{,}48 = 1.385{,}24$$
$$E\delta_{23} = E\delta_{32} = 271{,}53$$
$$E\delta_{33} = 195{,}96 + 50 = 245{,}96$$

$$E\delta_{10} = -10.250 + 12.992{,}22 = 2.742{,}22$$
$$E\delta_{20} = 1.025 + 2.692{,}72 = 3.717{,}72$$
$$E\delta_{30} = 12.992{,}22 + 15.688{,}19 = 28.680{,}41$$

Gleichungssystem und Lösung

$$\sum_k E\delta_{ik} X_k = -E\delta_{i0}$$

$$\begin{pmatrix} 429{,}00 & 0 & 195{,}96 \\ 0 & 1.385{,}24 & 271{,}53 \\ 195{,}96 & 271{,}53 & 245{,}96 \end{pmatrix} \begin{pmatrix} X_1 \\ X_2 \\ X_3 \end{pmatrix} = \begin{pmatrix} -2.742{,}22 \\ -3.717{,}72 \\ -28.680{,}41 \end{pmatrix}$$

$$\rightarrow \begin{pmatrix} X_1 \\ X_2 \\ X_3 \end{pmatrix} = \begin{pmatrix} 111{,}75 \\ 48{,}02 \\ -258{,}65 \end{pmatrix}$$

Die Normalkraft im Ring beträgt

$$N = (-T \cdot \cos\alpha - X_3)a = (-443{,}73 \cdot \cos 45° + 258{,}65) \cdot 5 = -275{,}56\text{kN}$$

Die Auflagerkraft ergibt sich aus den Lasten V und T sowie aus dem Eigengewicht des Kreisrings:

$$B = T \cdot \sin\alpha + V + G_{Balken} = 443{,}73 \cdot \sin 45° + 62{,}5 + 0{,}5 \cdot 25 = 388{,}76\text{kN/m}$$

3.3.4 Zylindrisches Bauwerk mit Kuppeldach und federnd gelagerter Bodenplatte

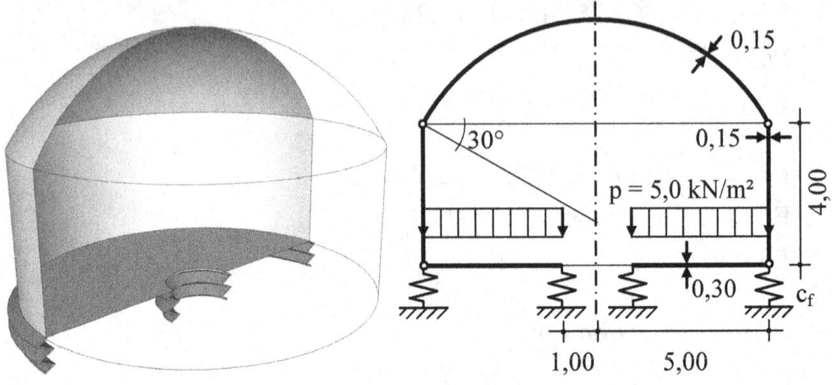

Bild 3.3-4 Berechnungsbeispiel: Zylindrisches Bauwerk mit Kuppeldach und federnd gelagerter Bodenplatte

$\gamma = 25$ kN/m²
$c_f = 0{,}001$ E
$\mu = 0{,}2$

Gesucht: E-fache Verschiebungen der Ober- und Unterkante des Zylinders getrennt für die Lastfälle Eigengewicht und p

Grundsystem und Festwerte

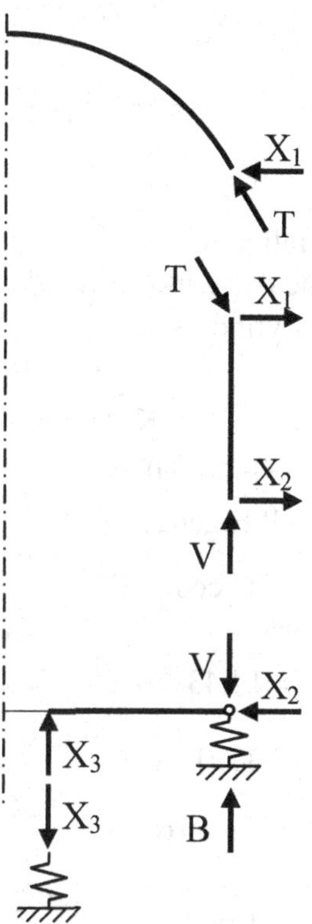

- Kugelschale

$$a = \frac{5}{\cos 30°} = 5{,}77\,\text{m}$$

$$h = 0{,}15\text{m}$$

$$\kappa = \sqrt{\frac{a}{h}\sqrt{3(1-\mu^2)}} = 8{,}08$$

$$\frac{E}{K} = \frac{10240}{3}$$

- Zylinder

$$a = 5{,}0\text{m}$$

$$h = 0{,}15\text{m}$$

$$\frac{E}{K} = \frac{12(1-\mu^2)}{h^3} = \frac{10240}{3}$$

$$\lambda = \frac{\sqrt[4]{3(1-\mu^2)}}{\sqrt{a\,h}} = 1{,}50$$

$$\lambda\ell = 6{,}0 > 4 \rightarrow \text{langer Zylinder}$$

- Kreisringplatte/-scheibe

$$a = 5{,}0\,\text{m}$$

$$b = 1{,}0\,\text{m}$$

$$h = 0{,}3\,\text{m}$$

$$\beta = \frac{b}{a} = 0{,}2$$

$$\frac{E}{K} = \frac{1280}{3}$$

Formänderungsgrößen

- der Kugelschale

$$E\delta_{11} = \frac{2a\kappa \sin^2\alpha}{h} = \frac{2 \cdot 5{,}77 \cdot 8{,}08 \cdot \sin^2 60°}{0{,}15} = 466{,}62$$

Lastfall Eigengewicht:

$$T = -n_{\varphi 0} = \frac{ga}{1+\cos\varphi} = \frac{25 \cdot 0{,}15 \cdot 5{,}77}{1+\cos 60°} = 14{,}43\,\text{kN/m}$$

$$E\delta_{10} = -\frac{ga^2}{h}\sin\varphi\left(\frac{1+\mu}{1+\cos\varphi} - \cos\varphi\right)$$

$$= -25 \cdot 5{,}77^2 \sin 60°\left(\frac{1+0{,}2}{1+\cos 60°} - \cos 60°\right)$$

$$= -216{,}51$$

Lastfall p:
Keine Auswirkung auf die Kugelschale.

- des Zylinders

$$E\delta_{11} = E\delta_{22} = \frac{E}{K}\frac{1}{2\lambda^3} = \frac{10240}{3}\frac{1}{2 \cdot 1{,}50^3} = 501{,}41$$

$$E\delta_{12} = E\delta_{21} = 0$$

Lastfall Eigengewicht:

$$E\delta_{10} = T \cdot \cos\alpha \cdot E\delta_{11} + T \cdot \sin\alpha \cdot \frac{\mu a}{h}$$

$$= 14{,}43 \cdot \cos 60° \cdot 501{,}41 + 14{,}43 \cdot \sin 60° \cdot \frac{0{,}2 \cdot 5}{0{,}15}$$

$$= 3701{,}98$$

$$E\delta_{20} = T \cdot \sin\alpha \cdot \frac{\mu a}{h} + \frac{\mu a \ell}{h} g$$

$$= 14{,}43 \cdot \sin 60° \cdot \frac{0{,}2 \cdot 5}{0{,}15} + 0{,}2 \cdot 5 \cdot 4 \cdot 25$$

$$= 183{,}33$$

$$V = T \cdot \sin\alpha + \ell \cdot g = 14{,}43 \cdot \sin 60° + 4 \cdot 25 \cdot 0{,}15 = 27{,}5\,\text{kN/m}$$

Lastfall p:
Keine Auswirkung auf die Zylinderschale.

- der Kreisringplatte/-scheibe

$$E\delta_{22} = \frac{1}{h}\frac{a^3}{a^2 - b^2}\left[(1-\mu) + \frac{b^2}{a^2}(1+\mu)\right]$$

$$= \frac{1}{0{,}3}\frac{5^3}{5^2 - 1^2}\left[(1-0{,}2) + \frac{1^2}{5^2}(1+0{,}2)\right]$$

$$= 14{,}72$$

$$E\delta_{23} = E\delta_{32} = 0$$

$$E\delta_{33} = \frac{E}{K}0{,}08019\,a^3 + \frac{E}{cf} + \frac{b}{a}\frac{E}{cf}$$
$$= \frac{1280}{3}0{,}08019 \cdot 5^3 + \frac{1}{0{,}001} + \frac{1}{5}\frac{1}{0{,}001}$$
$$= 5.476{,}8$$

Lastfall Eigengewicht:

$$B = V + \frac{a^2 - b^2}{2a}g = 27{,}5 + \frac{5^2 - 1^2}{2 \cdot 5}0{,}3 \cdot 25 = 45{,}5\,\text{kN/m}$$

$$E\delta_{30} = -E\frac{B}{c_f} - E \cdot 0{,}07568 \cdot \frac{g \cdot a^4}{K}$$
$$= -\frac{45{,}5}{0{,}001} - \frac{1280}{3}0{,}07568 \cdot 25 \cdot 0{,}3 \cdot 5^4$$
$$= -196.860$$

Lastfall p:

$$B = \frac{5^2 - 1^2}{2 \cdot 5}5 = 12\,\text{kN/m}$$

$$E\delta_{30} = -E \cdot 0{,}07568 \cdot \frac{p \cdot a^4}{K} - E\frac{B}{c_f}$$
$$= -\frac{1280}{3}0{,}07568 \cdot 5 \cdot 5^4 - \frac{12}{0{,}001}$$
$$= -112.906{,}7$$

- gesamt

$$E\delta_{11} = 466{,}62 + 501{,}41 = 968{,}03$$
$$E\delta_{22} = 501{,}41 + 14{,}72 = 516{,}14$$
$$E\delta_{33} = 5.476{,}8$$
$$E\delta_{12} = E\delta_{21} = E\delta_{13} = E\delta_{31} = E\delta_{23} = E\delta_{32} = 0$$

Lastfall Eigengewicht:

$$E\delta_{10} = -216{,}51 + 3.701{,}98 = 3.485{,}47$$
$$E\delta_{20} = 183{,}33$$
$$E\delta_{30} = -196.860$$

Lastfall p:

$$E\delta_{10} = 0$$
$$E\delta_{20} = 0$$
$$E\delta_{30} = -112.906{,}7$$

Gleichungssystem und Lösung

Das Gleichungssystem ist entkoppelt. Daher gilt:

$$X_i = -\frac{\delta_{i0}}{\delta_{ii}}$$

- Lastfall Eigengewicht:

$$X_1 = -\frac{3485{,}47}{968{,}03} = -3{,}60\,\text{kN/m}$$

$$X_2 = -\frac{183{,}33}{516{,}14} = -0{,}36\,\text{kN/m}$$

$$X_3 = \frac{196.860}{5.476{,}8} = 35{,}94\,\text{kN/m}$$

- Lastfall p:

$$X_1 = 0$$

$$X_2 = 0$$

$$X_3 = \frac{112.906{,}7}{5.476{,}8} = 20{,}62\ \text{kN/m}$$

Verschiebung der Zylinderunterkante

Die Verschiebung der Unterkante ergibt sich in vertikaler Richtung aus der Auflagerkraft der Feder und ist in radialer Richtung gleich der Stauchung der Kreisringscheibe.

- Lastfall Eigengewicht
  Belastung der Feder:

$$F = B - X_3\frac{b}{a} = 45{,}5 - 35{,}94\frac{1}{5} = 38{,}31\ \text{kN/m}$$

$$Ew = E\frac{F}{c_f} = 38.311{,}13\ \text{kN/m}$$

$$E\Delta r = -E\delta_{22,\text{Kreisringscheibe}}\cdot X_2 = -14{,}72\cdot(-0{,}36) = 5{,}23\ \text{kN/m}$$

- Lastfall p
  Belastung der Feder:

$$F = \frac{(a^2 - b^2)}{2a}p - X_3\frac{b}{a} = 12 - 20{,}62\frac{1}{5} = 7{,}877\ \text{kN/m}$$

$$Ew = E\frac{F}{c_f} = 7.876{,}91\ \text{kN/m}$$

$$E\Delta r = 0$$

Verschiebung der Zylinderoberkante

Die vertikale Verschiebung der Zylinderoberkante ergibt sich aus der Verschiebung w_0 der Unterkante plus der Stauchung des Zylinders. Die Stauchung des Zylinders setzt sich aus den Anteilen der vertikalen und der radialen Belastung zusammen:

$$Ew = Ew_0 + V_0 \frac{\ell}{h} + \frac{1}{2}\frac{g\ell^2}{h} + (R_{oben} + R_{unten})\frac{\mu a}{h}$$

Die radiale Verschiebung beträgt

$$E\Delta r = -E\delta_{10,Kugel} - E\delta_{11,Kugel} X_1 .$$

- Lastfall Eigengewicht

$$Ew = 38.311{,}13 + \frac{4T\sin 60°}{0{,}15} + \frac{25 \cdot 4^2}{2} + (-3{,}60 - 0{,}36)\frac{0{,}2 \cdot 5}{0{,}15}$$

$$= 38.818{,}09 \text{ kN/m}$$

$$E\Delta r = 216{,}51 - 466{,}62(-3{,}60) = 1896{,}60 \text{ kN/m}.$$

- Lastfall p

$$Ew = Ew_0 = 7.876{,}91 \text{ kN/m}$$

$$E\Delta r = 0$$

3.3.5 Zylindrisches Bauwerk mit Deckplatte und Mittelstütze

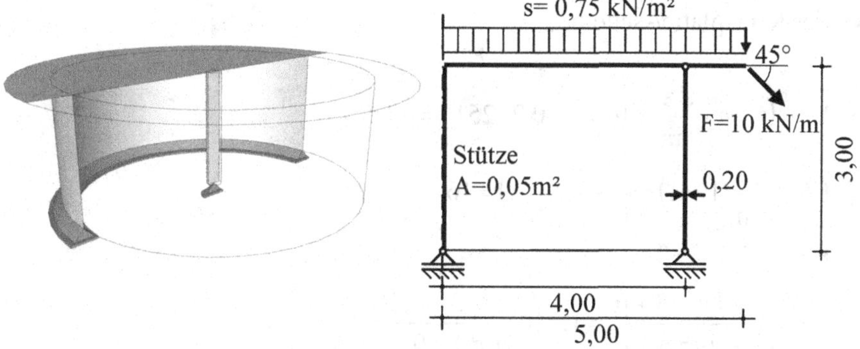

Bild 3.3-5 Berechnungsbeispiel: Zylindrisches Bauwerk mit Deckplatte und Mittelstütze

$\gamma = 25$ kN/m²

$\mu=0{,}2$

Gesucht: Schnittgrößen der Kreisplatte/-scheibe infolge Eigengewicht, Schnee und Linienlast F

Grundsystem und Festwerte

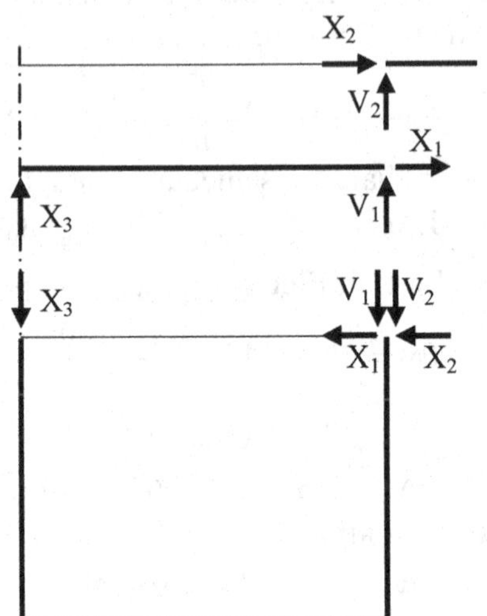

$$h = 0{,}20\,\text{m}$$

$$\frac{E}{K} = \frac{12(1-\mu^2)}{h^3} = 1.440$$

- Zylinder
  $$a = 4{,}00\,\text{m}$$
  $$\lambda = \frac{\sqrt[4]{3(1-\mu^2)}}{\sqrt{a\,h}} = 1{,}46$$
  $$\lambda\ell = 4{,}37 > 4 \rightarrow \text{langer Zylinder}$$
- Kreisplatte/-scheibe
  $$a = 4{,}00\,\text{m}$$
- Kreisringplatte/-scheibe
  $$a = 5{,}00\,\text{m}$$
  $$b = 4{,}00\,\text{m}$$
  $$\beta = b/a = 0{,}8$$

Formänderungsgrößen

- der Kreisplatte/-scheibe

$$V_1 = (s+g)\frac{a^2\pi}{2a\pi} = (0{,}75 + 0{,}2\cdot 25)\frac{4}{2} = 11{,}5$$

$$E\delta_{11} = \frac{a}{h}(1-\mu) = \frac{4}{0{,}2}(1-0{,}2) = 16$$

$$E\delta_{13} = E\delta_{31} = 0$$

$$E\delta_{33} = \frac{E}{K}\frac{a^2}{16\pi}\frac{3+\mu}{1+\mu} = 1.440\frac{4^2}{16\pi}\frac{3+0{,}2}{1+0{,}2} = 1.222{,}31$$

$$E\delta_{10} = 0$$

$$E\delta_{30} = -\frac{E}{K}\frac{(s+g)a^4}{64}\frac{5+\mu}{1+\mu}$$

$$= -1.440\frac{(0{,}75+0{,}2\cdot 25)4^4}{64}\frac{5+0{,}2}{1+0{,}2} = -143.520$$

- der Kreisringplatte/-scheibe

$$F_V = F \cdot \sin 45° = 7{,}07\,\text{kN/m}$$
$$F_R = F \cdot \cos 45° = 7{,}07\,\text{kN/m}$$
$$V_2 = (s+g)\frac{(a^2-b^2)\pi}{2b\pi} + F_V\frac{a}{b}$$
$$= (0{,}75 + 0{,}2 \cdot 25)\frac{(5^2-4^2)}{2 \cdot 4} + 7{,}07\frac{5}{4} = 15{,}31\,\text{kN/m}$$
$$E\delta_{22} = \frac{1}{h}\frac{b^3}{a^2-b^2}\left[(1-\mu) + \frac{a^2}{b^2}(1+\mu)\right]$$
$$= \frac{1}{0{,}2}\frac{4^3}{5^2-4^2}\left[(1-0{,}2) + \frac{5^2}{4^2}(1+0{,}2)\right]$$
$$= 95{,}11$$
$$E\delta_{20} = \frac{2F_R}{h}\frac{a^2 b}{a^2-b^2} = -\frac{2 \cdot 7{,}07}{0{,}2}\frac{5^2 4}{5^2-4^2} = 785{,}67$$

- des Zylinders

$$E\delta_{11} = E\delta_{22} = E\delta_{12} = E\delta_{21} = \frac{E}{2K\lambda^3} = 1.440\frac{1}{2 \cdot 1{,}46^3} = 233{,}04$$

Obwohl die Kraft X_3 nicht direkt am Zylinder angreift, erzeugt sie in ihm eine Längskraft. Die radiale Auslenkung (nach innen positiv) infolge X_3=1 beträgt

$$E\delta_{13} = E\delta_{23} = \frac{1}{2\pi a}\frac{\mu a}{h} = \frac{1}{2\pi \cdot 4}\frac{0{,}2 \cdot 4}{0{,}2} = 0{,}16\,.$$

Für X_1=1 bzw. X_2=1 verlängert sich der Zylinder um

$$E\delta_{31} = E\delta_{32} = \frac{\mu a}{h} = \frac{0{,}2 \cdot 4}{0{,}2} = 4\,.$$

$$E\delta_{33} = \frac{1}{2\pi a}\frac{\ell}{h} = \frac{1}{2\pi \cdot 4}\frac{3}{0{,}2} = 0{,}60$$

$$E\delta_{10} = E\delta_{20} = -(V_1 + V_2)\frac{\mu a}{h} = -(11{,}5 + 15{,}31)\frac{0{,}2 \cdot 4}{0{,}2} = -107{,}23$$

$$E\delta_{30} = -(V_1 + V_2)\frac{\ell}{h} - \frac{1}{2}g\frac{\ell^2}{h} = -(11{,}5 + 15{,}31)\frac{3}{0{,}2} - \frac{1}{2}25 \cdot 3^2$$
$$= -402{,}12 - 112{,}5 = -514{,}61$$

- der Stütze

$$E\delta_{33} = \frac{\ell}{A} = \frac{3}{0{,}05} = 60$$

$$E\delta_{30} = \frac{\gamma\ell^2}{2} = \frac{25 \cdot 3^2}{2} = 112{,}5$$

- gesamt

$$E\delta_{11} = 16 + 233{,}04 = 249{,}04$$
$$E\delta_{12} = E\delta_{21} = 233{,}04$$
$$E\delta_{13} = 0{,}16$$
$$E\delta_{22} = 95{,}11 + 233{,}04 = 328{,}15$$
$$E\delta_{23} = 0{,}16$$
$$E\delta_{31} = 4$$
$$E\delta_{32} = 4$$
$$E\delta_{33} = 1.222{,}31 + 0{,}60 + 60 = 1.282{,}91$$
$$E\delta_{10} = -107{,}23$$
$$E\delta_{20} = 785{,}67 - 107{,}23 = 678{,}44$$
$$E\delta_{30} = -143.520 - 514{,}61 + 112{,}5 = -143.922{,}11$$

Gleichungssystem und Lösung

$$\sum_k E\delta_{ik} X_k = -E\delta_{i0}$$

$$\begin{pmatrix} 249{,}04 & 233{,}04 & 0{,}16 \\ 233{,}04 & 328{,}15 & 0{,}16 \\ 4 & 4 & 1.282{,}91 \end{pmatrix} \begin{pmatrix} X_1 \\ X_2 \\ X_3 \end{pmatrix} = \begin{pmatrix} 107{,}23 \\ -678{,}44 \\ 143.922{,}11 \end{pmatrix}$$

$$\begin{pmatrix} X_1 \\ X_2 \\ X_3 \end{pmatrix} = \begin{pmatrix} 6{,}99 \\ -7{,}08 \\ 112{,}18 \end{pmatrix}$$

Schnittgrößen der Kreisplatte/-scheibe

- resultierende Belastung

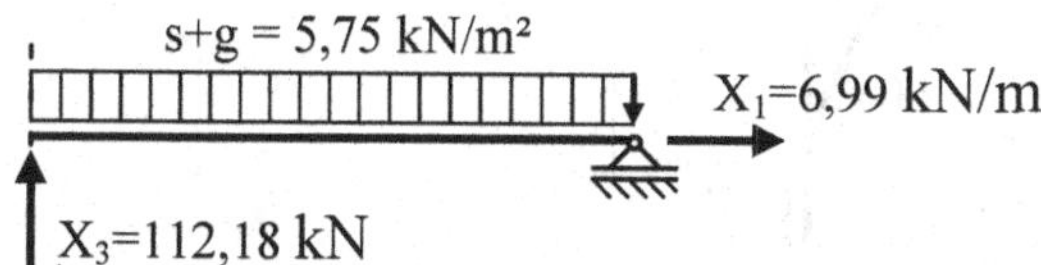

- Schnittgrößen

$$m_r = \frac{(s+g)a^2}{16}(3+\mu)(1-\frac{r^2}{a^2}) + \frac{X_3}{4\pi}(1+\mu)\ln\frac{r}{a}$$

$$= 3{,}55 - 1{,}15 \cdot r^2 + 10{,}71 \cdot \ln r$$

$$m_\varphi = \frac{(s+g)a^2}{16}\left[2(1-\mu) + (1+3\mu)(1-\frac{r^2}{a^2})\right] - \frac{X_3}{4\pi}\left[(1-\mu) - (1+\mu)\ln\frac{r}{a}\right]$$

$$= -3{,}59 - 0{,}58 \cdot r^2 + 10{,}71 \cdot \ln r$$

$$q_r = -\frac{1}{2}(s+g)r + \frac{X_3}{2\pi r}$$

$$= -2{,}88 \cdot r + \frac{17{,}86}{r}$$

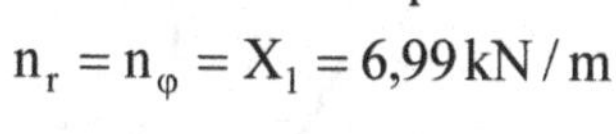

$$n_r = n_\varphi = X_1 = 6{,}99\,\mathrm{kN/m}$$

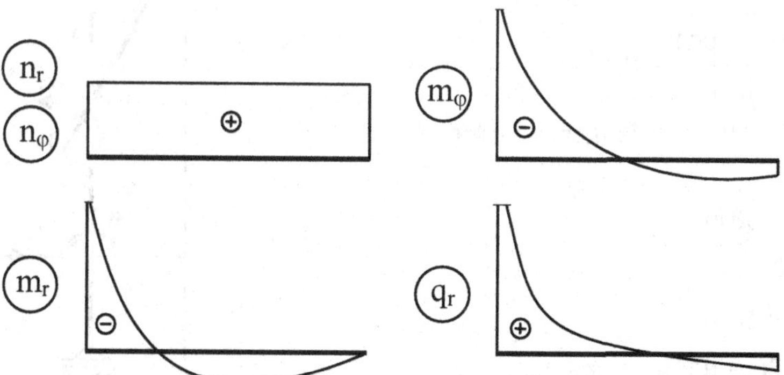

3.3.6 Zylindrischer Wasserbehälter mit stehendem, kegelförmigem Boden

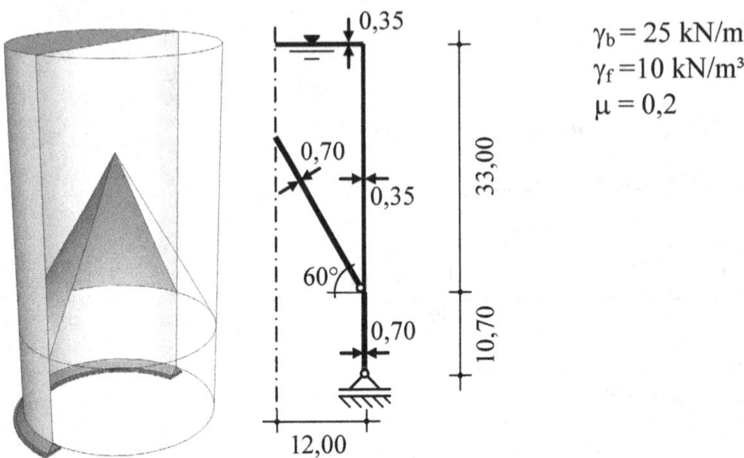

Bild 3.3-6 Berechnungsbeispiel: Zylindrischer Wasserbehälter mit stehendem, kegelförmigem Boden

Gesucht: Normalkräfte an der Kegelunterkante infolge Eigengewicht und Wasserfüllung

Grundsystem und Festwerte

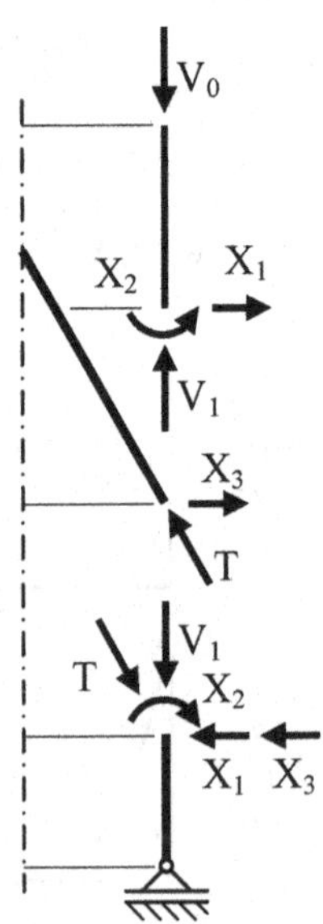

- Zylinder oben

  $a = 12{,}00\,m$

  $h = 0{,}35\,m$

  $$\frac{E}{K} = \frac{12(1-\mu^2)}{h^3} = 268{,}69$$

  $$\lambda = \frac{\sqrt[4]{3(1-\mu^2)}}{\sqrt{a\,h}} = 0{,}64$$

  $\lambda\ell = 20{,}98 > 4 \rightarrow \text{langer Zylinder}$

- Kegel

  $r_u = 12{,}00\,m$

  $\alpha = 60°$

  $h = 0{,}70\,m$

  $$\frac{E}{K} = \frac{12(1-\mu^2)}{h^3} = 33{,}59$$

$$s_u = 24{,}00\,\mathrm{m}$$

$$\lambda_u = \sqrt{\frac{\tan\alpha}{h\,s_u}\sqrt{3(1-\mu^2)}} = 0{,}42$$

$$\lambda_u\,s_u = 10{,}04 > 4 \rightarrow \text{langer Kegel}$$

$$H = 33 - 12\tan\alpha = 12{,}22\,\mathrm{m}$$

- Zylinder unten

$$a = 12{,}00\,\mathrm{m}$$

$$h = 0{,}70\,\mathrm{m}$$

$$\frac{E}{K} = \frac{12(1-\mu^2)}{h^3} = 33{,}59$$

$$\lambda = \frac{\sqrt[4]{3(1-\mu^2)}}{\sqrt{a\,h}} = 0{,}45$$

$$\lambda\ell = 4{,}81 > 4 \rightarrow \text{langer Zylinder}$$

Formänderungsgrößen

- des oberen Zylinders

$$V_0 = \frac{\gamma_b \cdot h \cdot a}{2} = 52{,}5\,\mathrm{kN/m}$$

$$V_1 = V_0 + \ell \cdot \gamma_b \cdot h = 341{,}25\,\mathrm{kN/m}$$

$$E\delta_{11} = \frac{E}{2K\lambda^3} = 268{,}69\frac{1}{2\cdot 0{,}64^3} = 523{,}06$$

$$E\delta_{12} = E\delta_{21} = \frac{E}{2K\lambda^2} = 268{,}69\frac{1}{2\cdot 0{,}64^2} = 332{,}48$$

$$E\delta_{22} = \frac{E}{K\lambda} = 268{,}69\frac{1}{0{,}64} = 422{,}69$$

$$E\delta_{10} = \frac{a^2\ell}{h}\gamma_f + \frac{\mu a}{h}V_0 + \mu a\ell\gamma_b = 138.111{,}43$$

$$E\delta_{20} = \frac{a^2}{h}\gamma_f + \mu\,a\,\gamma_b = 4.174{,}29$$

- des Kegels

$$T=\frac{\gamma_b h r_u}{\sin 2\alpha}+\frac{\gamma_f r_u}{6\sin\alpha}(3H+2r_u\tan\alpha)$$
$$=\frac{25\cdot 0{,}7\cdot 12}{\sin 120°}+\frac{10\cdot 12}{6\sin 60°}(3\cdot 12{,}22+2\cdot 12\cdot\tan 60°)$$
$$=2.048{,}79$$

$$E\delta_{33}=\frac{E\sin^2\alpha}{2K\lambda_u^3}=33{,}59\frac{\sin^2 60°}{2\cdot 0{,}42^3}=172{,}09$$

$$E\delta_{30}=-\frac{\gamma_f r_u^2}{h\sin\alpha}\left[H+r_u\tan\alpha-\frac{\mu}{6}(3H+2r_u\tan\alpha)\right]-\frac{\gamma_b r_u^2}{\sin 2\alpha}(2\cos^2\alpha-\mu)$$
$$=-\frac{10\cdot 12^2}{0{,}7\sin 60°}\left[12{,}22+12\tan 60°-\frac{0{,}2}{6}(3\cdot 12{,}22+2\cdot 12\tan 60°)\right]$$
$$-\frac{25\cdot 12^2}{\sin 120°}(2\cos^2 60°-0{,}2)=-72.194{,}62-1.247{,}07=-73.441{,}69$$

- des unteren Zylinders

$$E\delta_{11}=E\delta_{13}=E\delta_{31}=E\delta_{33}=\frac{E}{2K\lambda^3}=33{,}59\frac{1}{2\cdot 0{,}45^3}=184{,}93$$

$$E\delta_{12}=E\delta_{21}=E\delta_{23}=E\delta_{32}=-\frac{E}{2K\lambda^2}=-33{,}59\frac{1}{2\cdot 0{,}45^2}=-83{,}12$$

$$E\delta_{22}=\frac{E}{K\lambda}=33{,}59\frac{1}{0{,}45}=74{,}72$$

$$E\delta_{10}=E\delta_{30}=-\frac{\mu a}{h}(V_1+T\sin\alpha)-T\cos\alpha\,\delta_{11,\text{Zylinder,unten}}$$
$$=-\frac{0{,}2\cdot 12}{0{,}7}(341{,}25+2.048{,}79\cdot\sin 60°)-2.048{,}79\cdot\cos 60°\cdot 184{,}93$$
$$=-196.693{,}16$$

$$E\delta_{20}=-T\cos\alpha\,\delta_{12,\text{Zylinder,unten}}$$
$$=-2048{,}79\cdot\cos 60°\cdot(-83{,}12)=85.149{,}04$$

- gesamt

$$E\delta_{11} = 523{,}06 + 184{,}93 = 707{,}98$$
$$E\delta_{12} = E\delta_{21} = 332{,}48 - 83{,}12 = 249{,}36$$
$$E\delta_{13} = E\delta_{31} = 184{,}93$$
$$E\delta_{22} = 422{,}69 + 74{,}72 = 497{,}42$$
$$E\delta_{23} = E\delta_{32} = -83{,}12$$
$$E\delta_{33} = 172{,}09 + 184{,}93 = 357{,}02$$
$$E\delta_{10} = 138.111{,}43 - 196.693{,}16 = -58.581{,}73$$
$$E\delta_{20} = 4.174{,}29 + 85.149{,}04 = 89.323{,}32$$
$$E\delta_{30} = -73.441{,}69 - 196.693{,}16 = -270.134{,}85$$

Gleichungssystem und Lösung

$$\sum_k E\delta_{ik} X_k = -E\delta_{i0}$$

$$\begin{pmatrix} 707{,}98 & 249{,}36 & 184{,}93 \\ 249{,}36 & 497{,}42 & -83{,}12 \\ 184{,}93 & -83{,}12 & 357{,}02 \end{pmatrix} \begin{pmatrix} X_1 \\ X_2 \\ X_3 \end{pmatrix} = \begin{pmatrix} 58.581{,}73 \\ -89.323{,}32 \\ 270.134{,}85 \end{pmatrix}$$

$$\begin{pmatrix} X_1 \\ X_2 \\ X_3 \end{pmatrix} = \begin{pmatrix} -150{,}40 \\ 36{,}71 \\ 843{,}08 \end{pmatrix}$$

Normalkräfte des Kegels an der Unterkante

$$n_\varphi = -T + X_3 \cos\alpha \cdot \eta''(0)$$
$$= -2.048{,}79 + 843{,}08 \cdot \cos 60° \cdot 1 = -1.627{,}25 \,\mathrm{kN/m}$$

$$n_\vartheta = -\gamma_b h r_u \cot\alpha - \frac{\gamma_f r_u}{\sin\alpha}(H + r_u \tan\alpha) + X_3 2\lambda_u s_u \cos\alpha \cdot \eta'''(0)$$
$$= -25 \cdot 0{,}7 \cdot 12 \cdot \cot 60° - \frac{10 \cdot 12}{\sin 60°}(12{,}22 + 12 \cdot \tan 60°)$$
$$+ 843{,}08 \cdot 2 \cdot 0{,}42 \cdot 24 \cdot \cos 60° \cdot 1{,}0$$
$$= 3.769{,}72 \,\mathrm{kN/m}$$

3.3.7 Zylindrischer Turm mit Deckplatte und drei Kreisringplatten

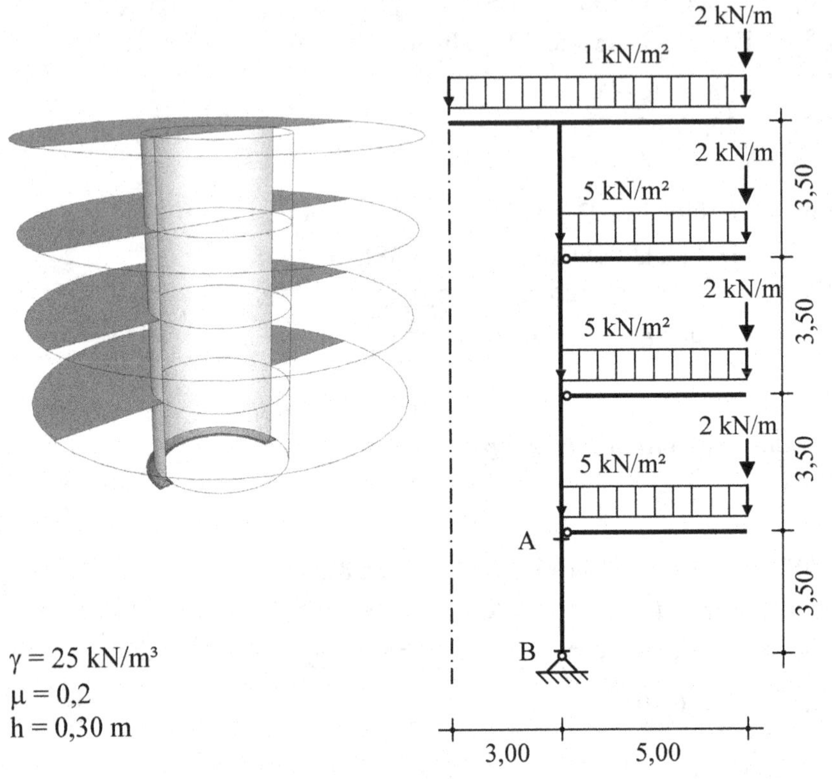

$\gamma = 25$ kN/m³
$\mu = 0{,}2$
$h = 0{,}30$ m

Bild 3.3-7 Berechnungsbeispiel: Zylindrischer Turm mit Deckplatte und drei Kreisringplatten

Gesucht:
Schnittgrößen des Zylinders in den Schnitten A und B infolge Eigengewicht und Verkehrslasten

Grundsystem und Festwerte

$$\frac{E}{K} = \frac{12(1-\mu^2)}{h^3} = \frac{1280}{3}$$

- Vertikale Lasten

$$V_1 = \frac{(8^2-3^2)}{2\cdot 3}(5+25\cdot 0{,}3)\cdot 2$$
$$+\frac{8^2}{2\cdot 3}(1+25\cdot 0{,}3)+\frac{8}{3}\cdot 2\cdot 3$$
$$+25\cdot 0{,}3\cdot 3{,}5\cdot 2$$
$$=229{,}167+90{,}667+16+52{,}5$$
$$=388{,}333\ \text{kN/m}$$
$$V_2 = V_1 + 25\cdot 0{,}3\cdot 3{,}5$$
$$=414{,}583\ \text{kN/m}$$
$$V_3 = V_2 + \frac{(8^2-3^2)}{2\cdot 3}(5+25\cdot 0{,}3)+\frac{8}{3}\cdot 2$$
$$=534{,}5\ \text{kN/m}$$
$$V_4 = V_3 + 25\cdot 0{,}3\cdot 3{,}5$$
$$=560{,}75\ \text{kN/m}$$

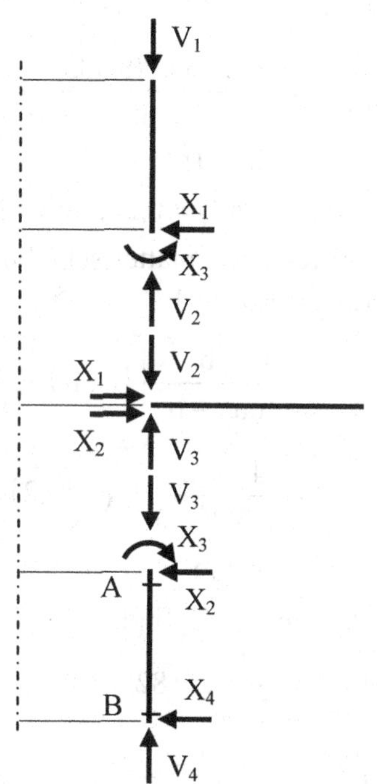

- Zylinder
  $a = 3{,}00\,\text{m}$
  $h = 0{,}30\,\text{m}$

$$\lambda = \frac{\sqrt[4]{3(1-\mu^2)}}{\sqrt{a\,h}} = 1{,}373$$

$\lambda\ell = 4{,}806 > 4 \rightarrow$ langer Zylinder

- Kreisringplatte/-scheibe
  $a = 8{,}00\,\text{m}$
  $b = 3{,}00\,\text{m}$
  $\beta = b/a = 2{,}667$

Formänderungsgrößen

- des oberen Zylinders

$$E\delta_{11} = \frac{E}{2K\lambda^3} = \frac{1280}{3\cdot 2\cdot 1{,}373^3} = 82{,}391$$

$$E\delta_{13} = E\delta_{31} = -\frac{E}{2K\lambda^2} = -\frac{1280}{3 \cdot 2 \cdot 1{,}373^2} = -113{,}137$$

$$E\delta_{33} = \frac{E}{K\lambda} = \frac{1280}{3 \cdot 1{,}373} = 310{,}715$$

$$E\delta_{10} = -\frac{\mu \cdot a \cdot V_1}{h} - \mu \cdot a \cdot \ell \cdot \gamma$$

$$= -\frac{0{,}2 \cdot 3 \cdot 388{,}333}{0{,}3} - 0{,}2 \cdot 3 \cdot 3{,}5 \cdot 25$$

$$= -829{,}167$$

$$E\delta_{30} = \mu \cdot a \cdot \gamma = 0{,}2 \cdot 3 \cdot 25 = 15$$

- der Kreisringplatte/-scheibe

$$E\delta_{22} = E\delta_{12} = E\delta_{21} = E\delta_{11} =$$

$$= \frac{1}{h}\frac{b^3}{a^2 - b^2}\left[(1-\mu) + \frac{a^2}{b^2}(1+\mu)\right]$$

$$= \frac{1}{0{,}3}\frac{3^3}{8^2 - 3^2}\left[(1-0{,}2) + \frac{8^2}{3^2}(1+0{,}2)\right]$$

$$= 15{,}273$$

- des unteren Zylinders

$$E\delta_{22} = \frac{E}{2K\lambda^3} = 82{,}391$$

$$E\delta_{23} = E\delta_{32} = -\frac{E}{2K\lambda^2} = -113{,}137$$

$$E\delta_{33} = \frac{E}{K\lambda} = 310{,}715$$

$$E\delta_{20} = -\frac{\mu \cdot a \cdot V_3}{h} = -\frac{0{,}2 \cdot 3 \cdot 534{,}5}{0{,}3} = -1.069$$

$$E\delta_{30} = -\mu \cdot a \cdot \gamma = -0{,}2 \cdot 3 \cdot 25 = -15$$

$$E\delta_{44} = \frac{E}{2K\lambda^3} = 82{,}391$$

$$E\delta_{40} = -\frac{\mu \cdot a \cdot V_3}{h} - \mu \cdot a \cdot \ell \cdot \gamma = -\frac{0{,}2 \cdot 3 \cdot 534{,}5}{0{,}3} - 0{,}2 \cdot 3 \cdot 3{,}5 \cdot 25 = -1121{,}5$$

- gesamt

$$E\delta_{11} = 82{,}391 + 15{,}273 = 97{,}663$$

$$E\delta_{12} = E\delta_{21} = 15{,}273$$

$$E\delta_{13} = E\delta_{31} = -113{,}137$$
$$E\delta_{22} = 82{,}391 + 15{,}273 = 97{,}663$$
$$E\delta_{23} = E\delta_{32} = -113{,}137$$
$$E\delta_{33} = 310{,}715 + 310{,}715 = 621{,}429$$
$$E\delta_{44} = 82{,}391$$

$$E\delta_{10} = -829{,}167$$
$$E\delta_{20} = -1.069$$
$$E\delta_{30} = 15 - 15 = 0$$
$$E\delta_{40} = -1121{,}5$$

Gleichungssystem und Lösung

$$\sum_k E\delta_{ik} X_k = -E\delta_{i0}$$

$$\begin{pmatrix} 97{,}663 & 15{,}273 & -113{,}137 & 0 \\ 15{,}273 & 97{,}663 & -113{,}137 & 0 \\ -113{,}137 & -113{,}137 & 621{,}429 & 0 \\ 0 & 0 & 0 & 82{,}391 \end{pmatrix} \begin{pmatrix} X_1 \\ X_2 \\ X_3 \\ X_4 \end{pmatrix} = \begin{pmatrix} 829{,}167 \\ 1.069 \\ 0 \\ 1121{,}5 \end{pmatrix}$$

$$\begin{pmatrix} X_1 \\ X_2 \\ X_3 \\ X_4 \end{pmatrix} = \begin{pmatrix} 11{,}774 \\ 14{,}685 \\ 4{,}817 \\ 13{,}612 \end{pmatrix}$$

Schnittgrößen im Zylinder

- im Punkt A

$$n_x = -V_3 = -534{,}5\,\text{kN/m}$$

$$n_\vartheta = -2X_2 a\lambda \cdot \eta'''(0) + 2X_3 a\lambda^2 \cdot \eta''(0)$$
$$= -2 \cdot 14{,}685 \cdot 3 \cdot 1{,}373 \cdot 1{,}0 + 2 \cdot 4{,}817 \cdot 3 \cdot 1{,}373^2 \cdot 1{,}0$$
$$= -66{,}500\,\text{kN/m}$$

$$m_x = X_3 = 4{,}817\,\text{kNm/m}$$

$$m_\vartheta = \mu m_x = 0{,}2 \cdot 4{,}817 = 0{,}963\,\text{kNm/m}$$

$$\begin{aligned} q &= -X_2 \cdot \eta''(0) - 2X_3\lambda\eta'(0) \\ &= -14{,}685 \cdot 1{,}0 - 2 \cdot 4{,}817 \cdot 1{,}373 \cdot 0{,}0 \\ &= -14{,}685\,\text{kN/m} \end{aligned}$$

- im Punkt B

$$n_x = -V_4 = -560{,}75\,\text{kN/m}$$

$$\begin{aligned} n_\vartheta &= -2X_4 a\lambda \cdot \eta'''(0) \\ &= -2 \cdot 13{,}612 \cdot 3 \cdot 1{,}373 \cdot 1{,}0 \\ &= -112{,}15\,\text{kN/m} \end{aligned}$$

$$m_x = 0$$

$$m_\vartheta = \mu m_x = 0$$

$$\begin{aligned} q &= X_4 \cdot \eta''(0) \\ &= 13{,}612\,\text{kN/m} \end{aligned}$$

3.3.8 Kugelförmiger Behälter für Flüssiggas unter Überdruck

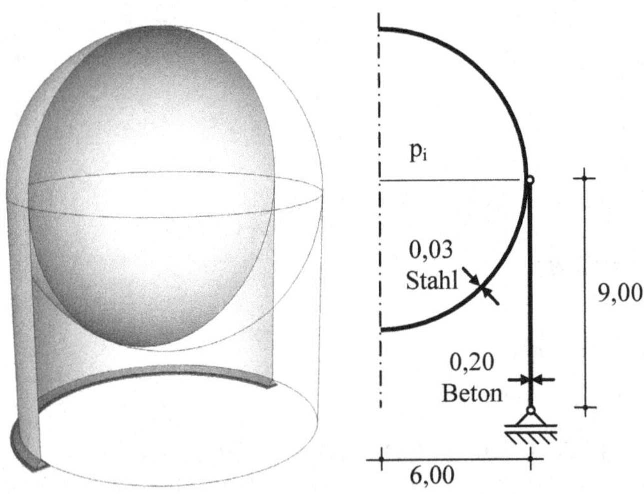

Bild 3.3-8 Berechnungsbeispiel: Kugelförmiger Behälter für Flüssiggas unter Überdruck

$p_i = 3{,}3$ MN/m²
$\gamma_F = 5$ kN/m³
$\gamma_B = 25$ kN/m³

$\gamma_S = 78$ kN/m³
$\mu_{Beton} = 0{,}2$
$\mu_{Stahl} = 0{,}3$

Gesucht:
Verschiebung der Kontaktstelle zwischen Kugel- und Zylinderschale getrennt für die Lastfälle Eigengewicht und vollständige Füllung mit Überdruck.

Grundsystem und Festwerte

$$\frac{E_S}{E_B} = 7 \Leftrightarrow \frac{E_B}{E_S} = \frac{1}{7}$$

- Kugelschalen

$a = 6{,}00\,\text{m}$

$h = 0{,}03\,\text{m}$

$\varphi_0 = 0°$

$\alpha = 90° = \pi/2$

$\mu = 0{,}3$

$$\kappa = \sqrt{\frac{6}{0{,}03}\sqrt{3(1-0{,}3^2)}} = 18{,}18$$

$\kappa(\alpha - \varphi_0) = 28{,}56 > 4 \rightarrow$ lange Schale

$$\frac{E_B}{K_S} = E_B \frac{12(1-0{,}3^2)}{E_S \cdot 0{,}03^3} = \frac{12(1-0{,}3^2)}{7 \cdot 0{,}03^3} = 57777{,}78$$

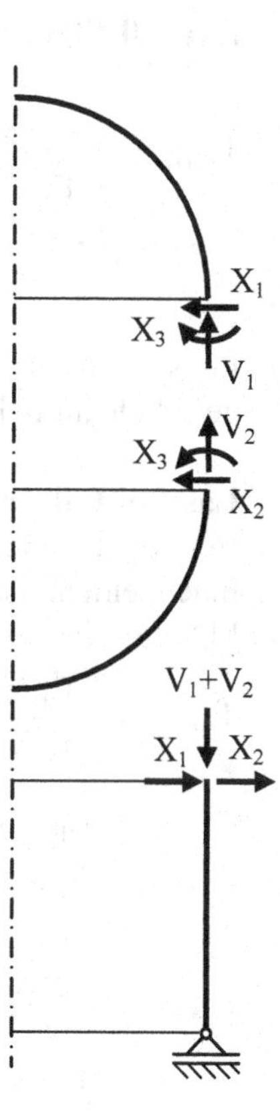

- Zylinder

$a = 6{,}00\,\text{m}$

$\ell = 9{,}00\,\text{m}$

$h = 0{,}20\,\text{m}$

$\mu = 0{,}2$

$$\lambda = \frac{\sqrt[4]{3(1-0{,}2^2)}}{\sqrt{6 \cdot 0{,}2}} = 1{,}189$$

$\lambda\ell = 10{,}7 \quad > 4 \quad \rightarrow$ langer Zylinder

$$\frac{E_B}{K_B} = \frac{12(1-0{,}2^2)}{0{,}2^3} = 1.440$$

Formänderungsgrößen

- der oberen Kugelschale

$$E_B\delta_{11} = E_B\frac{2a\kappa\sin^2\alpha}{E_S h} = \frac{1}{7}\frac{2\cdot 6\cdot 18{,}18\cdot\sin^2 90°}{0{,}03} = 1.038{,}77$$

$$E_B\delta_{13} = E_B\delta_{31} = \frac{E_B}{E_S}\frac{2\kappa^2\sin\alpha}{h} = \frac{1}{7}\frac{2\cdot 18{,}18^2\cdot\sin 90°}{0{,}03} = 3.147{,}18$$

$$E_B\delta_{33} = E_B\frac{a}{\kappa K_S} = 57.777{,}78\frac{6}{18{,}18} = 19.070{,}25$$

Lastfall Eigengewicht

$$E_B\delta_{10} = -\frac{E_B}{E_S}\frac{g\,a^2}{h}\sin\varphi\left(\frac{1+\mu}{1+\cos\varphi} - \cos\varphi\right)$$

$$= -\frac{1}{7}\cdot 78\cdot 6^2\cdot\sin 90°\left(\frac{1+0{,}3}{1+\cos 90°} - \cos 90°\right) = -521{,}49$$

$E_B\delta_{30}$ wird nicht aufgestellt, da es sich mit dem $E_B\delta_{30}$ der unteren Kugelschale aufhebt.

Lastfall Füllung

Bei der stehenden Kugelschale entspricht der hydrostatische Druck von innen einem negativen hydrostatischen Druck von außen, wobei der Flüssigkeitsspiegel in Höhe der Kugeloberkante liegt, d.h. H=0 ist.

$$E_B\delta_{10} = -\frac{E_B}{E_S}\frac{a^2 p_i}{2h}(1-\mu)\sin\varphi$$

$$+\frac{E_B}{E_S}\gamma_F\frac{a^3}{h}\sin\varphi\left(\frac{1+\mu}{6}\cdot\left(1 - 2\frac{\cos^2\varphi}{1+\cos\varphi}\right) + \cos\varphi - 1 + 0\right)$$

$$= -\frac{1}{7}\frac{6^2\cdot 3.300}{2\cdot 0{,}03}(1-0{,}3)\sin 90°$$

$$+\frac{1}{7}\cdot 5\cdot\frac{6^3}{0{,}03}\cdot\sin 90°\cdot\left(\frac{1+0{,}3}{6}\cdot\left(1 - 2\frac{\cos^2 90°}{1+\cos 90°}\right) + \cos 90° - 1\right)$$

$$= -198.000 - 4.028{,}57 = -202.028{,}57$$

$$E_B\delta_{30} = -\frac{E_B}{E_S}\frac{\gamma_F a^2}{h}\sin\varphi = -\frac{1}{7}\frac{5\cdot 6^2}{0{,}03}\sin 90° = -857{,}14$$

- der unteren Kugelschale

$$E_B\delta_{22} = E_B \frac{2a\kappa \sin^2\alpha}{E_S h} = \frac{1}{7}\frac{2\cdot 6\cdot 18{,}18\cdot \sin^2 90°}{0{,}03} = 1.038{,}77$$

$$E_B\delta_{23} = E_B\delta_{32} = \frac{E_B}{E_S}\frac{2\kappa^2 \sin\alpha}{h} = \frac{1}{7}\frac{2\cdot 18{,}18^2\cdot \sin 90°}{0{,}03} = 3.147{,}18$$

$$E_B\delta_{33} = E_B \frac{a}{\kappa K_S} = 57.777{,}78\frac{6}{18{,}18} = 19.070{,}25$$

Lastfall Eigengewicht

$$E_B\delta_{20} = \frac{E_B}{E_S}\frac{g\,a^2}{h}\sin\varphi\left(\frac{1+\mu}{1+\cos\varphi} - \cos\varphi\right)$$

$$= \frac{1}{7}\cdot 78\cdot 6^2\cdot \sin 90°\left(\frac{1+0{,}3}{1+\cos 90°} - \cos 90°\right) = 521{,}49$$

$E_B\delta_{30}$ wird nicht aufgestellt, da es sich mit dem $E_B\delta_{30}$ der oberen Kugelschale aufhebt.

Lastfall Füllung

$$E_B\delta_{20} = -\frac{E_B}{E_S}\frac{a^2 p_i}{2h}(1-\mu)\sin\varphi - \frac{E_B}{E_S}\frac{\gamma_F a^3}{6h}\sin\varphi\cdot$$

$$\left(6\cos\varphi - 2(1+\mu)\cdot\frac{1-\cos^3\varphi}{\sin^2\varphi} + 3(1-\mu)\left(\frac{H}{a} - 1\right)\right)$$

$$= -\frac{1}{7}\frac{6^2\cdot 3.300}{2\cdot 0{,}03}(1-0{,}3)\sin 90° - \frac{1}{7}\frac{5\cdot 6^3}{6\cdot 0{,}03}\sin 90°\cdot$$

$$\left(6\cos 90° - 2(1+0{,}3)\cdot\frac{1-\cos^3 90°}{\sin^2 90°} + 3(1-0{,}3)\left(\frac{12}{6} - 1\right)\right)$$

$$= -198.000 + 428{,}57 = -197.571{,}43$$

$$E_B\delta_{30} = \frac{E_B}{E_S}\frac{\gamma_F a^2}{h}\sin\varphi = \frac{1}{7}\frac{5\cdot 6^2}{0{,}03}\sin 90° = 857{,}14$$

- des Zylinders

$$E_B\delta_{11} = E_B\delta_{12} = E_B\delta_{21} = E_B\delta_{22} = \frac{E_B}{2K_B\lambda^3} = \frac{1.440}{2\cdot 1{,}189^3} = 428{,}11$$

Lastfall Eigengewicht

$$V_1 = V_2 = \frac{\gamma_S ha}{1+\cos\varphi} = \frac{78 \cdot 0{,}03 \cdot 6}{1+\cos 90°} = 14{,}04\,\mathrm{kN/m}$$

$$E_B\delta_{10} = E_B\delta_{20} = \frac{\mu a}{h}(V_1 + V_2) = \frac{0{,}2 \cdot 6}{0{,}2}(14{,}04 + 14{,}04) = 168{,}48$$

Lastfall Füllung

Der konstante Innendruck erzeugt keine vertikale Belastung der Zylinderschale. Die Flüssigkeitsfüllung erzeugt eine Belastung von

$$V_1 + V_2 = 2 \cdot \frac{\gamma_F a^2}{6}\left(2\frac{1-\cos^3\varphi}{\sin^2\varphi} + 3\left(\frac{a}{a} - 1\right)\right)$$

$$= 2 \cdot \frac{5 \cdot 6^2}{6}\left(2\frac{1-\cos^3 90°}{\sin^2 90°} + 3\left(\frac{6}{6} - 1\right)\right) = 120\,\mathrm{kN/m}$$

$$E_B\delta_{10} = E_B\delta_{20} = \frac{\mu a}{h}(V_1 + V_2) = \frac{0{,}2 \cdot 6}{0{,}2}120 = 720$$

- gesamt

$$E_B\delta_{11} = 1.038{,}77 + 428{,}11 = 1.466{,}88$$
$$E_B\delta_{12} = 428{,}11$$
$$E_B\delta_{13} = 3.147{,}18$$
$$E_B\delta_{21} = 428{,}11$$
$$E_B\delta_{22} = 1.038{,}77 + 428{,}11 = 1.466{,}88$$
$$E_B\delta_{23} = 3.147{,}18$$
$$E_B\delta_{31} = 3.147{,}18$$
$$E_B\delta_{32} = 3.147{,}18$$
$$E_B\delta_{33} = 19.070{,}25 + 19.070{,}25 = 38.140{,}50$$

Lastfall Eigengewicht

$$E_B\delta_{10} = -521{,}49 + 168{,}48 = -353{,}01$$
$$E_B\delta_{20} = 521{,}49 + 168{,}48 = 689{,}97$$
$$E_B\delta_{30} = 0$$

Lastfall Füllung

$$E_B\delta_{10} = -202.028{,}57 + 720 = -201.308{,}57$$
$$E_B\delta_{20} = -197.571{,}43 + 720 = -196.851{,}43$$
$$E_B\delta_{30} = -857{,}14 + 857{,}14 = 0$$

Gleichungssystem und Lösung

$$\sum_k E_B \delta_{ik} X_k = -E_B \delta_{i0}$$

Lastfall Eigengewicht

$$\begin{pmatrix} 1.466{,}88 & 428{,}11 & 3.147{,}18 \\ 428{,}11 & 1.466{,}88 & 3.147{,}18 \\ 3.147{,}18 & 3.147{,}18 & 38.140{,}50 \end{pmatrix} \begin{pmatrix} X_1 \\ X_2 \\ X_3 \end{pmatrix} = \begin{pmatrix} 353{,}01 \\ -689{,}97 \\ 0 \end{pmatrix}$$

$$\begin{pmatrix} X_1 \\ X_2 \\ X_3 \end{pmatrix} = \begin{pmatrix} 0{,}38 \\ -0{,}62 \\ 0{,}02 \end{pmatrix}$$

$$\begin{aligned} E_B \Delta r &= E_B \delta_{10,\text{Zylinder}} + E_B \delta_{11,\text{Zylinder}} \cdot (X_1 + X_2) = \\ &= 168{,}48 + 428{,}11 \cdot (0{,}38 - 0{,}62) \\ &= 63{,}61 \,\text{kN/m} \end{aligned}$$

$$\begin{aligned} E_B \Delta \ell &= (V_1 + V_2)\frac{\ell}{h} + \frac{1}{2}\gamma_B \ell^2 = (14{,}04 + 14{,}04)\frac{9}{0{,}2} + \frac{1}{2} 25 \cdot 9^2 \\ &= 2.276{,}1 \text{ kN/m} \end{aligned}$$

Lastfall Füllung

$$\begin{pmatrix} 1.466{,}88 & 428{,}11 & 3.147{,}18 \\ 428{,}11 & 1.466{,}88 & 3.147{,}18 \\ 3.147{,}18 & 3.147{,}18 & 38.140{,}50 \end{pmatrix} \begin{pmatrix} X_1 \\ X_2 \\ X_3 \end{pmatrix} = \begin{pmatrix} 201.308{,}57 \\ 196.851{,}43 \\ 0 \end{pmatrix}$$

$$\begin{pmatrix} X_1 \\ X_2 \\ X_3 \end{pmatrix} = \begin{pmatrix} 146{,}87 \\ 142{,}58 \\ -23{,}88 \end{pmatrix}$$

$$\begin{aligned} E_B \Delta r &= E_B \delta_{10,\text{Zylinder}} + E_B \delta_{11,\text{Zylinder}} \cdot (X_1 + X_2) = \\ &= 720 + 428{,}11 \cdot (146{,}87 + 142{,}58) = 124.634{,}37 \,\text{kN/m} \end{aligned}$$

$$E_B \Delta \ell = (V_1 + V_2)\frac{\ell}{h} = 120\frac{9}{0{,}2} = 5.400 \,\text{kN/m}$$

3.3.9 Kuppel in Form einer Kugelschale und einer zweiteiligen Kegelschale

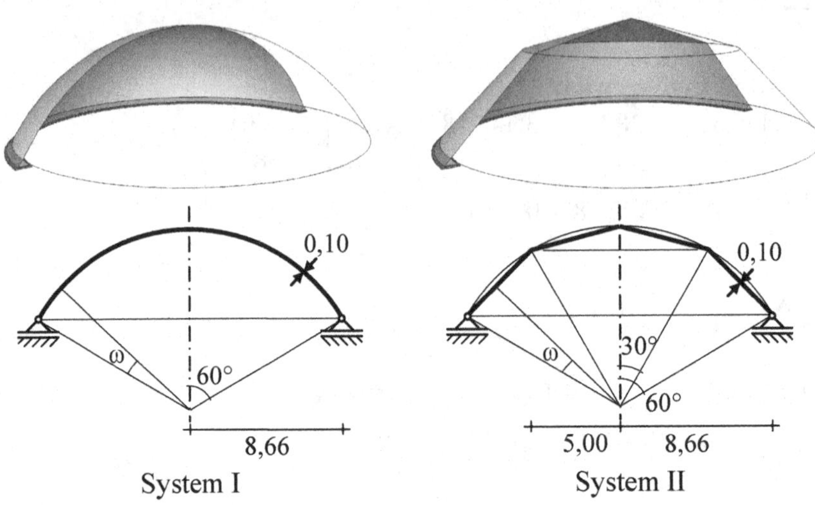

Bild 3.3-9 Berechnungsbeispiel: Kuppel in Form einer Kugelschale und einer zweiteiligen Kegelschale

$\gamma = 25\ \text{kN/m}^3$
$\mu = 0{,}2$

Gesucht: Biegemomente im Schnitt $\omega = 30°$ infolge Eigengewicht

Grundsystem und Festwerte

$$h = 0{,}10\,\text{m}$$

$$\frac{E}{K} = \frac{12(1-\mu^2)}{h^3} = 11.520$$

System I

- Kugelschale

$\alpha = 60°$

$a = 8{,}66 / \sin 60° = 10{,}00\,\text{m}$

$\kappa = \sqrt{\frac{a}{h}\sqrt{3(1-\mu^2)}} = 13{,}03$

$\kappa\alpha = 13{,}64 > 4 \rightarrow$ lange Schale

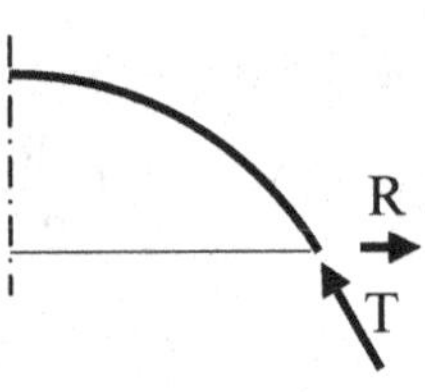

System II

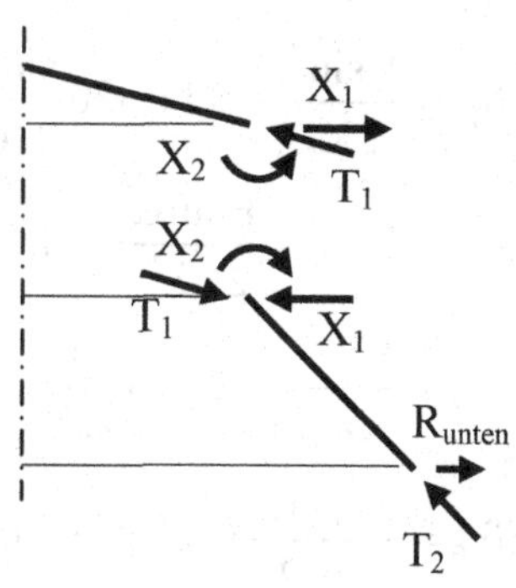

- Oberer Kegel

$\alpha = 15°$

$r_u = 5{,}00\,\text{m}$

$s_u = r_u / \cos\alpha = 5{,}18\,\text{m}$

$$\lambda_u = \sqrt{\frac{\tan\alpha}{h\,s_u}\sqrt{3(1-\mu^2)}} = 0{,}94$$

$\lambda_u s_u = 4{,}86 > 4 \rightarrow$ lange Schale

- unterer Kegel

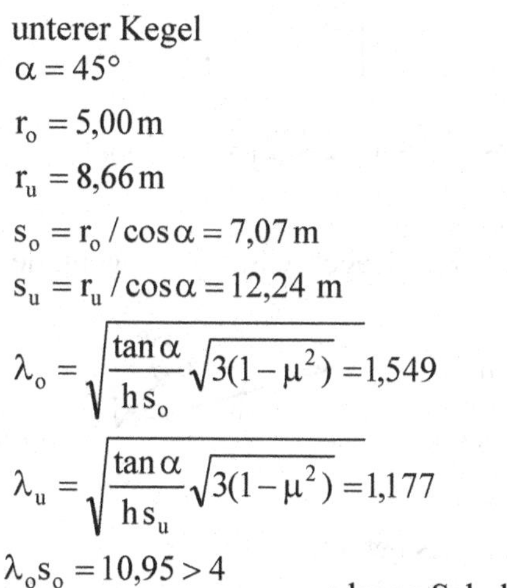

$\alpha = 45°$

$r_o = 5{,}00\,\text{m}$

$r_u = 8{,}66\,\text{m}$

$s_o = r_o / \cos\alpha = 7{,}07\,\text{m}$

$s_u = r_u / \cos\alpha = 12{,}24\ \text{m}$

$$\lambda_o = \sqrt{\frac{\tan\alpha}{h\,s_o}\sqrt{3(1-\mu^2)}} = 1{,}549$$

$$\lambda_u = \sqrt{\frac{\tan\alpha}{h\,s_u}\sqrt{3(1-\mu^2)}} = 1{,}177$$

$$\left.\begin{array}{l}\lambda_o s_o = 10{,}95 > 4\\ \lambda_u (s_u - s_o) = 6{,}09 > 4\end{array}\right\} \rightarrow \text{lange Schale}$$

Formänderungsgrößen

System I

Wie in Beispiel 3.2.6.2 (Lagerung II) brauchen keine Formänderungsgrößen ermittelt zu werden.

Die Auflagerkraft beträgt

$$T = \frac{\gamma\,h\,a}{1+\cos\alpha} = \frac{25\cdot 0{,}1\cdot 10}{1+\cos 60°} = 16{,}67\,\text{kN/m}$$

Der radiale Anteil dieser Kraft kann nicht vom Auflager aufgenommen werden und wird als Randstörung angetragen:

$R = T\cos\alpha = 16{,}67\cdot\cos 60° = 8{,}33\,\text{kN/m}$

System II

- des oberen Kegels

$$T_1 = \frac{\gamma\,h\,r_u}{\sin 2\alpha} = 25\,\text{kN/m}$$

$$E\delta_{11} = \frac{E\sin^2\alpha}{2K\lambda_u^3} = 11.520\frac{\sin^2 15°}{2\cdot 0{,}94^3} = 468{,}63$$

$$E\delta_{12} = E\delta_{21} = \frac{E\sin\alpha}{2K\lambda_u^2} = 11.520\frac{\sin 15°}{2\cdot 0{,}94^2} = 1.697{,}06$$

$$E\delta_{22} = \frac{E}{K\lambda_u} = 11.520\frac{1}{0{,}94} = 12.291{,}11$$

$$E\delta_{10} = -\frac{\gamma\cdot r_u^2}{\sin 2\alpha}(2\cos^2\alpha - \mu) = -\frac{25\cdot 5^2}{\sin 30°}(2\cos^2 15° - 0{,}2) = -2.082{,}53$$

$$E\delta_{20} = -\frac{\gamma\cdot r_u}{2\sin^2\alpha}\left[2(2+\mu)\cos^2\alpha - 1 - 2\mu\right]$$

$$= -\frac{25\cdot 5}{2\sin^2 15°}\left[2(2+0{,}2)\cos^2 15° - 1 - 2\cdot 0{,}2\right] = -2.524{,}04$$

- des unteren Kegels

Die Belastung T_1 aus dem oberen Kegel wird in tangentialer und radialer Richtung aufgeteilt:

$$T_{oben} = \frac{T_1\cdot\sin 15°}{\sin 45°} = 9{,}15\,kN/m$$

$$R_{oben} = T_1\cdot\cos 15° - T_{oben}\cos 45°$$

$$= 24{,}14 - 6{,}47 = 17{,}68\,kN/m$$

Die Auflagerkraft des unteren Kegels beträgt

$$T_2 = \frac{\gamma h(r_u^2 - r_o^2)}{r_u\sin 2\alpha} + \frac{T_{oben}\,r_o}{r_u}$$

$$= \frac{25\cdot 0{,}1\cdot(8{,}66^2 - 5^2)}{8{,}66\cdot\sin 90°} + \frac{9{,}15\cdot 5}{8{,}66}$$

$$= 19{,}72\,kN/m$$

Der radiale Anteil dieser Last kann nicht vom Auflager aufgenommen werden und wird als Randstörung angetragen:

$R_{unten} = T_2\cos\alpha = 19{,}72\cos 45° = 13{,}94\,kN/m$

Daraus ergibt sich die resultierende Belastung des unteren Kegels:

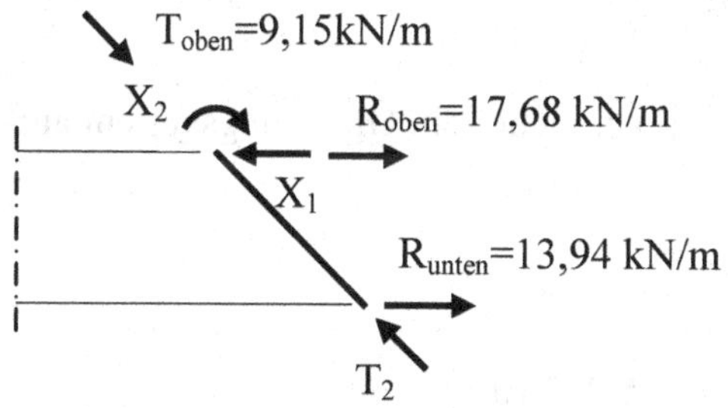

T_{oben}=9,15kN/m

X_2 R_{oben}=17,68 kN/m

X_1

R_{unten}=13,94 kN/m

T_2

$$E\delta_{11} = \frac{E\sin^2\alpha}{2K\lambda_o^3} = 11.520\frac{\sin^2 45°}{2\cdot 1{,}55^3} = 774{,}60$$

$$E\delta_{12} = E\delta_{21} = -\frac{E\sin\alpha}{2K\lambda_o^2} = -11.520\frac{\sin 45°}{2\cdot 1{,}55^2} = -1.697{,}06$$

$$E\delta_{22} = \frac{E}{K\lambda_o} = 11.520\frac{1}{1{,}55} = 7.436{,}13$$

$$E\delta_{10} = \frac{\gamma\cdot r_o^2}{\sin 2\alpha}\left[2\cos^2\alpha - \mu\left(1-\frac{r_o^2}{r_o^2}\right)\right] - T_{oben}\frac{\mu r_o}{h} - R_{oben}E\delta_{11}$$

$$= \frac{25\cdot 5^2}{\sin 90°}\left[2\cos^2 45° - 0{,}2\left(1-\frac{5^2}{5^2}\right)\right] - 9{,}15\frac{0{,}2\cdot 5}{0{,}1} - 17{,}68\cdot 774{,}60$$

$$= -13.159{,}57$$

$$E\delta_{20} = \frac{\gamma\cdot r_o}{2\sin^2\alpha}\left[2(2+\mu)\cos^2\alpha - 1 - 2\mu + \frac{r_o^2}{r_o^2}\right] - T_{oben}\frac{r_o}{h\cdot r_o}\cot\alpha$$

$$- R_{oben}E\delta_{12}$$

$$= \frac{25\cdot 5}{2\sin^2 45°}\left[2(2+0{,}2)\cos^2 45° - 1 - 2\cdot 0{,}2 + \frac{5^2}{5^2}\right]$$

$$-9{,}15\frac{5}{0{,}1\cdot 5}\cot 45° - 17{,}68\cdot(-1.697{,}06)$$

$$= 30.133{,}49$$

- gesamt

$$E\delta_{11} = 468{,}63 + 774{,}60 = 1.243{,}23$$

$$E\delta_{12} = E\delta_{21} = 1.697{,}06 - 1.697{,}06 = 0$$

$$E\delta_{22} = 12.291{,}11 + 7.436{,}13 = 19.727{,}24$$

$$E\delta_{10} = -2.082{,}53 - 13.159{,}57 = -15.242{,}10$$

$$E\delta_{20} = -2.524{,}04 + 30.133{,}49 = 27.609{,}46$$

Gleichungssystem und Lösung

System I
Wie in Beispiel 3.2.6.2 (Lagerung II) braucht kein Gleichungssystem aufgestellt zu werden.
System II

$$\sum_k E\delta_{ik} X_k = -E\delta_{i0}$$

$$\begin{pmatrix} 1.243{,}23 & 0 \\ 0 & 19.727{,}24 \end{pmatrix} \begin{pmatrix} X_1 \\ X_2 \end{pmatrix} = \begin{pmatrix} 15.242{,}10 \\ -27.609{,}46 \end{pmatrix}$$

$$\rightarrow \begin{pmatrix} X_1 \\ X_2 \end{pmatrix} = \begin{pmatrix} 12{,}26 \\ -1{,}40 \end{pmatrix}$$

Schnittgrößen
System I

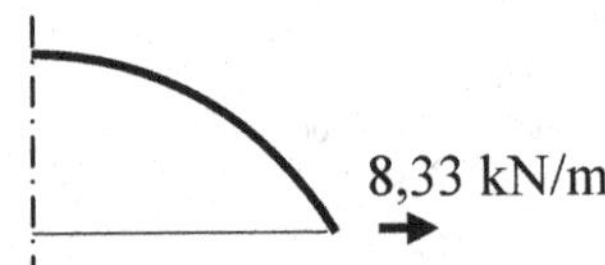

Für ω=30° beträgt $\kappa\omega = 13{,}03 \cdot \pi / 6 = 6{,}82 > 4$. Die Biegemomente sind an dieser Stelle abgeklungen.

$m_\varphi(\omega = 30°) = m_\vartheta(\omega = 30°) = 0$

System II (ω=30° entspricht der Grenze zwischen den beiden Kegeln)

- oberer Kegel

ξ
15 °
12,26 kN/m
1,40 kNm/m

$$m_\varphi(\omega = 30°) = -1{,}40\,\text{kNm/m}$$

$$m_\vartheta(\omega = 30°) = \frac{12{,}26 \cdot \sin\alpha}{2\lambda_u^2 s_u} - \frac{1{,}40}{\lambda_u s_u} + \mu m_\varphi = -0{,}22\,\text{kNm/m}$$

- unterer Kegel:

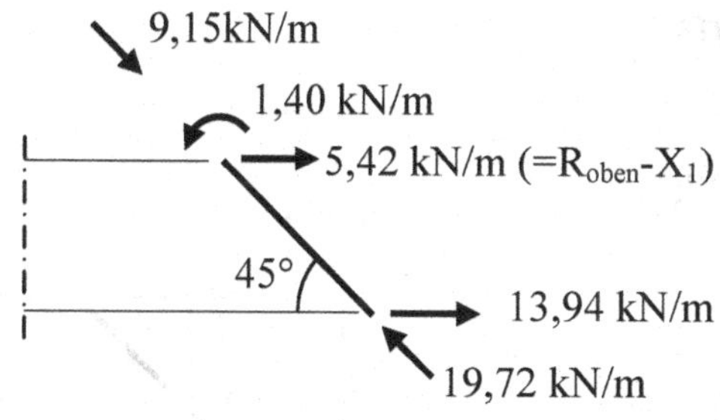

$$m_\varphi(\omega = 30°) = -1{,}40\,\text{kNm/m}$$

$$m_\vartheta(\omega = 30°) = -\frac{5{,}42 \cdot \sin\alpha}{2\lambda_o^2 s_o} - \frac{-1{,}40}{\lambda_o s_o} + \mu m_\varphi = -0{,}265\,\text{kNm/m}$$

3.3.10 Kegelstumpfförmiger Wasserbehälter auf zylindrischem Schaft

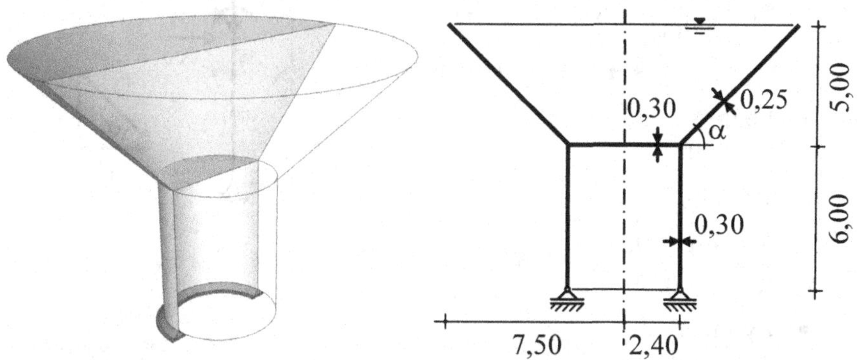

Bild 3.3-10 Berechnungsbeispiel: Kegelstumpfförmiger Wasserbehälter auf zylindrischem Schaft

$\mu = 0{,}2$
$\gamma_b = 25\ \text{kN/m}^3$
$\gamma_f = 10\ \text{kN/m}^3$

Gesucht: Statisch Unbestimmte, getrennt für die Lastfälle Eigengewicht und Wasserfüllung.

Grundsystem und Festwerte

- Kegel

$$\frac{E}{K} = \frac{12(1-0{,}2^2)}{0{,}25^3} = 737{,}3$$

$$r_o = 7{,}50\,m$$

$$r_u = 2{,}40\,m$$

$$h = 0{,}25\,m$$

$$\tan\alpha = \frac{5{,}00}{7{,}50-2{,}40} = 0{,}9804$$

$$\alpha = 44{,}43°$$

$$s_o = 10{,}50\,m$$

$$s_u = 3{,}36\,m$$

$$\lambda_u = \sqrt{\frac{\tan\alpha}{h\,s_u}\sqrt{3(1-\mu^2)}} = 1{,}41$$

$$\lambda_u s_u = 4{,}73 > 4 \rightarrow \text{lange Schale}$$

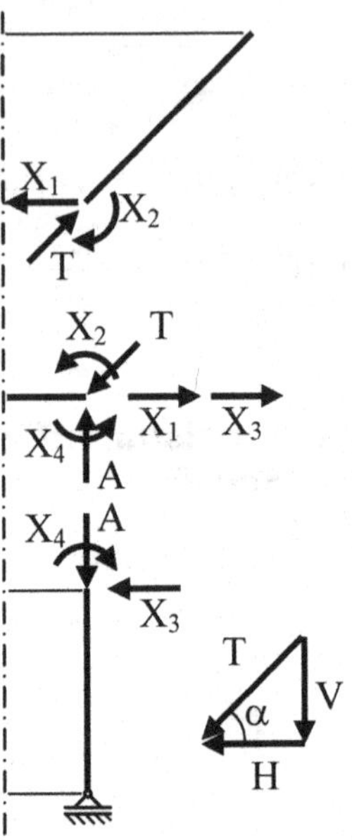

- Platte

$$a = 2{,}40\,m$$

$$h = 0{,}30\,m$$

$$\frac{E}{K} = \frac{12(1-0{,}2^2)}{0{,}3^3} = 426{,}7$$

- Zylinder

$$a = 2{,}40\,m$$

$$h = 0{,}30\,m$$

$$\ell = 6{,}00\,m$$

$$\lambda = \frac{\sqrt[4]{3(1-\mu^2)}}{\sqrt{ah}} = 1{,}535$$

$$\lambda\ell = 9{,}21 > 4 \rightarrow \text{langer Zylinder}$$

$$\frac{E}{K} = 426{,}7$$

Formänderungsgrößen

- des Kegels

$$E\delta_{11} = \frac{E\sin^2\alpha}{2K\lambda_u^3} = 737{,}3\cdot\frac{\sin^2 44{,}43°}{2\cdot 1{,}41^3} = 64{,}81$$

$$E\delta_{12} = E\delta_{21} = \frac{E\sin\alpha}{2K\lambda_u^2} = 737{,}3\cdot\frac{\sin 44{,}43°}{2\cdot 1{,}41^2} = 130{,}29$$

$$E\delta_{22} = \frac{E}{K\lambda_u} = \frac{737{,}3}{1{,}41} = 523{,}86$$

Lastfall Eigengewicht (Hampe Band 3, 1970, Tafel 1.13 und 1.14)

$$E\delta_{10} = -E\Delta r_u = -\gamma_b h\frac{\cot\alpha}{h}\left[\cos^2\alpha - \frac{\mu}{2}\left(1-\left(\frac{s_o}{s_u}\right)^2\right)\right]s_u^2$$

$$= -25\cot 44{,}43°\left[\cos^2 44{,}43° - \frac{0{,}2}{2}\left(1-\left(\frac{10{,}50}{3{,}36}\right)^2\right)\right]3{,}36^2 = -399{,}38$$

$$E\delta_{20} = +E\psi_u = \frac{\gamma_b h\cos\alpha}{2h\sin^2\alpha}\left[2(2+\mu)\cos^2\alpha - 1 + \left(\frac{s_o}{s_u}\right)^2 - 2\mu\right]$$

$$= \frac{25\cdot\cos 44{,}43°}{2\cdot\sin^2 44{,}43°}\left[2\cdot 2{,}2\cdot\cos^2 44{,}43° - 1 + \left(\frac{10{,}50}{3{,}36}\right)^2 - 0{,}4\right] = 649{,}41$$

$$T = -n_{\varphi 0} = -\frac{\gamma_b h}{2\sin\alpha}\left[1-\left(\frac{s_o}{s_u}\right)^2\right]s_u$$

$$= -\frac{25\cdot 0{,}25}{2\sin 44{,}43°}\left[1-\left(\frac{10{,}50}{3{,}36}\right)^2\right]3{,}36 = 131{,}51\,\text{kN/m}$$

Alternativ nach Tafel 30 und Tafel 31 mit α=180°-44,43°=135,57°

Lastfall Wasserfüllung (Hampe Band 3, 1970, Tafel 1.13 und 1.14)

$$E\delta_{10} = -E\Delta r_u = -\gamma_f\frac{\cos^2\alpha}{h}\left[s_o - s_u - \mu\left(\frac{s_o}{2}\left(1-\frac{1}{3}\left(\frac{s_o}{s_u}\right)^2\right) - \frac{s_u}{3}\right)\right]s_u^2$$

$$= -10\frac{\cos^2\alpha}{0{,}25}\left[10{,}50 - 3{,}36 - 0{,}2\left(\frac{10{,}50}{2}\left(1-\frac{1}{3}\left(\frac{10{,}50}{3{,}36}\right)^2\right) - \frac{3{,}36}{3}\right)\right]3{,}36^2$$

$$= -2.242{,}92$$

$$\cdot\ E\delta_{20} = E\psi_u = \gamma_f \frac{\cos^2\alpha}{h\sin\alpha}\left[-\frac{8}{3}s_u + \frac{s_o}{3}\left(3+\frac{1}{3}\left(\frac{s_o}{s_u}\right)^2\right)\right]s_u$$

$$= 10\frac{\cos^2\alpha}{0{,}25\sin\alpha}\left[-\frac{8}{3}3{,}36 + \frac{10{,}50}{3}\left(3+\frac{1}{3}\left(\frac{10{,}50}{3{,}36}\right)^2\right)\right]3{,}36$$

$$= 2.339{,}01$$

$$T = -n_{\varphi 0} = -\gamma_f \cos\alpha\left(\frac{s_o}{2}\left(1-\frac{1}{3}\left(\frac{s_o}{s_u}\right)^2\right)-\frac{s_u}{3}\right)s_u$$

$$= -10\cos\alpha\left(\frac{10{,}50}{2}\left(1-\frac{1}{3}\left(\frac{10{,}50}{3{,}36}\right)^2\right)-\frac{3{,}36}{3}\right)\cdot 3{,}36$$

$$= 311{,}13\,\mathrm{kN/m}$$

- der Kreisplatte/-scheibe

$$E\delta_{11} = E\delta_{13} = E\delta_{31} = E\delta_{33} = \frac{a}{h}(1-\mu) = \frac{2{,}4}{0{,}30}(1-0{,}2) = 6{,}40$$

$$E\delta_{22} = E\delta_{24} = E\delta_{42} = E\delta_{44} = \frac{E}{K}\frac{a}{1+\mu} = 426{,}7\cdot\frac{2{,}4}{1+0{,}2} = 853{,}33$$

$$E\delta_{12} = E\delta_{14} = E\delta_{23} = E\delta_{34} = 0$$

Lastfall Eigengewicht

$$H = T\cdot\cos\alpha = 131{,}51\cdot\cos 44{,}43° = 93{,}91\,\mathrm{kN/m}$$

$$V = T\cdot\sin\alpha = 131{,}51\cdot\sin 44{,}43° = 92{,}07\,\mathrm{kN/m}$$

$$A = V + \frac{\gamma_b h a}{2} = 92{,}07 + \frac{25\cdot 0{,}30\cdot 2{,}40}{2} = 101{,}07\,\mathrm{kN/m}$$

$$E\delta_{10} = E\delta_{30} = -H\frac{a}{h}(1-\mu) = -\frac{93{,}91\cdot 2{,}40}{0{,}30}(1-0{,}2) = -601{,}02$$

$$E\delta_{20} = E\delta_{40} = +\frac{E}{K}\frac{\gamma_b h a^3}{8(1+\mu)} = 426{,}7\frac{25\cdot 0{,}30\cdot 2{,}40^3}{8(1+0{,}2)} = 4.608{,}00$$

Lastfall Wasserfüllung

$$H = T\cdot\cos\alpha = 311{,}13\cdot\cos 44{,}43° = 222{,}17\,\mathrm{kN/m}$$

$$V = T\cdot\sin\alpha = 311{,}13\cdot\sin 44{,}43° = 217{,}81\,\mathrm{kN/m}$$

$$A = V + \frac{\gamma_f \cdot 5m \cdot a}{2} = 217{,}81 + \frac{10 \cdot 5 \cdot 2{,}40}{2} = 277{,}81\,kN/m$$

$$E\delta_{10} = E\delta_{30} = -H\frac{a}{h}(1-\mu) = -\frac{222{,}17 \cdot 2{,}40}{0{,}30}(1-0{,}2) = -1.421{,}88$$

$$E\delta_{20} = E\delta_{40} = +\frac{E}{K}\frac{\gamma_f \cdot 5m \cdot a^3}{8(1+\mu)} = 426{,}7\frac{10 \cdot 5 \cdot 2{,}40^3}{8(1+0{,}2)} = 30.720{,}00$$

- des Zylinders

$$E\delta_{33} = \frac{E}{K}\frac{1}{2\lambda^3} = 426{,}7\frac{1}{2 \cdot 1{,}54^3} = 58{,}95$$

$$E\delta_{34} = E\delta_{43} = -\frac{E}{K}\frac{1}{2\lambda^2} = -426{,}7\frac{1}{2 \cdot 1{,}54^2} = -90{,}51$$

$$E\delta_{44} = \frac{E}{K}\frac{1}{\lambda} = \frac{426{,}7}{1{,}54} = 277{,}91$$

Lastfall Eigengewicht

$$E\delta_{30} = -E\Delta r_o = -\frac{\mu a}{h}A = -\frac{0{,}2 \cdot 2{,}40}{0{,}30}101{,}07 = -161{,}71$$

$$E\delta_{40} = -Ew'_o = -\frac{\mu a}{h}\gamma_b h = -0{,}2 \cdot 2{,}40 \cdot 25 = -12{,}00$$

Lastfall Wasserfüllung

$$E\delta_{30} = -E\Delta r_o = -\frac{\mu a}{h}A = -\frac{0{,}2 \cdot 2{,}40}{0{,}30}277{,}81 = -444{,}50$$

$$E\delta_{40} = 0$$

- gesamt

$E\delta_{11} = 64{,}81 + 6{,}40 = 71{,}21$

$E\delta_{12} = E\delta_{21} = 130{,}29$

$E\delta_{13} = E\delta_{31} = 6{,}40$

$E\delta_{14} = E\delta_{41} = 0$

$E\delta_{22} = 523{,}86 + 853{,}33 = 1.377{,}19$

$E\delta_{23} = E\delta_{32} = 0$

$E\delta_{24} = E\delta_{42} = 853{,}33$

$E\delta_{33} = 6{,}40 + 58{,}95 = 65{,}35$

$E\delta_{34} = E\delta_{43} = -90{,}51$

$E\delta_{44} = 853{,}33 + 277{,}91 = 1.131{,}24$

Lastfall Eigengewicht

$E\delta_{10} = -399{,}38 - 601{,}02 = -1.000{,}40$

$E\delta_{20} = 649{,}41 + 4.608{,}00 = 5.257{,}41$

$E\delta_{30} = -601{,}02 - 161{,}71 = -762{,}73$

$E\delta_{40} = 4.608{,}00 - 12{,}00 = 4.596{,}00$

Lastfall Wasserfüllung

$E\delta_{10} = -2.242{,}92 - 1.421{,}88 = -3.664{,}80$

$E\delta_{20} = 2.339{,}01 + 30.720{,}00 = 33.059$

$E\delta_{30} = -1.421{,}88 - 444{,}50 = -1.866{,}38$

$E\delta_{40} = 30.720$

Gleichungssystem und Lösung

$$\sum_k E\delta_{ik} X_k = -E\delta_{i0}$$

Lastfall Eigengewicht

$$\begin{pmatrix} 71{,}21 & 130{,}29 & 6{,}40 & 0 \\ 130{,}29 & 1.377{,}19 & 0 & 853{,}33 \\ 6{,}40 & 0 & 65{,}35 & -90{,}51 \\ 0 & 853{,}33 & -90{,}51 & 1.131{,}24 \end{pmatrix} \begin{pmatrix} X_1 \\ X_2 \\ X_3 \\ X_4 \end{pmatrix} = \begin{pmatrix} 1.000{,}40 \\ -5.257{,}41 \\ 762{,}73 \\ -4.596{,}00 \end{pmatrix}$$

$$\begin{pmatrix} X_1 \\ X_2 \\ X_3 \\ X_4 \end{pmatrix} = \begin{pmatrix} 29{,}11 \\ -8{,}92 \\ 14{,}07 \\ 3{,}79 \end{pmatrix}$$

Lastfall Wasserfüllung

$$\begin{pmatrix} 71{,}21 & 130{,}29 & 6{,}40 & 0 \\ 130{,}29 & 1.377{,}19 & 0 & 853{,}33 \\ 6{,}40 & 0 & 65{,}35 & -90{,}51 \\ 0 & 853{,}33 & -90{,}51 & 1.131{,}24 \end{pmatrix} \begin{pmatrix} X_1 \\ X_2 \\ X_3 \\ X_4 \end{pmatrix} = \begin{pmatrix} 3.664{,}80 \\ -33.059 \\ 1.688{,}38 \\ -30.720 \end{pmatrix}$$

$$\begin{pmatrix} X_1 \\ X_2 \\ X_3 \\ X_4 \end{pmatrix} = \begin{pmatrix} 115{,}05 \\ -35{,}69 \\ 19{,}08 \\ 1{,}29 \end{pmatrix}$$

3.3.11 Hängender, wassergefüllter Kegel mit Randlagerung auf Kreisringplatte

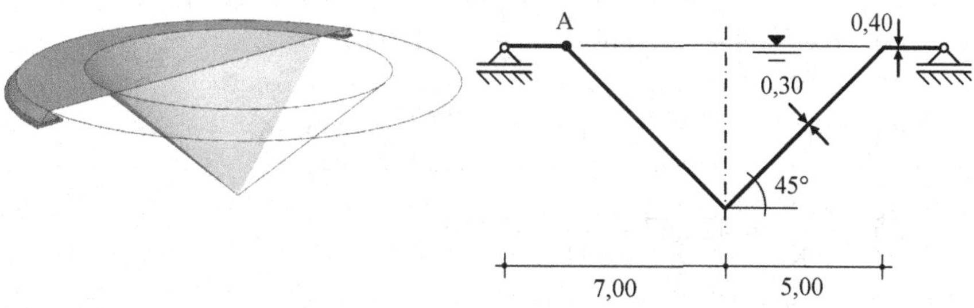

Bild 3.3-11 Berechnungsbeispiel: Hängender, wassergefüllter Kegel mit Randlagerung auf Kreisringplatte

$\mu = 0{,}2$
$\gamma_f = 10$ kN/m³

Gesucht: E-fache Verschiebung des Knotens A infolge Wasserfüllung

Grundsystem und Festwerte

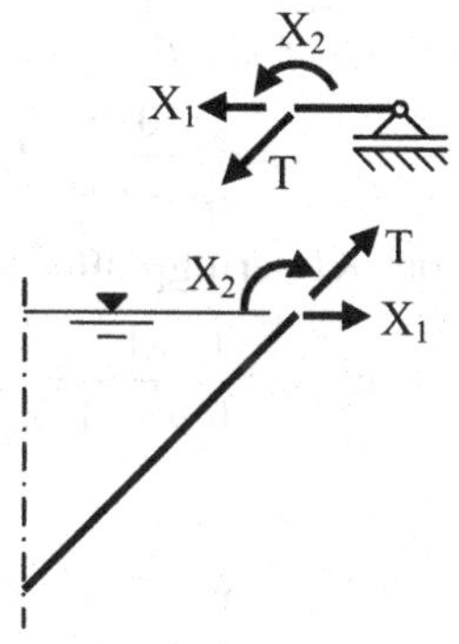

- Kegel

$$h = 0{,}30\,m$$
$$r_o = 5{,}00\,m$$
$$\alpha = 45°$$
$$s_o = 7{,}07\,m$$
$$\frac{E}{K} = \frac{12(1-0{,}2^2)}{0{,}3^3} = 426{,}67$$
$$\lambda = \sqrt{\frac{\tan\alpha}{h s_o}\sqrt{3(1-\mu^2)}} = 0{,}894$$
$$\lambda s_o = 6{,}323 > 4 \rightarrow \text{langer Kegel}$$

- Kreisringplatte/-scheibe

$$h = 0{,}40\,m$$
$$a = 7{,}00\,m$$
$$b = 5{,}00\,m$$
$$\frac{E}{K} = \frac{12(1-0{,}2^2)}{0{,}4^3} = 180{,}00$$

Formänderungsgrößen

- des Kegels

$$E\delta_{11} = \frac{E\sin^2\alpha}{2K\lambda^3} = 426{,}67\frac{\sin^2 45°}{2\cdot 0{,}894^3} = 149{,}07$$

$$E\delta_{12} = E\delta_{21} = \frac{E\sin\alpha}{2K\lambda^2} = 426{,}67\frac{\sin 45°}{2\cdot 0{,}894^2} = 188{,}56$$

$$E\delta_{22} = \frac{E}{K\lambda} = 426{,}67\frac{1}{0{,}894} = 477{,}03$$

$$E\delta_{10} = \frac{\gamma_f r_0^2}{h\sin\alpha}\left(H - r_o\tan\alpha - \frac{\mu}{6}(3H - 2r_o\tan\alpha)\right)$$

$$= \frac{10\cdot 5^2}{0{,}3\cdot\sin 45°}\left(5 - 5\cdot 1 - \frac{0{,}2}{6}(3\cdot 5 - 2\cdot 5\cdot 1)\right) = -196{,}42$$

$$E\delta_{20} = \frac{\gamma_f r_0\cos\alpha}{h\sin^2\alpha}\left(\frac{3}{2}H - \frac{8}{3}r_o\tan\alpha\right)$$

$$= \frac{10\cdot 5\cdot\cos 45°}{0{,}3\cdot\sin^2 45°}\left(\frac{3}{2}5 - \frac{8}{3}5\cdot\tan 45°\right) = -1.374{,}93$$

$$T = \frac{\gamma_f r_0}{6\sin\alpha}(3H - 2r_o\tan\alpha)$$

$$= \frac{10\cdot 5}{6\cdot\sin 45°}(3\cdot 5 - 2\cdot 5\cdot\tan 45°) = 58{,}93\,\text{kN/m}$$

- der Kreisringplatte/-scheibe

$$E\delta_{11} = \frac{1}{h}\frac{b^3}{a^2 - b^2}\left[(1-\mu) + \frac{a^2}{b^2}(1+\mu)\right]$$

$$= \frac{1}{0{,}4}\frac{5^3}{7^2 - 5^2}\left[(1-0{,}2) + \frac{7^2}{5^2}(1+0{,}2)\right] = 41{,}04$$

$$E\delta_{12} = E\delta_{21} = 0$$

$$E\delta_{22} = \frac{E\cdot b}{K(1+\mu)}\frac{1}{1-\beta^2}\left[\beta^2 + \frac{1+\mu}{1-\mu}\right]$$

$$= \frac{180\cdot 5}{(1+0{,}2)}\frac{1}{1-0{,}714^2}\left[0{,}714^2 + \frac{1+0{,}2}{1-0{,}2}\right]$$

$$= 3.078{,}13$$

$$E\delta_{10} = T\cdot\cos\alpha\cdot E\delta_{11} = 58{,}93\cdot\cos 45°\cdot 41{,}04 = 1.710{,}07$$

$$E\delta_{20} = \frac{E \cdot T \cdot \sin\alpha \cdot b^2}{2K(1+\mu)}\left[1 - 2\frac{1+\mu}{1-\mu}\frac{\ln\beta}{1-\beta^2}\right]$$

$$= 180\frac{58{,}93 \cdot \sin 45° \cdot 5^2}{2(1+0{,}2)}\left[1 - 2\frac{1+0{,}2}{1-0{,}2}\frac{\ln 0{,}714}{1-0{,}714^2}\right]$$

$$= 239.132{,}22$$

- gesamt

$$E\delta_{11} = 149{,}07 + 41{,}04 = 190{,}11$$

$$E\delta_{12} = E\delta_{21} = 188{,}56$$

$$E\delta_{22} = 477{,}03 + 3.078{,}13 = 3.555{,}15$$

$$E\delta_{10} = -196{,}42 + 1.710{,}07 = 1.513{,}65$$

$$E\delta_{20} = -1.374{,}93 + 239.132{,}22 = 237.757{,}29$$

Gleichungssystem und Lösung

$$\sum_k E\delta_{ik} X_k = -E\delta_{i0}$$

$$\begin{pmatrix} 190{,}11 & 188{,}56 \\ 188{,}56 & 3.555{,}15 \end{pmatrix}\begin{pmatrix} X_1 \\ X_2 \end{pmatrix} = \begin{pmatrix} -1.513{,}65 \\ -237.757{,}29 \end{pmatrix}$$

$$\begin{pmatrix} X_1 \\ X_2 \end{pmatrix} = \begin{pmatrix} 61{,}61 \\ -70{,}14 \end{pmatrix}$$

Verschiebung des Knotens A

Die E-fache radiale Verschiebung des Knotens beträgt

$$E\Delta r = -\delta_{10,\text{Kreisringscheibe}} - X_1 \cdot \delta_{11,\text{Kreisringscheibe}}$$

$$= 1.710{,}07 - 61{,}61 \cdot 41{,}04 = -4.238{,}66 \text{ kN/m}$$

Die E-fache vertikale Verschiebung des Knotens beträgt

$$Ew = -70{,}14 \cdot \frac{E \cdot b^2}{2K(1+\mu)}\left[1 - 2\frac{1+\mu}{1-\mu}\frac{\ln\beta}{1-\beta^2}\right]$$

$$+ \frac{E \cdot T \cdot \sin\alpha \cdot a^2 b}{8K}\left[\frac{3+\mu}{1+\mu}(1-\beta^2) + 4\frac{1+\mu}{1-\mu}\frac{\beta^2}{1-\beta^2}\ln^2\beta\right]$$

$$= -402.571{,}85 + 462.523{,}38 = 59.951{,}53 \text{ kN/m}$$

3.3.12 Ringträger mit Hohlkastenquerschnitt unter Innendruck

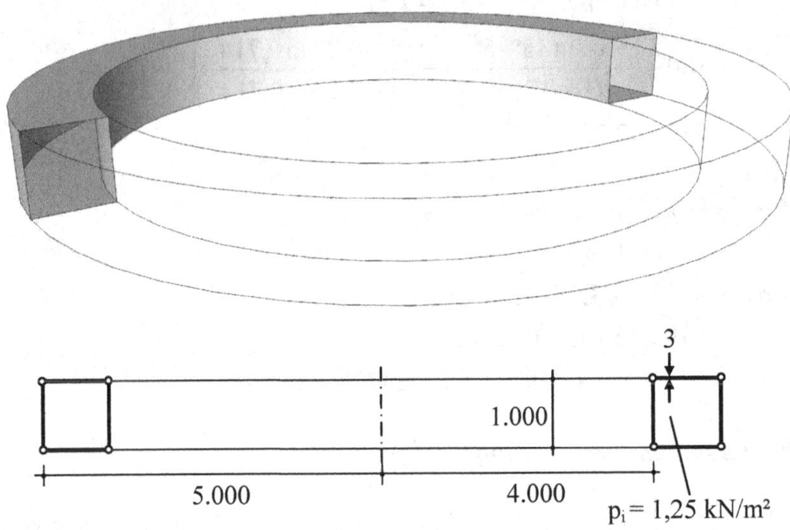

Bild 3.3-12 Berechnungsbeispiel: Ringträger mit Hohlkastenquerschnitt unter Innendruck

$\mu = 0{,}3$

Gesucht: Statisch Unbestimmte für einen Innendruck p_i = 1,25 kN/m²

Grundsystem und Festwerte

$$h = 3\,\text{mm}$$

$$\frac{K}{E} = \frac{h^3}{12(1-\mu^2)} = 2{,}4725$$

$$p_i = 1{,}25\,\text{kN/m}^2 = 1{,}25 \cdot 10^{-6}\,\text{kN/mm}^2$$

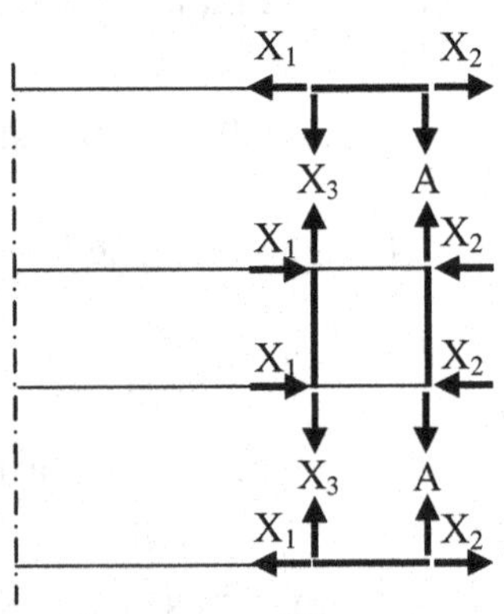

- Zylinder innen

$$a = 4.000\,\text{mm}$$

$$\ell = 1.000\,\text{mm}$$

$$\lambda = \frac{\sqrt[4]{3(1-\mu^2)}}{\sqrt{ah}} = 0{,}01173$$

$$\lambda\ell = 11{,}73 > 4 \rightarrow \text{langer Zylinder}$$

- Kreisringplatte/-scheibe

$$a = 5.000\,\text{mm}$$

$$b = 4.000\,\text{mm}$$

$$\beta = \frac{b}{a} = \frac{4.000}{5.000} = 0{,}8$$

- Zylinder außen

$$a = 5.000\,\text{mm}$$

$$\ell = 1.000\,\text{mm}$$

$$\lambda = \frac{\sqrt[4]{3(1-\mu^2)}}{\sqrt{ah}} = 0{,}01050$$

$$\lambda\ell = 10{,}50 > 4 \rightarrow \text{langer Zylinder}$$

Formänderungsgrößen

- des inneren Zylinders

$$K\delta_{11} = 2\cdot\frac{1}{2\lambda^3} = 2\frac{1}{2\cdot 0{,}01173^3} = 618.941{,}9$$

$$K\delta_{13} = K\delta_{31} = -2K\frac{\mu a}{Eh} = -2\cdot 2{,}4725\cdot\frac{0{,}3\cdot 4.000}{3} = -1.978{,}0$$

$$K\delta_{33} = K\frac{\ell}{Eh} = 2{,}4725\cdot\frac{1.000}{3} = 824{,}2$$

$$K\delta_{10} = -2\cdot K\frac{a^2 p_i}{Eh} = -2\cdot 2{,}4725\frac{4.000^2\cdot 1{,}25\cdot 10^{-6}}{3} = -32{,}97$$

$$K\delta_{30} = K\frac{\mu a\ell}{Eh}\cdot p_i = 2{,}4725\frac{0{,}3\cdot 4.000\cdot 1.000}{3}1{,}25\cdot 10^{-6} = 1{,}24$$

- der Kreisringplatten/-scheiben

$$A = \frac{a^2-b^2}{2a}p_i = \frac{5.000^2-4.000^2}{2\cdot 5.000}1{,}25\cdot 10^{-6} = 1{,}125\cdot 10^{-3}$$

$$K\delta_{11} = 2\cdot\frac{K}{E}\frac{1}{h}\frac{b^3}{a^2-b^2}\left((1-\mu)+\frac{a^2}{b^2}(1+\mu)\right)$$

$$= 2\cdot\frac{2{,}4725}{3}\frac{4.000^3}{5.000^2-4.000^2}\left((1-0{,}3)+\frac{5.000^2}{4.000^2}(1+0{,}3)\right)$$

$$= 32.014{,}7$$

$$K\delta_{12} = 2 \cdot \frac{K}{E}\frac{2}{h}\frac{a^2 b}{a^2 - b^2}$$

$$= 2 \cdot \frac{2 \cdot 2{,}4725}{3}\frac{5.000^2 \cdot 4.000}{5.000^2 - 4.000^2} = 36.630{,}4$$

$$K\delta_{21} = 2 \cdot \frac{K}{E}\frac{2}{h}\frac{ab^2}{a^2 - b^2}$$

$$= 2 \cdot \frac{2 \cdot 2{,}4725}{3}\frac{5.000 \cdot 4.000^2}{5.000^2 - 4.000^2} = 29.304{,}0$$

$$K\delta_{22} = 2 \cdot \frac{K}{E}\frac{1}{h}\frac{a^3}{a^2 - b^2}\left((1-\mu) + \frac{b^2}{a^2}(1+\mu)\right)$$

$$= 2 \cdot \frac{2{,}4725}{3}\frac{5.000^3}{5.000^2 - 4.000^2}\left((1-0{,}3) + \frac{4.000^2}{5.000^2}(1+0{,}3)\right)$$

$$= 35.073{,}3$$

$$K\delta_{33} = 2\frac{a^2 b}{8}\left\{\frac{3+\mu}{1+\mu}(1-\beta^2) + 4\frac{1+\mu}{1-\mu}\frac{\beta^2}{1-\beta^2}\ln^2\beta\right\}$$

$$= 2\frac{5.000^2 \cdot 4.000}{8}\left\{\frac{3+0{,}3}{1+0{,}3}(1-0{,}8^2) + 4\frac{1+0{,}3}{1-0{,}3}\frac{0{,}8^2}{1-0{,}8^2}\ln^2 0{,}8\right\}$$

$$= 3{,}929 \cdot 10^{10}$$

$$K\delta_{10} = K\delta_{20} = 0$$

$$K\delta_{30} = -2 \cdot \frac{p_i a^4}{64}\left\{\left[(5+\mu) - (7+3\mu)\beta^2\right]\frac{1-\beta^2}{1+\mu}\right.$$

$$\left. - \left[(3+\mu) + 4(1+\mu)\frac{\beta^2}{1-\beta^2}\ln\beta\right]\frac{4}{1-\mu}\beta^2\ln\beta\right\}$$

$$= -2 \cdot \frac{1{,}25 \cdot 10^{-6} \cdot 5.000^4}{64}\left\{\left[(5+0{,}3) - (7+3\cdot 0{,}3)\,0{,}8^2\right]\frac{1-0{,}8^2}{1+0{,}3}\right.$$

$$\left. - \left[(3+0{,}3) + 4(1+0{,}3)\frac{0{,}8^2}{1-0{,}8^2}\ln 0{,}8\right]\frac{4}{1-0{,}3}0{,}8^2\ln 0{,}8\right\}$$

$$= -2{,}63 \cdot 10^7$$

- des äußeren Zylinders

$$K\delta_{22} = 2 \cdot \frac{1}{2\lambda^3} = 2\frac{1}{2 \cdot 0{,}01050^3} = 864.997{,}6$$

$$K\delta_{33} = K\frac{b}{a}\frac{\ell}{Eh} = 2{,}4725 \cdot \frac{4.000}{5.000}\frac{1.000}{3} = 659{,}3$$

$$K\delta_{20} = -2 \cdot K\frac{a^2 p_i}{Eh} = -2 \cdot 2{,}4725\frac{5.000^2 \cdot 1{,}25 \cdot 10^{-6}}{3} = -51{,}51$$

$$K\delta_{30} = K\frac{\mu a\ell}{Eh} \cdot p_i - A \cdot K\frac{\ell}{Eh}$$

$$= 2{,}4725\frac{0{,}3 \cdot 5.000 \cdot 1.000}{3}1{,}25 \cdot 10^{-6} - 2{,}4725 \cdot 1{,}125 \cdot 10^{-3} \cdot \frac{1.000}{3}$$

$$= 0{,}62$$

- gesamt

$$K\delta_{11} = 618.941{,}9 + 32.014{,}7 = 650.956{,}6$$

$$K\delta_{12} = 36.630{,}4$$

$$K\delta_{13} = K\delta_{31} = -1978{,}0$$

$$K\delta_{21} = 29.304{,}0$$

$$K\delta_{22} = 35.073{,}3 + 864.997{,}6 = 900.070{,}9$$

$$K\delta_{33} = 824{,}2 + 3{,}929 \cdot 10^{10} + 659{,}3 = 3{,}929 \cdot 10^{10}$$

$$K\delta_{10} = -32{,}97$$

$$K\delta_{20} = -51{,}51$$

$$K\delta_{30} = 1{,}24 - 2{,}63 \cdot 10^{7} + 0{,}62 = -2{,}63 \cdot 10^{7}$$

Gleichungssystem und Lösung

$$\sum_k K\delta_{ik} X_k = -K\delta_{i0}$$

$$\begin{pmatrix} 650.956{,}6 & 36.630{,}4 & -1978{,}0 \\ 29.304{,}0 & 900.070{,}9 & 0 \\ -1978{,}0 & 0 & 3{,}929 \cdot 10^{10} \end{pmatrix}\begin{pmatrix} X_1 \\ X_2 \\ X_3 \end{pmatrix} = \begin{pmatrix} 32{,}97 \\ 51{,}51 \\ 2{,}63 \cdot 10^{7} \end{pmatrix}$$

$$\begin{pmatrix} X_1 \\ X_2 \\ X_3 \end{pmatrix} = \begin{pmatrix} 49{,}55 \cdot 10^{-6} \\ 55{,}62 \cdot 10^{-6} \\ 669{,}41 \cdot 10^{-6} \end{pmatrix} \; [\mathrm{kN/mm}]$$

3.4 Programmbeschreibung ftw^r

Das Programm **ftw^r** dient der Berechnung rotationssymmetrischer Flächentragwerke nach dem Kraftgrößenverfahren. Es stehen folgende Elementtypen (Bild 3.4-1) zur Verfügung:

- Zylinder (kurz und lang)
- Kegel(stumpf)schale (lang)
- Kugel(zonen)schale (lang)
- Rechteckiger Kreisring
- Kreis(ring)platte und Kreis(ring)scheibe

Schnittgrößen können wahlweise graphisch oder als Ergebnisliste ausgegeben werden.
Für die Datenein- und ausgabe können die Dimensionen frei gewählt werden, sie müssen aber konsistent sein.

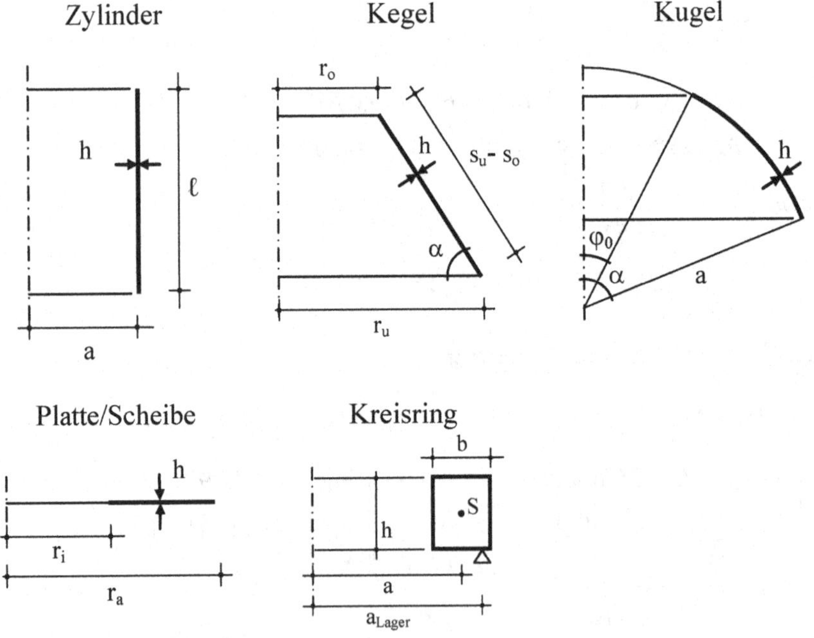

Bild 3.4-1 Elementtypen und benötigte Geometrieparameter

Nach dem Programmaufruf erscheint die Programmoberfläche wie in Bild 3.4-2 dargestellt.

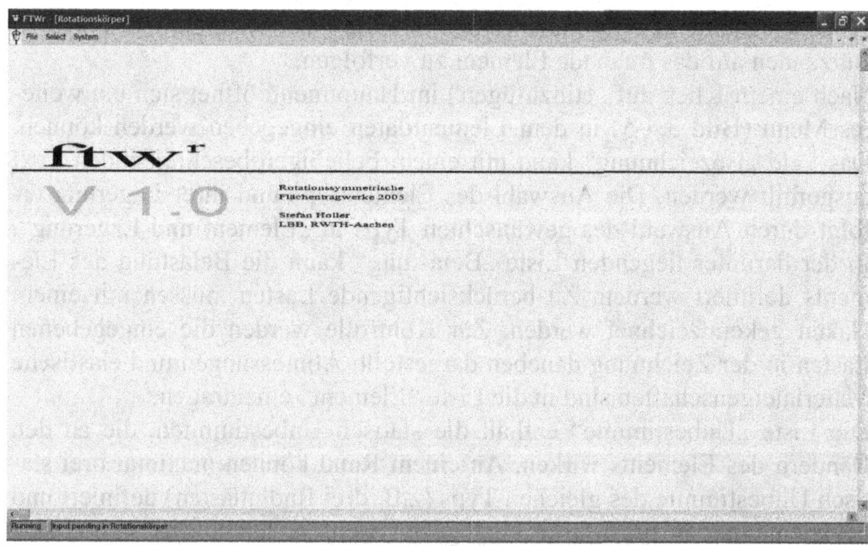

Bild 3.4-2 Programmoberfläche

Das Hauptmenü besteht aus folgenden Einträgen:

- File Öffnen und Speichern von Datensätzen
- Select Markieren und kopieren von Grafiken und Texten
- System Systemeingabe und Darstellung von Ergebnissen

Nach einem Klick auf „System" öffnet sich das Fenster in Bild 3.4-3.

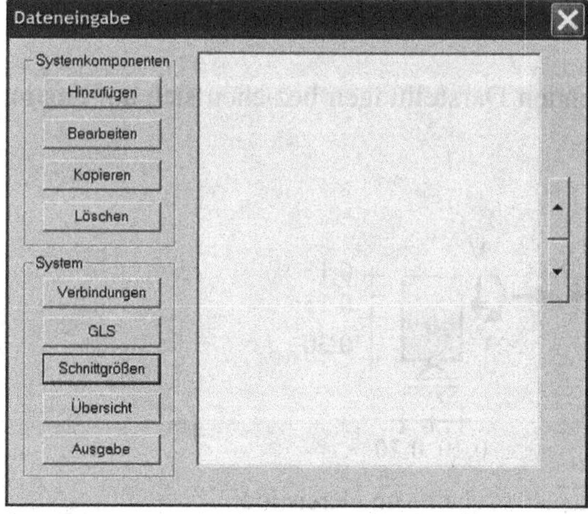

Bild 3.4-3 Haupt-Auswahlmenü

In dieser Maske können Systemkomponenten (=Elemente) hinzugefügt, kopiert, gelöscht und bearbeitet werden. Außerdem können Verbindungen

zwischen Elementen definiert werden, um die Lastübertragung aus dem zu stützenden auf das tragende Element zu verfolgen.
Nach einem Klick auf „Hinzufügen“ im Hauptmenü öffnet sich ein weiteres Menu (Bild 3.4-5) in dem Elementdaten eingegeben werden können. Das Feld „Bezeichnung“ kann mit einem beliebigen beschreibenden Text ausgefüllt werden. Die Auswahl des Elementtyps und ihrer Lagerung erfolgt durch Auswahl des gewünschten Typs in „Element und Lagerung“. In der darunter liegenden Liste „Belastung“ kann die Belastung des Elements definiert werden. Zu berücksichtigende Lasten müssen mit einem Haken gekennzeichnet werden. Zur Kontrolle werden die eingegebenen Lasten in der Zeichnung daneben dargestellt. Abmessungen und elastische Materialeigenschaften sind in die Liste “Element“ einzutragen.
Die Liste „Unbestimmte“ enthält die statisch Unbestimmten, die an den Rändern des Elements wirken. An einem Rand können maximal drei statisch Unbestimmte des gleichen Typs (z.B. drei Radiallasten) definiert und nebeneinander in die Maske eingegeben werden. Durch das Vorzeichen der statisch Unbestimmten kann deren Richtung verändert werden. Dies ist ebenfalls in der Zeichnung zu verfolgen.
Eine Ausnahme in der Dateneingabe stellt der Kreisring (Bild 3.4-6) dar. Die Definition der statisch Unbestimmten erfolgt hier durch Eingabe der Nummer der Unbestimmten (1. Spalte), Art der Unbestimmten (R für Radiallast und M für Moment) in der 2. Spalte, des Radius auf dem die Unbestimmte wirkt (3. Spalte), und der vertikalen Ausmitte, bezogen auf den Schwerpunkt und nach unten als positiv definiert (4. Spalte). Auch hier verändert ein Minuszeichen in der ersten Spalte die Richtung der Unbestimmten.
Die Eintragungen in den folgenden Darstellungen beziehen sich auf das in Bild 3.4-4 dargestellte System.

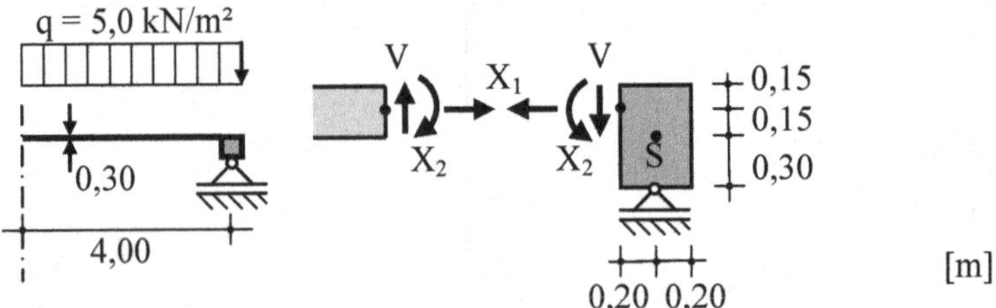

Bild 3.4-4 Einzelbeispiel für Kreisplatte/scheibe und Kreisring

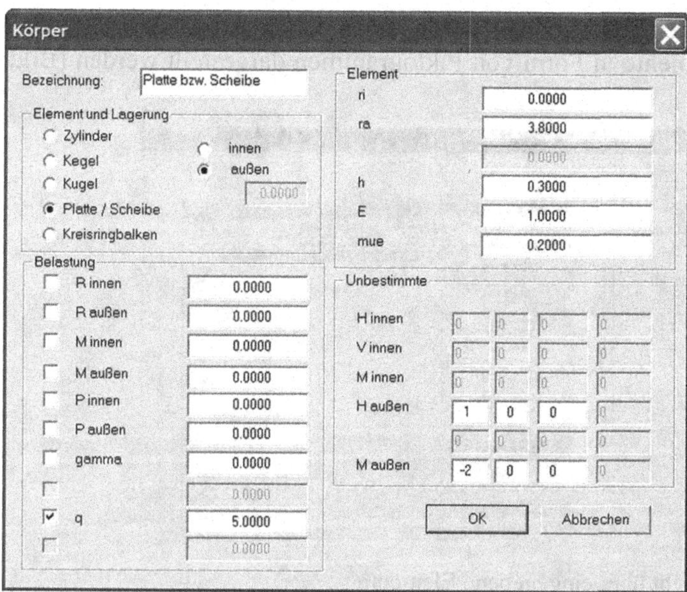

Bild 3.4-5 Dateneingabe am Beispiel einer Platte/Scheibe

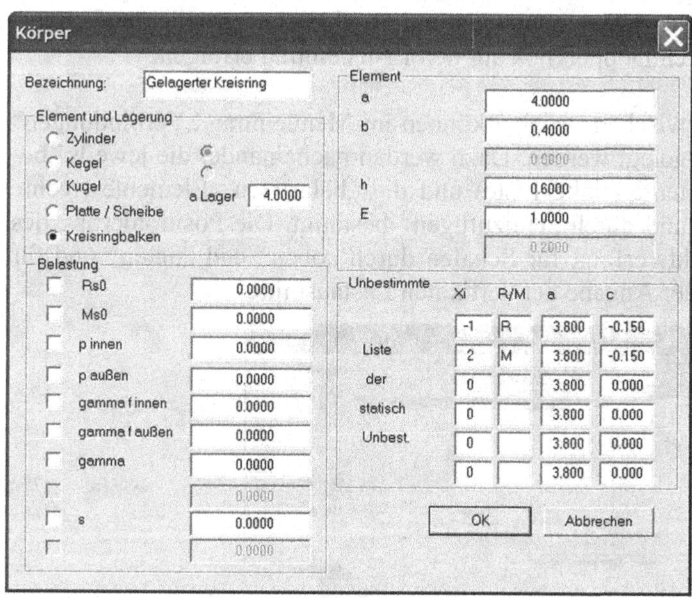

Bild 3.4-6 Dateneingabe am Beispiel eines Kreisrings

Nach der Dateneingabe können durch einen Klick auf „Übersicht“ alle eingegeben Elemente in Form von Piktogrammen dargestellt werden (Bild 3.4-7).

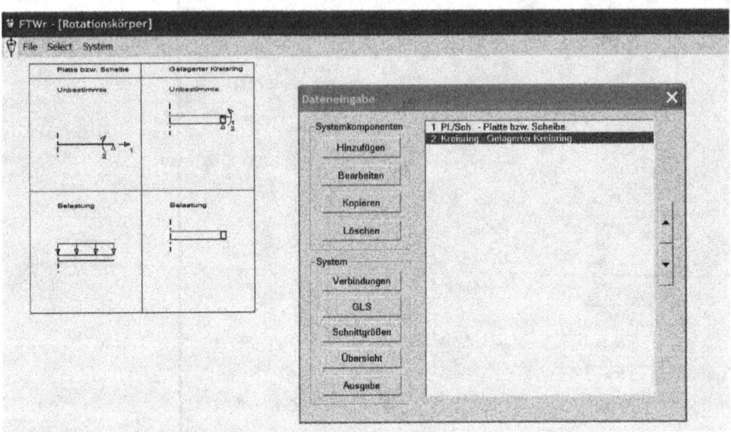

Bild 3.4-7 Übersicht über eingegebene Elemente

Die Bearbeitung der Elemente kann entweder durch Markierung des Elements in der Liste des Hauptmenüs und anschließenden Klick auf „Bearbeiten“ oder durch Doppelklick auf den Listeneintrag erfolgen.

Verbindungen zwischen Schalen können im Menüeintrag „Verbindungen“ (Bild 3.4-8) festgelegt werden. Dazu werden nacheinander die jeweils „belastenden“ Elemente (linke Liste) und die „belasteten“ Elemente (rechte Liste) markiert und durch „Hinzufügen“ bestätigt. Die Positionierung des Lastangriffspunkts erfolgt für Schalen durch „oben“ und „unten“ und für Kreisringe mit der Angabe der vertikalen Lastausmitte c.

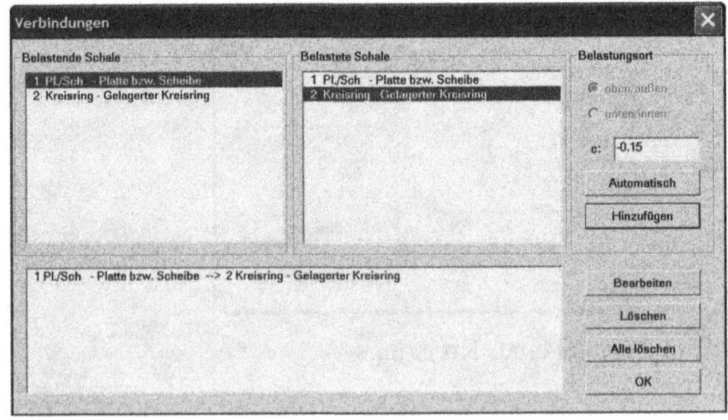

Bild 3.4-8 Definition von Verbindungen zur Lastübertragung

Die Kontrolle der eingegebenen Daten kann durch einen Einzelklick auf den Listeneintrag im Hauptmenü vorgenommen werden. Neben Geometrie- und Lastgrößen werden ebenfalls die Formänderungswerte für dieses Element und, falls vorhanden, die Auflagerkraft ausgegeben (Bild 3.4-9).

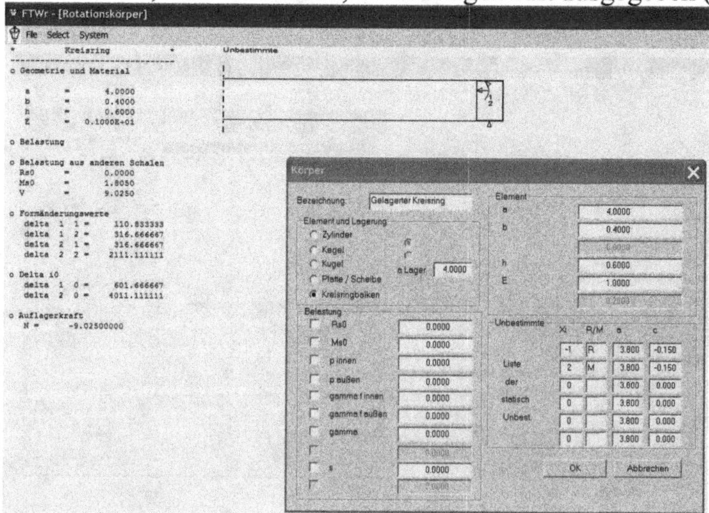

Bild 3.4-9 Datenübersicht am Beispiel eines Kreisringbalkens

Nach erfolgreicher Kontrolle der Parameter kann das gesamte Gleichungssystem mit seiner Lösung durch Betätigen des Schalters „GLS“ im Hauptmenü ausgegeben werden (Bild 3.4-10).

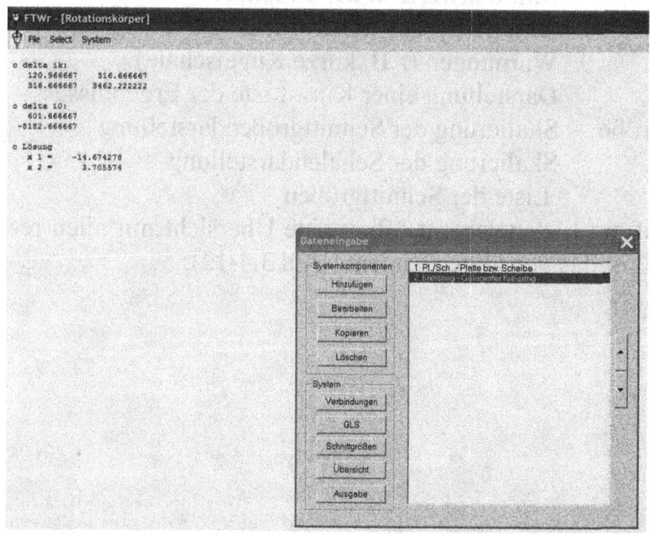

Bild 3.4-10 Ausgabe von Gleichungssystem und Lösung

Der Schalter „Schnittgrößen“ führt zu einem weiteren Menü und dient der graphischen Darstellung oder wahlweise der Ausgabe der Schnittgrößen in Tabellenform (Bild 3.4-11). Dazu wird das gewünschte Element in der linken Liste markiert und die darzustellende Schnittgröße aus der rechten Liste ausgewählt.

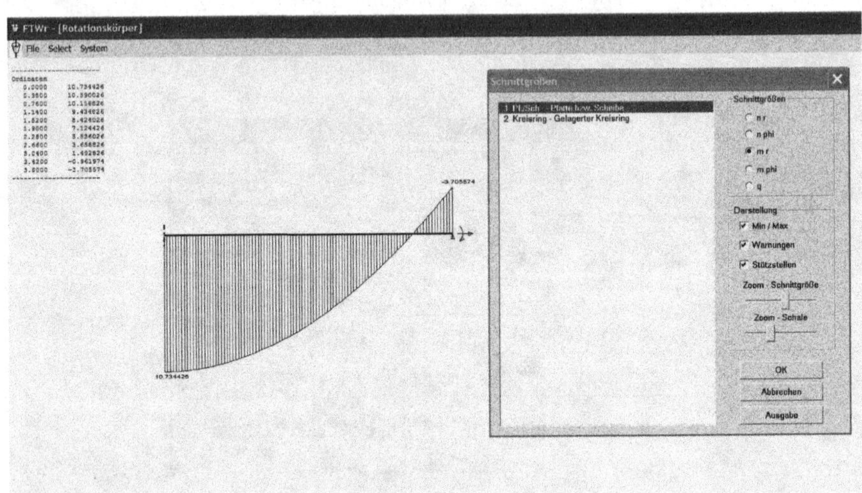

Bild 3.4-11 Ergebnisdarstellung am Beispiel einer Platte

Die darunter abgebildeten Schalter haben folgende Bedeutung:

- Min/Max	Markierung und Ausgabe der Maximal- und Minimalwerte in der Graphik
- Warnungen	Aktiviert oder unterdrückt die Ausgabe von Warnungen (z.B. kurze Kugelschale)
- Stützstellen	Darstellung einer Kurz-Liste der Ergebnisse
- Zoom - Schnittgröße	Skalierung der Schnittgrößendarstellung
- Zoom - Schale	Skalierung der Schalendarstellung
- Ausgabe	Liste der Schnittgrößen

Ein Doppelklick auf ein Listenelement öffnet eine Übersicht mit allen resultierenden Lasten auf das gewählte Element (Bild 3.4-12).

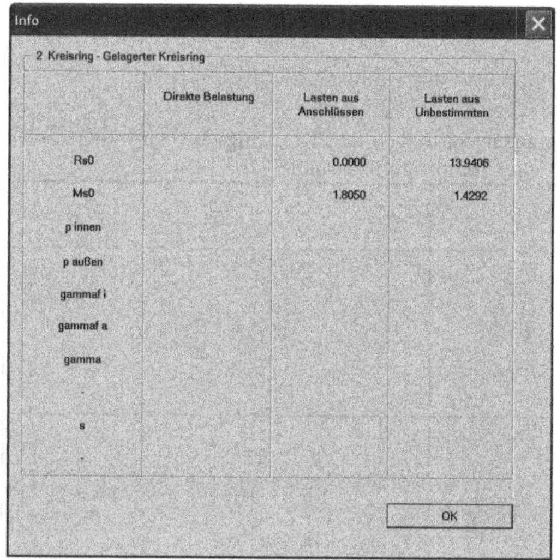

Bild 3.4-12 Informationen über die resultierende Belastung eines Elements (hier: Kreisring)

Der Ablauf des Programms lässt sich wie folgt (Bild 3.4-13) vereinfacht darstellen:

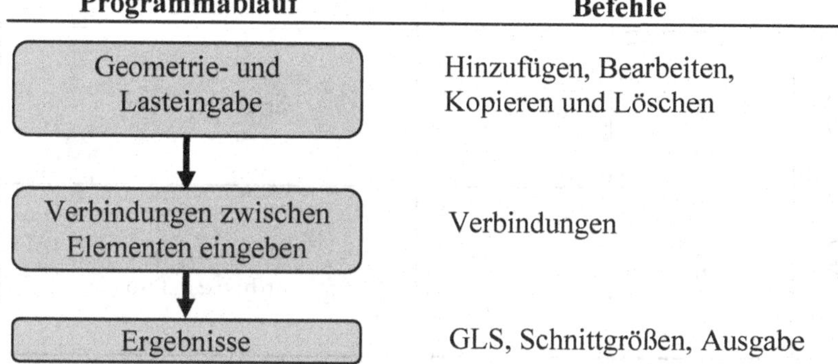

Bild 3.4-13 Programmablaufschema

Hinweis:

Das Programm erlaubt nicht die Behandlung folgender Probleme:

- Lastfall Temperatur
- Kurze Kugel- und Kegelschalen
- Elastische Lagerungen
- Kreisringplatten, an denen eine vertikale statisch Unbestimmte wirkt, ohne vertikal unverschiebliches Lager.

3.5 Hilfstafeln für rotationssymmetrische Flächentragwerke

Tafel 1: Schnittkräfte und Randverformungen von Kreis- und Kreisringscheiben infolge konstanter Radiallast und gleichmäßiger Temperaturänderung T_S

	n_r	n_φ	Δr
R, a, r	R	R	$\Delta r(a) = \frac{Ra}{Eh}(1-\mu)$
R, a, b, r	$\frac{Ra^2}{a^2-b^2}\left(1-\frac{b^2}{r^2}\right)$	$\frac{Ra^2}{a^2-b^2}\left(1+\frac{b^2}{r^2}\right)$	$\Delta r(a) = \frac{R}{Eh}\frac{a^3}{a^2-b^2}\left[(1-\mu)+\frac{b^2}{a^2}(1+\mu)\right]$ $\Delta r(b) = \frac{2R}{Eh}\frac{a^2 b}{a^2-b^2}$
b, a, r, R	$\frac{Rb^2}{a^2-b^2}\left(\frac{a^2}{r^2}-1\right)$	$-\frac{Rb^2}{a^2-b^2}\left(\frac{a^2}{r^2}+1\right)$	$\Delta r(a) = -\frac{2R}{Eh}\frac{ab^2}{a^2-b^2}$ $\Delta r(b) = -\frac{R}{Eh}\frac{b^3}{a^2-b^2}\left[(1-\mu)+\frac{a^2}{b^2}(1+\mu)\right]$
T_s, a, r	0	0	$\Delta r(a) = \alpha_T \cdot T_s \cdot a$
T_s, b, a	0	0	$\Delta r(a) = \alpha_T \cdot T_s \cdot a$ $\Delta r(b) = \alpha_T \cdot T_s \cdot b$

Tafel 2: Schnittgrößen von Kreisplatten mit rotationssymmetrischer Belastung

h, r, a

$\rho = \frac{r}{a}$

Lastfall		Biegemomente	Querkraft
p, 2a		$m_r = \frac{pa^2}{16}(3+\mu)(1-\rho^2)$ $m_\varphi = \frac{pa^2}{16}\left[2(1-\mu)+(1+3\mu)(1-\rho^2)\right]$	$q_r = -\frac{1}{2}pr$
p, 2b, 2a, $\beta = \frac{b}{a}$	$\rho \le \beta$	$m_r = \frac{pa^2}{16}\left[\kappa-(3+\mu)\rho^2\right]$ $m_\varphi = \frac{pa^2}{16}\left[\kappa-(1+3\mu)\rho^2\right]$ $\kappa = \left[4-(1-\mu)\beta^2-4(1+\mu)\ln\beta\right]\beta^2$	$q_r = -\frac{1}{2}pr$
	$\rho \ge \beta$	$m_r = \frac{pa^2}{16}\left[(1-\mu)\beta^2(\frac{1}{\rho^2}-1)-4(1+\mu)\ln\rho\right]\beta^2$ $m_\varphi = \frac{pa^2}{16}\left[4(1-\mu)-(1-\mu)\beta^2(1+\frac{1}{\rho^2})\right.$ $\left.-4(1+\mu)\ln\rho\right]\beta^2$	$q_r = -\frac{1}{2}\frac{pb^2}{r}$
P, 2a		$m_r = -\frac{P}{4\pi}(1+\mu)\ln\rho$ $m_\varphi = \frac{P}{4\pi}\left[(1-\mu)-(1+\mu)\ln\rho\right]$	$q_r = -\frac{P}{2\pi r}$
P, P, 2b, 2a, $\beta = \frac{b}{a}$	$\rho \le \beta$	$m_r = m_\varphi = \frac{Pb}{4}\left[(1-\mu)(1-\beta^2)-2(1+\mu)\ln\beta\right]$	$q_r = 0$
	$\rho \ge \beta$	$m_r = \frac{Pb}{4}\left[(1-\mu)\beta^2(\frac{1}{\rho^2}-1)-2(1+\mu)\ln\rho\right]$ $m_\varphi = \frac{Pb}{4}\left[2(1-\mu)-(1-\mu)\beta^2(1+\frac{1}{\rho^2})\right.$ $\left.-2(1+\mu)\ln\rho\right]$	$q_r = -P\cdot\frac{b}{r}$
M, 2a		$m_r = m_\varphi = M$	$q_r = 0$

Tafel 3: Verformungen von Kreisplatten mit rotationssymmetrischer Belastung

h, w, w'(a), r, a

$$\rho = \frac{r}{a}$$

$$K = \frac{Eh^3}{12(1-\mu^2)}$$

Lastfall	Durchbiegungen w	Randverdrehung w′(a)
p, 2a	$w(r) = \frac{pa^4}{64K(1+\mu)}\left[(5+\mu) - 2(3+\mu)\rho^2 + (1+\mu)\rho^4\right]$ $w(0) = \frac{pa^4}{64K}\frac{5+\mu}{1+\mu}$	$-\frac{pa^3}{8K(1+\mu)}$
p, 2b, 2a $\beta = \frac{b}{a}$	$w(0) = \frac{pa^2b^2}{64K(1+\mu)}\left[4(3+\mu) - (7+3\mu)\beta^2 + 4(1+\mu)\beta^2 \ln\beta\right]$ $w(b) = \frac{pa^2b^2}{32K}\left[(1-\beta^2)\frac{2(3+\mu)-(1-\mu)\beta^2}{1+\mu} + 6\beta^2 \ln\beta\right]$	$-\frac{pab^2}{8K(1+\mu)}(2-\beta^2)$
P, 2a	$w(r) = \frac{Pa^2}{16\pi K}\left[(1-\rho^2)\frac{3+\mu}{1+\mu} + 2\rho^2 \ln\rho\right]$ $w(0) = \frac{Pa^2}{16\pi K}\frac{3+\mu}{1+\mu}$	$-\frac{Pa}{4\pi K(1+\mu)}$
P, P, 2b, 2a $\beta = \frac{b}{a}$	$w(0) = \frac{Pa^2b}{8K(1+\mu)}\left[(3+\mu)(1-\beta^2) + 2(1+\mu)\beta^2 \ln\beta\right]$ $w(b) = \frac{Pa^2b}{8K(1+\mu)}\left\{\left[(3+\mu) - \beta^2(1-\mu)\right](1-\beta^2) + 4(1+\mu)\beta^2 \ln\beta\right\}$	$-\frac{Pab}{2K(1+\mu)}(1-\beta^2)$
M, 2a	$w(r) = \frac{Ma^2}{2K(1+\mu)}(1-\rho^2)$ $w(0) = \frac{Ma^2}{2K(1+\mu)}$	$-\frac{Ma}{K(1+\mu)}$

Tafel 4: Schnittgrößen von Kreisringplatten mit rotationssymmetrischer Belastung

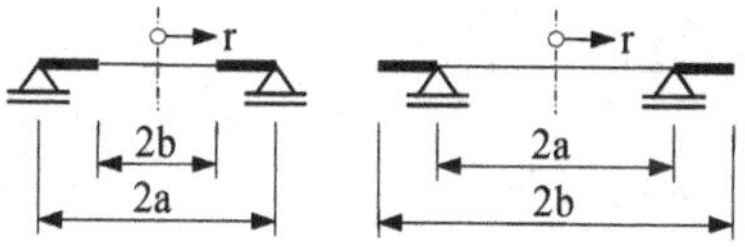

$\rho = \frac{r}{a}, \quad \beta = \frac{b}{a}$

Lastfall	Biegemomente	Querkraft
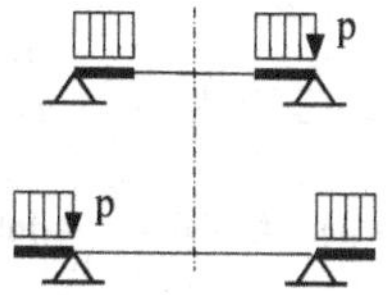	$m_r = \frac{pa^2}{16}\left[(3+\mu)(1-\rho^2) - \beta^2\kappa_1\left(\frac{1}{\rho^2}-1\right) + 4(1+\mu)\,\beta^2 \ln\rho\right]$ $m_\varphi = \frac{pa^2}{16}\left[(3+\mu) - 4\beta^2(1-\mu) - (1+3\mu)\,\rho^2) + \kappa_1\beta^2\left(1+\frac{1}{\rho^2}\right) + 4(1+\mu)\,\beta^2 \ln\rho\right]$ $\kappa_1 = (3+\mu) + 4(1+\mu)\frac{\beta^2}{1-\beta^2}\ln\beta$	$q_r = -\frac{p}{2r}\left(r^2 - b^2\right)$
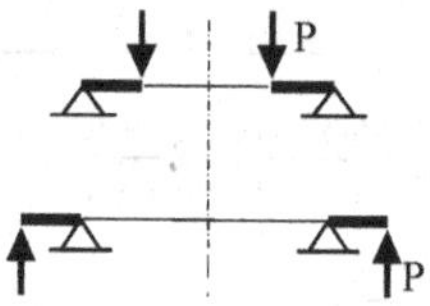	$m_r = -\frac{Pb}{2}(1+\mu)\left[\ln\rho - \kappa_2\left(\frac{1}{\rho^2}-1\right)\right]$ $m_\varphi = -\frac{Pb}{2}(1+\mu)\left[\ln\rho + \kappa_2\left(\frac{1}{\rho^2}+1\right) - \frac{1-\mu}{1+\mu}\right]$ $\kappa_2 = \frac{\beta^2}{1-\beta^2}\ln\beta$	$q_r = -P\frac{b}{r}$
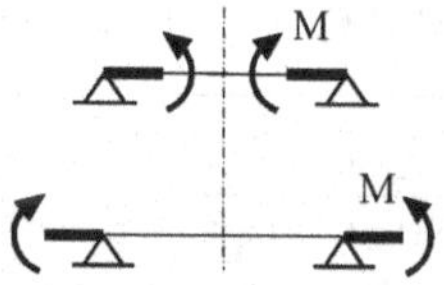	$m_r = -M\frac{\beta^2}{1-\beta^2}\left(1-\frac{1}{\rho^2}\right)$ $m_\varphi = -M\frac{\beta^2}{1-\beta^2}\left(1+\frac{1}{\rho^2}\right)$	$q_r = 0$
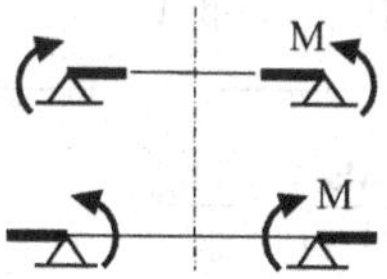	$m_r = \frac{M}{1-\beta^2}\left(1-\frac{\beta^2}{\rho^2}\right)$ $m_\varphi = \frac{M}{1-\beta^2}\left(1+\frac{\beta^2}{\rho^2}\right)$	$q_r = 0$

Tafel 5: Verformungen von Kreisringplatten mit rotationssymmetrischer Belastung

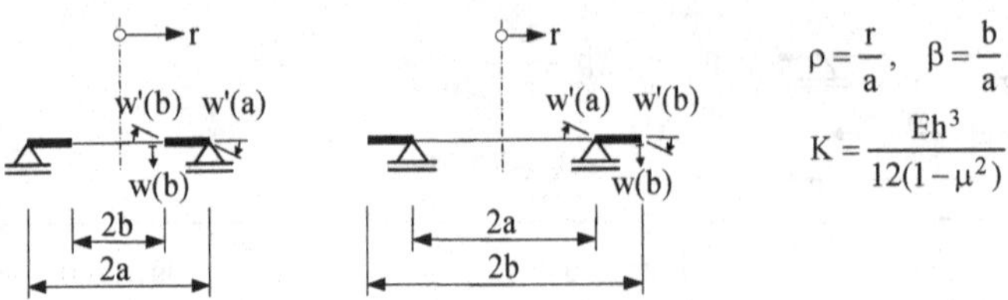

$$\rho = \frac{r}{a}, \quad \beta = \frac{b}{a}$$

$$K = \frac{Eh^3}{12(1-\mu^2)}$$

Lastfall	Durchbiegung w(b)	Randverdrehungen w′
p / p	$\frac{pa^4}{64K}\left\{\left[(5+\mu)-(7+3\mu)\beta^2\right]\frac{1-\beta^2}{1+\mu} - \left[(3+\mu)+4(1+\mu)\frac{\beta^2}{1-\beta^2}\ln\beta\right] \cdot \frac{4}{1-\mu}\beta^2\ln\beta\right\}$	$w'(a) = -\frac{pa^3}{8K(1+\mu)}\left\{1-2\beta^2+\frac{\beta^2}{1-\mu}\cdot\left[(3+\mu)+4(1+\mu)\frac{\beta^2}{1-\beta^2}\ln\beta\right]\right\}$ $w'(b) = -\frac{pa^2b}{8K(1+\mu)}\left\{\frac{1}{1-\mu}\left[(3+\mu)+4(1+\mu)\frac{\beta^2}{1-\beta^2}\ln\beta\right]-\beta^2\right\}$
P / P	$\frac{Pa^2b}{8K}\left\{\frac{3+\mu}{1+\mu}(1-\beta^2)+4\frac{1+\mu}{1-\mu}\frac{\beta^2}{1-\beta^2}\ln^2\beta\right\}$	$w'(a) = -\frac{Pab}{2K(1+\mu)}\left(1-2\frac{1+\mu}{1-\mu}\cdot\frac{\beta^2}{1-\beta^2}\ln\beta\right)$ $w'(b) = -\frac{Pb^2}{2K(1+\mu)}\left(1-2\frac{1+\mu}{1-\mu}\frac{\ln\beta}{1-\beta^2}\right)$
M / M	$-\frac{Mb^2}{2K(1+\mu)}\left(1-2\frac{1+\mu}{1-\mu}\frac{\ln\beta}{1-\beta^2}\right)$	$w'(a) = \frac{2Mb}{K(1-\mu^2)}\frac{\beta}{1-\beta^2}$ $w'(b) = \frac{Mb}{K(1+\mu)}\frac{1}{1-\beta^2}\left(\beta^2+\frac{1+\mu}{1-\mu}\right)$
M / M	$\frac{Ma^2}{2K(1+\mu)}\left(1-2\frac{1+\mu}{1-\mu}\frac{\beta^2}{1-\beta^2}\ln\beta\right)$	$w'(a) = -\frac{Ma}{K(1+\mu)}\frac{1}{1-\beta^2}\left(1+\frac{1+\mu}{1-\mu}\beta^2\right)$ $w'(b) = -\frac{2Mb}{K(1-\mu^2)}\frac{1}{1-\beta^2}$

Tafel 6: Zahlentafel für Kreisplatte mit konstanter Linienlast ($\mu = 0{,}2$)

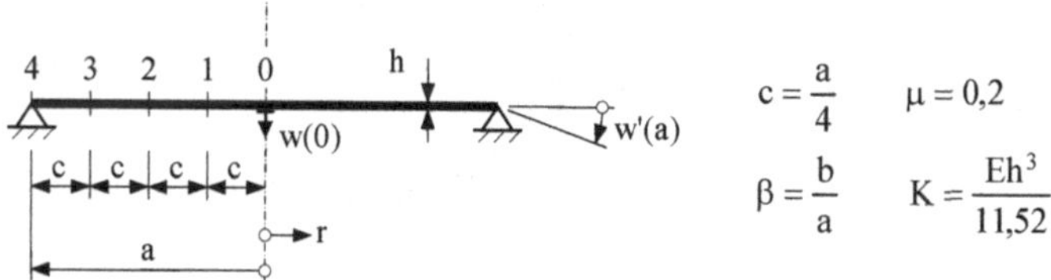

$c = \frac{a}{4}$ $\quad \mu = 0{,}2$

$\beta = \frac{b}{a}$ $\quad K = \frac{Eh^3}{11{,}52}$

β	m_r in den Punkten 0	1	2	3	4	w′(a)	Lastfall
0,1	0,158	0,086	0,042	0,017	0,000	–0,04125	
0,2	0,232	0,190	0,088	0,036	0,000	–0,08000	
0,3	0,271	0,271	0,141	0,056	0,000	–0,11375	
0,4	0,287	0,287	0,205	0,079	0,000	–0,14000	
0,5	0,283	0,283	0,283	0,106	0,000	–0,15625	P P
0,6	0,261	0,261	0,261	0,137	0,000	–0,16000	
0,7	0,221	0,221	0,221	0,174	0,000	–0,14875	2b
0,8	0,165	0,165	0,165	0,165	0,000	–0,12000	2a
0,9	0,091	0,091	0,091	0,091	0,000	–0,07125	
1,0	0,000	0,000	0,000	0,000	0,000	–0,00000	
Faktor	$P \cdot a$					$P \cdot a^2 / K$	

β	m_φ in den Punkten 0	1	2	3	4	w(0)	w(b)
0,1	0,158	0,120	0,081	0,057	0,040	0,03242	0,03177
0,2	0,232	0,219	0,155	0,110	0,077	0,06078	0,05692
0,3	0,271	0,271	0,218	0,157	0,109	0,08287	0,07270
0,4	0,287	0,287	0,262	0,193	0,134	0,09734	0,07820
0,5	0,283	0,283	0,283	0,217	0,150	0,10334	0,07387
0,6	0,261	0,261	0,261	0,224	0,154	0,10042	0,06131
0,7	0,221	0,221	0,221	0,210	0,143	0,08842	0,04325
0,8	0,165	0,165	0,165	0,165	0,115	0,06744	0,02352
0,9	0,091	0,091	0,091	0,091	0,068	0,03780	0,00705
1,0	0,000	0,000	0,000	0,000	0,000	0,00000	0,00000
Faktor	$P \cdot a$					$P \cdot a^3 / K$	$P \cdot a^3 / K$

Tafel 7: Zahlentafel für Kreisplatte mit Teilflächenlast ($\mu = 0{,}2$)

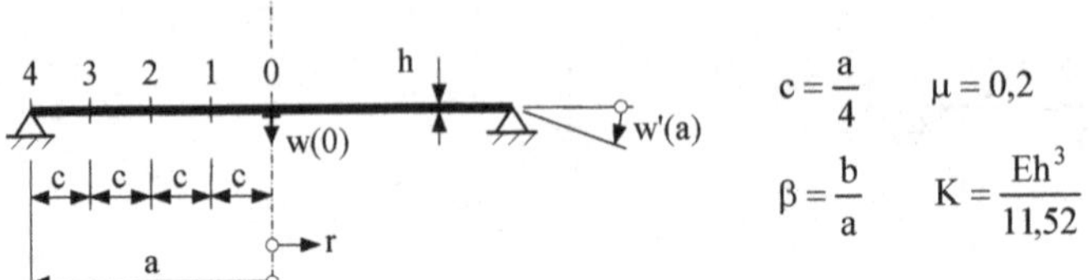

β	m_r in den Punkten 0	1	2	3	4	w′(a)	Lastfall
0,1	0,009	0,004	0,002	0,001	0,000	–0,00207	
0,2	0,029	0,018	0,009	0,004	0,000	–0,00817	
0,3	0,055	0,042	0,020	0,008	0,000	–0,01791	
0,4	0,083	0,070	0,037	0,015	0,000	–0,03067	
0,5	0,111	0,099	0,061	0,024	0,000	–0,04557	p, 2b, 2a
0,6	0,139	0,126	0,089	0,036	0,000	–0,06150	
0,7	0,163	0,150	0,113	0,052	0,000	–0,07707	
0,8	0,182	0,170	0,132	0,070	0,000	–0,09067	
0,9	0,195	0,183	0,145	0,083	0,000	–0,10041	
1,0	0,200	0,188	0,150	0,088	0,000	–0,10417	
Faktor	$p \cdot a^2$					$p \cdot a^3 / K$	

β	m_φ in den Punkten 0	1	2	3	4	w(0)	w(b)
0,1	0,009	0,006	0,004	0,003	0,002	0,00164	0,00160
0,2	0,029	0,023	0,016	0,011	0,008	0,00635	0,00589
0,3	0,055	0,048	0,035	0,025	0,017	0,01359	0,01167
0,4	0,083	0,076	0,059	0,042	0,029	0,02267	0,01755
0,5	0,111	0,105	0,086	0,063	0,044	0,03277	0,02215
0,6	0,139	0,132	0,114	0,085	0,059	0,04304	0,02426
0,7	0,163	0,157	0,138	0,107	0,074	0,05255	0,02304
0,8	0,182	0,176	0,157	0,126	0,087	0,06042	0,01819
0,9	0,195	0,189	0,170	0,139	0,096	0,06575	0,01009
1,0	0,200	0,194	0,175	0,144	0,100	0,06771	0,00000
Faktor	$p \cdot a^2$					$p \cdot a^4 / K$	$p \cdot a^4 / K$

Tafel 8: Zahlentafel für am Innenrand gelagerte Kreisringplatte mit vertikaler Randlast außen ($\mu = 0{,}2$)

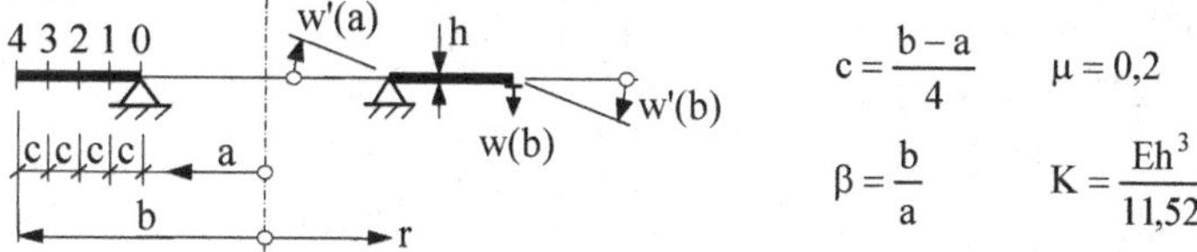

$$c = \frac{b-a}{4} \qquad \mu = 0{,}2$$

$$\beta = \frac{b}{a} \qquad K = \frac{Eh^3}{11{,}52}$$

β	m_r in den Punkten 0	1	2	3	4	w(b)	Lastfall
1,1	0,000	–0,001	–0,001	–0,001	0,000	0,12018	
1,2	0,000	–0,005	–0,006	–0,004	0,000	0,27391	
1,3	0,000	–0,011	–0,013	–0,009	0,000	0,46338	
1,4	0,000	–0,020	–0,023	–0,015	0,000	0,69070	
1,5	0,000	–0,032	–0,036	–0,023	0,000	0,95791	P
1,6	0,000	–0,046	–0,050	–0,032	0,000	1,26701	
1,7	0,000	–0,064	–0,067	–0,041	0,000	1,61994	2a
1,8	0,000	–0,084	–0,086	–0,052	0,000	2,01864	2b
1,9	0,000	–0,106	–0,107	–0,063	0,000	2,46500	
2,0	0,000	–0,131	–0,130	–0,075	0,000	2,96091	
Faktor	$P \cdot a$					$P \cdot a^3 / K$	

β	m_φ in den Punkten 0	1	2	3	4	w′(a)	w′(b)
1,1	–1,165	–1,131	–1,099	–1,068	–1,039	1,21344	1,19063
1,2	–1,339	–1,264	–1,196	–1,134	–1,077	1,39503	1,34586
1,3	–1,522	–1,399	–1,291	–1,197	–1,113	1,58590	1,50742
1,4	–1,714	–1,534	–1,385	–1,258	–1,149	1,78552	1,67537
1,5	–1,914	–1,670	–1,476	–1,318	–1,184	1,99344	1,84980
1,6	–2,121	–1,806	–1,567	–1,376	–1,218	2,20924	2,03078
1,7	–2,335	–1,943	–1,656	–1,433	–1,253	2,43252	2,21840
1,8	–2,556	–2,079	–1,743	–1,489	–1,287	2,66293	2,41274
1,9	–2,784	–2,215	–1,830	–1,545	–1,321	2,90013	2,61389
2,0	–3,018	–2,351	–1,915	–1,600	–1,355	3,14382	2,82191
Faktor	$P \cdot a$					$P \cdot a^2 / K$	$P \cdot a^2 / K$

Tafel 9: Zahlentafel für am Innenrand gelagerte Kreisringplatte mit Flächenlast ($\mu = 0{,}2$)

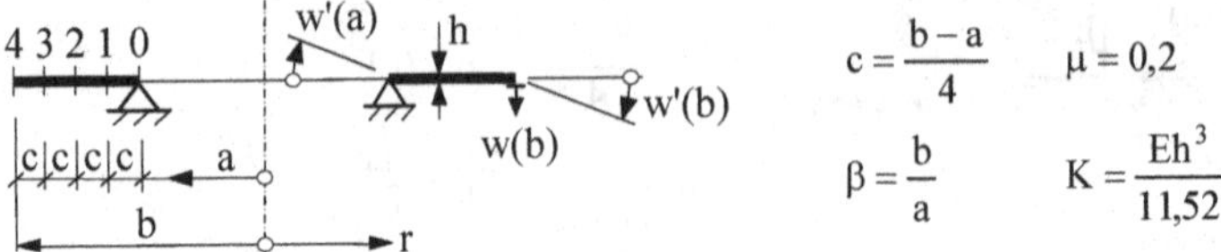

β	m_r in den Punkten 0	1	2	3	4	w(b)	Lastfall
1,1	0,000	0,001	0,001	0,001	0,000	0,00585	p, 2a, 2b
1,2	0,000	0,003	0,004	0,003	0,000	0,02602	
1,3	0,000	0,007	0,009	0,007	0,000	0,06468	
1,4	0,000	0,012	0,016	0,011	0,000	0,12622	
1,5	0,000	0,017	0,023	0,017	0,000	0,21530	
1,6	0,000	0,023	0,031	0,023	0,000	0,33678	
1,7	0,000	0,029	0,039	0,029	0,000	0,49577	
1,8	0,000	0,035	0,048	0,036	0,000	0,69760	
1,9	0,000	0,040	0,056	0,043	0,000	0,94780	
2,0	0,000	0,044	0,065	0,051	0,000	1,25213	
Faktor	$p \cdot a^2$					$p \cdot a^4 / K$	

β	m_φ in den Punkten 0	1	2	3	4	w'(a)	w'(b)
1,1	–0,057	–0,055	–0,053	–0,052	–0,051	0,05906	0,05787
1,2	–0,128	–0,120	–0,113	–0,107	–0,102	0,13285	0,12752
1,3	–0,214	–0,194	–0,178	–0,165	–0,155	0,22250	0,20930
1,4	–0,316	–0,279	–0,249	–0,226	–0,208	0,32903	0,30359
1,5	–0,435	–0,373	–0,326	–0,289	–0,263	0,45342	0,41078
1,6	–0,573	–0,478	–0,407	–0,355	–0,319	0,59656	0,53129
1,7	–0,729	–0,593	–0,494	–0,424	–0,376	0,75931	0,66553
1,8	–0,905	–0,717	–0,586	–0,495	–0,434	0,94247	0,81397
1,9	–1,101	–0,851	–0,683	–0,569	–0,494	1,14679	0,97705
2,0	–1,318	–0,995	–0,785	–0,645	–0,555	1,37299	1,15525
Faktor	$p \cdot a^2$					$p \cdot a^3 / K$	$p \cdot a^3 / K$

Tafel 10: Zahlentafel für am Innenrand gelagerte Kreisringplatte mit Randmoment außen ($\mu = 0{,}2$)

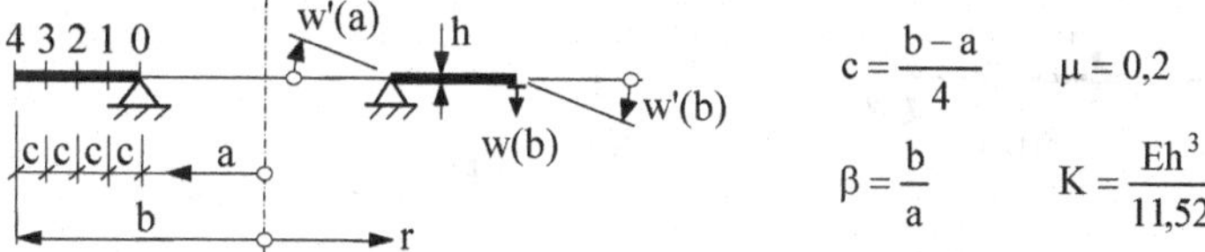

$$c = \frac{b-a}{4} \qquad \mu = 0{,}2$$

$$\beta = \frac{b}{a} \qquad K = \frac{Eh^3}{11{,}52}$$

β	m_r in den Punkten * 0	1	2	3	4	w(b)	Lastfall
1,1	0,000	0,278	0,536	0,776	1,000	−1,19063	
1,2	0,000	0,304	0,568	0,798	1,000	−1,34586	
1,3	0,000	0,330	0,597	0,817	1,000	−1,50742	
1,4	0,000	0,354	0,624	0,834	1,000	−1,67537	
1,5	0,000	0,378	0,648	0,848	1,000	−1,84980	M
1,6	0,000	0,400	0,670	0,861	1,000	−2,03078	
1,7	0,000	0,422	0,690	0,872	1,000	−2,21840	2a
1,8	0,000	0,442	0,708	0,881	1,000	−2,41274	2b
1,9	0,000	0,461	0,725	0,890	1,000	−2,61389	
2,0	0,000	0,480	0,741	0,898	1,000	−2,82191	
Faktor	M					$M \cdot a^2 / K$	

β	m_φ in den Punkten * 0	1	2	3	4	w′(a)	w′(b)
1,1	11,524	11,246	10,988	10,748	10,524	−12,00397	−11,82937
1,2	6,545	6,241	5,977	5,747	5,545	−6,81818	−6,68182
1,3	4,899	4,569	4,301	4,081	3,899	−5,10266	−5,00845
1,4	4,083	3,729	3,459	3,250	3,083	−4,25347	−4,20486
1,5	3,600	3,222	2,952	2,752	2,600	−3,75000	−3,75000
1,6	3,282	2,882	2,612	2,422	2,282	−3,41880	−3,47009
1,7	3,058	2,637	2,368	2,187	2,058	−3,18563	−3,29056
1,8	2,893	2,451	2,184	2,011	1,893	−3,01339	−3,17411
1,9	2,766	2,305	2,041	1,876	1,766	−2,88155	−3,09994
2,0	2,667	2,187	1,926	1,769	1,667	−2,77778	−3,05556
Faktor	M					$M \cdot a / K$	$M \cdot a / K$

* m_r und m_φ sind unabhängig von μ

Tafel 11: Zahlentafel für am Innenrand gelagerte Kreisringplatte mit Randmoment innen ($\mu = 0{,}2$)

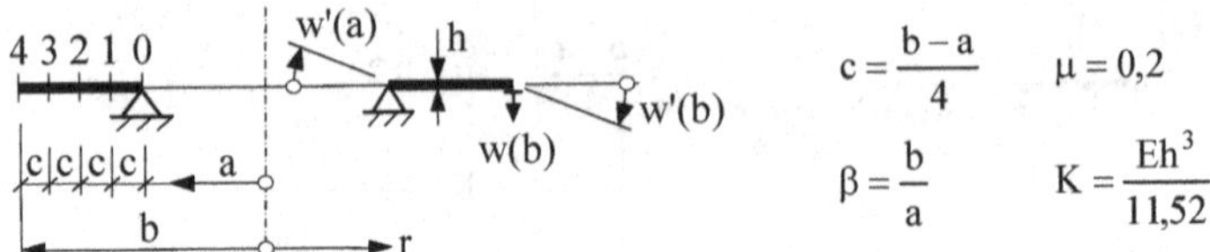

β	m_r in den Punkten * 0	1	2	3	4	w(b)	Lastfall
1,1	1,000	0,722	0,464	0,224	0,000	1,10313	
1,2	1,000	0,696	0,432	0,202	0,000	1,16253	
1,3	1,000	0,670	0,403	0,183	0,000	1,21992	
1,4	1,000	0,646	0,376	0,166	0,000	1,27537	M
1,5	1,000	0,622	0,352	0,152	0,000	1,32896	
1,6	1,000	0,600	0,330	0,139	0,000	1,38078	
1,7	1,000	0,578	0,310	0,128	0,000	1,43090	2a
1,8	1,000	0,558	0,292	0,119	0,000	1,47941	2b
1,9	1,000	0,539	0,275	0,110	0,000	1,52639	
2,0	1,000	0,520	0,259	0,102	0,000	1,57191	
Faktor	M					$M \cdot a^2 / K$	

β	m_φ in den Punkten * 0	1	2	3	4	w′(a)	w′(b)
1,1	−10,524	−10,246	−9,988	−9,748	−9,524	11,17063	10,91270
1,2	−5,545	−5,241	−4,977	−4,747	−4,545	5,98485	5,68182
1,3	−3,899	−3,569	−3,301	−3,081	−2,899	4,26932	3,92512
1,4	−3,083	−2,729	−2,459	−2,250	−2,083	3,42014	3,03819
1,5	−2,600	−2,222	−1,952	−1,752	−1,600	2,91667	2,50000
1,6	−2,282	−1,882	−1,612	−1,422	−1,282	2,58547	2,13675
1,7	−2,058	−1,637	−1,368	−1,187	−1,058	2,35229	1,87390
1,8	−1,893	−1,451	−1,184	−1,011	−0,893	2,18006	1,67411
1,9	−1,766	−1,305	−1,041	−0,876	−0,766	2,04821	1,51660
2,0	−1,667	−1,187	−0,926	−0,769	−0,667	1,94444	1,38889
Faktor	M					$M \cdot a / K$	$M \cdot a / K$

* m_r und m_φ sind unabhängig von μ

Tafel 12: Zahlentafel für am Außenrand gelagerte Kreisringplatte mit vertikaler Randlast innen ($\mu = 0{,}2$)

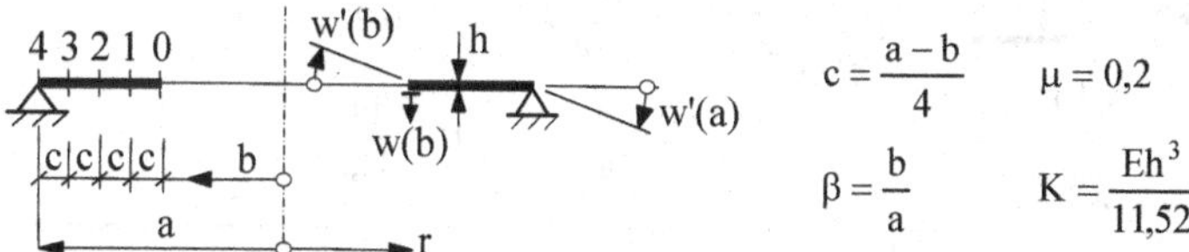

β	m_r in den Punkten 0	1	2	3	4	w(b)	Lastfall
0,1	0,000	0,056	0,033	0,014	0,000	0,03702	
0,2	0,000	0,068	0,047	0,022	0,000	0,08019	
0,3	0,000	0,060	0,048	0,025	0,000	0,12326	
0,4	0,000	0,047	0,042	0,023	0,000	0,15998	P
0,5	0,000	0,033	0,032	0,019	0,000	0,18506	
0,6	0,000	0,021	0,022	0,014	0,000	0,19405	2b
0,7	0,000	0,011	0,013	0,008	0,000	0,18317	2a
0,8	0,000	0,005	0,006	0,004	0,000	0,14911	
0,9	0,000	0,001	0,001	0,001	0,000	0,08894	
Faktor	$P \cdot a$					$P \cdot a^3 / K$	

β	m_φ in den Punkten 0	1	2	3	4	w′(a)	w′(b)
0,1	0,319	0,122	0,082	0,059	0,043	−0,04457	−0,03324
0,2	0,482	0,248	0,172	0,127	0,096	−0,10010	−0,10049
0,3	0,596	0,370	0,270	0,208	0,163	−0,16965	−0,18634
0,4	0,684	0,484	0,373	0,299	0,244	−0,25393	−0,28483
0,5	0,755	0,588	0,479	0,400	0,339	−0,35274	−0,39298
0,6	0,815	0,683	0,585	0,509	0,447	−0,46550	−0,50917
0,7	0,867	0,771	0,691	0,625	0,568	−0,59152	−0,63253
0,8	0,915	0,852	0,796	0,746	0,701	−0,73003	−0,76254
0,9	0,959	0,928	0,899	0,871	0,845	−0,88031	−0,89896
Faktor	$P \cdot a$					$P \cdot a^2 / K$	$P \cdot a^2 / K$

Tafel 13: Zahlentafel für am Außenrand gelagerte Kreisringplatte mit Flächenlast ($\mu = 0{,}2$)

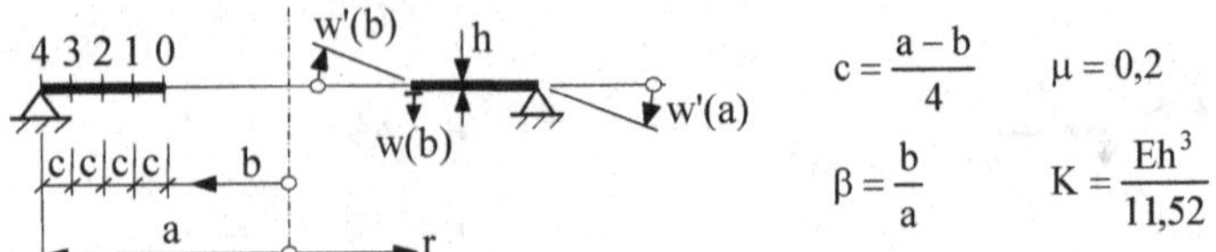

$$c = \frac{a-b}{4} \qquad \mu = 0{,}2$$

$$\beta = \frac{b}{a} \qquad K = \frac{Eh^3}{11{,}52}$$

β	m_r in den Punkten 0	1	2	3	4	w(b)	Lastfall
0,1	0,000	0,159	0,133	0,078	0,000	0,07161	
0,2	0,000	0,119	0,109	0,065	0,000	0,07568	
0,3	0,000	0,084	0,084	0,052	0,000	0,07576	
0,4	0,000	0,056	0,060	0,039	0,000	0,07063	p
0,5	0,000	0,036	0,041	0,027	0,000	0,06053	
0,6	0,000	0,021	0,025	0,017	0,000	0,04669	2b
0,7	0,000	0,011	0,013	0,009	0,000	0,03103	2a
0,8	0,000	0,004	0,006	0,004	0,000	0,01603	
0,9	0,000	0,001	0,001	0,001	0,000	0,00460	
Faktor	$p \cdot a^2$					$p \cdot a^4 / K$	

β	m_φ in den Punkten 0	1	2	3	4	w'(a)	w'(b)
0,1	0,385	0,204	0,174	0,142	0,102	–0,10610	–0,04011
0,2	0,356	0,217	0,177	0,144	0,106	–0,11082	–0,07412
0,3	0,320	0,220	0,178	0,145	0,112	–0,11622	–0,09986
0,4	0,279	0,211	0,174	0,144	0,115	–0,12005	–0,11637
0,5	0,236	0,192	0,163	0,139	0,115	–0,12015	–0,12311
0,6	0,192	0,165	0,145	0,127	0,110	–0,11452	–0,11975
0,7	0,145	0,131	0,119	0,108	0,097	–0,10130	–0,10601
0,8	0,098	0,092	0,087	0,081	0,076	–0,07882	–0,08165
0,9	0,049	0,048	0,047	0,045	0,044	–0,04553	–0,04641
Faktor	$p \cdot a^2$					$p \cdot a^3 / K$	$p \cdot a^3 / K$

Tafel 14: Zahlentafel für am Außenrand gelagerte Kreisringplatte mit Randmoment außen ($\mu = 0{,}2$)

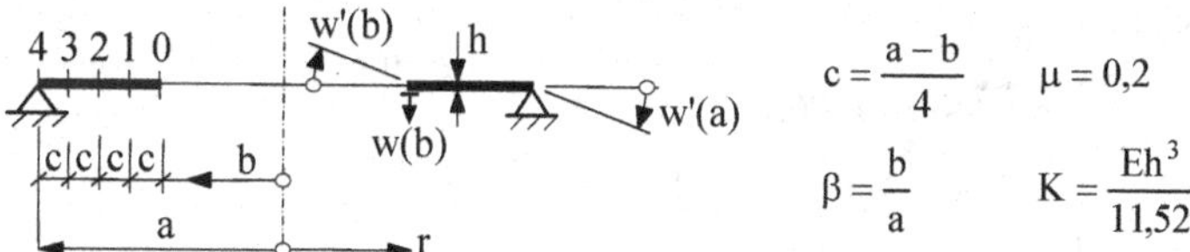

$$c = \frac{a-b}{4} \qquad \mu = 0{,}2$$

$$\beta = \frac{b}{a} \qquad K = \frac{Eh^3}{11{,}52}$$

β	m_r in den Punkten * 0	1	2	3	4	w(b)	Lastfall
0,1	0,000	0,914	0,977	0,993	1,000	0,44574	
0,2	0,000	0,781	0,926	0,977	1,000	0,50049	
0,3	0,000	0,661	0,865	0,954	1,000	0,56551	
0,4	0,000	0,561	0,802	0,927	1,000	0,63483	M
0,5	0,000	0,480	0,741	0,898	1,000	0,70548	
0,6	0,000	0,415	0,684	0,868	1,000	0,77584	2b
0,7	0,000	0,361	0,631	0,838	1,000	0,84503	2a
0,8	0,000	0,317	0,583	0,808	1,000	0,91254	
0,9	0,000	0,281	0,539	0,779	1,000	0,97813	
Faktor	M					$M \cdot a^2 / K$	

β	m_φ in den Punkten * 0	1	2	3	4	w′(a)	w′(b)
0,1	2,020	1,106	1,043	1,027	1,020	−0,85438	−0,21044
0,2	2,083	1,302	1,157	1,107	1,083	−0,92014	−0,43403
0,3	2,198	1,537	1,333	1,244	1,198	−1,03938	−0,68681
0,4	2,381	1,820	1,579	1,454	1,381	−1,23016	−0,99206
0,5	2,667	2,187	1,926	1,769	1,667	−1,52778	−1,38889
0,6	3,125	2,710	2,441	2,257	2,125	−2,00521	−1,95312
0,7	3,922	3,560	3,291	3,084	2,922	−2,83497	−2,85948
0,8	5,556	5,238	4,973	4,748	4,556	−4,53704	−4,62963
0,9	10,526	10,246	9,987	9,748	9,526	−9,71491	−9,86842
Faktor	M					$M \cdot a / K$	$M \cdot a / K$

* m_r und m_φ sind unabhängig von μ

Tafel 15: Zahlentafel für am Außenrand gelagerte Kreisringplatte mit Randmoment innen ($\mu = 0{,}2$)

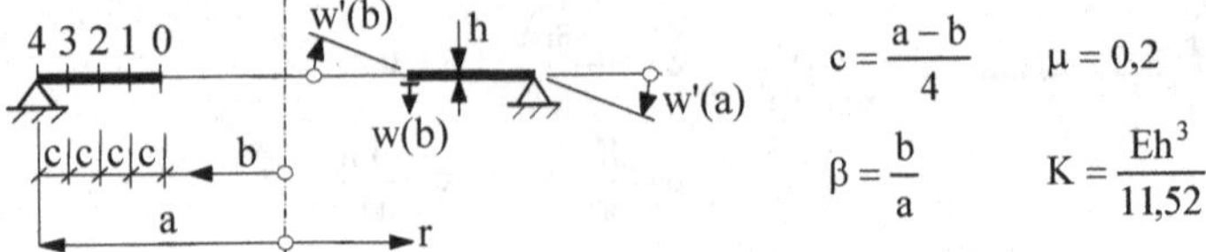

β	m_r in den Punkten * 0	1	2	3	4	w(b)	Lastfall
0,1	1,000	0,086	0,023	0,007	0,000	–0,03324	M, 2b, 2a
0,2	1,000	0,219	0,074	0,023	0,000	–0,10049	
0,3	1,000	0,339	0,135	0,046	0,000	–0,18634	
0,4	1,000	0,439	0,198	0,073	0,000	–0,28483	
0,5	1,000	0,520	0,259	0,102	0,000	–0,39298	
0,6	1,000	0,585	0,316	0,132	0,000	–0,50917	
0,7	1,000	0,639	0,369	0,162	0,000	–0,63253	
0,8	1,000	0,683	0,417	0,192	0,000	–0,76254	
0,9	1,000	0,719	0,461	0,221	0,000	–0,89896	
Faktor	M					$M \cdot a^2 / K$	

β	m_φ in den Punkten * 0	1	2	3	4	w′(a)	w′(b)
0,1	–1,020	–0,106	–0,043	–0,027	–0,020	0,02104	0,12710
0,2	–1,083	–0,302	–0,157	–0,107	–0,083	0,08681	0,26736
0,3	–1,198	–0,537	–0,333	–0,244	–0,198	0,20604	0,43681
0,4	–1,381	–0,820	–0,579	–0,454	–0,381	0,39683	0,65873
0,5	–1,667	–1,187	–0,926	–0,769	–0,667	0,69444	0,97222
0,6	–2,125	–1,710	–1,441	–1,257	–1,125	1,17188	1,45313
0,7	–2,922	–2,560	–2,291	–2,084	–1,922	2,00163	2,27614
0,8	–4,556	–4,238	–3,973	–3,748	–3,556	3,70370	3,96296
0,9	–9,526	–9,246	–8,987	–8,748	–8,526	8,88158	9,11842
Faktor	M					$M \cdot a / K$	$M \cdot a / K$

* m_r und m_φ sind unabhängig von μ

Tafel 16: Schnittgrößen und Verformungen des Kreisrings mit Rechteckquerschnitt infolge rotationssymmetrischer Belastung

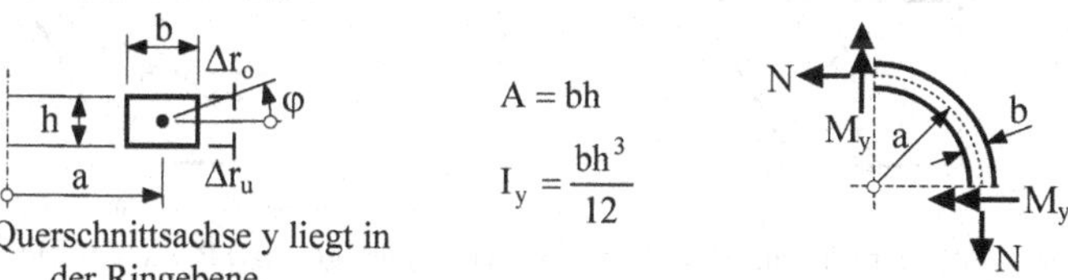

Die Querschnittsachse y liegt in der Ringebene.

	Schnittgrößen		Verformungen		
Lastfall	N	M_y	Δr_u	Δr_o	φ
R; a	Ra	0	$\frac{Ra^2}{Ebh}$	$\frac{Ra^2}{Ebh}$	0
M; a	0	Ma	$\frac{6Ma^2}{Ebh^2}$	$-\frac{6Ma^2}{Ebh^2}$	$\frac{12Ma^2}{Ebh^3}$
R; a; $\bar{a}$	$R\bar{a}$	0	$\frac{Ra\bar{a}}{Ebh}$	$\frac{Ra\bar{a}}{Ebh}$	0
R; a; $\bar{a}$	$R\bar{a}$	$\frac{R\bar{a}h}{2}$	$\frac{4Ra\bar{a}}{Ebh}$	$-\frac{2Ra\bar{a}}{Ebh}$	$\frac{6Ra\bar{a}}{Ebh^2}$
c; R; a; $\bar{a}$	$R\bar{a}$	$R\bar{a}c$	$\frac{Ra\bar{a}}{Ebh}\left(1+\frac{6c}{h}\right)$	$\frac{Ra\bar{a}}{Ebh}\left(1-\frac{6c}{h}\right)$	$\frac{12Ra\bar{a}c}{Ebh^3}$
M; a; $\bar{a}$	0	$M\bar{a}$	$\frac{6Ma\bar{a}}{Ebh^2}$	$-\frac{6Ma\bar{a}}{Ebh^2}$	$\frac{12Ma\bar{a}}{Ebh^3}$
V; $\bar{a}$; e; a	0	$Ve\bar{a}$	$\frac{6Ve\bar{a}a}{Ebh^2}$	$-\frac{6Ve\bar{a}a}{Ebh^2}$	$\frac{12Ve\bar{a}a}{Ebh^3}$

Tafel 17: Schnittgrößen und Verformungen des Kreisrings mit beliebigem Querschnitt infolge rotationssymmetrischer Belastung

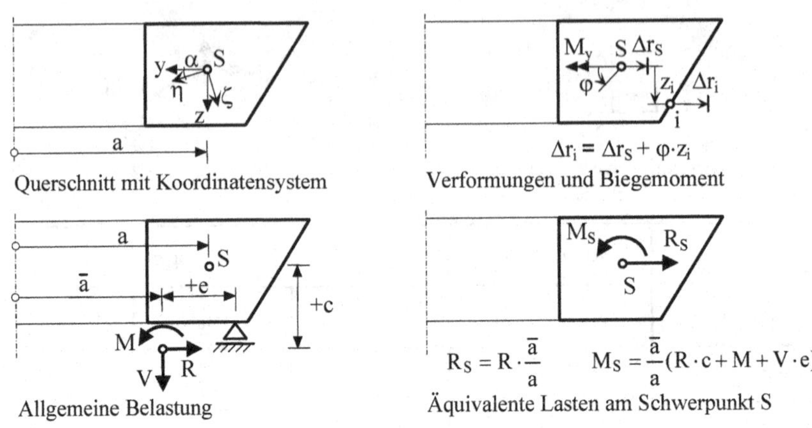

Querschnitt mit Koordinatensystem

Verformungen und Biegemoment

Allgemeine Belastung

Äquivalente Lasten am Schwerpunkt S

	Schnittgrößen		Verformungen	
Lastfall	N	M_y	Δr_S	φ
S, R, a	Ra	0	$\frac{Ra^2}{EA}$	0
M, S	0	Ma	0	$\frac{Ma^2}{E}\left(\frac{\cos^2\alpha}{I_\eta}+\frac{\sin^2\alpha}{I_\zeta}\right)$
S, c, R, $\bar{a}$	$R\bar{a}$	$R\bar{a}c$	$\frac{Ra\bar{a}}{EA}$	$\frac{Ra\bar{a}c}{E}\left(\frac{\cos^2\alpha}{I_\eta}+\frac{\sin^2\alpha}{I_\zeta}\right)$
S, M, $\bar{a}$	0	$M\bar{a}$	0	$\frac{Ma\bar{a}}{E}\left(\frac{\cos^2\alpha}{I_\eta}+\frac{\sin^2\alpha}{I_\zeta}\right)$
V, e, $V\frac{\bar{a}}{\bar{a}+e}$, $\bar{a}$	0	$V\bar{a}e$	0	$\frac{Va\bar{a}e}{E}\left(\frac{\cos^2\alpha}{I_\eta}+\frac{\sin^2\alpha}{I_\zeta}\right)$

Tafel 18: Schnittgrößen und Randverformungen von Zylinderschalen im Membranzustand

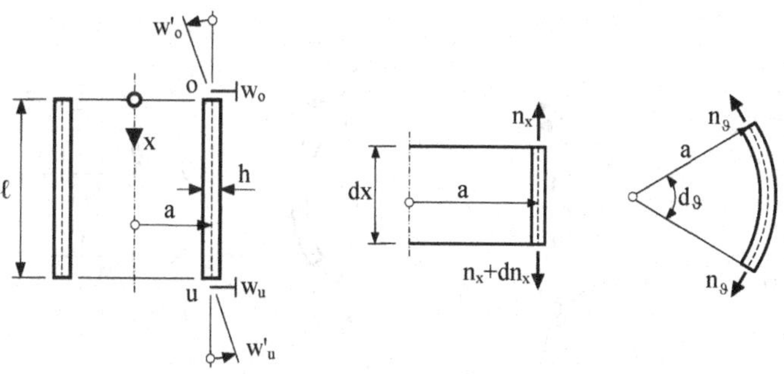

	konstanter Innendruck	hydrostatischer Innendruck	Auflast	Eigengewicht	Temperatur
	p_i	$\gamma_f \cdot x$	V_o	g, $g\ell$	T_S
n_x	0	0	$-V_o$	$-gx$	0
n_ϑ	ap_i	$\gamma_f ax$	0	0	0
w_o	$\frac{a^2 p_i}{Eh}$	0	$\frac{\mu a}{Eh} V_o$	0	$\alpha_T T_S a$
w_o'	0	$\frac{a^2}{Eh}\gamma_f$	0	$\frac{\mu a}{Eh} g$	0
w_u	$\frac{a^2 p_i}{Eh}$	$\frac{a^2 \ell}{Eh}\gamma_f$	$\frac{\mu a}{Eh} V_o$	$\frac{\mu a \ell}{Eh} g$	$\alpha_T T_S a$
w_u'	0	$\frac{a^2}{Eh}\gamma_f$	0	$\frac{\mu a}{Eh} g$	0
$\Delta\ell$	$-\frac{\mu a \ell}{Eh} \cdot p_i$	$-\frac{\mu a \ell^2}{2Eh} \cdot \gamma_f$	$-\frac{\ell}{Eh} \cdot V_o$	$-\frac{\ell^2}{2Eh} \cdot g$	$\alpha_T T_S \ell$

Tafel 19: Schnittgrößen und Randverformungen langer Zylinderschalen ($\lambda\ell \geq 4$) infolge rotationssymmetrischer Randlasten R und M

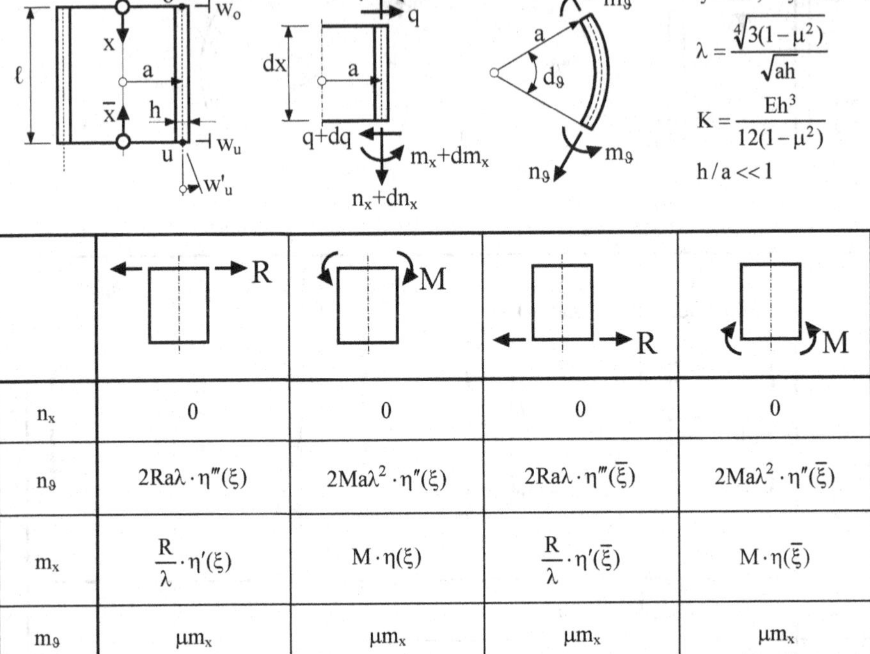

	R	M	R	M
n_x	0	0	0	0
n_ϑ	$2Ra\lambda \cdot \eta'''(\xi)$	$2Ma\lambda^2 \cdot \eta''(\xi)$	$2Ra\lambda \cdot \eta'''(\bar{\xi})$	$2Ma\lambda^2 \cdot \eta''(\bar{\xi})$
m_x	$\frac{R}{\lambda} \cdot \eta'(\xi)$	$M \cdot \eta(\xi)$	$\frac{R}{\lambda} \cdot \eta'(\bar{\xi})$	$M \cdot \eta(\bar{\xi})$
m_ϑ	μm_x	μm_x	μm_x	μm_x
q	$R \cdot \eta''(\xi)$	$-2M\lambda \cdot \eta'(\xi)$	$-R \cdot \eta''(\bar{\xi})$	$+2M\lambda \cdot \eta'(\bar{\xi})$
w_o	$\frac{R}{2K\lambda^3}$	$\frac{M}{2K\lambda^2}$	0	0
w'_o	$-\frac{R}{2K\lambda^2}$	$-\frac{M}{K\lambda}$	0	0
w_u	0	0	$\frac{R}{2K\lambda^3}$	$\frac{M}{2K\lambda^2}$
w'_u	0	0	$\frac{R}{2K\lambda^2}$	$\frac{M}{K\lambda}$
$\Delta\ell$	$-\frac{\mu a R}{Eh}$	0	$-\frac{\mu a R}{Eh}$	0

In Tafel 22 sind die Funktionen $\eta(\xi)$ bis $\eta'''(\xi)$ angegeben und für den Bereich ξ=0 ... 4,0 mit der Schrittweite $\Delta\xi$=0,1 tabelliert.

Tafel 20: Schnittgrößen kurzer Zylinderschalen ($\lambda\ell \leq 4$) infolge rotationssymmetrischer Randlasten R und M

$\xi=0$ M R x ℓ $\xi=\lambda\ell$

$$n_x = 0 \qquad m_\vartheta = \mu \cdot m_x$$

$$\xi = \lambda x \qquad \lambda = \frac{\sqrt[4]{3(1-\mu^2)}}{\sqrt{ah}} \qquad h/a \ll 1$$

LF R	n_ϑ	$2Ra\lambda\left[H_1(\lambda\ell)\cdot F_1(\xi) - H_7(\lambda\ell)\cdot F_3(\xi) - H_8(\lambda\ell)\cdot F_4(\xi)\right]$
	m_x	$\frac{R}{\lambda}\left[-H_1(\lambda\ell)\cdot F_2(\xi) + H_8(\lambda\ell)\cdot F_3(\xi) - H_7(\lambda\ell)\cdot F_4(\xi)\right]$
	q	$R\left[\left(H_8(\lambda\ell) - H_7(\lambda\ell)\right)\cdot F_1(\xi) + \left(H_7(\lambda\ell) + H_8(\lambda\ell)\right)\cdot F_2(\xi) - H_1(\lambda\ell)\cdot\left(F_3(\xi) + F_4(\xi)\right)\right]$
LF M	n_ϑ	$2Ma\lambda^2\left[H_3(\lambda\ell)\cdot F_1(\xi) + F_2(\xi) - H_5(\lambda\ell)\cdot F_3(\xi) - H_5(\lambda\ell)\cdot F_4(\xi)\right]$
	m_x	$M\left[F_1(\xi) - H_3(\lambda\ell)\cdot F_2(\xi) + H_5(\lambda\ell)\cdot F_3(\xi) - H_5(\lambda\ell)\cdot F_4(\xi)\right]$
	q	$-2M\lambda\left[-H_5(\lambda\ell)\cdot F_2(\xi) + \left(H_3(\lambda\ell)+1\right)\cdot F_3(\xi)/2 + \left(H_3(\lambda\ell)-1\right)\cdot F_4(\xi)/2\right]$

Hilfswerte:	Funktionen:
$H_1(\lambda\ell) = \frac{\cosh\lambda\ell\sinh\lambda\ell - \cos\lambda\ell\sin\lambda\ell}{\sinh^2\lambda\ell - \sin^2\lambda\ell}$	$F_1(\xi) = \cosh\xi\cos\xi$
$H_2(\lambda\ell) = \frac{\cosh\lambda\ell\sin\lambda\ell - \sinh\lambda\ell\cos\lambda\ell}{\sinh^2\lambda\ell - \sin^2\lambda\ell}$	$F_2(\xi) = \sinh\xi\sin\xi$
$H_3(\lambda\ell) = \frac{\sinh^2\lambda\ell + \sin^2\lambda\ell}{\sinh^2\lambda\ell - \sin^2\lambda\ell}$	$F_3(\xi) = \cosh\xi\sin\xi$
$H_4(\lambda\ell) = \frac{\sinh\lambda\ell\sin\lambda\ell}{\sinh^2\lambda\ell - \sin^2\lambda\ell}$	$F_4(\xi) = \sinh\xi\cos\xi$
$H_5(\lambda\ell) = \frac{\cosh\lambda\ell\sinh\lambda\ell + \cos\lambda\ell\sin\lambda\ell}{\sinh^2\lambda\ell - \sin^2\lambda\ell}$	
$H_6(\lambda\ell) = \frac{\cosh\lambda\ell\sin\lambda\ell + \sinh\lambda\ell\cos\lambda\ell}{\sinh^2\lambda\ell - \sin^2\lambda\ell}$	
$H_7(\lambda\ell) = \frac{\sin^2\lambda\ell}{\sinh^2\lambda\ell - \sin^2\lambda\ell}$	
$H_8(\lambda\ell) = \frac{\sinh^2\lambda\ell}{\sinh^2\lambda\ell - \sin^2\lambda\ell}$	

Für einige ausgewählte kurze Zylinderschalen mit $\lambda\ell$ zwischen 1,0 und 3,0 wird der Schnittkraftverlauf in Tafel 24 und Tafel 25 angegeben. Tafel 23 enthält die Funktionswerte von $H_1(\lambda\ell)$ bis $H_8(\lambda\ell)$ im Bereich $\lambda\ell \leq 4{,}0$.

Tafel 21: Randverformungen kurzer Zylinderschalen ($\lambda\ell \leq 4$) infolge rotationssymmetrischer Randlasten R und M

$$K = \frac{Eh^3}{12(1-\mu^2)} \qquad \lambda = \frac{\sqrt[4]{3(1-\mu^2)}}{\sqrt{ah}} \qquad h/a \ll 1$$

$$w_o = w(0) \qquad w'_o = w'(0) \qquad w_u = w(\lambda\ell) \qquad w'_u = w'(\lambda\ell)$$

	Lastfall R	Lastfall M
w_o	$\frac{R}{2K\lambda^3}\frac{\cosh\lambda\ell\sinh\lambda\ell-\cos\lambda\ell\sin\lambda\ell}{\sinh^2\lambda\ell-\sin^2\lambda\ell}$	$\frac{M}{2K\lambda^2}\frac{\sinh^2\lambda\ell+\sin^2\lambda\ell}{\sinh^2\lambda\ell-\sin^2\lambda\ell}$
w'_o	$-\frac{R}{2K\lambda^2}\frac{\sinh^2\lambda\ell+\sin^2\lambda\ell}{\sinh^2\lambda\ell-\sin^2\lambda\ell}$	$-\frac{M}{K\lambda}\frac{\cosh\lambda\ell\sinh\lambda\ell+\cos\lambda\ell\sin\lambda\ell}{\sinh^2\lambda\ell-\sin^2\lambda\ell}$
w_u	$-\frac{R}{2K\lambda^3}\frac{\cosh\lambda\ell\sin\lambda\ell-\sinh\lambda\ell\cos\lambda\ell}{\sinh^2\lambda\ell-\sin^2\lambda\ell}$	$-\frac{M}{K\lambda^2}\frac{\sinh\lambda\ell\sin\lambda\ell}{\sinh^2\lambda\ell-\sin^2\lambda\ell}$
w'_u	$-\frac{R}{K\lambda^2}\frac{\sinh\lambda\ell\sin\lambda\ell}{\sinh^2\lambda\ell-\sin^2\lambda\ell}$	$-\frac{M}{K\lambda}\frac{\cosh\lambda\ell\sin\lambda\ell+\sinh\lambda\ell\cos\lambda\ell}{\sinh^2\lambda\ell-\sin^2\lambda\ell}$

Zur Vereinfachung werden die von $\lambda\ell$ abhängigen Quotienten mit H_1 bis H_6 bezeichnet. Für die vier möglichen Randangriffe ergibt sich damit die folgende Tabelle.

	R	M	R	M
w_o	$\frac{R}{2K\lambda^3}\cdot H_1$	$\frac{M}{2K\lambda^2}\cdot H_3$	$-\frac{R}{2K\lambda^3}\cdot H_2$	$-\frac{M}{K\lambda^2}\cdot H_4$
w'_o	$-\frac{R}{2K\lambda^2}\cdot H_3$	$-\frac{M}{K\lambda}\cdot H_5$	$\frac{R}{K\lambda^2}\cdot H_4$	$\frac{M}{K\lambda}\cdot H_6$
w_u	$-\frac{R}{2K\lambda^3}\cdot H_2$	$-\frac{M}{K\lambda^2}\cdot H_4$	$\frac{R}{2K\lambda^3}\cdot H_1$	$\frac{M}{2K\lambda^2}\cdot H_3$
w'_u	$-\frac{R}{K\lambda^2}\cdot H_4$	$-\frac{M}{K\lambda}\cdot H_6$	$\frac{R}{2K\lambda^2}\cdot H_3$	$\frac{M}{K\lambda}\cdot H_5$

In Tafel 23 ist eine Zahlentafel für die Hilfswerte H_1 bis H_8 gegeben.

Tafel 22: Tafel der Funktionen η, η', η'' und η'''

$$\eta = e^{-\xi}(\cos\xi + \sin\xi)$$
$$\eta' = e^{-\xi}\sin\xi$$
$$\eta'' = e^{-\xi}(\cos\xi - \sin\xi)$$
$$\eta''' = e^{-\xi}\cos\xi$$

Diese Funktionen beschreiben den Verlauf der Randstörungen von Rotationsschalen sowie des elastisch gebetteten Balkens.

ξ	η	η'	η''	η'''
0,0	1,0000	0,0000	1,0000	1,0000
0,1	0,9907	0,0903	0,8100	0,9003
0,2	0,9651	0,1627	0,6398	0,8024
0,3	0,9267	0,2189	0,4888	0,7077
0,4	0,8784	0,2610	0,3564	0,6174
0,5	0,8231	0,2908	0,2415	0,5323
0,6	0,7628	0,3099	0,1431	0,4530
0,7	0,6997	0,3199	0,0599	0,3798
0,8	0,6354	0,3223	-0,0093	0,3131
0,9	0,5712	0,3185	-0,0657	0,2527
1,0	0,5083	0,3096	-0,1108	0,1988
1,1	0,4476	0,2967	-0,1457	0,1510
1,2	0,3899	0,2807	-0,1716	0,1091
1,3	0,3355	0,2626	-0,1897	0,0729
1,4	0,2849	0,2430	-0,2011	0,0419
1,5	0,2384	0,2226	-0,2068	0,0158
1,6	0,1959	0,2018	-0,2077	-0,0059
1,7	0,1576	0,1812	-0,2047	-0,0235
1,8	0,1234	0,1610	-0,1985	-0,0376
1,9	0,0932	0,1415	-0,1899	-0,0484
2,0	0,0667	0,1231	-0,1794	-0,0563
2,1	0,0439	0,1057	-0,1675	-0,0618
2,2	0,0244	0,0896	-0,1548	-0,0652
2,3	0,0080	0,0748	-0,1416	-0,0668
2,4	-0,0056	0,0613	-0,1282	-0,0669
2,5	-0,0166	0,0491	-0,1149	-0,0658
2,6	-0,0254	0,0383	-0,1019	-0,0636
2,7	-0,0320	0,0287	-0,0895	-0,0608
2,8	-0,0369	0,0204	-0,0777	-0,0573
2,9	-0,0403	0,0132	-0,0666	-0,0534
3,0	-0,0423	0,0070	-0,0563	-0,0493
3,1	-0,0431	0,0019	-0,0469	-0,0450
3,2	-0,0431	-0,0024	-0,0383	-0,0407
3,3	-0,0422	-0,0058	-0,0306	-0,0364
3,4	-0,0408	-0,0085	-0,0237	-0,0323
3,5	-0,0389	-0,0106	-0,0177	-0,0283
3,6	-0,0366	-0,0121	-0,0124	-0,0245
3,7	-0,0341	-0,0131	-0,0079	-0,0210
3,8	-0,0314	-0,0137	-0,0040	-0,0177
3,9	-0,0286	-0,0139	-0,0008	-0,0147
4,0	-0,0258	-0,0139	0,0019	-0,0120

Tafel 23: Hilfswerte zur Berechnung der Randverformungen und Integrationskonstanten kurzer Zylinderschalen ($\lambda\ell \leq 4$)

$\lambda\ell$	H_1	H_2	H_3	H_4	H_5	H_6	H_7	H_8
0,1	20,000	10,000	300,001	150,000	3000,037	2999,987	149,501	150,501
0,2	10,000	5,000	75,004	37,499	375,074	374,974	37,002	38,002
0,3	6,667	3,333	33,343	16,664	111,223	111,073	16,171	17,171
0,4	5,001	2,499	18,767	9,370	47,024	46,824	8,883	9,883
0,5	4,002	1,998	12,026	5,992	24,186	23,936	5,513	6,513
0,6	3,337	1,664	8,371	4,156	14,112	13,812	3,686	4,686
0,7	2,864	1,424	6,174	3,046	9,006	8,657	2,587	3,587
0,8	2,510	1,243	4,754	2,324	6,156	5,757	1,877	2,877
0,9	2,236	1,101	3,788	1,827	4,449	4,000	1,394	2,394
1,0	2,019	0,986	3,104	1,469	3,370	2,873	1,052	2,052
1,1	1,843	0,890	2,605	1,203	2,660	2,115	0,803	1,803
1,2	1,699	0,809	2,232	0,998	2,178	1,585	0,616	1,616
1,3	1,580	0,739	1,949	0,837	1,843	1,203	0,475	1,475
1,4	1,480	0,676	1,731	0,707	1,606	0,920	0,366	1,366
1,5	1,395	0,621	1,562	0,600	1,435	0,706	0,281	1,281
1,6	1,325	0,570	1,430	0,511	1,312	0,540	0,215	1,215
1,7	1,265	0,523	1,327	0,436	1,223	0,410	0,163	1,163
1,8	1,215	0,479	1,246	0,372	1,157	0,306	0,123	1,123
1,9	1,173	0,438	1,183	0,316	1,110	0,223	0,092	1,092
2,0	1,138	0,400	1,134	0,268	1,076	0,155	0,067	1,067
2,1	1,108	0,363	1,097	0,225	1,052	0,100	0,048	1,048
2,2	1,084	0,329	1,068	0,188	1,035	0,056	0,034	1,034
2,3	1,065	0,296	1,047	0,155	1,023	0,020	0,023	1,023
2,4	1,049	0,265	1,031	0,125	1,015	-0,009	0,016	1,016
2,5	1,037	0,235	1,020	0,100	1,010	-0,032	0,010	1,010
2,6	1,027	0,207	1,012	0,077	1,007	-0,050	0,006	1,006
2,7	1,020	0,181	1,007	0,058	1,005	-0,064	0,003	1,003
2,8	1,014	0,156	1,003	0,041	1,004	-0,074	0,002	1,002
2,9	1,010	0,134	1,001	0,026	1,004	-0,081	0,001	1,001
3,0	1,007	0,113	1,000	0,014	1,004	-0,085	0,000	1,000
3,1	1,004	0,094	1,000	0,004	1,004	-0,086	0,000	1,000
3,2	1,003	0,077	1,000	-0,005	1,004	-0,086	0,000	1,000
3,3	1,002	0,061	1,000	-0,012	1,004	-0,085	0,000	1,000
3,4	1,001	0,048	1,001	-0,017	1,004	-0,082	0,000	1,000
3,5	1,001	0,035	1,001	-0,021	1,003	-0,078	0,000	1,000
3,6	1,001	0,025	1,001	-0,024	1,003	-0,073	0,001	1,001
3,7	1,001	0,016	1,001	-0,026	1,003	-0,068	0,001	1,001
3,8	1,001	0,008	1,002	-0,027	1,003	-0,063	0,001	1,001
3,9	1,001	0,002	1,002	-0,028	1,002	-0,057	0,001	1,001
4,0	1,001	-0,004	1,002	-0,028	1,002	-0,052	0,001	1,001

Für $\lambda\ell > 4$ gilt mit ausreichender Genauigkeit

$$H_1 = H_3 = H_5 = H_8 = 1$$

$$H_2 = H_4 = H_6 = H_7 = 0\,.$$

Tafel 24: Schnittgrößen kurzer Zylinderschalen infolge einer rotationssymmetrischen Randstörung R ($1 \le \lambda\ell \le 3$)

$$n_x = 0$$
$$n_\vartheta = 2Ra\lambda \cdot \alpha_{R1}$$
$$m_x = \frac{R}{\lambda} \cdot \alpha_{R2}$$
$$m_\vartheta = \mu \cdot m_x$$
$$q = R \cdot \alpha_{R3}$$

$$\xi = \lambda x$$
$$\lambda = \frac{\sqrt[4]{3(1-\mu^2)}}{\sqrt{ah}}$$
$$h/a << 1$$

$\lambda\ell$	ξ	α_{R1}	α_{R2}	α_{R3}
1,0	0.000	2.019	0.000	1.000
	0.125	1.631	0.095	0.544
	0.250	1.247	0.140	0.184
	0.375	0.867	0.145	-0.080
	0.500	0.491	0.124	-0.250
	0.625	0.119	0.087	-0.326
	0.750	-0.251	0.046	-0.309
	0.875	-0.618	0.013	-0.201
	1.000	-0.986	0.000	0.000
1.1	0.000	1.843	0.000	1.000
	0.138	1.486	0.105	0.542
	0.275	1.132	0.154	0.182
	0.413	0.784	0.159	-0.081
	0.550	0.442	0.136	-0.249
	0.688	0.105	0.095	-0.325
	0.825	-0.228	0.051	-0.308
	0.963	-0.560	0.015	-0.199
	1.100	-0.890	0.000	0.000
1.2	0.000	1.699	0.000	1.000
	0.150	1.365	0.114	0.540
	0.300	1.036	0.167	0.180
	0.450	0.715	0.173	-0.082
	0.600	0.401	0.147	-0.249
	0.750	0.093	0.103	-0.323
	0.900	-0.209	0.055	-0.306
	1.050	-0.510	0.016	-0.198
	1.200	-0.809	0.000	0.000
1.4	0.000	1.480	0.000	1.000
	0.175	1.178	0.133	0.535
	0.350	0.884	0.193	0.174
	0.525	0.602	0.200	-0.085
	0.700	0.332	0.169	-0.249
	0.875	0.072	0.118	-0.319
	1.050	-0.180	0.063	-0.300
	1.225	-0.429	0.018	-0.193
	1.400	-0.676	0.000	0.000

$\lambda\ell$	ξ	α_{R1}	α_{R2}	α_{R3}
1.6	0.000	1.325	0.000	1.000
	0.200	1.041	0.151	0.527
	0.400	0.769	0.218	0.166
	0.600	0.514	0.224	-0.090
	0.800	0.276	0.189	-0.248
	1.000	0.054	0.131	-0.313
	1.200	-0.159	0.069	-0.292
	1.400	-0.365	0.020	-0.187
	1.600	-0.570	0.000	0.000
1.8	0.000	1.215	0.000	1.000
	0.225	0.938	0.168	0.516
	0.450	0.677	0.241	0.154
	0.675	0.440	0.246	-0.097
	0.900	0.227	0.205	-0.246
	1.125	0.036	0.142	-0.305
	1.350	-0.142	0.074	-0.280
	1.575	-0.312	0.021	-0.178
	1.800	-0.479	0.000	0.000
2,0	0.000	1.138	0.000	1.000
	0.250	0.859	0.185	0.502
	0.500	0.602	0.262	0.138
	0.750	0.376	0.264	-0.105
	1.000	0.184	0.218	-0.244
	1.250	0.018	0.149	-0.294
	1.500	-0.129	0.078	-0.265
	1.750	-0.266	0.022	-0.167
	2.000	-0.400	0.000	0.000
3,0	0.000	1.007	0.000	1.000
	0.375	0.646	0.251	0.383
	0.750	0.352	0.318	0.014
	1.125	0.144	0.285	-0.166
	1.500	0.016	0.209	-0.222
	1.875	-0.053	0.127	-0.206
	2.250	-0.086	0.059	-0.152
	2.625	-0.102	0.015	-0.081
	3.000	-0.113	0.000	0.000

Tafel 25: Schnittgrößen kurzer Zylinderschalen infolge einer rotationssymmetrischen Randstörung M ($1 \leq \lambda\ell \leq 3$)

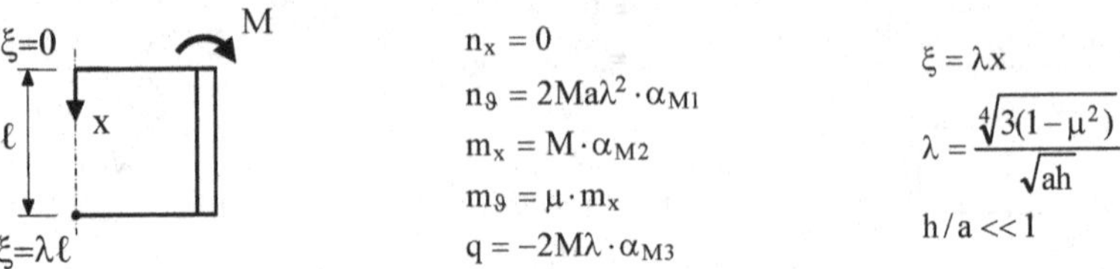

$\lambda\ell$	ξ	α_{M1}	α_{M2}	α_{M3}
1,0	0.000	3.104	1.000	0.000
	0.125	2.277	0.956	0.336
	0.250	1.480	0.840	0.571
	0.375	0.709	0.679	0.707
	0.500	-0.041	0.495	0.749
	0.625	-0.776	0.312	0.697
	0.750	-1.501	0.154	0.555
	0.875	-2.220	0.042	0.322
	1.000	-2.939	0.000	0.000
1.1	0.000	2.605	1.000	0.000
	0.138	1.892	0.955	0.309
	0.275	1.215	0.839	0.522
	0.413	0.570	0.677	0.644
	0.550	-0.050	0.492	0.680
	0.688	-0.651	0.310	0.632
	0.825	-1.240	0.153	0.501
	0.963	-1.824	0.042	0.291
	1.100	-2.405	0.000	0.000
1.2	0.000	2.232	1.000	0.000
	0.150	1.601	0.955	0.287
	0.300	1.013	0.837	0.483
	0.450	0.462	0.674	0.593
	0.600	-0.059	0.489	0.623
	0.750	-0.558	0.308	0.576
	0.900	-1.042	0.151	0.456
	1.050	-1.520	0.041	0.264
	1.200	-1.996	0.000	0.000
1.4	0.000	1.731	1.000	0.000
	0.175	1.200	0.953	0.256
	0.350	0.726	0.831	0.423
	0.525	0.303	0.665	0.513
	0.700	-0.079	0.481	0.532
	0.875	-0.432	0.301	0.487
	1.050	-0.766	0.147	0.382
	1.225	-1.091	0.040	0.219
	1.400	-1.413	0.000	0.000
1.6	0.000	1.430	1.000	0.000
	0.200	0.945	0.950	0.236
	0.400	0.535	0.823	0.383
	0.600	0.191	0.653	0.455
	0.800	-0.101	0.468	0.463
	1.000	-0.356	0.290	0.417
	1.200	-0.587	0.141	0.322
	1.400	-0.806	0.038	0.183
	1.600	-1.023	0.000	0.000
1.8	0.000	1.246	1.000	0.000
	0.225	0.775	0.945	0.226
	0.450	0.400	0.811	0.356
	0.675	0.106	0.636	0.412
	0.900	-0.124	0.450	0.409
	1.125	-0.308	0.275	0.359
	1.350	-0.463	0.132	0.272
	1.575	-0.605	0.035	0.152
	1.800	-0.743	0.000	0.000
2,0	0.000	1.134	1.000	0.000
	0.250	0.658	0.940	0.221
	0.500	0.298	0.796	0.339
	0.750	0.038	0.614	0.379
	1.000	-0.146	0.426	0.364
	1.250	-0.277	0.256	0.310
	1.500	-0.375	0.121	0.228
	1.750	-0.457	0.032	0.124
	2.000	-0.535	0.000	0.000
3,0	0.000	1.000	1.000	0.000
	0.375	0.385	0.891	0.251
	0.750	0.018	0.668	0.320
	1.125	-0.161	0.436	0.289
	1.500	-0.216	0.246	0.215
	1.875	-0.201	0.115	0.135
	2.250	-0.152	0.040	0.068
	2.625	-0.092	0.007	0.022
	3.000	-0.028	0.000	0.000

Tafel 26: Membrankräfte in Kugelschalen infolge ausgewählter Lastfälle

	Lastfall und System	Meridiankräfte n_φ	Ringkräfte n_ϑ	
Eigengewicht g = const.	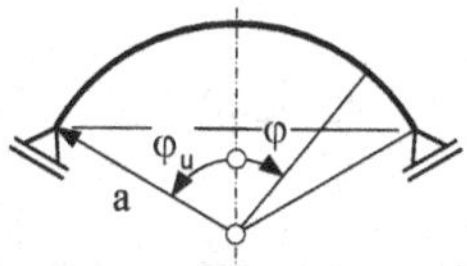	$-\dfrac{ga}{1+\cos\varphi}$	$+ga\left(\dfrac{1}{1+\cos\varphi}-\cos\varphi\right)$	Bei hängender Schale Vorzeichen von n_φ und n_ϑ umkehren
Eigengewicht g = const.	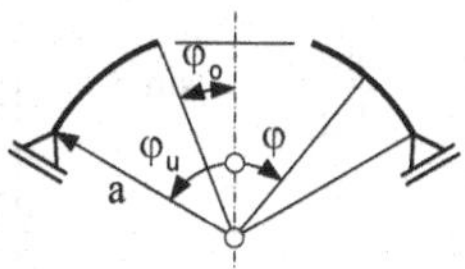	$-\dfrac{ga(\cos\varphi_o-\cos\varphi)}{\sin^2\varphi}$	$+ga\left(\dfrac{\cos\varphi_o-\cos\varphi}{\sin^2\varphi}-\cos\varphi\right)$	
Schneelast p_s	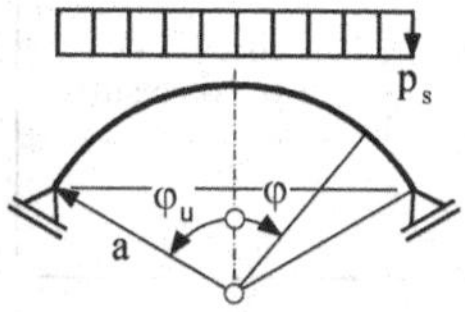	$-\dfrac{1}{2}ap_s$	$-\dfrac{1}{2}ap_s\cos 2\varphi$	
Randlast T	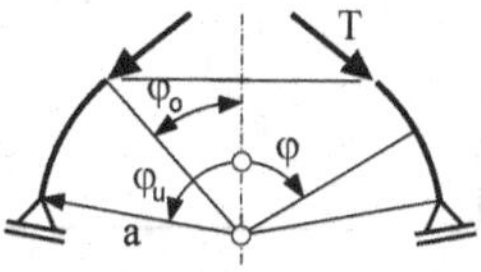	$-T\dfrac{\sin^2\varphi_0}{\sin^2\varphi}$	$+T\dfrac{\sin^2\varphi_o}{\sin^2\varphi}$	
Innendruck p_i	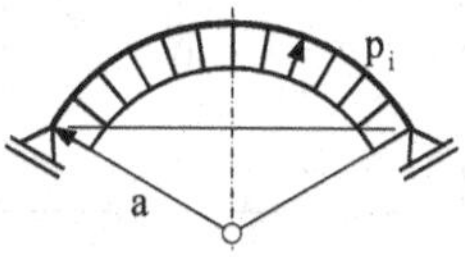	$+\dfrac{1}{2}ap_i$	$+\dfrac{1}{2}ap_i$	
hydrostatischer Druck	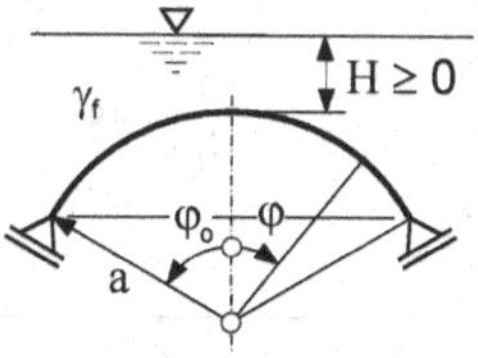 $H \geq 0$	$-\dfrac{1}{6}\gamma_f a^2\left(1-2\dfrac{\cos^2\varphi}{1+\cos\varphi}\right)$ $-\gamma_f\dfrac{Ha}{2}$	$\dfrac{1}{6}\gamma_f a^2\left(1-2\dfrac{3-2\cos^2\varphi}{1+\cos\varphi}\right)$ $-\gamma_f\dfrac{Ha}{2}$	
hydrostatischer Druck	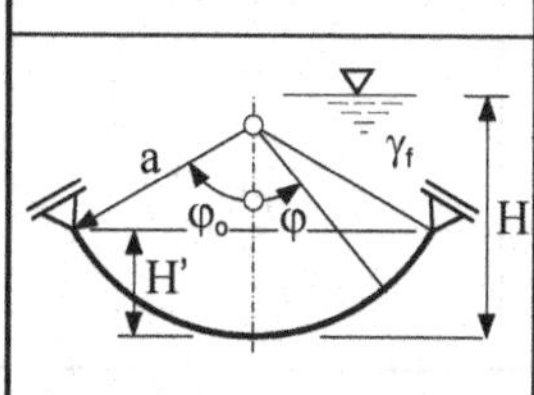 $H \geq H' = a(1-\cos\varphi_0)$	$\dfrac{1}{6}\gamma_f a^2\left[2\cdot\dfrac{1-\cos^3\varphi}{\sin^2\varphi}+3\left(\dfrac{H}{a}-1\right)\right]$ $n_\varphi(0)=n_\vartheta(0)=\dfrac{1}{2}\gamma_f aH$	$\dfrac{1}{6}\gamma_f a^2\left[2\cdot\dfrac{3\cos\varphi-2\cos^3\varphi-1}{\sin^2\varphi}+3\left(\dfrac{H}{a}-1\right)\right]$	

Tafel 27: Membranverformungen von Kugelschalen infolge ausgewählter Lastfälle

	Lastfall und System	Radialverschiebung Δr	Meridianverdrehung ψ	
Eigengewicht g = const.	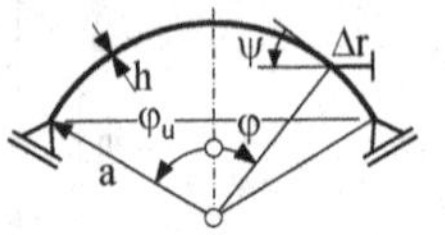	$\frac{ga^2}{Eh}\sin\varphi\left(\frac{1+\mu}{1+\cos\varphi}-\cos\varphi\right)$	$\frac{ga}{Eh}(2+\mu)\sin\varphi$	Bei hängender Schale Vorzeichen von Δr und ψ umkehren
	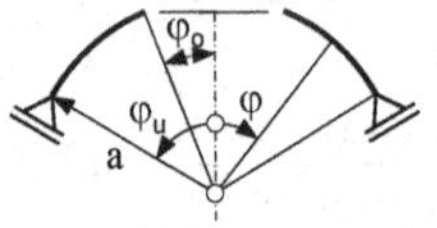	$\frac{ga^2}{Eh}\sin\varphi\left[(1+\mu)\frac{\cos\varphi_o-\cos\varphi}{\sin^2\varphi}-\cos\varphi\right]$	$\frac{ga}{Eh}(2+\mu)\sin\varphi$	
Schneelast p_s	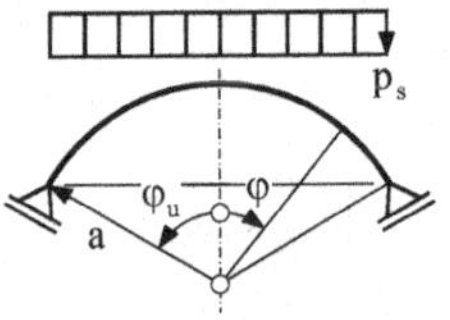	$\frac{a^2p_s}{2Eh}\sin\varphi\,(\mu-\cos2\varphi)$	$\frac{ap_s}{Eh}(3+\mu)\cos\varphi\,\sin\varphi$	
Randlast T	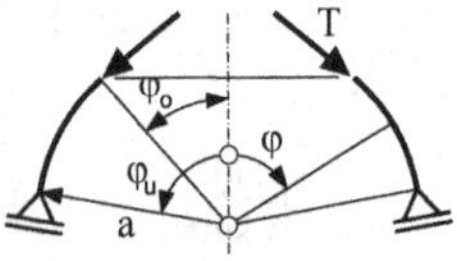	$\frac{Ta}{Eh}(1+\mu)\frac{\sin\varphi_o^2}{\sin\varphi}$	0	
Innendruck	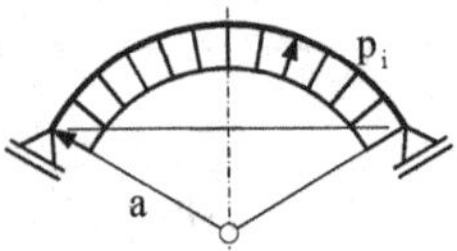	$\frac{a^2p_i}{2Eh}(1-\mu)\sin\varphi$	0	
hydrostatischer Druck	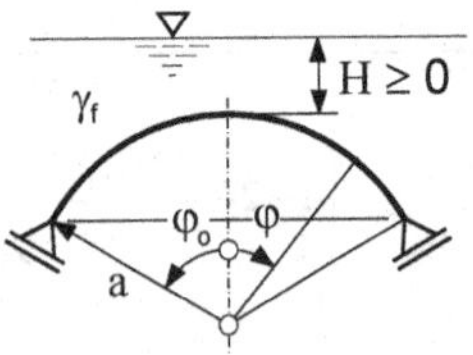 $H \geq 0$	$\gamma_f\frac{a^3}{Eh}\sin\varphi\left[\frac{1+\mu}{6}\left(1-\frac{2\cos^2\varphi}{1+\cos\varphi}\right)+\cos\varphi-1+\frac{H}{2a}(1-\mu)\right]$	$-\gamma_f\frac{a^2}{Eh}\sin\varphi$	
	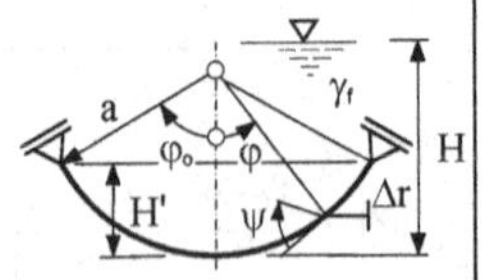	$\frac{\gamma_f a^3}{6Eh}\sin\varphi\left[6\cos\varphi-2(1+\mu)\cdot\frac{1-\cos^3\varphi}{\sin^2\varphi}+3(1-\mu)\left(\frac{H}{a}-1\right)\right]$	$-\frac{\gamma_f a^2}{Eh}\sin\varphi$	

Tafel 28: Schnittgrößen und Randverformungen von Kugel- und Kugelzonenschalen infolge rotationssymmetrischer Randlasten R und M am unteren Rand

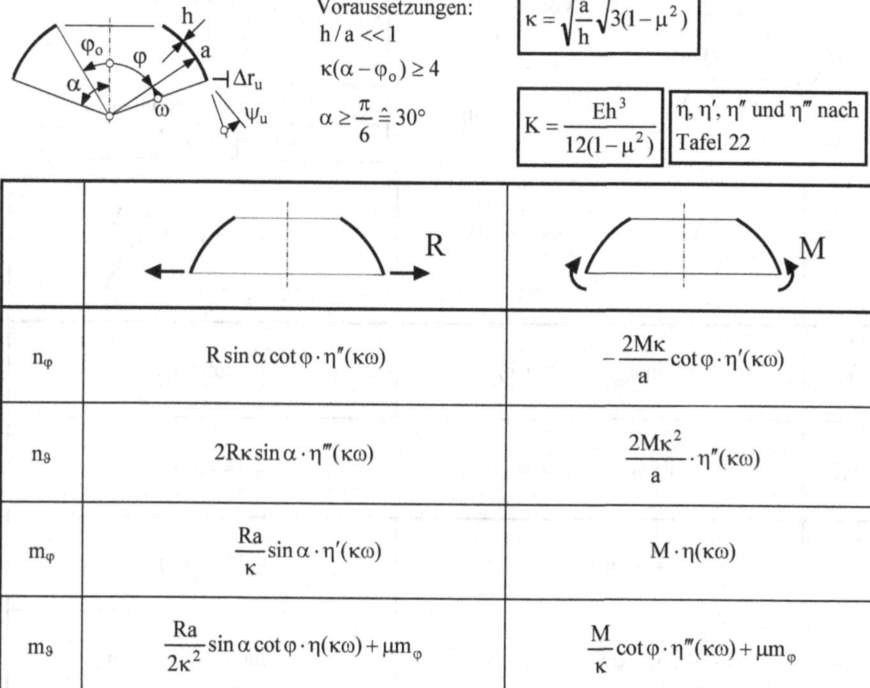

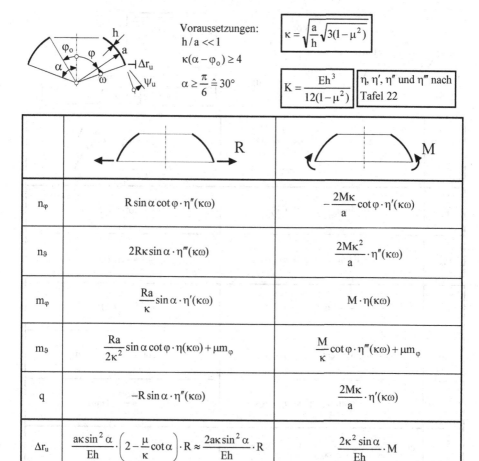

Voraussetzungen:

$h/a << 1$

$\kappa(\alpha - \varphi_o) \geq 4$

$\alpha \geq \frac{\pi}{6} \mathrel{\hat{=}} 30°$

$$\kappa = \sqrt{\frac{a}{h}\sqrt{3(1-\mu^2)}}$$

$$K = \frac{Eh^3}{12(1-\mu^2)}$$

η, η', η'' und η''' nach Tafel 22

	R	M
n_φ	$R\sin\alpha\cot\varphi\cdot\eta''(\kappa\omega)$	$-\frac{2M\kappa}{a}\cot\varphi\cdot\eta'(\kappa\omega)$
n_ϑ	$2R\kappa\sin\alpha\cdot\eta'''(\kappa\omega)$	$\frac{2M\kappa^2}{a}\cdot\eta''(\kappa\omega)$
m_φ	$\frac{Ra}{\kappa}\sin\alpha\cdot\eta'(\kappa\omega)$	$M\cdot\eta(\kappa\omega)$
m_ϑ	$\frac{Ra}{2\kappa^2}\sin\alpha\cot\varphi\cdot\eta(\kappa\omega)+\mu m_\varphi$	$\frac{M}{\kappa}\cot\varphi\cdot\eta'''(\kappa\omega)+\mu m_\varphi$
q	$-R\sin\alpha\cdot\eta''(\kappa\omega)$	$\frac{2M\kappa}{a}\cdot\eta'(\kappa\omega)$
Δr_u	$\frac{a\kappa\sin^2\alpha}{Eh}\cdot\left(2-\frac{\mu}{\kappa}\cot\alpha\right)\cdot R \approx \frac{2a\kappa\sin^2\alpha}{Eh}\cdot R$	$\frac{2\kappa^2\sin\alpha}{Eh}\cdot M$
ψ_u	$\frac{2\kappa^2\sin\alpha}{Eh}\cdot R$	$\frac{a}{\kappa K}\cdot M$

Tafel 29: Schnittgrößen und Randverformungen von Kugel- und Kugelzonenschalen infolge rotationssymmetrischer Randlasten R und M am oberen Rand

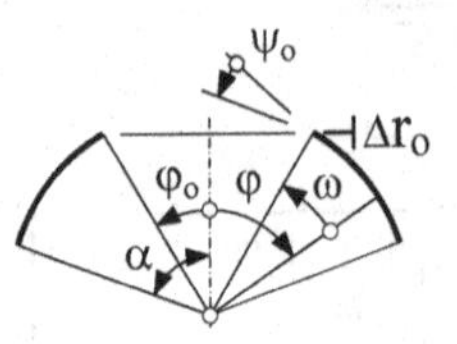

Voraussetzungen:
$h/a \ll 1$
$\kappa(\alpha - \varphi_o) \geq 4$
$\varphi_o \geq \frac{\pi}{6} \mathrel{\hat{=}} 30°$

$$\kappa = \sqrt{\frac{a}{h}\sqrt{3(1-\mu^2)}}$$

$$K = \frac{Eh^3}{12(1-\mu^2)}$$

η, η', η'' und η''' nach Tafel 22

	R	M
n_φ	$-R\sin\varphi_o \cot\varphi \cdot \eta''(\kappa\omega)$	$\frac{2M\kappa}{a}\cot\varphi \cdot \eta'(\kappa\omega)$
n_ϑ	$2R\kappa \sin\varphi_o \cdot \eta'''(\kappa\omega)$	$\frac{2M\kappa^2}{a} \cdot \eta''(\kappa\omega)$
m_φ	$\frac{Ra}{\kappa}\sin\varphi_o \cdot \eta'(\kappa\omega)$	$M \cdot \eta(\kappa\omega)$
m_ϑ	$-\frac{Ra}{2\kappa^2}\sin\varphi_o \cot\varphi \cdot \eta(\kappa\omega) + \mu m_\varphi$	$-\frac{M}{\kappa}\cot\varphi \cdot \eta'''(\kappa\omega) + \mu m_\varphi$
q	$R\sin\varphi_o \cdot \eta''(\kappa\omega)$	$-\frac{2M\kappa}{a} \cdot \eta'(\kappa\omega)$
Δr_o	$\frac{a\kappa\sin^2\varphi_o}{Eh} \cdot \left(2 + \frac{\mu}{\kappa}\cot\varphi_o\right) \cdot R \approx \frac{2a\kappa\sin^2\varphi_o}{Eh}$	$\frac{2\kappa^2\sin\varphi_o}{Eh} \cdot M$
ψ_o	$-\frac{2\kappa^2\sin\varphi_o}{Eh} \cdot R$	$-\frac{a}{\kappa K} \cdot M$

Tafel 30: Membrankräfte in Kegelschalen infolge ausgewählter Lastfälle

	Lastfall und System	Meridiankräfte n_φ	Ringkräfte n_ϑ	
Eigengewicht g = const.	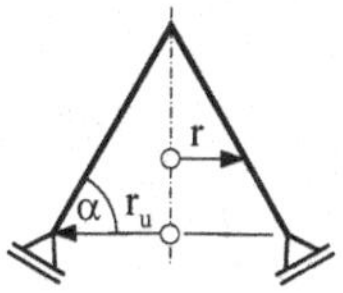 α, r, r_u	$-\dfrac{gr}{\sin 2\alpha}$	$-gr\cot\alpha$	Bei hängender Schale Vorzeichen von n_φ und n_ϑ umkehren
	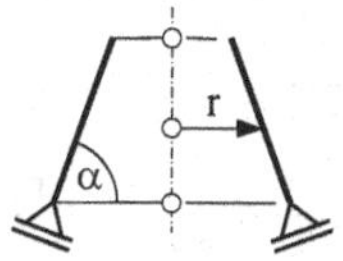 α, r	$-\dfrac{g\left(r^2-r_o^2\right)}{r\sin 2\alpha}$	$-gr\cot\alpha$	
Schneelast	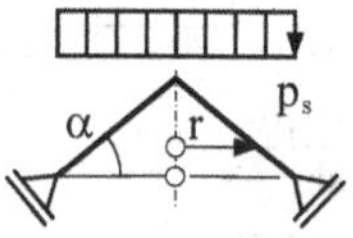 α, r, p_s	$-\dfrac{r\,p_s}{2\sin\alpha}$	$-r\,p_s\cos\alpha\cot\alpha$	
Randlast T	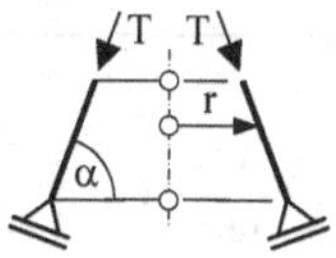 T, T, α, r	$-T\dfrac{r_o}{r}$	0	
Innendruck p_i	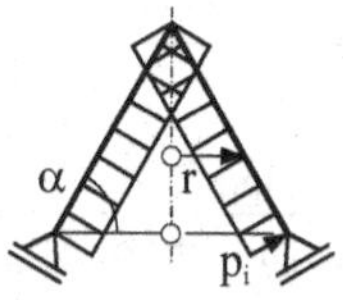 α, r, p_i	$+\dfrac{r\,p_i}{2\sin\alpha}$	$+\dfrac{r\,p_i}{\sin\alpha}$	
Hydrostatischer Druck	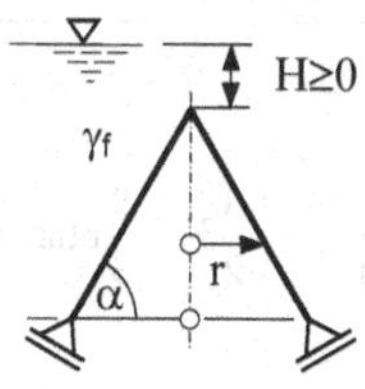 H≥0, γ_f, α, r	$-\dfrac{\gamma_f r}{6\sin\alpha}(3H+2r\tan\alpha)$	$-\dfrac{\gamma_f r}{\sin\alpha}(H+r\tan\alpha)$	
	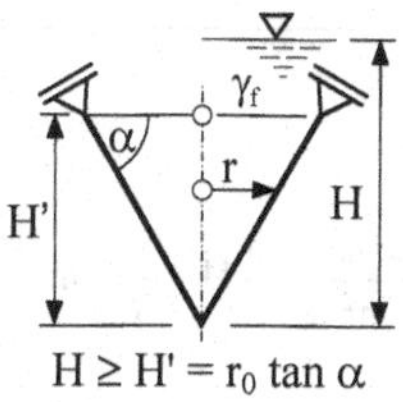 γ_f, α, r, H', H; $H \geq H' = r_0\tan\alpha$	$\dfrac{\gamma_f r}{6\sin\alpha}(3H-2r\tan\alpha)$	$\dfrac{\gamma_f r}{\sin\alpha}(H-r\tan\alpha)$	

Tafel 31: Membranverformungen von Kegelschalen infolge ausgewählter Lastfälle

	Lastfall und System	Radialverschiebung Δr	Meridianverdrehung ψ	
Eigengewicht g = const.	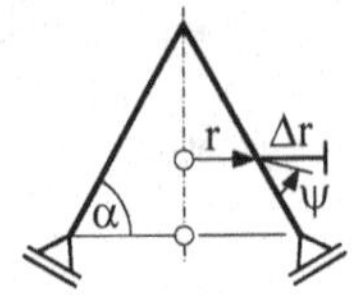 α, r, Δr, ψ	$-\frac{gr^2}{Eh\sin 2\alpha}\left(2\cos^2\alpha-\mu\right)$	$-\frac{gr}{2Eh\sin^2\alpha}\left[2(2+\mu)\cos^2\alpha -1-2\mu\right]$	Bei hängender Schale Vorzeichen von Δr und ψ umkehren
	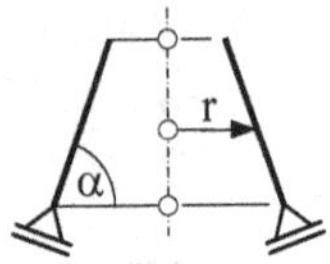 α, r	$-\frac{gr^2}{Eh\sin 2\alpha}\left[2\cos^2\alpha -\mu\left(1-\frac{r_o^2}{r^2}\right)\right]$	$-\frac{gr}{2Eh\sin^2\alpha}\cdot\left[2(2+\mu)\cos^2\alpha-1-2\mu+\frac{r_o^2}{r^2}\right]$	
Schneelast p_s	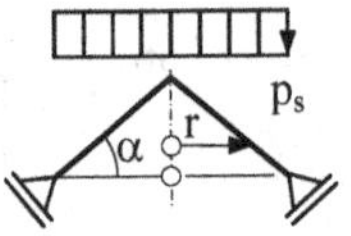 p_s, α, r	$-\frac{p_s\, r^2}{2Eh\sin\alpha}\left(2\cos^2\alpha-\mu\right)$	$-\frac{p_s r\cos\alpha}{2Eh\sin^2\alpha}\cdot\left[2(2+\mu)\cos^2\alpha-1-2\mu\right]$	
Randlast T	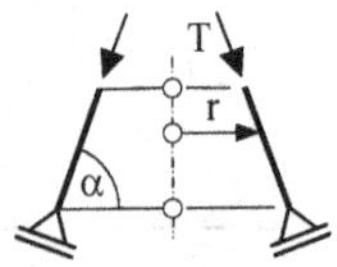 T, r, α	$T\frac{\mu r_o}{Eh}$	$T\frac{r_o}{Ehr}\cdot\cot\alpha$	
Innendruck p_i	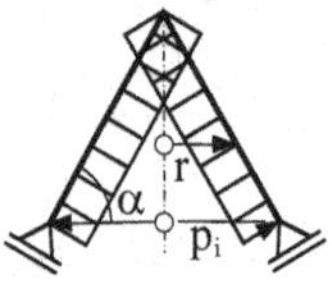 r, α, p_i	$\frac{p_i\, r^2}{2Eh\sin\alpha}(2-\mu)$	$\frac{3p_i r\cos\alpha}{2Eh\sin^2\alpha}$	
Hydrostatischer Druck	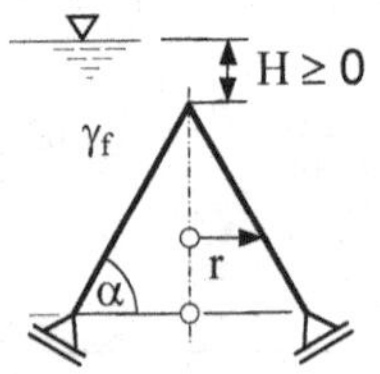 H ≥ 0, γ_f, α, r	$-\frac{\gamma_f r^2}{Eh\sin\alpha}\left[H+r\tan\alpha -\frac{\mu}{6}(3H+2r\tan\alpha)\right]$	$-\frac{\gamma_f r\cos\alpha}{Eh\sin^2\alpha}\left(\frac{3}{2}H+\frac{8}{3}r\tan\alpha\right)$	
	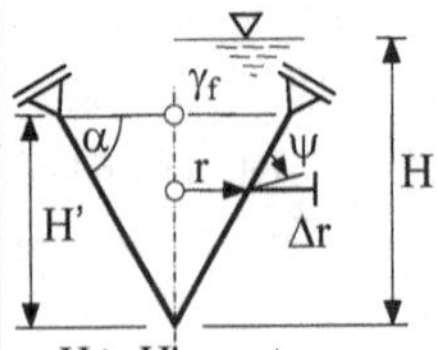 γ_f, α, r, ψ, Δr, H', H, $H \geq H' = r_0\tan\alpha$	$\frac{\gamma_f r^2}{Eh\sin\alpha}\left[H-r\tan\alpha -\frac{\mu}{6}(3H-2r\tan\alpha)\right]$	$\frac{\gamma_f r\cos\alpha}{Eh\sin^2\alpha}\left(\frac{3}{2}H-\frac{8}{3}r\tan\alpha\right)$	

Tafel 32: Schnittgrößen und Randverformungen von Kegel- und Kegelzonenschalen infolge rotationssymmetrischer Randlasten R und M am unteren Rand

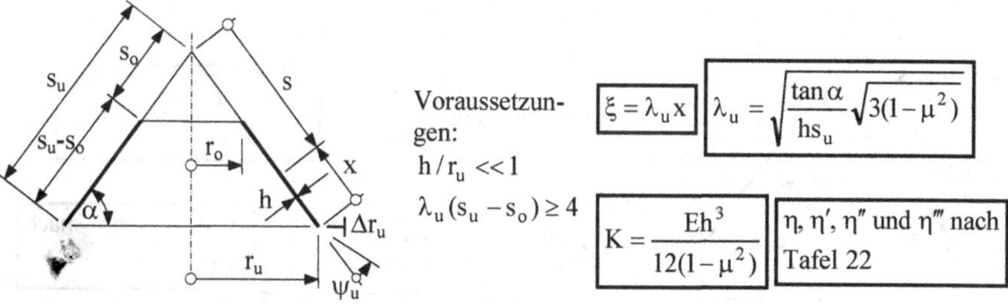

	R	M
n_φ	$R\cos\alpha \cdot \eta''(\xi)$	$-2M\lambda_u \cot\alpha \cdot \eta'(\xi)$
n_ϑ	$2R\lambda_u s\cos\alpha \cdot \eta'''(\xi)$	$2M\lambda_u^2 s\cot\alpha \cdot \eta''(\xi)$
m_φ	$\frac{R\sin\alpha}{\lambda_u} \cdot \eta'(\xi)$	$M \cdot \eta(\xi)$
m_ϑ	$\frac{R\sin\alpha}{2\lambda_u^2 s} \cdot \eta(\xi) + \mu m_\varphi$	$\frac{M}{\lambda_u s} \cdot \eta'''(\xi) + \mu m_\varphi$
q	$-R\sin\alpha \cdot \eta''(\xi)$	$2M\lambda_u \cdot \eta'(\xi)$
Δr_u	$\frac{Rs_u}{Eh}\cos^2\alpha \cdot (2\lambda_u s_u - \mu) \approx \frac{R\sin^2\alpha}{2\lambda_u^3 K}$	$\frac{M\sin\alpha}{2\lambda_u^2 K}$
ψ_u	$\frac{R\sin\alpha}{2\lambda_u^2 K}$	$\frac{M}{\lambda_u K}$

Tafel 33: Schnittgrößen und Randverformungen von Kegelzonenschalen infolge rotationssymmetrischer Randlasten R und M am oberen Rand

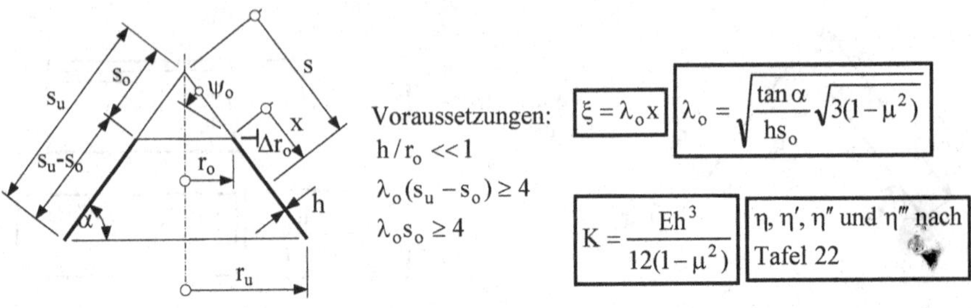

	R	M
n_φ	$-R\cos\alpha \cdot \eta''(\xi)$	$2M\lambda_o \cot\alpha \cdot \eta'(\xi)$
n_ϑ	$2R\lambda_o s\cos\alpha \cdot \eta'''(\xi)$	$2M\lambda_o^2 s\cot\alpha \cdot \eta''(\xi)$
m_φ	$\frac{R\sin\alpha}{\lambda_o} \cdot \eta'(\xi)$	$M \cdot \eta(\xi)$
m_ϑ	$-\frac{R\sin\alpha}{2\lambda_o^2 s} \cdot \eta(\xi) + \mu m_\varphi$	$-\frac{M}{\lambda_o s} \cdot \eta'''(\xi) + \mu m_\varphi$
q	$R\sin\alpha \cdot \eta''(\xi)$	$-2M\lambda_o \cdot \eta'(\xi)$
Δr_o	$\frac{Rs_o}{Eh}\cos^2\alpha \cdot (2\lambda_o s_o + \mu) \approx \frac{R\sin^2\alpha}{2\lambda_o^3 K}$	$\frac{M\sin\alpha}{2\lambda_o^2 K}$
ψ_o	$-\frac{R\sin\alpha}{2\lambda_o^2 K}$	$-\frac{M}{\lambda_o K}$

3.6 Literatur zum Kapitel Flächentragwerke

Born, J.: Praktische Schalenstatik, Band 1, 2. Auflage. W. Ernst & Sohn Verlag, Berlin/München, 1968.

Czerny, F.: Tafeln für Rechteckplatten.
Betonkalender 1996, Teil I, S. 277-330.
Betonkalender 1999, Teil I, S. 277-330.
W. Ernst & Sohn Verlag, Berlin.

Girkmann, K.: Flächentragwerke, 6. Auflage. Springer Verlag, Wien, 1963.

Hampe, E.: Statik rotationssymmetrischer Flächentragwerke,
Band 1: Allgemeine Rotationsschale, Kreis- und Kreisringscheibe, Kreis- und Kreisringplatte, 3. Auflage, 1968.
Band 2: Kreiszylinderschale, 3. Auflage, 1969.
Band 3: Kegelschale, Kugelschale, 3. Auflage, 1970.
Band 4: Zusammengesetzte Flächentragwerke, Zahlentafeln, 3. Auflage, 1972.
Band 5: Hyperbelschalen, 1973.
VEB Verlag für Bauwesen, Berlin.

Markus, G.: Theorie und Berechnung rotationssymmetrischer Bauwerke, 3. Auflage. Werner Verlag, Düsseldorf, 1978.

Meskouris, K., Hake, E.: Statik der Flächentragwerke. 2. Auflage, Springer Verlag, Berlin/Heidelberg/New York, 2009.

Pieper, K., Martens, K.: Durchlaufende gestützte Platten im Hochbau, Beton- und Stahlbetonbau 61 (1966), S. 158-162, und 62(1967), S. 150-151.

Sachwortverzeichnis